U0228006

国家科学技术学术著作出版基金资助出版

北方草甸与草甸草原退化治理：理论、技术与模式

唐华俊　辛晓平　闫玉春　等　著

科学出版社

北　京

内 容 简 介

本书系统总结了国家重点研发计划项目"北方草甸退化草地治理技术与示范"的研究成果。本书以我国北方草甸和草甸草原为研究对象，系统阐述了北方草甸和草甸草原退化与恢复机理，创建了退化草地系统性恢复理论与评价技术体系；针对呼伦贝尔、锡林郭勒、科尔沁、松嫩平原和寒地黑土区等区域的退化特征，提出了退化草甸和草甸草原治理技术与模式；建立了北方草甸和草甸草原后修复阶段生态产业技术创新模式；系统论述了草甸和草甸草原从生态治理到产业培育的整套技术体系，为我国草牧业与生态环境和谐发展、牧民稳定增收提供技术支撑。

本书可供草业科学、生态学、畜牧科学领域的科研和教学工作者、学生、农技推广人员、相关管理部门工作人员阅读和参考。

审图号：GS 京（2022）1111 号

图书在版编目（CIP）数据

北方草甸与草甸草原退化治理：理论、技术与模式/唐华俊等著. —北京：科学出版社，2023.11
ISBN 978-7-03-070778-9

Ⅰ. ①北… Ⅱ. ①唐… Ⅲ. ①北方地区–草甸–草原退化–生态恢复–研究 Ⅳ. ①S812.6

中国版本图书馆 CIP 数据核字（2021）第 255897 号

责任编辑：李秀伟 白 雪 / 责任校对：严 娜
责任印制：肖 兴 / 封面设计：无极书装

科学出版社 出版
北京东黄城根北街 16 号
邮政编码：100717
http://www.sciencep.com
北京建宏印刷有限公司 印刷
科学出版社发行 各地新华书店经销

*

2023 年 11 月第 一 版 开本：787×1092 1/16
2023 年 11 月第一次印刷 印张：34
字数：806 000
定价：458.00 元
（如有印装质量问题，我社负责调换）

著者委员会名单及写作分工

主   任   唐华俊   辛晓平   闫玉春

副主任   王德利   王明玖   周道玮   崔国文   闫瑞瑞   呼格吉勒图

著   者

第一章	闫瑞瑞　李凌浩　高　娃　张　宇　王　淼
第二章	王德利　李凌浩　王正文　王永慧　马　望
第三章	王志瑞　李　慧　吕晓涛
第四章	王　岭　孙　伟　刘鞠善　王建永　杨天雪
第五章	闫玉春　卫智军　戎郁萍　方华军　徐丽君
	聂莹莹　李　乐　黄　顶　白玉婷　吕世杰
	田　野　郭明英　徐　梦　肖　红　李鹏珍
第六章	呼格吉勒图　周延林　殷国梅　赵和平
	白春利　丁海军　薛艳林
第七章	王明玖　王东磊　王保林　王俊杰　尹　强
	占布拉　包　翔　邢　旗　成格尔　刘亚玲
	闫志坚　孙世贤　谷玉梅　张永亮　张存厚
	郑丽娜
第八章	周道玮　孙海霞　黄迎新　李　强
第九章	崔国文　白珍建　林宇龙　梅琳琳　刘国富
	肖知新　巩　皓　李丹丹　李　冰　喻金秋
	尹　航　袁玉莹　木扎帕尔·吐鲁洪
第十章	辛晓平　李向林　郑丽娜　郝建玺　吴　楠
	何　峰　邵长亮　刘欣超　仝宗永　超乐萌
	刘永杰
第十一章	唐海萍　张　钦　崔凤琪　冯　冰　丁　蕾
	程　伟
第十二章	唐华俊　辛晓平　徐大伟　高　娃　陈宝瑞

前　言

北方草甸和草甸草原是位于半干旱半湿润地区的主要草地生态系统类型，草甸草原是地带性草地植被，集中分布在年降水 350～550mm 的气候地带，包括内蒙古东部、东北平原等半干旱半湿润地区；草甸是非地带性草地植被，在干旱、半干旱与半湿润气候区域均有分布，只要局部地形低洼、土壤水分含量较高，均可发育成草甸。北方草甸和草甸草原总面积 0.4 亿 hm²，占整个北方温带草地面积的 25%，是中国北方草原水分条件最好的区域，土壤以暗栗钙土、黑钙土、草甸土为主，土壤腐殖质远高于其他类型草地，土壤碳密度是典型草原的 2～3 倍、荒漠草原的 6～10 倍。北方草甸和草甸草原植物多样性丰富，每平方米物种数 25～40 种，总物种数 1400～1600 种；草地生产力高，一般在 1500～2500kg/hm²，是典型草原的 2～3 倍、荒漠草原的 4～6 倍。北方草甸和草甸草原的家畜承载力约为 6000 万羊单位，占整个北方温带草原的 58%。相对于干旱半干旱区分布的典型草原和荒漠草原，草甸和草甸草原由于水分条件好、生产力高，其利用方式更加多元，利用强度更大，退化过程和机制更加复杂。但由于高生产力、高多样性的表观特征，北方草甸和草甸草原退化隐蔽性强，其退化程度往往与人们认识存在偏差，实际退化程度往往被低估。北方草甸和草甸草原的退化和恢复的相关研究比较薄弱，没有形成针对性的草甸草原退化标准和恢复理论，也没有形成完整的生态治理和持续利用技术体系，制约了北方草甸和草甸草原生态修复及其高生产力优势的发挥。另外，由于自然条件比较优越，退化草甸和草甸草原恢复潜力及利用空间远大于其他草原类型，生态修复及后续产业建设会达到事半功倍的效果。

针对北方草甸和草甸草原的上述特征，国家重点研发计划"北方草甸退化草地治理技术与示范"项目组联合国内 18 家同行机构的主要技术骨干近百人，对北方草甸和草甸草原的退化机制、恢复技术及其原理、后修复阶段生态产业发展进行了 5 年联合攻关，理论上探索了多元利用途径和气候变化共同作用下北方草甸及草甸草原的退化机理，建立了北方草甸和草甸草原退化等级评估体系，提出了退化草地的系统性恢复理论及生态恢复治理的技术原理；技术上以呼伦贝尔、锡林郭勒、科尔沁、松嫩平原、寒地黑土区等典型区域草甸草地为对象，研发区域差异化的恢复治理技术，重点突破群落优化配置、生态系统功能提升等关键共性技术，建立各区域生态恢复治理技术标准与配套模式；应用上从修复后生态系统稳定性维持及替代产业持续发展的需求出发，构建生态富民的产业技术体系与优化模式，促进北方草甸草地区域新兴生态产业带的发展。

本书共 12 章：第一到第四章，主要介绍了北方草甸与草甸草原自然条件及植被特征、草地退化与恢复治理研究进展、北方草甸和草甸草原退化机理与过程、北方草甸与草甸草原恢复机制与评估；第五到第九章，分别阐述了呼伦贝尔退化草甸草原恢复与治理模式、锡林郭勒退化草甸草原生态恢复途径与模式、科尔沁沙质草甸草原退化治理技术模式、松嫩平原盐碱化草甸生态修复与资源利用模式、寒地黑土区退化草甸生态修复与产业化模式；第十到第十二章，分别介绍了北方草甸与草甸草原生态产业优化模式、北方草甸和草甸草原生态产业发展评估及管理、草地生态修复与草牧业可持续发展策略。

本书得到了国家重点研发计划项目"北方草甸退化草地治理技术与示范"（2016YFC0500600）和国家科学技术学术著作出版基金的资助。本书的研究工作和撰写工作得到项目参加单位、项目组研究人员及研究生的大力支持，在此一并致以诚挚的感谢。

著　者

2023 年 1 月

目　　录

第一章　北方草甸与草甸草原自然条件及植被特征

我国北方草甸和草甸草原处于亚洲大陆草原区最东端。这里的草地在适宜水热气候条件下，形成了比较深厚的土壤，富含有机质、肥力较高，具有丰富多样而独特的草地类型，草群结构丰富、生长繁茂，植被景观华丽，有"五花草甸"之称。这里有非常宝贵的草地资源，这片草地不仅是发展草地畜牧业的基础，也是多种植物及特殊野生动物的栖息地，构成一道国家生态安全的重要屏障。草甸草原是指温带半干旱半湿润地区的地带性草地类型，建群种为中旱生或广旱生的多年生草本植物，经常混生大量中生或旱中生植物。它们主要是杂类草，其次为根茎禾草与丛生薹草（吴征镒，1983）。草甸草原分布中心在我国东北的松辽平原、大兴安岭东西两麓和蒙古国草原区东北部，以及俄罗斯外贝加尔草原地区。在我国北方地区，草甸草原主要分布于与森林生态系统相邻的一条狭长地带，是草原向森林的过渡区，也是草甸草原的集中分布区。草甸植被则是以多年生中生草本植物为主体的群落类型，是在适中的水分条件下形成和发展起来。这里所指的中生植物包括旱中生植物、湿中生植物及盐中生植物。草甸具有山地垂直带和隐域性分布两个特征，分布在林线以上的为山地草甸，分布在河流沿岸和沟谷洼地的为低地草甸。因此，北自欧亚大陆和北美洲的冻原带，南至南极附近的岛屿上均有草甸出现，典型的草甸在北半球的寒温带和温带分布特别广泛。草甸在中国主要散布于东北、内蒙古、新疆和青藏高原，类型多样。北方草甸和草甸草原属于最湿润、最有代表性的草地类型，它们的形成和发展与自然地理的长期作用有着密切关系。各类植被的起源、发展和分布现状，都是各项自然地理条件演化的综合反映。气候、水文和土壤条件均是影响植被物质与能量交换的因素，而地质基础与地形条件则是改变热量、水分和土壤性状的重要因素，气候制约着植被的地理分布，植被类型反映着气候特点（周以良等，1997）。

第一节　自　然　条　件

自然地理存在着地带性规律，这种地带性规律以能量差异为基础，又由地形地势变化导致的能量分布和水分分布重新分配所致（周以良等，1997）。绿色植被在自然界的生态系统中是固定太阳能的初级生产者，它的形成与演变对自然界的面貌具有非常重要的作用，同时植被也是在各种物质和能量因素的长期影响下发展形成的，它与各项自然地理因素共同组成统一的生态系统。

一、地形地貌

在漫长复杂的地质发展历史中，地壳的构造运行奠定了我国地形的巨大起伏和地貌的基本轮廓。我国北方的主要褶皱带属于古生代地槽区，即海西褶皱带。其中大兴安岭褶皱带属海西早期，以归流河—乌兰浩特一线与海西晚期的内蒙古褶皱带为界，主要包括大兴安岭北段、小兴安岭西段和呼伦贝尔高原，北脊附近主要是火山岩系，在南坡以海相碳酸盐岩层系为主，伴随着中生代的断裂活动，基性岩和酸性岩广泛地喷出并分布（周以良等，1997）。北方草甸和草甸草原地区大体上是以低山、丘陵、高原及低地地形为主体，在地质构造上受华夏构造带和纬向构造带的控制，西面受阿拉善弧形构造带的制约，因而西起北山（合黎山、龙首山）、贺兰山山脉及大兴安岭构造带，构成内蒙古高原的外缘山地，成为我国北方重要的自然界线，制约着各项自然要素均呈东北—西南方向的弧形带状分布。大兴安岭、阴山山脉和北山山系连接而成的隆起带以北是开阔坦荡的蒙古高原，其海拔在 700~1400m，地势由南向北、从西到东逐渐倾斜下降。

北方的草甸草原主要发育在大兴安岭东西两麓，在森林外围与森林交错，并与内蒙古高原的典型草原接壤。大兴安岭山脉从黑龙江右岸的漠河一带至西拉木伦河左岸，全长 1300~1400km，宽 150~300km，北段较南段宽广，平均海拔一般在 1500m 上下。大兴安岭的主要分水岭是不连贯的，山脉的东和西也有明显的差别，东西两侧形态不对称，随着山地高程的差异和坡向的不同，植被的分布有一定的垂直分带现象，山脉北段是以兴安落叶松（*Larix gmelinii*）林为主的针叶林区，中段和南段呈现草原区的山地森林草原景观，大兴安岭东西两侧的山前丘陵地带也是森林草原带的部分。大兴安岭是松辽平原草原区和内蒙古高原草原区的天然分界线。内蒙古高原位于大兴安岭以西，北至中国与蒙古国国界，是东北向西南长约 3000km、南北最宽约 540km 的广阔内陆高原。地势由南向北、从西向东倾斜，外缘山地逐渐向浑圆的低缓丘陵与高平原依次更替。高原面开阔坦荡，结构简单，分割轻微，坦荡缓穹的岗阜与宽广的盆地与平地相间，并由不同时期形成的高度不等的夷平面构成了和缓波状和层状地面。高原东北是呼伦贝尔高原地区，由大兴安岭西麓的山前丘陵与高平原组成，海拔 600~900m，山前丘陵地带广泛堆积着黄土状物质与冰水沉积物，植被景观以森林草原为特色。高平原中部地面呈波状起伏，广泛覆盖着地带性草原植被，沉积物以厚度不等的沙层和沙砾层为主。高原中段的锡林郭勒高原地区位于呼伦贝尔以南，也是一个广大的草原地区，海拔 1000~1300m，它的北面、东面和南面均有丘陵或低山隆起，但地形切割不甚剧烈（曹乌吉斯古楞，2007）。高原区内有大小不等的内、外陆河流和洼地，分布着各种草甸植被。

东北平原四周为山麓洪积冲积平原和台地，海拔 200m 左右。北部台地形状较完好，南部强烈侵蚀呈浅丘外貌。平原西南部风沙地貌发育，形成大面积由沙丘覆盖的冲积平原。平原东北端由松花江谷地与三江平原相通。辽河与松花江水系流经平原南北，两大水系之间为松辽分水岭。在地形上，东北平原由北部的松花江和嫩江及其支流冲积而成的松嫩平原、南部的辽河水系冲积而成的辽河平原、中部的松辽分水岭组成。松嫩平原的西、北、东三面分别为大兴安岭、小兴安岭及山麓平原和台地，南为松辽分水岭。松嫩冲积平原地形平坦，地貌简单，以黑龙江杜尔伯特蒙古族自治县为中心，呈现出一望无际的草原景观，海拔 120~200m。在嫩江下游、乌裕尔河、讷谟尔河、雅鲁河下游形成大面积沼泽湿地，湿地上河曲发达，河漫滩宽广。松嫩平原是东北平原的最大组成部分，主要由松花江和嫩江冲积而成，大地构造上属新华夏构造体系第二沉降带北部，也称松辽断陷。基底为前震旦纪结晶片岩，东部基底在结晶片岩上部有沉积岩系和岩浆岩，西部基底由变质岩系组成。松嫩平原碱化草甸位于松嫩平原南部冲积平原，海拔为137.8～144.8m，地势平坦，属草甸草原区，主要植被类型为羊草草原。由于地下水的矿化度较高及排水不良，土壤深层普遍存在较高浓度的可溶性盐碱。由于自 20 世纪 60 年代后人类过度放牧等不合理利用和全球变化的多重因素，松嫩平原地区 70%的草地发生了不同程度的盐碱化，并且有增加的趋势（周以良等，1997）。

东北平原西南部以西辽河为中心，西辽河平原位于大兴安岭和冀北山地之间，是西辽河及其各支流的冲积平原，是东北平原的一部分。地势西部海拔 400m，东部海拔低于 250m，北部和松嫩平原相接，东南与辽河平原连接。地貌最显著的特点是沙层广泛覆盖，形成沙丘与丘间洼地相间排列的地形组合，被当地群众泛称为"坨甸地"，呈微波起伏的风沙地貌景观。沙丘之间不但形成低滩地，而且还经常形成沼泽和小型盐湖。在沙丘上形成的植被有沙地疏林、沙生植物、沙蒿群落等，沙丘间的低湿地上则分布着草甸、沼泽植被等群落的生态系列。

二、气候条件

我国北方处于北半球中纬度的内陆地区，因此具有明显的温带大陆性气候特点，漫长的冬季均受蒙古高压的控制，从大陆中心向沿海移动的寒潮极为盛行。夏季则一定程度上受东南海洋湿热气团的影响。在海陆分布和地形条件的影响下，大气环流的特点改变了本地各项气候因素按经、纬度而出现地带差异的分布方向，形成了东北—西南走向的弧形带状分布。气候带的这一特点对植被的分布产生了明显的影响。在温带的草原生态系统中，草甸草原属于最湿润、气候条件最好的一种草原植被类型。北方草甸和草甸草原总体上年降水量一般在 350～550mm，湿润系数 0.6～1.0，热量偏低，≥10℃积温1800～2200℃。由于不同地区和自然地理地形的差异，北方草甸和草甸草原具有不同的气候带分布，如呼伦贝尔高原东部年均温-4～2℃、年降水量 340～380mm、≥10℃积温 1700～1900℃；科尔沁平原年均温北部-2～3℃、东南部 2～6℃，年降水量 350～440mm，≥10℃积温北部 1400℃、东南部 2200～3200℃；松嫩平原年均温 2.3～5℃、年降水量 350～450mm、≥10℃积温 1800～2000℃。

大兴安岭山地东西两侧为草甸草原集中分布区。大兴安岭山地上部形成寒冷湿润的森林气候。岭东受海洋季风气流影响，降水量大，并形成了半干旱半湿润的气候特征；岭西较寒冷干旱，属于半干旱半湿润的草原气候。大兴安岭山脉的降水总趋势是自东向西递减，岭东降水量 440～510mm，岭西高原东部降水量 340～380mm。一年中降水集中在夏季，秋雨多于春雨。气候特点是冬季漫长寒冷，大雪茫茫，千里雪原，积雪期 120～180 天，岭东 80～120 天。根河积雪深度≥30cm 的日数为 113 天，最大积雪深度 50cm。大兴安岭年平均气温-6～0℃，岭东南麓和大兴安岭西部 0～5℃；无霜期较短，一般在120～150 天，大兴安岭北段最短，为 90～100 天。大兴安岭年日照时数在 2700h 以下，图河里、苏格河日照时数最少，仅 2500h，岭东年日照时数 2800h，岭西 2800～3100h。全年大风日数一般在 20～40 天。冬季严寒，夏季温热，全年气温差一般在 33～45℃，绝对最高、最低湿度之差常在 50~70。大部分地区的气温日较差往往达到 15℃上下，温差剧烈的气候特点是影响植物代谢过程中营养物质积累的重要生态因素（李博等，1980）。

松嫩平原草甸受到海洋季风的影响，形成了温带季风性气候，自东向西大陆性逐渐增强，具有典型的大陆性气候特点。年平均气温 2.7~4.7℃，≥10℃积温 3000~3500℃；无霜期 130~165 天；年降水量 350~400mm，分配较不均匀，大部分降水集中在夏季（6~9 月）；年蒸发量 1500~2000mm，是降水量的 3~4 倍（陈佐忠和黄德华，1993）。松嫩平原草甸的南北温度有一定的差异，位于北部的大兴安岭东南麓和小兴安岭南麓地区温度相对较低，年平均气温 0.5~3℃，7 月平均气温 20~22℃，1 月平均气温-22~-18℃，全年≥10℃积温 2300~2600℃。位于南部的长白山脉西麓与辽河平原地区温度相对较高，年平均气温 4~6℃，7 月平均气温 23~24℃，1 月平均气温 14~18℃，全年≥10℃积温 2800~3000℃。温度的南北差异对植被的发育和分布产生了一定影响。

北方草甸主要包括呼伦贝尔草甸、锡林郭勒草甸、科尔沁沙地草甸、松嫩平原碱化草甸、寒地黑土区退化草甸。由于不同草甸所处经纬度与环境的差异，降水和热量在各地区分配不均。不同草甸 2015~2019 年的气候状况见表 1-1。

表 1-1　北方草甸各地区的气候变化

	年份	极大风速（m/s）	最高气温（℃）	降水量（mm）	平均气温（℃）	平均相对湿度百分率（%）	最大风速（m/s）	最大日降水量（mm）
寒地黑土区退化草甸	2015	22.01	34.43	480.96	4.99	64.57	12.61	39.43
	2016	21.83	33.89	593.70	4.07	64.77	14.56	54.79
	2017	22.76	34.71	483.39	4.54	62.77	14.19	60.23
	2018	22.60	36.26	638.86	4.52	63.23	13.81	60.56
	2019	21.16	34.30	771.81	5.18	60.07	12.86	85.63
呼伦贝尔草甸	2015	25.70	35.90	289.90	0.50	63.00	18.10	30.90
	2016	26.30	41.70	337.50	-0.88	62.99	16.80	39.90
	2017	26.90	38.00	221.10	-0.40	58.20	19.80	28.30
	2018	23.00	36.20	349.10	-0.08	60.33	17.00	36.20
	2019	26.40	36.50	330.20	0.69	55.81	16.60	35.80
锡林郭勒草甸	2015	22.85	34.75	298.45	2.85	58.50	14.55	18.05
	2016	23.55	41.25	244.00	2.39	57.50	17.45	33.15
	2017	24.65	40.15	205.60	3.00	53.50	16.10	38.10
	2018	23.80	37.05	456.35	2.72	55.88	15.90	70.50
	2019	25.15	35.20	276.95	3.41	51.31	14.55	25.05
科尔沁沙地草甸	2015	23.00	35.35	425.80	8.10	52.00	12.45	35.70
	2016	21.10	37.10	474.85	7.82	51.30	12.40	69.95
	2017	22.50	39.55	409.75	8.40	45.80	13.30	127.65
	2018	20.90	37.50	382.95	8.05	47.64	11.40	56.75
	2019	22.45	38.75	384.25	8.60	47.26	11.75	51.80
松嫩平原碱化草甸	2015	24.40	35.10	413.50	4.43	62.33	14.43	29.43
	2016	22.83	36.30	612.30	3.57	65.12	14.07	54.03
	2017	24.13	35.33	464.30	3.90	60.43	15.20	75.47
	2018	22.57	36.53	535.90	3.94	61.21	13.53	51.37
	2019	23.07	35.90	554.63	4.71	58.26	13.30	45.23

三、水文条件

中国东北主要水系有黑龙江、松花江、乌苏里江、嫩江、辽河等及其支流。大兴安岭中北部径流相对稳定，径流系数 20%～40%，有春、夏两汛，中间没有枯水期；小兴安岭及长白山径流丰富，土壤侵蚀现象不严重，但常发生洪水危害；呼伦贝尔高原和松嫩平原等平原径流少，多潴成湖沼，辽河上、中游径流丰富，土壤侵蚀程度很大，水土流失严重（周以良等，1997）。

呼伦贝尔境内河流众多，共有大小河流 3000 多条，其中流域面积大于 500km^2 的有 98 条，分别属于嫩江水系、额尔古纳河水系和呼伦湖水系。大兴安岭东侧河流属嫩江水系，全长 1369km，是呼伦贝尔与黑龙江省的界河，在呼伦贝尔境内长 788km，流域面积 9.98 万 km^2，年径流量 182.98 亿 m^3。嫩江水系主要支流有二根河、那都里河、多布库尔河、欧肯河、甘河、诺敏河、阿伦河、雅鲁河、绰尔河等。这些河流均为东南流向，大致平行，间距约 7km，上游经林区，下游接近松嫩平原，河道坡度较缓，河谷比较开阔。额尔古纳河在我国境内全长 970km，总流域面积 15 万 km^2，年径流量 115.63 亿 m^3，主要河流有海拉尔河（即额尔古纳河上游段）及其支流莫尔格勒河、特尼河、伊敏河、辉河等，海拉尔河流域河网稠密，间距多在 3～10km，大部分地区基本上可以满足人用水及灌溉的需要。额尔古纳河的主要支流有克鲁伦河、根河、激流河等，这些河流均发源于大兴安岭西侧的吉勒老奇山西坡，在恩和哈达与俄罗斯的石勒喀河汇流后入黑龙江。额尔古纳河水系和嫩江水系年平均径流总量为 298.98 亿 m^3。丰富的地表水资源使草甸、沼泽植被得到大量发育。呼伦湖水系包括呼伦湖、贝尔湖、克鲁伦河和乌尔逊河及哈拉哈河等，为内陆的独立水系。河网稀疏，水质良好，矿化度小于 0.3g/L。高原上湖泊、水泡颇多，共有大小湖泊 500 多个，其中面积最大的为呼伦湖和贝尔湖。地下水分布广，水资源丰富，多年平均年总补给量为 9.6 亿 m^3，地下水总储量 93 亿 m^3。地下水贫乏区主要分布在伊敏河以东及达赉湖以西的丘陵地区，水质不良区限于局部地区。

锡林郭勒盟主要河流有 20 条，分为三大水系，分别是南部正蓝旗、多伦县境内的滦河水系，中部的呼尔查干淖尔水系，东北部的乌拉盖河水系。乌拉盖河是锡林郭勒盟最大河流，全长 548km，发源于东乌珠穆沁旗宝格达山，由东向西注入乌拉盖湖。锡林河发源于赤峰克什克腾旗，流注入锡林浩特市境内查干淖尔。锡林郭勒盟有大小湖泊 470 余个，总面积 500km^2。

科尔沁沙地位于西辽河平原南部，该平原地下水形成与运动受气候、岩性、构造、地貌、沉积等环境因素的影响，并形成平原区特有的水文地质条件。从第四纪以来，该区域内以沉降运动为主，在垂直方向上，岩性有着下粗上细的规律，三层并不连续的弱透水层分别出现在距地表 20～30m、45～55m、85～95m 范围内，三个透水层整体相互依存，关系密切。该区域内湖泊、水泡、沼泽密集分布，地表水和地下水循环较为复杂。

松嫩平原地表水较多，河网较密。嫩江左岸支流为讷谟尔河、乌裕尔河、双阳河等，多发源于小兴安岭，河床比较小，进入平原后蛇曲前进，形成宽阔的河漫滩。嫩江右岸支流发源于大兴安岭，如雅鲁河、绰尔河、洮儿河等，水量充足，源远流长。松嫩平原是一个大型的中、新生代陆相沉积盆地，这为地下水的形成和贮藏创造了极为有利的条件。松嫩冲积平原主要由河漫滩和一级阶地构成，主要分布在松花江及嫩江两侧，沿江、河呈带状分布，宽窄不一，在2～10km范围内，一般是自上游至下游逐渐展宽，左岸比右岸宽。河谷泛滥平原分布在莫力达瓦—齐齐哈尔—肇源—哈尔滨地区的嫩江、松花江河漫滩，宽10～20km，河曲发育，并有牛轭湖及沼泽分布，在齐齐哈尔富裕县一带有沙丘分布，河道变化频繁，易受洪水淹没。

四、土壤条件

根据周以良等（1997）对东北的成土母质和土壤的分析，北方草甸和草甸草原主要成土母质与土壤类型应包括以下特征。

（一）成土母质

北方山地土壤和成土母质主要是各种残积物；平地土壤的母质则为各种淤积物、冲积物、风积物和海相沉积物。现代残积物广泛分布于山地，以岩浆岩为主，沉积较少，可分为酸性残积物和碱性残积物。酸性残积物主要是岩浆岩的风化物的组成，分布最为广泛，是山地土壤中最重要的一种成土母质。成土母质pH为5.0～5.7，盐基饱和度一般在40%左右，中生代砂质岩广布于辽西丘陵地区，风化强烈，由于岩性较弱，抗蚀力差，普遍遭到较严重的侵蚀。基性残积物主要由新生代的玄武岩和玄武岩质的火山灰等风化物组成，分布比较广泛，主要是长白山熔岩台地、松花江上游熔岩台地、小兴安岭西侧五大连池火山区、大兴安岭中部大黑河等地，其酸性反应趋于中性，盐基近饱和。

山麓冲积物-洪积物呈弧形分布于小兴安岭东部山地西麓及大兴安岭的东麓，上部为更新世中、晚期冲积的黄土黏质堆积物，下部为更新世早、中期的砂质堆积物。在哈尔滨以南地区，该母质层厚度达10～15m，物理性黏粒小于60%，在哈尔滨以北的嫩江、北安等地该母质层厚度稍薄，物理性黏粒大于60%。

淤积物在东北平原上分布广泛。首先是无碳酸盐淤积物，分布于松花江、嫩江上游，黑龙江中、上游及东部山区诸河流的河谷平原，这类母质呈微酸性反应，pH为5.8～6.8，盐基近饱和；第二是碳酸盐淤积物，主要分布于松嫩平原，辽河中、下游，呼伦贝尔高平原及辽西诸河流的河谷平原，母质呈中性或微碱性反应，pH为7.0～7.8，代换性盐基总量高于前者；第三是苏打盐化淤积物，分布于松嫩平原的中部安达、肇东一带和吉林西部，质地较黏重，盐基饱和度高，呈碱性反应，pH为8.0～8.6。

砂质风积物分布于西辽河流域、呼伦贝尔高平原和松辽分水岭西部地区，其中无碳酸盐砂质风积物多系近期河流冲积物，或受风力搬运而再次沉积，成为波状起伏的沙丘，而碳酸盐砂质风积物主要分布于黑龙江、吉林西部和西河流域，系冰期后与黄土同时沉积而成。在草原植被作用下，开始有$CaCO_3$的聚积，多发育为黑钙土型砂土或栗钙土型砂土。

（二）土壤类型

在环境因素中，土壤对植被起了间接影响。土壤的形成受其环境条件，特别是地形地貌、气候、水文、植被、人类活动等因素的影响，其中气候和植被条件是土壤形成的基本要素。北方草甸和草甸草原以山地、高平原和河谷低地为地形地貌条件，其地形构造条件影响着水分、热量的重新分配和植被类型的形成与分布，也影响土壤类型的形成与分布。从地壳物质的淋溶和淀积过程来看，一般越近山地淋溶过程越占优势，越近平原中心则淀积过程越占优势。气候可对土壤形成过程中的有机、无机化合物的合成与分解、淋溶与还原作用产生深刻的影响，决定土壤类型的性质和分布规律。植被是土壤有机质的主要来源，是形成腐殖质的物质基础，植被的演化也明显地影响土壤类型的变化。

中国东北土壤有一个共同的特征，即有机质或腐殖质丰富，具有深厚的暗色表层，尤其是黑土、黑钙土、草甸土等，有机质或腐殖质层非常厚，含量大，土壤极为肥沃，我国东北中部平原地区是世界三大肥沃黑土区之一，土壤深厚黑色表层的存在反映了冷湿型自然景观的本质特征。在较短的温暖季节中，气温较高，降水丰富，土壤的水热条件有利于植物生长，粗有机质能较快分解，增加土壤腐殖质含量，而且由于寒冷季节较长，土壤温度急剧降低，强烈地抑制了土壤生物化学作用的进行和有机质的分解，这就为腐殖质形成和积累提供了有利条件。

北方草甸和草甸草原主要土壤类型包括黑土、黑钙土、暗栗钙土、草甸土、沼泽土及沙土。

1. 黑土

黑土地带位于大兴安岭东麓山前丘陵平原和河谷平原，海拔 260～500m，分布于黑龙江、吉林中部、松嫩平原东北部及小兴安岭和长白山的山前波状台地。黑土具有黑灰色的腐殖质层，呈粒状或团块状结构，全剖面无钙积层。黑土的自然植被是森林草原，即夏绿阔叶林间的杂类草草甸，即"五花草甸"，主要由莎草、拂子茅、地榆、沙参、柴胡及柳、榛等灌丛组成。黑土地带植被极为茂密，加之冷湿的气候条件，有机质积累丰富，为黑土腐殖质积累创造条件。由于黑土分布区大多母质黏重，局部形成季节性冻层，水分下渗仅 1～2cm，结果土地中出现了特殊的淋溶还原条件与有机质的强度积累条件相结合，构成了黑土的成土过程，即黑土化过程，使黑土有一个 25～70cm 的深厚黑色腐殖质层，向下过渡到淀积层和母质层。土壤结构良好，腐殖质层多数为团块状结构和粒状结构。黑土地带 0～20cm 层有机质含量平均为 6.84%，全氮 0.33%，碱解氮 288.01ppm[①]，pH 6.46，代换量 27.61mg 当量/100g 土。土层深一般 50cm 左右，土壤质地为壤质。具有较高的潜在肥力和保水保肥性能。

2. 黑钙土

黑钙土是北方温带半湿润草甸草原上形成的。黑钙土地带主要分布于大兴安岭中南段东西两侧的草原地区，向西延伸到燕山北麓和阴山山地。黑钙土分布区属半湿润大陆性季风气候，气温较低，降水较少，风力较大，年均温-2.5～3℃，降水量350～400mm。地形大部分为低山丘陵，在波状高平原及河流阶地也有大面积分布。黑钙土的形成条件是半湿润的气候环境和草甸草原植被。草甸草原植被为土壤带来了大量有机物质，使土

---

① 1ppm= 10^{-6}

壤形成良好的中性环境，为土壤微生物活动和腐殖质大量积累创造了有利条件，因此黑钙土具有草原土壤形成最基本的两个过程，即腐殖质积累过程和钙积化过程，其中暗黑钙土腐殖质深厚，有机质含量在 10% 以上；黑钙土土层 30～50cm，有机质含量 5%～10%，pH 为 7.0～7.5；淡黑钙土土层也较深厚，有机质含量 3%～6%。黑钙土地带 0～20cm 层有机质平均含量 7.32%，全氮 0.35%，碱解氮 266.03ppm，代换量 30.66mg 当量/100g 土。钙积层多出现于 50～90cm 处，剖面中下部有白色粉末石灰累积。

在黑钙土地带广泛分布着线叶菊、羊茅、线叶菊+贝加尔针茅、羊草+杂类草草甸草原，为天然草地所覆盖，形成草地生产力较高的温性草甸草原。再向西侧进入呼伦贝尔高平原与暗栗钙土形成复合区，构成了高平原草甸草原，土壤肥力中等，植物种类成分较单纯，以优良的禾本科牧草即羊草、贝加尔针茅占优势（潘学清，1992）。

3. 暗栗钙土

暗栗钙土是黑钙土向栗钙土过渡类型。栗钙土可以分为普通栗钙土、暗栗钙土、淡栗钙土等。这类土壤均具有较明显的腐殖质累积和石灰的淋溶—淀积过程，并多存在弱度的石膏化和盐化过程。栗钙土是温带半干旱地区干草原下形成的土壤，表层为栗色或暗栗色的腐殖质，厚度为 25～45cm，有机质含量多在 1.5%～4.0%；腐殖质层以下为含有大量灰白色斑状或粉状石灰的钙积层，石灰含量达 10%～30%。中国栗钙土土壤性质表现出明显的地区差异：东部内蒙古高原的栗钙土具少腐殖质、少盐化、少碱化和无石膏或深位石膏及弱黏化特点，而西部新疆地区在底土有数量不等的石膏和盐分聚积，腐殖质的含量也相对较高，但土壤无碱化和黏化现象。

4. 草甸土

草甸土发育于地势低平、受地下水或潜水的直接浸润并生长草甸植物的土壤，属半水成土。其主要特征是有机质含量较高，腐殖质层较厚，土壤团粒结构较好，水分较充分。草甸土分布在世界各地平原地区，我国北方主要分布在东北三江平原、松嫩平原、辽河平原及其河沿地区，其形成有潴育过程和腐殖质积累过程。草甸土有腐殖质层、腐殖质过渡层和潜育层，可分为暗色草甸土、草甸土、灰色草甸土和林灌草甸土 4 个亚类。由于草甸土肥力较高，生产潜力较大，已广为利用。但在水分过多时易出现湿害或受洪水威胁，有的还受盐碱影响。

5. 沼泽土

沼泽土发育于长期积水并生长喜湿植物的低洼地土壤。其表层积聚大量分解程度较低的有机质或泥炭，土壤呈微酸性至酸性反应；底层有低价铁、锰存在。沼泽土大都分布在低洼地区，具有季节性或长年的停滞性积水，地下水位都在 1m 以上，并具有沼泽化过程。停滞性的高地下水位，一般是由于地势低平而滞水，但也有由于永冻层渍水或森林采伐后林水蒸发减少而滞水的。沼生植被一般由低地的低位沼泽植被组成，如芦苇、菖蒲、沼柳等，但在湿润地区也有高位沼泽植被，其代表为水藓、灰藓等藓类植被。沼泽土的形成称为沼泽化过程。

6. 沙土

沙土指由 80% 以上的沙和 20% 以下的黏土混合而成的土壤。这种土壤土质疏松，透水透气性好，但保水保肥能力差，耕种时需要改良，不太适宜某些植物生长。

第二节　植被特征

一、草甸草原植被特征

草甸草原的植被以其独特自然景观占据我国北方林缘地带，在森林外围，与森林接壤或部分与森林交错呈岛状分布，主要分布在大兴安岭东西两麓的低山、丘陵、高平原区及松嫩草原区。草甸草原的植被特征与植物种类、群落结构及生境条件密切相关，草甸草原植物区系属于泛北极植物区，以中旱生多年生禾本科、豆科和菊科等草本植物为建群种和优势种，以贝加尔针茅草甸草原、羊草草甸草原、线叶菊草甸草原为主体群系，构成了草甸草原相对稳定的群落类型系列。但也见于典型草原生态系统地带的丘陵阴坡、宽谷、山地草原带的上侧（山地森林草原带），荒漠草原生态系统的山地垂直带也可见草甸草原分布。草甸草原由于分布地区的地理位置、海拔、地形条件及水热因子组合的差异，具有不同区域分布特征。草甸草原主要分布在松嫩草原、呼伦贝尔草原、锡林郭勒草原、科尔沁草原及新疆阿勒泰草原和伊犁草原等地区。认识草甸草原植被分布规律及其结构、功能和生产利用特性，是实现草甸草原持续管理和草牧业可持续发展的基础。

（一）贝加尔针茅草甸草原

1. 地理分布特征

贝加尔针茅草甸草原分布于欧亚草原区东端的森林草原地带，其分布中心在我国东北松辽平原、内蒙古高原区东部，以及蒙古国草原区东北部和俄罗斯外贝加尔草原地区，它在我国由东北向西北，可以分布到甘肃、宁夏等地。贝加尔针茅草甸草原是草甸草原地带性特征的重要标志，而且它与森林接壤或镶嵌带占据典型的地带性生境，稳定地分布于大兴安岭山脉东西两麓森林草原亚带和松辽平原排水良好的黑钙土和暗栗钙土区。在松嫩草原外围，呼伦贝尔草原东北部和科尔沁草原西北部的起伏平原和缓坡丘陵，以及锡林郭勒草原的东部，贝加尔针茅草甸草原均有广泛分布。

贝加尔针茅草甸草原处于丘陵斜坡、台地等地势开阔、排水良好的显域地境中，多生长在土层较厚的丘陵坡地中部，其下部与羊草草原相接，而坡地上部常被线叶菊草原或羊茅草原所替代。在大兴安岭西麓，贝加尔针茅草甸草原向内蒙古高原的西部过渡时，则被更干旱的大针茅草原和克氏针茅草原所替代；而在大兴安岭东麓，贝加尔针茅草甸草原群落出现在中、低山带，与抗旱能力较强的蒙古栎林、大果榆林、山杏灌丛、白莲蒿半灌木植被及线叶菊草原等形成多种群落类型。其分布海拔自西向东逐渐降低，由 1300～1400m 下降至 200～300m（扎鲁特旗的鲁北），再向东北方向延伸至东北平原。

贝加尔针茅草甸草原植被的土壤环境主要发育于黑钙土和暗栗钙土。通常在大兴安岭南部山地以暗栗钙土为主；在呼伦贝尔草原和锡林郭勒草原则以黑钙土、淡黑钙土和暗栗钙土为主。在科尔沁草原西端、海拔高达 1400～1700m 的玄武岩台地上，其淋溶黑钙土上均有贝加尔针茅草甸草原分布。贝加尔针茅草甸草原能适应多种基质的土壤，但以在肥沃而深厚的壤质土上发育最好，在干燥砾石的山坡和沙质土壤上，种类组成明显贫乏，盖度降低。其耐盐性极差，在轻质盐渍化土壤或微碱化土壤上则被羊草草原所替代。陈佐忠和黄德华（1988）的系统研究表明，贝加尔针茅草甸草原土壤特征明显，腐殖质层厚度大于 50cm，表层有机质含量在 4%以上，碳酸盐累积不明显，没有明显钙积层，A、B、C 层过渡不明显，黏土矿物主要是水云母与蒙脱石。

2. 群落组成类型

贝加尔针茅草甸草原主要群落类型包括贝加尔针茅、羊草群落类型；贝加尔针茅、线叶菊群落类型；贝加尔针茅、柄状薹草群落类型；贝加尔针茅、多叶隐子草群落类型；山杏、贝加尔针茅群落类型。

（1）贝加尔针茅、羊草群落类型

贝加尔针茅、羊草群落类型是贝加尔针茅群系中比较居中的类型，而且分布面积最广，分布范围大致与线叶菊草原相当。其分布海拔在呼伦贝尔为 600～700m，在锡林郭勒为 900～1200m。在松嫩平原上，由于小地形和土壤条件差异，贝加尔针茅、羊草群落常与线叶菊或羊草群落交错出现。群落植物种类比较丰富，种饱和度较高，每平方米有 15～25 种植物，有时可多达 37 种。在草群组成中，贝加尔针茅占绝对优势，其优势度在 80%以上，草群中常见植物有线叶菊、羊茅、多叶隐子草，主要伴生植物有斜茎黄芪、细叶胡枝子、中华隐子草、柴胡、地榆、蓬子菜、委陵菜、展枝唐松草、棉团铁线莲、裂叶蒿、防风、落草等。

（2）贝加尔针茅、线叶菊群落类型

贝加尔针茅、线叶菊群落类型是贝加尔针茅草原中的旱生化类型，也是贝加尔针茅群系向线叶菊群系的过渡类型。主要分布在大兴安岭西麓低山丘陵地区和呼伦贝尔高平原的东缘。此外，在大兴安岭东西两麓海拔 800～1400m 的山地陡坡部位，由于森林破坏，生境旱化，贝加尔针茅、线叶菊草原发育较好，在额尔古纳市、陈巴尔虎旗的山地分布面积较大，在阿荣旗、牙克石市的山地也占有一部分（中国科学院内蒙古宁夏综合考察队，1985）。该群落的植物种类成分较丰富，种饱和度平均 25 种/m^2。杂类草成分较多，生态类群分异比较明显。既含有草原群落中常见的中旱生成分，如建群种线叶菊，还有柴胡、防风、黄芩等，也包含旱中生成分，如棉团铁线莲、蓬子菜，以及中生成分，如地榆、黄花菜和山黧豆。

（3）贝加尔针茅、柄状薹草群落类型

贝加尔针茅、柄状薹草群落类型主要分布在呼伦贝尔草原和锡林郭勒草原放牧利用较严重的地段，地形较平坦，还保留一些沙岗残丘。土壤主要是栗砂土，土壤结构松散，水分状况良好。灌木类植物稀少甚至消失，成为群落的偶见种，草本层片禾草类得到充分发育，贝加尔针茅成为群落的优势种，亚优势种有柄状薹草、斜茎黄芪、多叶棘豆，伴生成分有柴胡、歪头菜、菊叶委陵菜、防风、拂子茅、野菊、沙参、落草、冰草、山萝卜等。草群盖度 73%，高度 36cm，亩①产鲜草量为 198.85kg，植物种类 20 种/m² 左右。草群产量构成中，多年生草本占优势地位，其中禾本科占 31.9%、豆科占 14.8%、菊科占 7.25%、莎草科占 13.00%、其他科占 33.05%。该群落适宜轻度打草和放牧，应注意加强保护草原。

（4）贝加尔针茅、多叶隐子草群落类型

贝加尔针茅、多叶隐子草群落主要分布于大兴安岭南麓，内蒙古兴安盟、通辽市及赤峰市的丘陵地或丘间平地。在空间分布上与山杏灌木群落和白莲蒿群落相邻。常见植物主要为山杏、白莲蒿、达乌里胡枝子、野古草、大油芒，伴生植物有中华隐子草、丛生隐子草、寸草薹、拂子茅、北芸香、细叶鸢尾、棉团铁线莲、百里香、麻花头、火绒草等，偶见种有线叶菊、知母、贝加尔亚麻、黄芩等。其他植物还有草木樨状黄芪、糙叶黄芪、蓝刺头、阿尔泰狗娃花、委陵菜、狼毒、柴胡、防风、扁蓿豆、蓬子菜、长柱沙参等。草群总盖度在 30%～50%，草群植物种类 30 种/m²，高度 22cm，产干草为 117.87kg/亩，可食产草量为 82.58kg/亩，枯草期可食产草量为 40.86kg/亩。草群产量构成中，多年生草本占优势地位，其中禾本科占 72.06%、豆科占 1.21%、菊科占 3.79%、莎草科占 11.72%、其他科占 11.22%。全年载畜量为 13.93 羊单位/亩。草原为二等 5 级，适宜放牧。

（5）山杏、贝加尔针茅群落类型

山杏、贝加尔针茅群落类型是一种灌木草原类型，位于大兴安岭东南坡，为该地区特有的灌木草原，主要分布于内蒙古巴林右旗、阿鲁科尔沁旗、扎鲁特旗、科尔沁右翼中旗、突泉县、扎赉特旗一带。该群落居于比较干燥的丘陵坡地、低山洪积扇，并能顺着沙地蔓延至山前平原。海拔在 200～600m，其西部海拔较高，向东北方向延伸时则有降低趋势。种饱和度平均 15 种/m² 左右，变幅为 8～26 种/m²。次优势种为多叶隐子草和线叶菊，禾草层片中还有羊草、野古草、大油芒、冰草、糙隐子草、羽茅和落草，其中除羊草外，其他植物的频度较低。群落中有旱中生根茎型禾草、野古草和大油芒出现，说明土壤较肥沃且湿润。

3. 群落结构

在空间配置上，贝加尔针茅草甸草原群落中杂类草相当丰富，贝加尔针茅在群落组成中占绝对优势，相对盖度达 45% 左右，相对重量 30%～40%，在群落中的频度为 100%，是稳定的建群成分。贝加尔针茅草甸草原生长较茂密，群落盖度可达 70%～80%，叶层高度一般达 50cm 以上，每公顷可产鲜草 4000～6000kg，草群适口性良好。

在贝加尔针茅草甸草原群落组成中，不同地段上分别生出的优势植物有羊茅、大针茅、多叶隐子草、羊草、野古草、柄状薹草、黄囊薹草及杂类草中的地榆、花苜蓿、草木樨状黄芪、山野豌豆、斜茎黄芪、华北岩黄芪、裂叶蒿、南牡蒿、线叶菊、黄花等。这些植物与贝加尔针茅一起组成多样的群落类型。此外，旱中生灌木山杏在大兴安岭东麓的贝加尔针茅草甸草原中也常形成明显层片，使群落具有灌丛化外貌，中旱生半灌木

---

① 1 亩≈666.7m²

达乌里胡枝子在这里也可起优势作用。常见的禾本科植物有羽茅、异燕麦、光稃茅香、糙隐子草、落草等；中生或旱中生杂类草有多裂叶荆芥、狗舌草、风毛菊、高山紫菀、蒙古白头翁、红纹马先蒿、野火球、广布野豌豆、蓬子菜、紫沙参等。它们在不同群落中以不同数量出现，是中生杂类草层片的主要组成部分；旱生或中旱生杂类草有狭叶柴胡、草地麻花头、火绒草、多叶棘豆、防风、狼毒、菊叶委陵菜、三出叶委陵菜、二裂委陵菜、葱属植物等。一、二年生植物在群落中作用很小，有时可看到零星分布的黄蒿。群落亚层分化明显，一般在草本层中可分出三个亚层：第一亚层高 40～50cm，生殖枝可达 60～80cm，通常由贝加尔针茅、羊草及少量杂类草层组成；第二亚层 20～30cm，主要由多种杂类草及部分禾草组成；第三亚层高 15cm 以下，由薹草及矮杂草组成。在贝加尔针茅草甸草原分布范围内，地形、基质、土壤及地方气候的差异，常引起层片结构和亚建群种的变化。贝加尔针茅除作为建群种形成群落外，还能成为羊草草原、线叶菊草原和大针茅草原的亚优势种，同时也能出现在山地森林地区，构成林缘草甸的伴生成分。

（二）羊草草甸草原

1. 地理分布特征

羊草草甸草原在欧亚草原区东部既是一个特有群系，又是一种优势草原群落类型，广泛分布在俄罗斯贝加尔草原地带、蒙古国东部和北部及我国东北平原和内蒙古高原东部。羊草草甸草原的分布区是一个连续完整的区域，它位于亚洲中、东部的温带半干旱半湿润地区，最北端达北纬62°，南界大约到北纬36°，东西跨于东经92°～132°范围内。根据记载，羊草草甸草原在亚洲中、东部的总面积大约有 42 万 km^2，其中在我国境内的分布面积约 22 万 km^2。在我国，羊草草甸草原的分布中心是东北平原和内蒙古高原的森林草原地带及其相邻的典型草原外围地区。羊草草甸草原在我国主要分布于内蒙古高原和松嫩平原西部的大兴安岭台地（祝廷成，2004）。在内蒙古高原，羊草草甸草原集中分布在呼伦贝尔草原和锡林郭勒草原东北部、科尔沁草原北部，它是我国草原带分布面积很广的草原群系之一，并且是畜牧业经济价值最高的草原类型。

以羊草为建群种的草甸草原生态幅度很广，所处生境条件很复杂。从开阔平原到低山丘陵，从地带性生境到高河滩及盐渍低地均有羊草草甸草原分布。在大兴安岭西麓森林草原地带，气候较湿润的条件下，羊草草甸草原在地带性生境上发育良好，占据了缓丘坡地中下部广大地段，成为该地带最发达的草甸草原群系。在缓丘上部及顶部则发育有贝加尔针茅草原和线叶菊草原，坡麓以下谷地中则为羊草草甸草原群落所占据。向西至典型草原地带，气候湿润程度降低，由半湿润转为半干旱，羊草草甸草原多出现在具有径流补给的地段，如坡麓、宽谷、河流阶地等。在东部平原，羊草草甸草原多发育在半隐域性低平地上，土壤具有草甸化性质，并常与碱斑上的盐生植物群落形成复合区而存在。

羊草草甸草原所分布的自然地带比较广泛，生境类型十分多样。水分条件和土壤盐分状况的差异是羊草草甸草原群落类型分化的重要因素。羊草草甸草原在森林草原带是面积最大的草原类型，因而在地带性生境中发育非常好，成为该地带最发达的草原群系。它占据的地形条件大多是开阔平原或高平原及丘陵坡地等排水良好的区域。羊草草甸草原的土壤类型主要是黑钙土、暗栗钙土、普通栗钙土、草甸化栗钙土和碱化土等，其中土壤质地多为轻质土壤，通气状况良好。

2. 群落组成类型

羊草草甸草原主要有 5 种群落类型，即羊草群落类型；羊草、贝加尔针茅群落类型；羊草、大油芒群落类型；羊草、柄状薹草群落类型；具灌木的羊草、贝加尔针茅群落类型。

（1）羊草群落类型

羊草群落类型是我国温性草甸草原中，分布范围最广、面积最大、饲用价值最高的类型，也是欧亚大陆温带草原区最具有代表性的草原群落类型之一。羊草群落集中分布于我国东北平原和内蒙古高原的东部，向北延伸至俄罗斯贝加尔草原和蒙古高原的东部。在东北主要分布在松嫩平原区、西辽河平原和阴山山脉以南的平原与丘陵地区。在内蒙古高原集中分布在呼伦贝尔草原、锡林郭勒高原、乌珠穆沁地区和大兴安岭东西两麓的丘陵地区。羊草群落类型在地带性生境上发育良好，在内蒙古高原主要发育在丘陵、缓坡的中、下部且排水良好的广大地段，海拔 500～600m，土壤为黑钙土和暗栗钙土；在东北平原上主要发育在平原低地、丘间平地、河谷平原上，海拔 100～200m，土壤多为黑钙土，土层深厚、疏松、土质肥沃，有利于羊草地下根茎的生长。该群落植物种类一般为 10～20 种/m²，羊草优势度高达 70%～90%。常见伴生有贝加尔针茅、线叶菊、拂子茅、野古草、裂叶蒿、多叶隐子草、山野豌豆、山黧豆、蓬子菜、冰草、落草、冷蒿、柴胡、风毛菊等。草群生长繁茂，草层高度为 35～45cm，羊草的生殖枝高达 80cm 以上。羊草草原不仅是优良的放牧场，也是我国天然草原上最理想的割草场。由于开垦耕种，羊草群落已大面积消失，同时因利用不合理，羊草草原退化和碱化严重，特别是松嫩草原和科尔沁草原，碱化和退化现象比较严重。

（2）羊草、贝加尔针茅群落类型

羊草、贝加尔针茅群落类型是森林草原地带广泛分布的类型，在大兴安岭东西两麓的低山丘陵地区分布最多。这里具有半湿润地区及其向半干旱地区过渡的气候条件，湿润系数在 0.55～0.80。土壤大多是发育良好的壤质土或轻壤质黑钙土。羊草、贝加尔针茅草甸草原是这一地带最发达的草原群落类型，所占面积最大，可占草原植被面积的 40%～60%。该群落类型以贝加尔针茅为亚建群种，植物种类 17 种/m² 左右，羊草盖度 80% 上下，平均草群高度 40cm，产草量 1717.65kg/hm²。禾本科占 40.5%、豆科占 14.1%、菊科占 16.2%、莎草科占 4.1%，其他科占 25.1%。在羊草、贝加尔针茅群落组成中，冰草、渐狭早熟禾、落草是旱生丛生禾草层片的原有成分，甚至会成为优势植物。中旱生与旱中生杂类草层片比较发达，常见伴生种有柴胡、蓬子菜、直立黄芪、展枝唐松草、铁线莲、裂叶蒿、线叶菊、细叶白头翁、山野豌豆、广布野豌豆、狭叶沙参等；其他常见种还有狭叶青蒿、麻花头、野火球等。

（3）羊草、大油芒群落类型

以羊草和大油芒为建群种和优势种的群落类型，在大兴安岭东南麓山前丘陵及平原地区均广泛发育。大油芒是属于东亚阔叶林区及森林草原带的山地多年生草本植物，它在草原植被中作为重要成分出现，乃是东北平原区（包括大兴安岭山地东南麓地区）草原植被区别于蒙古高原草原植被的特点之一。另外，在本区羊草草原中常见的野古草、多叶隐子草、达乌里胡枝子、白莲蒿及山杏、大果榆等东亚成分或喜暖植物的出现也是东北平原区草原植被组成的特色。羊草、大油芒群落类型主要是在森林草原带的气候条件下所发育的群落类型，而大兴安岭东南麓的这类草原则具有山地垂直带的性质，是山麓丘陵平原上稳定的地带性群落。群落种类组成比较丰富，在小禾草层片中主要有冰草、落草、多叶隐子草等。杂类草较为复杂，除蓬子菜、麻花头、细叶柴胡、防风、扁蓿豆、唐松草、黏委陵菜、白毛委陵菜、中国委陵菜、柳穿鱼、蓝刺头等中旱生植物以外，往往还有一些旱中生的杂类草出现。小半灌木类的白莲蒿、细叶胡枝子也是群落的恒有成分。这一群丛的群落生产力一般都较高，因而成为一类良好的天然草原。

（4）羊草、柄状薹草群落类型

羊草、柄状薹草群落类型主要分布在我国大兴安岭北部的东西两麓地区，以及俄罗斯外贝加尔地区、蒙古国北部地区等，是杭爱山—达乌里—大兴安岭森林草原地带常见的一类羊草草甸草原群落。它一般发育在丘陵漫岗的坡地下部、丘间宽谷、河谷阶地与平原等地形部位上。这里气候湿润度也较高，一般可达 0.5～0.8。土壤以中层与厚层黑钙土为主，但也有些群落片段出现在淋溶黑钙土和草甸黑钙土上。该群落类型具有一定的草甸中生化特点。经常出现的杂类草有蓬子菜、柴胡、唐松草、铁线莲、白头翁、直立黄芪、野火球、大叶野豌豆、山野豌豆、山黧豆、沙参、地榆、叉分蓼、麻花头、裂叶蒿、狭叶青蒿、变蒿、囊花鸢尾、黄花菜、山丹、玉竹等。丛生禾草类的贝加尔针茅、早熟禾、落草等也是群落的恒有成分。其他常见禾草有西伯利亚茇茇草、异燕麦、拂子茅、无芒雀麦、披碱草、冰草等。羊草、柄状薹草群落类型生境条件良好，群落组成很丰富，群落的生产力较高，单位面积绿色干物质产量一般为 200～300 斤[①]/亩，高产地段还可达 350 斤/亩以上。又因羊草等优质牧草在群落中占有较大优势，所以该类型是高产的良好割草场与放牧场。

（5）具灌木的羊草、贝加尔针茅群落类型

灌木为山杏，具灌木的羊草、贝加尔针茅群落类型是大兴安岭以东森林草原带特有的群落类型。山杏是属于我国华北和东北的区系成分，它所组成的旱中生灌木层片成为该群丛的显著特点。该群落类型重要特征种有大油芒、野古草、达乌里胡枝子、白莲蒿等。山杏灌丛化的草原群落类型，为松辽平原草原区所特有。该类型是丘陵地形上常见的一种灌丛化草原群落类型，它的形成也和海拔上升及土壤砾石性的生态条件有密切联系。灌木层片在群落外貌上十分显著，并且在群落中构成了一些镶嵌的小群落。山杏群落的庇荫作用使一些杂类草聚生在小群落中，此外，丛生禾草层片、杂类草层片等都是构成该群落的次要层片。群落总生产力较高，并具有独特的经济价值。

---

① 1 斤=500g

3. 群落结构

在羊草草甸草原群系中，根据吴征镒（1983）统计的 350 多种植物中，能成为优势种的有 50 余种，其中羊草占绝对优势。相对盖度与相对重量都有 40%以上，频度 100%，是稳定的建群成分。羊草包含了性质上非常不同的生态生物学类群，它们在不同生境条件下可呈优势或次优势地位。在水分生态类型组成上，旱生植物（包括中旱生植物共占总种数的 56%）与中生、旱中生植物（包括盐中生植物共占总种数的 44%）都占很大比例，并且有少量盐生植物和沙生植物渗入。生活型也是多种多样的，以多年生草本植物占绝对优势，此外有少量灌木、半灌木及一年生草类。由于种类繁多，群落的结构比较复杂，一般可分为三层：第一层高 65～70cm，主要由羊草生殖枝构成；第二层高 30cm上下，主要由杂类草组成；第三层高 15cm 以下，由莲座状杂类草及薹草组成。地上生物学产量主要集中在 0～40cm 高度内，平均高度在 35～45cm，生殖枝高达 80cm 以上。

羊草草甸草原中草群茂密，叶层高度一般在 40cm 左右，植物种类组成丰富，种饱和度大，每平方米 12～20 种，高者达 30 种以上。植物生长繁茂，章祖同和刘起（1992）研究表明，羊草草甸草原总盖度在 60%～90%，平均产鲜草 4028～6750kg/hm^2。

（三）线叶菊草甸草原

1. 地理分布特征

线叶菊草甸草原是欧亚草原区东部山地和山前平原特有的一种以杂类草占优势的草原类型。西自杭爱山北麓，沿一系列山系向东延伸，至大兴安岭转南，直到燕山山脉及阴山山脉东段，在上述山系的山前丘陵及其外围地区绵延分布。线叶菊的生态幅度比较有局限性，虽然从大兴安岭北部落叶松林采伐迹地，到蒙古高原东部低山丘陵均能生长，个别的还一直分布到蒙古高原中部的达尔罕茂明安联合旗白云鄂博山区，和石生针茅、亚菊混生在一起，构成山地荒漠草原的伴生种。但线叶菊属于山地嗜石性的、耐寒的中旱生多年生草本植物，它的主要分布区在亚洲东部半湿润森林草原地带和半干旱草原地带的一部分地区。其分布范围大致介于北纬 37°～54°和东经 100°～132°。在我国境内，线叶菊草甸草原主要分布在大兴安岭东西两麓低山丘陵地带的呼伦贝尔草原和锡林郭勒草原东部及松嫩平原北部，基本上限于森林草原地带之内。因此，本群系大量分布在中温型草原带范围内，可作为划分草甸草原的重要标志。本群系有时也进入干草原地带，但总是零散出现在海拔较高的平缓山顶或高台地。

线叶菊草甸草原的上述分布范围，在气候上属温带半湿润区，但在不同地区，线叶菊草甸草原的分布总与一定的海拔、一定的地形部位及一定的土壤类型密切相关，随着纬度的南移，热量逐渐增高，线叶菊草甸草原的分布高度也逐渐上升，如北纬 50°左右的三河地区，它的分布高度为 520～800m，至北纬 43°30′的锡林河中上游上升到 1250～1460m，每向南移动一个纬度，其分布界限升高 100m 左右。但在大兴安岭东南麓，由于地势较低，且受季风影响较强，水热组合状况与岭西不同，线叶菊草原的分布状况与岭西也有明显差异。例如，在北纬 47°附近的松嫩平原上，线叶菊草甸草原的分布高度为 150m 上下，这与岭西同纬度相比要低得多。总的来看，气候的大陆性越强，线叶菊草甸草原分布的位置也越高，并逐渐表现出山地垂直带的特征，如处于干草原地带的大青山（北纬41°）。

线叶菊草甸草原现出在林线以上海拔1500～1680m的平缓山顶，表现为明显的山地草原特征（吴征镒，1983）。线叶菊草原的分布与土壤的关系一般是比较严格的。这类群落的发育要求粗骨质土壤和壤质、砂壤质、砂质、砾质的中性、微碱性黑钙土和暗栗土保持密切的相关性，在黏重的或盐化的土壤中从不见于其出现。一般情况下，线叶菊群落多出现在土壤质地粗糙、砾石性或沙性比较明显、风蚀比较严重的丘陵坡地的中上部位和高位台地的边缘地带。植物除依赖大气降水外，还可利用部分土壤凝结水。由于蒸发量相对较低，生长季的土壤水分条件比较优越，这就为较多数量的中旱生、旱中生及中生杂类草植物的生长创造了有利的条件。

2. 群落组成类型

线叶菊草甸草原分布在我国境内的主要群落类型共6种，即线叶菊、贝加尔针茅群落类型；线叶菊、羊茅群落类型；线叶菊、大油芒群落类型；线叶菊、多叶隐子草、尖叶胡枝子群落类型；山杏、线叶菊群落类型；小叶锦鸡儿、线叶菊群落类型。

（1）线叶菊、贝加尔针茅群落类型

线叶菊、贝加尔针茅群落主要分布在大兴安岭山地和阴山山地。在大兴安岭东西两麓森林草原地带及东北松嫩平原地区，常在波状平原的垄岗部位和低山丘陵的缓坡中部，这类草原群落占有较大面积，因而其分布与相邻群落空间组合关系，在一定程度上表现出明显的地域性特征。线叶菊、贝加尔针茅草甸草原通常为淋溶黑钙土或浅色黑钙土。地面虽然或多或少具有一定的砾石性，但水分和营养状况都较优越。杂类草成分不仅种类繁多，而且生态类型分异比较明显。既含有草原群落中常见的中旱生成分，如柴胡、防风、黄芩、展枝唐松草、麻花头等，也含有大量草原旱中生植物，如棉团铁线莲、细叶白头翁、蓬子菜，以及典型草甸中生成分，如地榆、黄花菜、野火球、沙参等，此外还有一些山地石生草原的特征植物，如多叶棘豆、三出叶委陵菜等。线叶菊、贝加尔针茅群落每平方米有植物种39种，草群盖度60%。

（2）线叶菊、羊茅群落类型

线叶菊、羊茅群落类型是寒温带禾草型线叶菊草甸草原的一个代表类型，这类草原所占的空间面积并不是很大，但在森林草原地带低山丘陵和典型草原的东部高平原台地的出现率却较高。主要特点是与线叶菊一起混生相当数量的高度耐寒耐旱的山地草原成分，并与山地石生杂类草群落在发生上保持着一定联系。例如，石生杂类草群聚在大兴安岭山脉、阴山山脉的结晶岩露头区，分布极为广泛，似乎每种植物都生长在一个特殊环境之中。就数量和作用来看，各色壳状、叶状地衣占据着重要的优势地位，几乎覆盖着岩砾碎块的各个部分。常见多年生杂类草植物除线叶菊外，还有高山紫菀、柴胡、蚤缀、白婆婆纳、多叶棘豆、三出叶委陵菜，以及一、二年生植物如瓦松、点地梅、小花花旗杆和葶苈等。种饱和度，每平方米平均17种。草群高20～25cm，投影盖度45%～55%。

（3）线叶菊、大油芒群落类型

线叶菊、大油芒群落类型是暖温带禾草型线叶菊草甸草原的一个代表类型，其主要特点是：仅出现在气候比较温暖的大兴安岭东南麓海拔 300～570m 的丘陵坡地和岗状坡地；组成中含有一定数量的华北、东北区系成分；在生态序列中与蒙古栎矮林、虎榛子灌丛等夏绿阔叶林和灌木林保持着一定的联系；结构上往往带有明显的次生性烙印；土壤表面富含坡积碎石，但土层较厚，水分和营养状况较为良好。该群落类型草群稀疏不均，总盖度平均 50%左右，一般波动于 30%～80%。基本草群的叶层高 50～60cm，禾本科植物的生殖枝可达 80cm 以上。7～8 月地上部分鲜草产量每亩 186～340kg，是线叶菊草原中产量较高的一个类型。

（4）线叶菊、多叶隐子草、尖叶胡枝子群落类型

线叶菊、多叶隐子草、尖叶胡枝子群落类型是与上述线叶菊、大油芒群落类型相近似的一类暖温性线叶菊草原，主要分布在大兴安岭东南麓低山丘陵和山前漫岗坡地，北部海拔 400m 左右，南部上升到 950～1000m。土体多砾石，侵蚀比较明显。除建群种线叶菊外，喜温暖的多叶隐子草和尖叶胡枝子占亚优势地位。群落中植物分布不均，水平结构具斑点性，垂直结构分异不显著。草群疏密不均，投影盖度变幅较大，最低 15%，最高可达 45%，平均 30%左右。草群的生物学产量，生长旺季平均每亩可产鲜草 181kg，但变幅很大，每亩最低 80kg，最高可达 282kg。

（5）山杏、线叶菊群落类型

山杏、线叶菊群落主要分布在大兴安岭东南麓的低山丘陵和嫩江上游西部的波状平原垄岗部位。在低山丘陵区多出现于向阳坡地的中上部，并与中部和下部的山杏、贝加尔针茅草原及山杏、羊草草原形成一个完整的山杏-禾草、杂类草草原群落生态序列，同时和背阴坡地上的虎榛子、绣线菊灌丛及岩石陡坡上的大果榆疏林、蒙古栎矮林形成组合，而随着海拔升高，也可和山杨-白桦林形成组合，交替出现。在平原地区，这类草原经常和含丰富杂类草的贝加尔针茅草原、羊草草原处在同一个生态序列中。山杏、线叶菊草原下面的土壤，一般表面多砾石，土体较薄，腐殖质层厚 15～25cm，类型也比较复杂，部分属暗栗钙土，部分则属灰棕壤和暗棕壤土，具有森林土壤和草原土壤交错出现、互相结合的过渡特征。群落中种饱和度不高，平均每平方米 10 种左右。山杏、线叶菊灌木草原，除作为放牧场利用外，同时也是野生油料——杏核比较集中的地方之一，具有特殊的资源意义。该类型常见植物有山杏、线叶菊、羊草、三出叶委陵菜、多叶隐子草、达乌里胡枝子、贝加尔针茅、糙隐子草、寸草薹、草木樨状黄芪、达乌里芯芭等。

（6）小叶锦鸡儿、线叶菊群落类型

与山杏、线叶菊群落类型相对应，小叶锦鸡儿、线叶菊群落主要出现在大兴安岭西北麓低山丘陵地区和内蒙古高原东部边缘的暗栗钙土和浅黑钙土区。这类草原的组成与中温型线叶菊禾草草原基本相同，主要区别点在于草群中小叶锦鸡儿灌木的作用更为明显，其成为建群种，景观作用明显。线叶菊草原中，旱生灌木层片的形成显然与大兴安岭西北麓较为干旱的气候有关，同时也与达乌里—蒙古草原区系成分和达乌里—蒙古—中国东北区系成分之间的相互渗透有着密切联系。小叶锦鸡儿、线叶菊群落类型常见于呼伦贝尔草原东部伊敏河流域砂质栗钙土上和锡林郭勒草原东南部玄武岩台地砾质暗栗钙土及砂质暗栗钙土上。

3. 群落结构

与针茅草原和羊草草原的群落结构相比，线叶菊草原的结构比较复杂，季相也格外华丽，可以说是温带草原区最易引人注目的一类华丽草原。在典型的线叶菊草原上，由于丛生禾草的数量较少，土壤生草化程度较低，地面盖度通常不超过 10%，但在茂密杂类草群集生长地段，群落投影盖度却很高，通常可达 60%～70%。叶层高 25～30cm，而生殖枝可高达 40cm 以上。种饱和度一般都较高，平均每平方米 20 种左右，最高可达35 种。

草群成层性不太明显，大致可分成三个亚层：第一亚层由高大的草与杂类草构成，营养体位于 35～40cm，生殖枝达 60cm，代表植物有地榆、黄花菜、沙参、细叶百合及贝加尔针茅等。第二亚层比较发达，主要由建群种线叶菊及多种杂类草构成，其中杂类草最主要的有细叶白头翁、柴胡、防风、火绒草、黄芩等，此外还有小型丛生禾草和薹草；叶层高 0～18（20）cm，生殖枝达 45cm 左右；本层的植物主要是夏季开花植物，小部分为春季开花植物。第三亚层一般由矮生杂类草植物构成，成分比较复杂，常见的有委陵菜属、棘豆属，以及羊草属数种及百里香等。该层植物的叶片多处于 0～5cm 高度，多由莲座叶型杂类草构成，其中大部分是春季开花植物。

地上部分产量结构与亚层一致，绿色植物主要集中在第二亚层。地下成层性与地上成层性是对应的，组成第一亚层的植物一般根系最深（可达 1.5m）；第二亚层具有中等长度的根系；第三亚层的矮草根系最浅，多分布于土壤上层。地上部分的产量结构和地下成层结构基本是一致的，基本的绿色物质集中在第二亚层范围内 5～15（20）cm，再向上或向下产量逐渐下降。

线叶菊在群落组成中占绝对优势，相对盖度与相对重量均达 40%～50%或更高。具有亚建群作用或优势作用的有：丛生禾草贝加尔针茅、羊茅、大针茅及银穗草及喜温暖的多叶隐子草、丛生薹草、柄状薹草；根茎禾草中的羊草及喜温暖的大油芒、野古草；根茎型的黄囊薹草及旱中生灌木楼斗菜叶绣线菊。此外，在群落中经常出现的或数量较多的植物很多，丛生禾草中有落草、冰草、糙隐子草、早熟禾等，根茎禾草有光稃茅香，中生或旱中生杂类草有细叶白头翁、棉团铁线莲、展枝唐松草、白叶委陵菜、细叶蓼、斜茎黄芪、裂叶蒿、细叶百合、达乌里龙胆、多裂叶荆芥、沙参等，中旱生杂类草有花苜蓿、委陵菜属的一些种、麦瓶草、远志、黄芩、麻花头、火绒草、狼毒及小半灌木变蒿、冷蒿等。

二、草甸植被特征

草甸植被是重要的自然资源。分布广泛、类型繁多的草甸群落是优良的放牧场和割草场，牧草种类丰富，草质优良适口，产草量较高，许多草甸分布地地势平坦开阔，土壤肥沃，一般不呈地带性分布。在我国主要分布在青藏高原东部、北方温带地区的高山和山地及平原低地和海滨。分布区域的气候比较寒冷，地表径流和地下水丰富。分布地区的土层较深厚，富含有机质，生草化过程明显，肥力较高，主要为各种不同类型的草甸土（高山草甸土、亚高山草甸土、山地草甸土、盐化草甸土、潜育草甸土等）或黑土。

（一）典型草甸

1. 地理分布特征

典型草甸类型主要由典型中生植物组成，是适应于中温中湿环境的一类草群落，主要分布于温带森林区和草原区，此外也见于沙漠区和亚热带森林区海拔较高的山地。在温带森林区，典型草甸分布于林缘、林中空地及遭反复火烧或砍伐的森林迹地。其在森林区向草原区过渡的地段，往往出现大面积连续分布的草甸群落，形成森林草甸地带，逐渐向森林草原过渡，具有地带意义。在上述地区，草甸的形成和分布一般不受地下水的制约，而与大气降水、空气湿度有密切的联系，因此常占据排水良好的山坡。土层较厚、土壤富含有机质、湿润而肥沃，主要为黑土且有地表水汇集的地段也出现山地草甸土。优势植物以宽叶的中生杂类草为主，称之为五花草甸。

在草原区域，典型草甸群落出现于两种生境：一种是山地垂直带，其形成主要取决于大气降水和大气湿度，与地下水不一定有直接联系，见于山地森林带，或在森林带上部形成亚高山草甸，以中生杂类草为主，间有禾草草甸类型，分布在山地黑土、山地草甸土或亚高山草甸土上；另一种是沟谷、河漫滩等低湿地段，其形成与地下水的补给有直接联系，为隐域类型，优势种以禾草为主，主要分布在草甸土上。

在亚热带森林区，典型草甸主要分布在亚高山带，形成以杂类草为主的亚高山草甸；而在荒漠区，典型草甸多出现于山地针叶林带和亚高山灌丛带，常与针叶林和亚高山灌丛交错或镶嵌分布。

2. 群落组成类型

典型草甸植物群落类型主要包括：地榆、裂叶蒿杂类草草甸；拂子茅草甸；无芒雀麦草甸；寸草薹草甸。

（1）地榆、裂叶蒿杂类草草甸

地榆、裂叶蒿杂类草草甸种类组成十分丰富，以地榆、裂叶蒿、野豌豆等多种中生杂类草共占优势为特征，秋季百花盛开，十分华丽，又称为五花草甸。在我国，这种五花草甸主要分布于东北及内蒙古东部森林草原地带和落叶阔叶林区的边缘。在这里它沿森林外围带状分布，占据了森林草原地带内靠近森林的一侧。这里阴坡分布了白桦或白桦+山杨岛状林，其余大部分山坡和宽谷均为五花草甸所占据，仅在阳坡上部和丘陵粗骨土上发育了团块状分布的线叶菊、柄状薹草山地草原。这类草甸也见于华北山地。

五花草甸基本上处于中温带，气候从半湿润到湿润，这为中生草本植物的繁茂生长创造了条件。草群高而密，生殖枝层高可达 $1\sim1.1$m，叶层高一般在 $40\sim50$cm，总盖度 100%；生产力很高，每年每亩生产有机物质可达 500 斤以上（鲜重达 $1500\sim2000$ 斤）；种类组成丰富，种饱和度高，每平方米常达 $20\sim25$ 种或更多，最高达 32 种。10 个 $1m^2$ 的样地一般有种子植物 $40\sim50$ 种，最高达 55 种。

该草甸中生杂类草层片起建群作用，其中起优势作用的植物有地榆、裂叶蒿、大叶野豌豆、山野豌豆、莓叶委陵菜、风毛菊、柳叶蒿、千叶蓍、乳菀、蓬子菜、沙参、兴安白头翁、掌叶白头翁、小黄花菜、细叶百合、黄花败酱等。丛生的柄状薹草也是群落重要的优势植物，一般居于下层。在有些地段，中生灌木兴安柳、沼柳也可达到优势地位，形成灌丛化的五花草甸。此外，常见的伴生植物有小叶章、拂子茅、贝加尔针茅、羊草、棉团铁线莲、线叶菊、唐松草、山黧豆、马先蒿、缬草、北方拉拉藤、薹草等。

根据次优势层片的变化，可将五花草甸进一步分为以下几个类型。

1）灌丛化的五花草甸：中生灌木兴安柳、沼柳形成明显层片，达次优势地位，多分布在丘陵阴坡岛状森林的外围。

2）典型五花草甸：分布面积最广，一般见于丘陵坡地。

3）草原化的五花草甸：草群中出现贝加尔针茅、羊草、线叶菊等草甸草原成分，并达次优势地位，一般见于森林草甸地带的外围与草原群落相邻的地段。

4）轻度沼泽化的五花草甸：分布在森林草甸地带的缓谷、沟头，以草群中出现湿中生的薹草层片为特征。

由于地榆、裂叶蒿杂类草草甸群落生产力高，每年创造了大量有机物质，在温凉湿润的条件下，在土壤中进行着腐殖质积累与还原淋溶过程，形成了极为肥沃、深厚的黑土。腐殖质层一般厚达 50~60cm，上层有机质含量高达 11% 以上，结构良好，是我国结构性最好、肥力最高的土壤之一，因此为优质宜垦地。

（2）拂子茅草甸

拂子茅草甸分布比较广泛，见于我国东北三江平原、北方草原区各地和新疆荒漠区山地。但在不同地区其群落特点有所不同：在内蒙古草原区内，拂子茅草甸多出现于河滩或丘间的低洼湿地，地表湿润，有时有临时积水，无盐渍化或轻微盐渍化。群落中以多年生根茎禾草拂子茅为建群种，并与优势植物拂子茅、羊草、赖草、芦苇、披碱草、野古草、荻、无芒雀麦、光稃茅香及杂类草裂叶蒿、地榆等组成各类群落。草层高 40~110cm，生长茂密。有时还伴生有看麦娘、野豌豆、野火球、黄花苜蓿、大花旋覆花、蒲公英、鹅绒委陵菜、车前；在微盐渍化土壤上，群落中常混生有少量耐盐植物，如驴耳风毛菊、碱茅等；在比较潮湿的环境中，常伴生有薹草、小叶章、荆三棱、二歧银莲花等。拂子茅草甸主要用作割草场，也可作为冬季放牧场，适宜马、牛等大牲畜利用。拂子茅花期的粗蛋白和粗脂肪含量分别为 7.2% 和 2.6%。

（3）无芒雀麦草甸

无芒雀麦草甸主要分布于新疆伊犁地区海拔 1700~1800m 山地和奇台南山一带，也见于东北西部和内蒙古东部的丘陵间谷地，分布面积不大。在新疆山地，无芒雀麦草甸发育在土层深厚的山地黑钙土上。草群生长良好茂密，盖度达 70%~90%，草层高 70cm；种类组成比较丰富，常见的有 40 余种。该草甸多年生根茎禾草无芒雀麦为建群种；优势种有直穗鹅观草、假梯牧草、岩风、紫苞鸢尾等；伴生植物常见的有林地早熟禾、偃麦草、赖草、东方草莓、马先蒿、天山党参、野豌豆、老鹳草、千叶蓍、飞蓬、黄芪、罂粟等。

分布在东北西部和内蒙古东部丘陵间谷地的无芒雀麦草甸，群落盖度 80%~90%，草层高 45~80cm，无芒雀麦的分盖度达 60% 以上。但种类组成较简单，据报道内蒙古东部两个样地共记载 18 种植物。羊草、野黑麦、散穗早熟禾、草地早熟禾、异燕麦等可成次优势种。杂类草种类不多，有黄花苜蓿、地榆、千叶蓍和山野豌豆等。

无芒雀麦草甸是优良的割草场，也是良好的放牧场。无芒雀麦茎叶繁茂柔软，适口性佳，营养丰富，粗蛋白含量高（孕穗开花期含量高达 18.1%～19.9%），为牛、马、羊等所喜食，每亩产青草 600 斤左右。现新疆、青海、宁夏等省区已广泛引种栽培，产草量显著增长，如青海大面积种植平均亩产青草千斤以上，最高可达 6000 余斤，是建立优质高产人工饲草基地的优良牧草植物。

（4）寸草薹草甸

在内蒙古草原区沙地的丘间低洼湿地及外流河河漫滩和一级阶地上，常见绿茵茵的寸草薹草甸群落，人们习惯称之为寸草薹滩。

在毛乌素沙区，寸草薹滩是草甸植被中的一个主要群系。分布地比较潮湿，地下水位 1m 左右，潜水流动性较大而矿化度小，为沙质草甸土或极轻度的苏打盐化草甸土。草群低矮，外貌嫩草绿色，盖度 70%～90%。该草甸中寸草薹占绝对优势，高 7cm 左右；伴生植物有长叶碱毛茛、赖草、华蒲公英、马蔺、碱茅和拂子茅等。

寸草薹草甸常用作放牧场，可放牧马、骡、牛和羊。每亩产干草 120（滩地）～500（河流阶地）斤。在农业上，寸草薹滩可开垦为农地，但应注意防涝。

（二）盐化草甸

1. 地理分布特征

盐化草甸是由适盐、耐盐或抗盐的多年生盐中生植物（包括潜水中生植物）所组成的草甸类型，其所出现的地段土壤表现出不同程度的盐渍化。总的来看，盐化草甸为温带干旱半干旱地区所特有，广泛分布于草原和荒漠地区的盐渍低地、宽谷、湖盆边缘与河滩。此外，在落叶阔叶林区的盐化低地和海滨也有一些分布。

盐化草甸由于生境条件严酷，种类组成比较贫乏，很多种类具有适应盐化土壤的生态生物学性状，有些种类根系很深（如芨芨草、甘草、大叶白麻）以躲避含盐量高的表层土壤；有些种类叶片肉质化（如西伯利亚蓼、盐爪爪等）；有些种类通过泌盐避免过剩金属离子的危害（如补血草、柽柳等）。就建群种的生活型来看，有丛生禾草、根茎禾草和杂类草；有时还出现盐生小灌木和小半灌木及一年生盐生植物，均表现出向盐生植物群落过渡的特征。

2. 群落组成类型

盐化草甸群落具有代表性的类型主要有芨芨草草甸群落和一年生盐生植物群落。

（1）芨芨草草甸群落

芨芨草草甸广泛见于内蒙古、陕北、宁夏、青海、甘肃和新疆等地区，但以内蒙古西部往西的荒漠草原区和荒漠区内分布面积较大。在新疆，芨芨草草甸主要分布于阿尔泰山南麓、天山南北麓的冲积平原和某些盆地，常占据河流三角洲、河漫滩、河流阶地、扇缘低地及湖泊四周。地下水位一般为 1～3m，水体为淡水或弱矿化度水。土壤较湿润，砂壤质；在河流阶地上有冲积性草甸土，普遍见到的是盐化草甸土和草甸盐土，很少为典型盐土。

群落主要建群种芨芨草为盐生旱中生丛生禾草，系欧亚大陆温带的欧亚草原区系成分，是一个广布种，生态适应幅度很大，在群落中常形成巨大的密丛，丛冠幅直径一般为 50～70cm，大者可达 130～140cm；草丛高一般为 100～150cm，高者可达 200cm（生殖枝），叶层高 60～80cm；群落种类组成常为 10 多种，总盖度 40%～60（80）%。常因地下水位深浅和盐渍化程度的不同而形成不同群落。

芨芨草单种群落分布于排水良好、质地轻或低洼地周围的中度盐渍化草甸土上，常混生有赖草及少量的小獐毛、芦苇、鹅绒委陵菜、野胡麻、肉叶雾冰藜、樟味藜等；分层不明显，总盖度 30%～40%，群落季相较为单调。

芨芨草与耐盐中生杂类草形成的群落，分布于山麓洪积冲积扇边缘低地盐化草甸土上，地下水供应充足，土壤盐渍化较弱。草群种类较丰富，覆被密集，形成两个明显的亚层：第一亚层为建群层，高 60～80cm，主要由芨芨草和芦苇、赖草构成；第二亚层高 30～50cm，以杂类草为主，其中苦豆子、苦马豆、蓼等占优势，其次有甘草、大叶白麻、盐生车前、大叶补血草等，此外尚有耐盐禾草小獐毛、鹤甫碱茅、碱蓬、木地肤、委陵菜等小杂类草。

随着土壤盐渍化的加强，芨芨草往往与多汁盐生草本和盐生灌木形成群落，这是芨芨草草甸与多汁盐柴类荒漠的过渡类型。除芨芨草构成主要建群层片外，还有明显的多汁盐柴类层片。后者的种类因地而异：在天山北麓以囊果碱蓬和大叶补血草占优势；在额敏谷地以白滨藜为主；在焉耆盆地则以盐穗木、盐爪爪和西伯利亚白刺为主。

芨芨草与真旱生小半灌木蒿类形成的群落是芨芨草群系与蒿类荒漠草原的过渡类型。该群落生存的土壤是原生土和水成土的过渡类型，并有弱的碱化或盐渍化。在芨芨草层下发育有明显的旱生小半灌木和一年生植物层片，优势种是盐蒿、樟味藜及叉毛蓬等。在阿尔泰山山前丘陵荒漠草原带的河谷阶地上，芨芨草和草原植物冷蒿、沟叶羊茅、针茅等组成群落。

在青海柴达木盆地东部海拔 3000～3300m 的山间盆地和山麓，芨芨草常与冷蒿、短花针茅、克氏针茅、冰草、赖草和一些荒漠成分如木本猪毛菜、里海盐爪爪、牛漆姑、驼绒藜等组成群落。

在内蒙古草原区，由于次优势层片的差异，芨芨草草甸分为两类：芨芨草+羊草草甸，分布在盐化较轻的土壤上；芨芨草+盐生杂类草草甸，分布在重盐渍化土壤上。群落的伴生植物除与荒漠区的芨芨草草甸有些相同外，还见有星星草、寸草薹、黄花补血草、驴耳风毛菊、披针叶黄华等草原区草甸成分。

芨芨草群系的演替受水分条件的影响，特别是受地下水供给的制约：当生境的水分条件向着更潮湿的方向变化时，芨芨草草甸朝着芦苇草甸方向演替；当土壤趋向干旱时，盐渍化逐渐加强，芨芨草则先让位于耐盐的杂类草和小禾草，进而过渡到盐柴类植物群落。

芨芨草草甸产草量变动较大，亩产鲜草一般为 400～600 斤，高者可达 1000 斤。芨芨草幼嫩时期草质较好，花穗期粗蛋白含量在 16%左右，花期以后秆硬叶枯，草质变化显著。

芨芨草草甸广泛地作为天然放牧场利用，主要是大牲畜的冬季放牧场，春秋也常利用，部分地区也放牧羊群，是平原草场中利用价值较高的类型。特别是寒冷季节和干旱时期，牧草缺乏，但它能残存，植株高大可以阻挡寒风大雪，这时饲用意义更显著。

芨芨草草甸又可作为农垦荒地的指示植被，这已在我国华北、西北地区多年来的农业勘察和农垦工作实践中得到充分的证明。垦后多种植小麦，均已获得了可喜的收成。但应注意防止土壤次生盐渍化发生。

（2）一年生盐生植物群落

在我国北方沿海和内陆盐渍土区，分布着一些由一年生草本植物组成的群落。它们的生境条件和盐化草甸十分相近，因此常常和盐化草甸植被形成复合分布。该群落所在地地势低凹，土壤潮湿，含盐量较高，地下水位接近地表或仅数十厘米。优势植物主要为隐花草和碱蓬、盐角草等属植物。本书考虑到它们的生境和分布特点，便将这类群落也归入盐化草甸中予以叙述。

隐花草群落在河南省东部的盐碱土地区分布比较广泛，常见于地势局部低洼、排水不良、比较坚硬而潮湿的土壤上，是耐盐碱性较强的一个群落。建群种隐花草为禾本科一年生平卧状疏丛草本，植株低矮，生长期短，一般在6月、7月间萌发，10月即干枯死亡，因此它是季节性的群落。草群结构和种类组成都较简单，伴生植物见有多种莎草、碱茅、无翅猪毛菜、西伯利亚蓼；在某些有季节性积水的地方，隐花草常和菰、碱茅共同形成群落，菰和碱茅为高草层，隐花草构成低草层。

由盐地碱蓬、灰绿碱蓬和角果碱蓬为优势组成的一年生多汁盐生植物群落，普遍分布于华北滨海和内陆各省及内蒙古东部草甸草原地带，此外盐地碱蓬群落还广泛分布于典型草原地带和荒漠草原地带。该群落所在地为盐渍化土壤，含盐量0.5%~3%，群落盖度50%~70%。种类组成比较简单：在华北地区常见的伴生植物有芦苇、补血草、獐毛、白茅、地肤、藜、猪毛菜、隐花草等；在内蒙古东部常见的伴生植物有碱蒿、地肤、西伯利亚蓼、西伯利亚滨藜、星星草和羊草等。

以盐角草为优势种的一年生多汁盐生植物群落，主要分布在宁夏和内蒙古中西部的荒漠草原地带和典型草原地带；在华北落叶阔叶林区的盐渍化低地和海滨也有一些分布。伴生植物有亚麻叶碱蓬、灰绿碱蓬、芦苇、碱茅、刺沙蓬、赖草、羊角菜、黄花补血草和西伯利亚蓼等。

3. 植物群落结构

草甸植被的群落类型比较复杂，种类组成比较丰富，建群植物可多达70种以上。禾本科、莎草科、蔷薇科、菊科、豆科及蓼科等的种类较多，优势度较大，对群落的建成具有重要作用；牻牛儿苗科、鸢尾科、夹竹桃科的某些种类也可成为建群种或优势种。此外，毛茛科、藜科、唇形科、玄参科、虎耳草科、龙胆科、桔梗科、败酱科、报春花科、伞形花科、百合科、灯心草科等也有一些种类加入，一般均为群落的次要成分。

组成我国草甸的植物以北温带成分为主。例如，在建群植物中，属于欧亚温带的成分有黄花茅、鸭茅、野青茅、西伯利亚三毛草、无芒雀麦、地榆、黄花苜蓿、白车轴草、假苇拂子茅、碱茅、罗布麻等；属于亚洲温带的成分有裂叶蒿、芨芨草、星星草、野黑麦、光稃茅香、赖草、直穗鹅观草、异燕麦、垂穗披碱草、北方嵩草、黑穗薹草、高山糙苏、紫苞鸢尾、马蔺、西伯利亚蓼等；散穗早熟禾、瘤囊薹草是东亚温带成分；珠芽蓼是北温带高山成分；结缕草是东亚中国—日本成分；绢毛飘拂草是东亚海滨成分。多数种类的嵩草等是青藏高原—中亚高山或青藏高原—喜马拉雅成分。特有成分仅有三角草（特产西藏）、华扁穗草（分布于华北、青藏高原及其外围）等少数种类。

草甸植物的水分生态类型以中生植物尤其是典型中生植物多、优势度大为特点。例如，建群植物的大多数（多种嵩草、鸭茅、无芒雀麦、野青茅、拂子茅、狗牙根、地榆、裂叶蒿、几种斗蓬草、圆穗蓼等）都是典型中生种类，也有一些是湿中生（如嵩草、瘤囊薹草、小白花地榆、丛生薹草、针蔺等）、旱中生（如西伯利亚三毛草、三角草等）和盐中生（如芨芨草、星星草、野黑麦、赖草、小獐毛、大叶白麻等）植物。伴生成分也以中生植物为主，如马蹄叶橐吾、千叶蓍、西南委陵菜、二色香青、大叶野豌豆、曲氏薹草等。旱生植物（如羊草、羊茅、贝加尔针茅、紫花针茅）和湿生植物（如小叶章、小香蒲、牛毛毡）的种数和优势度都很小。

第三节 结　语

我国北方温带的草甸和草甸草原主要分布于大兴安岭山地两麓森林外围和东北松嫩草原上，地形为低山、丘陵和波状高平原，以及漫岗地、缓坡地和低平地。主要土壤类型为黑钙土、暗栗钙土等。主要气候特征为温带半干旱半湿润气候。年降水量一般在350～550mm，湿润系数0.6～1.0；热量偏低，年平均温度多在0～6℃，≥10℃积温1800～2200℃。

草甸草原为地带性植被，以贝加尔针茅草甸草原、羊草草甸草原、线叶菊草甸草原为主体群系，构成了草甸草原相对稳定的群落类型系列，主要是以贝加尔针茅、线叶菊、羊草为建群种组成的不同植物群落类型。贝加尔针茅草甸草原5种群落类型包括贝加尔针茅、羊草群落类型；贝加尔针茅、线叶菊群落类型；贝加尔针茅、柄状薹草群落类型；贝加尔针茅、多叶隐子草群落类型；山杏、贝加尔针茅群落类型。羊草草甸草原主要有5种群落类型，即羊草群落类型；羊草、贝加尔针茅群落类型；羊草、大油芒群落类型；羊草、柄状薹草群落类型；具灌木的羊草、贝加尔针茅群落类型。线叶菊草原分布在我国境内的主要群落类型共6种，即线叶菊、贝加尔针茅群落类型；线叶菊、羊茅群落类型；线叶菊、大油芒群落类型；线叶菊、多叶隐子草、尖叶胡枝子群落类型；山杏、线叶菊群落类型；小叶锦鸡儿、线叶菊群落类型。

草甸植被分布地区的土层较深厚，富含有机质，生草化过程明显，肥力较高，主要为各种不同类型的草甸土（高山草甸土、亚高山草甸土、山地草甸土、盐化草甸土、潜育草甸土等）或黑土。典型草甸类型主要分布于温带森林区和草原区，其在森林区向草原区过渡的地段具有地带意义，另一种生境是沟谷、河漫滩等低湿地段，其形成与地下水的补给有直接联系，为隐域类型，优势种以禾草为主，主要分布在草甸土上。典型草甸植物群落类型主要包括地榆、裂叶蒿杂类草草甸；拂子茅草甸；无芒雀麦草甸；寸草薹草甸。盐化草甸群落具有代表性类型主要有芨芨草草甸群落和一年生盐生植物群落。

参 考 文 献

敖仁其. 2004. 制度变迁与游牧文明. 呼和浩特: 内蒙古人民出版社.

曹乌吉斯古楞. 2007. 内蒙古野生蔬菜资源及其综合评价. 内蒙古师范大学硕士学位论文.

陈佐忠, 黄德华. 1988. 内蒙古锡林河流域草甸草原的特点及其对黑钙土形成过程的影响. 地理科学, (1): 38-46+99.

陈佐忠, 黄德华. 1993. 内蒙古草原土壤的植被特征及其与土壤形成过程的关系. 植物学通报, (S1): 1-2.

韩建国. 2007. 草地学(第三版). 北京: 中国农业出版社.

侯彩虹. 2019-07-18. 蒙古马: 草原文明的使者. 内蒙古日报, 第10版.

李博, 雍世鹏, 刘钟龄, 等. 1980. 松辽平原的针茅草原及其生态地理规律. 植物学报, (3): 270-279.

李建东, 吴榜华, 盛连喜. 2001. 吉林植被. 长春: 吉林科学技术出版社.

《内蒙古草地资源》编委会. 1990. 内蒙古草地资源. 呼和浩特: 内蒙古人民出版社.

潘学清. 1992. 中国呼伦贝尔草地. 长春: 吉林科学技术出版社.

斯佩丁. 1983. 草地生态学. 北京: 科学出版社.

孙鸿烈. 2005. 中国生态系统. 北京: 科学出版社.

王文, 王秀辉, 高中信, 等. 1997. 呼伦贝尔草原的兽类. 东北林业大学学报, (6): 20-25.

吴征镒. 1983. 中国植被. 北京: 中国科学出版社.

张新时. 2007. 中华人民共和国植被图1:1 000 000. 北京: 地质出版社.

章祖同, 刘起. 1992. 中国重点牧区草地资源及其开发利用. 北京: 中国科学技术出版社.

郑不留. 1980. 我国主要家畜品种的生态特征. 畜牧兽医学报, (3): 129-138.

中国科学院内蒙古宁夏综合考察队. 1985. 内蒙古植被. 北京: 科学出版社.

中华人民共和国农业部畜牧兽医司, 全国畜牧兽医总站. 1996. 中国草地资源. 北京: 中国科学技术出版社.

周以良, 等. 1997. 中国东北植被地理. 北京: 科学出版社.

祝廷成. 2004. 羊草生物生态学. 长春: 吉林科学技术出版社.

第二章　草地退化与恢复治理研究进展

　　草地作为重要的自然资源，具有维持生物多样性、提供生物产品、保持水土和调节气候等多种重要功能。受气候变化和人为干扰活动的影响，我国乃至全球的草地生态系统呈现严重退化趋势。在全球，气候的温暖化和干旱化及高强度的放牧和打草等人为干扰活动导致草地土壤含水量降低、土壤养分严重流失，造成植物群落物种多样性的丧失、物种组成和群落结构的改变，从而使植物群落生产力降低，并具有改变土壤微生物和土壤动物群落组成的作用，进而威胁土壤动物食物网的稳定性。不仅如此，气候变化和人为干扰活动的加剧还使草地生态系统的物质循环受到破坏，生态系统功能受损，造成草地恢复能力和稳定提供功能性服务的能力减弱，进而严重威胁畜牧业经济的可持续性。因此，理解草地退化的成因和机理是有效地保护草地、高效地利用草地资源、更好地制定退化草地恢复策略的关键。在全球草地退化日益严重的背景下，实现草地生态系统的恢复成为我国乃至全球草地可持续发展的关键。草地恢复过程通常被认为是草地生态系统的次生演替过程，是通过消除人为干扰或环境限制，使得植物拓殖能力增强、群落资源冗余，从而推动退化草地向原生生态系统恢复，以使其具有更高的社会经济学价值和生态学价值。在退化草地的恢复过程中，可通过构建草地植被-动物-微生物关键组分、激发草地生态系统的跨营养级养分-水分耦合和地上-地下耦合等自组织过程，以实现草地土壤环境和植被的恢复，并通过营养级间的互馈实现草地生态系统土壤微生物和土壤动物的恢复及其生态系统过程和功能的恢复，从而达到以系统的稳定平衡和多功能协同为目标的系统性恢复。

第一节　草地退化的驱动因素及机理研究进展

一、草地退化的驱动因素及机理研究的背景

　　恢复生态学研究源于山地、草原、森林和野生生物等自然资源管理实践与传统的生态学研究。最早美国威斯康星大学 Leopold 教授带队对校园内草场开展了恢复生态学研究。欧洲偏重矿地恢复，北美洲偏重水体和林地恢复，而新西兰和澳大利亚以草原和废弃矿地恢复为主（任海等，2008）。我国最早研究恢复生态学的是中国科学院华南植物研究所余作岳等人，他们早在 1959 年就在广东热带沿海侵蚀台地上开展了退化生态系统的植被恢复技术与机理研究（余作岳和彭少麟，1997）。近年来，我国研究重点转向了区域退化生态系统的形成机理、评价指标、区域调控模式及恢复与重建等方面。国内外草地退化与恢复治理研究主要侧重于草地生态系统退化的原因和机理、草地生态系统退化的评估与恢复机制、退化草地恢复技术与治理模式及草地生态草牧业技术与集成示范等方面，研究尺度包括全球、景观、生态系统、

栖息地、群落、种群、个体等。探索草地植被与土壤及其生态系统退化与恢复的机制和理论，分析总结国内外草地退化与恢复治理研究的现状和趋势，对把控草地生态系统恢复的技术、方法和模式具有重要作用。

过去几十年，全球草地生态系统的研究着重探讨了气候温暖化、干旱化等气候变化及放牧、打草等人为干扰活动造成的土地利用变化对草地土壤、植物群落、生态系统过程、功能和稳定性的影响。气候温暖化和干旱化是导致草地退化的主要气候因素，而重度放牧、打草等土地利用变化是主要人为因素。首先，气候温暖化、降水变化及严重的放牧和刈割等人为干扰活动是导致草地土壤退化的关键因素，造成草地土壤含水量和土壤水分涵养能力的降低（Batnasan，2003；Sasaki et al.，2008；Carey et al.，2016；Tang et al.，2019），且重度放牧等干扰活动还会导致土壤碳、氮含量和储量的降低，造成土壤养分严重丧失（He et al.，2008，2012b；Tang et al.，2019）。在草地植被的退化方面，全球变化是影响草地植物群落物种多样性、物种组成、群落结构的主要因素（Wang et al.，2012；Ma et al.，2017；Liu et al.，2018），且干旱化的气候和重度放牧、打草等人为干扰活动具有降低植物群落物种丰富度、改变植物群落物种组成、使植物矮化并降低植物群落净初级生产力的作用（Klein et al.，2004；Wang et al.，2012；Ren et al.，2012；Liang et al.，2018）。其次，重度放牧等人为干扰活动还可影响土壤微生物及土壤动物群落、威胁土壤动物食物网的稳定性（Bardgett et al.，2001；Yang et al.，2013）。最后，在对草地生态系统过程、功能及稳定性的影响方面，气候温暖化、干旱化等气候变化及放牧和刈割等人为干扰活动显著影响草地生态系统碳循环过程、碳源/汇功能、温室气体排放及生态系统稳定性（Cao et al.，2004；Hautier et al.，2015；Tang et al.，2019）。因此，这也迫切要求我们以多功能性和多空间尺度研究草地生态系统的过程、功能和稳定性等属性，揭示其影响因素和驱动机制，从而更好地服务于草地保护和管理并指导退化草地的恢复工作。

二、草地退化的驱动因素及机理

（一）气候变化和土地利用变化驱动草地土壤退化

在全球大多数的生态系统中，降水是土壤水分的主要来源，而草地生态系统中降水量普遍较低，因而其生态系统的过程和功能普遍受到水分的限制。气候温暖化、降水减少等变化及重度放牧和刈割等人为干扰活动具有降低土壤含水量和土壤水分涵养能力的作用，加剧其水分亏缺，从而强烈限制其生态系统过程和功能的维持。此外，这些变化还可导致土壤碳、氮含量和储量降低，造成土壤养分严重丧失，进而导致土壤退化。气候温暖化和干旱化及重度放牧和打草等土地利用变化使草地土壤含水量降低，加剧水分亏缺，进而影响其生态系统过程和功能。

重度放牧、刈割和开垦等人为干扰活动可显著降低土壤碳、氮含量，导致土壤养分条件恶化。Wang 等（2009a）在内蒙古锡林河流域温带草原的研究发现，与未开垦的天然草原相比，开垦 28 年和 42 年的土壤其碳、氮含量和储量显著降低，尤其是在碳、氮含量和储量丰富的 0～10cm 表层土壤中。另有 He 等（2012b）在该地区针对 4

个不同样地的研究，结果表明，与未开垦的天然草地或因放牧导致轻度退化的草地相比，开垦 20 年和 40 年的土壤具有显著降低的土壤碳、氮储量，且土壤碳、氮储量降低的程度随开垦年限的增加而增加。同时，该区域的另一项研究对比了放牧、禁牧、刈割和农业开垦对土壤碳、氮储量的影响，结果发现 10～30 年的禁牧可显著提高土壤碳、氮储量，而放牧和开垦均可导致其显著降低，且开垦具有最大的降幅（He et al.，2012a）。此外，放牧强度也是影响草地生态系统土壤碳、氮储量的重要因素。例如，He 等（2008）在内蒙古锡林河流域的研究发现，放牧会导致土壤碳、氮储量显著降低，且其降低幅度随放牧强度的增加而增加，而围封禁牧具有提高土壤碳、氮储量的作用，尽管并未呈现出随围封年限增加而增加的趋势。另外，Tang 等（2019）对全球放牧实验的整合分析显示，在重度放牧利用的条件下，家畜的践踏作用造成土壤容重增加 10%，并通过影响地上、地下的凋落物输入，进而造成土壤有机碳含量和土壤全氮分别降低了 5% 和 7%。这些研究结果说明，重度放牧和开垦等是导致草原土壤碳、氮养分流失的关键人为因素。

（二）气候变化和土地利用变化驱动草地植被退化

1. 气候变化和土地利用变化威胁草地植物群落物种多样性

理论研究和生物多样性控制实验研究认为（Loreau and Hector，2001；Tilman et al.，2006，2014；Hector and Bagchi，2007），高的物种多样性可加速凋落物分解、改善物质循环过程，也可促进生态系统生产力、提高养分涵养能力等生态系统功能，并维持多种生态系统过程和功能在波动环境中的相对稳定。在全球草地中，温度和降水量共同决定其植物群落的物种丰富度，且控制实验研究还发现气候温暖化和降水量的减少具有显著降低草地植物群落物种丰富度的作用。对涵盖内蒙古、宁夏、甘肃、青海和西藏的我国北方天然草地野外观测研究发现，植物群落物种丰富度与降水量呈现显著正相关，导致高降水量地区具有高的物种丰富度（Ma et al.，2010）。同时，在北美温带草地长期野外观测研究也表明降水量具有促进植物群落物种丰富度的作用（Hallett et al.，2014）。此外，我国北方草地观测研究还发现，温度对草地植物群落物种丰富度呈单峰式的影响。当生长季温度约为 12℃时，草地植物群落具有最高的物种丰富度；低于此温度时，物种丰富度随温度升高而升高；高于此温度时，物种丰富度随温度升高而降低（Ma et al.，2010）。温度对物种丰富度的单峰影响，体现了水分和热量的潜在交互影响，即高温和降水量减少导致的干旱均对草地植物群落的物种多样性存在潜在威胁。

放牧、打草等人为干扰活动对草地植物群落物种多样性具有相对复杂的影响，这不仅取决于放牧的强度和打草的频率等因素，同时也依赖于与温度和降水等环境因子的交互作用。基于中度干扰假说，适当强度的放牧等干扰有助于促进草地植物群落的物种多样性，但重度和过度的干扰则会降低物种多样性，这得到多数研究结果的支持。在我国青藏高原高寒草地的放牧实验发现，轻微或适度的放牧并没有显著降低植物群落的物种丰富度（董全民等，2005，2007；Wang et al.，2012）；中度放牧可通过提高群落中物种的资源利用效率而对群落物种丰富度起到潜在增加作用（董全民等，2005，2007）。而在内蒙古温带草地的研究也发现，一年一次的中等程度的打草利用可轻微地促进植物群落的物种丰富度（Yang et al.，2012），从而符合中度干扰假说。但重度放牧则会导致植物群落物种多样性的降低（董全民等，2005，2007），且长期重度放牧还会导致植物群落物种多样性的严重丧失和群落结构简单化（周华坤等，2004）。除此之外，还有研究发现，尽管长期（连续 8 年）放牧未显著影响植物群落的物种丰富度，但会导致其优势度指数和 Shannon-Wiener 指数显著降低 （Wang et al.，2001）。

2. 气候变化和土地利用变化影响草地植物物种组成和群落结构

气候温暖化和降水量变化改变草地植物群落物种组成，进而影响其生态系统功能和过程。首先，气候温暖化可导致草地植物群落物种组成随之变化。在青藏高原高寒草地进行的模拟增温试验发现，为期 5 年的约 2℃增温在增加禾草和豆科物种盖度的同时降低了杂类草物种的盖度（Wang et al.，2012）。Liu 等（2018）通过整合 4 年的增温实验及单一样地长达 32 年的野外观测数据，以及对青藏高原高寒草地生态系统模拟增温实验的整合分析发现，气候温暖化和干旱化提高了植物群落中耐旱禾草的比例而降低了中生杂类草和莎草的比例。因为禾草通常具有比杂类草和莎草更深的根系分布，可以通过利用深层土壤中的水分而缓解土壤干旱的负面影响（Liu et al.，2018）。另外，不仅降水量变化会引起植物群落物种组成改变，在年降水量不变的前提下减少降水频率或在多年降水总量不变的前提下增加其年际波动也可导致物种组成发生相应的变化，进而潜在影响其功能。在内蒙古温带草地进行的减少降水量和降水频次的控制实验研究发现，减少降水量对群落中常见物种的净初级生产力具有显著的降低作用，但减少降水频次的影响则存在明显的物种间差异，这意味着降水频次的变化具有改变植物群落物种组成的潜在作用（Zhang et al.，2017）。在降水量年际间波动增加的条件下，高降水量对禾草生产力的促进作用不足以补偿其在低降水量时的抑制作用，从而造成禾草生产力和群落生产力的降低，而灌木却可以在这一过程中积累更多的生产力，增加其在群落中的优势度（Gherardi and Sala，2015）。

放牧等人为干扰活动驱动草地植物群落物种组成变化和垂直结构变化，进而降低植物群落生产力和优质牧草产量。21 世纪初对青藏高原三江源地区的研究发现（王启基等 2005；赵新全和周华坤，2005；Zhou et al.，2005），与 20 世纪 50 年代相比，持续气候干旱化和长年过度放牧等人为干扰活动导致植物群落中优质牧草的比例下降了20%～30%，而有毒有害牧草的比例增加了近 80%，严重影响了优质牧草的供给。不仅如此，气候干旱化和重度人为干扰还导致草地植物群落盖度和高度分别下降了 20%和 40%，导致草原鼠害频发。周华坤等（2004）在青藏高原东北部、祁连山山麓地区进行的 18 年多放牧强度梯度的研究发现，植物群落中优良牧草生物量及比例在轻度放牧条件下达到最高，但随后均随放牧强度增加而呈现降低趋势。另一项在青藏高原高寒草地的研究发现，随着放牧强度的增加，垂穗披碱草和小嵩草等物种优势度显著降低，而甘肃马先蒿、阿拉善马先蒿和鹅绒委陵菜等物种的优势度显著增加（董全民等，2005）。此外，在我国内蒙古温带草地的研究也发现相似规律。在该地区进行的轻-中-

重度放牧实验研究发现，由于家畜采食具有选择性，多年生禾草盖度随放牧强度的增加而显著降低（Liang et al.，2009），营养丰富的杂类草在轻度和中度放牧条件下其相对生物量分别降低了 23%和 38%（Liang et al.，2018），而适口性差、营养价值低的灌木物种的盖度则随放牧强度的增加而呈现增加趋势（Liang et al.，2009），这意味着放牧强度的增加在改变植物群落物种组成的同时降低优质牧草的产量。此外，放牧活动还可显著影响植物群落的垂直结构，导致其呈现矮小化（董全民等，2005；Liang et al.，2009，2018）。对内蒙古温带草地的研究发现，不放牧的植物群落中大部分的生物量分布于距地面 5～10cm 处，而在重度放牧条件下，植物群落生物量则集中分布于距地面 0～5cm 处（Liang et al.，2009）。另一项在该地区研究发现，无论是在干旱年份还是在相对湿润年份，放牧均会导致植物群落矮小化，且矮小化程度随放牧强度的增加而增加（Liang et al.，2018）。

3. 气候变化和土地利用变化影响草地净初级生产力

温度和降水是驱动草地植物群落生物量增长的关键气候因素，二者的变化导致草地植物群落生物量具有相应的时空格局，因此全球气候变化可驱动草地植物群落净初级生产力的变化，且温暖化和干旱化具有降低植物群落净初级生产力的作用。首先，温度和降水量驱动植物群落净初级生产力的空间格局的改变。在我国北方草地（内蒙古、青海和西藏等省区）的野外调查研究发现，温度和降水量显著影响草地植物群落净初级生产力。其中，降水量导致生产力线性增加，但温度对生产力则具有单峰型的影响，当温度低于 12℃时，温度增加提高生产力，而生长季温度高于 12℃会导致生产力降低（Ma et al.，2010），这潜在反映了高温可通过诱发干旱而抑制草地植物的生长。另有我国内蒙古温带草地的区域尺度观测研究（Bai et al.，2008）和单一样地长达 24 年的长期观测研究（Bai et al.，2004），结果表明降水量是调控草地植物群落净初级生产力年际间变化和空间变化的关键因素。不仅如此，对北美草地的长期观测研究也发现，草地植物群落净初级生产力随降水量的增加而增加（Knapp et al.，2002；Huxman et al.，2004；Hallett et al.，2014）。

放牧和打草等人为干扰活动对草地植物群落净初级生产力的影响依赖于干扰的强度，但重度放牧和打草等干扰活动可导致生产力显著降低。由于植物存在补偿生长，轻度或适度放牧一般不会降低植物群落的生产力，其至在一些研究中呈现一定程度的促进作用。对我国青藏高原高寒草地生态系统的研究发现，轻度或适度放牧并不影响植物群落的地上净初级生产力（Wang et al.，2012），但重度放牧在生长季的不同时期均对地上和地下净初级生产力有显著的抑制作用，且在生长季旺盛期和后期影响最为强烈（Cao et al.，2004）。在内蒙古温带草原的轻-中-重度放牧的研究发现，轻度及中度放牧在减少地上净初级生产力的同时增加地下净初级生产力，从而对植物群落总净初级生产力没有显著影响，但重度放牧（Liang et al.，2009）和持续重度放牧（Jia et al.，2007）则对地上和地下净初级生产力均具有显著降低作用，从而显著降低总净初级生产力。全球草地生态系统放牧研究发现，重度放牧导致地上和地下净初级生产力分别降低了 50.6%和 12.5%（Tang et al.，2019）。另外，打草对草地生态系统净初级生产力的影响也有类似趋势。对青藏高原高寒草地生态系统的研究发现，一年一次的刈割并未显著影响植物群落的地上净初级生产力（Klein et al., 2004）。而对北美高草草原的研究发现，在 3 年短时间尺度上，一年一次刈割可显著降低植物群落地上净初级生产力，并显著提高地下净初级生产力（Wan et al., 2005），同时在 15 年长期尺度上这一影响也一直存在（Xu et al., 2015a）。

（三）气候变化和土地利用变化驱动草地土壤微生物群落和动物群落变化

土壤微生物群落有着调控生态系统功能和土壤生物地球化学过程（如碳、氮循环等）的重要作用（Chapin III et al., 2000；Zhou et al., 2012；Yang et al., 2013；Jing et al., 2015），而气候温暖化、干旱化是驱动土壤微生物群落变化的重要气候因素。在北美高草草原的模拟增温实验显示，10 年增温显著提高了土壤微生物的生物量，同时对土壤细菌和真菌的丰富度也具有接近显著的促进作用（Zhou et al., 2012）。此外，对全球模拟增温实验也发现，在草地生态系统中，模拟增温具有显著提高土壤微生物生物量碳的作用（Lu et al., 2013）。但也有研究发现，增温对土壤微生物的影响受到降水量的潜在调控作用。在北美高草草地长期增温实验中发现，在降水量正常的年份，模拟增温导致土壤微生物种群大小显著增加 40%～150%，并造成土壤微生物群落结构变化和土壤微生物多样性降低，然而在干旱年份，模拟增温却导致土壤微生物种群大小显著降低 50%～80%（Sheik et al., 2011）。此外，在半干旱内蒙古温带草原的模拟增温和增加降水的研究显示，模拟增温通过降低土壤含水量而导致土壤微生物生物量碳和生物量氮的显著降低，而增加降水量却可以显著增加土壤微生物的生物量碳和生物量氮（Liu et al., 2009）。这些研究结果意味着气候温暖化和降水量变化对土壤微生物具有潜在交互影响，而气候温暖化和降水量减少诱导的干旱胁迫具有对土壤微生物的负面影响。

放牧和刈割等人为干扰活动强烈影响草地土壤微生物群落。对英国三个不同生物地理区域的研究显示，土壤微生物生物量在轻度和中度放牧影响条件下达到最高值，而其多样性则具有随放牧强度的增加而减少的趋势；在重度放牧干扰生态系统中，土壤细菌是分解作用的优势类群，而真菌则在放牧干扰较轻的生态系统占据优势（Bardgett et al., 2001）。而在青藏高原的放牧试验发现，放牧显著影响土壤中与碳循环和氮循环相关基因的多样性，并导致土壤微生物群落功能结构的变化（Yang et al., 2013）。另外，在北美高草草原的模拟增温和打草双因素控制实验发现，打草不仅导致土壤微生物生物量显著降低，还可潜在调控增温对土壤微生物的影响，导致在不打草的条件下，增温影响土壤微生物群落结构，表现为土壤真菌在整个土壤微生物群落中占据优势地位，而在打草的条件下，增温对土壤微生物群落结构没有显著影响（Zhang et al., 2005）。不仅如此，放牧和刈割等人为干扰活动还对草地土壤动物群落有强烈的影响。在美国佛罗里达州亚热带牧场的研究显示，重度放牧显著降低植食性土壤线虫数量，并显著降低大多数属的食细菌土壤线虫，但对其中少数几个耐受性较强的食细菌土壤线虫有显著的促进作用，从而导致土壤线虫群落结构的改变（Wang et al., 2006）。Veen 等（2010）在欧洲的研究显示，土壤线虫多样性指数与植物群落物种多样性指数呈显著正相关，且放牧大型食草动物主要通过影响植物群落物种组成而非土壤性质来影响土壤线虫群落结构。另外，对我国内蒙古温带半干旱草地的研究显示，土壤原生动物多度随放牧强度的增加而降低，但土壤线虫多度随放牧强度的增加而升高，这意味着持续适度放牧可能是该地区比较适宜的放牧方式（Qi et al.，2011）。不仅如此，放牧还影响土壤食物网的稳定性。在北美半干旱矮草草地，研究者以区分不同营养级的方式对比了 20 年禁牧的生态系统和 80 年持续适度放牧的生态系统，发现放牧与土壤质地和有机含量交互影响土壤食物网的稳定性。在土壤有机质含量高的黏质土壤中，放牧具有促进土壤食物网稳定性作用，而在土壤有机质含量低的沙质土壤中，放牧表现出对土壤食物网稳定性的负面影响（Andrés et al.，2016）。

（四）气候变化和土地利用变化干扰草地物质循环过程、损害其功能性和稳定性

1. 气候变化和土地利用变化削弱草地生态系统碳汇功能、增加温室气体排放

生态系统光合固碳过程和呼吸释碳过程之间的平衡决定了其碳源/汇功能，进而影响大气 CO_2 浓度和全球气候变化。由于植被光合作用、自养呼吸作用和土壤微生物、动物异养呼吸作用均具有对温度和水分的依赖性，因而气候温暖化、干旱化及放牧、打草等人为干扰活动具有通过影响土壤微环境而影响碳循环过程和碳源/汇功能的作用。在 21 世纪初，Ciais 等（2005）基于欧洲通量网的 CO_2 通量检测数据，并结合陆地生态系统过程模型研究了 2003 年欧洲热浪及干旱对陆地生态系统总初级生产力、生态系统呼吸和碳源/汇功能的影响，研究发现，热浪及干旱导致总初级生产力、生态系统呼吸和净 CO_2 吸收能力显著降低，从而造成整个欧洲的农作物大面积减产和生态系统碳汇功能丧失。此外，Niu 等（2008）研究发现，全球草地生态系统普遍经历的气候温暖化和降水量减少可潜在交互影响其碳循环过程和碳源/汇功能。在我国内蒙古温带草地的模拟增温和增加降水量控制实验显示，模拟增温通过降低总初级生产力而降低 CO_2 固持能力，从而削弱了其原本具有的碳汇功能，但增加降水却可缓解增温的负面影响。

土壤有机质通过微生物分解产生的 CO_2 需要通过土壤呼吸这一重要的碳循环过程从地表释放至大气中，并由此贡献陆地生态系统碳流失的约 2/3，使其成为陆地生态系统碳循环最为关键的过程之一（Cox et al.，2000；Luo and Zhou，2006；Bond-Lamberty and Thomson，2010a，2010b）。气候温暖化、干旱化和放牧、打草等土地利用变化对土壤呼吸这一碳循环关键过程的影响，也具有影响大气 CO_2 浓度和未来气候变化潜力。全球过去 50 多年发表的土壤呼吸数据显示，全球年土壤呼吸总量在这期间呈明显的增加趋势，研究认为气候温暖化是导致土壤呼吸总量增加的重要因素（Bond-Lamberty and Thomson，2010b；Hashimoto et al.，2015），同时有研究还发现降水量与温度对全球土壤呼吸总量有交互作用影响（Bond-Lamberty and Thomson，2010b）。尽管在整体上气候温暖化对全球土壤呼吸总量具有促进作用，但模拟增温实验却发现不同生态系统间土壤呼吸对模拟增温的响应存在较大差异（Rustad et al.，2001；Liu et al.，2009；Wang et al.，2014；Xu et al. 2015a），Carey 等（2016）进一步揭示了增温诱导土壤干旱潜在

调控土壤呼吸的增温响应，导致增温在湿润环境中具有促进作用，而在干旱环境中具有抑制作用。

放牧和打草等人为干扰活动影响草地生态系统 CH_4 和 N_2O 等温室气体的排放，反馈于全球气候变化。对我国内蒙古温带草地的研究显示，放牧具有改变温室气体排放平衡的作用，其中轻度放牧可提高生态系统 CH_4 的吸收能力（Chen et al.，2011），而中度和重度放牧则可使该生态系统由微弱的温室气体吸收汇变为一个显著的温室气体排放源，且重度放牧下草地生态系统具有更多的温室气体排放（Schönbach et al.，2012）。此外，在巴西热带草地的研究也发现，CH_4 年排放量具有随放牧强度的增加而增加的趋势（Cardoso et al.，2017）。Tang 等（2019）对全球放牧研究的分析显示，重度放牧具有降低草地生态系统 CH_4 吸收能力的作用。由于反刍动物具有较高的 CH_4 排放量，在一定程度上导致放牧对 CH_4 排放的促进作用。在内蒙古锡林河流域的研究发现，尽管该流域放牧及不放牧天然草地分别具有每年 $-3.3kgCH_4/hm^2$ 和 $-4.8kgCH_4/hm^2$ 的吸收能力，但反刍动物的 CH_4 排放达到每年 $8.6kgCH_4/hm^2$（Wang et al.，2009b）。考虑到该地区增加的放牧强度，这一结果意味着反刍动物的 CH_4 排放是导致该地区成为 CH_4 排放源的重要因素。放牧和打草等人为干扰活动对草地生态系统 N_2O 排放有显著影响。对内蒙古温带草地 10 个不同生态系统的研究发现，生态系统 N_2O 排放量随放牧强度的增加而呈现出递减趋势（Wolf et al.，2010）。

2. 气候变化和土地利用变化损害草地生态系统稳定性

草地生态系统生物量生产等生态系统功能具有对温度、降水量等气候因子的依赖性，从而呈现年际间的波动性和时间上的变异性（变异系数 CV 的倒数，即 1/CV，常用来衡量稳定性）（Tilman，1999；Loreau，2010；Tilman et al.，2014）。以往研究表明，草地生态系统具有较为脆弱的稳定性（高的变异性），从而易受到气候变化、人类干扰活动和生物多样性丧失的威胁。Knapp 和 Smith（2001）基于北美不同生态系统的分析显示，受降水波动和潜在生产力的双重影响，北美草地生态系统生产力时间稳定性低于森林和荒漠。

物种多度均匀分布的假设理论研究认为，生态系统稳定性依赖于其所包含物种的稳定性及物种异步性等种间动态（Tilman，1999；Loreau and de Mazancourt，2008；Loreau，2010；Tilman et al.，2014；Wang and Loreau，2014，2016）。因为在具有异步性动态的生态系统中，某一物种降低生物量生产等功能可被其他物种增加所抵消，从而维持稳定（Loreau and de Mazancourt，2008）。同时，高物种多样性生态系统因更有可能包含对环境波动具有不同响应的物种，从而具有高物种异步性和生态系统稳定性（Yachi and Loreau，1999）。而且多个物种对有限资源充分利用还可诱发超产效应而提供生物量生产等功能，并以提高均值与标准差比的方式提高稳定性（Thibaut and Connolly，2013；Tilman et al.，2014）。尽管物种异步性确实会影响自然生态系统的稳定性，但物种多样性对物种异步性并没有显著影响（Valencia et al.，2020），从而并不支持理论预期。自然生态系统中普遍具有的极不均匀多度分布可能是导致这一现象的关键因素。因为不均匀多度分布导致少数占据优势的物种在对生态系统功能、物种稳定性和物种异步性的贡献上具有极高权重，从而在强化其自身影响的同时，弱化多度小但物种丰富度高的稀有物种的影响，进而弱化物种多样性的影响。

近年来，越来越多的研究人员以全球变化控制实验的方法研究气候温暖化（Ma et al.，2017）、降水量变化（Xu et al.，2015b）、土地利用变化和氮沉降（Yang et al.，2012；Zhang et al.，2014，2016，2019；Hautier et al.，2014，2015）等对草地生态系统稳定性的影响。Yang 等（2012）在我国内蒙古温带草地打草和氮、磷添加控制实验的研究发现，打草对群落物种丰富度有微弱的促进作用，进而影响生态系统稳定性，而氮添加则通过降低群落物种丰富度而威胁稳定性。另有该地区氮沉降和增加降水控制的试验发现，氮添加可通过降低物种稳定性（Zhang et al.，2016）和物种异步性（Xu et al.，2015b；Zhang et al.，2016）而导致生态系统稳定性降低，但增加降水量则通过提高物种异步性而促进生态系统稳定性。同期对全球养分添加控制实验和降水控制实验的整合分析也发现类似格局，其中富营养化可降低植物物种多样性和生态系统稳定性（Hautier et al.，2014，2015），而增加降水则可促进生态系统稳定性（Hautier et al.，2015）。

第二节 草地恢复过程及理论研究进展

一、退化草地恢复过程

近半个世纪以来，全球变化和人为干扰导致草地生态系统退化日益严重，因此实现退化草地生态系统的恢复成为我国乃至世界草地可持续发展的关键。草地恢复主要是通过消除人为干扰或环境限制（过度放牧、开垦耕地、矿区开采、盐碱化等），使得植物拓殖能力增强和群落资源冗余，推动退化草地向原生生态系统或参照生态系统恢复的过程。恢复后的草地生态系统相对于退化草地往往具有更高的社会经济学价值和生态学价值。草地恢复过程通常被认为是草地生态系统次生演替过程。例如，刘忠宽等（2006）认为生态系统的恢复是由适应于特定干扰的、在低能量水平上自我维持的状态向适应于自然生境的、在高能量水平上自我调控的状态过渡的自组织过程。王德利等（2020）从"系统"角度定义退化草地恢复，提出系统性恢复的概念，研究指出，退化草地恢复是通过构建草地关键组分（植被-动物-微生物的营养级物种与优势种）、激发草地生态（跨营养级的养分-水分耦合、地上-地下耦合等）的自组织过程而实现以系统的稳定平衡与多功能协同为目标的系统性恢复（图 2-1）。

（一）退化草地植被恢复过程

植物群落组成及多样性的恢复是退化草地生态系统恢复研究的首要任务。物种多样性变化能客观反映植物群落恢复演替的进程，然而在退化草地恢复过程中物种多样性的变化趋势十分复杂。退化草地恢复后物种多样性增加，其机制是由于排除放牧消除了家畜对适口性牧草的啃食和践踏，从而促进适口性牧草的增加，导致群落物种多样性提高；

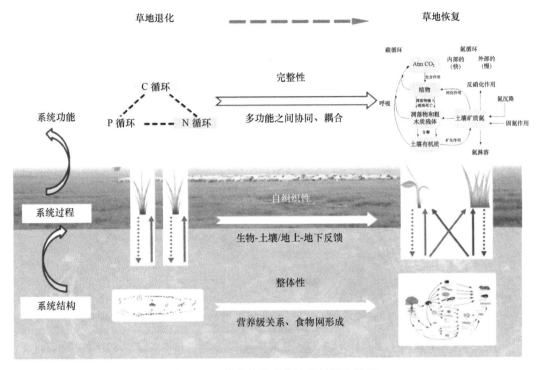

图 2-1 退化草地的系统性恢复概念框架
资料来源：王德利等，2020

另外，恢复同时促进土壤资源和养分的增加，导致群落资源冗余，从而可以维持多样化的物种，最终使群落物种多样性提高。但是，退化草地恢复过程中群落物种多样性指数往往呈先上升后下降的趋势（任毅华等，2015）。王英舜等（2010）对内蒙古锡林郭勒不同时期（1987 年、1997 年、2003 年）围封禁牧草地与自由放牧草地的对比试验发现，放牧草地封育后群落的物种多样性指数先上升后下降，长期恢复不利于物种多样性的维持，这可能是由于退化草地处于次生裸地阶段，还保留着原有群落土壤条件和某些植物繁殖体，同时裸地附近可能存在着未受破坏的群落。恢复后期植物群落相对稳定，强烈的物种间资源竞争导致竞争能力较弱的物种消失，此时物种多样性有下降的趋势。不同研究者关于退化草地恢复过程中物种多样性变化趋势结论不尽相同，这可能是由研究对象、草地类型、气候条件、观测年份和恢复措施等因素差异较大造成的。其中，观测年份差异可能是导致物种多样性变化结论差异的主要原因。揭示退化草地恢复过程中生物多样性的变化趋势不仅需要考虑时间尺度效应，还需要考虑草地生态系统本身的放牧历史和植被外貌等因素。

通常优势种决定和主导了草原植物群落的结构、外貌和群落动态特征，因此优势种在群落中的比重及其更替可成为衡量退化草地恢复阶段的重要标志（刘钟龄等，2002）（图 2-2）。随着退化草地恢复时间的推移，群落优势物种由以有性生殖为主的一、二年生植物逐渐转变为以无性繁殖为主的多年生植物。在退化草地群落中采取 r 对策的一年生先锋植物如藜（*Chenopodium album*）和狗尾草（*Setaria viridis*）等具有发达的根系、较快的生长速率及耐贫瘠性，能够适应退化草地的贫瘠土壤环境并在恢复初期占据群落优势地位。特别是在草地退化过程中形成的空斑能为一、二年生植物提供一个竞争压力相对较弱的生境，从而有助于提高先锋物种在空斑内定植的存活率和丰富度。随着恢复演替的进行，先锋植物和环境的正反馈效应能明显地改善立地条件，如增加土壤养分和水分等，从而促进恢复后期物种的侵入。退化草地恢复后期的植物往往是 K 对策的多年生植物，它们采用无性繁殖的方式，能够快速获取立地资源，提高个体成活率，从而在恢复后期占据群落优势地位，而一年生先锋物种随着演替后期物种的侵入逐渐退出群落（程积民等，2014）。李永强和许志信（2002）对内蒙古典型草原撂荒地恢复动态监测的研究发现，在撂荒地演替的 2～4 年，藜和狗尾草等一年生先锋物种占据群落的绝对优势；在恢复的 4～10 年，多年生植物开始出现，群落转变为多年生植物与一年生植物如羊草和狗尾草共同主导的群落类型；恢复 10 年以后，多年生植物种类和数量占绝对优势，此时群落优势种均为多年生植物，如菊叶委陵菜（*Potentilla tanacetifolia*）和糙隐子草（*Cleistogenes squarrosa*）。

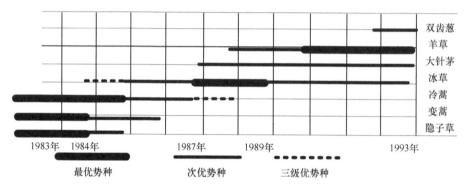

图 2-2　退化草地恢复演替过程中主要优势植物的更替过程
资料来源：刘钟龄等，2002

随着恢复演替的进行，群落物种组成发生显著改变：从植物个体大小来看，由初期的高密度、小个体分布向后期的低密度、大个体分布转变（郝红敏等，2016）；从群落中植物科组成来分析，多年生禾本科和豆科植物种数显著增加，藜科等一年生植物种数明显减少；从群落中植物的生活型组成看，地上芽和地面芽植物随着群落条件的改善而逐渐占据优势，地下芽和一年生植物则逐渐失去优势；从植物碳同化途径划分的功能型来看，C_4 植物随恢复演替进程逐渐消失，而 C_3 植物在恢复的各个阶段稳定性较好，且随演替的进展呈稳定增加的趋势（邵新庆等，2008）；草地经济价值变高、优质饲草增多、有毒植物和杂类草比重减少（纪磊等，2013；赵菲等，2011）。

在退化草地生态系统恢复过程中，各种群对外界环境变化的响应表现出不同的特性，因此各种群的恢复动态表现出明显差异。刘钟龄等（2002）通过动态监测内蒙古典型草原放牧草地封育后不同种群的恢复演替规律，将植物种群的动态分为 6 种类型：①典型衰退型种群：这类种群类型在禁牧以后生物现存量及密度明显下降。②迟滞衰退型种群：种群数量指标在恢复演替过程中反映了迟滞衰退的波动进程，其种群密度随演替的时间进程而降低，并趋于稳定。例如，在典型草原退化群落的恢复演替过程中根茎冰草种群和糙隐子草种群先自疏再衰退，最后趋于稳定（王鑫厅，2005）。③中间过渡型种群：这类种群在退化群落中生物量很小，在恢复演替过程中地上现存量与密度增长，到一定时期开始回落。④优势增长型种群：在恢复演替过程中现存量和密度明显增长的种群，会形成较大的种群规模，成为群落中优势度最高的种群。例如，羊草为内蒙古天然草地的建群种之一，在群落中优势度在恢复初期呈增加趋势，并在第 6 年达到顶峰，此时群落趋于纯羊草群落，随着恢复的进行，羊草种群在群落中优势度虽然有所下降但仍然是最高的（宝音陶格涛等，2003）。⑤缓慢增长型种群：在恢复演替过程中，缓慢增长型种群密度曲线呈波动下降的趋势，地上现存量则表现出波动上升的趋势，这种动态特征反映出它的植株正在逐渐增大。例如，大针茅种群格局在恢复演替过程中经历了一个先增长最后趋于稳定的过程，在此过程中大针茅植物个体数量有所减少，但个体大小逐渐增加。⑥演替中立型种群：在恢复演替过程中，种群密度无显著增减，地上现存量则有波动性增长，但是年增长大致沿零增长等值线上下波动，表明了该种群的地上现存量得以积累，但并未加快或减缓其生长速率（刘钟龄等，2002）。

植被繁殖更新潜力也是退化草地恢复的一个主要方面。植物恢复主要有有性生殖和无性繁殖两种方式，以增加群落物种多样性和物种丰富度，从而提高与原生群落在优势种和群落组成上的相似度。草地植物的两种繁殖方式即有性生殖和无性繁殖分别依赖于种子库和芽库，它们是退化草地恢复的内在条件及潜在动力，对草地恢复动态起着重要作用。某些干旱半干旱草地（黄土高原半干旱区草地和科尔沁沙化草地等区域）的群落优势种群主要是通过种子来实现扩散和繁殖（张继义和赵哈林，2004；周兴民等，1987）。然而，退化导致土壤中原生植物种子库减少，甚至在一些围封多年的退化草地中，土壤种子库仍以一、二年生植物为主。这些一、二年生风播植物的种子大多细小且具休眠性，易被封藏于土壤之中形成种子库，从而在草地恢复初期占据群落主导地位。相反，原生群落物种子库存量较少，加之演替后期物种的种子雨通量较小，导致多年生的原生植物重新占据优势地位是一个缓慢过程。例如，弃耕 2～3 年的撂荒地中，主要以藜、狗尾草、猪毛菜（*Salsola collina*）、大籽蒿（*Artemisia sieversiana*）等一年生杂类草占绝对优势。在这一时期，几乎见不到根茎型和丛生型植物，直到弃耕 5 年后多年生植物的数量才开始有所增加（许志信等，2002）。

（二）退化草地恢复过程中的营养级互馈

退化草地生态系统的恢复同样需要注重地上动物、土壤动物和微生物组成及其多样性的恢复（Maccherini et al.，2009）。动物和微生物多样性及营养级交互作用与复杂的生态系统功能密切相关，调控着退化草地生态系统中物质流、能量流和信息流的循环过程，影响着退化草地的恢复进程。动物群落恢复相对于植物恢复通常表现出滞后效应，但也有某些动物和微生物类群对环境变化的响应更为快速，从而促进或抑制退化草地的恢复进程（Luong et al.，2019；Catterall，2018）。因此，监测动物和微生物群落组成的变化也是评价退化草地恢复的重要指标和参考。

1. 动物多样性及组成的恢复

一般情况下，在内蒙古围封草地内的节肢动物丰度、物种多样性和功能类群都较长期放牧草地有显著提升（刘任涛等，2010；路凯亮等，2018）。线虫（nematode）是土壤中最为丰富的无脊椎动物，围封能够显著增加重度退化草地的线虫多度及捕食杂食类线虫多度（王蕊蕊，2019）。由于线虫占据土壤食物网多个营养级，参与有机质分解和养分循环过程，对促进土壤生态系统恢复具有重要作用。然而，动物多样性并不是随着恢复年限增加呈现普遍一致的增加趋势。根据中度干扰假说，草地恢复的中期相对于后期往往具有更高的动物多样性。滕悦等（2017）在内蒙古锡林郭勒围封后的退化草原，对访花昆虫多样性及其时间序列特征、访花频率的研究发现，围封草地访花昆虫多样性及数量均高于长期放牧区域，虽然恢复 32 年区域样地具有最多的访花昆虫数量，但是其访花昆虫种类显著低于恢复 19 年区域样地（表 2-1）。同时，大型土壤动物群落物种多样性恢复特征与访花昆虫多样性较为一致，围封草地大型土壤动物多样性及数量均高于长期放牧区域，其中恢复 19 年显著提高大型土壤动物密度和物种丰富度，而恢复 32 年后土壤动物多样性有所降低而物种优势度有所增加（路凯亮等，2018）。在退化草地中叩甲科幼虫和蚁形甲科动物为主导类群，而长期恢复样地多以步甲科、叶甲科幼虫和叶蝉科动物为主。相反，以裸地生长的一年生植物为食的节肢动物或腐食动物和粪食动物在退化草地恢复后，其数量和种类有一定比例的减少（van Klink et al.，2015）。

表 2-1　不同样地的访花昆虫多样性指数的季节变化

样地	种丰富度			个体数			Shannon-Wiener 指数		
	6 月	7 月	8 月	6 月	7 月	8 月	6 月	7 月	8 月
封育 32 年	86	95	83	341	469	323	2.70	2.37	2.50
封育 19 年	112	75	46	521	176	150	2.91	3.12	2.24
放牧样地	21	0	0	151	0	0	1.18	0	0

资料来源：滕悦等，2017

　　动物群落物种多样性和种群数量恢复归因于禁牧消除了大型食草动物践踏和刈割行为对小型动物的负面影响（图 2-3）（van Klink et al.，2015），这样就避免了大型食草动物把草本植物间的节肢动物作为食物的"附属品"而无意吞食（Humbert et al.，2009；van Noordwijk et al.，2012）。特别是动物处在卵和幼虫阶段时，禁牧很大程度上避免了其被大型家畜动物吞噬的风险。此外，Gómez 和 González-Megías（2007）研究发现植物群落内部生存的节肢动物常受到大型食草动物影响，而以植物为食的节肢动物并不受到显著影响（图 2-4），如蚜虫和瓢虫会在大型脊椎动物呼吸时感测到并同时从植物体掉落从而避免被误食（Benari and Inbar，2013；Gish et al.，2010）。另外，上行控制效应可能在调控退化草地生态系统结构恢复进程中起到重要作用（Berg and Hemerik，2004）。已有试验证明，植物多样性的恢复对较高营养级水平会产生自下而上的营养级联作用，从而调控动物多样性的恢复（Scherber et al.，2010）。动物多样性的恢复受到植被生产力和结构恢复的调控。动物作为消费者能够利用植被光合作用固定能量，从而促进物质和能量在食物链和食物网循环。根据生态系统能量转换效率与食物链和食物网理论，能量在不同营养级的传递呈现逐级递减的规律。一般上一营养级只有 10%～20% 的能量能够传递给下一营养级。因此，食物链和食物网及营养级交互作用关系恢复受到植被生产力和多样性恢复程度的限制。只有更高植被生产力和多样性才能维持更多数量和种类的次级消费者。在退化草地生态系统恢复进程中，凋落物增加为碎屑食物网提供养分输入，进而增加掠食性节肢动物的丰度（Langellotto and Denno，2004）。

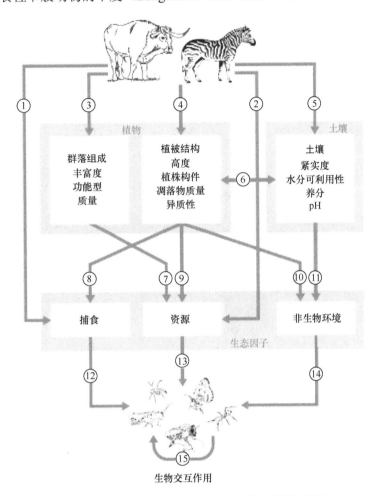

图 2-3　大型食草动物对植被和节肢动物多样性的影响

箭头表示影响途径，其中①表示践踏和无意的捕食对节肢动物多样性的直接影响；②表示粪便、尸体、血液、活组织等对节肢动物多样性的直接影响；③表示增加或降低植物多样性和改变植物功能群；④表示改变植被结构，如食草动物取食降低植被高度、改变植被空间异质性；⑤表示改变土壤环境；⑥表示土壤环境变化对植被的影响；⑦表示植物多样性变化会改变相关的昆虫多样性；⑧表示降低植被高度会增加节肢动物被捕食的风险；⑨表示不同节肢动物对资源的直接竞争效应；⑩表示植被高度的降低会增加地表温度，但减少了对极端气候的遮蔽；⑪表示土壤环境变化会对地下生活的昆虫产生影响；⑫～⑭表示非生物环境、资源和捕食共同影响每种节肢动物，从而影响节肢动物多样性；⑮由于节肢动物种间相互作用，一种节肢动物丰度会影响另一种节肢动物丰度，最终影响节肢动物总的多样性。

资料来源：van Klink et al.，2015

此外，草地植被高度、群落结构复杂性及异质性在停止放牧后升高，为动物采食、定居、繁殖提供了条件，使动物多样性得以恢复（Kruess and Tscharntke，2002；Pöyry et al.，2006）。在停止放牧后，植被异质性恢复显著提升节肢动物多样性（Kruess and Tscharntke 2002；Pöyry et al.，2006）。此外，在长期围封的典型草地和沙质草地，地上植被盖度增加会为动物提供庇护场所；裸地和低矮植被的减少避免动物被地面捕食者和

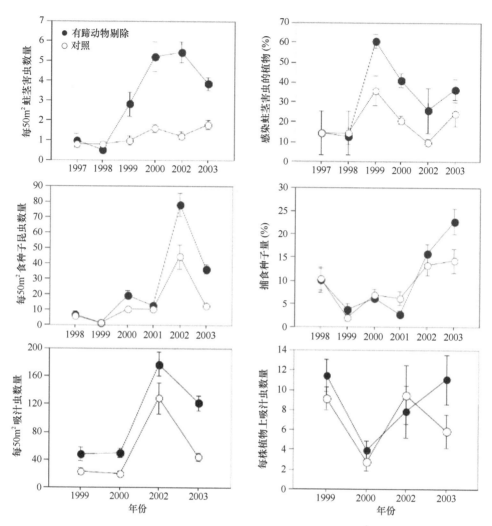

图 2-4 大型食草动物剔除对四种植食性昆虫丰度的影响

资料来源：Gómez and González-Megías，2007

鸟类捕食，减少捕食者捕食效率（Belovsky et al.，1990；Morris，2000），从而促进物种丰富度的维持。然而，植被异质性在为部分节肢动物提供生存场所的同时，复杂群落结构也为其捕食者提供条件。结网型蜘蛛可以在复杂三维结构内进行结网捕食；伏击型捕食者也会在花朵或树冠旁进行伪装和隐藏（如蟹蛛、螳螂等）。总之，草地恢复后带来的是更多的食物资源（Lawton，1983）和更低的被捕食风险（Belovsky et al.，1990），为动物繁荣提供重要机会。

退化草地恢复过程中，水分和温度等物理属性恢复也会影响动物群落结构和多样性变化。蝗虫和蝴蝶等幼虫发育对热量要求较高，但由于退化草地的恢复可减少裸地面积且增加植被盖度，改变生态系统热量收支平衡，从而导致地面温度降低；土壤温度的降低显著抑制蝗虫和蝴蝶等幼虫生长，使其丰度在退化草地恢复进程中逐渐降低（Bourn and Thomas，2002；Roy and Thomas，2003；Thomas et al.，1986）。相反，高大浓密的植被为其他节肢动物提供温度缓冲，减小昼夜温差，为其躲避极端气候提供场所（Petillon et al.，2008）。另外，退化草地恢复后凋落物的增加导致土壤表层碳积累，不仅为土壤动物提供生境，同时有机质积累促进土壤水分保持，避免无脊椎动物因干燥环境下水分丢失而死亡。

动物在草地恢复过程中也扮演着重要角色。Catterall（2018）研究发现，动物可以通过取食、传粉及种子扩散等过程促进或减缓植物恢复进程。土壤节肢动物能够抑制演替早期的优势物种，却可以提高演替后期的物种相对丰度，从而促进草地群落恢复和局部植物物种多样性（De Deyn et al.，2003）。另有研究表明，鞘翅目蜣螂通过挖掘在土壤中混入有机质，促进凋落物或粪便等降解，改善土壤理化性质并缓解环境因子对植物生长的胁迫压力，进而显著促进植被恢复进程（Bang et al.，2005；Borghesio et al.，1999；Brown et al.，2010）。除蜣螂外，蚂蚁和蚯蚓等类群在某些特定情况下对土壤理化性质也存在改善作用（Jouquet et al.，2014；Lavelle et al.，1997）。草原动物可以恢复或提高植被分布的空间异质性，它们的进食或排泄等行为表现出空间选择性，这可能导致高、矮植物斑块结构，或者通过排泄行为吸引腐食动物或粪食动物，从而形成特定植物群落斑块。这些斑块影响植物空间分布格局，增加群落资源异质性，对植物多样性维持至关重要。草地恢复后引起上行级联效应（bottom-up cascading effect），使得高营养级物种的丰度和多样性随着草食性昆虫和分解者的丰度和多样性提升而提升；捕食者种类和数量的增多带来的反馈调节增加对较低营养级的压力，但实际上可能会增加较低营养级物种的多样性。

2. 土壤微生物的恢复

在草地生态系统中，从土壤的发生到肥力的形成再到生态功能的发挥，微生物都有着不可替代的作用。土壤微生物也被称为能量流动的"引擎"、物质循环的"转换器"。土壤真菌能影响土壤碳、氮、磷等重要元素的矿化速率及生物地球化学循环过程，推动整个生态系统的物质循环和能量流动（Hogberg et al.，2001；Kowalchuk and Stephen，2001）。所以，土壤微生物过程是土壤质量恢复的重要环节（Kennedy and Smith，1995）。

土壤微生物活动需要充足的碳源和适宜的环境条件。植被恢复不仅能够增加土壤凋落物的输入量，从而为微生物提供碳源，而且能够改善微生物的生存、生活条件，如适宜的水分条件、通气条件、pH 等。有研究表明，在围栏封育后，土壤微生物多样性、生物量碳、生物量氮、生物量磷和呼吸强度等较退化草地均有显著提高（曹成有等，2011；胡毅等，2016）。微生物生物量和多样性的提高及土壤水分、通气性的改善也能促进以细菌、真菌为主的微生物群落的恢复（刘漫萍等，2016；路凯亮等，2018）。植物是许多细菌和真菌营共生关系的对象，植物群落的恢复重建是这类微生物在土壤中生存和生活的必要条件，而这些微生物又是维持土壤稳定的重要参与者，如真菌菌丝生长有利于土壤颗粒在团聚体上的缠结和水分在土壤水平及垂直方向上的传导，固氮菌能够提高土壤氮素有效性等。

在退化草地恢复早期，土壤微生物主要类型为细菌主导的微生物群落，具有较大的养分矿化速率；随着恢复演替的进展，真菌在微生物群落中比例逐渐增加（Bardgett et al.，2006；Cline and Zak，2015；Murphy and Foster，2014）。土壤微生物类群的改变直接影响地表植被组成的发展。例如，丛枝菌根真菌能够抑制或阻碍先锋物种定植，有助于生长速率较慢的演替后期物种的定植。共生菌与植物形成菌根促进植物对营养元素及水分的吸收（Brundrett，2002），还参与土壤腐殖质的合成及土壤团聚体的形成，有利于土壤结构与理化性质稳定性的维持和土壤肥力的提高（Rillig and Mummey，2006；张成霞和南志标，2010）。Zuo 等（2016）通过对科尔沁沙质草地退化群落的植物-土壤微生物-土壤属性三者关系的研究发现，随着植物群落恢复，土壤真菌多样性呈增加趋势，但是土壤真菌多样性变化主要受群落建群种的间接调控，而土壤属性的直接效应较弱（图 2-5）。

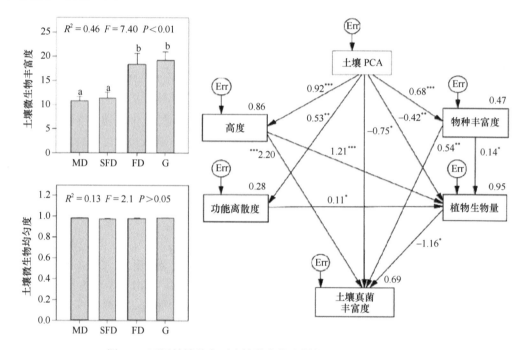

图 2-5　不同植被盖度下土壤微生物多样性和均匀度变化规律

MD：植被盖度＜10%的移动沙丘；SFD：植被盖度 10%～60%的半固定沙丘；FD：植被盖度＞60%的固定沙丘；G：植被盖度＞60%的草原。土壤 PCA 表示土壤主成分分析的第一主成分（解释了 11 个土壤变量总变异的 86.8%）。未观察的外生变量 Err 用于解释未被解释的误差。资料来源：Zuo et al.，2016

3. 退化草地土壤环境恢复过程

草地生态系统退化的本质是土壤退化，因此土壤恢复是草地生态系统恢复中极其重要的一环。土壤理化性质的恢复通常与植被恢复的过程相耦合，二者之间的正反馈机制推动土壤向更适于原生植物群落发育的方向发展。土壤不仅是草地植物生长的载体，还是草地动物和微生物的栖息地及多种生物化学反应的场所。土壤质地、水热状况、通气性等土壤物理属性不仅影响植物、动物及土壤微生物的生长，还制约矿质养分的转化、存在形态及其供给等过程。因此，土壤恢复直接关系到草地生物多样性、物质循环、能量流动等生态系统功能及生态系统服务等关键属性和关键过程的恢复。掌握退化草地生态系统土壤理化性质的恢复规律，对于制定相应的土壤修复工程流程及修复方法，最终实现土壤的改良和修复具有指导意义。

随着退化草地生态系统恢复进展，土壤各个方面的性质得到不断改善，主要是土壤含水量与田间持水量增加，土壤粒度组成中粉粒含量增加、砂粒含量减少，土壤密度和紧实度减小，以及总孔隙度和水稳性团粒增加（刘凤婵等，2012）。在若尔盖沙化草地生态系统的恢复重建过程中，土壤质地由紫砂土逐渐恢复成砂壤土，土壤保水能力和保肥能力提高；土壤容重和土壤 pH 随恢复时间的增加而降低；随恢复年限的推移，土壤含水量显著增加（税伟等，2017）。谭学进（2019）关于黄土高原退化草地恢复的研究表明，土壤容重随草地恢复年限的增加而减小，总孔隙度、通气孔隙度、>0.25mm 水稳性团聚体含量和团聚体平均直径随草地恢复年限的增加而增加，并在草地恢复 30 年后达到稳定状态。

以上土壤物理性质恢复的原因可能如下。首先，排除家畜放牧、矿区开采、不合理的乱挖滥垦等干扰，有助于减缓家畜踩踏和风蚀等强烈的物理作用对土壤结构和功能的破坏。随后，植被的恢复促进了地上植被盖度和地表凋落物的增加，从而减少了土壤对太阳辐射的吸收和土壤热通量，使得土壤温度降低和土壤温度变化缓和（刘志伟等，2019；张光茹等，2020），为植物及土壤动物的存活和生长提供一定的物理环境。另外，植物、动物及微生物的活动也能够直接改善土壤物理属性。首先，根系的穿插、挤压、缠绕等作用都会产生土壤空隙，形成土壤水分入渗的通道，从而增加土壤孔隙度，显著提高土壤透水性、土壤渗透速率和土壤水分含量。其次，随着植物根系的恢复，植物根系分泌物如胞外酶、有机酸、酚及各种氨基酸等成分及其含量会发生明显改变，从而显著改善土壤物理结构，促进矿物风化，提高土壤阳离子交换量，影响土壤 pH、土壤矿物表面吸附性能及土壤生物学性质（涂书新等，2000）。同时，土壤动物和微生物的活动也会有效改善退化土壤的通气性和物理条件。例如，蚯蚓等大型和中型土壤动物在土壤中能够产生粪粒，加之其在土壤中移动直接疏松土壤，从而能够创造不同大小的生物孔隙，影响团聚体大小，以此来影响水分移动和储存，并长期对土壤腐殖化过程产生显著影响（梁文举和闻大中，2001）；又如，菌根真菌的菌丝作为传输水分的通道能够促进水分在不同土壤层之间的传递，利于土壤颗粒在团聚体上的缠结，从而改良土壤质地和结构（梁宇等，2002）。此外，草地恢复过程中增加的生物残体等有机物输入量可有效提高土壤黏粒和水稳性团聚体含量，对退化草地土壤结构稳定性的恢复具有促进作用（王清奎等，2005）。

土壤养分的恢复与植被及土壤有机质含量紧密相关。土壤有效养分的来源主要是有机物的矿化和矿物颗粒的风化及颗粒内吸附、包含的养分的释放，而其流失途径主要有风蚀、水蚀、淋溶及牧草、牲畜等牧产品的输出。植被的恢复首先能够增加群落盖度和凋落物从而降低由于风蚀或地表径流导致的土壤养分损失，还能够通过对大气降尘和风蚀物的截获促进土壤养分含量的增加（裴世芳，2007）。另外，植物根系的酸性分泌物如酸性磷酸酶等能够活化根际惰性养分，提高土壤养分有效性（张福锁和曹一平，1992）。此外，土壤酶参与土壤中许多重要的生物化学过程，直接控制着土壤营养元素的有效化过程，对推动土壤生态系统的恢复起着重要作用（牛得草等，2013）；其活性与土壤有机质、全氮、速效磷之间具有显著的相关性，因此可以用来指示土地的健康状况（单贵莲等，2012）。例如，土壤脲酶和磷酸酶直接参与土壤含氮、含磷有机化合物的分解和转化，其活性的提高有利于土壤有效氮、有效磷的增加；土壤蔗糖酶能够促进多种低聚糖的水解，促进土壤有机质的分解；蛋白酶则参与土壤氨基酸及含蛋白质有机物的水解（周礼恺等，1983）。植被还是土壤有机质的主要来源，而土壤有机质的恢复与土壤氮、磷全量和速效养分含量的恢复有基本一致的趋势。这是因为：一方面有机质矿化释放的养分是土壤速效养分的主要来源；另一方面有机质参与形成的土壤团聚体能够有效保存和固持土壤养分，减少养分的淋溶损失（苏永中等，2002）。此外，有机质能够为土壤微生物活动提供充足的碳源，从而加速土壤养分的矿化过程，有助于土壤养分含量的提升。围封作为内蒙古放牧退化草地生态系统恢复的主要措施，尽管存在一定的争议，但多数研究表明围封对退化草地尤其是沙质退化草地和荒漠化退化草地的土壤养分（全氮、全磷、碱解氮、速效磷、有机质）的恢复具有显著的促进作用（图2-6）（曹成有等，2011）。

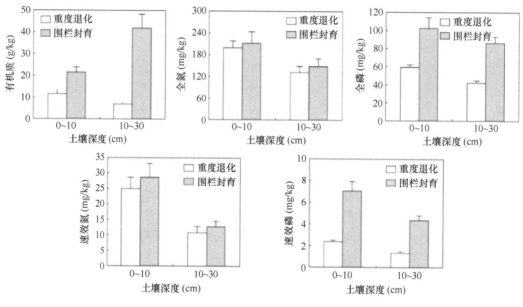

图 2-6　围栏封育后草地土壤养分的变化
资料来源：曹成有等，2011

土壤中的酶大都由植物的根系和土壤动物、微生物产生，而植被的恢复不仅能有效提高植物物种多样性和根系量，还有助于土壤微生物的多样性和功能的恢复，因此植被的恢复可直接和间接促进土壤酶活性及多样性的提高（曹慧等，2003）。研究表明，退化草地在围封后，参与许多重要土壤生物化学反应的脲酶、磷酸单酯酶、脱氢酶、蛋白酶活性均大幅度提高，而与土壤腐殖质的腐殖化程度呈负相关的多酚氧化酶的活性则显著降低（曹成有等，2011；仲波等，2017；朱新萍等，2012）。这些土壤酶活性的变化不仅有利于土壤各种营养元素的循环和转化，还有利于土壤物理性质的改变。有研究指出，土壤酶活性还与土壤物理性质相互影响，如周礼恺（1980）发现不同粒径团聚体的酶活性存在一定差异，小团聚体的酶活性要比大团聚体的高；李东坡等（2003）发现团聚体的稳定性也与酶活性有关，如脲酶活性与土壤团聚体的稳定性及土壤容重呈显著负相关，转化酶活性与土壤团聚体的稳定性呈显著正相关等。

退化草地的恢复是植被和土壤相互作用、相互促进的过程。植被的恢复促进土壤理化性质和生物学性质的改善，土壤的改善反过来又为植物的生长繁殖提供更好的生境条件。此外，在退化草地的恢复过程中，人为干预措施的介入可以有效缩短恢复进程，如围封、耙地、翻耕、补种豆科植物等可以有效提高土壤孔隙度、持水能力和土壤养分含量（张伟华等，2000）。但是，退化草地的土壤恢复还需要注意控制恢复时间。研究指出，长期围封处理会使地面凋落物累积过多，不仅影响动植物残体的分解速率和碳、氮、磷等元素在草地生态系统内的良性循环，还会抑制种子萌发和植物幼苗的生长，不利于草地植物的更新（闫玉春等，2009）。因此在草地恢复到一定阶段适当进行放牧会使土壤速效养分含量、酶活性等指标高于长期禁牧处理（苏永中等，2002；仲波等，2017）。

4. 草地生态系统功能的恢复

净初级生产力的提高是草地生态系统功能恢复的重要表现和基础。净初级生产力（net primary productivity，NPP）是指单位面积草地在单位时间所积累的有机干物质量，也是研究草地生产功能的一项重要指标。在退化草地恢复过程中，地表枯落物的积累可有效减少土壤水分蒸发，保持土壤水分，同时可增加土壤养分的输入，提升有效氮和有效磷含量，促进其循环过程。土壤养分的积累速率会进一步促进植物的生长进而提高生产力，从而形成植物与土壤正反馈循环（王明明等，2019）。王海瑞等（2011）对锡林郭勒草原白音锡勒牧场不同年限围封样地植被的研究发现，随着恢复年限（14年）的增加，不仅地上生产力增加而且地下生产力也显著提高，主要是表层根系增长和大量聚集而后向深层拓展促进了地下生物量的增加。McNaughton（1979）提出了放牧优化假说（grazing optimization hypothesis），即相对于不放牧的草地，植物的初级生产力在低载畜率时增加、高载畜率时降低，中度放牧强度时达到最大。也就是说，在群落初级生产力超过家畜的采食量时，适度放牧能产生超补偿效应。同时也有研究表明，划区轮牧、放牧与打草轮换的混合利用方式均有利于草地生态系统的恢复。围栏封育是草地生态系统恢复的一项重要措施，其效率高并且操作性较强。围栏封育等措施可使植被群落恢复，尤其是使一些动物爱啃食的植被得以恢复，牧草质量得以提升，这降低了草地土壤沙化程度，控制了土壤水分流失，从而提高了生产功能。

退化草地恢复的过程同时也是增加草地生态系统碳固持的过程。草地生态系统是一个重要的碳库，全球草地总碳储量约308PgC，中国草地生态系统碳库大小为28.95PgC，植被碳储量为1.82PgC，土壤有机碳碳储量为27.13PgC（白永飞和陈世苹，2018；方精云等，2011）。全球超过1/4的土壤碳固持过程受到放牧的影响。随着越来越多地采取科学手段和技术对草地生态系统进行修复，草地生态系统的碳积累逐渐增加，其碳汇功能即碳固持能力增强（图2-7）（Hu et al.，2016），可部分抵消由人为活动释放CO_2而导致的大气CO_2浓度的升高。适牧处理具有最大的地下根系产量及周转速率，积累了最多的土壤有机碳。尽管休牧处理具有较高的根系现存量、优势草种比例及较好的氮固持能力，但是其累积有机碳量低于适牧处理。重牧显著抑制地上及地下植被产量，导致土壤氮大量损失，产生不利的土壤微生物环境，造成土壤碳输入减少，而后生长季缓解放牧压力并未起到增加有效碳固持的效果（陈文青，2015）。温带草地具有巨大的碳固持潜力，封育（或禁牧）是实现其碳固持效应最经济、最有效的途径之一（何念鹏等，2011）。但是，过于长期的围封对草地碳固持功能并无益处，甚至会使其碳汇功能降低，因此还要进行更长期的观测，根据草地碳汇动态辅以适度放牧等干扰措施，保障草地生态系统的可持续利用（梁潇洒等，2019）。除了围封禁牧之外，人工补播禾本科和豆科植物也有助于退化草地的恢复，从而达到碳固持的效果。研究表明，在内蒙古草原播种黄花苜蓿和羊草改良了植物群落结构、增加了植物固氮输入，显著提高了草地生产力，使苜蓿+羊草混播草地具有更大的碳固持速率。多年监测数据也表明，播种黄花苜蓿+羊草草地地上生产力远高于围栏外自由放牧草地，且生产力稳定性也更高（何念鹏等，2011）。

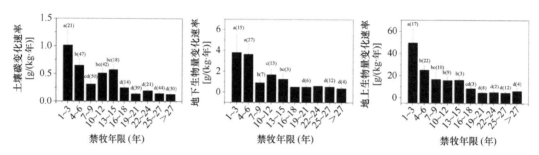

图 2-7　禁牧对我国草地碳动态的影响

括号内数字表示测量次数。不同小写字母表示不同处理间差异显著（$P<0.05$）。资料来源：Hu et al.，2016

草地生态系统在恢复过程中，水源涵养功能会得到显著提升。草地水源涵养是植被、水与土壤相互作用后所产生的综合功能的体现，主要功能表现在增加可利用水资源、减少土壤侵蚀、调节径流和净化水质等方面。三江源高寒草甸是长江、黄河和澜沧江三大水系的发源地，近几十年来由于全球气候变化与人类活动的影响，三江源高寒草甸持续退化，造成了巨大的生态功能损失和经济损失。研究表明，三江源高寒草甸地上生物量、地下生物量、毛管孔隙度、总孔隙度、自然含水量、最大持水量、土壤水源涵养量随恢复程度的增加而显著提高，土壤总孔隙度和毛管孔隙度可作为草地恢复过程的有效测量指标。相对于重度退化的草地，恢复至自然状态下的草地水源涵养质量提高了 1.8745×10^9t/(hm²·年)，总价值量为 1.3159×10^{11}t/(hm²·年)（徐翠等，2013）。草地在恢复过程中，地上植被盖度和生物量均会得到显著提高，地下根系更为发达，可以有效减轻降水对土壤的冲击和破坏，促进更多降水渗入土壤，减少地表径流和土壤水蚀，从而实现水土保持。白永飞等（2020）通过评估中国草地生态系统水源涵养服务功能时空变化发现，中国草地 1980~2000 年平均水源涵养量为 1.1617×10^{11}m³/年，2000~2010 年平均水源涵养量为 1.1838×10^{11}m³/年，核算结果表明，随着越来越多的草原保护政策实施，退化草地在逐步恢复，其水源涵养功能得到了提升。吴丹等（2016）更细化地对比了 2000~2010 年 1990~2000 年两个 10 年平均水源涵养量差异，发现后 10 年间我国草地生态系统年平均水源涵养量增加了 22.15×10^9m³，水源涵养服务功能保有率上升了 4.80%，草地生态系统水源涵养服务功能有所提升。

草地生态系统防风固沙的能力与效果的提升随着退化草地恢复过程越发明显。草地防风固沙物质量可以通过风蚀模型,如修正风力侵蚀模型(RWEQ)和修正通用土壤流失方程(RUSLE)进行估算。研究者对我国北方草地部分区域开展了防风固沙量的估算,Sun 等(2020)利用 RUSLE 估算的 1984~2013 年青藏高原草地防风固沙量为 $2.72×10^7$t/年;孙文义等(2014)估算的黄土高原草地 1990~2010 年防风固沙量为 $7.7×10^9$t/年;王洋洋等(2019)利用 RWEQ 估算的宁夏草地 2000~2015 年防风固沙量为 $7.298×10^6$~$4.120×10^7$t/年;江凌等(2016)对内蒙古草地的防风固沙量估算值为 $5.758×10^9$t/年。草地的防风固沙与草地地上植被和地下根系密切相关。草地盖度的增加对土壤风蚀的抑制作用明显,草地的防风固沙服务功能保有率的提升与风蚀季节草地盖度的提升呈显著正相关(巩国丽等,2014)。2000~2010 年的 10 年间内蒙古固沙物质总量增长了 17.75%,草地总面积虽有所降低,但是部分区域草地盖度的上升增强了草地固沙能力(江凌等,2016)。合理的放牧制度、打草和围封有助于植物群落的稳定发展,进而有助于提高草地防风固沙能力。

草地具有丰富的生物多样性,生物多样性保育也是草地极其重要的生态功能。更高的多样性可以产生更高的生态系统功能水平,如更高的群落生产力、更高的系统稳定性和更高的抗入侵能力,以及更多的碳储存和更快的养分周转率。据不完全统计,全国草地植物共计 9700 多种,我国草原区繁衍的野生动物达 2000 多种。但受长期过度放牧、开垦、气候变化、环境污染及生物入侵等因素的影响,我国草地生物多样性明显降低,进而引起草地生态系统生态功能和稳定性的降低(白永飞等,2020)。近年来,随着人们对草地生态系统的生态服务功能的重视,一系列的科学研究与政策围绕草地恢复展开并在各方面都取得了长足的进步。群落演替理论是退化草地恢复的重要理论基础,在正向演替的群落中,物种多样性随演替时间的推移而增加,最终到达某种稳定状态。虽然围栏封育可有效改善和恢复草地植被,但不能长时间围封而不进行利用,因为围封后进行合理的放牧或打草能够维护草地生态系统功能、促进物种丰富度和土壤营养的均衡。研究表明,随着围封年限的增加,退化草地生物多样性先增加后减少,由于围栏封育显著提高了土壤含水量及土壤有机质、碱解氮和全氮,上述指标对生物多样性有显著正效应,所以保持或提升土壤水分和养分是退化草地恢复的关键过程(陈智勇等,2019)。基于中度干扰假说和放牧优化假说的理论指导,加强放牧管理,合理摄取草地牧草资源,对于生物多样性维持具有重要意义。放牧对草地生物多样性的影响是复杂的,研究表明,植物多样性对放牧的响应受降水的调控,干旱会加剧过度放牧对生物多样性的影响,因此在确定合理的放牧强度时,应结合降水和地形条件(杨婧等,2014)。合理的打草或刈割制度有利于草地的恢复,主要体现在增加了物种多样性和稳定性。

在退化草地恢复过程中,应注重恢复草地生态系统自身的负反馈调节功能,因为生态系统的负反馈调节功能是使生态系统达到和保持平衡及稳态的重要机制。如草原上迁入的食草动物增加,植物就会因受到过度啃食而减少,而植物数量的减少也会抑制动物的数量(赵同谦等,2004)。对于已退化的生态系统,经科技手段人为使其负反馈系统恢复正常,生态系统就能够得到一定程度的修复。生物多样性越高,生态系统的结构越复杂,其负反馈的功能就越强,其维持自身生态系统稳定性的能力就越强。充分理解草地生态系统在退化恢复过程中的各种机制,才能更加有效地对草地生态系统进行科学系统地恢复，充分发挥草地生态系统的生态服务功能。

二、退化草地恢复理论及模型

（一）退化草地恢复的内涵

生态恢复理论是退化草地生态系统恢复实践的重要基础和支撑。识别退化草地恢复的关键性驱动因子及其调控机制对预测生态系统恢复的轨迹及动态过程、指导草地退化治理措施的实施至关重要。退化草地生态系统的恢复包含了重建（reconstruction）、修复（rehabilitation）、改良（reclamation）、再植（revegetation）、更新（renewal）等丰富的生态恢复内涵。很多学者对于生态重建/恢复的概念及其内涵进行了深入的探讨。例如，国际生态恢复学会（Society for Ecological Restoration，SER）将生态重建/恢复定义为协助遭到退化、损伤或破坏的生态系统恢复的过程。李文华（2013）深入分析了生态恢复的定义及其科学含义，指出生态重建/恢复不仅限于恢复到原来的状态，还包括使生态系统有所改善。而王德利等（2020）强调恢复目标是接近或达到新的稳定平衡状态，这种状态只要能够保证维持草地主体功能即可。总而言之，生态重建/恢复以生态学原理为依据，通过一定的生物、生态及工程的技术，人为地撤除引起生态系统退化的主导因子和过程，调整和优化系统内部及其与外界的物质、能量和信息的流动过程及时空秩序，使生态系统的结构、功能和生态学潜力尽快成功地恢复到原有的乃至更高的水平（章家恩和徐琪，1999）。

退化草地生态系统的恢复体现了种群动态、群落动态和生态系统过程等不同组织尺度在时间和空间上的动态恢复过程，表现出逐级恢复的特征。低组织层级相对于高组织层级恢复速度更快，高组织层级的生态系统结构和功能恢复需要以低组织层级的恢复为基础。然而，高组织层级的生态系统结构和功能并不是各低组织层级组分的简单加和，而是需要增强生态系统物质流、能量流、信息流及生态系统各功能和过程的耦合关系，从而恢复系统的稳定性和多功能性及其复杂性。其中，植物群落组成及其多样性作为草地恢复最基本的衡量指标，其恢复速度相对较快，特别是对于生命周期较短的草地生态系统；土壤养分和碳库及跨营养级的养分-水分耦合和地上-地下耦合等过程的恢复相对较为缓慢，具有滞后性；生境的土壤结构与质地的恢复需要更长的时间。因此，退化草地生态系统恢复要遵循系统的整体性原则，在实现结构整体性恢复的同时实现过程自组织性和功能完整性的恢复。此外，退化草地生态系统恢复还需要遵守区域性、差异性和地带性原则（章家恩和徐琪，1999），在遵守自然规律的基础上实现退化草地生态系统的生态恢复、社会经济恢复和美学恢复。

经典或传统生态学观点认为，自然生态系统在退化不严重或基本上保持着原来的系统结构和环境条件的情况下，草地生态系统能够主要依靠自我恢复能力，通过自组织机制实现生态系统的主动恢复与重建。喻理飞（2000）在分析群落组成及结构、功能变化的基础上提出退化群落自然恢复的 3 个指标：退化群落自然恢复潜力度（restoration potentiality，RP），表示更新库物种组成与更高演替阶段群落物种组成相似程度，即相似性越高，向更高演替阶段发展的潜力越大，反之则潜力越小；恢复度（restored degree，

RD），表示退化群落通过自然恢复在组成、结构、功能上与顶极群落阶段的相似程度；恢复速度（restoration speed，RS），定义为单位时间内群落恢复度向顶极群落方向发生的位移。但是，当自然草地生态系统经过长期利用和过度开发而严重退化或结构已遭到破坏时，生态系统可能已经丧失了自我恢复能力。此时，恢复生态系统的结构与功能需要人为地调控或改变限制退化草地恢复的生态过程，如扩散限制、生物地球化学循环、营养级交互和景观连接度等，而不是单单移除导致退化的干扰因素（图 2-8）。

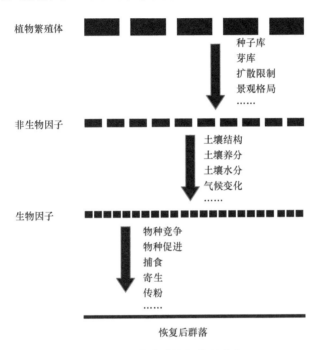

植物繁殖体

种子库
芽库
扩散限制
景观格局
……

非生物因子

土壤结构
土壤养分
土壤水分
气候变化
……

生物因子

物种竞争
物种促进
捕食
寄生
传粉
……

恢复后群落

图 2-8　退化草地恢复的驱动力

（二）退化草地恢复的驱动力

退化草地恢复的轨迹及其时间动态受不同时空尺度下的确定性过程和随机性过程协同交互影响，是内因和外因综合作用的结果。草地生境的脆弱性被认为是退化草地恢复缓慢的内在因素，而自然环境变化是退化草地进行非可逆性恢复演替的外在驱动力。在退化草地恢复进程中，物种迁移扩散、群落内部环境变化、物种内和物种间相互作用关系及气候变化和人为干扰等局地和景观尺度上的因素可能单独或共同影响退化草地生态系统恢复的多个阶段，从而导致多样化的恢复轨迹及动态（Falk et al.，2006）。因此，识别不同阶段的草地生态系统恢复的关键过程或因素及其优先顺序，才有可能加快或调整恢复轨迹，促使群落向着可预测或所期望的方向发展（Temperton et al.，2004）。

1. 植物繁殖体的迁移、扩散

植物群落物种组成和多样性的恢复很大程度上取决于植物繁殖体是否能够顺利到达退化草地群落。土壤种子库（soil seed bank）指存在于土壤上层凋落物内和土壤中全部存活种子的总和，这些种子是退化草地恢复的潜在植物种群。然而许多研究表明，群落种子库类型与地上植被组成的相似性往往是 50%～60%，种子库中存在物种可能在地表没有植株存在，同时在群落中存在的某些植株可能没有在种子库中存留种子。然而，退化草地恢复更多依赖于土壤种子库，土壤种子库物种类型决定草地群落恢复的动态特征。当缺少演替后期或原始群落植物种子库时，退化草地向原生群落的恢复进程将会受到一定限制。另外，植物能够通过有性生殖产生种子，然后扩散到达退化草地群落，进而参与群落组成及其动态恢复过程中。邻近资源种群有助于原生群落物种种子扩散，促进目标物种定植、增加本地物种的多样性，同时加快向原生群落的演替进程。但草地生态系统景观格局及源种群的破坏，限制了原生群落物种的扩散能力，甚至阻碍群落向着原生群落物种组成方向的恢复演替。由于缺少恢复物种繁殖体，群落组成可能长期处于退化阶段。此时，群落中生态位空间的空余为外来种提供了入侵的可能。入侵的外来种能够限制或促进后来物种的定植，导致群落向着不可预测的方向发展。因此，促进退化草地群落物种组成快速向着可预测的方向恢复，需要解除演替后期植物的土壤种子库限制。相反，当群落具有丰富的物种繁殖体资源时，随机性过程可能决定了恢复初期先锋物种的类型。先锋物种的差异产生不同的优先效应，影响后来物种的定植和繁荣，最终导致退化草地生态系统恢复轨迹的多样性。

2. 群落内外环境的限制

对于顺利到达恢复群落的物种而言，其不一定能够顺利完成整个生命周期。群落内物理或化学等条件作为环境筛，限制了具有某些特征的物种的存活和繁荣。早期达尔文提出的"适者生存"就强调了生物与环境之间的相互关系。只有适应退化环境的物种才能在群落中存活。具体而言，草地退化的核心问题是土壤退化，伴随着土壤水分和养分的亏缺。此时，只有能够忍耐胁迫的物种才能在群落中定植和繁荣。随着先锋物种的定植，土壤紧实度、土壤持水能力、土壤养分及群落局部微环境等得到改善，并形成环境-植物正反馈环，使得退化草地内部环境改善并驱动群落恢复演替进程。但当退化草地环境条件极其恶劣时，草地难以实现自组织恢复以到达原生群落状态。例如，严重的放牧导致土壤结皮和土壤板结，土壤孔隙度减小，通透性差，根系缺氧，从而限制植物生长，此时群落可能长期处于退化状态。只有解除环境限制，才能有助于先锋物种的定植并促进群落恢复。

此外，群落内的资源时空分配格局对植物多样性和组成的恢复同样至关重要。资源异质性和资源波动理论有助于揭示退化草地生态系统恢复过程中群落物种多样性变化的机制。在某些情况下，轻度退化草地具有较高的空间和时间资源异质性，使得具有不同空间和时间生态位需求的物种共存，从而促进群落具有较高的物种多样性。随着恢复措施的实施，异质性程度降低，物种间资源竞争增强，群落物种多样性则有降低趋势。

3. 气候变化

许多研究表明，气候变化对草地生态系统退化和恢复具有重要的影响。对于内蒙古干旱半干旱草地生态系统而言，降水量是调控草地恢复速率及轨迹的重要外界因素。气候模型预测该地区降水量降低、气温升高，导致水热因子的匹配性变差。这种水热不匹配性降低了退化草地生态系统自组织恢复的可能性。但是，随着全球平均气温的升高、降水量和降水格局的改变、气候波动的增加，在排除引发退化的干扰因素后，退化草地生态系统很难按照演替轨迹恢复到原生群落状态。气候变化能够导致退化草地群落结构和功能的不可逆恢复，甚至使得生态系统由退化状态恢复到另一个新的、从未出现过的平衡态（Hobbs et al.，2009）。此外，气候变化显著影响物种空间分布范围，改变退化草地的物种库大小及组成，增加退化草地恢复的复杂性。

4. 生物作用

物种间相互作用关系及生物-环境反馈机制调控着退化草地恢复的演替过程。3 种主要机制解释了退化草地群落恢复过程中物种之间的相互作用关系：①促进模型：先到达物种能够促进后来物种的定居和繁荣。因此，退化草地恢复过程能够表现出一个有顺序的、物种逐渐替代的过程。②抑制模型：先到达物种能够抑制后来物种的定居和繁荣。退化草地恢复过程中物种替代没有固定顺序，恢复动态很大程度上取决于哪一物种先到。特别是当具有独特功能性状的新物种在群落中定植后，其能够改变生态系统过程，如养分周转速率、养分分配、物种相互作用关系等。新正反馈机制的形成促进了新物种在群落中的稳定性，从而能够维持退化草地状态，使得恢复进程难以持续（Crandall and Knight，2015）。③忍耐模型：物种替代顺序取决于物种的竞争能力，先来的机会物种在决定恢复演替途径上并不重要，任何物种都可以开始演替。但有些物种在竞争能力上优于其他物种，因而成为恢复顶极群落中的优势物种。

营养级交互和物种共生关系在退化草地恢复过程中至关重要。退化草地为动物提供良好生境，促进了鼠类动物的定居。鼠类动物数量的增加导致大量的打洞造穴及其对植物的大量取食和破坏，如挖掘草根、推出土丘、破坏草皮（杨军等，2019）。在排除干扰后，鼠类动物持续的破坏作用不利于原生群落植物的定植，从而抑制或延缓退化草地恢复进程。此外，过度放牧导致植被的高度、盖度下降及毒杂草比例增加，为高原鼠兔提供了适合的开阔生境，也为高原鼢鼠提供了丰富的食物，从而为二者的种群数量暴增提供了有利条件进而又加速了草地退化（曹广民等，2007）。在不排除动物破坏时，即使消除放牧干扰，退化草地可能会继续恶化，植被群落很难实现恢复。

5. 局地和景观尺度过程

大多数退化草地恢复项目和研究主要关注局部尺度的生态过程及调控机制。实际上，退化草地恢复是受到局地尺度和区域尺度过程的共同影响。景观过程及景观生态学原理，如最小存活种群理论、集合种群理论、种-面积关系理论等，对掌握和了解退化草地恢复及其机制具有指导意义（Temperton et al.，2004）。恢复草地的斑块大小、形状、分布、与周边板块的连通性，以及周边的土地利用类型和景观要素等格局调控了恢复草地的生物、物质、能量等流通，最终影响退化草地恢复的速率和轨迹。在草地恢复的实践中，恢复草地斑块需要被看作是一个嵌套在景观当中的单元，斑块的大小及斑块之间的连通性影响了草地恢复的速率。加之，退化草地生态系统本身是一个开放性系统，与外界环境时刻发生着物质与能量的交换。因此，退化草地恢复在很大程度上受到景观格局和过程的影响。

人为干扰能够影响景观物质和能量流动，进而影响退化草地恢复动态过程。例如，随着城市不断扩张、交通日益发达，人为因素导致物种扩散范围更广，从而提高随机性过程在退化草地生态系统恢复过程中的作用。偶然的外来物种繁殖体的迁入可能改变恢复草地群落中物种间的相互作用或影响局部微环境，改变退化草地恢复轨迹。另外，随着围栏禁牧政策的实施，很多草场围栏建设导致动物扩散受到限制，使得退化草地很难恢复到原本存在动物取食作用的群落结构。食草动物对某些植物具有偏好性取食，能够降低群落物种间的相互作用，使物种多样性维持在较高水平。

（三）退化草地恢复模型

退化草地恢复过程不仅受到确定性过程的影响，同时受到随机性过程的调控。加之，因所处的地理与气候带不同及恢复措施实施前的本底差异，处于恢复进程中的群落演替的轨迹和速率也有差异。群落演替理论、选择状态理论和群落构建理论等是揭示退化草地群落恢复的主要理论（Palmer et al., 2016）。它们从关键性恢复驱动因子、群落组成和生态系统综合特征角度评价和揭示退化草地群落演替轨迹及其机制（Falk et al., 2006）。总体而言，退化草地恢复过程大致可以分为 4 类模型（Suding et al., 2004）：①连续可逆模型，即草地恢复路径是草地退化的反向演替过程，群落变化是一个连续的可预测的过程（图 2-9a）；②非连续可逆模型，即草地恢复过程中存在多个平衡状态，只有当环境条件达到某一特定阈值时，退化草地才能由一个状态转移到另一个状态，最终恢复到顶极群落状态（图 2-9b）；③非连续不可逆模型，即草地恢复过程中同样存在多

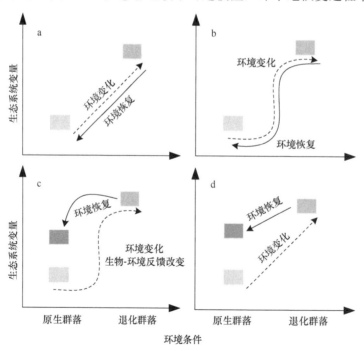

图 2-9　退化草地恢复模型图示

资料来源：Suding et al., 2004

个平衡状态，但是草地恢复不一定向着顶极群落状态发展（图 2-9c）；④连续不可逆模型，即退化草地恢复是一个连续的过程，但多种机制或过程影响演替进程，草地恢复向着不可预测的方向发展（图 2-9d）。

1. 演替理论及模型

演替理论及模型被广泛地用于揭示退化生态系统恢复轨迹，其中"顶极群落演替理论"是最基本的理论依据。演替理论认为退化草地恢复过程是在没有外界干扰的情况下，经过循序渐进的自组织过程，群落组成和环境条件按照一定路径发生可预测的恢复，最终到达演替顶极状态。草地生态系统的恢复是连续的，是草地退化的反向演替过程。演替理论强调环境变化是驱使群落发展的主要驱动力。当退化草地的生境或物理环境恢复到原生群落状态后，退化的草地生态系统能够通过自组织过程得以恢复。在演替过程中，上一阶段定居的物种改变了土壤环境，使之不利于自身生长，而有利于后来物种的定居，如此反复，直到最终演替为顶极群落。例如，郝敦元等（2004）研究了典型草原在过大的牧压下退化演替和封育恢复演替的数学模型，指出退化的起点是恢复的终点。牧压增强可使退化的草原群落达到一个新的退化状态，但随着围封时间的延长，退化的草原群落可恢复到顶极状态。

2. 阈值理论及模型

阈值动态模型将阈值的概念引入退化草地恢复模型当中。阈值是在某一特定环境下由较小的环境变化导致的生态系统过程的快速变化，体现群落或生态系统由量变向质变转换的关键节点。在草地恢复过程中，可能存在着数个不同的阈值，相应地指示特定的恢复程度或阶段。阈值动态模型更多的是依赖生态系统综合参数来衡量退化草地恢复程度或状态，如物种盖度、物种多样性、生产力等生态系统属性或功能。与演替理论相似，阈值理论强调环境变化是驱动草地恢复的主要动力。阈值动态模型认为退化草地恢复是一个可预测过程，会逆着退化途径恢复到原来的顶极群落，即排除导致草地退化的驱动因素能够使植物群落组成和多样性等恢复到原生群落状态。其中，退化草地恢复的阈值即草地退化的阈值，两者是相反的过程。与演替理论不同，阈值动态模型认为退化草地恢复过程中会出现多种稳定状态，呈现非连续性的变化特征。当关键的生态阈值被超过时，生态系统属性或功能可能发生突然的转变，退化草地生态系统由一个平衡状态转变到另一个平衡状态，向着顶极群落发展（Bourgeois et al.，2016）。Luo 等（2015，2016）通过对内蒙古草地自然干旱梯度的研究发现，生态系统功能和结构在某一点出现跳跃性变化，表明草地生态系统阈值的存在。

3. 选择状态模型

演替理论常常注重恢复历史的环境特征，但是忽略了生物-环境反馈的变化。选择状态模型在阈值动态模型的基础上，不仅强调退化草地恢复过程中阈值的存在，而且强调生物-环境反馈机制影响退化草地恢复轨迹的重要性。选择状态模型认为在同一环境条件下生态系统能够存在两个或多个稳定态。在退化草地恢复过程中，无论是自然还是人为干扰因素都不可能完全一致或精确重复，使得恢复演替不会逆着退化途径恢复到原来的顶极群落。

选择状态模型认为退化草地相对于原生草地不仅在环境条件上产生了差异，而且生态系统内部反馈机制和过程也发生了深刻改变。这使得退化草地在排除干扰后能够长期维持在退化阶段保持不变，并对退化草地恢复措施具有一定的抵抗能力。群落内部生物-生物和生物-环境反馈机制的改变，导致退化群落处于另一新的稳定平衡状态。退化群落很难通过自组织过程进行恢复，即使解除导致群落退化的干扰，群落也可能长期维持在退化状态，除非出现某个特殊气候和人为干扰事件才能驱动群落的恢复进程。因此，推动退化草地恢复进程，需要改变退化草地内部反馈环，打破生态系统阈值，从而促进退化草地由一个稳定状态向另一个稳定状态转换。由于生态系统内部反馈机制的改变，当解除干扰后草地恢复轨迹可能与群落退化轨迹完全不同。有研究表明，在重新建立草地物理环境后，退化草地并未恢复到原生群落状态，而是形成一个新状态（Suding et al.，2004）。

4. 群落构建理论及模型

群落构建理论强调非生物和生物的限制作用对退化草地恢复过程中群落物种组合和多样性形成及维持过程的调控（Halassy et al.，2016）。退化草地生态系统恢复的过程也是群落构建或"再形成"的过程。这一过程始终受到扩散限制，并受到环境滤波和物种相互作用等一系列外界环境与内部生物作用等聚集规则的调控，只有通过这些滤波的物种才能在群落中定植。群落构建理论既包含了群落结构变化的阈值动态模型，同时融合了退化草地恢复的渐变机制。群落恢复轨迹的不同阶段均受到随机性过程和确定性过程的共同影响（Halassy et al.，2016），因此退化草地生态系统的恢复过程是一个不可逆的、不可预测的过程。群落构建理论主要是从物种组成及多样性变化的角度分析退化草地恢复的机制，认为退化草地恢复过程可能是连续的或离散的动态过程。基于群落构建理论和物种功能性状特征的退化草地恢复理论在生态恢复研究中越来越受到关注。

优先效应（priority effect）是群落构建在生态恢复研究中的重要理论之一，其涵盖了诸如生态位优先占据、对称性和非对称性竞争及土壤遗留效应等机制。根据优先效应假说，物种到达群落的优先顺序影响了退化草地恢复过程中群落组成的变化方向，体现了草地恢复过程中群落物种替代和共存的潜在机制。例如，早期定植的物种能够抑制生长速率较慢的后期目标物种的建立（Fry et al.，2017）。最先到达物种或类群能够改变局部环境或与局部环境形成正反馈，这种机制可能导致退化草地对外界恢复措施产生一定的抵抗能力，从而使得草地恢复过程中形成阈值动态转换模式（Young et al.，2001）。

退化草地恢复过程的物种组成变化部分归因于物种之间的相互作用关系，即物种之间的限制相似性或均等化过程可能是解释草地恢复过程中物种共存和多样性维持的重要机制。根据限制相似性理论，生态位相似的物种由于激烈的种间竞争而难以共存，因此群落物种多样性的增加主要是通过具有不同资源利用策略或环境适应策略的物种的增加。然而，在某些恢复草地群落中，具有相似资源利用策略或环境适应策略的物种在群落中共存时，物种为了避免由于竞争能力差异导致竞争排除，尽可能减小种间环境适应性和竞争能力差异，从而也促进了生物多样性的增加，即均等化机制起到主要作用。

退化草地生态系统的恢复过程既是植物群落重新构建和植物物种重新组合的过程，也是食物网重新聚集、多个营养级相互作用逐渐增强的过程（Temperton et al.，2004）。食物链和食物网的恢复也是退化草地生态系统恢复的重要方面。在某些退化草地生态系统恢复研究中，需要增加或移除营养级之间的捕食、寄生等关系，才能恢复原生群落的食物链和食物网，从而实现退化草地的系统性恢复。

第三节　草地退化与恢复研究的现状与趋势

一、草地退化的研究方向与重点

尽管过去几十年间，有学者以野外观测和控制实验等研究方法深入探讨了气候变化、旱化及放牧、刈割等人为干扰活动对草地植被、土壤及生态系统的影响，从草地的退化及其对气候变化和人为干扰的响应模式及机制方面得到了很多重要结论。但总体而言，仍然存在两个方面的问题：其一，控制实验研究多将气候变化和人为干扰活动割裂开来，而针对它们彼此交互影响的研究比较少，导致我们不能清晰且全面地认识全球变化或人类活动对草地生态系统的潜在影响；其二，以往研究绝大多数集中在单一群落、单一生态系统或单一样地的局域尺度，而忽略了不同群落或生态系统之间的相互作用，如系统之间的物质流、信息流和能量流，导致我们至今仍不清楚这些研究成果能否在更大的空间尺度上反映草地生态系统的真实变化。因此，在今后对草地退化过程和机制的研究中，要注重气候变化与人为干扰影响的整合实验分析，以揭示其相互作用和共同影响，同时考虑如何将局域尺度的观测和控制实验与大尺度遥感监测、无人机观测结合起来，实现局域观测和实验结果的尺度推演。

（一）气候变化融合人为干扰是研究的重要方向

已有研究发现，气候变化及放牧和刈割等人为干扰活动是影响草地植物群落物种丰富度、物种组成、群落结构和生态系统功能及过程的重要因素（Yang et al.，2012；Wang et al.，2012，2014；Liu et al.，2016）。然而，这些研究，尤其是草地生态系统的控制实验研究，大多仅侧重于气候变化或人为干扰活动的某一个方面，导致控制实验从人为干扰的背景中剥离出来，或在考虑人为干扰活动时未考虑气候的变化，导致研究结果不能清晰、全面、客观地反映全球变化对草地生态系统的真实影响，难以帮助我们准确且系统地评估草地生态系统所面临的威胁。因此，在未来关于草地退化的研究中，要将气候变化控制实验与草地生态系统实际面临的放牧和刈割等人为利用方式结合起来，研究人为干扰活动和气候变化多重因素影响下草地生态系统过程和功能的变化，以全面、系统、完整地揭示草地退化的现实机制和发展态势。

（二）尺度推演模型是研究的重要挑战

近半个世纪以来，对草地生态系统功能及稳定性的观测研究大多集中在单一群落、单一生态系统或单一样地的局域尺度。这些传统的局域尺度研究视局域的群落或生态系统为封闭且独立的单元（Leibold et al.，2004），而忽略了不同群落或生态系统之间的相互作用，但是群落或生态系统之间的相互作用过程可在更大的空间尺度（如区域尺度）上影响生态系统的功能及稳定性（Huston，1997；Wang and Loreau，2014，2016）。例如，有研究发现，群落间的物种扩散可显著影响集合群落的物种多样性和生产力（Venail et al.，2008），造成一些学者质疑局域尺度的研究结果是否具有对区域尺度的适用性（Huston，1997；Srivastava and Vellend，2005）。因此，准确认识气候变化和人类干扰活动对草地生态系统过程、功能及稳定性的影响不仅需要局域尺度上的观测研究，同时也需要结合区域尺度的研究成果及将局域尺度的结果向更大空间尺度的推演方法。

近年有研究提出以区域尺度的集合群落（metacommunity）水平研究草地生态系统的功能及稳定性可潜在弥补以往局域尺度研究的不足，并建立了从局域尺度到区域尺度的尺度推演理论模型（Wang and Loreau，2014，2016；Wang et al.，2019b）。所谓集合群落，是指区域尺度上，通过可潜在相互影响的物种的扩散等群落间过程与动态而彼此联系的（局域）群落的集合（Leibold et al.，2004）。与传统的、忽略了群落间或生态系统间的过程与动态（Bai et al.，2004；Tilman et al.，2006；Hector et al.，2010；Shi et al.，2014）的局域尺度研究相比，集合群落水平、区域尺度的研究更利于我们准确地理解自然生态系统的变化机制。近年的研究也发现，若不同群落中含有对环境因子具有不同响应的物种，则区域尺度的集合群落可具有高于局域尺度群落的稳定性（Wang and Loreau，2014，2016）。这些结果意味着，侧重于群落间过程与动态的集合群落水平研究，有助于我们更准确地认识自然生态系统功能及稳定性的影响因素（Leibold et al.，2004；Wang and Loreau 2014，2016；Wilcox et al.，2017；Zhang et al.，2019）。因此，集合群落和尺度推演理论模型有助于我们在未来从区域尺度上更为深入、完整和准确地分析气候变化和人为干扰对草地生态系统的影响。

二、退化草地恢复的研究方向与重点

退化草地恢复研究主要集中在生态恢复的计划和设计、生境重建、矿区恢复、土壤与营养提高、管理与监测、遥感、数据分析等方面。生境与种类恢复是近期生态恢复的中心问题，即在何种情况下、应用何种技术和方法，生境和种类的恢复可以成功。中心问题的核心是物种（除了动植物外，还有土壤生物、真菌和微生物等）多样性的恢复。就草地生态系统而言，生境是指在草地中上述生物类群赖以生存、生活和繁衍的物理和生物环境的总称。近半个世纪以来，由于气候变化和人类活动加剧，自然生态系统遭到严重破坏，各国都在致力于寻求解决方案，以达到人与自然的和谐共处和可持续发展。英国利物浦恢复生态学会特别提出"创造性生态恢复"（creative ecological restoration）的概念。目前国际上提出的应用集成过滤模型进行生态修复的概念和思想受到广泛关注。近年来，基于功能性状的群落生态学理论也被提出作为指导退化草地恢复技术及预测恢复效应的重要依据（Roberts et al.，2010；

Sandel et al.，2011）。针对退化草地恢复维持的可持续性问题，最新研究指出，利用生态学的下行效应理论，可以有效地维持草地恢复后的物种多样性和群落稳定性（Wilsey and Martin，2015）。

（一）退化草地恢复技术与治理模式

关于草原的综合集成恢复技术，国外开展得比较早，主要集中在一些畜牧业较为发达的国家。例如，19世纪中叶，随着英国洛桑研究所的建立和圆筒形陶质排水管的发明，英国率先采用施肥和土壤排水调控等技术开展草地恢复技术研究，开启了草地恢复治理研究的先河。在此后相当长的一段时间内，澳大利亚、日本和苏联等畜牧业发达国家深入开展了施肥、灌溉、火烧、补播、浅耕翻、引入外来物种等草地恢复治理模式的研究，探究植被复壮和植被重建技术，为畜牧业稳定、优质、高产提供了重要保障。近30年来，人们主要采用围栏封育、浅耕翻、切根、补播、施肥、火烧等单项和组合措施进行草地恢复治理，并取得了一些成绩和经验，发表了一系列研究成果。例如，俄罗斯学者Zheleznova（1997）、爱沙尼亚塔尔图大学的Metsoja等（2013）、荷兰格罗宁根大学和瓦赫宁恩大学的Klimkowska等（2010a，2007）和阿姆斯特丹自由大学的Dijk等（2007）、美国明尼苏达大学的Iii和Galatowitsch（2008）及西班牙AZTI Tecnalia公司的Valle等（2015）都报道了主要通过种子库修复、表土移除、人工种植植物等植被-土壤系统人工重构的思路来修复退化草甸或草甸草原；美国林务局Martin和Chambers（2002）报道了通过植被复壮来修复退化草甸的方法。

（二）草地生态草牧业技术与集成示范

近30年来草牧业发展模式的转变和相关技术的进步，促进了草地的高效可持续利用，从而缓解了草地系统的牧草生产压力，有利于退化草地的生态恢复。关于草牧业发展模式，19世纪80年代，国外开始从传统的粗放式经营向现代草牧业方向转变，受土地、资本、劳动力等主要生产要素的制约，世界各个国家形成了各不相同的草牧业发展模式。例如，澳大利亚和新西兰等国发展形成了管理草地放牧及其生产经营的决策支持系统和模式，即以天然草地或人工草场为基础，以围栏放牧为主的生产、生态相协调的低成本、高效率的草地畜牧业（Norman et al.，2000）；美国和加拿大发展了以机械化等为主的集约化大农场发展方式，到20世纪90年代，美国人工草地的平均单产已达到每公顷1125kg（张智山等，2008），目前美国是苜蓿种植面积最大和出口量最多的国家（张洁冰等，2015）；德国、法国、荷兰、奥地利等国发展家庭农场模式，采用集约型放牧和舍饲圈养相结合的生产方式，在人工改良后的永久性草地上进行划区轮牧，家庭牧场间基本都实行了生产合作制（周青平等，2016）；在日本、以色列等人多地少的国家则不断发展形成了小农制模式，以技术创新为主，优化农业组织管理的发展模式（周青平等，2016）。20世纪90年代中后期以来，发达国家的家畜养殖业逐渐由集约化、规模化向数字化、标准化、环境友好的循环经济畜牧业系统转变。例如，丹麦实现了40个专家服务丹麦4000个牧场，利用物联网技术采集牧场各类信息，并运用大数据技术进行处理，准确分析和监控，实施精细养殖管理，实现"智慧型牧场"管理。

三、国内草地退化与恢复研究现状及趋势

（一）草地退化与恢复机制研究现状及趋势

国内草地退化与恢复机制研究与国际是同步的，并且其理论研究基本与恢复技术的研究相辅相成（李博，1997；李建东和郑慧莹，1997；张新时等，2016）。20世纪90年代初，国家科委设立了"八五"国家科技攻关项目"我国草地畜牧业优化生产模式"，1989年国家自然科学基金委员会设立重大项目"建立北方重要草地类型优化生态模式研究"，极大地推动了我国在该领域的发展。我国早期退化草地恢复机制研究大多关注植被群落演替过程（李政海等，1993；王炜等，1996a，1996b；邹厚远等，1998；辛晓平等，2001；刘钟龄等，2002），近一二十年来较多地从根系特征及土壤养分、种子库、植物多样性等视角开展了草地的生态恢复过程和机制研究（耿浩林等，2008；银晓瑞等，2010；Ma et al.，2015；Liu et al.，2015）。然而，国内针对草地退化与恢复机制缺少长期系统性研究，导致对退化草地的恢复过程和机制的诸多方面还不清楚，尚未形成较为成熟的退化草地恢复理论，故此也难以提出系统的、可持续的、经济可行的恢复技术方案。

（二）退化草地恢复治理技术研究现状及趋势

长期以来，内蒙古典型草原、呼伦贝尔草甸草原、科尔沁沙地草地、松嫩盐碱化草甸草原、黄土高原及青藏高寒草甸草原等是我国退化草地恢复治理研究的重点区域。近半个多世纪来，我国草原管理者和草原科技工作者也在不断探索对天然草地的围栏封育、季节性休牧、划区轮牧等管理措施（李勤奋等，2003；吴建波等，2010；王蕙等，2012；肖金玉等，2015），以及翻耕、灌溉、施肥及播种优良天然草种和驯化种等人工措施（宝音陶格涛和王静，2006；黄军等，2009；王多伽等，2015）。东北农业大学和黑龙江省农业科学院从20世纪70年代就开始了寒地黑土区退化草甸和退化耕地治理的科研攻关，通过封育、补播和施肥等试验措施进行退化草甸治理和合理利用研究。中国农业科学院农业资源与农业区划研究所于2013～2017年主持实施了农业部公益性行业（农业）科研项目，开展我国半干旱牧区天然打草场培育与利用技术研究与示范，初步明确了我国天然打草场不同区域草地退化等级。

（三）草原生态草牧业模式研究现状及趋势

我国草牧业发展模式单一，生态修复技术相对落后。虽然我国一直不断加强退化草地的生态保护建设，大面积实施退耕还草工程及生态补偿机制等措施，但扶持牧区草牧业发展、促进牧民增收的政策相对滞后，投入相对较少（黄涛等，2010）。我国在20世纪90年代就开始探索生态畜牧业发展模式和生态牧场建设的问题，建立资源节约、环境友好、循环利用的畜牧业生产体系。特别是近十年，我国各地企业积极探索畜牧养殖新模式，从传统养殖到集约化养殖再到今天的智慧生态养殖，利用现代先进物联网技术、

云技术等手段，形成云产业链，为行业组织监管和第三方服务提供基础数据和平台。例如，国科司达特集团旗下的易牧网通过其战略布局、技术优势及运营模式对牧场和消费者进行无缝衔接，实现 F2F（farm to family）；上海牛奶集团提出"4+E 智慧牧场"，是我国奶业现代化发展的方向和规划模式；中国科学院地理科学与资源研究所、青海大学和中国科学院西北高原生物研究所等科研单位建成 1 个智慧生态畜牧业信息云平台和 3 个适度规模的智慧生态畜牧业示范区，为三江源地区生态保护和经济社会可持续发展提供了技术保障和示范模式。2015 年以来，中国科学院与呼伦贝尔农垦集团合作在呼伦贝尔垦区建设"生态草牧业试验区"，致力于建立集约化人工草地，使优质饲草产量提高 10 倍以上，从根本上解决草畜矛盾，对大面积的天然草地进行保护、恢复和适度利用，同时以提高草地生产能力和"互联网+智慧草牧业"为主要手段，集中打造天然草场和精细人工草业产业链、高值畜牧产业链、优质农产品产业链和品色小镇与生态旅游产业链共 4 个产业发展链条。

第四节 结　语

过去几十年全球草地生态系统退化和恢复研究表明，气候的温暖化、干旱化及放牧和打草等人为干扰活动的加剧，导致全球草地生态系统呈现土壤湿度的降低和土壤养分的流失，造成草地生态系统植物、土壤微生物和土壤动物群落的物种多样性丧失、物种组成和群落结构发生变化，从而干扰草地生态系统的物质循环过程，影响其生物生产、碳固持等生态系统功能，甚至损害其生态系统稳定性。因此，气候变化和人为干扰是驱动草地退化的关键气候因素和人为因素。同时，通过消除环境限制和人为干扰、激发草地生态系统的跨营养级养分-水分耦合和地上-地下耦合等自组织过程及营养级间的互馈，可实现草地生态系统土壤、植被、土壤微生物和土壤动物的恢复及其过程和功能的恢复。

本研究在总结草地生态系统退化原因的基础上，揭示了以往草地退化研究在试验设计上多忽略了气候变化和人为干扰活动的潜在交互作用，且试验持续时间普遍较短，无法观测到它们通过缓慢重塑植物、动物、微生物群落而导致的长期效应。因此，长期控制实验才是准确认识这些全球变化驱动草地退化的最有效手段。此外，以往针对草地生态系统功能和稳定性的研究多侧重于生物量生产这一单一功能，且绝大部分聚焦于局域小尺度。但草地生态系统具有多重功能，而群落间或生态系统间的过程与动态能在更大的空间尺度上，如区域尺度上，调控生态系统的功能和稳定性。草地生态系统保护和管理措施的制定也往往以区域为空间单元，因此，侧重于生态系统多功能性和在多空间尺度上的研究，有助于我们深入理解全球变化对草地退化的驱动作用，从而更准确地指导退化草地的恢复工作。

此外，在退化草地生态系统恢复的实践方面，应该从理论上深刻地认识到草地的恢复过程不是其退化的简单逆过程。其恢复轨迹和时间动态受确定性过程和随机性过程的协同影响。其中，草地生境的脆弱性是退化草地恢复缓慢的内因，而自然环境的变化是非可逆性恢复的外在驱动力。针对草地恢复的多阶段性，识别不同阶段的草地生态系统恢复的关键过程或因素，才有可能加快或调整恢复轨迹，促使草地生态系统向着可预测或所期望的方向发展，实现以系统的稳定平衡与多功能协同为目标的系统性恢复。

今后对草地退化过程和机制的研究，要注重气候变化与人为干扰影响的整合实验分析，以揭示其相互作用和共同影响，同时考虑如何将局域尺度的观测和控制实验与大尺度遥感监测、无人机观测结合起来，实现局域观测和实验结果的尺度推演。

参 考 文 献

白永飞, 陈世苹. 2018. 中国草地生态系统固碳现状、速率和潜力研究. 植物生态学报, 42: 261-264.
白永飞, 赵玉金, 王扬, 等. 2020. 中国北方草地生态系统服务评估和功能区划助力生态安全屏障建设. 中国科学院院刊, 35: 675-689.
宝音陶格涛, 刘美玲, 李晓兰. 2003. 退化羊草草原在浅耕翻处理后植物群落演替动态研究. 植物生态学报, 27: 270-277.
宝音陶格涛, 王静. 2006. 退化羊草草原在浅耕翻处理后植物多样性动态研究. 中国沙漠, 26: 232-237.
曹成有, 邵建飞, 蒋德明, 等. 2011. 围栏封育对重度退化草地土壤养分和生物活性的影响. 东北大学学报(自然科学版), 32: 427-430+451.
曹广民, 杜岩功, 梁东营, 等. 2007. 高寒嵩草草甸的被动与主动退化分异特征及其发生机理. 山地学报, 6: 641-648.
曹慧, 孙辉, 杨浩, 等. 2003. 土壤酶活性及其对土壤质量的指示研究进展. 应用与环境生物学报, 9: 105-109.
陈文青. 2015. 不同放牧方式对羊草草原生态系统碳固持的影响机制. 中国农业大学博士学位论文.
陈智勇, 谢迎新, 刘苗, 等. 2019. 围栏封育高寒草地植物地上生物量和物种多样性对关键调控因子的响应. 草业科学, 36: 1000-1009.
程积民, 井赵斌, 金晶炜, 等. 2014. 黄土高原半干旱区退化草地恢复与利用过程研究. 中国科学: 生命科学, 44: 267-279.
董全民, 马玉寿, 李青云, 等. 2005. 牦牛放牧率对小嵩草高寒草甸暖季草场植物群落组成和植物多样性的影响. 西北植物学报, 25: 94-102.
董全民, 恰加, 赵新全, 等. 2007. 高寒草甸放牧生态系统研究现状. 草业科学, 24(11): 60-65.
董世魁. 2015. 青藏高原退化高寒草地生态恢复的植物—土壤界面过程. 北京: 科学出版社.
方精云, 朱江玲, 王少鹏, 等. 2011. 全球变暖、碳排放及不确定性. 中国科学: 地球科学, 41: 1385-1395.
耿浩林, 王玉辉, 王凤玉, 等. 2008. 恢复状态下羊草(Leymus chinensis)草原植被根冠比动态及影响因子. 生态学报, 28: 4629-4634.
巩国丽, 刘纪远, 邵全琴, 等. 2014. 草地覆盖度变化对生态系统防风固沙服务的影响分析: 以内蒙古典型草原区为例. 地球信息科学学报, 16: 426-434.
郝敦元, 高霞, 刘钟龄, 等. 2004. 内蒙古草原生态系统健康评价的植物群落组织力测定. 生态学报, 8: 1672-1678.
郝红敏, 刘玉, 王冬, 等. 2016. 典型草原开垦弃耕后不同年限群落植物多样性和空间结构特征. 草地学报, 24: 754-759.
何念鹏, 韩兴国, 于贵瑞. 2011. 长期封育对不同类型草地碳贮量及其固持速率的影响. 生态学报, 31: 4270-4276.
贺丽, 钟成刚, 邓东周, 等. 2014. 高寒沙区草地植被恢复及重建途径研究进展. 四川林业科技, 35: 32-37.
胡毅, 朱新萍, 韩东亮, 等. 2016. 围栏封育对天山北坡草甸草原土壤呼吸的影响. 生态学报, 36:

6379-6386.

黄军, 王高峰, 安沙舟, 等. 2009. 施氮对退化草甸植被结构和生物量及土壤肥力的影响. 草业科学, 26: 75-78.

黄涛, 李维薇, 张英俊. 2010. 草原生态保护与牧民持续增收之辩. 草业科学, 27: 1-4.

纪磊, 干友民, 刘忠义, 等. 2013. 禁牧对阿坝县退化草地植被恢复的效用. 中国草地学报, 35: 108-112.

江凌, 肖燚, 饶恩明, 等. 2016. 内蒙古土地利用变化对生态系统防风固沙功能的影响. 生态学报, 36: 3734-3747.

李博. 1997. 中国北方草地退化及其防治对策. 中国农业科学, 6: 1-9.

李东坡, 武志杰, 陈利军. 2003. 土壤生物学活性对施入有机肥料的响应: Ⅰ土壤酶活性的响应. 土壤通报, 34: 463-468.

李建东, 郑慧莹. 1997. 松嫩平原盐碱化草地治理及其生物生态机理. 北京: 科学出版社.

李勤奋, 韩国栋, 敖特根, 等. 2003. 划区轮牧制度在草地资源可持续利用中的作用研究. 农业工程学报, 19: 224-227.

李文华. 2013. 中国当代生态学研究: 生态系统恢复卷. 北京: 科学出版社.

李永强, 许志信. 2002. 典型草原区撂荒地植物群落演替过程中物种多样性变化. 内蒙古农业大学学报 (自然科学版), 23: 26-31.

李政海, 刘钟龄, 何涛. 1993. 内蒙古退化草原恢复演替进程中植物群落特征的分析. 干旱区资源与环境, 7: 279-289.

梁文举, 闻大中. 2001. 土壤生物及其对土壤生态学发展的影响. 应用生态学报, 12: 137-140.

梁潇洒, 张立奇, 闫庆忠, 等. 2019. 围栏封育恢复和提升辽西退化草地的碳固持功能. 中国草地学报, 41: 65-70.

梁宇, 郭良栋, 马克平. 2002. 菌根真菌在生态系统中的作用. 植物生态学报, 26: 739-745.

刘凤婵, 李红丽, 董智, 等. 2012. 封育对退化草原植被恢复及土壤理化性质影响的研究进展. 中国水土保持科学, 10: 116-122.

刘漫萍, 秦卫华, 李中林, 等. 2016. 红松洼自然保护区土壤螨群落结构对短期围栏封育的响应研究. 生态环境学报, 25: 768-774.

刘任涛, 赵哈林, 赵学勇. 2010. 放牧后自然恢复沙质草地土壤节肢动物群落结构与多样性. 应用生态学报, 21: 2849-2855.

刘雪明, 聂学敏. 2012. 围栏封育对高寒草地植被数量特征的影响. 草业科学, 29: 113-116.

刘志伟, 李胜男, 张寅生, 等. 2019. 青藏高原高寒草原土壤蒸发特征及其影响因素. 干旱区资源与环境, 33: 87-93.

刘忠宽, 汪诗平, 陈佐忠, 等. 2006. 不同放牧强度草原休牧后土壤养分和植物群落变化特征. 生态学报, 26: 2048-2056.

刘钟龄, 王炜, 郝敦元, 等. 2002. 内蒙古草原退化与恢复演替机理的探讨. 干旱区资源与环境, 16(1): 84-91.

路凯亮, 滕悦, 李俊兰. 2018. 围封对内蒙古退化典型草原大型土壤动物群落多样性的影响. 生态学杂志, 37: 2680-2689.

牛得草, 江世高, 秦燕, 等. 2013. 围封与放牧对土壤微生物和酶活性的影响. 草业科学, 30: 528-534.

裴世芳. 2007. 放牧和围封对阿拉善荒漠草地土壤和植被的影响. 兰州大学博士学位论文.

任海, 刘庆, 李凌浩. 2008. 恢复生态学导论(第二版). 北京: 科学出版社.

任毅华, 周尧治, 井向前, 等. 2015. 围栏封育对西藏退化高寒草甸物种多样性及生产力的影响. 贵州农业科学, 43: 166-169.

单贵莲, 初晓辉, 田青松, 等. 2012. 典型草原恢复演替过程中土壤性状动态变化研究. 草业学报, 21: 1-9.

尚占环, 董世魁, 周华坤, 等. 2017. 退化草地生态恢复研究案例综合分析: 年限、效果和方法. 生态学报, 37(24): 8148-8160.

邵新庆, 王堃, 王赟文, 等. 2008. 典型草原自然恢复演替过程中植物群落动态变化. 生态学报, 28: 855-861.

税伟, 白剑平, 简小枚, 等. 2017. 若尔盖沙化草地恢复过程中土壤特性及水源涵养功能. 生态学报, 37: 277-285.

苏永中, 赵哈林, 文海燕. 2002. 退化沙质草地开垦和封育对土壤理化性状的影响. 水土保持学报, 16: 5-8+126.

孙文义, 邵全琴, 刘纪远. 2014. 黄土高原不同生态系统水土保持服务功能评价. 自然资源学报, 29: 365-376.

谭学进. 2019. 黄土高原草地恢复对土壤物理性质的影响. 西北农林科技大学硕士学位论文.

滕悦, 路凯亮, 戈昕宇, 等. 2017. 内蒙古典型草原不同围封年限样地访花昆虫多样性. 生态学杂志, 36: 2855-2865.

涂书新, 孙锦荷, 郭智芬, 等. 2000. 植物根系分泌物与根际营养关系评述. 土壤与环境, 9: 64-67.

王德利, 王岭, 辛晓平, 等. 2020. 退化草地的系统性恢复: 概念、机制与途径. 中国农业科学, 53: 2532-2540.

王多伽, 高阳, 徐安凯, 等. 2015. 不同改良措施对退化羊草草地的影响. 草业与畜牧, (6): 22-24+39.

王蕙, 王辉, 黄蓉, 等. 2012. 不同封育管理对沙质草地土壤与植被特征的影响. 草业学报, 21: 15-22.

王海瑞, 王炜, 梁存柱, 等. 2011. 锡林郭勒退化草原不同恢复年限土壤物理性质与渗水性能. 中国草地学报, 33: 12-17.

王俊炜. 2005. 松嫩平原退化草地恢复演替系列芽库动态的研究. 东北师范大学硕士学位论文.

王明明, 刘新平, 何玉惠, 等. 2019. 科尔沁沙地封育恢复过程中植物群落特征变化及影响因素. 植物生态学报, 43: 672-684.

王启基, 来德珍, 景增春, 等. 2005. 三江源区资源与生态环境现状及可持续发展. 兰州大学学报(自科版), 41: 50-55.

王清奎, 汪思龙, 冯宗炜, 等. 2005. 土壤活性有机质及其与土壤质量的关系. 生态学报, 25: 513-519.

王蕊蕊. 2019. 贝加尔针茅退化草地土壤线虫群落对围封和施氮的响应. 东北师范大学硕士学位论文.

王炜, 刘钟龄, 郝敦元, 等. 1996a. 内蒙古草原退化群落恢复演替的研究: Ⅰ. 退化草原的基本特征与恢复演替动力. 植物生态学报, 20: 449-459.

王炜, 刘钟龄, 郝敦元, 等. 1996b. 内蒙古草原退化群落恢复演替的研究: Ⅱ. 恢复演替时间进程的分析. 植物生态学报, 20: 460-471.

王鑫厅. 2005. 典型草原退化群落在恢复演替过程中植物种群空间分布格局的变化研究. 内蒙古大学硕士学位论文.

王洋洋, 肖玉, 谢高地, 等. 2019. 基于RWEQ的宁夏草地防风固沙服务评估. 资源科学, 41: 980-991.

王英舜, 师桂花, 许中旗, 等. 2010. 锡林郭勒放牧草地封育后植被恢复过程的研究. 草业科学, 27(8): 10-14.

吴丹, 邵全琴, 刘纪远, 等. 2016. 中国草地生态系统水源涵养服务时空变化. 水土保持研究, 23: 256-260.

吴建波, 包晓影, 李洁, 等. 2010. 不同围封年限对典型草原群落及大针茅种群特征的影响. 草地学报, 18: 490-495.

肖金玉, 蒲小鹏, 徐长林. 2015. 禁牧对退化草地恢复的作用. 草业科学, 32: 138-145.

辛晓平, 徐斌, 王秀山, 等. 2001. 碱化草地群落恢复演替空间格局动态分析. 生态学报, 21: 877-882.

徐翠, 张林波, 杜加强, 等. 2013. 三江源区高寒草甸退化对土壤水源涵养功能的影响. 生态学报, 33: 2388-2399.

许志信, 李永强, 额尔德尼, 等. 2002. 草原弃耕地植物群落特征和植被演替情况的调查研究. 内蒙古草业, 14: 10-13.

闫玉春, 唐海萍, 辛晓平, 等. 2009. 围封对草地的影响研究进展. 生态学报, 29: 5039-5046.

杨婧, 褚鹏飞, 陈迪马, 等. 2014. 放牧对内蒙古典型草原 α、β 和 γ 多样性的影响机制. 植物生态学报, 38: 188-200.

杨军, 孙磊, 王向涛. 2019. 高寒草甸鼠丘种子库特征及其对退化草地恢复作用的研究. 高原农业, 3: 90-93+102.

杨汝荣. 2002. 我国西部草地退化原因及可持续发展分析. 草业科学, 19: 23-27.

银晓瑞, 梁存柱, 王立新, 等. 2010. 内蒙古典型草原不同恢复演替阶段植物养分化学计量学. 植物生态学报, 34: 39-47.

喻理飞. 2000. 南方退化喀斯特森林自然恢复的生态学过程及评价//中国科学技术协会. 西部大开发 科教先行与可持续发展: 中国科协 2000 年学术年会文集. 西安: 中国科学技术协会: 中国土木工程学会: 702-703.

余作岳, 彭少麟. 1997. 热带亚热带退化生态系统植被恢复生态学研究. 广州: 广东科技出版社.

张成霞, 南志标. 2010. 放牧对草地土壤微生物影响的研究述评. 草业科学, 27: 65-70.

张福锁, 曹一平. 1992. 根际动态过程与植物营养. 土壤学报, 29: 239-250.

张光茹, 张法伟, 杨永胜, 等. 2020. 三江源高寒草甸不同退化阶段植被和土壤呼吸特征研究. 冰川冻土, 42: 1-11.

张洁冰, 南志标, 唐增. 2015. 美国苜蓿草产业成功经验对甘肃省苜蓿草产业之借鉴. 草业科学, 32: 1337-1343.

张继义, 赵哈林. 2004. 科尔沁沙地草地植被恢复演替进程中群落优势种群空间分布格局研究. 生态学杂志, 23: 1-6.

张伟华, 关世英, 李跃进, 等. 2000. 不同恢复措施对退化草地土壤水分和养分的影响. 内蒙古农业大学学报(自然科学版), 21: 31-35.

张新时, 唐海萍, 董孝斌. 2016. 中国草原的困境及其转型. 科学通报, 61: 165-177.

张智山, 余鸣, 王赟文, 等. 2008. 美国草种产业概况与启示: 农业部赴美国草种生产加工与检验技术培训团总结报告. 草业科学, 25: 6-10.

章家恩, 徐琪. 1999. 恢复生态学研究的一些基本问题探讨. 应用生态学报, 10: 111-115.

赵菲, 谢应忠, 马红彬, 等. 2011. 封育对典型草原植物群落物种多样性及土壤有机质的影响. 草业科学, 28: 887-891.

赵同谦, 欧阳志云, 郑华, 等. 2004. 草地生态系统服务功能分析及其评价指标体系. 生态学杂志, 23: 155-160.

赵新全, 周华坤. 2005. 三江源区生态环境退化、恢复治理及可持续发展. 中国科学院院刊, 20: 471-476.

仲波, 孙庚, 陈冬明, 等. 2017. 不同恢复措施对若尔盖沙化退化草地恢复过程中土壤微生物生物量碳氮及土壤酶的影响. 生态环境学报, 26: 392-399.

周华坤, 赵新全, 唐艳鸿, 等. 2004. 长期放牧对青藏高原高寒灌丛植被的影响. 中国草地学报, 26: 1-11.

周礼恺. 1980. 土壤的酶活性. 土壤学进展, (4): 9-15.

周礼恺, 张志明, 曹承绵. 1983. 土壤酶活性的总体在评价土壤肥力水平中的作用. 土壤学报, 4: 413-418.

周青平, 陈仕勇, 郭正刚. 2016. 标准化牧场建设的原理与实践. 科学通报, 61: 231-238.

周兴民, 王启基, 张堰青, 等. 1987. 不同放牧强度下高寒草甸植被演替规律的数量分析. 植物生态学与地植物学学报, 4: 276-285.

邹厚远, 程积民, 周麟. 1998. 黄土高原草原植被的自然恢复演替及调节. 水土保持研究, 5: 126-138.

朱新萍, 贾宏涛, 蒋平安, 等. 2012. 封育对中天山三种类型草地土壤酶活性的影响. 新疆农业大学学报, 35: 409-413.

Andrés P, Moore J C, Simpson R T, et al. 2016. Soil food web stability in response to grazing in a semi-arid prairie: The importance of soil textural heterogeneity. Soil Biology and Biochemistry, 97: 131-143.

Bai Y, Han X J, Wu J, et al. 2004. Ecosystem stability and compensatory effects in the Inner Mongolia grassland. Nature, 431: 181-184.

Bai Y, Wu J, Xing Q, et al. 2008. Primary production and rain use efficiency across a precipitation gradient on the Mongolia Plateau. Ecology, 89: 2140-2153.

Bang H S, Lee J, Kwon O S, et al. 2005. Effects of paracoprid dung beetles (Coleoptera: Scarabaeidae) on the growth of pasture herbage and on the underlying soil. Applied Soil Ecology, 29: 165-171.

Bardgett R D, Jones A C, Jones D L, et al. 2001. Soil microbial community patterns related to the history and intensity of grazing in sub-montane ecosystems. Soil Biology and Biochemistry, 33: 1653-1664.

Bardgett R D, Smith R S, Shiel R S, et al. 2006. Parasitic plants indirectly regulate below-ground properties in grassland ecosystems. Nature, 439: 969-972.

Batnasan N. 2003. Freshwater issues in Mongolia. Ulaanbaatar: Proceeding of the National Seminar on IRBM in Mongolia: 53-61.

Bellamy P H, Loveland P J, Bradley R I, et al. 2005. Carbon losses from all soils across England and Wales 1978-2003. Nature, 437: 245-248.

Belovsky G E, Slade J B, Stockhoff B A. 1990. Susceptibility to predation for different grasshoppers: An experimental study. Ecology, 71: 624-634.

Benari M, Inbar M. 2013. When herbivores eat predators: Predatory insects effectively avoid incidental ingestion by mammalian herbivores. PLoS ONE, 8: 1-7.

Berg M P, Hemerik L. 2004. Secondary succession of terrestrial isopod, centipede, and millipede communities in grasslands under restoration. Biology and Fertility of Soils, 40: 163-170.

Bonal R, Munoz A. 2007. Multi-trophic effects of ungulate intraguild predation on acorn weevils. Oecologia, 152: 533-540.

Bond-Lamberty B, Thomson A. 2010a. A global database of soil respiration data. Biogeosciences, 7: 1915-1926.

Bond-Lamberty B, Thomson A. 2010b. Temperature-associated increases in the global soil respiration record. Nature, 464: 579-582.

Borghesio L, Luzzatto M, Palestrini C. 1999. Interactions between dung, plants and the dung fauna in a heathland in northern Italy. Pedobiologia, 43: 97-109.

Bourgeois B, Vanasse A, González E, et al. 2016. Threshold dynamics in plant succession after tree planting in agricultural riparian zones. Journal of Applied Ecology, 53: 1704-1713.

Bourn N A D, Thomas J A. 2002. The challenge of conserving grassland insects at the margins of their range in Europe. Biological Conservation, 104: 285-292.

Brown J, Scholtz C H, Janeau J, et al. 2010. Dung beetles (Coleoptera: Scarabaeidae) can improve soil hydrological properties. Applied Soil Ecology, 46: 9-16.

Brundrett M C. 2002. Coevolution of roots and mycorrhizas of land plants. New Phytologist, 154: 275-304.

Butterbach-Bahl K, Kögel-Knabner I, Han X. 2011. Steppe ecosystems and climate and land-use changes—vulnerability, feedbacks and possibilities for adaptation. Plant and Soil, 340: 1-6.

Cao G M, Tang Y H, Mo W H, et al. 2004. Grazing intensity alters soil respiration in an alpine meadow on the Tibetan Plateau. Soil Biology & Biochemistry, 36: 237-243.

Cardoso A S, Brito L F, Janusckiewicz E R, et al. 2017. Impact of grazing intensity and seasons on greenhouse gas emissions in tropical grassland. Ecosystems, 20: 845-859.

Carey J C, Tang J, Templer P H, et al. 2016. Temperature response of soil respiration largely unaltered with experimental warming. Proceedings of the National Academy of Sciences, 113: 13797-13802.

Catterall C P. 2018. Fauna as passengers and drivers in vegetation restoration: A synthesis of processes and evidence. Ecological Management & Restoration, 19: 54-62.

Chapin III F S, Zavaleta E S, Eviner V T, et al. 2000. Consequences of changing biodiversity. Nature, 405: 234-242.

Chen J, Luo Y, Xia J, et al. 2016. Differential responses of ecosystem respiration components to experimental warming in a meadow grassland on the Tibetan Plateau. Agricultural and Forest Meteorology, 220: 21-29.

Chen W, Wolf B, Zheng X, et al. 2011. Annual methane uptake by temperate semiarid steppes as regulated by stocking rates, aboveground plant biomass and topsoil air permeability. Global Change Biology, 17: 2803-2816.

Ciais P, Reichstein M, Viovy N, et al. 2005. Europe-wide reduction in primary productivity caused by the heat and drought in 2003. Nature, 437: 529-533.

Cline L C, Zak D R. 2015. Soil microbial communities are shaped by plant-driven changes in resource availability during secondary succession. Ecology, 96: 3374-3385.

Cox P M, Betts R A, Jones C D, et al. 2000. Acceleration of global warming due to carbon-cycle feedbacks in a coupled climate model. Nature, 408: 184-187.

Crandall R M, Knight T M. 2015. Positive frequency dependence undermines the success of restoration using historical disturbance regimes. Ecology Letters, 18: 883-891.

De Deyn G B, Raaijmakers C E, Zoomer H R, et al. 2003. Soil invertebrate fauna enhances grassland succession and diversity. Nature, 422: 711-713.

de Klein C A, Shepherd M A, van der Weerden T J. 2014. Nitrous oxide emissions from grazed grasslands: Interactions between the N cycle and climate change—a New Zealand case study. Current Opinion in Environmental Sustainability, 9-10: 131-139.

Dijk J V, Stroetenga M, Bodegom P M V, et al. 2007. The contribution of rewetting to vegetation restoration of degraded peat meadows. Applied Vegetation Science, 10(3): 315-324.

Ding J, Chen L, Ji C, et al. 2017. Decadal soil carbon accumulation across Tibetan permafrost regions. Nature Geoscience, 10: 420-424.

Falk D, Palmer M, Zedler J, et al. 2006. Foundations of Restoration Ecology. Washington DC: Island Press.

Fang J. 2016. Scientific basis and practical ways for sustainable development of China's pasture regions. Chinese Science Bulletin, 61: 155-164.

Fang J, Bai Y, Wu J. 2015. Towards a better understanding of landscape patterns and ecosystem processes of the Mongolian Plateau. Landscape Ecology, 30: 1573-1578.

Fang J, Geng X, Zhao X, et al. 2018. How many areas of grasslands are there in China? Chinese Science Bulletin, 63: 1731-1739.

Fang J, Piao S, Tang Z, et al. 2001. Interannual variability in net primary production and precipitation. Science, 293: 1723.

Fry E L, Pilgrim E S, Tallowin J R B, et al. 2017. Plant, soil and microbial controls on grassland diversity restoration: A long-term, multi-site mesocosm experiment. Journal of Applied Ecology, 54: 1320-1330.

Gamfeldt L, Snäll T, Bagchi R, et al. 2013. Higher levels of multiple ecosystem services are found in forests with more tree species. Nature Communications, 4: 1340.

Geng Y, Wang Y, Yang K, et al. 2012. Soil respiration in Tibetan alpine grasslands: Belowground biomass and soil moisture, but not soil temperature, best explain the large-scale patterns. PLoS ONE, 7: e34968.

Gherardi L A, Sala O E. 2015. Enhanced precipitation variability decreases grass- and increases shrub-productivity. Proceedings of the National Academy of Sciences, 112: 12735-12740.

Gish M, Dafni A, Inbar M. 2010. Mammalian herbivore breath alerts aphids to flee host plant. Current Biology, 20: 628-629.

Gómez J M, González-Megías A. 2007. Long-term effects of ungulates on phytophagous insects. Ecological Entomology, 32: 229-234.

Halassy M, Singh A N, Szabó R, et al. 2016. The application of a filter-based assembly model to develop best practices for Pannonian sand grassland restoration. Journal of Applied Ecology, 53: 765-773.

Hallett L M, Hsu J S, Cleland E E, et al. 2014. Biotic mechanisms of community stability shift along a precipitation gradient. Ecology, 95: 1693-1700.

Hashimoto S, Carvalhais N, Migliavacca A I M, et al. 2015. Global spatiotemporal distribution of soil respiration modeled using a global database. Biogeosciences, 12: 4121-4132.

Hautier Y, Isbell F, Borer E T, et al. 2018. Local loss and spatial homogenization of plant diversity reduce ecosystem multifunctionality. Nature Ecology & Evolution, 2: 50-56.

Hautier Y, Seabloom E W, Borer E T, et al. 2014. Eutrophication weakens stabilizing effects of diversity in natural grasslands. Nature, 508: 521-525.

Hautier Y, Tilman D, Isbell F, et al. 2015. Anthropogenic environmental changes affect ecosystem stability via biodiversity. Science, 348: 336-340.

Hautier Y, Zhang P, Loreau M, et al. 2020. General destabilizing effects of eutrophication on grassland productivity at multiple spatial scales. Nature Communications, 11: 5375.

He N, Yu Q, Wu L, et al. 2008. Carbon and nitrogen store and storage potential as affected by land-use in a *Leymus chinensis* grassland of northern China. Soil Biology and Biochemistry, 40: 2952-2959.

He N, Zhang Y, Dai J, et al. 2012a. Land-use impact on soil carbon and nitrogen sequestration in typical steppe ecosystems, Inner Mongolia. Journal of Geographical Sciences, 22: 859-873.

He N, Zhang Y, Dai J, et al. 2012b. Losses in carbon and nitrogen stocks in soil particle-size fractions along cultivation chronosequences in Inner Mongolian grasslands. Journal of Environment Quality, 41: 1507.

Hector A, Bagchi R. 2007. Biodiversity and ecosystem multifunctionality. Nature, 448: 188-190.

Hector A, Hautier Y, Saner P, et al. 2010. General stabilizing effects of plant diversity on grassland productivity through population asynchrony and overyielding. Ecology, 91: 2213-2220.

Hector A, Joshi J, Scherer-Lorenzen M, et al. 2007. Biodiversity and ecosystem functioning: Reconciling the results of experimental and observational studies. Functional Ecology, 21: 998-1002.

Hobbs R J, Higgs E, Harris J A. 2009. Novel ecosystems: Implications for conservation and restoration. Trends in Ecology & Evolution, 24: 599-605.

Hogberg P, Nordgren A, Buchmann N, et al. 2001. Large-scale forest girdling shows that current photosynthesis drives soil respiration. Nature, 411: 789-792.

Hoover D L, Knapp A K, Smith M D. 2014. Resistance and resilience of a grassland ecosystem to climate extremes. Ecology, 95: 2646-2656.

Hu Y G, Chang X F, Lin X W, et al. 2010. Effects of warming and grazing on N_2O fluxes in an alpine meadow ecosystem on the Tibetan Plateau. Soil Biology & Biochemistry, 42: 944-952.

Hu Z M, Li S G, Guo Q, et al. 2016. A synthesis of the effect of grazing exclusion on carbon dynamics in grasslands in China. Global Change Biology, 22: 1385-1393.

Huang Y, Chen Y, Castro-Izaguirre N, et al. 2018. Impacts of species richness on productivity in a large-scale subtropical forest experiment. Science, 362: 80-83.

Huhta A, Rautio P, Tuomi J, et al. 2001. Restorative mowing on an abandoned semi-natural meadow: Short-term and predicted long-term effects. Journal of Vegetation Science, 12(12): 677-686.

Humbert J, Ghazoul J, Walter T. 2009. Meadow harvesting techniques and their impacts on field fauna. Agriculture, Ecosystems & Environment, 130: 1-8.

Huston M A. 1997. Hidden treatments in ecological experiments: Re-evaluating the ecosystem function of biodiversity. Oecologia, 110: 449-460.

Huxman T E, Smith M D, Fay P A, et al. 2004. Convergence across biomes to a common rain-use efficiency. Nature, 429: 651-654.

Iii B V I, Galatowitsch S M. 2008. Altering light and soil N to limit *Phalaris arundinacea* reinvasion in sedge meadow restorations. Restoration Ecology, 16(4): 689-701.

Jia B, Zhou G, Wang F, et al. 2007. Effects of grazing on soil respiration of *Leymus chinensis* steppe. Climatic Change, 82: 211-223.

Jia B, Zhou G, Wang Y, et al. 2006. Effects of temperature and soil water-content on soil respiration of grazed and ungrazed *Leymus chinensis* steppes, Inner Mongolia. Journal of Arid Environments, 67: 60-76.

Jing X, Sanders N J, Shi Y, et al. 2015. The links between ecosystem multifunctionality and above-and belowground biodiversity are mediated by climate. Nature Communications, 6: 8159.

Jobbágy E G, Jackson R B. 2000. The vertical distribution of soil organic carbon and its relation to climate and vegetation. Ecological Applications, 10: 423-436.

Jouquet P, Blanchart E, Capowiez Y. 2014. Utilization of earthworms and termites for the restoration of ecosystem functioning. Applied Soil Ecology, 73: 34-40.

Kang L, Han X, Zhang Z, et al. 2007. Grassland ecosystems in China: Review of current knowledge and research advancement. Philosophical Transactions of the Royal Society of London, 362: 997-1008.

Kemmers R H, Bloem J, Faber J H. 2013. Nitrogen retention by soil biota: A key role in the rehabilitation of natural grasslands? Restoration Ecology, 21(4): 431-438.

Kennedy A C, Smith K L. 1995. Soil microbial diversity and the sustainability of agricultural soils. Plant and Soil, 170: 75-86.

Klein J A, Harte J, Zhao X. 2004. Experimental warming causes large and rapid species loss, dampened by simulated grazing, on the Tibetan Plateau. Ecology Letters, 7: 1170-1179.

Klein J A, Harte J, Zhao X. 2005. Dynamic and complex microclimate responses to warming and grazing manipulations. Global Change Biology, 11: 1440-1451.

Klimkowska A, Diggelen R V, Bakker J P, et al. 2007. Wet meadow restoration in Western Europe: A quantitative assessment of the effectiveness of several techniques. Biological Conservation, 140(140): 318-328.

Klimkowska A, Diggelen R V, Grootjans A P, et al. 2010a. Prospects for fen meadow restoration on severely degraded fens. Perspectives in Plant Ecology Evolution & Systematics, 12(3): 245-255.

Klimkowska A, Dzierża P, Kotowski W, et al. 2010b. Methods of limiting willow shrub re-growth after initial removal on fen meadows. Journal for Nature Conservation, 18(1): 12-21.

Klimkowska A, van der Elst D J D, Grootjans A P. 2014. Understanding long-term effects of topsoil removal in peatlands: Overcoming thresholds for fen meadows restoration. Applied Vegetation Science, 18(1): 110-120.

Knapp A K, Fay P A, Blair J M, et al. 2002. Rainfall variability, carbon cycling, and plant species diversity in a mesic grassland. Science, 298: 2202-2205.

Knapp A K, Smith M D. 2001. Variation among biomes in temporal dynamics of aboveground primary production. Science, 291: 481-484.

Kou D, Ma W, Ding J, et al. 2018. Dryland soils in northern China sequester carbon during the early 2000s warming hiatus period. Functional Ecology, 32: 1620-1630.

Kowalchuk G A, Stephen J R. 2001. Ammonia-oxidizing bacteria: A model for molecular microbial ecology. Annual Review of Microbiology, 55: 485-529.

Kruess A, Tscharntke T. 2002. Contrasting responses of plant and insect diversity to variation in grazing intensity. Biological Conservation, 106: 293-302.

Langellotto G A, Denno R F. 2004. Responses of invertebrate natural enemies to complex-structured habitats: A meta-analytical synthesis. Oecologia, 139: 1-10.

Lavelle P, Bignell D E, Lepage M, et al. 1997. Soil function in a changing world: The role of invertebrate ecosystem engineers. European Journal of Soil Biology, 33: 159-193.

Lawton J H. 1983. Plant Architecture and the diversity of phytophagous insects. Annual Review of Entomology, 28: 23-39.

Leibold M A, Holyoak M, Mouquet N, et al. 2004. The metacommunity concept: A framework for multi-scale community ecology. Ecology Letters, 7: 601-613.

Liang M, Chen J, Gornish E S, et al. 2018. Grazing effect on grasslands escalated by abnormal precipitations in Inner Mongolia. Ecology and Evolution, 8: 8187-8196.

Liang Y, Han G, Zhou H, et al. 2009. Grazing intensity on vegetation dynamics of a typical steppe in northeast Inner Mongolia. Rangeland Ecology & Management, 62: 328-336.

Lindquist D S, Wilcox J. 2000. New concepts for meadow restoration in the Northern Sierra Nevada//IEEE Computer Society: Proceedings of the 8th International Symposium on Modeling, Analysis and Simulation of Computer and Telecommunication Systems. Palm Springs (USA): IEEE Computer Society: 227-228.

Liu B, Zhao W Z, Liu Z L. 2015. Changes in species diversity, aboveground biomass, and vegetation cover along an afforestation successional gradient in a semiarid desert steppe of China. Ecological Engineering, 81: 301-311.

Liu H, Mi Z, Lin L, et al. 2018. Shifting plant species composition in response to climate change stabilizes grassland primary production. Proceedings of the National Academy of Sciences, 115: 4051-4056.

Liu L, Wang X, Lajeunesse M G, et al. 2016. A cross-biome synthesis of soil respiration and its determinants under simulated precipitation changes. Global Change Biology, 22: 1394-1405.

Liu W, Zhang Z, Wan S. 2009. Predominant role of water in regulating soil and microbial respiration and their responses to climate change in a semiarid grassland. Global Change Biology, 15: 184-195.

Loreau M. 2010. From populations to ecosystems: Theoretical foundations for a new ecological synthesis. Princeton: Princeton University Press.

Loreau M, de Mazancourt C. 2008. Species synchrony and its drivers: Neutral and nonneutral community dynamics in fluctuating environments. The American Naturalist, 172: E48-E66.

Loreau M, Hector A. 2001. Partitioning selection and complementarity in biodiversity experiments. Nature, 412: 72-76.

Lu M, Zhou X, Yang Q, et al. 2013. Responses of ecosystem carbon cycle to experimental warming: A meta-analysis. Ecology, 94: 726-738.

Luo C Y, Xu P G, Wang Y F, et al. 2009. Effects of grazing and experimental warming on DOC concentrations in the soil solution on the Qinghai-Tibet plateau. Soil Biology & Biochemistry, 41: 2493-2500.

Luo W, Dijkstra F A, Bai E, et al. 2015. A threshold reveals decoupled relationship of sulfur with carbon and nitrogen in soils across arid and semi-arid grasslands in northern China. Biogeochemistry, 127: 141-153.

Luo W, Sardans J, Dijkstra F A, et al. 2016. Thresholds in decoupled soil-plant elements under changing climatic conditions. Plant and Soil, 409: 159-173.

Luo Y, Wan S, Hui D, et al. 2001. Acclimatization of soil respiration to warming in a tall grass prairie. Nature, 413: 622-625.

Luo Y, Zhou X. 2006. Soil Respiration and the Environment. San Diego: Elsevier.

Luong J C, Turner P L, Phillipson C N, et al. 2019. Local grassland restoration affects insect communities. Ecological Entomology, 44: 471-479.

Ma H Y, Yang H Y, Liang Z W, et al. 2015. Effects of 10-year management regimes on the soil seed bank in saline-alkaline grassland. PLoS ONE, 10(4): e0122319-1-e0122319-17.

Ma W, He J, Yang Y, et al. 2010. Environmental factors covary with plant diversity-productivity relationships among Chinese grassland sites. Global Ecology and Biogeography, 19: 233-243.

Ma Z, Liu H, Mi Z, et al. 2017. Climate warming reduces the temporal stability of plant community biomass production. Nature Communications, 8: 15378.

Maccherini S, Bacaro G, Favilli L, et al. 2009. Congruence among vascular plants and butterflies in the evaluation of grassland restoration success. Acta Oecologica, 35: 311-317.

Martin D, Chambers J. 2002. Restoration of riparian meadows degraded by livestock grazing: Above- and belowground responses. Plant Ecology, 163(1): 77-91.

McNaughton S J. 1979. Grazing as an optimization process: Grass-ungulate relationships in the Serengeti. The American Naturalist, 113: 691-703.

Metsoja J A, Neuenkamp L, Zobel M. 2013. Seed bank and its restoration potential in Estonian flooded meadows. Applied Vegetation Science, 17(2): 262-273.

Morris M G. 2000. The effects of structure and its dynamics on the ecology and conservation of arthropods in British grasslands. Biological Conservation, 95: 129-142.

Murphy C A, Foster B L. 2014. Soil properties and spatial processes influence bacterial metacommunities within a grassland restoration experiment. Restoration Ecology, 22: 685-691.

Niu S L, Sherry R A, Zhou X H, et al. 2013. Ecosystem carbon fluxes in response to warming and clipping in a tallgrass prairie. Ecosystems, 16: 948-961.

Niu S L, Wu M Y, Han Y, et al. 2008. Water-mediated responses of ecosystem carbon fluxes to climatic change in a temperate steppe. New Phytologist, 177: 209-219.

Norman H C, Ewing M A, Loi A, et al. 2000. The pasture and forage industry in the Mediterranean bioclimates of Australia//Sulas L. Legumes for Mediterranean Forage Crops, Pastures and Alternative

Uses. Zaragoza: CIHEAM.

Palmer M A, Zedler J B, Falk D A. 2016. Foundations of Restoration Ecology, 2nd edition. Washington DC: Island Press.

Petillon J, Georges A, Canard A, et al. 2008. Influence of abiotic factors on spider and ground beetle communities in different salt-marsh systems. Basic and Applied Ecology, 9: 743-751.

Pöyry J, Luoto M, Paukkunen J, et al. 2006. Different responses of plants and herbivore insects to a gradient of vegetation height: An indicator of the vertebrate grazing intensity and successional age. Oikos, 115: 401-412.

Qi S, Zheng H, Lin Q, et al. 2011. Effects of livestock grazing intensity on soil biota in a semiarid steppe of Inner Mongolia. Plant and Soil, 340: 117-126.

Ren H, Schönbach P, Wan H, et al. 2012. Effects of grazing intensity and environmental factors on species composition and diversity in typical steppe of Inner Mongolia, China. PLoS ONE, 7: e52180.

Rillig M C, Mummey D L. 2006. Mycorrhizas and soil structure. New Phytologist, 171: 41-53.

Roberts R E, Clark D L, Wilson M V. 2010. Traits, neighbors, and species performance in prairie restoration. Applied Vegetation Science, 13: 270-279.

Roy D B, Thomas J A. 2003. Seasonal variation in the niche, habitat availability and population fluctuations of a bivoltine thermophilous insect near its range margin. Oecologia, 134: 439-444.

Rustad L E, Campbell J L, Marion J M, et al. 2001. A meta-analysis of the response of soil respiration, net nitrogen mineralization, and aboveground plant growth to experimental ecosystem warming. Oecologia, 126: 543-562.

Sandel B, Corbin J D, Krupa M. 2011. Using plant functional traits to guide restoration: A case study in California coastal grassland. Ecosphere, 2(2): art23. doi: 10.1890/ES10-00175.1.

Sasaki T, Okayasu T, Jamsran U, et al. 2008. Threshold changes in vegetation along a grazing gradient in Mongolian rangelands. Journal of Ecology, 96: 145-154.

Scherber C, Eisenhauer N, Weisser W W, et al. 2010. Bottom-up effects of plant diversity on multitrophic interactions in a biodiversity experiment. Nature, 468: 553-556.

Schönbach P, Wolf B, Dickhöfer U, et al. 2012. Grazing effects on the greenhouse gas balance of a temperate steppe ecosystem. Nutrient Cycling in Agroecosystems, 93: 357-371.

Schrautzer J, Asshoff M, Müller F. 1996. Restoration strategies for wet grasslands in Northern Germany. Ecological Engineering, 7(4): 255-278.

Sheik C S, Beasley W H, Elshahed M S, et al. 2011. Effect of warming and drought on grassland microbial communities. ISME Journal, 5: 1692-1700.

Shi Y, Wang Y, Ma Y, et al. 2014. Field-based observations of regional-scale, temporal variation in net primary production in Tibetan alpine grasslands. Biogeosciences, 11: 2003-2016.

Smith M D, Knapp A K. 2003. Dominant species maintain ecosystem function with non‐random species loss. Ecology Letters, 6: 509-517.

Srivastava D S, Vellend M. 2005. Biodiversity-ecosystem function research: Is it relevant to conservation? Annual Review of Ecology, Evolution, and Systematics, 36: 267-294.

Suding K N, Gross K L, Houseman G R. 2004. Alternative states and positive feedbacks in restoration ecology. Trends in Ecology & Evolution, 19: 46-53.

Sun J, Liu M, Fu B J, et al. 2020. Reconsidering the efficiency of grazing exclusion using fences on the Tibetan Plateau. Science Bulletin, 65: 1405-1414.

Suseela V, Conant R T, Wallenstein M D, et al. 2012. Effects of soil moisture on the temperature sensitivity of heterotrophic respiration vary seasonally in an old-field climate change experiment. Global Change Biology, 18: 336-348.

Suseela V, Dukes J S. 2013. The responses of soil and rhizosphere respiration to simulated climatic changes vary by season. Ecology, 94: 403-413.

Tang S, Wang K, Xiang Y, et al. 2019. Heavy grazing reduces grassland soil greenhouse gas fluxes: A global meta-analysis. Science of The Total Environment, 654: 1218-1224.

Tao S, Fang J, Zhao X, et al. 2015. Rapid loss of lakes on the Mongolian Plateau. Proceedings of the National

Academy of Sciences, 112: 2281-2286.

Temperton V M, Hobbs R J, Nuttle T, et al. 2004. Assembly Rules and Restoration Ecology: Bridging the Gap Between Theory and Practice. Washington DC: Island Press.

Thibaut L M, Connolly S R. 2013. Understanding diversity-stability relationships: Towards a unified model of portfolio effects. Ecology Letters, 16: 140-150.

Thomas J A, Thomas C D, Simcox D J, et al. 1986. Ecology and declining status of the silver-spotted skipper butterfly (*Hesperia comma*) in Britain. Journal of Applied Ecology, 23: 365-380.

Tilman D. 1999. The ecological consequences of changes in biodiversity: A search for general principles. Ecology, 80: 1455-1474.

Tilman D, Isbell F, Cowles J M. 2014. Biodiversity and ecosystem functioning. Annual Review of Ecology, Evolution, and Systematics, 45: 471-493.

Tilman D, Reich P B, Knops J M. 2006. Biodiversity and ecosystem stability in a decade-long grassland experiment. Nature, 441: 629-632.

Valencia E, de Bello F, Galland T, et al. 2020. Synchrony matters more than species richness in plant community stability at a global scale. Proceedings of the National Academy of Sciences, 117: 24345-24351.

Valle M, Garmendia J M, Chust G, et al. 2015. Increasing the chance of a successful restoration of *Zostera noltii* meadows. Aquatic Botany, 127: 12-19.

van der Plas F. 2019. Biodiversity and ecosystem functioning in naturally assembled communities. Biological Reviews, 94: 1220-1245.

van der Plas F, Manning P, Soliveres S, et al. 2016. Biotic homogenization can decrease landscape-scale forest multifunctionality. Proceedings of the National Academy of Sciences, 113: 3557-3562.

van Klink R, van der Plas F, van Noordwijk C G E, et al. 2015. Effects of large herbivores on grassland arthropod diversity. Biological Reviews, 90: 347-366.

van Noordwijk C G E, Flierman D E, Remke E, et al. 2012. Impact of grazing management on hibernating caterpillars of the butterfly *Melitaea cinxia* in calcareous grasslands. Journal of Insect Conservation, 16: 909-920.

Veen G F, Olff H, Duyts H, et al. 2010. Vertebrate herbivores influence soil nematodes by modifying plant communities. Ecology, 91: 828-835.

Venail P A, MacLean R C, Bouvier T, et al. 2008. Diversity and productivity peak at intermediate dispersal rate in evolving metacommunities. Nature, 452: 210-214.

Wan S, Hui D, Wallace L, et al. 2005. Direct and indirect effects of experimental warming on ecosystem carbon processes in a tallgrass prairie. Global Biogeochemical Cycles, 19: 10.1029/2004GB002315.

Wan S, Xia J Y, Liu W X, et al. 2009. Photosynthetic overcompensation under nocturnal warming enhances grassland carbon sequestration. Ecology, 90: 2700-2710.

Wang K, McSorley R, Bohlen P, et al. 2006. Cattle grazing increases microbial biomass and alters soil nematode communities in subtropical pastures. Soil Biology and Biochemistry, 38: 1956-1965.

Wang L, Delgado-Baquerizo M, Wang D, et al. 2019a. Diversifying livestock promotes multidiversity and multifunctionality in managed grasslands. Proceedings of the National Academy of Sciences, 116: 6187-6192.

Wang Q, Zhang L, Li L, et al. 2009a. Changes in carbon and nitrogen of chernozem soil along a cultivation chronosequence in a semi-arid grassland. European Journal of Soil Science, 60: 916-923.

Wang S, Duan J, Xu G, et al. 2012. Effects of warming and grazing on soil N availability, species composition, and ANPP in an alpine meadow. Ecology, 93: 2365-2376.

Wang S, Lamy Y, Hallett L M, et al. 2019b. Stability and synchrony across ecological hierarchies in heterogeneous metacommunities: Linking theory to data. Ecography, 42: 1200-1211.

Wang S, Li Y, Wang Y. 2001. Influence of different stocking rates on plant diversity of *Artemisia frigida* community in Inner Mongolia steppe. Acta Botanica Sinica, 43: 89-96.

Wang S, Loreau M, Arnoldi J F, et al. 2017. An invariability-area relationship sheds new light on the spatial scaling of ecological stability. Nature Communications, 8: 15211.

Wang S, Loreau M. 2014. Ecosystem stability in space: α, β and γ variability. Ecology Letters, 17: 891-901.

Wang S, Loreau M. 2016. Biodiversity and ecosystem stability across scales in metacommunities. Ecology Letters, 19: 510-518.

Wang X, Li F Y, Wang Y, et al. 2020a. High ecosystem multifunctionality under moderate grazing is associated with high plant but low bacterial diversity in a semi-arid steppe grassland. Plant and Soil, 448: 265-276.

Wang X, Liu L, Piao S, et al. 2014. Soil respiration under climate warming: Differential response of heterotrophic and autotrophic respiration. Global Change Biology, 20: 3229-3237.

Wang Y H, Niu X X, Zhao L Q, et al. 2020b. Biotic stability mechanisms in Inner Mongolian grassland. Proceedings of the Royal Society B: Biological Sciences, 287: 20200675.

Wang Y, Song C, Liu H, et al. 2021. Precipitation determines the magnitude and direction of interannual responses of soil respiration to experimental warming. Plant and Soil, 458: 75-91.

Wang Y, Wang D, Shi B, et al. 2020c. Differential effects of grazing, water, and nitrogen addition on soil respiration and its components in a meadow steppe. Plant and Soil, 447: 581-598.

Wang Z, Song Y, Gulledge J, et al. 2009b. China's grazed temperate grasslands are a net source of atmospheric methane. Atmospheric Environment, 43: 2148-2153.

Wilcox K R, Tredennick A T, Koerner S E, et al. 2017. Asynchrony among local communities stabilises ecosystem function of metacommunities. Ecology Letters, 20: 1534-1545.

Wilsey B J, Martin L M. 2015. Top-down control of rare species abundances by native ungulates in a grassland restoration. Restoration Ecology, 23(4): 465-472.

Wilson M J, Bayley S E. 2012. Use of single versus multiple biotic communities as indicators of biological integrity in northern prairie wetlands. Ecological Indicators, 20(3): 187-195.

Wolf B, Zheng X, Brüggemann N, et al. 2010. Grazing-induced reduction of natural nitrous oxide release from continental steppe. Nature, 464: 881-884.

Xu X, Shi Z, Li D, et al. 2015a. Plant community structure regulates responses of prairie soil respiration to decadal experimental warming. Global Change Biology, 21: 3846-3853.

Xu Z, Ren H, Li M, et al. 2015b. Environmental changes drive the temporal stability of semi‐arid natural grasslands through altering species asynchrony. Journal of Ecology, 103: 1308-1316.

Yachi S, Loreau M. 1999. Biodiversity and ecosystem productivity in a fluctuating environment: The insurance hypothesis. Proceedings of the National Academy of Sciences, 96: 1463-1468.

Yang H, Jiang L, Li L, et al. 2012. Diversity-dependent stability under mowing and nutrient addition: Evidence from a 7-year grassland experiment. Ecology Letters, 15: 619-626.

Yang Y, Wu L, Lin Q, et al. 2013. Responses of the functional structure of soil microbial community to livestock grazing in the Tibetan alpine grassland. Global Change Biology, 19: 637-648.

Yang Y H, Fang J Y, Smith P, et al. 2009. Changes in topsoil carbon stock in the Tibetan grasslands between the 1980s and 2004. Global Change Biology, 15: 2723-2729.

Young T P, Chase J M, Huddleston R T. 2001. Community succession and assembly comparing, contrasting and combining paradigms in the context of ecological restoration. Ecological Restoration, 19: 5-18.

Zhang B, Zhu J, Pan Q, et al. 2017. Grassland species respond differently to altered precipitation amount and pattern. Environmental and Experimental Botany, 137: 166-176.

Zhang W, Parker K M, Luo Y, et al. 2005. Soil microbial responses to experimental warming and clipping in a tallgrass prairie. Global Change Biology, 11: 266-277.

Zhang Y, Feng J, Loreau M, et al. 2019. Nitrogen addition does not reduce the role of spatial asynchrony in stabilising grassland communities. Ecology Letters, 25: 2958-2969.

Zhang Y, Loreau M, Lü X, et al. 2016. Nitrogen enrichment weakens ecosystem stability through decreased species asynchrony and population stability in a temperate grassland. Global Change Biology, 22: 1445-1455.

Zhang Y, Lü X, Isbell F, et al. 2014. Rapid plant species loss at high rates and at low frequency of N addition in temperate steppe. Global Change Biology, 20: 3520-3529.

Zheleznova A V. 1997. Meadowland restoration procedure-combining land areas into groups with similar soil conditions and moisture levels, and selecting grass mixtures accordingly: Russia, RU2071229-C1.

Zhou G, Luo Q, Chen Y, et al. 2019. Interactive effects of grazing and global change factors on soil and ecosystem respiration in grassland ecosystems: A global synthesis. Journal of Applied Ecology, 56(8): 2007-2019.

Zhou H, Zhao X, Tang Y, et al. 2005. Alpine grassland degradation and its control in the source region of the Yangtze and Yellow Rivers, China. Grassland Science, 51: 191-203.

Zhou J, Xue K, Xie J, et al. 2012. Microbial mediation of carbon-cycle feedbacks to climate warming. Nature Climate Change, 2: 106-110.

Zuo X A, Wang S K, Lv P, et al. 2016. Plant functional diversity enhances associations of soil fungal diversity with vegetation and soil in the restoration of semiarid sandy grassland. Ecology and Evolution, 6: 318-328.

第三章　北方草甸和草甸草原退化机理与过程

草地退化是荒漠化的主要表现形式之一。草地退化是目前世界各国面临的共同问题。李博（1997）认为草地退化是草地生态系统逆行演替的一种过程，在该过程中系统的组成、结构与功能发生明显变化，打破了原有的稳态和有序性，建立了新的亚稳态。陈佐忠（1994）认为草地退化是草原生态系统演化过程中结构特征、能量流动与物质循环等功能过程的恶化，即生物群落及其生存环境的恶化。中国北方草甸和草甸草原是我国传统的畜牧业基地和生态安全屏障，也是我国生产力最高的草地类型，75%的温性草甸草原、50%的温性草甸分布在内蒙古东部及东北地区。近半个世纪以来，在长期不合理利用和全球气候变化的共同作用下，我国北方草地面临着严峻的生态问题，生产和生态功能均显著降低（潘庆民等，2018）。2009年的调查数据显示，我国严重退化草原面积占天然草原总面积的44.7%，其中重度退化草原占天然草原的15.8%。我国草原生产力2009年与20世纪50年代相比普遍下降了30%～50%。北方草甸和草甸草原是我国温带草地生态系统中具有代表性的类型，是温带半干旱半湿润地区宝贵的自然资源，是我国北方重要的生态安全屏障，也是优质畜产品的重要生产基地，在国民经济和社会发展中具有举足轻重的地位。研究和认识北方草甸和草甸草原退化演替的特征和规律及其退化机理，对于我国天然草原的管理和利用具有重大的理论和实践意义。本章将首先介绍我国北方草甸和草甸草原的退化现状，进而从植物群落、土壤、土壤微生物的角度分析北方草甸和草甸草原的退化机理与过程，最后提出针对草甸草原的放牧场退化状况的定量评估方法。

第一节　北方草甸和草甸草原退化现状

一、北方草甸和草甸草原退化表现形式

（一）北方草甸草原退化演替特征

放牧等干扰因素经常导致草原植被的群落演替。国内外学者对不同演替阶段进行了不同的确定与评价。李博（1997）认为，以现有群落的种类组成与顶极群落种类组成之间的距离来衡量草地退化演替的阶段，是一种简便易行的方法。沼田真和张继慈（1981）提出了演替度（DS）的概念。我国在20世纪60年代就已经开始对草甸草原的演替进行研究，主要体现在对放牧演替阶段的划分和放牧演替变化规律等方面（祝廷成等，2004）。进入70年代以后，在研究草地放牧演替的过程中，常以植物种的相对盖度或相对生物量的变化率反映植被组成变化，同时广泛采用数学方法和计算机技术，通过对植物种的优势度、重要值、群落的演替度、生态多样性和均匀性指数的计算分析，探讨草地植被

演替过程中植物各个种群的消长规律和植物群落组成、层片结构、生产力及群落综合特征的变化规律。

在呼伦贝尔谢尔塔拉羊草草甸草原的研究结果表明，随着退化程度的加重，群落的物种组成趋于简化，物种数目逐渐减少；轻度退化样地有植物 48 种，中度、重度退化样地分别有植物 44 种和 39 种。不同群落物种数随草地退化发生规律性变化，禾本科植物的物种数量顺序为：轻度＞中度＞重度；蔷薇科植物的物种数量顺序为：轻度＜中度＜重度；豆科、菊科、莎草科植物的物种数变化不明显。

李世英和萧运峰（1965）在内蒙古呼伦贝尔莫达木吉地区，对不同退化程度下羊草+贝加尔针茅+糙隐子草+薹草群落类型的特征进行了详细分析。不同强度的放牧能够使草地植被产生退化演替，这一地区草原植被的演替过程是：羊草草甸草原群落（轻度），羊草+丛生禾草（硬质早熟禾、糙隐子草、贝加尔针茅、落草）+薹草（适度），羊草+贝加尔针茅+糙隐子草、寸草薹（重度），寸草薹+糙隐子草+贝加尔针茅+乳白花黄芪（极度），一、二年生植物群聚（十字花科、藜科、菊科），裸露地。

李世英和萧运峰（1965）的分析结论是，放牧可以导致草地植被退化，其表现是植物群落种类成分和结构具有简单化走向；同时，由于植被退化的渐变性，各个阶段植物群落之间的界线难以区分。

呼伦贝尔草原生态系统国家野外科学观测研究站的羊草草甸草原放牧演替和割草演替研究结果表明，在放牧压力不断增大的条件下，羊草+杂类草草原首先转化为羊草+寸草薹，之后转化为寸草薹群落类型；羊草+贝加尔针茅草原则可转化为羊草+克氏针茅或羊草+寸草薹，之后分别转化为冷蒿+糙隐子草变型和寸草薹变型。

从打草场退化表现形式看，割草场由于高强度利用，被刈割的植物缺乏营养更新与复壮机会，植物体内营养物质的积累减少，因而影响群落的植物越冬和翌年再生，降低植物的根茎繁殖能力和生活力。在同一地段上的连年定期或早期（结实前）刈割，尤其在刈割后，并在兼用刈后再生草的情况下，不仅草群的成分变劣、生产力降低，而且由于刈割从土壤中带走大量植物生长所需的营养物质，土壤逐渐贫瘠，进而引起打草场的退化演替。北方地区长期以来过度刈割及开发等不合理的经营管理，使打草场牧草产量和质量均有不同程度的下降，部分打草场生态恶化十分严重并已失去刈割利用的价值。在刈割干扰下，羊草+杂类草草原首先转化为羊草+细叶白头翁或羊草+裂叶蒿或羊草+羊茅草原，之后分别转化为细叶白头翁变型、裂叶蒿变型和羊茅草原；羊草+贝加尔针茅草原首先转化为羊草+杂类草草原，之后按羊草+杂类草草原的刈割退化演替模式继续演替进程。

闫瑞瑞等（2020）在呼伦贝尔草原生态系统国家野外科学观测研究站的羊草草甸草原割草地，2014~2018 年连续 5 年进行了刈割制度试验，共设 5 个处理：一年一割（G1）、两年一割（G2）、漏割带 10m（G3）、漏割带 5m（G4）和对照（CK），留茬高度 5cm。各小区宽度为 40m，G3 处理长度为 120m，G4 处理长度为 110m，G1、G2、CK 处理长度均 20m。研究结果表明，不同刈割制度下群落组成和植物种类发生了变化，各物种重要值变化也较大。羊草在不同刈割制度下均为优势物种，但在连续刈割处理（G1）下优势度低于两年一割。连续刈割处理（G1、G3、G4）下星毛委陵菜、披针叶黄华、裂叶蒿、蓬子菜等植物重要值比其他处理高；在 G2 处理下，羊草、糙隐子草、长柱沙参、柴胡和早熟禾等植物的重要值均较高。总体上呈现出随着刈割频次的增加，优势种重要值降低、退化指示物种重要值增加的趋势，长期高频次的刈割会导致草地退化。

不同刈割制度下群落多样性发生变化。丰富度指数、Shannon-Wiener 指数和优势度指数随着对草地进行不同刈割制度处理时间的增加发生较大的变化。2018 年相对于 2014 年，不同刈割处理的多样性指数均增加，但是增加程度不同，其中 G3 处理的 Shannon-Wiener 指数和优势度指数增加较大。5 个处理的均匀度指数变化趋势不同，其中 G3、G4 处理草原群落均匀度呈增加的趋势，分别增加 16% 和 5.8%，G1、G2 和 CK 草地群落均匀度指数下降，其中 G1 下降最大（下降 1.8%），其次是 CK（下降 1.6%），G2 草地下降最少（下降 1.2%）。群落均匀度指数显示，经过 5 年的不同刈割处理，G3 处理草地群落多样性有所提高。

刈割会对植物群落物种多样性产生影响。合理刈割通过增加禾本科植物，尤其是较矮的禾本科植物的密度，来增加群落的物种多样性和丰富度。连年刈割会造成植物多样性指数下降，且物种丰富度指数和多样性指数均随刈割强度的增加呈递减趋势；从群落多样性指标变化幅度来说，物种丰富度的变化幅度最为明显，其次为多样性指数。经过 5 年不同刈割处理后群落物种的多样性指数、优势度指数、均匀度指数和丰富度指数在干旱年份呈现刈割草地高于对照草地；与对照相比，湿润的年份呈现刈割降低群落物种多样性指数和丰富度指数，连年刈割降低了优势度指数和均匀度指数，G2、G3 和 G4 处理增加优势度指数和均匀度指数；刈割处理 5 年后，G1 和 CK 草地群落的均匀度指数呈下降趋势，而 G3 处理的草地群落多样性提高，连年刈割对群落多样性和稳定性均有不利影响，而对草原进行适度刈割可以增加群落多样性，有利于草原的稳定发展，符合中度干扰理论。

刈割对牧草生长发育、结构、生产力、再生性及草地环境均会产生影响。合理的刈割技术可以通过牧草的补偿生长作用和均衡生长特性使草地获得高产、优质的牧草（娜日苏等，2018）。

（二）北方草甸退化的表现形式

由于人类活动和全球环境变化的双重影响，世界上土壤盐碱化面积及程度不断增加。目前，全球约有 10 亿 hm^2 的土地受到盐渍化的胁迫，且仍以每年 10% 的速率增加。松嫩平原是北方草甸重要分布区，曾经是生产力较高的优良打草场和放牧场，尤其羊草草甸是这里最具景观特征的代表性类型。羊草群落营养价值均较高，可称为牲畜的"细粮"。但是近年来松嫩平原盐碱化问题加重，其盐碱土类型属于以 Na_2CO_3 和 $NaHCO_3$ 为主要盐碱成分的内陆苏打碱土，pH 高，碱化度高，土壤理化性状不良，致使草甸生态系统发生了明显的退化现象。草甸生态系统退化的主要表现是植被逆向演替、土壤性质恶化及生态功能衰减等，其中最核心的问题体现在土壤性质退化上。松嫩草甸植被逆向演替进程和土壤盐碱化过程相互联系，且土壤盐碱化程度越重，植被退化演替所受到的驱动力越大。已有研究表明，松嫩草地逆向演替过程中，植被群落退化演替规律表现为：羊草群落→碱茅群落→虎尾草群落→碱蓬群落直至退化为光碱斑。植被与土壤的相互作用及人类的不合理放牧等行为使得松嫩草地羊草群落发生退化演替，反过来又导致该区域土壤盐碱化情况加重。

赵丹丹等（2018）研究了不同退化演替阶段的土壤对羊草种子萌发和幼苗生长特性的影响，探讨了不同退化阶段土壤理化性质与羊草萌发和幼苗生长的关系。结果表明，随着植被群落从羊草群落到虎尾草群落的退化演替的进行，土壤 pH 和电导率逐渐升高后趋于稳定，土壤碱化度越来越高，碱蓬群落土壤碱化度显著高于羊草群落；草地退化导致土壤养分含量逐渐减少，碱蓬群落土壤碱解氮含量显著低于羊草群落。羊草种子在羊草群落土壤中的发芽率最高，随着土壤退化程度的加剧，羊草种子发芽率显著降低，羊草幼苗生长受到的抑制作用增强，退化土壤对羊草幼苗根长生长抑制要比对幼苗苗长生长的抑制强，这表明在一定程度上，羊草草地退化伴随着土壤盐碱化的发展，且随着土壤退化程度的加剧，羊草萌发成苗受到的抑制作用越来越大。

目前，松嫩平原羊草草甸由于不断开垦和长期过度放牧等人类活动的影响，天然植被持续减少，生境面临破碎化、岛屿化、盐碱化等趋势。羊草草甸主要分布于广大低洼地，为盐碱土上发育的非地带性顶极群落。目前，受人为活动影响，羊草草甸发生严重退化，盐生植物群落面积不断扩大，在微地形和水分因子控制下，形成诸多群落斑块，构成退化演替系列。生境破碎化是导致物种在局域和区域尺度上灭绝的关键因素之一。例如，吉林省长岭县腰井种马场的松嫩平原典型羊草草甸天然割草场，在人类活动干扰下，现已出现严重生境破碎化，在这些斑块化生境中，盐生植物群落面积不断增加，其中虎尾草等盐生植物群落面积最大、分布最广；羊草群落、羊草+杂类草群落和芦苇群落等呈斑块状分布，构成了羊草草甸的退化演替系列。在上述群落的 144 个斑块内发现的 87 种植物，大多数为分布范围狭小的窄布种（≤10 个斑块），极少数为广布种（≥100 个斑块）。分布范围≤10 个斑块的种类有 45 种（占 51.7%）；分布范围在 10～100 个斑块的种类有 39 种（占 44.8%）；分布范围≥100 个斑块的种类仅 3 种，分别为芦苇（120 个斑块）、羊草（105 个斑块）和碱地肤（105 个斑块）；没有一个种类能够在所有斑块中出现。羊草+芦苇群落、芦苇群落、虎尾草群落和碱地肤群落的平均斑块面积最小，生境破碎化程度最高。6 个群落 144 个斑块的 α 多样性变化较大，从 3 种到 46 种不等。平均 α 多样性和 γ 多样性（Chao2 指数）均以羊草+马兰群落最高，分别为 45 种和 71 种，碱地肤群落最低，分别为 6 种和 16 种，并且二者之间存在显著正相关关系。从稀有种的分布来看，单斑块种和双斑块种均以羊草群落最高，分别为 14 种和 8 种，碱地肤群落最低，为 2 种，特有种数以羊草+马兰群落最高，为 17 种，碱地肤群落不存在特有种（韩大勇等，2012）。

二、北方草甸和草甸草原退化现状分析

（一）北方草甸草原退化现状分析

天然草地作为一个独立的生态系统，不断地进行着物质循环和能量流动，同时进行着第一性生产（牧草）和第二性生产（畜产品）。退化的草原由于物质循环出现障碍，能量流动受阻，第一性生产力显著下降，而且长时间难以恢复。由于特定的干旱半干旱

气候，我国北方草原所能承受的人类活动的强度和反馈调节能力是有限的，甚至是非常脆弱的。近半个世纪以来，随着载畜率的不断攀升，加之全球气候变化等自然因素的影响，大面积的北方草原发生了不同程度的退化、沙化和盐渍化，生产功能和生态功能显著降低。进入 21 世纪以来，国家陆续实施了"退牧还草""天然草原保护""京津风沙源治理"等多个重大生态工程和草原生态补助奖励政策，使得我国草原生态整体恶化的势头有所减缓。我国天然草地的潜在生产力平均为 348gC/(m²·年)，而实际的净初级生产力平均只有 176gC/(m²·年)，是潜在生产力的 1/2。根据农业农村部全国草原监测报告，2006～2015 年的 10 年间，我国天然草地的鲜草产量年平均为 9.92×10⁸t 左右。其中，2006～2009 年，鲜草年产量一直徘徊在 9.5×10⁸t 左右；2009～2012 年有一个显著提升，2011 年之后鲜草年产量均超过了 1.0×10⁹t，2011～2015 年 5 年鲜草产量平均为 1.03×10⁹t，说明十几年来我国草原的生产力水平总体向好。但是，目前的草地生产力尚未恢复到 20 世纪 80 年代的水平（潘庆民等，2018）。

呼伦贝尔草原是我国北方最具有代表性的草原类型，温性草甸草原是呼伦贝尔草原的基本植被类型，但是呼伦贝尔草甸草原退化严重。1964 年，中国科学院综合考察委员会调查的呼伦贝尔盟退化草原占全盟草原面积的 12.4%；1988 年，全盟草原资源调查结果是已有退化草原 209 万 hm²，占可利用草原面积的 21%，其中轻度退化 1717.8 万亩，中度退化 1116.9 万亩，重度退化 316.8 万亩。20 多年间，草原退化面积增加了近一倍。其中牧业四旗（新巴尔虎左旗、新巴尔虎右旗、陈巴尔虎旗和鄂温克族自治旗）面积为 144.8 万 hm²，占退化草原总面积的 69.28%。2002 年，内蒙古第四次草地资源调查数据显示，牧区四旗天然草原退化、沙化和盐渍化（简称"三化"）面积达 362.79 万 hm²，占草原面积的 53.6%，"三化"草原年均增加面积为 10.90 万 hm²。呼伦贝尔草原面积 2009 年比 20 世纪 80 年代减少了 134.73 万 hm²，变化率为−11.92%；与 20 世纪 80 年代相比，草甸草原退化明显，减少 204.38 万 hm²。优良牧草的比重呈阶梯状下降，其中度退化草场中优良牧草只占 10%，产草量每年降低 15.65%。植被盖度降低 10%～20%，草层高度下降 7～15cm，草地初级生产力下降 28.84%～48.19%。优良禾草比例下降 10%～40%，低劣杂草比例上升 10%～45%。植物种类明显减少，生物多样性减少程度高于其他自然生态系统。

研究表明，随着退化程度的加重，以羊草和贝加尔针茅为建群种的草甸草原综合优势比平均下降 28.63%，糙隐子草与寸草薹等退化标志种在群落中占比呈上升趋势，上升 25.04%，群落高度、盖度和密度呈下降趋势。群落高度从轻度到中度退化过程中下降显著，达到 49.7%；盖度从轻度到重度退化过程中降幅较大，为 45.55%左右；群落物种丰富度、多样性、均匀度呈降低趋势。单位面积优类饲草量轻度退化＞中度退化＞重度退化，劣类饲草量和比重重度退化＞中度退化＞轻度退化，牧草种类数量轻度退化＞中度退化＞重度退化；建群种组织力参数轻度退化＞中度退化＞重度退化，而寸草薹、糙隐子草等退化标志种的组织力参数逐渐上升，成为新的建群种。不同退化程度对草甸草原土壤含水量、土壤容重、硬度影响较小，差异不显著（$P>0.05$），但在 8 月时，不同退化梯度下 0～10cm 土层含水量均显著高于深层土壤，且同一退化草场深层土壤的容重和硬度显著高于表层土壤；而土壤速效磷、速效钾、碱解氮和土壤有机质含量及土壤

pH 变化不一致。羊草草甸草原与贝加尔针茅草甸草原的土壤速效养分和有机质含量在同一土层不同退化梯度草场的差异基本不显著，而同一退化梯度不同土层的化学特征存在显著差异，同一月份 0~10cm 显著高于 10~20cm 和 20~30cm（$P<0.05$），并随土层深度增加而显著下降；20~30cm 土层土壤 pH 显著高于上层土壤 pH（$P<0.05$）（朱立博等，2008）。

（二）北方草甸退化现状及过程

一个时期以来，由于干旱少雨、过度放牧等因素，北方草甸的低地草甸产草量降低，土壤盐碱化现象非常严重。松嫩平原作为低地草甸的重要分布区，其盐碱化程度更为严峻。松嫩平原开发初期，水草丰美，以盛产羊草而驰名。新中国成立初期，黑龙江省西部松嫩平原草地面积为 400 万 hm^2，因开垦和非农用地，目前草地面积仅有 186.6 万 hm^2，减少 53.3%。现有草地面积中，退化草地达 167 万 hm^2，占总草地面积的 89%，且每年仍以一定的速度在退化。封闭湖泡多已变为矿化度较高（10~30g/L）的"碱泡"，其周围土地也随之重盐碱化。某些季节性"碱泡"，旱季干涸，在风力作用下碱尘飞扬，导致了其周围的草地盐碱化。过度放牧、割草强度过大、搂草、烧荒、挖药、抢草皮等，使草地植被遭到严重破坏。安达地区随着放牧强度的增大，优质牧草的相对生物量迅速下降，种群盖度下降，寸草薹开始在群落中出现。干草产量由是 20 世纪 50 年代 2400kg/hm^2 下降到现在的 750kg/hm^2。草地退化极其严重，牛羊啃青从春季草发芽开始，一直啃到秋季。有些地方已无草可啃，变成了光板地。过度放牧对草地生态系统的影响主要是减小地表植被盖度，致使土壤的直接蒸发面积扩大，水分蒸发强度加大，土壤水分的耗损更加迅速，土壤水盐运动速率加快，促进了土壤盐碱化的发展，使土壤盐碱化程度更加严重。草地的不断退化可以加重和加速土壤盐碱化的程度和进程（黄锐和彭化伟，2008）。

周道玮等（2011）通过野外调查及定位研究，探讨了松嫩平原羊草草地盐碱化发生的原因和过程，验证了羊草草甸盐碱化的土壤"干扰-裸露"假说。松嫩平原羊草草地是草甸植被类型，而草甸植被类型是土壤或地下水决定的生态系统，土壤或地下水决定的生态系统的存在与发展不受大气候制约，土壤的变化导致形成不同类型的群落。

由于湖相沉积作用、地貌四周高中间低、土壤母质风化作用和气候驱动，松嫩平原草甸土壤不同层次中积累了不同浓度的盐离子，构成了松嫩平原草地土壤盐渍化的物质基础，形成盐渍土、沼泽化草甸盐土、柱状草甸碱土、碱化草甸土和弱度碱化草甸土，土壤中的可溶盐离子（盐分）多处于土壤表层 30cm 以下深度，表层土壤适合羊草生长，构成了以羊草为优势种的羊草草地，其间或有呈斑块分布的委陵菜群落、马兰群落和牛鞭草等中生植物构成的草甸植物群落。

在放牧、践踏、割草和取土等人为因素作用下，羊草草地地表覆盖发生了一定程度的变化。一些地段土壤表层的盐分增加，羊草消失，被耐盐碱或抗盐植物碱蓬、虎尾草、碱地肤、碱蒿、星星草、朝鲜碱茅等所取代，形成了碱蓬群落、虎尾草群落、碱地肤群落等，一般称为盐生植物群落或盐碱化草地；一些地段地表盐分含量高并干旱而不长植物成为裸地，俗称盐碱裸地或碱斑。周道玮等（2011）认为，土壤表层盐分含量增加、原生羊草植被消失导致羊草草地盐碱化。

未退化羊草草地群落（原生羊草草地群落）组成以羊草为优势种，其生物量占比在95%以上，伴生种有寸草薹、狗尾草等，其生物量合计仅占 1%～5%。群落中共有 17 种植物，99%为中生种或湿生种，其中多年生植物 11 种，占 65%，一年生植物 6 种，占 35%。

次生盐生植物群落分别为一年生虎尾草群落、碱蓬群落、碱地肤群落和多年生星星草群落，各群落优势种生物量占总生物量95%以上，各群落伴生种生物量为 1%～5%。次生盐生植物群落的种类多样性降低，但群落盖度、平均高度并不低，其生物量甚至比未退化羊草群落的生物量高近 2 倍。在广泛的调查过程中，没有发现羊草群落逐渐退化成次生盐生植物群落的现象，即种类组成从每平方米上千株逐渐降至每平方米几百株和几十株的过程，没有发现碱蓬或碱地肤在羊草群落中逐渐增多。各群落都呈斑块状分布，各群落斑块界线清晰，互不侵入或极少侵入，草原群落地上部分被割除后其虎尾草也没有变成优势种，羊草群落极度退化前"土台"上也不生长碱蓬。

未退化羊草群落、次生盐生植物群落、盐碱裸地土壤盐分的垂直分布有明显规律。未退化羊草群落土壤表层盐分含量和 pH 与下层相比较低，下部各层逐渐增高，在30～40cm 层达到最大值，而后向下逐渐降低。与次生盐生植物群落相比，未退化羊草群落土壤剖面各层的含盐量都较低，pH 也呈相同的变化规律。

虎尾草群落土壤表层含盐量和 pH 略高于未退化羊草群落，并向下逐渐升高，在30cm 层含盐量达到最大值，以下各层逐渐略有降低；pH 也呈相似的变化规律。碱蓬群落表层含盐量非常高，向下逐层降低，至 1m 深处，电导率仍高达 1071.3μS/cm，而对应的 pH 稳定。裸地表层含盐量高，向下各层逐渐降低，而且降低速度较快，至 1m 深处仅为表层的 1/6。在 0～100m 范围内，不同样地的 pH 大小顺序为裸地＞碱蓬群落＞虎尾草群落和未退化羊草群落；土壤电导率为碱蓬群落＞裸地＞虎尾草群落＞未退化羊草群落。

以 30m 层进行评估，与未退化羊草群落相比，虎尾草群落、碱蓬群落及盐碱裸地土壤各层含盐量自下而上依次升高，表明盐生植物群落土壤盐分有上移现象，并且各层的盐分含量都高于未退化羊草草地土壤各层的盐分含量，指示盐分源于 1m 以下的深层土壤；或是表层消失，盐生植物群落的土壤表层相当于羊草群落土壤下面一层，并耦合后续盐分积累。

盐碱裸地环村落或沿道路两侧分布；在集体放牧场存在大面积盐碱裸地，上面镶嵌分布盐生植物群落；或盐生植物群落中镶嵌分布盐碱裸地（原生盐碱地地区，即流水作用过的地区多为盐碱裸地）。环村落分布或沿道路两侧分布的盐生植物群落是由于土壤表层被移走后，盐生植物在裸露出的盐碱地面上发生形成的结果，残存的原初土壤表层——"土台"可以指示这个过程。"土台"较四周高，土壤颜色黑暗、质地疏松；周边地面较低，其表层黏滞、颜色泛白；0～50m 范围内两者土壤有机质含量差异显著；"土台"有机质含量与未退化群落差异不显著，与退化羊草群落的差异不显著，与恢复"土台"（退化土台禁牧当年生长季末）相比差异也不显著。有机质的退化分解速度慢，相互间的数量差异显著，可以一定程度上证明外围裸地有机质有"丢失"，即含有机质高的表层被带走。

在一直是集体放牧场的地方可以发现许多类似的"土台"，在一片 2000～3000hm²

的盐碱地上分布着各种盐生植物群落，也同样发现了"土台"，这证明当原初的土壤表层被移走后，盐生植物群落是在裸露出来的新的高含盐土壤表层上发生形成的，大片的盐碱裸地及其盐生植物群落是其下层高含盐的土壤层直接裸露于地面后的结果。

除流水作用的地区以外，各地区盐碱裸地及其盐生植物群落中都残留有这样的大小不等、高度不等的"土台"，"土台"高度一般为 5～40m，所占面积比例为 1%～20%。在大面积的盐碱裸地或盐生植物群落中，"土台"的植被是羊草群落或芦苇群落。其中羊草长势低矮，群落极度退化，但其生物量仍占群落生物量的 70%以上；伴生种有虎尾草，很少或没有盐生植物碱蓬。"土台"限制放牧的当年夏季，羊草即可恢复，生物量占到 90%以上。

尽管"土台"上的羊草群落极度退化，并且这种状态维持了十几年，但其表层土壤含盐量并不高。这说明羊草群落退化并未引起表层盐分含量升高，其中各层的盐分含量也没有升高，并且其垂直分层的变化格局同未退化羊草群落。在表层未被破坏的情况下，盐分并不上移，中间的各层也没有增多，这意味着原来疏松的表层土壤可能对维持盐分的正常格局起着积极的作用。总之，植被盖度或生物量降低并未引起下层盐分上升。

总之，松嫩平原未退化羊草群落土壤表层含盐量低，适宜羊草生长；盐生植物群落或盐碱裸地表层土壤含盐量高，不适宜羊草生长。由于表层盐分制约，松嫩平原次生盐生植物群落斑块现象明显，呈间断分布，优势种生物量占 90%以上；斑块现象及其间断分布指示地表土壤受到过干扰，土壤条件斑块及其间断制约了各群落的渗透分布。

第二节　北方草甸和草甸草原退化机理

一、气候变化和氮沉降对草甸和草甸草原退化的影响

（一）温度和降水对草甸和草甸草原退化的影响

IPCC（2007）报告显示，全球气温在过去的 100 年间上升了 0.74℃。据 IPCC（2014）的模型预测，内蒙古东部地区的夏季降水将增加 20%左右，而且极端降水和极端干旱事件发生频率将大幅上升。温度和降水是控制位于高纬度地区的北方草甸和草甸草原植被生产力形成的关键气候条件，因此温度的升高和降水格局的改变，尤其是干旱，是导致北方草甸和草甸草原退化的最重要自然因素。

1. 温度和降水对草甸草原植物群落结构和生产力的影响

北方草甸和草甸草原分布区的纬度较高，一般增温有利于草地地上净初级生产力（ANPP）的增加。内蒙古呼伦贝尔草甸草原 1961～2010 年地上净初级生产力和气象因子的关系研究显示，在这 50 年间，呼伦贝尔草甸草原的气温增加、降水略增、ANPP增加。ANPP 与生长季降水量呈极显著正相关；与年平均最低气温、年平均地面气温、年平均气温、7 月降水量呈显著正相关。应用区域气候模式系统 PRECIS 输出的 2021～2050 年气候情景数据分析得出，在 SRES B2、A2 和 A1B 情景下，呼伦贝尔草甸草原平均最高气温和最低气温未来都将呈显著升高趋势，降水量略增，ANPP 虽然在年际间存

在波动，但总体呈明显增加态势，分别较基准时段增加了 67.14%、69.65% 和 76.58%（张存厚等，2013）。内蒙古鄂温克族自治旗草甸草原地区 1981～1990 年气象资料和植被调查资料表明，10 年间的气候具有逐渐变暖趋势，降水增多有利于植物多样性提高，主要优势植物对降水变化的敏感性强于温度变化（何京丽等，2009）。

　　在半干旱地区，增温通常伴随着降水的减少，使得气候出现明显的暖干化特征。在内蒙古通辽地区巴雅尔吐胡硕草甸草原的观测结果表明，研究区近 36 年来年均温每 10 年上升 0.35℃，年均降水量每 10 年减少 22.73mm。气候暖干化对草甸草原植物物候期产生了重要影响，草本植物返青期延迟，平均每 10 年延迟 1.16～7.60 天。羊草（*Leymus chinensis*）、车前（*Plantago asiatica*）的返青推迟主要受 2～3 月累积降水量减少的影响，冰草（*Agropyron cristatum*）、委陵菜（*Potentilla chinensis*）的返青推迟主要受冬末春初降水量减少的影响。枯黄期变化趋势不同，羊草、冰草枯黄期延迟主要受夏季、初秋累积降水量的影响。委陵菜枯黄期提前主要受夏季、初秋的累积降水量和日照时数的共同影响。车前枯黄期的延迟主要受夏季、初秋平均气温的影响。气候变暖后，研究区夏季、生长季平均气温显著上升，降水量逐渐减少，导致羊草、冰草、委陵菜的生长季缩短，而车前对气温反应比较敏感，气温升高有利于车前生长季延长（高亚敏，2018）。在呼伦贝尔草甸草原，关键期（4～7 月）累积降水量对草甸草原植被净初级生产力（NPP）的影响最大，此外，草甸草原 NPP 还与关键期降水的集中度和降水偏离期密切相关，说明草甸草原植被 NPP 对降水波动较为敏感（吕世海等，2015）。

2. 温度和降水对草甸草原土壤养分库和养分周转的影响

　　温度和水分条件的变化对草原土壤养分库和养分的周转过程具有十分重要的影响。宋成刚（2011）在青海湖畔草甸草原的开顶箱增温实验表明，处理一年后，土壤碳氮含量升高，0～10cm 土层的碳氮比（C/N）明显增加；模拟增温 2 年后，其增加幅度有所减缓。增温还会提高土壤碳、氮矿化速率。白洁冰等（2011）在海北高寒草甸的增温实验结果表明，土壤碳矿化速率跟温度呈指数函数关系。车宗玺等（2006）在祁连山草甸草原不同海拔之间的土壤置换实验表明，随着气温升高，土壤的氮素净氨化速率、净硝化速率、净矿化速率有明显的增加趋势，说明气候变暖将增强该区土壤氮素的矿化作用。锡林河流域草甸草原不同海拔（1469m、1187m、960m）原状土柱移植实验也得到了类似结果（王其兵等，2000）。该实验所选择的 3 个海拔的年均气温分别为 -0.5℃、2.2℃ 和 4.4℃，经过一个生长季后，从高海拔到低海拔，草甸草原土壤净氨化速率、净硝化速率和净矿化速率均升高，由此可推断未来气温升高将促进草甸草原土壤氮素的净矿化作用。李铁凡（2015）在内蒙古贝加尔针茅草甸草原的增雨模拟实验则表明，降水主要影响土壤净氨化速率，而对净硝化速率影响较弱。对氨化过程的影响具有时间上的累加效应，如在 6～7 月、7～8 月间隔内对土壤净氨化速率影响不显著，但对于 6～8 月两个月间隔的土壤净氨化速率具有显著影响（李铁凡，2015）。这些研究表明，气候变化对土壤氮素循环过程的影响将是导致草甸草原植物群落演替的重要驱动因素。

3. 温度和降水对草甸草原土壤微生物群落的影响

土壤微生物是驱动土壤养分循环的关键引擎。笔者在呼伦贝尔草甸草原进行了为期5年的实验（2014～2018年）（图3-1），以探讨相同的实验处理条件下，土壤微生物的活性在年际间的变化情况，旨在明确年际间降水条件的变化对土壤微生物活性的影响及其与氮沉降和刈割的耦合作用。气象数据显示，2014年和2016年是5年之中相对较为干旱的年份（图3-1）。研究结果显示，土壤中β-葡萄糖苷酶和酸性磷酸单酯酶的活性在较干旱年份略高于其他年份（图3-2）（王志瑞，2019），并且β-葡萄糖苷酶和酸性磷酸单酯酶与土壤含水量呈显著负相关。土壤酶活性与土壤含水量之间的密切关系曾在大量研究中得到了验证（Baldrian et al.，2010），因此干旱通常被认为会使酶活性降低。土壤中酶库存的大小与酶的生产正相关，而与酶的降解负相关（Geisseler et al.，2011）。干旱可防止酶蛋白的降解，这可能是干旱年份酶活性积累到较高水平的原因。美国加利福尼亚草地的一项研究也发现干旱会使酶活性增加（Alster et al.，2013）。水分有效性降低后，酶的固定作用增加，扩散作用降低，并且难溶性有机质所形成的较薄的水膜使酶易被吸附固定，而不易被降解（Nannipieri et al.，2002）。

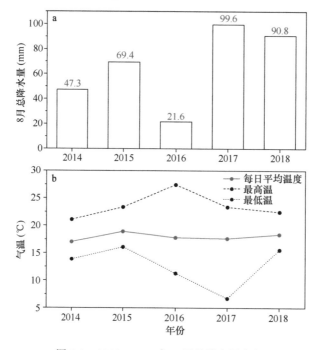

图3-1　2014～2018年8月总降水量和气温

宋娜（2014）采用PCR-DGGE技术分析内蒙古贝加尔针茅草甸草原土壤放线菌群落结构和遗传多样性对增雨的响应，结果表明，增雨显著降低了放线菌的Shannon-Wiener指数（$P<0.05$）、均匀度指数（$P<0.05$）和物种丰富度（$P<0.05$）；增雨与氮沉降的耦合作用加剧了放线菌遗传多样性的降低。增雨对放线菌生物量的影响随增雨强度的增加呈现先减少后增加的趋势。基于磷脂脂肪酸（PLFA）分析的结果表明，增雨显著减少了土壤放线菌磷脂脂肪酸量（$P<0.05$），放线菌群落结构年际间变化极显

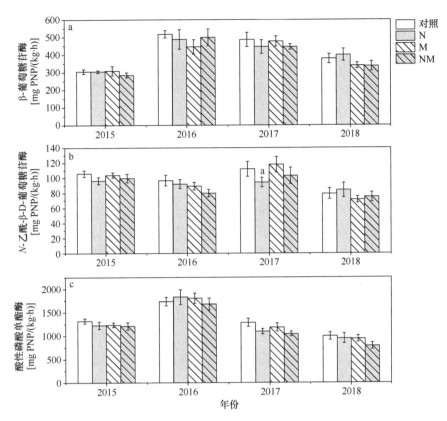

图 3-2　土壤酶活性在不同降水量年份之间的变化状况

N 表示氮添加，M 表示刈割处理，NM 表示氮添加+刈割处理，下同。PNP 为对硝基酚，比色法测酶活性用单位时间 PNP 的生成量表征酶活性高低

著（$P < 0.01$）（宋娜，2014）。陈美玲（2013）基于磷脂脂肪酸的分析表明，在内蒙古东部的贝加尔针茅草甸草原，增雨显著改变了细菌群落 PLFA 的含量，但是对真菌群落的 PLFA 含量没有显著影响。真菌群落同土壤中的水分含量呈显著负相关，说明水分含量的增加对贝加尔针茅草原的真菌群落具有负效应，该草原的真菌群落可能更适宜生长在相对干燥的环境中（陈美玲，2013）。细菌群落的稳定性与植物多样性密切相关，稳定的植物-微生物互作关系也为维持全球变化背景下草原生态系统生产力水平奠定了基础（孙盛楠，2015）。

　　土壤微生物群落结构对降水变化的敏感程度取决于年际间的自然降水量。例如，在贝加尔针茅草甸草原，2011 年和 2012 年的降水量存在较大差异，而土壤微生物群落结构也出现较大的年际波动，表现为在干旱年份对土壤水分的增加更为敏感，而在湿润的年份对于增雨处理没有明显响应。说明土壤微生物群落结构对增雨的响应主要依赖于该地区降水格局的变化。自然降水量的波动造成的干湿环境交替对土壤微生物群落结构的影响甚至超过实验处理对微生物群落结构的影响（孙盛楠，2015）。

　　（二）氮沉降对草甸草原退化的影响

　　工业革命以后，化石燃料燃烧和氮肥施用的增加导致大气氮沉降逐年加剧

（Galloway，1995）。由于大气中的活性氮素可从氮集中沉降区随大气扩散到其他地区，氮沉降已演变成一个全球性的环境问题。据估计，1995 年全球氮沉降量达 100TgN/年，到 2050 年氮沉降速率将翻倍。截止到 21 世纪初，中国的氮沉降速率已达 21.1kgN/(hm^2·年)（Liu et al.，2013），在内蒙古东部等草甸草原分布地区氮沉降速率也有逐年增加的趋势（Liu et al.，2011）。草甸草原多分布于半干旱地区，且普遍受土壤氮素可利用性的限制，因此氮输入增加势必对其产生深刻影响（Niu et al.，2010），最终引起植被和土壤状况的变化。

1. 氮输入对草甸草原植被群落结构和生产力的影响

笔者依托位于呼伦贝尔草甸草原的一个为期 4 年的，包含对照、氮添加[添加量为 10gN/(m^2·年)]、刈割及同时进行氮添加和刈割等 4 个处理的控制实验平台，探讨了氮添加和刈割及其交互作用对植物分类学多样性、物种水平植物功能性状、群落水平植物功能性状、群落功能多样性及地上净初级生产力的影响，试图从植物功能性状角度揭示氮添加和刈割影响草甸草原生态系统结构和功能的内在机制。

研究结果显示，氮添加和刈割对包括丰富度和均匀度等在内的植物分类学多样性产生不同的影响。氮添加显著降低物种多样性，而刈割则有助于提升物种多样性（图 3-3）。氮添加主要通过增加土壤中养分富集刺激优势禾草的生长而降低群落中杂类草物种多样性，进而降低群落整体上的物种多样性（图 3-4）。刈割则对群落中不同层片物种产生不同程度的影响，抑制高大植物的生长、有利于低矮植物的生存，最终增加物种多样性。

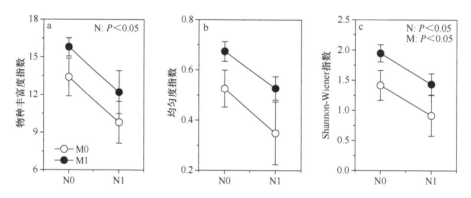

图 3-3　氮添加和刈割对草甸草原植物群落物种丰富度（a）、均匀度（b）和 Shannon-Wiener 指数（c）的影响

N0 表示无氮添加，N1 表示氮添加，M0 表示不进行刈割处理，M1 表示刈割处理，下同

氮添加和刈割对物种水平上的植物功能性状的影响存在物种间差异。氮添加对羊草的植株高度和叶片磷含量、二裂委陵菜的植株高度和叶干物质含量及其余物种的叶片氮磷养分含量产生影响。这些结果说明羊草的植株高度和养分性状对氮添加较为敏感，二裂委陵菜主要通过改变植株高度和叶片形态性状以适应生态系统的氮素富集，而其余物种通过改变叶片养分含量以增强竞争力。贝加尔针茅、寸草薹和二裂委陵菜能够通过改变叶片形态性状以响应刈割干扰；羊草、寸草薹和西伯利亚羽茅通过改变叶片养分含量以增强竞争力；群落中豆科植物和杂草类植物对刈割处理不敏感。

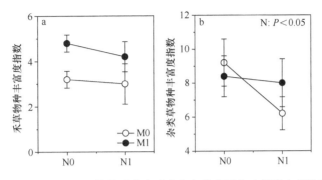

图 3-4　氮添加和刈割对草甸草原植物群落中禾草和杂类草两个功能群内部物种丰富度的影响

在植物群落水平上，氮添加和刈割显著改变了植物功能性状的群落加权平均值（CWM）和群落功能多样性指数。氮添加和刈割对群落水平上植株高度和叶片氮磷养分含量影响显著（图 3-5）。叶片的形态性状（比叶面积和叶片干物质含量）对氮添加和刈割处理并不敏感。氮添加显著降低功能多样性指数（功能丰富度 FRic、功能离散度 FDis 和二次熵指数 FD_Q），而刈割显著提高了表征功能离散程度的功能多样性指数（FDis 和 FD_Q）（图 3-6）。

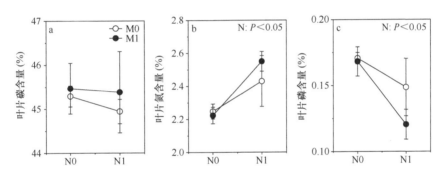

图 3-5　氮添加和刈割对草甸草原植物叶片养分含量的群落加权平均值的影响

氮添加显著提高了草甸草原地上净初级生产力，刈割对群落地上净初级生产力无显著影响，而且也不影响氮添加对地上净初级生产力的正效应（图 3-7）。植株高度的群落加权平均值（CWM_{height}）对群落地上净初级生产力具有正向影响，这支持了质量比假说。FD_Q 指数与群落地上净初级生产力之间的负相关关系则在一定程度上说明功能多样性在驱动生产力方面的作用，支持了多样性假说。氮添加对群落地上净初级生产力的正向作用，一方面得益于土壤养分提高（无机氮含量）带来的直接促进作用，另一方面得益于其通过提高 CWM_{height} 并降低 FD_Q 的间接作用（图 3-8）。

以上结果说明，植物功能性状的变化及功能多样性的变化在介导氮添加对草甸草原地上净初级生产力的影响方面发挥着重要作用。质量比假说和多样性假说在解释本研究中所发现的氮添加和刈割处理下地上净初级生产力与功能多样性之间的关系方面相互补充。刈割的存在并不会改变氮添加对生产力的促进作用，意味着氮素补给能够成为草甸草原打草场中提高牧草产量的重要管理措施。

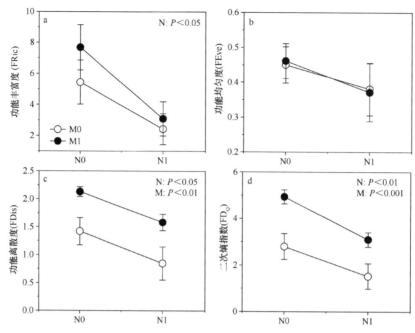

图 3-6　氮添加和刈割对草甸草原植物群落功能多样性的影响

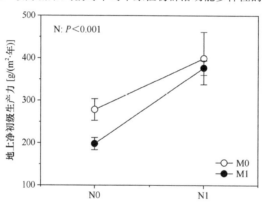

图 3-7　氮添加和刈割对草甸草原群落地上净初级生产力的影响

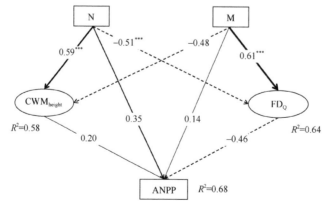

图 3-8　以氮添加（N）、刈割（M）、植株高度的群落加权平均值（CWM$_{height}$）和二次熵指数（FD$_Q$）
与植物群落地上净初级生产力（ANPP）建立的结构方程模型

氮输入增加导致植物群落中物种丰富度降低的可能机制主要包括：高浓度铵离子的长期作用可能对某些敏感植物根和幼苗的生长产生毒害（Bobbink et al.，2010），即铵毒作用；植物可直接利用土壤中的有效氮素，对菌根真菌的依赖性降低，因而植物抵抗病虫害、干旱或霜冻的能力下降；喜氮植物快速生长，在竞争光等资源中占据优势，造成一些物种被竞争排除（Bobbink et al.，1998）；土壤酸化及酸化引发的盐基离子淋失和铁、锰、铝等元素活化，造成铝毒、锰毒作用，不利于植物生长。通常认为，多样性与生态系统稳定性呈正相关，即多样性丧失将不利于生态系统稳定，因此氮输入增加通常被认为是威胁草原生态系统稳定性的一项潜在因素（MacArthur，1955；Elton，2000）。

氮输入通常增加植被的生产力和盖度（LeBauer and Treseder，2008）。在内蒙古东部贝加尔针茅草甸草原，增氮显著地增加了植物群落的盖度，然而植物物种丰富度和多样性显著减少（陈美玲，2013）。在呼伦贝尔草甸草原，氮添加可显著提高生态系统地上净初级生产力，但对地下生产力的影响不显著（杨绍欢，2015）。在东北草甸草原，氮输入具有相同的作用，即氮输入能够提高优势物种的超过 20% 的地上生物量。氮添加能够提高禾本科物种的地上氮含量及植物群落地下部分的氮含量（周伟健，2013）。

氮输入增加还能够显著改变植物体内的元素化学计量特征。在呼伦贝尔草甸草地开展的氮添加实验表明，氮添加对羊草、贝加尔针茅、狭叶柴胡和披针叶黄华四种植物根、叶部的碳含量均无显著影响；对羊草、贝加尔针茅和狭叶柴胡的根、叶部氮含量及 C/N 无显著影响；对羊草根部、狭叶柴胡叶部的磷含量和 C/P 也无显著影响，但显著增加了羊草叶、狭叶柴胡根及贝加尔针茅根和叶部的磷含量，降低了其 C/P。氮添加显著提高了羊草、贝加尔针茅和狭叶柴胡根、叶部的氮含量，降低了其 C/N；对羊草和狭叶柴胡根、叶部的磷含量和 C/P 无显著影响，但显著增加贝加尔针茅根、叶部的磷含量，降低其 C/P，同时显著提高了羊草、贝加尔针茅和狭叶柴胡根、叶部的 N/P。氮添加对豆科植物披针叶黄华的根和叶片中的养分含量与计量特征均无显著影响。研究结果说明物种属性在决定植物养分和化学计量特征对养分富集的响应方面发挥着重要作用。不同物种养分含量和计量特征发生的改变对于预测未来养分富集情况下植物群落组成的改变将具有重要的参考意义（高宗宝等，2017）。

2. 氮输入对草甸草原土壤理化性质的影响

有学者在呼伦贝尔草甸草原的研究结果显示，氮输入显著降低了呼伦贝尔草甸草原土壤 pH（表 3-1）（Feng et al.，2019；王志瑞，2019），而且土壤 pH 的下降程度与氮输入量呈显著的正相关（图 3-9）。这是由于氮输入增加引入大量的铵根离子，铵根离子在硝化作用过程中会释放氢离子，质子在土壤中不断累积，导致 pH 下降。但在降水较少的干旱年份，氮输入对土壤 pH 的影响不显著，其可能原因是：当降水量较低时，土壤表层水分蒸发导致深层的水分和盐分在毛细管力的作用下上升，交换性盐基离子含量的上升可以缓解酸化效应。此外，水分限制条件下的硝化作用较缓慢，也可能是造成酸化效应不显著的原因。土壤酸化后，会导致土壤中交换性钙离子降低，因为酸化导致钙离子活化，溶解性增加，易随水淋溶到下层土壤（Feng et al.，2019），这与之前在典型草原的研究结果一致。交换性镁、钾等盐基离子无显著变化。土壤酸化还导致土壤二乙烯三胺五乙酸浸提态铁（Fe）、锰（Mn）、锌（Zn）增加，主要原因是氢离子使这些与矿物结合的微量元素解析出来，从而增加了以上 3 种微量元素在土壤中的有效性（Feng et al.，2019）。

表 3-1 不同取样时间下氮添加和刈割对呼伦贝尔草甸草原土壤理化性质的影响（*n*=6）

取样时间	处理	pH	含水量（%）	可溶性有机碳（mg/kg）	可溶性有机氮（mg/kg）	铵态氮（mg/kg）	硝态氮（mg/kg）	有效磷（mg/kg）
5月	CK	6.73a±0.05	7.54a±0.37	104.49a±20.29	4.98b±0.81	4.47b±0.55	1.01b±0.18	4.68b±0.38
	M	6.71a±0.05	7.84a±0.27	76.59a±4.77	3.20b±0.39	6.34ab±1.29	1.55b±0.12	5.82a±0.35
	N	6.36b±0.04	6.55b±0.39	73.16a±2.62	5.23b±1.22	5.65ab±0.44	1.93b±0.29	4.64b±0.20
	NM	6.34b±0.05	6.20b±0.27	82.57a±3.71	11.43a±1.96	8.36a±1.74	6.29a±1.05	5.98b±0.23
6月	CK	6.75a±0.04	4.66b±0.13	82.79b±9.10	8.08c±1.84	4.82c±0.52	0.77b±0.18	7.59b±0.46
	M	6.63a±0.04	4.32b±0.36	76.60b±3.69	7.02c±1.41	4.58c±0.55	1.61b±0.24	9.42a±0.38
	N	6.44b±0.04	5.40a±0.25	89.40b±4.06	88.91a±14.00	91.93a±21.37	26.38a±3.54	8.48ab±0.31
	NM	6.26c±0.05	4.26b±0.11	137.02a±28.29	59.73b±13.03	44.55b±14.81	20.13a±3.45	9.84a±0.97
7月	CK	6.67a±0.04	21.37ab±0.42	43.68b±2.50	3.57b±0.71	3.24c±0.45	4.15ab±0.39	5.78b±0.30
	M	6.57a±0.08	20.91ab±0.82	42.43b±3.08	8.09b±1.23	4.48c±0.44	3.31b±0.18	6.90ab±0.39
	N	6.06b±0.06	22.20a±0.48	54.87b±2.50	6.83b±2.00	10.04a±0.80	6.31a±1.29	7.00ab±0.39
	NM	5.95b±0.07	20.39b±0.59	56.33a±5.16	17.65a±4.29	7.34b±0.96	5.17ab±0.71	8.10a±0.71
8月	CK	6.74a±0.05	11.84a±0.19	69.17ab±3.85	6.05b±0.64	2.75b±0.78	1.79b±0.24	3.44ab±0.21
	M	6.67a±0.06	10.72b±0.26	67.46b±5.22	6.24b±1.29	3.92ab±1.05	1.62b±0.13	3.15b±0.25
	N	6.29b±0.06	11.84a±0.43	87.09a±10.98	16.49a±1.46	6.08a±1.61	3.64a±0.39	3.70ab±0.16
	NM	6.19b±0.07	9.80c±0.30	84.21ab±2.68	15.98a±1.70	6.39a±0.88	2.76a±0.43	3.83a±0.18
9月	CK	6.67a±0.04	8.21a±0.25	70.17a±5.46	20.37a±1.88	3.18c±0.61	1.01c±0 15	3.70a±0.47
	M	6.67a±0.15	8.23a±0.22	87.91a±8.30	13.25ab±2.17	6.05c±1.27	1.05c±0.09	3.93a±0.37
	N	6.30b±0.10	8.90a±0.37	79.34a±4.89	6.82b±2.38	7.73b±1.50	4.90b±1.11	3.62a±0.12
	NM	6.10b±0.06	8.59a±0.19	92.28a±20.37	11.21b±4.41	13.16a±1.54	7.89a±0.94	3.52a±0.18

注：同一取样时间下，同列不同小写字母表示处理间差异显著（*P*<0.05）。CK 表示对照，N 表示氮添加，M 表示刈割处理，NM 表示氮添加+刈割处理

资料来源：Feng et al.，2019；王志瑞，2019

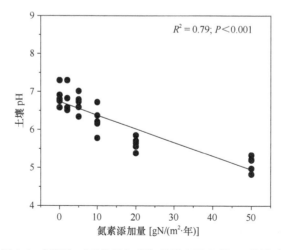

图 3-9 氮添加对呼伦贝尔草甸草原表层土壤 pH 的影响

在有机质较为丰富的呼伦贝尔草甸草原，氮输入对表层土壤有机碳和全氮的影响不显著（表3-1），但增加6月、7月和8月表层土壤中的可溶性有机碳、氮含量（王志瑞，2019）。氮添加对呼伦贝尔草甸草原0～100cm整体土层土壤有机碳含量也没有显著影响（杨绍欢，2015）。这可能是由于氮添加显著增加了植物群落的地上和地下生物量，从而导致从凋落物和根系分泌物返还到土壤中的可溶性养分增加（Aber et al.，1989）。与其他类型草原的研究结果一致，氮添加增加呼伦贝尔草甸草原土壤铵态氮、硝态氮含量（王志瑞，2019），但年际间的效应差异较大，在降水较少的年份效应更显著。在内蒙古东部贝加尔针茅草甸草原的氮添加实验也表明，氮添加显著地增加了土壤中的碱解氮含量（陈美玲，2013）。氮输入增加对土壤硝态氮含量和净硝化速率的影响较为明显，对净氨化速率影响较弱。对硝化过程的影响具有时间上的累加效应，如在6～7月、7～8月间隔内对土壤净硝化速率影响不显著，但对于6～8月两个月间隔的土壤净硝化速率具有显著影响（李铁凡，2015）。

氮输入会显著降低呼伦贝尔草甸草原土壤中无机磷的含量，特别是铝磷（Al-P）和铁磷（Fe-P）含量（图3-10）（Liu et al.，2019）。其原因可能是：氮输入促进了植物生长，从而带走土壤中等活性磷库。此外，氮输入导致的土壤酸化会抑制磷酸酶活性，从而减缓有机磷矿化为无机磷的过程（Tian et al.，2016）。氮输入对土壤有效磷无显著影响，其原因可能是：一方面植物生长吸收了一部分有效磷；另一方面，中等活性磷库的活化又转化为一部分有效磷。氮添加对土壤有效磷的影响通常是负面效应，氮有效性的增加可能会促进植物吸收磷，这可能导致生态系统由氮限制转为磷限制。但是氮添加导

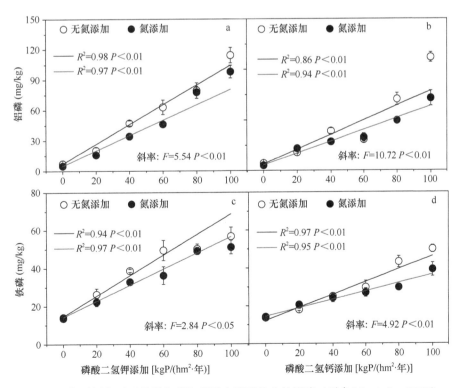

图3-10　氮磷添加对呼伦贝尔草甸草原土壤磷组分的影响（引自Liu et al.，2019）

致的土壤酸化造成磷酸盐从无机磷库中溶解（如矿物结合态的磷），从而可能潜在地增加土壤磷有效性（李阳等，2019）。这一现象在钙质土壤中可能更为明显（Tunesi et al.，1999）。

氮输入对草甸草原土壤理化性质的影响存在明显的季节动态，并与植物生长有关（表 3-1）。例如，氮添加处理土壤 pH 在施氮 2 个月后逐渐下降，之后又有所回升，其原因主要是：在生长季前期，铵态氮转化为硝态氮的过程中释放大量的氢离子，导致 pH 下降，而在生长季后期，植物和土壤微生物的生长消耗了土壤中大量的铵态氮、硝态氮，使得酸化过程减缓并得到缓冲。氮输入提高草甸草原土壤铵态氮和硝态氮含量，在 6 月达到最高，这可能是由于施入的尿素经过 1 个月的氨化和硝化过程，使土壤中的铵态氮和硝态氮逐渐累积，而这时植物还没有达到生长旺季，从土壤中吸收的有效氮有限，导致 6 月土壤中铵态氮、硝态氮含量较高。土壤可溶性有机碳、有机氮及铵态氮、硝态氮和有效磷含量均在 7～8 月较低，这是由于在生长旺季，植物为满足生长需要，吸收了土壤中大量的有效态养分。

3. 氮输入对草甸草原土壤微生物群落结构和功能的影响

在呼伦贝尔草甸草原开展的氮添加实验表明，氮添加对微生物生物量碳（MBC）的主效应不显著，但随着处理年限的增加，有降低其含量的趋势（王志瑞，2019）。在北方羊草草甸草原的虎尾草群落中土壤微生物生物量随施氮梯度增加而降低，而在杂类草群落中土壤微生物生物量和细菌群落多样性随着氮素的添加而逐渐增加（孙盛楠，2015）。氮添加对微生物生物量氮有显著影响，添加尿素处理第 4 年后，氮添加显著降低微生物生物量氮，并增加微生物生物量碳氮比（王志瑞，2019）。氮添加对草甸草原土壤微生物生物量的影响具有剂量依赖效应，低浓度氮添加有促进微生物生长的作用，而高浓度氮添加则显著降低微生物生物量（宋娜，2014）。高浓度氮添加对土壤微生物生物量的抑制作用可能存在几种机制：其一，氮添加后，土壤酸化直接导致的铝、锰毒害和盐基离子淋失都会抑制微生物生长（Vitousek et al.，1997）；其二，氮添加后，植物可直接利用土壤中有效的氮素，对细菌和丛枝菌根真菌这些"养分吸收者"的依赖性降低，向其分配的碳源也将减少，微生物通常受碳可利用性的限制，因而加氮后植物"投资"的减少也可能会降低微生物生物量（Aerts and Chapin III，1999；Treseder，2004）；其三，氮添加促进了植物生长，打破了植物-微生物原有的竞争模式，使植物在与微生物竞争土壤养分和水分资源中占据优势，土壤微生物生长繁殖受到限制，从而导致土壤微生物生物量下降（Wei et al.，2013），微生物生物量与植物生物量和盖度存在显著的负相关关系，支持了养分竞争假说。随着处理年限的增加，微生物生物量氮的降低速率大于微生物生物量碳，导致在处理的第 4 年后微生物生物量碳氮比在氮添加处理下有增加的趋势。Zhang 等（2018）的整合分析也得出了类似的结论，该研究认为，有效氮素的增加在短时间内增加微生物体内氮含量，但是由于酸化对微生物生长的抑制，所以缺乏足够数量的碳来构成细胞结构，随着处理时间的延长，碳含量的不足会导致微生物生物量氮迅速流失或以气体形式释放（Pregitzer et al.，2008；Sanz-Cobena et al.，2012）。这预示着随着处理时间的延长，氮添加将对微生物生物量碳和氮产生深刻的影响，不仅影响其含量,也将改变其计量比。氮输入对草甸草原土壤微生物生物量的影响,还取决于氮化合物类型,铵态氮肥较硝态氮肥的抑制作用更为明显(李阳等,2019)。此外,氮输入对土壤微生物生物量的影响存在季节依赖性,在生长旺季(7 月和 8 月),加氮处理有降低土壤中微生物生物量碳和氮的趋势;在春季和秋季(5 月和 9 月)与对照相比有增加的趋势。而在生长季的其他月份,单独加氮处理土壤微生物生物量碳、氮与对照无显著差异(王志瑞等,2019),这也表明了关注土壤微生物在植被生长季时间动态的必要性。

氮输入通常降低草甸草原土壤微生物群落的遗传多样性。有研究者采用 PCR-变性梯度凝胶电泳(DGGE),分析氮添加对北方羊草草甸草原和贝加尔针茅草甸草原微生物群落结构和多样性的影响,结果表明,在羊草草甸草原的虎尾草群落下细菌群落多样性随氮添加没有明显变化,但在杂类草群落,土壤细菌群落多样性随着氮素的添加而逐渐增加,当氮素过量时呈现下降趋势。增氮通过改变土壤速效养分和 pH 影响微生物的群落结构,其影响程度因草原植被类型而异(孙盛楠,2015)。施氮增加了呼伦贝尔草甸草原土壤微生物群落中细菌的相对丰度,降低了真菌的相对丰度。陈美玲(2013)在内蒙古东部的贝加尔针茅草甸草原,也发现增氮使得微生物的总磷脂脂肪酸含量下降,却显著增加了土壤中真菌与细菌的比值。这与之前在典型草原报道的结果一致(Rousk et al.,2011;Wei et al.,2013;Yang et al.,2017;Wang et al.,2017)。与真菌相比,细菌生长速率更快,能够在养分丰富的生境中快速增殖(Fierer et al.,2007)。氮输入对细菌生长的促进作用包括直接效应和间接效应:一方面,氮输入直接增加土壤中碱解氮养分,细菌相对丰度往往与土壤中碱解氮含量呈显著正相关;另一方面,氮输入通过提高地上植被生物量,从而增加从凋落物和根系分泌物返还到土壤中的可溶性有机碳(DOC),而细菌与真菌相比更容易利用活性碳源。氮输入对微生物-植物互作关系的影响在不同粒径的团聚体中表现出的趋势并不一致。在大团聚体中,氮输入促进地上植被生物量增加,从而促进细菌相对丰度增加和碳储,表现出较强的植物-微生物互作关系。相反,在小团聚体中,物理保护作用较强,真菌相对丰度较低,碳稳定性下降,植物-微生物互馈作用较弱。

氮添加还显著影响微生物某些特定类群的多样性和群落结构。针对贝加尔针茅草甸草原的研究表明,氮添加显著地降低了土壤放线菌群落的均匀度指数($P<0.05$)和 Shannon-Wiener 指数($P<0.05$)。放线菌遗传多样性与土壤温度和植物密度呈显著正相关($P<0.05$);放线菌物种丰富度与土壤温度呈显著正相关($P<0.05$),与土壤含水量、土壤实际介电常数呈显著负相关($P<0.05$)(宋娜,2014)。林昕等(2020)对青藏高原高寒嵩草草甸生态系统中丛枝菌根真菌(AMF)群落的研究结果表明,氮添加对 AMF 侵染率、OTU 丰度和 Shannon-Wiener 指数均无显著影响,表明在高寒草甸生态系统,AMF 群落对氮输入的影响具有一定的抵抗力,但相对于低施氮处理,高施氮处理显著降低球囊菌门的相对丰度,土壤有机碳、硝态氮、有效磷和全磷含量均是影响 AMF 群落的土壤因子。

在呼伦贝尔草甸草原,氮添加[10gN/(m²·年)]处理 5 年对土壤基础呼吸、底物诱导呼吸(SIR)和参与碳、氮、磷循环的土壤酶无显著影响(王志瑞,2019;Wang et al.,2019),

这表明在呼伦贝尔草甸草原，氮输入对微生物活性在短期内没有产生明显的影响，这一结果与之前在其他类型草地得到的氮添加对土壤微生物活性具有负面效应的结果并不一致（Zhang et al.，2018）。例如，对内蒙古典型草原的研究结果表明，氮添加会抑制微生物活性（Yang et al.，2017）。氮添加对土壤微生物特性影响的不一致性可能与土壤有机质含量不同有关。在内蒙古锡林郭勒典型草原，土壤有机碳含量为 15～20g/kg（Li et al.，2016；Wang et al.，2018），而呼伦贝尔的草甸草原土壤有机碳含量在 25～30g/kg。有机质表面可吸附大量的交换性阳离子，高有机质含量可使土壤对酸的缓冲能力增强（Kirk et al.，2010）。因此，草甸草原较高的有机质含量可能是导致微生物生物量和活性对短期氮添加不敏感的主要原因。此外，草甸草原本底 pH 较高，对照中土壤的 pH 在 6.6～6.8，接近中性。5 年的氮添加处理导致土壤酸化（土壤 pH 下降至 6.3 左右），土壤酸化的强度可能尚未达到抑制微生物生长和活性的水平。而高水平氮添加显著降低呼伦贝尔草甸草原土壤微生物呼吸速率和呼吸熵，并且铵态氮肥的效应比硝态氮肥更明显。添加中低水平的氮可以通过提高土壤微生物的活性而增加该地区草原土壤的净氮矿化潜力，从而提高草地生产力（李阳等，2019）。综上所述，与其他类型草原相比，呼伦贝尔草甸草原由于土壤有机质含量和背景 pH 较高，土壤理化特性和微生物学特性对中低水平的氮输入响应较弱，但随着处理年限的增加和氮沉降逐渐加剧，效应逐渐增强，生态系统服务和功能将不可避免地受到影响。控制氮输入增加对于保护呼伦贝尔草甸草原的生态功能十分重要。

王志瑞（2019）研究发现，在呼伦贝尔草甸草原，土壤水分和养分含量对氮添加响应比较敏感，基本在处理的第 1 年和第 2 年就有显著的响应效应，而土壤微生物生物量和酶活性的响应存在迟滞效应，基本上在处理 3 年后才显现出对氮添加的响应。但并不是所有的微生物学特性都随处理年限增加才显现出对氮添加的响应。例如，在处理的第 1 年和第 2 年，氮添加显著降低土壤基础呼吸，之后的年份中氮添加对土壤基础呼吸的效应"消失"。基础呼吸是在去除植物根系之后测定的，因此反映的是土壤异养呼吸，其变异很大程度上受到土壤微生物活性的影响（Chen et al.，2016a）。氮添加对土壤呼吸的负面影响可能是由土壤酸化降低微生物活力引起的。只有当土壤基础呼吸与土壤 pH 显著正相关且 pH 降低时，土壤基础呼吸才降低。Zhou 等（2014）和 Zhang 等（2018）研究发现相同的规律，氮添加抑制微生物呼吸或异养呼吸，且该结果不受生态系统类型的影响。关于氮添加对土壤呼吸的短期和长期效应目前尚有争议。Zhang 等（2018）的研究发现随着实验年限的增加，氮添加的负效应明显，而 Zhou 等（2014）的研究发现，随着实验年限的增加，土壤呼吸对氮添加的响应降低。王志瑞（2019）在研究中所发现的加氮对土壤基础呼吸的负面影响消失可能受到很多因素的影响。例如，2018 年较高的降水可能增加了无机氮素的淋溶损失，氮添加处理的微生物生物量和土壤基础呼吸均未显著降低。此外，较长时期的实验处理可能会对微生物、植物群落组成及土壤碳氮库存造成影响，这些因子可能对土壤基础呼吸产生交互影响，造成其对氮添加无响应。氮添加对微生物生物量的负面影响有累积效应，在处理较长年限才达到显著水平，而土壤基础呼吸在短期内有响应，后期无响应，这表明了用多个微生物学指标衡量氮添加效应的重要性。

二、人类活动对草甸草原退化的影响

（一）放牧对草甸草原退化的影响

1. 不同放牧强度下植物群落数量特征

由表 3-2 可知，经过 10 年的放牧控制实验，不同放牧强度下植物群落特征发生明显变化。随着放牧强度的增加，植物群落盖度和高度呈明显下降趋势，其中重度放牧（G0.92）的群落盖度显著低于其他放牧强度，不放牧（G0.00）群落高度显著高于其他放牧强度。放牧对草甸草原植物群落生物量和物种多样性的影响依赖于放牧强度。以呼伦贝尔羊草草甸草原的研究为例，植物群落地上生物量随放牧强度的增加显著降低，重度放牧强度较对照降低的幅度超过 60%。中度、重度放牧使群落地下生物量显著降低。植物群落高度、盖度均随放牧强度的增加而减少，而植物群落中的植株密度在中度放牧强度下出现最大值。

表 3-2　不同放牧强度下植物群落数量特征

指标	G0.00 （不放牧）	G0.23 （轻度放牧）	G0.34 （轻度放牧）	G0.46 （中度放牧）	G0.69 （重度放牧）	G0.92 （重度放牧）
物种数	39.67a±1.45	45.33a±4.18	45.67a±0.88	44.00a±1.53	45.67a±2.19	46.33a±0.88
群落盖度	84.65a±0.63	80.25ab±1.16	80.12ab±1.80	78.01b±1.34	78.23b±1.49	68.84c±2.87
群落高度	22.40a±2.41	17.64b±0.24	17.64b±0.97	13.30c±0.64	10.65cd±0.81	7.13d±0.09
群落密度	605.27b±1.94	661.67b±70.25	541.60b±44.69	729.13b±77.41	1262.73a±247.85	843.07b±16.15
丰富度指数	3.61b±0.26	4.13ab±0.32	4.33a±0.05	4.21ab±0.04	3.84ab±0.23	4.08ab±0.07
Shannon-Wiener 指数	2.51b±0.09	2.66ab±0.10	2.84a±0.03	2.85a±0.02	2.60ab±0.15	2.73ab±0.05
优势度指数	0.85b±0.01	0.87ab±0.02	0.91a±0.01	0.91a±0.01	0.88ab±0.01	0.88ab±0.01
均匀度指数	0.79a±0.01	0.81a±0.02	0.85a±0.01	0.85a±0.01	0.78a±0.04	0.82a±0.02

注：同行不同小写字母表示不同处理间差异显著（$P<0.05$），下同

用丰富度指数、Shannon-Wiener 指数、优势度指数和均匀度指数 4 个群落 α 多样性指数表述群落多样性变化特征。根据表 3-2 可以发现，随着放牧强度的增加，群落 α 多样性指数呈先升高后降低的趋势，均匀度指数均不小于或接近不放牧群落，最高值均出现在 G0.34～G0.46 放牧强度，符合中度干扰假说。随着放牧强度的增加，物种丰富度指数相比不放牧分别增加了 14.40%、19.94%、16.62%、6.37%、13.02%，多样性指数分别增加了 5.98%、13.15%、13.55%、3.59%、8.76%。

由图 3-11 可知，随着放牧强度的增加，植物群落地上生物量和枯落物生物量呈极显著的线性下降，原有优势物种生物量呈现 Logistic 指数递减下降；而退化指示植物生物量呈现相反的趋势，随着放牧强度的增加呈现极显著的线性增加；地下生物量随着放牧强度的增加显著下降，中度（G0.46）和重度放牧（G0.69、G0.92）显著低于不放牧（G0.00）和轻度放牧（G0.23、G0.34）。

李永宏（1988）的研究表明，在气候条件基本相同时，放牧是主导群落结构的重要因子。放牧时家畜作用于草地，草地结构参数的变化可以直接反映草地群落的变化情况。

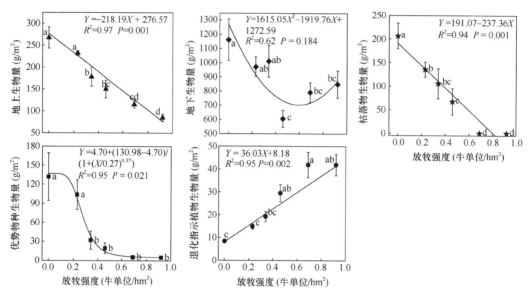

图 3-11　不同放牧强度下植物群落生物量变化

不同小写字母表示不同放牧强度间差异显著（$P<0.05$），下同；优势物种包括羊草和贝加尔针茅；退化指示物种包括冷蒿、
二裂委陵菜、星毛委陵菜和寸草薹

放牧对草地的影响首先通过群落高度、盖度、生物量及物种多样性等反映出来（Hendricks et al.，2005；任继周，2012）。本研究的结果表明，放牧会显著降低群落地上总生物量、原有优势物种生物量和枯落物生物量，这与前人（Wang et al.，2009；鱼小军等，2015）的研究结果一致。其主要原因在于放牧使植物减少，导致植物总光合面积减小，造成有机物积累效率降低。同时，根据分析还可以发现，与不放牧相比，重度放牧的根冠比较大（分别为 4.35 和 9.97），说明放牧使群落的总生物量逐渐减少且群落的总生物量逐渐向下偏移。

适度的放牧与围封和重度放牧相比有较高的群落物种多样性，无论是重度放牧还是围封对于草原群落的多样性都是不利的，因此适当的放牧是较为合理的草地利用方式（Yang et al.，2010；殷国梅等，2013）。本研究 10 年放牧控制实验表明，不同放牧强度下植物群落特征发生了明显变化。其中群落盖度和高度随着放牧强度的增加有明显降低的趋势，群落多样性指数先升高后降低，当放牧强度为 0.46 牛单位/hm² 时，群落多样性指数最高，当放牧强度继续增加时，植物多样性下降，这符合中度干扰假说（Connell，1978），同时与王炜琛（2018）对呼伦贝尔草甸草原的研究结果一致。但与 Hatfield 和 Donahue（2000）的研究结果有所差异，其研究结果表明，随着放牧压力的增加，群落的多样性会逐渐增加。适度放牧可以使草地生态系统功能继续维持，重度放牧则会导致草地植被的严重退化，因此要合理地控制草原的放牧强度。

2. 不同放牧强度下植物群落功能群变化

不同放牧强度下植物功能群、原有群落优势种和退化指示植物的重要值变化情况见

图 3-12,其中优势物种主要包括羊草和贝加尔针茅,退化指示植物主要包括冷蒿、星毛委陵菜、二裂委陵菜和寸草薹。研究发现,随着放牧强度的增加,植物功能群中禾本科植物及其优势植物的重要值逐渐降低,当放牧强度大于 0.23 牛单位/hm² 时,优势植物羊草和贝加尔针茅重要值显著降低。莎草科植物和退化指示植物的重要值与优势植物呈现相反的趋势,即随着放牧强度的增加而逐渐增大,其中重度放牧(G0.92)显著高于其他放牧强度。毛茛科和豆科植物随着放牧强度的增加呈现先升高后降低的趋势,均在轻度放牧(G0.23、G0.34)情况下分别达到最大。随着放牧强度的增加,优势种羊草的重要值降低,寸草薹的重要值提高。

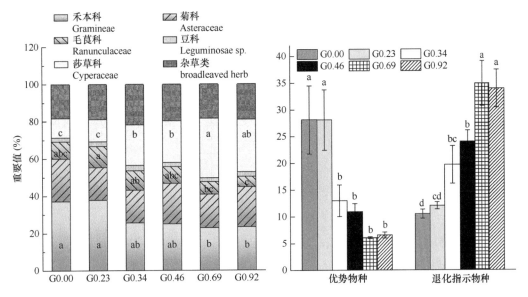

图 3-12　不同放牧强度下植物群落功能群、优势物种及退化指示物种重要值变化

放牧强度决定家畜对草地的利用程度,从而会导致不同植物功能群发生变化(于丰源等,2018)。植物功能群是对局地环境物种组合平衡状态的表现(张国钧等,2003),家畜觅食过程会打破原有草地的平衡,适口性较高的物种优先被采食,因此,随着放牧强度的增加,优势种在群落中的地位逐渐降低(刘文亭等,2017)。已有许多研究指出,家畜对群落的选择性采食仅发生在物种尺度上,选择采食的强度可以直接影响群落的功能群(de Vries and Daleboudt,1994;王旭等,2002)。本研究中,放牧对植物功能群的影响表现为随着放牧强度的增加,禾本科植物及群落原有优势物种重要值降低,莎草科植物和退化指示植物与优势物种呈现相反的趋势,重度放牧(G0.69、G0.92)草原原有优势植物重要值最低,退化指示植物重要值最高。随着放牧强度的增加,家畜(本研究中指牛)对植物的采食加强,群落中高大植物羊草、贝加尔针茅等适口性较好的植物被采食,增加寸草薹(莎草科)等低矮植物的竞争优势,更多物种获得了生存机会,从而改变了植物功能群的变化,该结果与杨思维(2017)、闫瑞瑞等(2020)的研究相同。同时也表明,放牧使禾本科植物的优势地位降低,并使杂类草增多,因此禾本科植物与杂类草存在负相关关系。

3. 不同放牧强度下植物群落牧草营养品质的变化

由图 3-13 可知，不同放牧强度使牧草营养品质呈现明显的变化，植物粗蛋白（CP）、粗灰分（CA）、全磷（TP）和无氮浸出物（NFE）随着放牧强度的增加而显著增加，其中与不放牧相比，放牧强度 G0.23～G0.92 CP 增加 6.59%～63.28%、CA 显著增加 3.63%～44.28%、Ca 增加 9.12%～49.76%、NFE 显著增加 18.78%～27.70%；TP 在重度放牧 G0.69～G0.92 下与不放牧相比显著增加 41.22%～50.04%；放牧显著降低了粗脂肪（EE）、中性洗涤纤维（NDF）和粗纤维（CF）含量，这三项指标分别下降 23.27%～52.91%、8.17%～14.45%、11.85%～30.24%；酸性洗涤纤维（ADF）随着放牧强度的增加呈现先升高后降低的趋势，在放牧强度为 0.34 牛单位/hm^2 时达到最大值，为 44.62%。

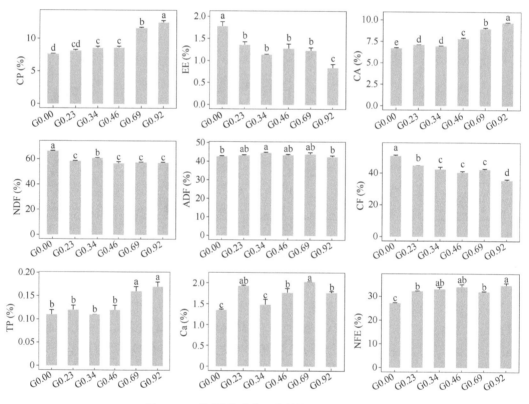

图 3-13　不同放牧强度下的植被营养品质变化

经过 10 年放牧控制实验，本研究关于牧草营养品质的结果显示，随着放牧强度的增加，粗蛋白和全磷含量显著增加，粗纤维含量逐渐降低。该结果显示呼伦贝尔草甸草原在重度放牧时，草原（放牧强度为 0.69 牛单位/hm^2 和 0.92 牛单位/hm^2）牧草营养品质粗蛋白较高，这与 Heitschmidt 等（1989）、王艳芬和汪诗平（1999）、Bai 等（2012）、Schönbach 等（2012）的观点相同，他们的研究也认为重度放牧草地会出现营养物质中蛋白质含量较高的现象。出现这种结果的原因有四方面：牧草营养价值与植物生长发育阶段关系非常密切。取样时间是 8 月，雨水较好，重度放牧草地中的牧草被采食后，有许多新长出的嫩草，嫩草的营养物质中粗蛋白含量高，且在重度放牧草地没有枯落物，故重牧区植被中，营养物质中粗蛋白的含量较高，而轻牧或零牧相反，以枯枝落叶和粗老组织为主，营养物质中粗蛋白含量较低。与2017年相较，2018年的年降水量增加，年均温升高，影响了植被的营养品质（任继周，1998），Schönbach等（2009）、王天乐等（2017）和姚喜喜等（2018）的研究结果均表明降水对植被营养品质有重要的影响。在重度放牧草地，莎草科植物较多，其茎含有较多的蛋白质（虞道耿，2012），而判定牧草质量的指标之一就是植被中粗蛋白含量，所以存在重度放牧草地植被营养品质被高估的可能。由于放牧压力的增加，群落生物量下降，土壤容重增加，群落中的所有养分都会集中于现有的植被，造成植被营养含量较高、品质较好。综上所述，虽然重度放牧下草地的营养物质含量较高，但是这时的牧草多为新生的适口性较差的牧草，因此一般不会通过重度放牧的方法来得到优良牧草。

4. 不同放牧强度下植物群落特征、功能群与牧草营养品质的相关性分析

植物群落特征、功能群及牧草营养品质之间的相关性分析表明（表 3-3），群落物种多样性指数之间呈极显著正相关。群落多样性与植物功能群中豆科植物和杂类草的重要值呈极显著正相关关系，与禾本科重要值呈负相关。植物功能群禾本科植物重要值与牧草营养品质中粗蛋白、酸性洗涤纤维、钙、全磷和无氮浸出物含量呈负相关，其中与酸性洗涤纤维和钙达到显著水平；与粗脂肪、中性洗涤纤维和粗纤维含量呈正相关，其中与中性洗涤纤维达到显著水平。莎草科植物重要值与牧草营养品质的相关关系与禾本科植物相反，与粗蛋白、酸性洗涤纤维、钙、全磷和无氮浸出物含量呈正相关，与粗灰分、中性洗涤纤维和粗纤维呈负相关，其中与酸性洗涤纤维和钙含量显著相关。

5. 不同放牧强度下土壤理化特性的变化

不同放牧强度下土壤容重和土壤 pH 无显著差异，土壤含水量在 G0.23、G0.34、G0.46 和 G0.69 之间无显著差异，G0.00 时显著高于极重度放牧（G0.92），土壤含水量最高值达到 29.48%，与不放牧相比，G0.92 含水量降低了 18.96%；土壤容重最高值出现在极重度放牧 G0.92 时，与不放牧相比增加了 9.38%；土壤 pH 在 6.32～7.03 范围内波动，与 G0.00 相比，重度放牧（G0.69）降低了 10.10%（表 3-4）。

土壤含水量在群落植被的生长发育中起重要作用，是衡量土壤坚实度和土壤渗透率的指标之一（Mulqueen et al.，1977）。通常认为，容重小的土壤较为疏松，土壤通透性较好，容重大的土壤孔隙度小、土体较为坚实（孙向阳，2005）。放牧牲畜对土壤的践踏会增大土壤的紧实度，从而使土壤含水量降低、硬度加大，土壤的理化性质发生变化（王忠武等，2012）。本试验得到土壤含水量在不放牧情况下最大，随着放牧强度的增加而逐渐减少，这与丁海君等（2016）、柴林荣等（2018）的研究结果相同，且放牧强度增加、土壤紧实度增加导致水分渗透量减少。牲畜的踩踏行为首先反映在土壤的紧实度上，随着放牧强度的加大，土壤紧实度也会变大（Greenwood et al.，1997；王忠武，2009）。

表 3-3 植物群落特征、功能群及牧草营养品质之间的相关性

因子	多样性指数	优势度指数	均匀度指数	丰富度指数	豆科	禾本科	菊科	毛茛科	莎草科	杂草类	粗蛋白(%)	粗脂肪(%)	粗灰分(%)	中性洗涤纤维(%)	酸性洗涤纤维(%)	粗纤维(%)	钙(%)	全磷(%)	无氮浸出物(%)
多样性指数	1.00																		
优势度指数	0.80**	1.00																	
均匀度指数	0.93**	0.61**	1.00																
丰富度指数	0.84**	0.83**	0.62**	1.00															
豆科	0.52*	0.55*	0.47*	0.61**	1.00														
禾本科	-0.31	-0.50*	-0.12	-0.37	-0.16	1.00													
菊科	0.04	0.06	-0.06	0.17	-0.22	-0.35	1.00												
毛茛科	0.26	0.15	0.32	0.30	0.35	0.14	-0.02	1.00											
莎草科	0.02	0.25	-0.13	-0.01	-0.04	-0.74**	-0.19	-0.52*	1.00										
杂草类	0.60**	0.51*	0.61**	0.55*	0.60**	-0.29	-0.14	0.21	0.02	1.00									
粗蛋白(%)	0.43	0.34	0.34	0.47*	0.25	-0.06	-0.16	0.04	0.06	0.26	1.00								
粗脂肪(%)	-0.34	-0.34	-0.26	-0.28	0.04	0.12	-0.35	-0.39	0.17	0.14	-0.12	1.00							
粗灰分(%)	0.35	0.21	0.27	0.45	0.22	0.00	0.09	0.26	-0.18	0.12	0.88**	-0.26	1.00						
中性洗涤纤维(%)	-0.12	-0.06	0.05	-0.20	0.14	0.48*	-0.32	0.07	-0.38	0.28	-0.37	0.32	-0.44	1.00					
酸性洗涤纤维(%)	0.32	0.51*	0.21	0.33	0.41	-0.56*	-0.11	-0.23	0.54*	0.51*	0.06	0.31	-0.06	0.12	1.00				
粗纤维(%)	-0.45	-0.42	-0.35	-0.38	0.05	0.41	-0.27	0.06	-0.22	-0.19	-0.61**	0.54*	-0.56*	0.42	-0.18	1.00			
钙(%)	0.22	0.13	0.06	0.25	0.06	-0.49*	0.14	-0.57*	0.54*	0.11	0.43	0.11	0.31	-0.60**	0.37	-0.40	1.00		
全磷(%)	0.22	0.19	0.11	0.29	-0.04	-0.15	-0.10	-0.10	0.24	0.02	0.92**	-0.06	0.81**	-0.53*	-0.04	-0.57*	0.45	1.00	
无氮浸出物(%)	0.18	0.21	0.16	0.01	-0.33	-0.38	0.43	-0.14	0.19	-0.01	-0.16	-0.60**	-0.19	-0.07	0.06	-0.65**	0.04	-0.15	1.00

注：Pearson 相关性分析，双尾检验。**表示在 0.01 水平上差异显著，*表示在 0.05 水平上差异显著，下同

表 3-4　不同放牧强度下土壤物理特性

指标	G0.00	G0.23	G0.34	G0.46	G0.69	G0.92
土壤 pH	7.03a±0.39	6.64a±0.20	6.76a±0.03	6.75a±0.09	6.32a±0.03	6.56a±0.08
土壤容重（%）	0.96a±0.02	0.99a±0.03	1.01a±0.01	1.02a±0.04	1.03a±0.01	1.05a±0.04
土壤含水量（%）	29.48a±1.31	27.36ab±0.59	25.90ab±1.71	25.56ab±0.29	25.21ab±0.80	23.89b±1.13

土壤紧实度增大，容重增加，保温效果变强，温度随之增加。重度放牧比轻中度放牧草地土壤 pH 略低，这可能是由于土壤的含水量减少，土壤湿度降低导致阳离子和碳酸钙含量增加（Cui et al., 2005），进而会引起土壤表层 pH 的降低，同时，G0.34 放牧草地土壤 pH 的轻微增加，也可能与根部的有机酸分泌物、根和微生物释放的二氧化碳比其他放牧草地低等因素有关。因此，不当、过强的放牧会使植被群落结构和功能改变，土壤物理生境恶化，从而导致草地植被和土壤发生退化。

6. 不同放牧强度下土壤养分的变化

不同放牧强度下土壤有机碳含量无显著差异，在 31.20～36.01g/kg 范围内波动，G0.69 放牧草地土壤有机碳含量最高，达 36.01g/kg，与 G0.00 相比升高了 11.31%（图 3-14）。有研究表明，土壤提供了植物体所需的大部分碳元素，被采食后的植物新长出的幼叶无法固碳，土壤碳含量与植物叶片、群落的大小有显著正相关关系，表明植物体碳含量主要来源是土壤，而非光合作用。

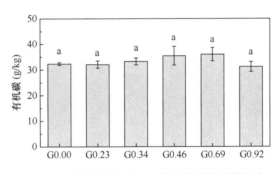

图 3-14　不同放牧强度对土壤有机碳含量的影响

土壤全氮含量在 G0.00、G0.23、G0.34、G0.46 之间无显著差异，重度放牧 G0.69 与 G0.92 之间无显著差异，但显著低于 G0.46，全氮含量分别降低了 9.25%、11.31%，峰值出现在 G0.46 放牧草地，数值为 2.81g/kg。土壤碱解氮含量在 226.67～253.15mg/kg 范围内波动，差值达到 26.48mg/kg，不同放牧强度下无显著差异，但是 G0.69 比 G0.00 升高了 10.3%（图 3-15）。有研究表明，土壤全氮含量与植物氮含量呈显著负相关，这是因为夏季为植物的快速生长季，随着放牧强度的增加，土壤全氮含量降低，但植物为抵抗胁迫所吸收的氮含量却上升，从而形成了植物氮含量与土壤氮含量成反比的关系（宋智芳等，2014）。但也有人认为放牧会减少地上部分氮素分配，即放牧使得茎、叶中氮含量呈降低趋势。这种结果是与植物和土壤相互作用有关的养分利用策略的复杂机制造成的，重度放牧下动物的采食和踩踏会导致土壤有机氮的流失，导致植物吸收氮元素的量也随之降低。

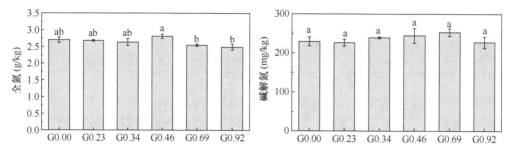

图 3-15　不同放牧强度对土壤全氮、碱解氮含量的影响

土壤全磷和速效磷含量在不同放牧强度下无显著差异，土壤全磷在 0.30～0.38g/kg 范围内波动，重度放牧 G0.69 比 G0.00 提高了 11.76%；土壤速效磷在 12.43～13.62mg/kg 范围内波动，极重度放牧 G0.92 比 G0.00 降低了 9.68%（图 3-16）。家畜的采食和踩踏，消除植物衰老部位，促进了植物的生长，进而提高了叶片中的叶绿素含量，氮元素是叶绿素的主要组成成分，这是植物补偿生长的一种表现（翟夏杰等，2015），而植物体中的氮、磷是协同元素，一般呈正相关（Han et al.，2005），放牧行为加速了土壤与植物间氮磷元素的循环。适度放牧可以提高植物碳氮磷元素的循环速率和可利用性，因此要合理地控制草原的放牧强度。

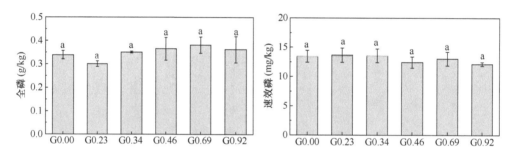

图 3-16　不同放牧强度对土壤全磷、速效磷含量的影响

过度放牧草地的土壤全磷含量高于不放牧与轻度放牧草地，这可能是由于过度放牧草地的植被盖度低，土壤温度较高，土体内有机磷的净矿化作用、土壤磷素的微生物和非生物固定作用都比较强，导致土壤全磷含量对放牧的反应不敏感（董全民等，2007）。我们未能找到土壤养分与放牧强度之间明显的关系，这与 Kieft 等（1994）、Mathews（1994）和 Biondini 等（1998）关于北方草原及 Milchunas 和 Lauenroth（1993）关于世界范围内草原的研究结果一致。

土壤全钾含量在 G0.23、G0.34、G0.69 之间无显著差异，G0.46 和 G0.92 显著高于 G0.00，与 G0.00 相比全钾含量分别升高了 11%、9.82%。在不同放牧强度下土壤速效钾含量无显著差异，数值在 208.10～260.85mg/kg 范围内波动，G0.92 比 G0.00 增加了 11.1%（图 3-17）。

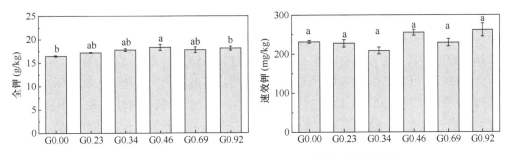

图 3-17　不同放牧强度对土壤全钾、速效钾含量的影响

7. 不同放牧强度下土壤微生物的变化

土壤微生物生物量碳含量在 G0.23、G0.34、G0.46、G0.69 之间无显著差异,但显著低于 G0.00,显著高于 G0.92,数值在 281.51～511.09mg/kg 范围内波动,G0.92 比 G0.00 微生物生物量碳含量下降了 44.92%。微生物生物量氮含量在 G0.00、G0.34、G0.46 之间无显著差异,但三者显著高于 G0.69、G0.92,G0.69、G0.92 比 G0.00 微生物生物量氮含量分别下降了 14.61%、32.55%(图 3-18)。

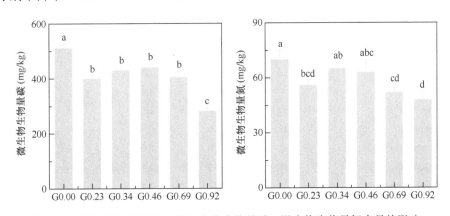

图 3-18　不同放牧强度对土壤微生物生物量碳、微生物生物量氮含量的影响

植被、土壤理化因子和土壤微生物不是单一变化的,它们之间形成了一个反馈机制,相互影响(杨阳等,2019)。放牧家畜通过采食改变了植物的生长,同时对土壤的踩踏和排泄物的归还影响土壤的养分循环,而植物生长模式的改变和土壤环境的变化又间接影响土壤中的微生物环境,导致微生物群落发生变化。土壤为微生物群落提供了生存环境,土壤特性会影响微生物群落(杨阳等,2019)。

(二)刈割对草甸草原退化的影响

1. 不同刈割制度下草甸草原群落组成变化

刈割通过改变植株密度和大小影响植物群落,进而改变群落组成和结构(刘震等,2008)。不同刈割制度使地上植物群落物种组成发生改变,且群落中各物种的重要值变化幅度较大,不同草原植物对刈割的响应不同,其中有些植物表现为"减少",也有一部分植物表现为"增加"（Edwards and Crawley，1999）。本研究结果表明，经过 5 年的试验，优势种羊草的重要值呈现出适当刈割草地高于对照草地的趋势，且两年一割草地的羊草重要值最高。连年刈割降低了优势种羊草和早熟禾的重要值，增加了伴生种寸草薹、毒害草披针叶黄华的重要值，这说明由于刈割强度的增加，植株较高的禾本科（如羊草）、豆科等植物被刈割后比例减小，为群落中退化指示植物（寸草薹、星毛委陵菜、披针叶黄华、裂叶蒿、蓬子菜等一些矮生植物）提供了更多的生长空间和机会，连年刈割导致了草原群落的逆行演替，该结果与 Baoyin 等（2015）刈割抑制羊草的生长结果一致（表 3-5）。但是与曾希柏和刘更另（2000）、包国章等（2001）的研究结果不同，其研究结果显示刈割可抑制高大杂草的生长，使羊草接受充足的光照，有利于其生长。

表 3-5　不同刈割制度下羊草草甸草原植物重要值变化

种名	G1	G2	G3	G4	CK
羊草 *Leymus chinensis*	30.71	36.43	30.98	31.63	30.56
裂叶蒿 *Artemisia tanacetifolia*	18.14	0.00	7.98	2.90	1.77
蓬子菜 *Galium verum*	4.86	1.09	5.69	6.22	3.62
长柱沙参 *Adenophora stenanthina*	4.03	4.76	4.20	5.91	3.13
寸草薹 *Carex duriuscula*	3.70	6.37	3.14	6.33	3.13
披针叶黄华 *Thermopsis lanceolata*	3.40	1.85	6.68	4.37	2.13
展枝唐松草 *Thalictrum squarrosum*	3.16	1.36	6.95	6.81	6.02
羽茅 *Achnatherum sibiricum*	3.12	0.00	2.05	1.33	3.75
落草 *Koeleria cristata*	2.80	1.16	5.59	0.68	0.45
柴胡 *Bupleurum chinense*	2.60	7.59	4.13	6.26	4.83
山葱 *Allium victorialis*	2.42	0.00	0.00	0.00	4.37
山韭 *Allium senescens*	2.37	0.00	0.00	0.00	0.65
广布野豌豆 *Vicia cracca*	2.37	1.17	0.48	0.79	1.00
无芒雀麦 *Bromus inermis*	1.79	0.81	1.47	0.00	0.00
贝加尔针茅 *Stipa baicalensis*	1.63	1.37	1.53	0.00	2.19
线叶菊 *Filifolium sibiricum*	1.56	0.00	0.00	0.00	0.00
山野豌豆 *Vicia amoena*	1.32	0.92	3.49	1.32	0.58
扁蓿豆 *Melilotoides ruthenica*	1.13	0.00	0.87	3.02	0.77
狗舌草 *Tephroseris kirilowii*	1.10	0.39	0.00	1.15	0.00
石竹 *Dianthus chinensis*	1.09	0.00	1.24	0.00	7.55
细叶白头翁 *Pulsatilla turczaninovii*	1.03	8.70	0.00	0.00	0.79
二裂委陵菜 *Potentilla bifurca*	1.01	6.28	1.32	3.47	3.59
苦荬菜 *Ixeris polycephala*	0.92	0.62	0.00	0.00	1.14
防风 *Saposhnikovia divaricata*	0.86	0.00	0.33	0.40	1.11
地榆 *Sanguisorba officinalis*	0.75	0.00	1.82	0.37	4.54
早熟禾 *Poa annua*	0.70	2.51	2.70	2.92	1.54
双齿葱 *Allium bidentatum*	0.55	2.05	0.47	0.73	0.21
野韭 *Allium ramosum*	0.43	0.00	0.00	0.42	0.66
飞蓬 *Erigeron acer*	0.42	1.25	0.00	1.99	0.60
糙隐子草 *Cleistogenes squarrosa*	0.00	2.82	0.88	1.56	0.52

续表

种名	G1	G2	G3	G4	CK
细叶韭 *Allium tenuissimum*	0.00	2.23	0.40	1.11	0.63
鸦葱 *Scorzonera austriaca*	0.00	1.99	0.00	0.88	0.78
多裂叶荆芥 *Schizonepeta multifida*	0.00	1.31	0.00	0.00	0.26
细叶百合 *Lilium pumilum*	0.00	1.13	0.00	0.00	0.00
猪毛蒿 *Artemisia scoparia*	0.00	1.00	3.18	0.00	1.17
柳穿鱼 *Linaria vulgaris*	0.00	0.79	0.39	0.00	1.14
驴蹄草 *Caltha palustris*	0.00	0.24	0.00	0.98	0.00
狭叶青蒿 *Artemisia dracunculus*	0.00	0.00	1.68	3.01	0.98
星毛委陵菜 *Potentilla acaulis*	0.00	0.00	0.36	1.65	0.00
红茎委陵菜 *Potentilla nudicaulis*	0.00	0.00	0.00	1.42	0.00
囊花鸢尾 *Iris ventricosa*	0.00	0.00	0.00	0.00	1.03
东北大戟 *Euphorbia manschurica*	0.00	0.00	0.00	0.00	0.52
山柳菊 *Hieracium umbellatum*	0.00	0.00	0.00	0.00	0.00

2. 不同刈割制度下草甸草原植物功能群变化

在不同刈割制度下，植物功能群随着群落物种的变化发生相应的变化。笔者通过对植物功能群的年际与不同处理的交互分析，发现禾本科、豆科在群落中的重要值受年际变化的显著影响，而禾本科重要值同时受年际变化和刈割制度的影响，莎草科重要值同时受年际变化及年际变化和刈割制度的交互影响，均达到显著水平（表3-6）。笔者通过

表 3-6　不同刈割制度下羊草草甸草原植物功能群重要值交互分析

功能群	影响因素	*F*	*P*
禾本科	年际	9.309	<0.001
	刈割	3.681	0.011
	年际×刈割	1.504	0.136
豆科	年际	7.342	<0.001
	刈割	1.01	0.412
	年际×刈割	1.758	0.066
毛茛科	年际	2.258	0.076
	刈割	1.857	0.133
	年际×刈割	1.254	0.263
菊科	年际	1.093	0.370
	刈割	0.821	0.518
	年际×刈割	0.991	0.481
莎草科	年际	5.933	<0.001
	刈割	1.098	0.368
	年际×刈割	2.242	0.015
其他科	年际	5.134	0.002
	刈割	0.819	0.519
	年际×刈割	0.735	0.745

不同刈割处理下的植物功能群重要值年际变化发现，经过 5 年（2014～2018 年）的刈割处理，不同刈割处理禾本科植物所占比例均减小；在 G1 和 CK 草地中禾本科和豆科植物重要值所占比例减少，而以退化植物居多的菊科植物所占比例增加，在 G3 草地豆科植物增加。不同刈割处理的植物功能群中禾本科植物依然占有重要的地位，但在 G1 草地的群落中以退化植物为主的菊科占较大比重，所占比例远大于其他刈割处理的草地（图 3-19）。综合分析发现，对草地进行两年一割和漏割带 10m 的处理可以缓解草原禾本科和豆科植物比例的下降，促进毛茛科比例的增加，即对草原进行适度的人为控制有利于草原的发展。

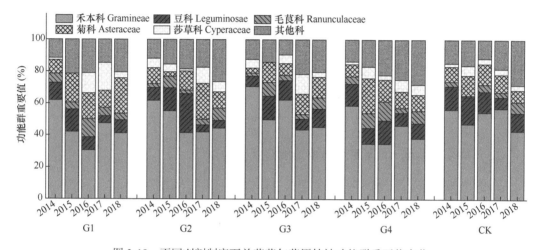

图 3-19　不同刈割制度下羊草草甸草原植被功能群重要值变化

合理刈割可以使优势种在群落中的地位提高，有利于抢占最优生态位，获得更多的自然资源，这与谭红妍（2015）的研究结果一致。连年刈割处理会使群落中的物质循环失去平衡，营养物质处于亏损状态，且刈割带走植被的大部分枝叶，严重伤害到植物光合作用器官，使植被光合固定能力降低，而对群落进行适当的刈割（如两年一割等）可以优化群落中的植被组成，丰富群落中的土壤种子库，补充群落中的营养物质。所以连年刈割会使草原向退化方向演替，同样，对草原进行长期围封也会使草原逆行演替，适度刈割（两年一割）可以促进草原的可持续发展。

3. 不同刈割制度下草甸草原群落多样性变化

合理刈割通过增加禾本科植物，尤其是较矮的禾本科植物的密度，来增加群落的物种多样性和丰富度。连年刈割会造成植物多样性指数下降，且物种丰富度和多样性指数均随刈割强度的增加呈递减趋势；从群落多样性指标变化幅度来看，物种丰富度的变化幅度最为明显，其次为多样性指数。

本研究中，经过 5 年不同刈割处理后群落物种的多样性指数、优势度指数、均匀度指数和丰富度指数在干旱年份 2017 年总体呈现出刈割草地高于对照草地（图 3-20），该研究结果与徐慧敏（2017）、黄振艳等（2013）、Lepš（2014）等的结果一致；与对照相比，湿润的年份 2018 年呈现出刈割降低群落物种多样性指数和丰富度指数，连年刈割降低优势度指数和均匀度指数，G3 和 G4 处理增加了优势度指数和均匀度指数，该结果与谭红妍（2015）的研究结果相同。刈割处理 5 年后，G1 和 CK 草地群落均匀度指数呈现出下降趋势，而漏割带 10m 处理的草地群落多样性提高，该研究结果与王仁忠（1996）、王泽环等（2007）的研究结果一致，即连续刈割和围封草原对群落的多样性和稳定性均有不利影响，而对草原进行适度刈割可以增加群落物种多样性，有利于草原的稳定发展，符合中度干扰理论。对草原进行长期围封会使土壤表层长期堆积厚重的枯枝落叶，不利于地表植被进行光合作用，进而阻碍一些种子与土壤接触，从而降低群落物种多样性。

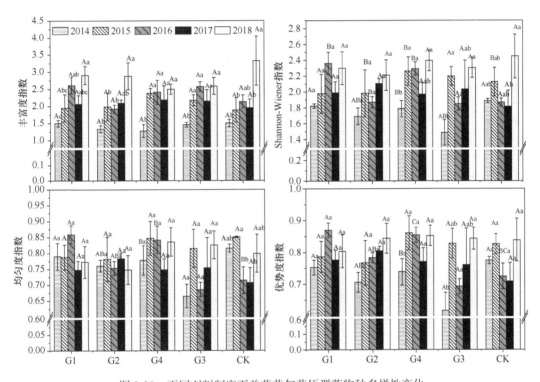

图 3-20　不同刈割制度下羊草草甸草原群落物种多样性变化

不同大写字母表示多样性指数在不同处理间差异显著（$P<0.05$），不同小写字母表示多样性指数在不同年际间差异显著（$P<0.05$）

4. 不同刈割制度下植物功能群与群落物种多样性之间的相关性

对植物功能群与群落物种多样性指数进行 Pearson 相关性分析（表 3-7），发现禾本科植物与多样性指数之间均存在极显著负相关关系，即禾本科植物在群落中所占比重越大，群落多样性越低。这可能是由于禾本科植物的种间竞争能力强，群落中禾本科植物越多，利用的资源越多，而其他竞争能力较弱的植物得到的资源较少，造成群落物种多样性降低。毛茛科植物重要值与群落物种多样性指数呈极显著正相关，与禾本科植物重要值存在极显著负相关关系；菊科植物重要值与 Shannon-Wiener 指数和优势度指数呈显著正相关，与禾本科植物重要值呈极显著负相关；毛茛科植物主要包括驴蹄草、细叶白头翁和展枝唐松草等，菊科植物主要包括狭叶青蒿、线叶菊、裂叶蒿等，说明毛茛科和菊科植物与禾本科植物对于群落物种多样性有相反的作用，毛茛科和菊科植物所占比重越大，群落物种多样性越高，即群落向退化方向演替。

表 3-7　不同刈割制度下植物功能群和群落物种多样性之间的相关性

因子	丰富度指数	Shannon-Wiener 指数	优势度指数	均匀度指数	禾本科	豆科	毛茛科	菊科	莎草科	杂草类
丰富度指数	1	0.853**	0.659**	0.27	−0.661**	−0.131	0.540**	0.298	0.115	0.689**
Shannon-Wiener 指数		1	0.925**	0.714**	−0.841**	−0.036	0.668**	0.466*	0.138	0.679**
优势度指数			1	0.849**	−0.875**	0.113	0.670**	0.504*	0.093	0.603**
均匀度指数				1	−0.657**	0.256	0.572**	0.393	−0.029	0.322
禾本科					1	−0.027	−0.562**	−0.668**	−0.272	−0.672**
豆科						1	−0.062	−0.133	−0.628**	−0.148
毛茛科							1	0.18	0.04	0.322
菊科								1	0.152	0.166
莎草科									1	0.091
杂草类										1

5. 不同刈割制度对土壤养分的影响

不同刈割制度下羊草草甸草原土壤有机碳含量无显著差异，在 26.83～32.74g/kg 范围内波动，G4 处理的土壤有机碳含量最高，达 32.74g/kg，与对照相比提高了 5.61%（图3-21）。而 G2 处理下的土壤有机碳含量表现为下降趋势，这与 Zhou 等（2007）、宁发等（2008）、Franzluebbers 和 Stuedemann（2009）对刈割效应的研究结果较为一致，造成这一现象的原因是刈割降低了草地地上和地下生物量，同时也减少了枯落物的积累，导致营养元素的输出量大于输入量。连续的高强度的刈割打破了土壤养分的正常循环，使土壤养分的动态平衡遭到破坏，土壤养分将趋于贫乏（柳剑丽，2013）。

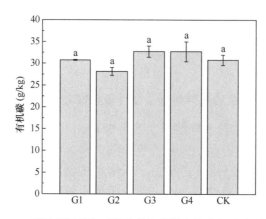

图 3-21　不同刈割制度下羊草草甸草原土壤有机碳含量变化

羊草草甸草原土壤全氮含量在 G1、G3、G4 与 CK 之间无显著差异，G3 与 G4 处理下的土壤全氮含量显著高于 G2 处理，分别提高了 14.61%、15.36%，峰值出现在 G4 时，数值为 3.30g/kg。土壤碱解氮含量在 G1、G2 之间无显著差异，在 G3、G4、CK 之间无显著差异，数值在 160.63～220.52mg/kg 范围内波动，差值达到 59.89mg/kg，G3 比一年一割（G1）碱解氮含量显著提升了 37.28%（图 3-22）。对于多数草地生态系统而言，氮素是限制草地生产力的重要营养元素之一，同时也是调节草地生态系统结构和功能的关键性元素。土壤全氮含量关系到土壤氮素的矿化，与碱解氮含量密切相关（高英志等，2004）。本研究表明，G2 使土壤全氮含量减少，这与郝广等（2018）的研究结果相似，这种现象可能是由于连续高强度的刈割使土壤养分快速流失，间接地改变了植物根系的分布格局，而根系与土壤养分的分布存在一定的关系。同时，土壤养分的快速流失会改变土壤的生物环境，土壤微生物活性也随之产生一定的影响，导致养分的分布发生变化（郑晓翾，2009），也可能与植被组成改变、植被密度下降、土壤理化性质改变，导致淋溶作用加强有关（仲延凯和包青海，1999）。

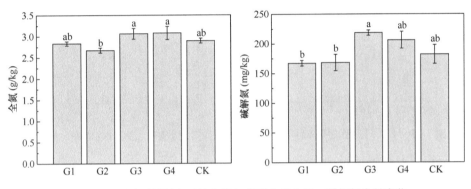

图 3-22　不同刈割制度下羊草草甸草原土壤全氮、碱解氮含量变化

不同刈割制度下羊草草甸草原土壤全磷含量在 G2、G3、G4 与 CK 之间无显著差异（$P>0.05$），G3 与 G1 相比，土壤全磷含量显著提高了 61.41%，且峰值出现在 G3 处理，为 0.75g/kg；土壤速效磷含量 G3、G4 显著高于 G1、G2 和 CK（$P<0.05$），峰值出现在 G3 处理，比 CK 显著提高了 70.97%；土壤全钾含量在 12.11～16.97g/kg 范围内波动，G1、G2 显著高于 G3（$P<0.05$），峰值出现在 G1 处理，比 CK 显著提高了 26.11%；土壤速效钾含量在 161.20～247.42mg/kg 范围内波动，G4 显著高于 G2、G3 和 CK（$P<0.05$），峰值出现在 G4 处理，比 CK 显著提高了 48.86%（图 3-23）。土壤中的磷元素多以迟效性状态存在，是不可再生的重要矿质元素，同时是影响土壤新陈代谢所必不可少的营养元素，因此，土壤中磷元素含量将对植物的生长发育和生存繁衍产生重要影响（时光，2019）。本研究中不同刈割处理和不同漏割草处理的土壤磷元素含量与对照处理相比无显著差异，这与王玉琴等（2020）、吴雨晴（2020）的研究结果相似，土壤中的磷主要来自岩石的风化作用，风化作用历时很久，且风化的程度在土壤层中差异不大，因此土壤全磷含量的变异系数很小，并且由于磷在土壤中难溶和难移动，在大多数自然生态系统中，磷流失量都很低（赵琼和曾德慧，2005），因此，土壤全磷、速效磷含量变化不明显，可能是由于土壤中钾元素含量远远高于氮元素和磷元素，但大部分钾元素难以被植被利用，所以土壤中的全钾含量只能在一定程度上来分析其潜在供钾能力（时光，2019）。

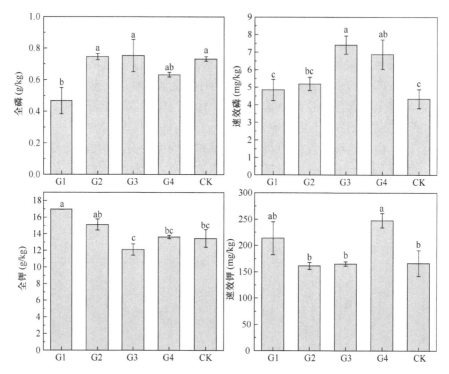

图 3-23　不同刈割制度下羊草草甸草原土壤全磷、速效磷、全钾、速效钾含量变化

6. 不同刈割制度对土壤微生物学特性的影响

刈割显著降低呼伦贝尔草甸草原土壤中微生物生物量碳（MBC）、微生物生物量氮（MBN）含量（图 3-24）（王志瑞，2019）。这种趋势在处理后第 4 年后尤为明显，这可能与刈割之后土壤含水量降低有关。微生物生物量碳、氮与土壤含水量呈显著正相关，说明刈割可能会通过降低含水量限制微生物的生长及对碳氮的固定（王志瑞，2019）。此外，刈割后植物光合作用能力减弱，减少植物向土壤中的碳输入，因此可以假设微生物获取的碳源减少也可能是微生物生物量降低的原因。刈割显著降低土壤碳有效性指数，这表明在刈割条件下，微生物处于碳饥饿状态。微生物生物量磷是土壤有机磷中最为活跃的部分，周转速度快，微生物对土壤磷矿化是植物磷元素的重要来源。刈割有降低土壤微生物生物量磷的趋势，刈割和氮添加复合处理使其降低趋势更加明显。这一结果可能与刈割和氮添加处理后，磷从土壤中的释放增加，影响了土壤中磷库的平衡有关，其促使微生物储存的磷库向土壤中速效磷库转化。刈割后植物为了满足地上部分生长，并正常地完成生长周期，可能需要更多的磷。Simpson 等（2012）的盆栽试验结果表明，刈割处理中植物磷吸收量显著高于非刈割处理，且更高的磷吸收可能促使微生物磷库向土壤磷库转化。Johnston 等（1971）的长期放牧试验结果表明，家畜采食植物地上部分后，虽然土壤中全磷含量下降，但速效磷含量增加。因此刈割和放牧等带走地上植物，可能会增加土壤速效磷含量，而氮添加可能促进了植物对磷的协同吸收，会放大刈割对土壤磷库的影响。以上结果也表明，刈割可能会加速土壤磷库的消耗。刈割对草地土壤磷库影响的研究应得到进一步重视。

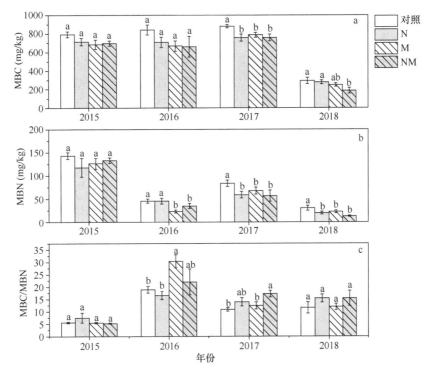

图 3-24　微生物生物量对氮添加和刈割的响应及其年际动态

　　刈割制度也会改变土壤微生物的磷脂脂肪酸（PLFA）组成。各菌群 PLFA 含量与土壤养分的相关性分析表明，速效磷含量、速效钾含量、pH 是影响微生物数量和种类的重要因素。在刈割利用的羊草草甸草原中，其氮素生理群以氨化细菌为主，自生固氮菌次之，纤维素分解菌最少。好气性自生固氮菌、纤维素分解菌与地上植被的物种丰富度、群落多样性、生物量均呈负相关，反硝化细菌与地上植被指数呈正相关（谭红妍，2015）。

　　刈割移除地上生物量，影响的不仅是地下碳库存，对参与碳、氮、磷循环的土壤酶活性也具有显著的影响。在呼伦贝尔草原，刈割有降低 N-乙酰-β-D-葡萄糖苷酶（NAG）和 N-乙酰-β-D-葡萄糖苷酶与酸性磷酸单酯酶比值（NAG：Acid PME）的趋势（王志瑞等，2019）。刈割显著降低 NAG 的活性，可能是由于刈割引起的地上植被的碳输入减少，土壤中可供微生物固定的碳源减少，为了维持稳定的微生物生物量碳氮比，微生物对氮的需求会降低，从而导致 NAG 活性降低。这是微生物应对养分比例变化的一种策略。在刈割影响下，与氮相比，碳可能成为更加限制微生物生长的元素，微生物会通过改变酶的活性去获取其最受限制的元素，而抑制较为充足的养分获取酶。刈割在短期内对碳获取相关的β-葡萄糖苷酶（BG）没有影响，可能是由于刈割频率低，处理时间短。此外，BG 催化的化学反应为纤维素降解的后一步（Yang et al.，2017），有可能对处理的响应相对滞后。刈割降低呼伦贝尔羊草草甸草原碱性磷酸酶活性，蔗糖酶、脲酶在高强度刈割频率下活性较高，低频率下活性降低。土壤酶活性与地上植被指标的相关性更高，过氧化氢酶和碱性磷酸酶均与植被盖度、多样性指数、物种丰富度呈极显著正相关（谭红妍，2015）。在刈割第二年，土壤蛋白酶、转化酶、过氧化氢酶有增加趋势，但随着刈割年限增加而逐渐降低，并与土壤呼吸速率和微生物生物量呈显著正相关（郭明英等，2011），这与刈割带走大量土壤养分有关，低频刈割比高频刈割更能防止草甸草地退化。刈割和氮添加复合处理降低了酸性磷酸单酯酶（Acid PME）活性，可能与土壤中有效磷升高有关，有效磷的供应可满足微生物需求，微生物则不需要矿化有机质来获取磷，相应的酶活性也会降低。本研究中土壤酶对养分和底物变化的响应支持"资源分配假说"。此假说认为，微生物产酶需要巨大的能源投入，因此，当某一种可利用的养分较为充足时，就会抑制获取该养分的酶，刺激获取其他养分的酶的活性（Allison et al.，2011）。但也有研究发现，酶对养分和底物的响应并不完全符合这一假说。例如，Dong 等（2015）发现，土壤中有机碳和全氮的增加使土壤中 BG 和 NAG 活性明显提高，原因可能是该生态系统中酶的合成受到了碳氮有效性的限制，养分含量的上升缓解了这一限制，以极高的有机碳能够有效防止酶与黏土、腐殖质形成复合体。

土壤酶活性的变化还受土壤 pH、微生物群落组成和地上植被凋落物输入等多因素的影响（Xiao et al.，2018）。在呼伦贝尔草甸草原，土壤微生物生物量碳氮比和碳磷比、酶碳氮比和碳磷比均与土壤含水量呈显著负相关（王志瑞，2019），暗示在土壤含水量较低的情况下，与氮、磷相比，微生物对碳的固定量及需求量都更大，这可能与微生物更倾向于利用碳合成自身细胞结构以抵御干旱胁迫有关。含水量降低的状况下，微生物生物量碳氮比增加还可能与微生物群落的组成变化有关。一般来说，真菌比细菌更能抵抗干旱，能够在低水势的环境中生存（Harris，1981），且大部分真菌比细菌有更高的微生物生物量碳氮比和碳磷比（Killham，1994；Mouginot et al.，2014）。水分限制状况下，真菌在群落中的比例增加，可能是造成微生物生物量碳氮比增加的原因。Chen 等（2016b）在青藏高原草地样带的研究发现了类似的结果，在水分和养分状况较差的典型草地比肥沃的草甸草地有更高的微生物生物量碳氮比和碳磷比，该结果与典型草地真菌与细菌比更高有关。

7. 不同刈割制度对土壤呼吸的影响

刈割对土壤理化性质最主要的影响是降低土壤含水量。研究表明，刈割显著降低了呼伦贝尔草甸草原土壤含水量（王志瑞，2019），其原因可能为刈割能够降低植被盖度，增加土壤接受的太阳光辐射，加快土壤表层水分蒸发（Bremer et al.，1998）。在呼伦贝尔草原，刈割在短期内（5 年）对土壤养分库和速效养分及土壤 pH 效应不显著（王志瑞，2019）。

刈割能够降低土壤基础呼吸，但在干旱年份效应不显著（王志瑞，2019）。对呼伦贝尔草甸草原毗邻样地的研究也发现，随着刈割年限的增加土壤呼吸速率呈现降低趋势（郭明英等，2011）。刈割对土壤呼吸的抑制作用，可能与刈割导致的土壤水分限制有关。在干旱-半干旱草原，土壤呼吸与土壤水分呈显著正相关。刈割降低土壤基础呼吸还可能是由于刈割后植被生物量显著降低，植物凋落物减少，微生物可能受到碳、氮、磷、微量元素等多元素的限制，微生物活性下降。底物诱导呼吸是加入葡萄糖溶液后测得的呼吸值，表现的是微生物不受碳源限制后的呼吸潜力，其值在各年份均未受刈割影响，该结果支持以上推测。刈割主要通过以下几种机制影响土壤呼吸：刈割后，降低的植被盖度或叶面积，导致土壤接受的太阳光辐射量增加，土壤温度增加，进而加快土壤呼吸速率。植被盖度的降低将减少植物蒸腾作用，有利于深层土水分的保持，而浅层土在更多的太阳辐射量下，蒸发作用可能占主导，因此土壤湿度可能下降（Bremer et al.，1998），土壤水分的下降将在一定程度上抑制微生物呼吸。土壤呼吸所需的碳源供应依赖于植物的光合作用、根际分泌物的分泌与转化及植物凋落物等（Bremer et al.，1998）。不同程度的刈割移除了地上部分或全部的生物量，使得植物光合作用同化的产物分配给根的量减少。根分泌物的减少对微生物活力和有机质的矿化有负面影响，可能降低土壤呼吸。Wang 等（2015）研究了刈割对草原微生物呼吸的影响，结果表明，微生物呼吸熵（qCO_2 值）的降低可能与根际分泌物的减少及根凋落物质量的降低有关。刈割对土壤呼吸的影响复杂，其结果受到以上途径的共同影响，但可能因植被类型和土壤质地状况而异。

综上所述，在呼伦贝尔草甸草原，刈割虽然对土壤养分库并未产生显著影响，但显著降低了土壤微生物生物量和土壤呼吸，降低了氮、磷获取酶的活性。这与刈割后导致的水分限制及碳限制有关，研究表明，在该草甸草原，刈割可能导致土壤氮、磷养分失衡，从而加剧草原功能退化。需要制定合适的刈割或放牧制度来更加合理地利用草地资源，如轮牧、围封、降低刈割频率或刈割留茬等，以期在保护生态环境和发展经济之间寻求平衡点。

8. 土地利用方式改变导致的草甸草原退化

与天然草原相比，内蒙古草甸草原开垦为农田 30 年后，土壤有机碳含量和土壤微生物生物量碳含量均没有显著下降，但开垦导致土壤易分解碳下降了 24%，因此土壤易分解碳较土壤碳库的其他组分对开垦更敏感，是表征土壤管理措施引起有机质变化的一个重要指标。开垦后，土壤-植物系统氧化大气甲烷的能力明显提高，农田和天然草原 CH_4 平均吸收通量分别是 48.9μgC/(m²·h)和 29.0μgC/(m²·h)。开垦使 N_2O 的平均释放通量增加了 47%，农田和天然草原 N_2O 平均吸收通量分别是 56.6μgN/(m²·h)和 38.6μgN/(m²·h)，同时也增大了通量的变异幅度。开垦后的农田土壤在模拟添加厩肥后，刺激了土壤微生物的呼吸代谢，使 CO_2 的释放量增加了 5~7 倍。试验期间总体排放的 CO_2 中，约 60% 来源于羊粪，40% 来源于土壤；已退化草原具有更大的净碳损失（马秀枝，2006）。

李亚娟等（2016）以三江源区高寒草甸草原为研究对象，发现退化草地和人工草地的生物量明显降低，尤其是地下生物量，退化高寒草甸草原、退化高寒草原和人工草地的地下生物量分别为高寒草甸草原的 31.9%、54.8% 和 13.9%，总生物量分别仅为高寒草甸草原的 32.8%、49.4% 和 29.5%。

在三江源高寒草甸草原，人工草地的表层土壤容重显著降低，退化草地土壤容重没有明显变化。退化草地表层土壤碳、氮的严重损失与没有退化的草地相比，平均分别损失了 53.0% 和 52.4%，但全磷和有效磷含量无明显变化（李亚娟等，2016）。退化草甸草原和人工草地表层土壤（0～10cm）的铵态氮和硝态氮含量明显降低，但下层土壤（10～20cm 和 20～40cm）的硝态氮含量明显升高，表明草甸草地退化和人工种植均导致土壤硝态氮沿土壤剖面淋溶下移（李亚娟等，2017）。在祁连山南坡，与高寒草甸相比，退化草地土壤粗化、持水能力下降、土壤碱化、有机质含量下降（李银霞，2018）。

（三）放牧和刈割对羊草草甸草原的影响机制

本研究在呼伦贝尔羊草草甸草原展开，通过放牧和刈割的控制实验，研究了退化草地恢复过程中土壤理化性质、植物群落特征和土壤微生物的变化规律，以及土壤和植被相关性，主要研究结果与结论如下。

放牧使植物群落特征发生了明显的变化，当放牧强度大于 0.34 牛单位/hm^2 时，群落数量特征中退化指示植物生物量显著增加，其他指标均呈下降趋势；群落 α 多样性指数的变化符合中度干扰假说，放牧强度为 0.34～0.46 牛单位/hm^2 时，群落 α 多样性指数最高。随着放牧强度的增加，群落结构发生变化，禾本科植物及其优势植物在群落中的地位逐渐降低，当放牧强度大于 0.23 牛单位/hm^2 时，优势植物的重要值显著降低，莎草科与退化指示植物重要值显著增加。不同放牧强度下牧草营养品质不同，放牧显著降低了植物粗脂肪、中性洗涤纤维和粗纤维含量，植物粗蛋白、粗灰分、全磷、钙和无氮浸出物随着放牧强度的增加呈现出不同程度的增加。群落 α 多样性指数之间呈极显著正相关；与植物功能群豆科植物和杂类草的重要值呈显著正相关、与禾本科植物重要值呈负相关；禾本科和毛茛科植物重要值与植物酸性洗涤纤维和钙呈负相关、与中性洗涤纤维呈正相关，莎草科植物重要值与之相反。随着放牧强度的增加，土壤碳含量与植物叶片、群落大小有显著正相关关系，表明其碳含量主要来源是土壤；土壤全氮含量降低，但植物为抵抗胁迫所吸收的氮含量却上升；过度放牧降低草地的植被盖度，土壤温度升高，土体内有机磷的净矿化作用、土壤磷素的微生物和非生物固定作用共同导致土壤全磷含量对放牧的反应不敏感；植被、土壤理化因子和土壤微生物不是单一变化的，它们之间形成了一个反馈机制，相互影响。

随着刈割频次的增加，原有群落优势种重要值降低，退化指示物种重要值增加，长期高频次的刈割会导致草地退化；同样，对草地长期不利用也会使草地发生逆行演替。两年一割（G2）和漏割带 10m（G3）的连年刈割均可以缓解群落中禾本科等优势植物比例的下降，促进毛茛科植物比例的增加；经过 5 年的不同刈割处理，G3 的刈割处理群落物种多样性有所提高，即对草原进行适度刈割干扰有利于草原的可持续发展。群落物种多样性指数与植物功能群禾本科重要值存在极显著负相关关系，与毛茛科和菊科重要值呈显著正相关。不同刈割制度下羊草草甸草原土壤有机碳含量、土壤速效磷、全钾和速效钾含量无显著差异；G3 与漏割带 5m（G4）处理下的土壤全氮含量显著高于 G2；土壤中的磷元素多以迟效性状态存在，在 G2、G3、G4、CK 之间无显著差异，G3 处理的土壤全磷含量显著高于一年一割（G1）处理。

第三节　北方草甸草原放牧场退化定量评估研究

对于草地退化定量评估而言，我国 2003 年发布的《天然草地退化、沙化、盐渍化的分级指标》（GB 19377—2003），规定了天然草地退化、沙化、盐渍化的分级和指标，提出必须监测项目和辅助监测项目及评定退化的方法。Xu 等（2019）依据半干旱牧区天然打草场合理利用和清查研究，采用 5 级级差法及指标阈值范围，构建了我国北方半干旱天然打草场退化分级的评估指标体系。然而，放牧场草地定量评估指标体系的建立一直是草地科学面临的难题。本研究基于内蒙古草甸草原放牧系统，利用定量评估指标体系建立的原则和方法，从评估指标筛选、指标赋权、基准指标参数选择、综合指标计算模型建立和综合指标分级等方面，研究和探讨了草甸草原放牧场退化指标体系和评估方法，以期在草原利用和管理中为科学评判草甸草原放牧场退化程度提供技术手段。

一、草甸草原放牧场退化评估指标的筛选方法

（一）基础资料收集

本研究广泛收集并调研国内外相关标准、规范、技术文献等资料。针对草业生产中放牧场退化评价需求，收集了国内外天然草地健康评价（单贵莲等，2008；任继周，1996）及天然草地退化、沙化、盐渍化的指标分级与放牧草场退化评价，以及相关草地管理措施等文献资料；收集了国家和各地区有关草地调查、监测的技术手册和相关试验数据及统计数据，包括 20 世纪 80 年代内蒙古第一次统一草地调查数据集和内蒙古草地资源著书、2000 年以来草原生态建设工程及生产力监测数据及监测报告，以及中国农业科学院农业资源与农业区划研究所开展的草甸草原放牧控制实验及国家重点研发计划项目"北方草甸草原退化草地治理技术与示范"等研究成果；收集查阅了林业资源评价、土地荒漠化评价（刘玉平，1998；吴波等，2005；党普兴等，2008）等不同行业相关文献资料。这些资料为草甸草原放牧场退化评估指标体系的研究提供了数据来源和可借鉴的经验。

（二）指标初选

指标初选是对基础指标筛选范围的确立。初选指标重在指标体系的全面性，允许重复，为进一步指标优化提供选择的可能性。草地放牧场退化可理解为天然草地由于放牧干扰而引起的植物群落稀疏低矮、地上生物量减少、物种组成下降和土壤状况变差及生境恶化的现象。按定量评估指标体系建立的思路和原则，在查阅分析大量文献和试验研究资料的基础上，参考草地监测与管理实践中经常应用的指标，首先选择那些使用频次较高的指标作为基础指标。在众多指标的分析和归纳过程中，发现使用频次较高的指标主要集中于草地植被、土壤性质及其生态环境。草甸草原放牧场退化的本质是草地生态系统的生物量和生产力及其复杂性的下降，它包含了草地植被的长期减少和土壤性状的

衰退。然而草地及放牧场退化过程中，植被因素反应最为敏感和直接，同时一定程度上影响土壤性状。当放牧场植被和土壤发生退化演变时，必然影响草地的生境及生态环境。因此，植被、土壤及其生态环境三大类可作为指标体系的准则层，符合草地放牧场退化特征的内涵。

在大量文献资料中，收集符合要求的指标，并按植被、土壤、生态环境进行归类和指标筛选。初选指标范围包括平均高度、地上生物量、盖度、中型禾草（一般为优良牧草）所占比例、枯落物量、退化指示植物比例、裸斑及盐碱斑比例、可食草种占总量比例、可食草种增加率、不可食草种占总量比例、有害草种占总量比例、土壤侵蚀模数增加比例、鼠洞面积占草地面积比例、土层土壤容重、土层全氮含量减少比例、土壤含盐量增加比例、有机质含量减少比例、禾草类所占比例、沙化指示植物增加比例、盐渍化指示植物增加比例、土壤有机碳含量、植物种数，共 22 项指标。

（三）指标优化

采用层次分析法对 22 个初选指标进一步筛选和优化。层次分析法（analytic hierarchy process，AHP）是美国运筹学家 Sampson（1919）提出的一种将定性与定量相结合的多准则分析测评方法，被广泛应用于各领域评估中。通过建立层次分析的结构，排列组合得到优劣的次序是 AHP 的基本原理。在指标选择中，首先把指标对象分层系列化，其次创建判断矩阵，主要依据常用的 1～9 标度法来进行判别。对创建的判断矩阵做层次单排序和一次性检验。层次单排序是为了确定基础指标对整体指标体系的影响程度。因此，由 12 名专家根据经验对初选指标进行判断打分，专家打分法是一种最适用、最简单且易于应用的指标选择方法。然后，将打分结果进行汇总，将各指标进行两两比较判断，创建矩阵（表 3-8），计算出最大特征根及相对应的特征向量，根据最终权重大小选取该标准具有代表性的相关指标。量化指标重要性比较的范围在 1～9，表示从同等重要到极端重要。重要数值的倒数表明相对不重要的程度，即 1/9 表示最不重要。同时要保持判断的一致性和连续性。

（四）指标权重计算与排序

最大特征值及其特征向量是反映专家调查法指标判断矩阵的指标权重的大小顺序。最大特征向量的计算是将判断矩阵的每一列元素进行归一化处理，其元素一般项的公式为

$$b_{ij} = \frac{b_{ij}}{\sum_1^n b_{ij}} \quad (i, j=1, 2, \cdots, n)$$

将每一列经归一化处理后的判断矩阵按行相加：

$$W_i = \sum_1^n b_{ij} \quad (i, j=1, 2, \cdots, n)$$

对向量 $W=(W_1, W_2, \cdots, W_n)_t$

$$W_i = \frac{W_i}{\sum_1^n W_i} \quad (i, j=1, 2, \cdots, n)$$

表 3-8　专家调查法筛选指标判断矩阵

指标	平均高度	地上生物量	盖度	中型禾草所占比例	枯落物量	退化指示植物比例	裸斑、盐碱斑比例	可食草种占总量比例	可食草种增加率	不可食草种占总量比例	有害草种占总量比例	土壤侵蚀模数增加比例	鼠洞面积占草地面积比例	土层土壤容重	土层全氮含量减少比例	土壤含盐量增加比例	有机质含量减少比例	禾草类所占比例	沙化指示植物增加比例	盐渍化指示植物增加比例	土壤有机碳含量	植物种数
平均高度	1	1	1	2	4	1	2	2	3	2	2	3	5	2	4	9	2	4	4	4	2	2
地上生物量	1	1	1	2	5	1	2	2	4	3	3	3	5	2	4	9	2	5	4	4	2	2
盖度	1/2	1	1	2	4	1	2	2	3	2	3	3	5	2	4	9	2	5	4	4	2	2
中型禾草所占比例	1/4	1/2	1/2	1	2	1/2	1	1	2	1	2	2	3	1	2	6	1	3	2	2	1	1
枯落物量	1	1/5	1/4	1/2	1	1/4	1/2	1/2	1	1/2	1	1	1	1/3	1	3	1/2	1	1	1	1/3	1/3
退化指示植物比例	1/2	1	1	2	4	1	2	1	3	2	2	3	4	1	3	9	2	4	3	2	1	1
裸斑、盐碱斑比例	1/2	1/2	1/2	1	2	1/2	1	1	2	1	2	2	2	1	2	6	1	2	2	2	1	1
可食草种占总量比例	1/3	1/2	1/2	1	2	1	1	1	2	2	2	2	3	1	2	7	1	3	2	3	1	1
可食草种增加率	1/2	1/4	1/3	1/2	1	1/3	1/2	1/2	1	1	1	1	2	1/2	1	4	1/2	2	1	2	1/2	1/2
不可食草种占总量比例	1/2	1/3	1/2	1	2	1/2	1	1	2	1	2	2	2	1	2	5	1	2	2	2	1	1/2
有害草种占总量比例	1/3	1/3	1/2	1	2	1/2	1	1	2	1	1	1	2	1	2	4	1	2	2	2	1/2	1/2
土壤侵蚀模数增加比例	1/5	1/5	1/3	1	1	1/3	1	1	1	1	1	1	2	1	1	4	1	2	1	2	1/2	1/2
鼠洞面积占草地面积比例	1/2	1/2	1/5	1/3	1	1/4	1/2	1/2	1	1/2	1/2	1/2	1	1/3	1	2	1/2	3	1	1	1/3	1/3
土层土壤容重	1/4	1/4	1/2	1	3	1	1	1	2	2	2	2	3	1	2	7	1	1	2	3	1	1
土层全氮含量减少比例	1/9	1/4	1/3	1/2	1	1/3	1/2	1/2	1	1	1	1	1	1/2	1	3	1/2	3	1	1	1/2	1/3
土壤含盐量增加比例	1/2	1/9	1/9	1/6	1/3	1/9	1/6	1/7	1/4	1/5	1/4	1/4	1/2	1/7	1/3	1	1/5	1/2	1/3	1/3	1/7	1/8
有机质含量减少比例	1/5	1/5	1/2	1	2	1/2	1	1	2	1	1	1	2	1	2	5	1	2	2	2	1	1
禾草类所占比例	1/4	1/4	1/3	1/2	1	1/4	1/2	1/3	1	1/3	1/2	1/2	1	1/2	1	2	1/2	1	1	1	1/3	1/3
沙化指示植物增加比例	1/4	1/4	1/4	1/2	1	1/3	1/2	1/2	1	1/2	1/2	1	1	1/2	1	3	1/2	1	1	1	1/3	1/3
盐渍化指示植物增加比例	1/4	1/4	1/4	1/2	1	1/2	1/2	1/2	1	1/2	1/2	1	1	1/3	1	3	1/2	1	1	1	1/3	1/3
土壤有机碳含量	1/2	1/2	1/2	1	3	1	1	1	2	1	2	2	3	1	2	7	1	3	3	3	1	1
植物种数	1/2	1/2	1/2	1	3	1	1	1	2	1	2	2	3	1	3	8	1	3	3	3	1	1

所求的特征向量的近似解为 $W=(W_1, W_2, \cdots, W_n)_t$。

通过最大特征向量的计算，得出指标的权重大小排序见表 3-9。

表 3-9　指标的权重大小排序

指标	权重
地上生物量	0.093
盖度	0.089
平均高度	0.087
退化指示植物比例	0.071
植物种数	0.056
枯落物量	0.055
土壤有机碳含量	0.053
可食草种占总量比例	0.052
土壤容重	0.052
中型禾草所占比例	0.048
裸斑、盐碱斑比例	0.045
有机质含量减少比例	0.041
不可食草种占总量比例	0.038
有害草种占总量比例	0.033
可食草种增加率	0.029
土壤侵蚀模数增加比例	0.028
全氮减少比例	0.022
沙化指示植物增加比例	0.022
盐渍化指示植物增加比例	0.020
鼠洞面积占草地面积比例	0.019
禾草类所占比例	0.018
土壤含盐量增加比例	0.008

（五）指标判断矩阵一致性检验

由于专家打分法确定权重具有一定的主观性，为了衡量 AHP 方法得出的结果是否合理，需要对判别矩阵进行一致性检验，来对判断矩阵的合理性进行整体判别。判断矩阵一致性检验的值应小于 0.1（陈结平，2019），判断矩阵一致性检验的步骤主要包括以下两个过程：

1）判断矩阵最大特征根的计算：

$$\lambda_{\max} = \sum_1^n \frac{(BW)_i}{nW_i}$$

式中，B 为前面的比较矩阵；W 为前面已经求出的特征根。

2）判断矩阵一致性指标（consistency index，C.I.）计算：

$$C.I. = \frac{\lambda_{\max} - n}{n-1}$$

得出 $C.I.$=0.03，指标的一致性通过，由此可见，表 3-9 指标权重排序大小具有合理性。

二、草甸草原放牧场退化评估指标的结构与赋权

（一）评价指标的结构

依据表 3-9 中的指标权重大小排序，将指标权重≥0.052 的 9 个指标作为备选指标，对 9 个指标再进行筛选优化，依据指标尽可能不重叠的原则，结合生态学和草地学及实际应用的经验，最终筛选出具有代表性和主导性的 8 个指标，其中植被指标 4 个、土壤指标 2 个、生态指标 2 个。图 3-25 为草甸草原放牧场退化指标体系的结构组成，包括目标层、准则层和指标层。

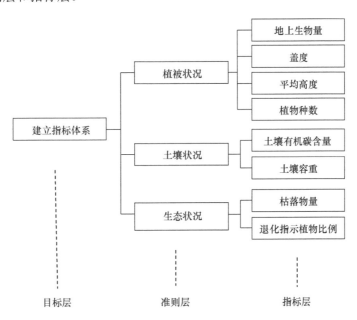

图 3-25 草甸草原放牧场退化指标体系的结构

植被状况：包括地上生物量、盖度、平均高度、植物种数。地上生物量指单位面积多年生植物地上部分的干重；盖度指植物地上部分垂直投影面积占地表面积的比例；平均高度指草群的平均自然高度；植物种数指单位面积多年生植物的数量。放牧场退化的重要标志，首先是从地上生物量、盖度、平均高度、植物种数的减少和损失开始，它们是植物群落生态学研究的常用指标，被广泛应用于草地植被退化的监测和研究。

土壤状况：土壤有机碳是指通过土壤中微生物的作用所形成的腐殖质、动植物残体和微生物体的合称，其中的碳元素含量就是土壤有机碳，是反映草地健康与土壤品质的重要指标之一，且对草地群落的生产力和土壤肥力产生直接影响（阿穆拉等，2011；王

东波和陈丽，2015）。许多研究表明，土壤碳储量与利用方式和管理策略具有显著的关系。放牧减少了碳素向土壤输入而减少了土壤有机碳含量，通过植物生产、土壤微环境等途径对土壤碳库造成影响，过度放牧一般减少土壤有机碳含量而引起草地退化。土壤容重是指单位容积土壤的质量，是反映土壤坚实度的指标。土壤容重大小在一定程度上可以预警草地退化状况，可以作为草地放牧退化的土壤因子的重要指标。有关研究表明，土壤容重与土壤孔隙度、渗透率密切相关，并可以反映土壤熟化程度和结构。一般而言，随放牧强度的增大，土壤容重增加，土壤的保水和持水能力下降。

生态状况：退化指示植物指具有指示天然草地质量下降的植物。草甸草原放牧场退化的常见指示植物一般包括冷蒿（*Artemisia frigida*）、糙隐子草（*Cleistogenes squarrosa*）、星毛委陵菜（*Potentilla acaulis*）、二裂委陵菜（*Potentilla bifurca*）、寸草薹（*Carex duriuscula*）、狼毒（*Stellera chamaejasme*）等。退化指示植物比例是一个关键的预警指标，表明草甸草原放牧地处于退化状况，需要同时控制放牧强度和改变管理措施。枯落物量是单位面积地上立枯和地面凋落物的总量。通过枯枝落叶和陈旧腐烂枯落物在地面的覆盖程度，可以判断该生境的水分保持功能。枯落物量高分值意味着水分得到保持，生境条件有利于水分渗入土壤；枯落物量低分值意味着水分保持能力较差，生境土壤侵蚀加剧。

（二）指标的赋权

在草甸草原放牧退化综合评价中，各指标权重值的高低直接影响综合评价指数值大小及评价结果，科学地确定各评价指标权重在综合评价中是非常重要。权重相互独立地反映各指标在不同方面的重要性，权重赋值主要考虑各指标对放牧响应的程度。在草甸草原放牧场退化状况评价中，各指标相对重要性主要从几个方面来考察：一是各指标对放牧响应的敏感性；二是指标独立性的大小；三是指标测定值获取的主观性大小；四是指标参数的生态安全阈值。

各评价指标权重确定采用了专家调查、咨询的方法，充分收集专家的意见，使指标赋权更科学、客观、合理。本研究收集了 12 位对天然草地资源和草甸草原放牧场生态系统有深入了解的专家意见，让他们各自单独对已经确定的最终的 8 个指标赋权值，再把专家意见汇集在一起，最后将每个指标权重的平均值进行计算。专家对各评价指标赋权统计分析及汇总见表 3-10。

表 3-10　专家对各评价指标赋权的分析及汇总

因子	1	2	3	4	5	6	7	8	9	10	11	12	权重平均
地上生物量（kg/hm²）	0.2	0.2	0.15	0.15	0.25	0.2	0.2	0.25	0.2	0.2	0.2	0.25	0.20
盖度（%）	0.15	0.1	0.2	0.1	0.1	0.1	0.2	0.15	0.25	0.15	0.2	0.1	0.15
平均高度（cm）	0.1	0.15	0.1	0.2	0.1	0.2	0.1	0.05	0.15	0.1	0.2	0.2	0.15
植物种数（种/m²）	0.15	0.1	0.1	0.1	0.15	0.1	0.1	0.1	0.1	0.05	0.1	0.1	0.10
枯落物量（kg/hm²）	0.05	0.1	0.1	0.05	0.1	0.05	0.1	0.15	0.1	0.1	0.1	0.15	0.10
退化指示植物比例（%）	0.15	0.1	0.15	0.1	0.1	0.15	0.1	0.1	0.1	0.1	0.1	0.05	0.11
土壤有机碳含量（g/kg）	0.1	0.15	0.1	0.15	0.1	0.1	0.1	0.05	0.05	0.1	0.1	0.05	0.10
土壤容重（g/cm³）	0.1	0.1	0.1	0.15	0.1	0.1	0.1	0.15	0.05	0.2	0.1	0.1	0.10

三、草甸草原放牧场退化评估的基准指标参数

基准指标是判断是否退化的可参照指标。理论上基准指标参数应以同类草地的顶极作为基准参数标准。Sampson（1919）将顶极与植物演替理论引入草地研究中，把生态演替的阶段类型与不同类型植被草地的放牧价值联系起来。Tansley（1935）认为，放牧会使草地生态系统出现一个亚顶极，也就是在演替过程中，放牧干扰导致草地植被群落停留在演替过程中的一个阶段，若之后将放牧干扰移除，演替还可以在这个阶段继续按照原来的演替方向进行。Dysterhuis（1949）则认为一种草地类型只会包含一个稳态，可以通过对由于不合理的、过度的放牧导致逆行演替的草地进行适当管理（包括减轻或禁止放牧等）来使草地得到恢复，另外草地的退化和恢复是途径相同、放牧相反的过程。这是近几年研究关于放牧草地工作的理论基础（Anderson，1984；孙海群等，1999）。然而，在草地监测工作中，目前草地顶极难以寻求，因此，基准指标采用历史调查或研究资料，选取草地未退化或接近原生状况出现过的指标最大值，作为评估基准指标的参考最大值。指标参考最大值作为退化评价和监测的基准参数，为不同退化程度的草地提供了比较的基础。因此，基准指标参考最大值的数据来源，采用内蒙古 20 世纪 60 年代和 80 年代草地研究和调查资料、自然保护区及科学研究试验区资料等。草甸草原放牧退化定量评估指标参考最大值见表 3-11。

表 3-11　草甸草原放牧退化定量评估指标参考最大值

指标	评估指标参考最大值（Ax_n）
地上现存量（kg/hm^2）	3400
盖度（%）	87
平均高度（cm）	75
植物种数（种/m^2）	50
枯落物量（kg/hm^2）	2600
退化指示植物比例（%）	90
土壤有机碳含量（g/kg）	45
土壤容重（g/cm^3）	1.35

四、草甸草原放牧场退化程度分级

（一）评估综合指数模型

1. 指标归一化处理

为了消除不同指标间量纲的差异，需要对指标值作标准化处理，将不同量纲的指标适当地变换为无量纲的标准化指标。

指标归一化处理：归一化后的指标=归一化前的指标×归一化系数。其中，归一化系

数=100/Ax$_n$，n=1,2,…,8。Ax$_n$为被计算指标归一化处理前的各指标参考最大值。各指标的 Ax$_n$见表 3-11。

2. 综合指数模型

依据统计学加权方法进行指数综合，加法合成一般适用于各评价指标之间相对独立的场合。草甸草原放牧退化定量评估的综合指数按下式计算：

$$EI=0.2X_1(100/Ax_1)+0.15X_2(100/Ax_2)+0.15X_3(100/Ax_3)+$$
$$0.1X_4(100/Ax_4)+0.1X_5(100/Ax_5)+0.1[100-X_6(100/Ax_6)]+$$
$$0.1X_7(100/Ax_7)+0.1[100-X_8(100/Ax_8)]$$

式中，EI 为综合指数；X_1为地上现存量测定值；X_2为盖度测定值；X_3为平均高度测定值；X_4为多年生物种数；X_5为枯落物量测定值；X_6为退化指示植物比例；X_7为土壤有机碳含量测定值；X_8为土壤容重测定值；Ax$_n$为各指标参考最大值（表 3-11）。

（二）退化程度分级

草甸草原退化程度分级主要是通过国家重点研发计划"北方草甸退化草地治理技术与示范"项目的相关研究成果进行总结归纳，参考相关资料，综合分析草甸草原退化的植被和土壤的特征，确定草甸草原退化程度的技术指标及技术方法。评价指标和标准力求简洁、准确、可操作性强。评价的技术和方法既要有前瞻性，也要考虑目前草原监测和管理的技术水平。最终将草甸草原的退化程度划分成四级，分别为未退化、轻度退化、中度退化、重度退化。草甸草原放牧退化程度分级见表 3-12。

表 3-12 草甸草原放牧退化程度分级

退化程度分级	综合指标（EI）
未退化	EI≥65
轻度退化	50≤EI<65
中度退化	35≤EI<50
重度退化	EI<35

（三）评估指标体系的验证

本研究在内蒙古呼伦贝尔草原生态系统国家野外科学观测研究站进行放牧控制实验，试验设计不放牧（0）为未退化；轻度放牧（23%～34%）为轻度退化；中度放牧（46%）为中度退化；重度放牧（69%～92%）为重度退化。草地退化程度随着放牧强度的增加而增加已被许多人研究证明。利用 2013～2018 年草甸草原不同放牧强度野外调查的 67个样地 141 个样方资料，对指标参数及评估方法进行精度检验，结果显示正确率在91.17%。试验放牧强度与综合指数相关性见图 3-26。当放牧等于零或在很轻的放牧状态时，综合指标为 EI≥50，属于未退化或轻度退化草地范围。当在 90%以上的放牧状态时，综合指标 EI<35，属于重度退化草地范围。

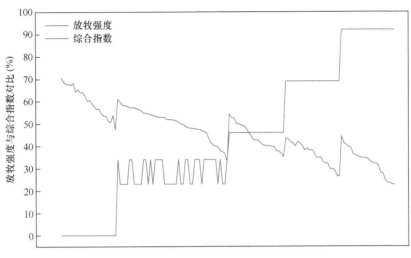

图 3-26　试验放牧强度与综合指数相关性

第四节　结　语

　　长期以来的过度利用使得北方草甸和草甸草原处于不同程度的退化状态，植物群落处于不同的演替阶段，具有不同的物种组成和多样性。刈割和重度放牧是引起草原养分损失和草原退化的主要原因。长期高频次刈割会导致草原退化，同样对草原长期不利用也会致使草原发生逆行演替；适度的刈割可以缓解群落中禾本科等优势植物比例的下降，促进其他植物比例及群落多样性增加，即对草原进行适度刈割干扰有利于草原的可持续发展。不同放牧强度也会使植物群落特征及营养品质发生不同程度的变化，适度放牧有利于提高群落物种多样性，保持草地植物群落稳定，促进草地生态系统可持续发展。依据内蒙古草甸草原放牧场评价指标体系构建的原则，采用权重法确定了内蒙古草甸草原放牧场评价指标体系。该体系共包括地上生物量、盖度等 8 个指标，评估采用综合指数定量法，按照未退化、轻度退化、中度退化、重度退化 4 个等级划分了内蒙古草甸草原退化级别。经检验，此方法评估正确率达到 91.17%。本研究虽然是从理论和实践层面上展开的，但由于收集的历史调查和科学试验数据可能存在一定的局限性，需要在长期的探讨和实践研究中，对基准参考值做进一步的完善和更新。内蒙古草甸草原放牧场生态系统结构复杂，不同群落特征及其生态条件各异。因此，在今后的研究和应用中，内蒙古草甸草原放牧场退化评估指标体系需要长期的实践验证，从而更加完善和成熟。

参 考 文 献

阿穆拉, 赵萌莉, 韩国栋, 等. 2011. 放牧强度对荒漠草原地区土壤有机碳及全氮含量的影响. 中国草
　　地学报, 33(3): 115-118.

白洁冰, 徐兴良, 宋明华, 等. 2011. 温度和氮素输入对青藏高原三种高寒草地土壤碳矿化的影响. 生
　　态环境学报, 20(5): 855-859.

包国章, 李向林, 白静仁. 2001. 放牧及刈割强度对鸭茅密度及能量积累的影响. 应用生态学报, 12(6):

955-957.

柴林荣, 孙义, 王宏, 等. 2018. 牦牛放牧强度对甘南高寒草甸群落特征与牧草品质的影响. 草业科学, 35(1): 18-26.

车宗玺, 张学龙, 敬文茂, 等. 2006. 气候变暖对祁连山草甸草原土壤氮素矿化作用的影响. 甘肃林业科技, 31(1): 1-3, 11.

陈结平. 2019. 基于水质净化及环境景观的焦岗湖水生植物优化配置研究. 安徽理工大学硕士学位论文.

陈美玲. 2013. 模拟增氮和增雨对贝加尔针茅草甸草原的植被、土壤以及土壤真菌群落的影响. 东北师范大学硕士学位论文.

陈佐忠. 1994. 略论草地生态学研究面临的几个热点. 茶叶科学, 11(1): 42-49.

党普兴, 侯晓巍, 惠刚盈, 等. 2008. 区域森林资源质量综合评价指标体系和评价方法. 林业科学研究, 21(1): 84-90.

丁海君, 韩国栋, 王忠武, 等. 2016. 短花针茅荒漠草原不同载畜率对土壤的影响. 中国生态农业学报, 24(4): 524-531.

董全民, 蒋卫平, 赵新全, 等. 2007. 放牧强度对高寒混播人工草地土壤氮、磷、钾含量的影响. 青海畜牧兽医杂志, 37(5): 4-6.

高亚敏. 2018. 气候变化对通辽草甸草原草本植物物候期的影响. 草业科学, 35(2): 423-433.

高英志, 韩兴国, 汪诗平. 2004. 放牧对草原土壤的影响. 生态学报, 24(4): 790-797.

高宗宝, 王洪义, 吕晓涛, 等. 2017. 氮磷添加对呼伦贝尔草甸草原 4 种优势植物根系和叶片 C：N：P 化学计量特征的影响. 生态学杂志, 36(1): 80-88.

郭明英, 卫智军, 徐丽君, 等. 2011. 不同刈割年限天然草地土壤呼吸特性研究. 草地学报, 19(1): 51-57.

韩大勇, 杨永兴, 杨允菲, 等. 2012. 松嫩平原破碎化羊草草甸退化演替系列植物多样性的空间格局. 应用生态学报, 23(3): 666-672.

郝广, 闫勇智, 李阳, 等. 2018. 不同刈割频次对呼伦贝尔羊草草原土壤碳氮变化的影响. 应用与环境生物学报, 24(2): 195-199.

何京丽, 珊丹, 梁占岐, 等. 2009. 气候变化对内蒙古草甸草原植物群落特征的影响. 水土保持研究, 16(5): 131-134.

黄锐, 彭化伟. 2008. 松嫩平原草地退化趋势及原因. 黑龙江水利科技, 36(4): 82.

黄振艳, 王立柱, 乌仁其其格, 等. 2013. 放牧和刈割对呼伦贝尔草甸草原物种多样性的影响. 草业科学, 30(4): 602-605.

李博. 1997. 中国北方草地退化及其防治对策. 中国农业学报, 6(30): 1-9.

李世英, 萧运峰. 1965. 内蒙[①]呼盟莫达木吉地区羊草草原放牧演替阶段的初步划分. 植物生态学报, 3(2): 200-217.

李铁凡. 2015. 增氮增雨对贝加尔针茅草甸草原土壤氮矿化及土壤理化性质的影响. 东北师范大学硕士学位论文.

李亚娟, 曹广民, 龙瑞军, 等. 2016. 三江源区土地利用方式对草地植物生物量及土壤特性的影响. 草地学报, 24(3): 524-529.

李亚娟, 王亚亚, 曹广民, 等. 2017. 三江源区土地利用方式对土壤氮素特征的影响. 干旱地区农业研究, 35(3): 272-277.

李阳, 徐小惠, 孙伟, 等. 2019. 不同形态和水平的氮添加对内蒙古草甸草原土壤净氮矿化潜力的影响. 植物生态学报, 43(2): 174-184.

李银霞. 2018. 祁连山南坡不同土地利用方式下的土壤理化特征研究. 青海师范大学硕士学位论文.

李永宏. 1988. 内蒙古锡林河流域羊草草原和大针茅草原在放牧影响下的分异和趋同. 植物生态学与地

---

① 应为内蒙古

植物学学报, 12(3): 189-196.

林昕, 董强, 王平, 等. 2020. 氮、磷添加对青藏高原高寒草甸丛枝菌根真菌群落的影响. 华南农业大学学报, 41(2): 95-103.

柳剑丽. 2013. 刈割与放牧对锡林郭勒典型草原植被和土壤影响的研究. 中国农业科学院博士学位论文.

刘文亭, 卫智军, 吕世杰, 等. 2017. 放牧对短花针茅荒漠草原植物多样性的影响. 生态学报, 37(10): 3394-3402.

刘玉平. 1998. 荒漠化评价的理论框架. 干旱区资源与环境, 12(3): 75-83.

刘震, 刘金祥, 张世伟. 2008. 刈割对豆科牧草的影响. 草业科学, 25(8): 79-84.

吕世海, 刘及东, 郑志荣, 等. 2015. 降水波动对呼伦贝尔草甸草原初级生产力年际动态影响. 环境科学研究, 28(4): 550-558.

马秀枝. 2006. 开垦和放牧对内蒙古草原土壤碳库和温室气体通量的影响. 中国科学院植物研究所博士学位论文.

娜日苏, 梁庆伟, 杨秀芳, 等. 2018. 刈割对羊草草甸草原生物量及牧草品质的影响. 畜牧与饲料科学, 39(11): 38-43.

《内蒙古草地资源》编委会. 1990. 内蒙古草地资源. 呼和浩特: 内蒙古人民出版社.

宁发, 徐柱, 单贵莲. 2008. 不同方式对典型草原土壤理化性质的影响. 中国草地学报, 30(4): 46-50.

潘庆民, 薛建国, 陶金, 等. 2018. 中国北方草原退化现状与恢复技术. 科学通报, 63(17): 1642-1650.

任继周. 1996. 草地资源的属性、结构与健康评价//中国草原学会. 中国草地科学进展: 第四届第二次年会暨学术讨论会文集. 北京: 中国农业大学出版社.

任继周. 1998. 草业科学研究方法. 北京: 中国农业出版社.

任继周. 2012. 放牧草原生态系统存在的基本方式: 兼论放牧的转型. 自然资源学报, 27(8): 1259-1275.

单贵莲, 徐柱, 宁发. 2008. 草地生态系统健康评价的研究进展与发展趋势. 中国草地学报, 30(2): 98-103+115.

时光. 2019. 不同割草制度对大针茅草原群落动态及土壤理化特征的影响研究. 内蒙古大学硕士学位论文.

宋成刚. 2011. 温暖化效应对青海湖畔东北岸草甸草原群落特征及土壤碳氮含量的影响. 中国科学院西北高原生物研究所硕士学位论文.

宋娜. 2014. 贝加尔针茅草甸草原土壤放线菌群落结构和遗传多样性对增氮增雨的响应. 东北师范大学硕士学位论文.

宋智芳, 安沙舟, 孙宗玖. 2014. 放牧地伊犁绢蒿营养元素分配特点. 草业学报, 31(1): 132-138.

孙海群, 周禾, 王培. 1999. 草地退化演替研究进展. 中国草地, 1: 51-56.

孙盛楠. 2015. 草甸草原土壤微生物群落结构与多样性对增氮增雨的响应. 东北师范大学博士学位论文.

孙向阳. 2005. 土壤学. 北京: 中国林业出版社.

谭红妍. 2015. 放牧与刈割对草甸草原土壤微生物性状及植被特征的影响. 中国农业科学院硕士学位论文.

王东波, 陈丽. 2015. 土壤有机碳及其影响因素. 黑龙江科技信息, (27): 126.

王其兵, 李凌浩, 白永飞, 等. 2000. 气候变化对草甸草原土壤氮素矿化作用影响的实验研究. 植物生态学报, 24(6): 687-692.

王仁忠. 1996. 干扰对草地生态系统生物多样性的影响. 东北师大学报(自然科学版), (3): 112-116.

王天乐, 卫智军, 刘文亭, 等. 2017. 不同放牧强度下荒漠草原土壤养分和植被特征变化研究. 草地学报, 25(4): 711-716.

王炜琛. 2018. 不同放牧强度对呼伦贝尔草甸草原群落特征及水分利用效率的影响. 内蒙古大学硕士学

位论文.

王旭, 王德利, 刘颖 等. 2002. 不同放牧率下绵羊的采食量与食性选择研究. 东北师大学报(自然科学版), 34(1): 36-40.

王艳芬, 汪诗平. 1999. 不同放牧率对内蒙古典型草原牧草地上现存量和净初级生产力及品质的影响. 草业学报, 8(1): 15-20.

王玉琴, 王宏生, 宋梅玲, 等. 2020. 秋季刈割对高寒退化草地植被和土壤生态属性的影响. 中国草地学报, 42(3): 61-69.

王泽环, 宝音陶格涛, 包青海, 等. 2007. 割一年休一年割草制度下羊草群落植物多样性动态变化. 生态学杂志, 26(12): 2008-2012.

王志瑞. 2019. 氮添加和刈割对草甸草地土壤微生物学特性的影响. 中国科学院沈阳应用生态研究所硕士学位论文.

王志瑞, 杨山, 马锐骜, 等. 2019. 内蒙古草甸草原土壤理化性质和微生物学特性对刈割与氮添加的响应. 应用生态学报, 30(9): 3010-3018.

王忠武. 2009. 载畜率对短花针茅荒漠草原生态系统稳定性的影响. 内蒙古农业大学博士学位论文.

王忠武, 赵萌莉, Walter D W, 等. 2012. 载畜率对短花针茅荒漠草原土壤物理特性的影响. 内蒙古大学学报(自然版), 43(5): 487-497.

吴波, 苏志珠, 杨晓晖, 等. 2005. 荒漠化监测与评价指标体系框架. 林业科学研究, 18(4): 490-496.

吴雨晴. 2020. 不同利用方式对呼伦贝尔草原生态系统化学计量特征的影响. 北京林业大学硕士学位论文.

徐慧敏. 2017. 不同刈割制度对大针茅草原优势种功能性状及功能多样性的影响. 内蒙古大学博士学位论文.

杨绍欢. 2015. 氮添加对内蒙古东部草甸草原碳源汇特征的影响. 内蒙古大学硕士学位论文.

杨思维. 2017. 高寒草甸植物群落与土壤对短期放牧的响应研究. 甘肃农业大学博士学位论文.

杨阳, 贾丽欣, 乔荠瑢, 等. 2019. 重度放牧对荒漠草原土壤养分及微生物多样性的影响. 中国草地学报, 41(4): 72-79.

姚喜喜, 宫旭胤, 张利平, 等. 2018. 放牧和长期围封对祁连山高寒草甸优势牧草营养品质的影响. 草地学报, 26(6): 1354-1362.

殷国梅, 王明盈, 薛艳林, 等. 2013. 草甸草原区不同放牧方式对植被群落特征的影响. 中国草地学报, 35(2): 89-93.

闫瑞瑞, 张宇, 辛晓平, 等. 2020. 刈割干扰对羊草草甸草原植物功能群及多样性的影响. 中国农业科学, 53(13): 2573-2583.

虞道耿. 2012. 海南莎草科植物资源调查及饲用价值研究. 海南大学硕士学位论文.

于丰源, 秦洁, 靳宇曦, 等. 2018. 放牧强度对草甸草原植物群落特征的影响. 草原与草业, 30(2): 31-37.

鱼小军, 景媛媛, 段春华, 等. 2015. 围栏与不同放牧强度对东祁连山高寒草甸植被和土壤的影响. 干旱地区农业研究, 33(1): 252-277.

曾希柏, 刘更另. 2000. 刈割对植被组成及土壤有关性质的影响. 应用生态学报, 11(1): 58-61.

翟夏杰, 黄顶, 王堃. 2015. 围封与放牧对典型草原植被和土壤的影响. 中国草地学报, 37(6): 73-76.

张存厚, 王明玖, 张立, 等. 2013. 呼伦贝尔草甸草原地上净初级生产力对气候变化响应的模拟. 草业学报, 22(3): 41-50.

张国钧, 张荣, 周立. 2003. 植物功能多样性与功能群研究进展. 生态学报, 23(7): 1430-1435.

赵丹丹, 魏继平, 马红媛, 等. 2018. 不同退化阶段松嫩草地土壤对羊草种子萌发和幼苗生长的影响. 土壤与作物, 7(4): 423-431.

赵琼, 曾德慧. 2005. 陆地生态系统磷素循环及其影响因素. 植物生态学报, 29(1): 153-163.

沼田真, 张继慈. 1981. 测定排粪量的方法. 国外畜牧学(草食家畜), (3): 46.

郑晓翾. 2009. 呼伦贝尔地区草地生态系统生物量研究. 中国科学院生态环境研究中心博士学位论文.

仲延凯, 包青海. 1999. 不同刈割强度对天然割草地的影响. 中国草地, (5): 15-18.

周道玮, 李强, 宋彦涛, 等. 2011. 松嫩平原羊草地盐碱化过程. 应用生态学报, 22(6): 1423-1430.

周伟健. 2013. 丛枝菌根真菌与施肥对东北草甸草原的植物生产力和物种多样性的影响. 东北师范大学硕士学位论文.

朱立博, 郑勇, 曾昭海, 等. 2008. 呼伦贝尔典型草原不同植被类型植被与土壤特征研究. 中国草地学报, 30(3): 32-36.

祝廷成, 杜文君, 杨允菲 等. 2004. 科学发展观与草地生态建设//中国生态学会. 生态学与全面·协调·可持续发展: 中国生态学会第七届全国会员代表大会论文摘要荟萃. 北京: 中国生态学学会.

Aber J D, Nadelhoffer K J, Steudler P, et al. 1989. Nitrogen saturation in northern forest ecosystems. BioScience, 39(6): 378-386.

Aerts, R, Chapin III F S. 1999. The mineral nutrition of wild plants revisited: A re-evaluation of processes and patterns// Fitter A H, Raffaelli D. Advances in Ecological Research. New York: Academic Press: 1-67.

Allison S D, Weintraub M N, Gartner T B, et al. 2011. Evolutionary-economic principles as regulators of soil enzyme production and ecosystem function//Shukla G, Varma A. Soil Enzymology. Berlin: Springer-Verlag: 229-243.

Alster C J, German D P, Lu Y, et al. 2013. Microbial enzymatic responses to drought and to nitrogen addition in a southern California grassland. Soil Biology and Biochemistry, 64: 68-79.

Anderson T W. 1984. An Introduction to Multivariate Statistical Analysis. New York: Wiley.

Bai Y F, Wu J G, Clark C M, et al. 2012. Grazing alters ecosystem functioning and C∶N∶P stoichiometry of grasslands along a regional precipitation gradient. Journal of Applied Ecology, 49(6): 1204-1215.

Baldrian P, Merhautová V, Petránková M, et al. 2010. Distribution of microbial biomass and activity of extracellular enzymes in a hardwood forest soil reflect soil moisture content. Applied Soil Ecology, 46(2): 177-182.

Baoyin T G T, Frank Y L, Minggagud H, et al. 2015. Mowing succession of species composition is determined by plant growth forms, not photosynthetic pathways in *Leymus chinensis* grassland of Inner Mongolia. Landscape Ecology, 30(9): 1795-1803.

Biondini M E, Patton B D, Nyren P E. 1998. Grazing intensity and ecosystem processes in a northern mixed-grass prairie, USA. Ecological Applications, 8(2): 469-479.

Bobbink R, Hicks K, Galloway J, et al. 2010. Global assessment of nitrogen deposition effects on terrestrial plant diversity: A synthesis. Ecological Applications, 20(1): 30-59.

Bobbink R, Hornung M, Roelofs J G M. 1998. The effects of air-borne nitrogen pollutants on species diversity in natural and semi-natural European vegetation. Journal of Ecology, 86(5): 717-738.

Bremer D J, Ham J M, Owensby C E, et al. 1998. Responses of soil respiration to clipping and grazing in a tallgrass prairie. Journal of Environmental Quality, 27(6): 1539-1548.

Chen J, Luo Y. Q, Xia J Y, et al. 2016a. Differential responses of ecosystem respiration components to experimental warming in a meadow grassland on the Tibetan Plateau. Agricultural and Forest Meteorology, 220: 21-29.

Chen Y L, Chen L Y, Peng Y F, et al. 2016b. Linking microbial C∶N∶P stoichiometry to microbial community and abiotic factors along a 3500-km grassland transect on the Tibetan Plateau. Global Ecology and Biogeography, 25(12): 1416-1427.

Connell J H. 1978. Diversity in tropical rain forests and coral reefs. Science, 199(4335): 1302-1310.

Cui X Y, Wang Y F, Niu H S, et al. 2005. Effect of long-term grazing on soil organic carbon content in semiarid steppes in Inner Mongolia. Ecological Research, 20(5): 519-527.

de Vries M F W, Daleboudt C. 1994. Foraging strategy of cattle in patchy grassland. Oecologia, 100(1): 98-106.

Dong W Y, Zhang, X Y, Liu X Y, et al. 2015. Responses of soil microbial communities and enzyme activities to nitrogen and phosphorus additions in Chinese fir plantations of subtropical China. Biogeosciences, 12(18): 5537-5546.

Dysterhuis E J. 1949. Condition and management of range land based on quantitative ecology. Journal of Range Management, 2(3): 104-115.

Edwards G R, Crawley M J. 1999. Herbivores, seed banks and seedling recruitment in mesic grassland. Journal of Ecology, 87(3): 423-435.

Elton C S. 2000. The Ecology of Invasions by Animals and Plants. Chicago: University of Chicago Press.

Feng X, Wang R Z, Yu Q, et al. 2019. Decoupling of plant and soil metal nutrients as affected by nitrogen addition in a meadow steppe. Plant and Soil, 443(1): 337-351.

Fierer N, Bradford M A, Jackson R B. 2007. Toward an ecological classification of soil bacteria. Ecology, 88(6): 1354-1364.

Franzluebbers A J, Stuedemann J A. 2009. Soil-profile organic carbon and total nitrogen during 12 years of pasture management in the southern Piedmont USA. Agriculture, Ecosystems & Environment, 129(1-3): 28-36.

Galloway J N. 1995. Acid deposition: Perspectives in time and space. Water, Air, and Soil Pollution, 85(1): 15-24.

Geisseler D, Horwath W R, Scow K M. 2011. Soil moisture and plant residue addition interact in their effect on extracellular enzyme activity. Pedobiologia, 54(2): 71-78.

Greenwood K L, Macleod D A, Hutchinson K J. 1997. Long-term stocking rate effects on soil physical properties. Australian Journal of Experimental Agriculture, 37(4): 413-419.

Harris R F. 1981. Effect of water potential on microbial growth and activity//Parr J F, Gardner W R, Elliott L F. Water Potential Relations in Soil Microbiology. Madison: Soil Science Society of America.

Han W X, Fang J Y, Guo D L, et al. 2005. Leaf nitrogen and phosphorus stoichiometry across 753 terrestrial plant species in China. New Phytol, 168(2): 377-385.

Hatfield K D, Donahue D L. 2000. The western range revisited: removing livestock from public lands to conserve native biodiversity. The Western Historical Quarterly, 32(4): 507.

Heitschmidt R K, Dowhower S L, Pinckak W E, et al. 1989. Effects of stocking rate on quantity and quality of available forage in a southern mixed grass prairie. Range Manage, 42(6): 468-473.

Hendricks H H, Bond W J, Midgley J J, et al. 2005. Plant species richness and composition a long livestock grazing intensity gradients in a Namaqualand (South Africa) protected area. Plant Ecology, 176(1): 19-33.

IPCC. 2007. Climate Change 2007: Synthesis Report. Geneva: IPCC: 104.

IPCC. 2014. Climate Change 2014: Synthesis Report. Geneva: IPCC: 151.

Johnston A, Dormaar J F, Smoliak S. 1971. Long-term grazing effects on fescue grassland soils. Journal of Range Management, 24(3): 185-188.

Kieft T L, Ringelberg D B, White D C. 1994. Changes in ester-linked phospholipid fatty acid profiles of subsurface bacteria during starvation and desiccation in a porous medium. Applied and Environmental Microbiology, 60(9): 3292-3299.

Killham K. 1994. Soil Ecology. Cambridge: Cambridge University Press.

Kirk G J D, Bellamy P H, Lark R M. 2010. Changes in soil pH across England and Wales in response to decreased acid deposition. Global Change Biology, 16(11): 3111-3119.

LeBauer D S, Treseder K K. 2008. Nitrogen limitation of net primary productivity in terrestrial ecosystems is globally distributed. Ecology, 89(2): 371-379.

Lepš J. 2014. Scale- and time-dependent effects of fertilization, mowing and dominant removal on a grassland community during a 15-year experiment. Journal of Applied Ecology, 51(4): 978-987.

Li H, Xu Z W, Yang S, et al. 2016. Responses of soil bacterial communities to nitrogen deposition and precipitation increment are closely linked with aboveground community variation. Microbial Ecology, 71(4): 974-989.

Liu H Y, Wang R Z, Wang H Y, et al. 2019. Exogenous phosphorus compounds interact with nitrogen availability to regulate dynamics of soil inorganic phosphorus fractions in a meadow steppe.

Biogeosciences, 16(21): 4293-4306.

Liu X, Lei D, Mo J, et al. 2011. Nitrogen deposition and its ecological impact in China: An overview. Environmental Pollution, 159(10): 2251-2264.

Liu X, Zhang Y, Han W, et al. 2013. Enhanced nitrogen deposition over China. Nature, 494(7438): 459-462.

MacArthur R. 1955. Fluctuations of animal populations and a measure of community stability. Ecology, 36(3): 533-536.

Mathews N J. 1994. The benefits of overcompensation and herbivory: The difference between coping with herbivores and linking them. American Naturalist, 144(3): 528-533.

Milchunas D G, Lauenroth W K. 1993. Quantitative effects of grazing on vegetation and soils over a global range of environments. Ecological Monographs, 63(4): 327-366.

Mouginot C, Kawamura R, Matulich K L, et al. 2014. Elemental stoichiometry of Fungi and Bacteria strains from grassland leaf litter. Soil Biology and Biochemistry, 76: 278-285.

Mulqueen J, Stafford J V, Tanner D W. 1977. Evaluation of penetrometers for measuring soil strength. Journal of Terramechanics, 14(3): 137-151.

Nannipieri P, Kandeler E, Ruggiero P. 2002. Enzyme activities and microbiological and biochemical processes in soil. Enzymes in the Environment, 2002: 1-33.

Niu S L, Sherry R A, Zhou X H, et al. 2010. Nitrogen regulation of the climate-carbon feedback: Evidence from a long-term global change experiment. Ecology, 91(11): 3261-3273.

Pregitzer K S, Burton A J, Zak D R, et al. 2008. Simulated chronic nitrogen deposition increases carbon storage in Northern temperate forests. Global Change Biology, 14(1): 142-153.

Rousk J, Brookes P C, Bååth E, 2011. Fungal and bacterial growth responses to N fertilization and pH in the 150-year 'Park Grass' UK grassland experiment. FEMS Microbiol Ecology, 76(1): 89-99.

Sampson A W. 1919. Plant Succession in Relation to Range Management. Washington DC: Department of Agriculture.

Sanz-Cobena A, Sanchez-Martin L, Garcia-Torres L, et al. 2012. Gaseous emissions of N_2O and NO and NO_3^- leaching from urea applied with urease and nitrification inhibitors to a maize (*Zea mays*) crop. Agriculture, Ecosystems & Environment, 149: 64-73.

Schönbach P, Wan H, Gierus M, et al. 2012. Effects of grazing and precipitation on herbage production, herbage nutritive value and performance of sheep in continental steppe. Grass and Forage Science, 67(4): 535-545.

Schönbach P, Wan H, Schiborra A, et al. 2009. Short-term management and stocking rate effects of grazing sheep on herbage quality and productivity of Inner Mongolia steppe. Crop and Pasture Science, 60(10): 963-974.

Simpson M, McLenaghen R D, Chirino-Valle I, et al. 2012. Effects of long-term grassland management on the chemical nature and bioavailability of soil phosphorus. Biology and Fertility of Soils, 48(5): 607-611.

Tansley A G. 1935. The use and abuse of vegetational concepts and terms. Ecology, 16(3): 284-307.

Tian J H, Wei K, Condron L M, et al. 2016. Impact of land use and nutrient addition on phosphatase activities and their relationships with organic phosphorus turnover in semi-arid grassland soils. Biology and Fertility of Soils, 52(5): 675-683.

Treseder K K. 2004. A meta-analysis of mycorrhizal responses to nitrogen, phosphorus, and atmospheric CO_2 in field studies. New Phytologist, 164(2): 347-355.

Tunesi S, Poggi V, Gessa C. 1999. Phosphate adsorption and precipitation in calcareous soils: The role of calcium ions in solution and carbonate minerals. Nutrient Cycling in Agroecosystems, 53(3): 219-227.

Vitousek P M, Aber J D, Howarth R W, et al. 1997. Human alteration of the global nitrogen cycle: Sources and consequences. Ecological Applications, 7(3): 737-750.

Wang C, Butterbach-Bahl K, He N, et al. 2015. Nitrogen addition and mowing affect microbial nitrogen transformations in a C_4 grassland in northern China. European Journal of Soil Science, 66(3): 485-495.

Wang C J, Tas B M, Glindemann T, et al. 2009. Fecal crude protein content as an estimate for the digestibility of forage in grazing sheep. Animal Feed Science and Technology, 149(3-4): 199-208.

Wang R Z, Cao Y Z, Wang H Y, et al. 2019. Exogenous P compounds differentially interacted with N availability to regulate enzymatic activities in a meadow steppe. European Journal of Soil Science, 71(4): 667-680.

Wang R Z, Dorodnikov M, Dijkstra F A, et al. 2017. Sensitivities to nitrogen and water addition vary among microbial groups within soil aggregates in a semiarid grassland. Biology and Fertility of Soils, 53(1): 129-140.

Wang R Z, Zhang Y H, He P, et al. 2018. Intensity and frequency of nitrogen addition alter soil chemical properties depending on mowing management in a temperate steppe. Journal of Environmental Management, 224: 77-86.

Wei C Z, Yu Q, Bai E, et al. 2013. Nitrogen deposition weakens plant-microbe interactions in grassland ecosystems. Global Change Biology, 19(12): 3688-3697.

Xiao W, Chen X, Jing X, et al. 2018. A meta-analysis of soil extracellular enzyme activities in response to global change. Soil Biology and Biochemistry, 123: 21-32.

Xu L J, Shen B B, Nie Y Y, et al. 2019. Rating the Degradation of Natural Hay Pastures in Northern China. Journal of Resources and Ecology, 10(2): 163-173.

Yang S, Xu Z W, Wang R Z, et al. 2017. Variations in soil microbial community composition and enzymatic activities in response to increased N deposition and precipitation in Inner Mongolian grassland. Applied Soil Ecology, 119: 275-285.

Yang Y H, Fang J Y, Ma W H, et al. 2010. Soil carbon stock and its changes in northern China's grasslands from 1980 to 2000s. Global Change Biology, 16(11): 3036-3047.

Zhang T A, Chen H Y H, Ruan H. 2018. Global negative effects of nitrogen deposition on soil microbes. The ISME Journal, 12(7): 1817-1825.

Zhou L, Zhou X, Zhang B, et al. 2014. Different responses of soil respiration and its components to nitrogen addition among biomes: A meta-analysis. Global Change Biology, 20(7): 2332-2343.

Zhou Z, Sun O J, Huang J J, et al. 2007. Soil carbon and nitrogen stores and storage potential as affected by land-use in an ago-pastoral ecotone of Northern China. Biogeochemistry, 82(2): 127-138.

第四章　北方草甸与草甸草原恢复机制与评估

草地退化与恢复机制研究始于 20 世纪 30 年代。美国和苏联"黑风暴"事件之后，退化草地的恢复重建受到世界科学界及各国政府的普遍重视（van de Koppel et al.，1997）。1975 年召开的"受损生态系统恢复与重建"国际研讨会，奠定了恢复生态学理论基础。近半个世纪以来，各国分别开展了大量草地退化驱动机制研究，美国、加拿大及欧洲等从天然植被恢复、人工植被重建、土壤过程和生物群落等角度探讨了草地恢复的理论与方法。近年来，基于功能性状的群落生态理论、生态系统下行效应原理、阈值模型及集成过滤模型成为退化草地恢复的最新理论依据。国内相关研究基本与国际同步，早期大多集中于退化草地演替过程解析，最近更多关注草地恢复过程中植被、土壤、微生物等相关的机制性研究。20 世纪中叶，世界草地普遍退化，恢复重建被纳入草地生态系统管理目标，草地恢复也从单项技术改良转向系统综合治理，形成以生物多样性维持、群落结构优化配置、土壤及种子库修复为主体思路的恢复治理技术（唐华俊等，2016）。国内关于草甸和草甸草原退化与恢复的理论研究比较薄弱，缺乏系统性、可移植的退化草地恢复治理技术与评估的相关标准规范。借鉴国际经验，现代草食畜牧业产业模式的建立是草地生态得以全面恢复的根本原因。近年在现代信息技术驱动下，国际草食畜牧业管理逐步向精准化、智能化、生态化方向发展。我国草地生态经济系统受到极大挑战，亟待探索生态草牧业发展的关键技术与模式。现阶段及未来草地恢复生态学将更注重退化机理-恢复机制-系统调控研究，强调多学科交叉融合，注重多尺度、多维度生态系统恢复。着眼于北方草甸和草甸草原退化草地生态恢复与持续利用的技术瓶颈，揭示不同类型退化草地的恢复机制及应用基础，探索创建差异化的草地恢复的定量评价指标体系及技术标准，为解决草地生态治理及产业培育技术难点和问题，以及我国草牧业与生态环境和谐发展、牧民稳定增收提供技术支撑。

第一节　草甸草原恢复过程与机制

一、气候变化和人类活动对草甸草原的影响

（一）草甸草原恢复对气候变化的响应

全球气候变化已成为举世瞩目的科学问题，引起了科学工作者、国际组织和各国政府的高度重视（IPCC，2014）。虽然目前关于气候变化的预测还存在很多不确定性，但即使乐观估计，到 21 世纪末全球平均温度要比工业化前升高 2℃以上，且排放到大气中的 CO_2 可能继续影响气候达万年之久（王绍武等，2013）。强烈的气候变化将不可避免

地对陆地生态系统和退化草地恢复产生巨大影响。

1. 草甸草原恢复对干旱化限制的响应

水分是北方温带草原群落结构和生产力的主要限制因子，降水变化不仅能够直接影响草地植被组成和生产力，还能间接影响其他气候变化因子的作用效果。基于历史数据和模型预测，关于大气降水对草地的影响已在不同类型草地上开展了研究。李霞等（2006）通过分析 1982～1999 年的降水和气温数据，发现降水是制约我国北方温带草原植被生长的根本原因，夏季降水量对植被生长的影响最为显著。降水对不同类型草地的影响存在差异。李夏子等（2018）利用 24 年（1994～2017 年）的天然牧草生长发育和产量观测资料及地面气象资料，分析了大气降水对牧草产量的影响，结果发现大气降水显著影响内蒙古草原天然牧草产量，且其时间分布对不同类型草原天然牧草产量的影响不同，草甸草原区、典型草原区、荒漠草原区依次以 7 月中下旬、6 月和 4 月下旬至 5 月下旬影响较大，降水量每增减 1mm，牧草产量分别增减 14kg/hm^2、20kg/hm^2 和 12kg/hm^2。与大气降水相比，干旱更能够反映水热条件对草地的调节作用。雷添杰（2017）基于植被生长机理的动态模型和干旱指数，研究了气候变化背景下近 50 年干旱单因子对草地生产力的影响，发现干旱是造成草地净初级生产力（net primary productivity，NPP）年际波动的主要胁迫因子之一。不同等级的干旱对同一类型草地的影响存在显著差异，同一等级干旱对不同类型草地生态系统的影响也存在较大差异。

干旱对不同草地类型 NPP 的影响存在差异，草甸草原、典型草原和荒漠草原 NPP 损失较为严重的区域面积百分比分别约为 95.4%、91.6% 和 36.8%，研究表明干旱对草地生产力的影响主要是由降水亏缺引起的，但温度和降水对干旱的影响存在显著干扰，而且降水对 NPP 的负影响大于温度所施加的正作用（雷添杰，2017）。干旱对草地的作用还受干旱程度的影响。王宏等（2008）研究了不同类型草地与干旱气候的关系，发现荒漠草原的生长动态受季节性干旱影响很大，短期、中长期和长期干旱对荒漠草原影响较小；典型草原对季节性干旱响应较强，而对短期、中长期和长期的干旱响应较弱；草甸草原对季节性和长期干旱响应较强。并且草原对降水量的响应具有时滞效应，水分盈亏对草原的影响是累积效应。全球变暖同时将加剧降水季节分配的不均性，减小降水频率，增加单次降水量，这些不利条件可能导致草地群落结构和功能的改变。因此，干旱化是限制草甸草原恢复的重要因素。

2. 草甸草原恢复对大气温度升高的响应

随着化石燃料使用量的不断增加，人类活动对生态系统干扰的不断加剧，温室效应呈逐年增加的趋势。观测记录表明，北方草原区近十年平均温度呈逐年增加的趋势。大气温度升高对草地植被组成和生产力形成较为复杂的影响，既有正向作用，也有负向作用。在降水量充足的条件下，气温升高有助于植物返青期的提前和叶片枯黄期的延后，增加了植物生长的时间，有助于生物量积累。然而，气温升高导致大气水分亏缺、扩大生态系统与大气之间的水汽压差、增加生态系统的水分散失程度，导致区域暖干化（马瑞芳等，2011），对退化草地恢复产生不利影响。

基于历史数据和模型分析，也有学者开展了一些大气温度升高对草地影响的研究。杨殿林等（2007）利用 1959～2004 年的气候资料和 1981～2004 年的草地群落定位监测资料，分析内蒙古草甸草原气候变化特征及其对植物初级生产力的影响，研究发现，在1959～2004 年，羊草草甸草原地区气温呈显著的波动式上升过程，年平均气温增加0.044℃/年。有研究表明，大气温度升高对不同类型草地的影响存在差异。吕德燕等（2016）基于 1961～2012 年的气温数据，对东北地区不同生态系统的气温变化进行了比较分析，发现相对于农业、森林和干草原生态系统，草甸草原年平均气温变化趋势最显著，气温变化率最大（0.44℃/10 年），发生气温突变的时间最早。有研究对未来气候变化背景下大气温度升高如何影响草地的结构和功能进行了预测。郭灵辉等（2016）基于中短期适应气候变化的新情景（RCP4.5）和极端情景（RCP8.5）下的气候预估数据，研究了内蒙古地区气温变化特征及未来演变趋势，研究显示，从 1981～2010 年，内蒙古地区气温显著上升，平均升速为 0.49℃/10 年，在 RCP4.5 情景下，内蒙古在 21 世纪 20年代、30 年代和 40 年代分别增温 0.92℃、1.27℃和 1.78℃，在两种情境下 NPP 年下降速率分别为 0.57gC/(m²·年)（RCP4.5）和 0.89gC/(m²·年)（RCP8.5）。因此，大气温度升高将会对退化草地恢复产生不利影响。

3. 草甸草原恢复对氮沉降的响应

氮是植物生长必需的重要营养元素之一，对植物生长具有重要调节作用。受工业污染和农业施肥的影响，大气氮沉降已成为全球变化的主要形式之一，已深刻影响陆地生态系统结构和功能。近几十年，我国氮沉降速率呈逐年增加的态势，氮沉降量虽然已趋于稳定但已达到较高水平[20.4kgN/(hm²·年)±2.6kgN/(hm²·年)]（Yu et al.，2019）。氮沉降对草地的结构和功能具有较大的调节作用。

总体上，多数陆地生态系统受氮限制，施肥是维持草地生态系统养分平衡及促进生产力提高的重要管理措施（李禄军等，2010）。国内外广泛开展的草地施肥实验表明，氮添加既能够促进植物地上部分生长、增加地上生物量（Bai et al.，2010；Stevens et al.，2015；Harpole et al.，2016；李春丽等，2016），也会降低生态系统物种多样性（Stevens et al.，2004；Isbell et al.，2013）。Zhang 等（2014）在内蒙古温带草原的研究表明，氮添加降低了物种丰富度，其中，对于特定的氮添加速率，低频率、大量施氮致使物种更多地丧失。在全球范围内，有关氮添加对草地生态系统的影响及氮添加降低物种多样性机制的报道中，只有少量实验是从退化草地恢复的角度出发的（Mountford et al.，1993；Stevens，2016）。相关研究表明，退化草地在一定程度上受氮限制（Hooper and Johnson，1999），草地施肥是促进退化草地恢复及草地资源可持续利用的有效途径。王晶等（2016）研究表明，中高水平氮添加提高了轻度退化草地的生产力，对中度和重度退化草地恢复并无明显的促进作用，且氮添加对 3 个不同退化程度草地的物种丰富度均无显著影响。Xu 等（2015）在内蒙古 5 个不同退化梯度草地 3 年氮添加的实验表明，氮添加对 5 个不同退化程度草地的物种丰富度均无显著影响，而对地上生物量的影响与退化程度有关，其中退化最严重的草地地上生物量增加最为明显。Bai 等（2010）研究表明，氮添加能增加成熟草地的地上生物量而降低其物种丰富度，其中氮输入导致多年生禾草和多年生杂类草丧失，提高了一年生草本的物种丰富度。对于退化草地，物种丰富度年际变化对氮添加的响应并不明显。由此可见，在不同退化程度的草地，氮添加对群落物种多样性和地上生物量影响的研究结论并不完全一致。杨倩等（2018）研究了氮添加对内蒙古退化草地植物群落多样性和生物量的影响，发现氮添加降低了中度、重度退化草地恢复过程中物种丰富度和多样性，而对极度退化草地恢复进程中物种丰富度和多样性无明显影响，但氮添加促进了3个退化程度草地恢复进程中群落地上生物量的增加。因此，氮添加通常能够有助于提高退化草地的生产力并降低物种多样性，但其作用受退化程度的影响。

（二）草甸草原恢复对人为利用干扰的响应

1. 草甸草原恢复对放牧干扰的响应

家畜放牧是人类对草原利用的最主要方式。草地资源通过放牧活动被直接转化为动物性产品。然而，草原的利用效果取决于放牧的合理性与科学性，草畜平衡是维持草地健康发展的基础，而过度放牧使草原植被与土壤发生退化，最终影响草原的生态系统功能。

过度放牧直接降低植被生产力，改变物种组成。家畜密度过大和放牧时间过长都会导致草原植被生产力显著下降。家畜直接采食植物的地上部分，使植物叶面积减少，光合能力降低，影响植物的再生性能；重度放牧和连续刈割条件下，植被总盖度分别降低21.7%和35.7%。同时，家畜对植物的选择性采食，可以使植被群落发生变化，优势种比例下降，植被演替度减小，进而导致植被生产力下降。多数研究表明，随着放牧强度的不断增加，植被地上生产力呈显著下降趋势。周丽艳等（2005）在内蒙古呼伦贝尔研究发现，贝加尔针茅草甸草原植被生产力和盖度都随放牧强度增加而降低。于丰源等（2018）分析了不同放牧强度下群落及不同植物功能群生物量和主要物种种群特征，结果表明，随着放牧强度的增加，除多年生根茎禾草外，各功能群生物量均呈下降趋势。在放牧胁迫下，不同植物功能群之间存在一定的补偿效应，重度放牧不利于草地生物量及物种多样性的维持。蒙旭辉等（2009）研究不同放牧强度下内蒙古呼伦贝尔温带草甸草原生产力和多样性的变化，群落在中度放牧强度条件下多样性较高，随着放牧强度的增加，伴生种和杂类草逐渐增加，草地退化加重。因此，长期的过度放牧会直接降低草原植被生产力。

过度放牧对草甸草原的生态系统过程与功能产生不利影响。草原生态系统结构、过程、功能是由草原地区生物（植物、动物、微生物）和非生物环境共同构成的，通过物质循环与能量交换完成。长期以来，草地放牧密度、放牧压力或放牧频度过大，超出了生态系统调节能力的阈值（王德利等，1996）。这种超载过牧对生态系统过程与功能的影响是渐变，尤其表现在对土壤的影响方面。过度放牧通过牲畜的践踏、采食及排泄物直接影响土壤的结构和化学性状，还会通过影响群落的物种组成、群落盖度和生物量等，间接影响土壤的水分循环、有机质和土壤盐分的累积。放牧也会直接影响植物对土壤水分和营养元素的吸收，造成有机干物质生产和地表凋落物累积减少，归还土壤的有机质减少，从而对土壤的理化性状产生不利影响，导致土壤贫瘠化和干旱化，甚至造成盐碱化等严重后果（高英志等，2004）。周丽艳等（2005）研究发现，贝加尔针茅草甸草原植被的生长状况和土壤状况随着放牧强度的增加而劣化。王明君等（2007）研究发现土壤表层（0~20cm）的有机碳和全氮在轻度放牧和中度放牧的情况下没有显著差异，但都显著高于重度放牧的草地（表4-1）。长期重度放牧会导致草地现存量和枯枝凋落物减少，显著降低土壤有机质和全氮含量，土壤容重和土壤砂粒增加进而降低土壤呼吸（王明君等，2010）。由此表明，放牧对草地的作用受放牧强度的影响，而过度放牧对草原生态系统结构、过程、功能产生较为严重的影响。

表 4-1　不同放牧强度对土壤有机碳和全氮含量的影响（g/kg）

土壤深度（cm）	有机碳含量			全氮含量		
	轻度放牧	中度放牧	重度放牧	轻度放牧	中度放牧	重度放牧
0~10	34.70Aa±2.05	35.23Aa±0.29	23.83Ba±4.32	2.73Aa±0.15	2.77Aa±0.02	1.91Ba±0.32
10~20	22.30Ab±0.31	24.02Ab±1.57	12.95Bb±10.72	1.80Ab±0.02	1.93Ab±0.12	1.10Bb±0.05
0~20	28.50A±1.09	29.63A±0.64	18.39B±1.90	2.26A±0.08	2.35A±0.05	1.50A±0.14

注：不同大写字母表示相同土层不同放牧强度间差异显著，不同小写字母表示相同放牧强度下不同土层间差异显著
资料来源：王明君等，2007

2. 草原退化对高强度割草利用的响应

割草是我国天然草地的重要利用方式之一，通过刈割调制的干草可以作为冬、春季节家畜补饲的重要饲草来源。因此，刈割储备的干草对于维持草原牧区畜牧业的稳定与发展具有重要作用。在东北及内蒙古东部草原区，割草地类型主要有羊草割草地和针茅割草地（高军靖等，2013；薛文杰等，2015）。尤其对于水分条件较好的草甸草原，割草是主要的草地利用方式。与放牧利用不同，割草虽不存在家畜的选择性采食及践踏作用，但割草会移除地上生物量而大量减少营养元素的归还，同时阶段性地减少群落盖度，并改变植物组成、土壤动物多样性及土壤理化性质。王瑞珍等（2015）研究不同利用方式对贝加尔针茅草甸草原生产力的影响，发现与放牧场相比，打草场具有较高的植物生产力。黄振艳等（2013）通过比较研究放牧和刈割对植物多样性的影响发现，相对于放牧，刈割能够降低优势物种的重要值，但能够增加植物物种多样性。杨阳等（2019）研究不同利用方式对草甸草原植被空间异质性的影响，发现放牧能够提高植被空间异质性，而刈割能够降低植被空间异质性。相对于过度放牧对草地的影响，连续刈割对草地的影响主要为降低植物生产力而提高物种多样性。刈割导致草地退化的过程较为简单，通过适量施肥能够缓解长期割草对草地的不利影响。

二、草甸草原植被与土壤恢复

（一）研究区域与研究方法

本研究在内蒙古自治区呼伦贝尔市鄂温克族自治旗境内进行。研究样地的具体位置是巴彦乌拉嘎查（48°43′N，119°55′E），地势由东南向西北倾斜，海拔为 900m 左右。

本研究区域处于温带大陆性季风气候区，年均气温–2～0℃，年积温为 1174～1395℃。该地区春秋季气候无规律，早晚温差大，夏季较短，平均气温为 19.7℃，冬季寒冷且持续时间较长，平均气温为–20℃左右。无霜期 100～120 天。年均降水量为 250～350mm，全年蒸发量达 1466.6mm。本研究样地土壤类型复杂多样，水土资源丰富，土壤以黑钙土、森林土为主。0～10cm 的土壤含水量为 19%左右，土壤容重为 1.2g/cm³ 左右，pH 在 6.1 左右。该地区草原退化严重，土壤受到一定程度的侵蚀。本研究样地属于草甸草原，植被种类复杂多样，植物高度在 10～40cm，盖度为 30%～70%，优势类群为多年生丛生禾草，如贝加尔针茅（*Stipa baicalensis*）和柄状薹草（*Carex pediformis*）。伴生种包括禾本科的羊草（*Leymus chinensis*）、糙隐子草（*Cleistogenes squarrosa*）和东亚羊茅（*Festuca litvinovii*）等，豆科的花苜蓿（*Medicago ruthenica*）、达乌里胡枝子（*Lespedeza davurica*）和小叶锦鸡儿（*Caragana microphylla*）等，此外还有菊科的线叶菊（*Filifolium sibiricum*）、冷蒿（*Artemisia frigida*）、麻花头（*Serratula centauroides*）等，莎草科的寸草薹（*Carex duriuscula*），蔷薇科的星毛委陵菜（*Potentilla acaulis*），景天科的瓦松（*Orostachys fimbriata*），玄参科的白婆婆纳（*Veronica incana*），十字花科的花旗杆（*Dontostemon dentatus*），大戟科的狼毒大戟（*Euphorbia fischeriana*），百合科的山韭（*Allium senescens*），唇形科的并头黄芩（*Scutellaria scordifolia*）、百里香（*Thymus mongolicus*），伞形科的防风（*Saposhnikovia divaricata*），鸢尾科的射干（*Belamcanda chinensis*），以及茜草科的蓬子菜（*Galium verum*）等。

本实验样地建立于 2017 年，采用两因素随机区组试验设计，选择呼伦贝尔主要草地类型（贝加尔针茅草地）不同退化阶段（轻度、中度、中度）草地（图 4-1、图 4-2），进行封育和施肥处理，在每个退化阶段设置 24 个 5m×5m 小区，随机安排对照、封育、施肥和封育+施肥处理。本实验包括围封处理和施氮处理。围封处理是在样方外围设置围栏，持续整个实验周期。施氮处理是每年返青期（5 月末）在样地内喷洒 NH_4NO_3 水溶液[10g/(m²·年)]；在对照和围封处理的样地中喷洒等量的水。

轻度退化　　　　　中度退化　　　　　重度退化

图 4-1　本研究的野外实验样地

本实验在 2017 年 8 月初，采用样方法进行植被调查和取样。在每个小区内随机放置 3 个 50cm×50cm 的样方框，植被调查的指标包括植物种类、盖度（cover）、高度（height）、丰富度（richness），然后进行破坏性取样（把样方内的所有植物齐地剪下并分类装于纸质收集袋带回实验室，放进烘箱中 65℃烘干 48h 后称重）。

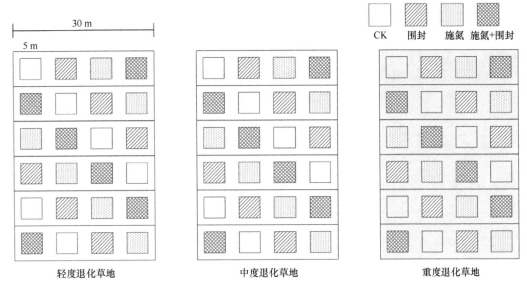

图 4-2　本研究的实验设计图

本实验土壤取样采用人工钻孔法（土钻直径为 25mm），也在 2017 年 8 月初进行，每个小区内随机取 5 个点，取土壤表层 10cm 的土壤，将这 5 份土样混匀，每个小区所取得的土样分为三部分：一部分新鲜土样用于测定土壤含水量和有效氮含量（需冷冻保存）（约取 50g），还有一部分用于土壤线虫的提取（约取 150g），最后一部分用于土壤 pH、电导率、全氮含量、全碳含量和有机碳含量等指标的测定（约取 50g）。

土壤含水量用称重烘干法测定，土壤 pH 和电导率的测定采用 pH 计和电导率仪，土壤全氮、全碳、有机碳含量采用 IsoPrime 稳定同位素质谱仪测定，土壤铵态氮和硝态氮含量的测定均采用流动分析仪（AMS France-Alliance Instruments）。实验采用贝尔曼漏斗分离法提取线虫并用计数器进行计数，然后液体重新装入离心管内以便后期的科属鉴定，同时计算线虫多度、丰富度、Shannon-Wiener 指数、基础指数（basic index）、结构指数（structure index）、富集指数（enrichment index）和成熟度指数（maturity index）。

（二）植物群落对围封和施氮的响应

只有在轻度退化样地，围封对植物地上生物量有显著作用，在中度和重度退化样地，施氮、围封、施氮和围封对植物地上生物量均无显著作用（表 4-2）。在轻度退化样地，地上生物量在施氮、围封处理下有升高的趋势，在施氮和围封共同作用下显著升高；在中度退化样地，地上生物量在围封及施氮和围封共同作下有升高的趋势，在施氮处理下无明显变化；在重度退化样地，地上生物量在围封处理下有降低的趋势，在施氮和围封共同作用下有升高的趋势（图 4-3）。植物物种丰富度在施氮、围封、施氮和围封共同作用下均有明显作用。在轻度退化样地，物种丰富度在施氮下有降低的趋势，在围封处理下无显著变化，在施氮和围封共同作用下有升高的趋势；在中度退化样地，物种丰富度在施氮、围封、施氮和围封共同作用下均无明显变化；在重度退化样地，物种丰富度在施氮、围封、施氮和围封共同作用下显著降低。只有在重度退化样地，施氮和围封的交互作用对植物多样性有显著作用，在轻度和中度退化样地，施氮、围封、施氮和围封对植物多样性均无显著作用。在轻度退化样地，植物多样性在施氮处理下有降低的趋势，在围封、施氮和围封共同作用下无显著变化；在中度退化样地，植物多样性在施氮、围封、施氮和围封共同作用下均有降低的趋势；在重度退化样地，植物多样性在各种处理后均显著降低。

表 4-2 施氮和围封处理对植物群落特征的作用

植物群落特征	退化阶段	施氮	围封	施氮+围封
地上生物量	轻度	2.59	6.44*	0.51
	中度	0.30	1.96	0.28
	重度	3.32	0.20	2.68
物种丰富度	轻度	0.01	6.89*	5.11*
	中度	0.08	0.32	0.08
	重度	9.61**	8.20**	21.30**
植物多样性	轻度	0.79	2.84	0.02
	中度	0.62	0.14	2.68
	重度	3.34	7.10*	21.83**

注：表中数字为 F 值；**表示 $P<0.01$，*表示 $P<0.05$。下同

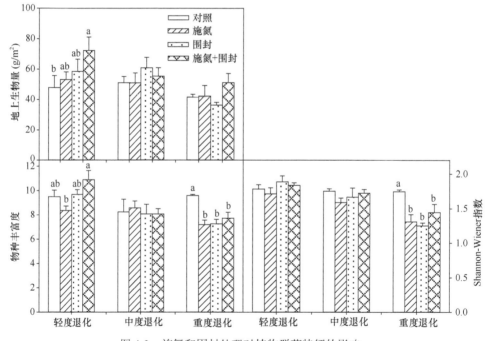

图 4-3 施氮和围封处理对植物群落特征的影响

不同小写字母表示不同处理间差异显著（$P<0.05$），下同

（三）土壤理化性质对围封和施氮的响应

方差分析结果表明，施氮在中度退化草地对土壤含水量有显著作用，而施氮和围封在重度退化草地对土壤含水量有交互作用（表 4-3）。在轻度退化样地，含水量在施氮、

围封及施氮和围封共同处理下无明显变化；在中度退化样地，含水量在施氮处理后呈显著降低趋势，相反，在围封处理后有升高趋势；在重度退化样地，施氮和围封都有降低含水量的趋势（图 4-4）。从表 4-3 可以看出，施氮对土壤 pH 作用显著，但围封和两者交互作用对土壤 pH 无显著作用。本实验样地的土壤呈酸性，pH 在 6.0～6.4 范围内波动。在轻度退化样地，施氮、施氮和围封均使土壤 pH 显著降低，围封对其无显著影响；在中度退化样地，施氮、围封、施氮和围封对土壤 pH 均无显著作用；在重度退化样地，施氮显著降低了土壤 pH，土壤 pH 在施氮和围封共同作用下有显著降低的趋势（图 4-4）。土壤电导率的方差分析结果显示，施氮在三个退化梯度上对土壤电导率均有显著作用，围封和二者交互作用分别对轻度和中度退化草地土壤电导率有显著作用。在轻度退化样地，土壤电导率在施氮和围封处理下都有升高的趋势，在施氮和围封共同作用下显著增加；在中度退化样地，土壤电导率在围封处理下有降低的趋势，在施氮和围封共同作用下有升高的趋势；在重度退化样地，土壤电导率在施氮、施氮和围封共同作用下有升高的趋势。

表 4-3　施氮和围封处理对土壤理化性质的作用

土壤理化性质	退化阶段	施氮	围封	施氮+围封
含水量	轻度	1.6	0.51	14
	中度	8.03**	2.83	0.87
	重度	0.29	0.16	9.27**
pH	轻度	21.98**	0.00	0.00
	中度	0.00	0.00	1.20
	重度	14.20**	0.63	0.56
电导率	轻度	4.86**	6.51*	2.17
	中度	9.49*	0.23	7.72**
	重度	4.99*	1.31	0.17
全碳	轻度	1.29	5.19*	2.61
	中度	0.59	0.03	0.12
	重度	0.53	0.46	1.88
有机碳	轻度	0.46	3.82	2.36
	中度	0.03	0.10	0.74
	重度	1.60	0.04	1.62
全氮	轻度	1.37	4.92*	1.62
	中度	0.42	0.47	0.06
	重度	0.03	0.30	1.04
铵态氮	轻度	17.09**	3.21	1.68
	中度	18.76**	11.87**	9.13**
	重度	24.74**	0.60	0.03
硝态氮	轻度	8.26**	0.76	1.25
	中度	3.15	3.70	0.06
	重度	7.40**	0.88	0.89

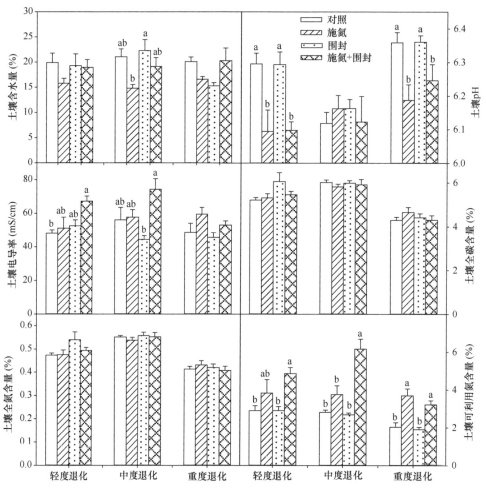

图 4-4　施氮和围封处理对土壤理化性质的影响

　　围封对轻度退化草地土壤全碳含量有显著作用，而施氮、施氮和围封对其均无显著作用（表 4-3）。在轻度退化样地，施氮、围封、施氮和围封有提高土壤全碳含量的趋势；在中度和重度退化样地，施氮、围封、施氮和围封均无显著作用，但重度退化样地较轻度和中度退化样地，整体土壤全碳含量明显下降（图 4-4）。在轻度和中度退化样地，施氮、围封均有提高有机碳含量的趋势；在重度退化样地，施氮、围封均有降低有机碳含量的趋势，另外，重度退化样地的有机碳含量显著低于轻度和中度退化样地。围封对轻度退化草地土壤全氮有显著影响，而施氮、施氮和围封对土壤全氮含量均无显著作用。在轻度退化样地，围封有提高土壤全氮含量的趋势；在中度退化样地，施氮有降低土壤全氮含量的趋势；在重度退化样地，施氮有提高土壤全氮含量的趋势。此外，重度退化样地的土壤全氮含量显著低于轻度和中度退化样地。施氮对各退化程度土壤铵态氮具有显著影响，而围封和二者交互作用对重度退化草地土壤铵态氮含量有显著作用。

（四）土壤线虫对围封和施氮的响应

本实验分离得到 6044 条线虫（平均密度为 205 条/100g 干土），经鉴定共有 15 科 88 属，其中，食细菌线虫数量最多，总计 3377 条，隶属 29 属，占总数的 55.87%；食真菌线虫共 1270 条，植食性线虫总计 890 条。此外分离得到数量最少的是捕食杂食类线虫，只有 507 条，占总数的 8.39%。优势属为丽突属，常见属包括拟丽突属等 21 个属。根据线虫不同的生活史对策，Bongers（1990）按照 r 对策者向 K 对策者过渡的顺序，将土壤线虫划分为 5 个生活史类群，用 c-p1～c-p5 来表示。c-p 值越大的线虫，其生活史对策越倾向于 K 选择，反之，则倾向于 r 选择。本实验中，c-p1 类群主要包括一些稀有属，如盆咽属、锥咽属和小杆属等；c-p2 类群庞大，占土壤线虫主导地位，主要包括一些常见属，如粒属、真滑刃属、滑刃属、头叶属、绕线属等；c-p3 类群主要包括膜皮属；c-p4 类群和 c-p5 类群体积大、行动慢，这类线虫数量不多，但对外界扰动和环境压力较为敏感，主要包括孔咽属、盘咽属等。

轻度退化样地的土壤线虫，世代时间短且繁殖快的 c-p1 类群只出现在对照组，仅占 1.55%；c-p2 类群在 4 个处理下所占比例都最高，均高于 70%，4 个处理都使 c-p2 类群所占比例升高；c-p3 类群在 4 个处理下所占比例较高，该类群在对照组所占比例最大，施氮处理和围封处理下 c-p3 所占比例均有所下降，在施氮和围封共同处理下 c-p3 所占比例最小；c-p4 类群在 4 个处理下所占比例均低于 10%，并且处理之间差异并不显著；c-p5 类群在 4 个处理下所占比例均低于 3%，处理之间没有显著差异。在中度退化样地的线虫 c-p 类群组成中，c-p1 类群在对照组只占 3.5%，在施氮、围封、施氮和围封处理下 c-p1 类群所占比例均降低；c-p2 类群在 4 个处理下所占比例都最高，均高于 70%，并且处理之间差异不显著；c-p3 类群在 4 个处理下所占比例较高，该类群在对照组所占比例最大，施氮处理和围封处理下 c-p3 所占比例均有所下降；c-p4 类群在 4 个处理下所占比例均低于 10%，在施氮处理下所占比例最高；c-p5 类群在 4 个处理之间差异显著，在对照组所占比例低于 1%，在围封处理下所占比例高于 10%。在重度退化样地的线虫 c-p 类群组成中，c-p1 类群在施氮处理下所占比例明显高于其他处理；c-p2 类群在 4 个处理下所占比例均高于 70%，施氮、围封、施氮和围封处理下该类群所占比例有升高的趋势，在施氮和围封共同作用下达到 76.66%；c-p3 类群在 4 个处理下所占比例较高，在对照组所占比例最大，施氮处理下 c-p3 所占比例显著下降；c-p4 类群在 4 个处理下所占比例较低，在施氮处理下所占比例最高，在施氮和围封共同作用下所占比例最低；c-p5 类群在 4 个处理下没有显著差异，但所占比例均为最低，且低于 2%。

中度和重度退化样地线虫总多度在围封和施氮的作用下均显著升高（表 4-4、图 4-5）。在轻度退化样地，线虫总多度在 4 种处理下无显著差异；在中度退化样地，线虫总多度在施氮、围封、施氮和围封处理下有升高的趋势；在重度退化样地，线虫总多度在施氮、围封、施氮和围封处理下显著升高。此外，对照组的线虫总多度随着退化程度的加剧而降低（图 4-5）。施氮和围封对植食性线虫多度有交互作用，使其显著下降（表 4-4）。在轻度退化样地，植食性线虫各处理间无显著差异；在中度退化样地，施氮显著

表 4-4　施氮和围封处理对线虫群落特征的作用

线虫多度、多样性及功能指数	退化阶段	施氮	围封	施氮+围封
线虫总多度	轻度	0.26	1.63	0.31
	中度	2.54	1.75	3.88
	重度	10.71**	4.84*	5.43*
植食性线虫多度	轻度	0.66	0.11	0.08
	中度	3.91	1.69	2.68
	重度	10.88**	0.19	0.00
食真菌线虫多度	轻度	0.00	0.05	19
	中度	2.54	0.05	2.26
	重度	0.14	0.39	0.04
食细菌线虫多度	轻度	0.03	0.03	1.68
	中度	0.21	0.64	0.03
	重度	11	0.76	0.96
捕食杂食类线虫多度	轻度	0.02	0.02	0.58
	中度	3.33	0.46	6.82*
	重度	0.81	0.01	5.91*
物种丰富度	轻度	0.19	1.63	2.36
	中度	8.41**	0.01	3.76
	重度	9.03**	0.01	0.45
Shannon-Wiener 指数	轻度	0.32	1.42	4.24
	中度	3.86	0.01	4.59*
	重度	12.65**	0.08	0.93
结构指数	轻度	0.13	0.01	0.01
	中度	0.59	1.6	4.07
	重度	3.92	2.01	0.34
富集指数	轻度	0.18	0.16	0.05
	中度	0.17	2.21	5.40*
	重度	1.04	2.45	0.55
基础指数	轻度	0.01	0.06	0.02
	中度	0.74	0.43	1.31
	重度	2.02	4.62*	0.44
成熟度指数	轻度	1.22	0.19	1.29
	中度	0.17	4.00	0.29
	重度	0.40	0.00	1.02

增加植食性线虫多度，而围封及围封和施氮有增加植食性线虫多度的趋势；在重度退化样地，植食性线虫多度在施氮、施氮和围封共同作用下有降低的趋势。施氮、围封、施

氮和围封的交互作用对食真菌线虫多度的作用不显著。在轻度、中度和重度退化样地，食真菌线虫多度在各处理间无显著差异。施氮、围封、施氮和围封的交互作用对食细菌线虫多度的作用不显著。在轻度退化样地，食细菌线虫多度在施氮、围封、施氮和围封处理下有升高的趋势；在中度和重度退化样地，食细菌线虫多度在各处理间无显著差异。施氮和围封对捕食杂食类线虫多度无显著作用，但在中度和重度退化样地二者交互作用显著。在轻度退化样地，捕食杂食类线虫多度在各处理间无显著差异；在中度退化样地，围封、施氮、施氮和围封均显著提高捕食杂食类线虫多度；在重度退化样地，捕食杂食类线虫多度在施氮、围封处理下无明显变化。此外，中度退化样地中捕食杂食类线虫多度显著高于轻度退化样地。

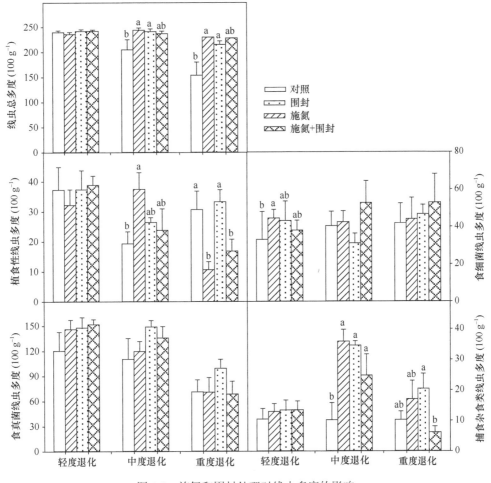

图 4-5　施氮和围封处理对线虫多度的影响

　　施氮对中度和重度退化样地线虫的物种丰富度有显著作用，围封及二者交互作用对线虫的物种丰富度没有显著作用（表 4-4）。在轻度退化样地，物种丰富度在施氮、围封、施氮和围封处理下均有升高趋势（图 4-6）；在中度退化样地，施氮显著增加物种丰富度，而围封、施氮和围封有增加丰富度的趋势；在重度退化样地，施氮、施氮和围封有降低物种丰富度的趋势。施氮对线虫重度退化样地线虫 Shannon-Wiener 指数有显著作用，围封及二者交互作用无影响。在轻度退化样地，线虫 Shannon-Wiener 指数在施氮、围封、施氮和围封处理下均有升高趋势；在中度退化样地，施氮显著增加线虫 Shannon-Wiener 指数，围封、施氮和围封有增加线虫 Shannon-Wiener 指数的趋势；在重度退化样地，施氮和围封显著降低线虫 Shannon-Wiener 指数，而施氮有降低线虫 Shannon-Wiener 指数的趋势（图 4-6）。

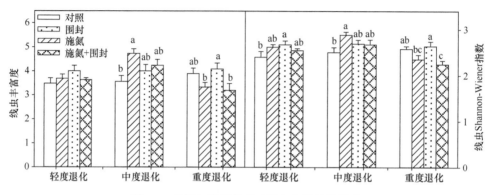

图 4-6　施氮与围封处理对线虫多样性的影响

　　围封、施氮及二者交互作用对线虫的结构指数无显著作用（表 4-4）。在轻度退化样地，线虫的结构指数在施氮、围封、施氮和围封共同处理下均无明显变化；在中度退化样地，线虫的结构指数在施氮、围封、施氮和围封处理下均呈升高趋势；在重度退化样地，施氮和放牧显著降低线虫结构指数，施氮、放牧有降低线虫结构指数的趋势。此外，中度和重度退化样地的线虫结构指数明显高于轻度退化样地。施氮和围封交互作用对中度退化样地线虫的富集指数有显著作用，而施氮、围封及二者交互作用对轻度和重度退化样地线虫的富集指数没有显著作用。在轻度退化样地，线虫的富集指数在施氮、围封、施氮和围封处理下均有降低趋势；在中度退化样地，围封显著降低富集指数，而施氮、施氮和围封有降低富集指数的趋势；在重度退化样地，富集指数在施氮、施氮和围封处理中有降低的趋势，而在围封处理下有升高的趋势。围封对重度退化样地线虫基础指数有显著影响，而施氮、施氮和围封对线虫的基础指数没有显著作用。在轻度退化样地，线虫的基础指数在施氮、围封、施氮和围封共同处理下均无明显变化；在中度退化样地，线虫的基础指数在施氮、围封、施氮和围封处理下均呈降低趋势；在重度退化样地，线虫基础指数在施氮、围封、施氮和围封处理中均呈升高趋势。此外，中度和重度退化样地的线虫基础指数明显低于轻度退化样地。施氮和围封对线虫的成熟度指数没有显著作用。在轻度退化样地，线虫的成熟度指数在施氮、围封、施氮和围封处理下均有升高趋势；在中度退化样地，成熟度指数在施氮处理下无明显变化，在围封、施氮和围封处理下均呈升高趋势；在重度退化样地，成熟度指数在施氮处理下有升高趋势，而在围封、施氮和围封共同作用下无明显变化（图 4-7）。

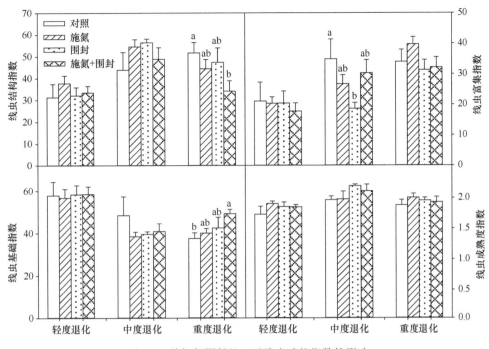

图 4-7 施氮与围封处理对线虫功能指数的影响

（五）草甸草原植被与土壤恢复过程及机制

本研究在呼伦贝尔草原贝加尔针茅退化草地，通过围封和施氮的控制实验，研究了退化草地恢复过程中土壤理化性质、植物群落特征和土壤线虫群落的变化规律，以及土壤和植被对土壤线虫的调控作用，获得的主要研究结果与结论如下。

围封和施氮在不同退化程度的草地对土壤线虫多度和多样性的作用有差异。在轻度退化样地，围封和施氮对线虫多度和丰富度均无显著影响。在中度退化样地，施氮显著增加线虫丰富度和 Shannon-Wiener 指数。在重度退化样地，施氮和围封及两者共同作用都显著增加线虫多度，线虫总多度在围封处理下由 154 条/100g 干土增加到 216 条/100g 干土。

施氮和围封对土壤线虫功能指数的影响在草地不同退化阶段存在差异。在轻度退化样地，施氮和围封对线虫功能指数均无显著影响。在重度退化样地，土壤线虫的基础指数（BI）在施氮、围封及二者共同作用处理下均有升高的趋势，表明在排除放牧压力后，土壤受外界扰动的程度变小，土壤健康状况趋于稳定。围封和施氮对富集指数（EI）和成熟度指数（MI）均无显著作用。

施氮和围封对土壤理化性质和植物群落的影响在中度退化样地作用最弱。在轻度退化样地，施氮、施氮+围封显著降低土壤 pH，围封有增加土壤全碳含量的趋势，施氮+围封显著提高土壤电导率和可利用氮含量及植物地上生物量。在中度退化样地，施氮和施氮+围封显著增加土壤可利用氮含量。在重度退化样地，施氮、施氮+围封显著降低土壤 pH，施氮和施氮+围封显著增加土壤可利用氮含量，施氮、围封和施氮+围封都能显著降低植物物种丰富度和多样性。

三、草甸草原恢复评价指标体系

（一）草甸草原恢复目标指标的确定

草地的恢复状况受气候条件的严重制约，因此，本研究基于对呼伦贝尔335个样地（其中围封样地36个、割草样地181个、放牧样地118个）的调查研究，提出基于气象因素的退化草地恢复标准。本研究草地调查对草地植物高度、密度、物种丰富度、地上总生物量、多年生植物生物量比例及土壤全碳、全氮、全磷和全钾含量等，气象数据包括年平均温度、年平均降水量和干旱系数。本研究结果表明，植物高度、密度和物种丰富度都受年平均温度、年平均降水量和干旱系数的显著影响（图4-8），年平均降水量对植物高度和物种丰富度变异的解释度高于年平均温度和干旱系数，而干旱系数对植物密度的贡献高于年平均温度和年平均降水量。因此，可以基于年平均降水量确定草地植物高度（年平均降水量每增加100mm，植物高度升高4.6cm）和物种丰富度（年平均降水量每增加100mm，植物增加7.2个物种）的恢复目标（表4-5），而基于干旱系数可以确定植物密度（干旱系数每增加一个单位，植物密度降低2664.6ind./m²）的恢复目标。植物地上生物量、多年生植物地上生物量和多年生植物生物量比例都不受年平均温度、年平均降水量和干旱系数的影响（图4-9），因此，基于气象数据难以确定植物生物量的恢复目标。除土壤全氮和全磷不受年平均温度影响外，土壤养分都随气象因素发生显著变化（图4-10）。年平均降水量对土壤全碳和全钾变异的解释度高于年平均温度和干旱系

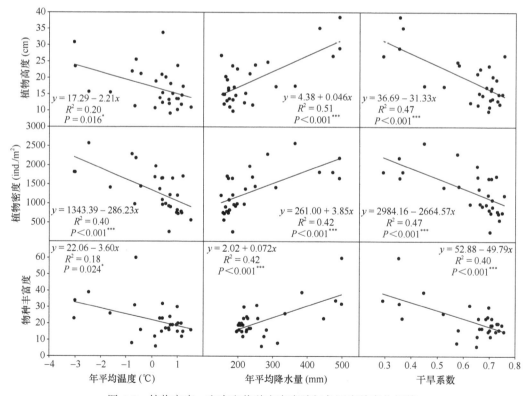

图 4-8　植物高度、密度和物种丰富度随气象因素的变化规律

表 4-5　草甸草原恢复目标确定方法

草地恢复指标	气象因子	拟合方程	R^2	P
植物高度	年平均温度	$y=17.29-2.21x$	0.20	0.016
	年平均降水量	$y=4.38+0.046x$	0.51	<0.001
	干旱系数	$y=36.69-31.33x$	0.47	<0.001
植物密度	年平均温度	$y=1343.39-286.23x$	0.40	<0.001
	年平均降水量	$y=261.00+3.85x$	0.42	<0.001
	干旱系数	$y=2984.16-2664.57x$	0.47	<0.001
物种丰富度	年平均温度	$y=22.06-3.60x$	0.18	0.024
	年平均降水量	$y=2.02+0.072x$	0.42	<0.001
	干旱系数	$y=52.88-49.79x$	0.40	<0.001
土壤全碳含量	年平均温度	$y=29.56-10.86x$	0.26	0.005
	年平均降水量	$y=-32.97+0.22x$	0.73	<0.001
	干旱系数	$y=121.65-151.16x$	0.67	<0.001
土壤全氮含量	年平均温度	—	—	—
	年平均降水量	$y=0.60+0.089x$	0.60	<0.001
	干旱系数	$y=1.00-0.0014x$	0.97	<0.001
土壤全磷含量	年平均温度	—	—	—
	年平均降水量	$y=-0.061+0.0019x$	0.24	0.014
	干旱系数	$y=1.23-1.24x$	0.25	0.011
土壤全钾含量	年平均温度	$y=21.45+1.98x$	0.44	<0.001
	年平均降水量	$y=29.89-0.029x$	0.68	<0.001
	干旱系数	$y=8.98+20.63x$	0.66	<0.001

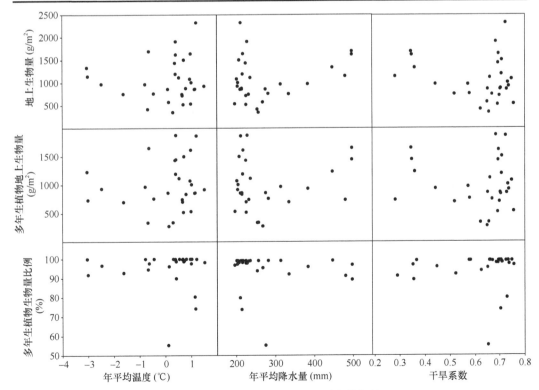

图 4-9　植物生物量随气象因素的变化规律

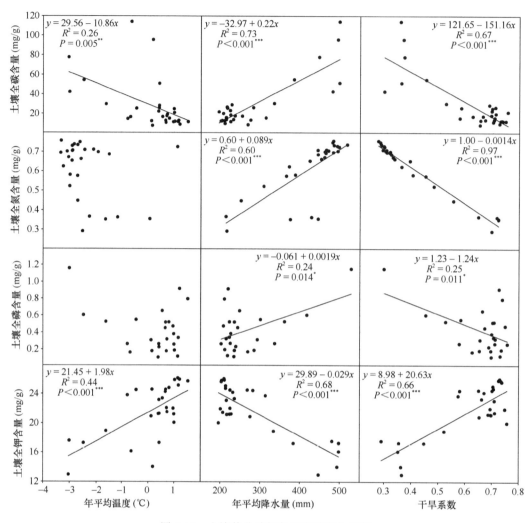

图 4-10　土壤养分随气象因素的变化规律

数，而干旱系数对土壤全氮和全磷的贡献高于年平均温度和年平均降水量。所以，可以根据年平均降水量确定土壤全碳（年平均降水量每增加 100mm，土壤全碳升高 22mg/g）和全钾（年平均降水量每增加 100mm，土壤全钾降低 2.9mg/g）的恢复目标（表 4-5），而根据干旱系数确定土壤全氮（干旱系数每增加一个单位，土壤全氮降低 0.0014mg/g）和全磷（干旱系数每增加一个单位，土壤全磷降低 1.24mg/g）的恢复目标。

（二）草甸草原恢复的指标与评价

本研究基于草地退化的植被恢复和土壤改造，分别制定了植被和土壤恢复的状态过渡阈值，依据监测指标按照完全恢复、恢复良好、已恢复和未恢复 4 个阶段的顺序对草甸草原的恢复阶段进行评价。当 70% 以上的检测指标达到某恢复阶段规定值时，则判定草地处于该恢复阶段；若达到某恢复阶段规定值的指标不足 70%，则依次向后进行判定，直到符合某恢复阶段规定值的指标达到 70%（表 4-6）。

表 4-6　恢复评价指标及分级阈值

监测项目		草地恢复阶段			
		完全恢复	恢复良好	已恢复	未恢复
植被特征	植物密度减少率（%）	<20	20～30	>30，≤45	>45
	植物高度减少率（%）	<20	20～35	>35，≤60	>60
	植物物种丰富度（%）	>0.9	0.85～0.9	≥0.6，<0.85	<0.6
	盐碱化草地指示植物生物量增长率（%）	<10	10～20	>20，≤45	>45
	演替度	>2.5	2～2.5	≥1.5，<2	<1.5
土壤特征	pH	<8.5	8.5～9.5	>9.5，≤10	>10.0
	容重增加率（%）	<5	5～10	>10，≤15	>15
	有机质减少率（%）	<40	40～70	>70，≤90	>90
	全氮减少率（%）	<30	30～60	>60，≤90	>90
	全磷减少率（%）	<30	30～60	>60，≤90	>90
	全钾减少率（%）	<30	30～60	>60，≤90	>90

第二节　沙质草地恢复过程与机制

作为天然草地的重要组成部分，沙质草地是我国北方干旱及半干旱地区重要的土地资源，其为周边畜牧业饲草的重要来源。由于地处半干旱草原气候带，沙质草地生态系统较脆弱，加之人类过度利用，导致其系统稳定性下降，退化程度加剧（许永平，1998；赵哈林等，1999；丁勇等，2006）。沙质草地现已成为我国北方沙尘暴的主要沙尘源区。深入探究沙质草地恢复机制，构建科学完善的沙质草地退化及恢复评估体系，对生态环境保护及畜牧业发展均有极其重要的作用，并利于我国顺利开展生态环境建设（韩广，1996；赵廷宁等，2003）。

一、沙质草地恢复对影响因子的响应

有关影响沙质草地恢复因素的问题，我国学者各抒己见。有一种观点认为，自然条件恶劣是限制沙质草地恢复的主要因素，其是一种纯自然过程，即气候地貌过程，旷日持久的干旱是招致沙漠化并限制草地恢复的主导因素（李振山等，2006）。另有学者认为，沙质草地恢复较慢的原因是在恶劣自然条件的基础上，人为不合理经济活动导致的，主要包括过度开垦、过度放牧、过度樵采、过度利用水资源及工程建设等（龙瑞军等，2005）。还有一些学者认为，沙漠化是自然因素和人为活动共同作用的结果，但是随着时间和空间尺度的变化，气候和人类活动因素在沙漠化或沙质草地恢复过程中的作用存在差异。

二、沙质草地植被和土壤恢复的过程和机制

（一）沙质草地恢复过程中植被及土壤特征

了解沙质草地恢复过程中，土壤和植被特征及二者之间的相互作用关系，是探究草

地退化机理、制定合理的草地恢复措施及确定草地恢复过程中限制因子的关键。如上文所述，过度放牧对草地植物群落和土壤具有较强的破坏性，通常其被视为导致科尔沁草地沙化的主要原因之一。在沙质草地恢复的过程中，植物地上、地下生物量及凋落物生物量显著增加（图 4-11）。Su 等（2004）研究表明，与持续放牧地相比，禁牧 10 年及禁牧 5 年可分别使植物总生物量增长 2.9 倍和 1.6 倍，植被盖度的增加有效地减缓了风蚀作用。此外，禁牧后，牲畜踩踏土壤的消失使得地表的浅根系统得到恢复，从而降低土壤容重。在沙质草地中，维持并提高沙丘稳定性是保护沙质草地生态系统植物物种多样性的最有效方法，植物物种丰富度随着沙丘稳定性的增加而增加，因此探究植物在具有不同稳定性沙丘中的时间和空间分布特征十分必要。半干旱地区具有不同稳定性的沙丘产生了不同沙丘生境类型，包括以先锋植物为主的流动沙丘和以多年生灌木为主的半固定沙丘，以及以草本植物为优势种的固定沙丘。沙质草地中的先锋植物沙蓬（*Agriophyllum squarrosum*）能在贫瘠的沙土中生存、繁殖，使其成为流动沙丘优势种。随后，多年生亚灌木褐沙蒿（*Artemisia halodendron*）通过有性繁殖入侵沙蓬种群，利于沙丘稳定并形成半固定沙丘。此外，在褐沙蒿冠层下形成营养丰富、保水的基质，为草本植物幼苗的生长提供了适宜环境（Su et al.，2004）。草本植物依靠灌木冠层下的土壤养分，开始在半固定沙丘上逐渐繁殖扩散，灌木则随着沙丘稳定性的增加从半固定沙丘中逐渐消失。同时，草本植物的大量繁殖导致掉落物积累，显著改善了土壤性质，将半固定沙丘变为固定沙丘，并在此建立更多草本植物，最终使得沙质草地得以恢复。

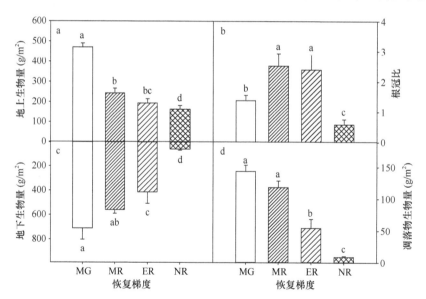

图 4-11　不同恢复梯度草地地上生物量、地下生物量、凋落物生物量及根冠比

MG、MR、ER 和 NR 分别代表成熟草地、恢复中期、恢复初期和未恢复草地。下同

土壤是一种兼具物理、化学和生物特性的物质，其许多性质间存在相互作用，因此土壤性质的改善及全面恢复相比于植被恢复更加缓慢。在沙质草地恢复过程中，土壤pH、电导率及容重显著降低，土壤含水量升高（图 4-12）；土壤养分含量升高（图 4-13）；可交换性阳离子含量和黏粒含量升高（图 4-14）。Li 等（2011）研究表明，禁牧 8 年后，

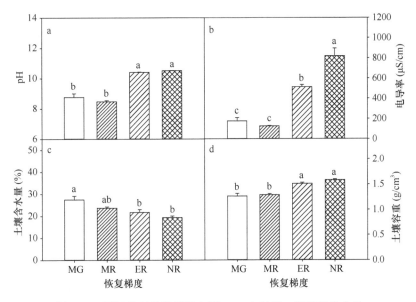

图 4-12 不同恢复梯度草地土壤 pH、电导率、容重及含水量

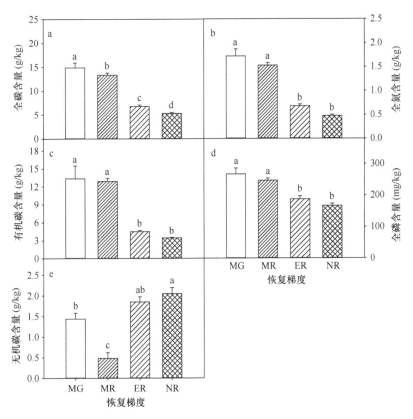

图 4-13 不同恢复梯度草地土壤全碳、有机碳、无机碳、全氮和全磷含量

草地在一定程度上得以恢复，深层（0～100cm）土壤中有机碳、全氮、细沙、淤泥、黏土、电导率、总矿物（Al$_2$O$_3$、K$_2$O、Na$_2$O、Fe$_2$O$_3$、CaO、MgO、TiO$_2$ 和 MnO）、微量

元素（Fe、Mn、Zn、B、Cu 和 Mo）含量及重金属（Pb、Cr、Ni、As、Hg、Cd 和 Se）含量增加，并且粗砂含量、土壤容重和 SiO_2 含量降低。此外，禁牧提高了表层（0～20cm）土壤养分含量及阳离子交换量，说明在草地恢复的过程中，土壤中的化学元素存在活化的趋势。

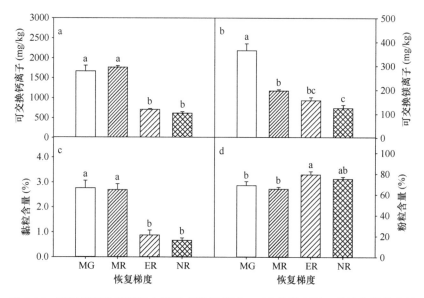

图 4-14　不同恢复梯度草地土壤可交换钙离子、可交换镁离子、黏粒和粉粒含量

此外，在草地恢复过程中，土壤物理结构也发生了显著的变化，随着沙质草地的恢复，土壤大团聚体所占比例显著升高（图 4-15）。土壤微团聚体所占比例变化范围为 50.24%±2.04%～59.02%±1.7%，恢复中期草地、恢复初期草地和未恢复草地土壤微团聚体所占比例显著高于成熟草地。土壤淤泥+黏土组分所占比例在不同恢复梯度之间没有显著差异（图 4-15）。随着沙质草地的恢复，土壤团聚体平均重量直径和平均几何直径均显著增大（图 4-16）。土壤团聚体平均重量直径变化范围为 0.17mm±0.01mm～0.23mm±0.01mm，成熟草地显著高于恢复中期、恢复初期和未恢复草地，且 4 个恢复梯度草地之间均具有显著差异（图 4-16a）。土壤团聚体平均几何直径变化范围为 0.19mm±

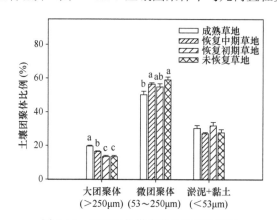

图 4-15　不同退化梯度草地团聚体比例

0.01mm～0.22mm±0.01mm，成熟草地显著高于恢复初期和未恢复草地，恢复中期草地、恢复初期草地和未恢复草地之间没有显著差异（图4-16b）。研究表明，土壤团聚体平均重量直径变化主要是由可交换钙离子含量变化导致的（解释度达 32%），此外，其还受到可交换镁离子含量和植物地下生物量的影响（图4-17）。

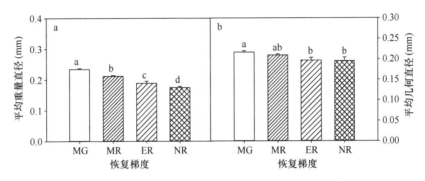

图 4-16 不同退化梯度草地土壤团聚体平均重量直径和平均几何直径

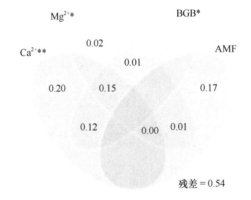

图 4-17 土壤可交换钙离子（Ca^{2+}）、可交换镁离子（Mg^{2+}）、地下生物量（BGB）和丛枝菌根真菌（AMF）生物量对土壤团聚体平均重量直径的方差分解结果

在退化草地恢复过程中，植物和土壤之间存在一定的相互作用关系。沙丘稳定过程中植物的分布主要取决于土壤有机碳、全氮、pH、电导率、土壤含水量和土壤物理结构等土壤因子。植物物种丰富度在流动沙丘中与土壤有机碳及全氮含量呈极显著正相关；在半固定沙丘中，物种丰富度与土壤有机碳、全氮、碳氮比和土壤细小颗粒含量呈极显著正相关。由此可见，不同的沙丘生境对土壤资源的依赖性是决定沙丘生态系统物种多样性的重要因素。由于流动沙丘中的植被覆盖率较低，凋落物积累较少，长期风蚀导致土壤颗粒粗化和土壤养分流失，并且增加土壤性质的时间和空间的异质性，使得土壤养分（有机碳和全氮）成为决定植物物种丰富度的最重要因素。

（二）沙质草地恢复过程中的土壤水分限制

土壤水分是水文循环的重要组成部分，目前国内外学者对于降水对土壤水分含量的影响，土壤水分时空动态特征及运动机理，土壤水分含量改变对植物生长、生物结皮、土壤性质和生态系统功能的影响等内容进行了大量研究。在干旱及半干旱区，降水量较少导致较低的土壤含水量是限制植物生长发育的重要生态因子，也是致使草地沙化及限制沙质草地植被和土壤恢复的主要原因。土壤水分缺失会影响土壤微生物活动及植物生长（图 4-18）。王月等（2015）研究表明，土壤水分收支不平衡所导致的土壤水分减少是干旱区白刺沙堆退化的主要原因。在科尔沁沙地中，固定沙丘的植物物种多样性与降水量变化呈正相关，降水量的增加利于植物的生长及退化草地的恢复，其中一年生植物的丰富度受降水量变化的影响最大，其次为多年生植物，而灌木基本不受影响（常学礼等，2000）。毛伟等（2016）研究表明，水分添加（包括冬季增雪和夏季增雨）可以增加科尔沁沙地植物群落内豆科植物的生物量。沙质草地土壤水分含量及时空分布变化过程较为复杂，其与地形、降水和土壤特性等各种环境因子密切相关，共同决定植物分布特征。Zuo 等（2017）对科尔沁沙地的研究结果表明，从草地生境到沙丘生境，土壤有机碳、全氮和土壤含水量的平均值均呈下降趋势。草地生境中植被分布主要由土壤含水量、电导率和海拔决定；沙丘生境中植被分布主要由土壤有机碳、全氮和电导率决定。在沙丘尺度上，植物分布由土壤性质和地形共同决定，其中地形可以通过影响土壤含水量的再分配及养分和土壤颗粒的积累和输出，从而间接影响植物分布。

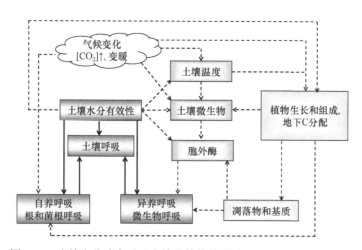

图 4-18　土壤水分改变对于土壤和植物的影响（Wang et al.，2014）

人类活动加剧全球变化，其中全球变暖和大气环流加剧改变水文循环，导致全球范围降水格局发生转变。据大气环流模型预测，未来极端气候事件（如降水量和降水频率变化导致极端干旱和强降水及降水季节性干旱）的频率和强度将会呈现增加的趋势，这些变化会通过改变土壤水分含量进而缓解或加剧退化草地恢复过程中的水分限制。以往的研究多关注雨量的变化，如研究表明较低的土壤含水量对物质循环和流动可产生较大影响，提高沙质草地植被可利用的土壤水分含量可以促进沙质草地生态系统碳循环（孙殿超等，2015）。土壤含水量被认为是决定土壤呼吸动态变化的最主要因素，是因为土壤水分状况直接影响土壤有机碳的可移动性和土壤的通气状况，从而间接地影响微生物、动物的代谢活动，进而对土壤呼吸产生影响（褚建民等，2013）。此外，土壤含水量较低可减弱地上植物光合作用为根系代谢和生长提供碳基质的能力（Wang et al.，

2014)，并可能通过降低植物碳同化能力，增加碳在植物叶片中的停留时间，从而延长了碳从植物向土壤分配的时间。土壤水分含量较低可抑制土壤微生物活性，进而影响与营养循环相关的土壤酶的数量和活性，加之在恶劣水环境下，不稳定底物的缓慢扩散，最终土壤有机质的分解将受到抑制。土壤含水量的变化除了对碳循环产生影响，对氮循环也可产生较大影响。陈静等（2016）研究表明，田间持水量对科尔沁沙质草地土壤氮矿化和硝化作用影响显著，矿化和硝化速率在一定范围内随田间持水量的增大而增大，而当田间持水量高于 9.5%时，科尔沁沙地土壤矿化和硝化速率开始降低。然而，已有研究对于降水频率改变产生的生态影响的关注度较低。研究表明，当降水频率降低时，降水间隔将延长、降水事件将变大，因此，增加了土壤水分含量的变异系数，增大了土壤含水量的波动（图 4-19）。这种降水变化将减少沙质草地地上生物量、增加地下生物量，从而增加根冠比，不利于退化草地地上生物量的积累（图 4-20）。这种不稳定的土壤水环境不仅会对植物生长产生不利影响，同时也对土壤微生物及土壤动物产生抑制作用。研究表明，降水频率降低，会显著降低土壤微生物生物量氮含量（图 4-21），并减少土壤线虫的总丰度和食细菌线虫的丰度（图 4-22）。此外，降水频率降低将增加氮素损失，从而降低土壤中无机氮含量（图 4-23），不利于草地的自然恢复过程。由此可见，土壤水分含量是影响位于干旱和半干旱地区的退化草地恢复的关键因子，其可从多方面影响草地的自然恢复过程。

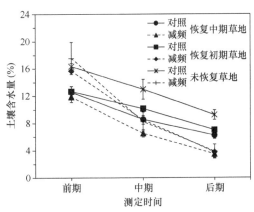

图 4-19　对照及降水频率降低时一个降水周期内的土壤含水量变化

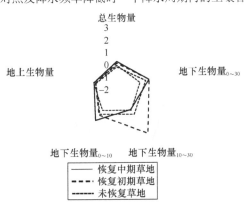

图 4-20　降水频率降低对沙质草地生物量的影响

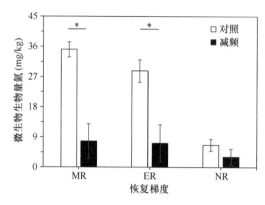

图 4-21 降水频率降低对不同恢复梯度草地微生物生物量氮的影响

MR、ER 和 NR 分别代表恢复中期、恢复初期和未恢复草地；*$P<0.05$。下同

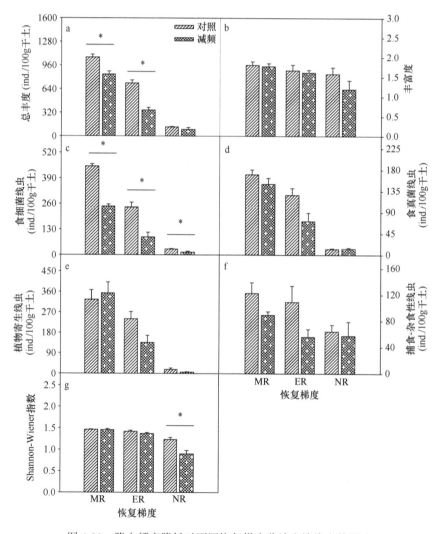

图 4-22 降水频率降低对不同恢复梯度草地土壤线虫的影响

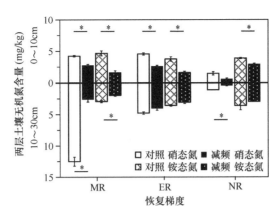

图 4-23　对照及减频降水模式下不同恢复梯度草地两层土壤中无机氮含量

（三）植被自组织恢复对沙质草地干扰的响应

沙质草地恢复的首要目标是对草地生产能力（包括草地植被与家畜生产力）的恢复与提高；其次是对草地周围地区人类生存生活环境的改善。在实际退化草地治理过程中，生物生态技术的应用也常常结合其他技术，特别是对于退化十分严重草地而言，同时采用多种技术措施会收到更好的治理效果，而且能够缩短草地的恢复时间（张俊刚，2016；苏政等，2017）。无论采取怎样的恢复方式，都会涉及恢复区中的植物个体、种群及群落在应对所在生存环境发生变化时所表现出的主动性和被动性，即自组织和他组织。组织是一个过程，是生态系统演化的一种主要行为，属于一类特殊的演化过程。自组织是指在一定条件下，系统自动地由无序走向有序、由低级有序走向高级有序的演变过程。植被格局的自组织过程是多数水分限制型生态系统的重要特征，表现在景观、结构和功能等方面。随着资源的增加或减少，生态系统会经历一个可预测的自组织格局形成过程。

1. 沙地植物根冠比对不同恢复梯度的响应

植被自组织恢复是指植物在受到扰动时，能够主动寻找适宜的生境，通过繁殖体扩展行为，充分利用和占据生态位资源，表现为动态的、稳定的植被景观过程。研究表明，随着退化草地恢复，一年生植物逐渐被多年生植物替代，植物的根冠比显著增加，利于改善周围土壤的微环境，如提高土壤水分保持能力及养分改善等，更加利于退化草地的恢复。沙质草地植物自组织恢复的动力机制是协同进化的响应性，繁殖体产生过程中表现的生物与气候的协同性，以及繁殖体遗传过程中表现的与气候、水分、种间、资源谱及干扰的协同性。植被的自组织恢复体现在其形态特征上是其所具有的可塑性，以及植物种群生命节律响应于该地区的气候节律变化，沙质草地植被的自组织性体现了植物体与变化的生长环境长期协同进化的过程。沙质草地种群通过自组织更新形成与该地区气候环境相适应的形态器官、植物节律及繁殖方式等，且所形成的这些形态结构和生理功能，均可通过遗传而延续，以使植物更好地适应环境变化。围封禁牧作为当前退化草地恢复与重建的重要措施之一，已经被世界各国广泛应用在草地生态系统的恢复当中。对于采用围封禁牧进行生态恢复的草地而言，草原植被进行的自组织恢复调节是草原全面恢复的驱动力，也是维持沙质草地植物种群的稳定与更新的基础。由此可见，将沙质草地植被的自组织恢复机制和方式应用于退化草原生态系统的自组织恢复过程中具有重要意义。

2. 沙地植被自组织恢复对气候变化的响应

生物的生命节律受制于气候节律，表现为每一物种的物候。植被是在气候变化曲线和植物节律曲线协同变化下所表现出的景观特征。沙质草地植被自组织恢复的根本前提是植物繁殖节律与气候节律的一致性。沙质草地植被的繁殖行为使其在种群、群落和植被更新过程中具有自组织性，这种自组织性体现为植物有性繁殖的生境选择和气候选择的可塑性，该种可塑性使沙质草地植物在适应环境变化过程中具有了主动性，减轻了环境胁迫压力，自我消除无序的干扰状态，趋向有序的种群和群落，最终实现自组织恢复过程。

（1）繁殖成效的植被自组织恢复对干扰的响应

沙质草地在响应极端的自然环境胁迫和人为干扰时，在繁殖投资和繁殖分配方面同样具有可塑性。这种可塑性保证了沙质草地植被在胁迫和干扰下的自我修复和种群的保存能力，使整个沙质草地植被具备了自组织恢复的可能。同时具有有性繁殖和无性繁殖的物种能较好地适应变化的环境，其自组织恢复能力较强。沙质草地中的大多数植被同时具有两种繁殖方式，实现不同环境胁迫和人为干扰下的种群修复和更新。沙质草地植被类群所具有的有性繁殖能力及大量结实的特点，使其具有更新种子的潜力。有些植物结实率较低，但它通过高的有性繁殖投入和分配，保证了种群繁殖，增加种群变异性，以便适应环境变化。此外，植物也可通过延长种子活力的方式来实现种群更新。植物不同的繁殖投资与繁殖分配使沙质草地在恢复方面表现为不同的自组织性。兼具种子繁殖、密集型克隆和游击型克隆的植被的自组织恢复能力最强；其次是具有种子繁殖和游击型克隆的植被的自组织恢复；再次为具有种子繁殖和密集型克隆的植被的自组织恢复；自组织恢复能力较弱的为只有种子更新的沙质草地植被类群。

（2）植被种子自组织恢复对环境变化的响应

种子是有性繁殖植物所特有的延存器官，其休眠和萌发关系到植物种群的生存和发展。种子也是植物为适应环境变化，并且保持自身的繁殖发展而形成的一种生物特性，其具有重要的生态学意义。在沙质草地中，沙埋与风蚀是植物分布的两个重要选择压力，也是影响种子萌发、幼苗出土和幼苗存活的关键因子。许多研究已阐述沙埋能够改变植物的生存条件，如湿度、温度和土壤有机质，进而对沙生植物种子的萌发和幼苗生长产生一定的影响。覆沙太厚或太薄都可能抑制种子萌发和幼苗成活，覆沙的厚度取决于气候因子中的风动力，因此，合适的生态因子是植物种子萌发和幼苗存活的必要条件（李荣平等，2004；赵丽娅等，2006），研究表明，随着沙埋深度的增加，植物的发芽率和出苗率显著降低。深入探究沙埋对不同沙区植物种子萌发及幼苗生长的影响，可为植被的有效恢复提供重要的科学依据。

沙质草地中大多数植被的种子对于当地水分条件变化较为敏感，其能够高效利用土壤水分,该特性使植被种子在土壤含水量较低的情况下也可正常萌发。不同沙质草地植被种子的水分利用效率存在差异,使得沙质草地植被在不同的降水条件下呈现出不同的种群更新。对水分敏感的植物能迅速且高效利用有限的土壤水分进行种子萌发,这类植物多为 r 对策者。对水分利用效率较低的植物,对土壤水分的含量及其时空分布都有较高的要求,只有当土壤水分较为充足时,其种子才可萌发,这类植物多为 K 对策者。虽然,K 对策者对水分变化的适应能力较低,但在土壤水分充足时,已经萌发的该类植物种子的成活率较高,避免出现"闪苗"现象。其中未萌发的种子还可形成土壤种子库,因该类植物种子在较长时间中仍可保持较高活性,所以在土壤水分条件适宜时,休眠的种子可被激活进行萌发。沙质草地植被种子对土壤水分利用效率的差异,使得沙质草地对水分条件的选择具有了主动性,从而在不同降水条件下,沙质草地都可保证一定的植被盖度。

植被种子除了对非生物环境变化会产生自组织恢复响应,对生物环境变化也会产生一定的响应。植物的他感作用对种子发芽及幼苗建成具有显著影响(马越强等,1998),如沙质草地植被中不同植物体器官的浸出液对种子的萌发和幼苗的形态建成均有抑制作用,表现为较强的他感排斥作用(杨持,2000;高润宏,2003)。此外,在沙质草地无性繁殖能力增强的情况下,植物的自疏作用将加强其对其他植物个体(包括同种和非同种植物)生长繁殖的抑制,从而导致生物多样性下降。然而,生物多样性的下降并不随环境改变而发生变化,其只与沙质草地无性繁殖体系有关。

第三节 盐碱化草地恢复过程与机制

一、不同羊草群落空间拓展特征的模拟

(一)不同植物群落羊草空间拓展特征

在松嫩草地,羊草是重要的建群种和优势种之一。在退化草地斑块,羊草常常伴生有狗尾草(*Setaria viridis*)、光稃茅香(*Hierochloe glabra*)和芦苇(*Phragmites australis*)等,形成物种多样性较高的羊草+杂类草群落,物种间的关系会变得更加复杂。竞争是物种间相互作用最普遍的一种关系,而种间竞争是影响羊草空间拓展的重要因素。在种间竞争存在的情况下,羊草会做出一系列反应以降低竞争带来的损耗,其构件特征在某种程度上也可很好地揭示了物种间的竞争关系。

通过盆栽实验模拟羊草从健康土壤斑块向盐碱土壤斑块拓展的实验,在正常土壤斑块分别种植羊草,以及羊草与光稃茅香混播,观测羊草拓展至盐碱斑块后的生长情况。结果表明,羊草与光稃茅香混播时,更加有利于羊草向中度胁迫盐碱斑块拓展,羊草总根状茎长度及在盐碱斑块上的总生物量增加,在形态特征上具体表现为盐碱斑块上羊草的株高、叶面积呈增加趋势。种间竞争加剧时,植物通常会通过改变其构件数量和长度以提高其空间拓展能力,并采取逃离策略。可见,羊草群落多样性高时,可促进羊草向盐碱斑块的拓展,进而更利于退化斑块的修复。

羊草空间拓展还受到种内竞争的影响。设置羊草不同的初始种植密度，观测羊草向盐碱斑块的拓展及生长情况。结果表明，低密度初始条件下盐碱斑块羊草地上生物量显著增高，分蘖数也显著增加，但对地下生物量无显著影响。密度制约效应主要对羊草拓展后的繁殖力、定植能力产生明显作用。低的密度制约会增强克隆植物的繁殖能力和定植存活能力，从而提高其向新斑块的拓展能力。前期研究也发现，高密度引起的种内竞争会导致克隆植物根系的过度生长，从而影响无性系根状茎生物量的分配，进而影响其空间拓展潜力。羊草通过克隆整合调节分株间的合作，从而最大限度地避免种内竞争，这有利于羊草种群结构稳定及空间拓展。

羊草属于耐盐碱植物，可在盐碱土壤上正常生长，而且可在碱斑上形成群落。羊草的解剖结构上并没有耐盐碱的特殊结构，主要是因为其自身形态结构和生理功能具有一定的适应性。盐碱胁迫能够影响羊草根状茎的分枝强度、分枝角度及芽库大小、生物量分配，从而影响其空间拓展。尽管羊草通过形态结构的可塑性变化适应盐碱环境，但其空间拓展往往受到胁迫程度的影响。

不同盐碱化程度下的羊草空间拓展特征的盆栽模拟实验表明，羊草由健康土壤斑块拓展至中度盐碱（pH 为 9.93，电导率为 277μS/cm）胁迫斑块后，在第一年生育期末期，盐碱斑块内羊草总的根状茎长度达 200cm/盆，芽库数量达 100 个/盆，长势非常可观。但随着盐碱胁迫程度的加剧，羊草的空间拓展受到严重影响。在重度盐碱（pH 为 10.24，电导率为 512μS/cm）胁迫下，盐碱斑块内羊草分株芽库大小和叶面积均显著降低，盐碱斑块内的羊草根状茎总长度也显著减少，但其间隔子长却显著增加，其生长构型更加倾向于"游击型"。

外界生物因素或非生物因素干扰往往与盐碱胁迫耦合，共同影响羊草的空间拓展。刈割或种间竞争均能显著增加中度盐碱胁迫斑块羊草分株的总生物量。在中度盐碱胁迫条件下，刈割减少了位于健康土壤斑块羊草分株的总生物量。对整个克隆系来说，刈割、竞争及两者的交互作用均没有导致总生物量的显著差异，而是引起了生物量分配格局的变化。究其原因，是因为刈割健康斑块羊草引起的补偿性生长，其增加的生物量并没有分配给这些植株本身，而是分配至远端盐碱斑块羊草分株。羊草在刈割条件下采取的这种生物量转移策略，更加有利于其空间拓展。在重度盐碱胁迫下，仅刈割处理显著增加了盐碱斑块羊草分株的总生物量。刈割、竞争及其互作显著降低了健康斑块羊草分株的总生物量。

在中度盐碱胁迫条件下，种间竞争可显著增加盐碱斑块羊草分株的地下生物量，而刈割处理可显著增加重度盐碱斑块羊草分株的地下生物量。中度盐碱胁迫和重度盐碱胁迫条件下，刈割处理对健康土壤羊草分株地下生物量均没有显著影响，但其交互作用显著降低了重度盐碱胁迫斑块羊草分株的地下生物量。

（二）放牧和割草的羊草空间拓展特征

放牧和割草是草地生态系统中常见的干扰方式。割草或放牧会改变群落原有结构。羊草被刈割之后，为矮生草类提供了可利用的空间和资源，群落多样性升高（祝廷成，2004）。另外，动物采食和刈割还会去除植物顶端优势，促进分蘖生长，激发超补偿效应。放牧干扰下羊草的横向间隔子缩短，而间隔子节数显著增长。外界干扰还能增加植物对地下生物量的投入，这是地下根状茎拓展的物质基础。有研究发现，刈割干扰能使克隆植物后代根状茎长度变短，数量增加，而对根状茎分枝角度无影响，且过度刈割还能使地上生物量、根状茎生物量均降低，有效地控制植物根系的拓展（李西良，2016）。

羊草地下横向游走根状茎是其空间拓展的主要"贡献者"，其在地下空间利用"觅食"行为开辟新生境。盆栽模拟实验表明，刈割干扰是影响羊草无性系空间拓展的最重要因素，其对羊草无性系空间拓展潜力、拓展后的繁殖能力及地上拓展距离都表现出明显的作用效应。结果表明，在中度盐碱胁迫下，刈割/放牧处理可增加羊草在盐碱斑块的拓展距离，且可显著增加盐碱斑块羊草分株的株高、叶面积及芽库密度。另外，根状茎条数也可很好地反映羊草地下根系的空间拓展潜力，刈割处理对羊草根状茎条数也具有明显的干扰效应。还有研究表明，刈割与竞争的互作却对羊草向盐碱斑块的拓展不利（Wang et al.，2019）。

克隆植物通过原生质和内部生理机制的调控实现对胁迫环境的耐受性，生理调控与形态可塑结合，增强其对胁迫环境耐受的同时，空间拓展能力也增强。刈割/放牧处理还可影响羊草的气体交换参数。盆栽模拟实验表明，刈割处理可使光合速率和气孔导度分别增加23%和16%（$P<0.05$）。这可能是羊草已对长期的竞争环境产生适应，在生理水平上已无显著差异。但是刈割和竞争的互作可使光合速率和蒸腾速率分别显著增加35%和29%，使气孔导度增加29%，结果表明刈割和竞争对羊草光合速率和蒸腾速率的影响存在显著交互作用，而刈割、竞争及其交互作用对胞间 CO_2 浓度的影响却不大。

综上所述，种间竞争、刈割均可显著增加中度盐碱斑块羊草的芽数和冠层大小（叶面积×株高），也可增加羊草在中度盐碱斑块的拓展距离。但随着盐碱胁迫程度的增加，羊草的空间拓展会受到抑制。另外，竞争和刈割互作对羊草在盐碱斑块的拓展往往不利。这主要是由羊草的生物量分配格局发生改变造成的。植物生物量分配权衡是适应异质环境的主要策略之一。外界干扰、胁迫、植物间的竞争及种群自身结构均能影响羊草根状茎叶构件间的生物量分配，因而能影响羊草的空间拓展。竞争和刈割互作对羊草近端株的损害严重，较大一部分生物量分配至地下部分用于储藏，从而抑制了羊草的拓展。刈割引起的羊草补偿性生长及生物量的再分配，是羊草空间拓展的机制。羊草在盐碱斑块的生长，有利于改良盐碱斑块生境，从而有利于其他植物的生长和定居，达到治理盐碱地的目的。

羊草采取不同的生存对策以应对外界环境的干扰和胁迫，不同的生存对策往往表现出不同的空间拓展行为。另外，盐碱胁迫程度能够显著影响羊草的空间拓展。羊草的空间拓展对轻度和中度盐碱斑块的恢复效果更加明显，而对重度盐碱胁迫斑块的效果则不显著。盐碱化羊草草地盐碱斑块上植被恢复的速度还取决于盐碱斑块面积的大小。小的盐碱斑块面积利于羊草等无性系植物根状茎的逐步侵入，同时周围大量植物种子的散落，提高了种子在碱斑上的发芽存活率。由此看来，利用克隆植物空间拓展进行盐碱斑块草地的修复，应在退化前期实施该技术手段，在盐碱化程度较低、斑块较小的时期进行。这对预防更加严重的草地退化效果会更明显。

二、羊草草地盐碱斑块的土壤恢复过程

（一）土壤理化特征的空间变化过程

盐碱化草地斑块化恢复过程中，土壤理化性质发生显著改变，尤其以土壤 pH 和电导率的降低为典型特征。从碱斑到边界，再到羊草斑块的空间恢复过程中，土壤 pH 逐渐降低，由 9.46 降低到 9.40，再降低到 8.99。以往研究结果也证明，松嫩平原不同植物斑块下土壤 pH 有显著差异，具体表现在盐碱植物如碱茅和碱蓬下土壤中 pH 高于羊草植物（张唤等，2016；郭继勋等，1998；金志薇等，2018）。对于羊草斑块下土壤 pH 的研究结果具有细微差异，因为羊草对于盐碱的耐受能力较强，可以生长在近中性的土壤中，也可以耐受高盐碱胁迫的环境。土壤电导率与 pH 之间呈现极显著的正相关关系，pH 较高的碱斑土壤同样含有较高的电导率，为 536.2μS/cm，碱斑羊草边界电导率为 452.4μS/cm，羊草斑块电导率为 348.7μS/cm。本研究结果与在松嫩草原上开展的其他研究结果类似，如赵丹丹等（2018）的研究结果表明，虎尾草群落土壤电导率最高，达到了 579μS/cm，与羊草群落相比升高了 72.7%，其次是碱蓬群落土壤电导率为 473μS/cm，高出羊草群落 41.1%。

盐碱化草地斑块化恢复过程中，土壤有机碳逐渐增加，碱斑土壤有机碳含量为 0.66%，碱斑羊草边界为 0.80%，羊草斑块为 1.09%；土壤全氮含量也是呈现逐渐增加的趋势，在碱斑、碱斑羊草边界和羊草斑块下土壤全氮含量分别为 0.09%、0.100% 和 0.11%；土壤全磷含量变化不大，在碱斑、羊草斑块及碱斑和羊草边界为 0.03%。这与以往研究结果类似，如张唤等（2016）研究证明，随着退化草地的恢复，土壤有机质、全氮含量逐渐增加。

（二）土壤微生物的空间变化过程

由于盐碱地所处的地形、含盐量、含水量等的不同，在松嫩平原上分布着各种类型的植物群落。盐碱化草地植被类型的多样性，主要受土壤盐碱化程度的影响。在轻度盐碱化、含水量较高、较肥沃土壤上，主要分布以羊草为优势、伴生多种植物的群落；随着盐碱化程度的增加，大部分植物种类不能适应这种环境，而羊草作为耐盐碱的根茎型植物，可以在中等程度盐碱化的土壤上生长，形成羊草群落，但是随着盐碱化程度的加剧，只有盐生植物才能生长，形成盐生植物群落（王德利等，2019）。在松嫩平原上，由于地形的原因，羊草斑块和碱斑可以同时出现，形成斑块化分布的植物群落（图 4-24）。不同植物群落下土壤微生物的数量、多样性及群落组成存在显著差异。

在对退化草地斑块化恢复过程中的土壤微生物多样性变化规律的研究中发现，细菌多度和多样性指数变化幅度较小，但是随着恢复的进程而呈现逐渐增加的趋势。细菌 OTU 数在碱斑中为 2188.5，碱斑羊草边界为 2253.8，羊草斑块为 2306.2；Shannon-Wiener 指数在碱斑中为 6.360，碱斑羊草边界为 6.446，羊草斑块为 6.486；基于丰度的覆盖估计值（abundance-based coverage estimator，ACE）指数在碱斑中为 2956.9，碱斑羊草边界为 3029，羊草斑块为 3148.3；Chao 指数在碱斑中为 2974.8，碱斑羊草边界为 3032.9，羊草斑块为 3147（表 4-7）。盐碱化草地恢复过程中土壤微生物多样性的变化规律强烈

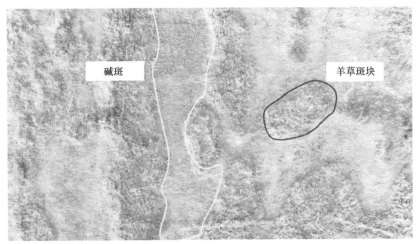

图 4-24　松嫩平原盐碱化草地航拍图（王圣囡摄）

表 4-7　松嫩平原盐碱化草地斑块化恢复过程中细菌多样性指数

多样性指数	碱斑	碱斑羊草边界	羊草斑块
OTU 数	2188.5±157.12	2253.8±92.027	2306.2±132.42
Shannon-Wiener 指数	6.360±0.189	6.446±0.111	6.486±0.178
ACE 指数	2956.9±208.73	3029±122.91	3148.3±165.99
Chao 指数	2974.8±224.15	3032.9±126.64	3147±160.47

依赖于地上植被和土壤理化性质的恢复情况（代金霞等，2019），一般认为，随着地上植被的恢复，盐碱化程度的降低，土壤微生物多样性增加（Zhang et al.，2013；李新等，2014）。也有研究表明，草地恢复并没有改变土壤细菌和真菌群落的 α 多样性（金志薇等，2018）。关于盐碱化草地恢复过程中，微生物多样性的变化规律的研究没有一致性结论，因为土壤微生物数量庞大，种类繁多，同时受到植被和土壤的调控作用，在草地恢复过程中，植被和土壤的变化均会影响微生物，所以微生物的变化是复杂的，草地恢复过程中微生物的变化依赖于所研究的区域环境及研究尺度。

与退化草地相比，未退化的草地土壤细菌和真菌群落结构均发生显著变化。一般来讲，在门水平上，盐碱化草地恢复过程中不会产生较大的变化。无论是退化草地还是恢复后的草地，细菌的主要类群主要为放线菌门（Actinobacteria）、变形菌门（Proteobacteria）、绿弯菌门（Chlorofexi）、厚壁菌门（Firmicutes）、拟杆菌门（Bacteroidetes）、硝化螺旋菌门（Nitrospirae）、浮霉菌门（Planctomycetes）、蓝细菌门（Cyanobacteria）和异常球菌-栖热菌门（Deinococcus-Thermus）（表4-8）。以往研究也表明，无论未退化草地还是退化草地，细菌优势门不会改变，变化的只是优势门的相对多度（金志薇等，2018；牛世全等，2012；代金霞等，2019）。

表 4-8　松嫩平原盐碱化草地斑块化恢复过程中细菌优势门类相对多度（%）

细菌类群	碱斑	碱斑羊草边界	羊草斑块
放线菌门	36.52±4.853	35.33±4.894	32.54±3.291
变形菌门	18.53±2.355	21.16±3.913	22.33±4.09
绿弯菌门	14.85±2.931	14.14±3.559	15.51±2.88
厚壁菌门	4.334±0.915	4.095±1.079	4.202±1.264
拟杆菌门	2.411±0.425	2.78±0.844	1.981±0.408
硝化螺旋菌门	1.244±0.314	1.242±0.372	1.686±0.664
浮霉菌门	0.988±0.364	0.914±0.582	0.990±0.438
蓝细菌门	0.412±0.387	1.19±2.264	0.577±0.487
异常球菌-栖热菌门	0.974±0.450	0.705±0.377	0.375±0.268

在松嫩平原盐碱化草地开展的研究结果表明，由碱斑到碱斑羊草交界的过渡带，再到羊草斑块的空间恢复过程中，变形菌门逐渐增加，羊草斑块与碱斑有显著差异；相反地，芽单胞菌门（Gemmatimonadetes）和异常球菌-栖热菌门随着碱斑到羊草斑块的恢复逐渐减低，羊草斑块与碱斑差异显著（表4-8）；变形菌门是细菌中的优势门，种类多，生态幅广，许多共生菌及病原菌均属于这一门，盐碱化草地中的羊草斑块下变形菌门多度增加，说明植物及土壤环境的改变，可能加强了植物与微生物的共生作用。异常球菌-栖热菌门仅包含两个属，异常球菌属（*Deinococcus*）和栖热菌属（*Thermus*）。异常球菌-栖热菌门在自然生境中的生态特性尚不明确，该门下的细菌具有很强的抗性，可以抵抗极端脱水干旱的胁迫作用，甚至可以生活在强紫外线的环境中。碱斑下异常球菌-栖热菌门多度显著高于羊草斑块，说明异常球菌-栖热菌门可能具有抵抗盐碱毒害的能力。

高盐碱的异常环境限制了一般微生物的生长，但有些微生物可以在高盐碱的环境中逐步适应（王建明等，2008）。嗜盐菌及嗜碱菌就是能在高 pH 或高盐条件下稳定生长的微生物类群。例如，在松嫩平原盐碱化草地中含有丰富的耐盐菌和嗜盐菌种群，分属细菌域中 3 个门，即放线菌门、厚壁菌门和变形菌门（潘媛媛等，2012）。盐碱化草地恢复过程中，耐盐菌和嗜盐菌的减少是微生物群落变化的典型特征，对于耐盐菌及嗜盐菌的深入研究可为盐碱化草地的恢复提供理论依据。

三、盐碱化草地生态系统结构的恢复过程

（一）植物群落特征对盐碱化草地恢复的响应

盐碱化草地恢复过程中植物群落类型会发生相应的改变，每一阶段的优势植物不同。有研究表明，采取围栏封育的恢复措施后，碱蓬群落首先出现在光碱斑上，封育两年后，碱化严重地段几乎完全被碱蓬群落占据，随着封育时间的推移，虎尾草出现在碱蓬群落中。虎尾草是一年生植物，种子多，繁殖力强，加上匍匐枝的蔓延，其占据空间的能力相当强，具有强大的竞争力，数量逐年增加，逐渐形成以虎尾草为主的单优势种群落。虎尾草的生长受年降水量的影响较大，在雨量充沛的年份，可迅速形成较大面积的虎尾草群落，因此碱蓬群落和虎尾草群落都属于盐碱化草地恢复的先锋植物群落阶段。接下来，碱茅会出现在水分条件较好的低洼地，然后不断向外扩散，碱茅群落的扩散速度比较缓慢、均匀，每年平均以 0.3m 的速度向外扩展。小獐毛扩散速度较快，但是扩展方向表现为不均一性，主要受微地形、土壤水分状况的影响。虎尾草群落、碱茅群落、小獐毛群落，在盐碱化草地自然恢复过程中，是一个重要的群落演替阶段，在土壤形成和有机质积累方面起着重要作用。虎尾草、碱茅或小獐毛群落的出现，为羊草的生长扩散创造生境条件。然后羊草出现在群落边缘，并且逐渐向前扩展，代替虎尾草、碱茅、小獐毛群落，或将 3 个群落的边缘向前推进。这一过程发生在土壤条件较差、碱化程度较高的地段，扩展速度比较缓慢，每年以 0.2～0.5m 的速度向前推进。

在盐碱化草地植被自然恢复过程中，群落演替可划分为三个主要阶段：①盐碱植物群落阶段，碱蓬首先出现在碱斑上，是盐碱化草地恢复的先锋物种，代表着盐碱地恢复演替的开端；②羊草+盐碱植物群落阶段，出现的盐碱植物能够积累大量有机物质，改善土壤环境，为羊草的入侵提供了条件，羊草的出现标志着演替进入第二阶段；③羊草群落阶段，羊草的出现，逐步代替了原有的盐碱植物群落，形成了以羊草为优势植物的顶极群落，意味着盐碱地恢复的成功。

退化草地在恢复过程中，植物群落的多样性会发生一系列变化（表 4-9）。在演替过程中，植物群落的物种丰富度、Shannon-Wiener 指数、均匀度会随着草地恢复呈现先升高后降低的趋势。在重度退化阶段，植物群落主要由盐碱植物组成，此时土壤盐碱化程度高，土壤条件恶劣导致物种多样性低。随着植物群落正向演替的进行，形成了羊草和盐碱植物共存的植物群落，因此中度退化阶段植物群落多样性最高。羊草的出现进一步

表 4-9　草地恢复过程中的植被和昆虫多样性

	指标	未退化	中度退化	重度退化
植物	物种丰富度	13.5	17.67	11.5
	Shannon-Wiener 指数	1.35	1.60	0.72
	均匀度	0.52	0.57	0.30
昆虫	多度	1964ab	2033.17a	1617.5b
	物种丰富度	106b	122.67a	107.5b
	Shannon-Wiener 指数	3.09b	3.38a	3.54a

注：同行不同小写字母表示不同处理间差异显著（$P<0.05$），下同

改善了土壤条件，羊草不断扩展，且羊草是松嫩草地的原始优势植被，具有耐盐碱、耐干旱及耐冷等优良特性，最终形成了以羊草为优势植物的顶极群落，与中度退化相比，此时多样性略有下降。

（二）昆虫群落特征对盐碱化草地恢复的响应

昆虫是动物界种类最多的类群，目前已知的昆虫种类达 100 万种，占据全部已知动物种类的近 70%。昆虫不仅种类多，数目也极为巨大，在自然生态系统中是物质和能量循环不可或缺的重要环节，并且具有其他生物所不能代替的优势，如体型小、数量多、生活周期短、对环境的细微变化极其敏感并能做出快速反应等，因此昆虫常被选作监测环境变化的指示生物。例如，利用水生昆虫作为指示生物进行水质监测；利用土壤昆虫对环境的敏感性可对土壤质量进行监测和评价；利用某些特定类群昆虫的种群变化监测空气环境质量。

盐碱化草地的恢复对于昆虫群落的影响是间接的，主要是通过恢复过程中植物群落的变化间接影响昆虫群落。植物群落与昆虫群落关系密切，能够为昆虫提供食物资源、适合的栖息地及躲避天敌的场所等。在盐碱化草地恢复的不同阶段，有以不同植物为优势种的植物群落支持不同的昆虫群落。在松嫩草地上，草地恢复会显著影响昆虫多度及物种丰富度，在中度退化时昆虫数量最多，物种丰富度最高；草地恢复同样可以显著影响昆虫 Shannon-Wiener 指数，随着草地的恢复，昆虫群落的 Shannon-Wiener 指数降低（表 4-9）。

昆虫多样性可能受到植物的各个方面因素的影响，植物多样性是昆虫多样性的重要决定因素。研究分析表明，由于某些植食性昆虫具有寄主专一性，因此植物多样性丧失能降低植食性昆虫物种丰富度，增加植物物种多样性使草食昆虫多样性增大。还有一些研究表明，昆虫的种类和数量与植物高度关系密切，随植物高度的增加而增加，但当植物高度增加到一个临界值后，昆虫的种类和个体数目则开始下降，其变化趋势为单峰曲线。此外，植物物种组成及功能群的变化对昆虫多样性具有重要影响。不同功能群植物为昆虫提供的食物资源不同，进而对昆虫多样性有不同的影响。例如，豆科植物高氮为草食动物提供高质量资源，而禾本科植物低氮、高坚硬度，为草食动物提供低质量食物。对蝗虫来说，只有禾本科植物存在的植物功能群才对其有显著的作用。

根据昆虫的取食行为特征划分功能集团，可以将昆虫划分为植食性昆虫、捕食性昆虫、腐食性昆虫、寄生性昆虫。植食性昆虫是以植物活体为食的昆虫，对植物危害较大。捕食性昆虫指专门以其他昆虫或动物为食的昆虫，这类昆虫直接蚕食虫体的一部分或全部，或者刺入虫体内吸食液体致其死亡。腐食性昆虫以动植物的遗体、遗物为食物而得到营养。寄生性昆虫是指一个时期或终生附着在寄主体内或体表，并以摄取寄主的营养物来维持生存的昆虫。

研究表明，植食性昆虫的数量随着植物物种多样性的增加而增多，植物多样性对昆虫多样性的影响以初级消费者为主，关于植物多样性对植食性昆虫多样性的作用机制有不同的假说。第一，近年来的研究认为，与单一群落比较，一个多样化的植物群落能为植食性昆虫提供更多的资源，因此能支持更多的植食性昆虫，即资源专一化假说。第二，多样化的植物群落比单一群落多产，因此高生产力的植物群落能为更多种类和数量的消费者提供食物资源，即多个体假说。第三，相对于多个体假说，资源浓度假说预测专食性昆虫被寄主植物的高浓度所吸引，因此物种数量少的植物群落能维持较高的专食性昆虫。以上三个假说都是基于上行效应进行的植物多样性对昆虫多样性影响机制的预测。

在松嫩草地上，草地恢复对植食性昆虫多度影响显著，呈先升高后下降的趋势，在中度退化阶段多度最高，主要是因为该阶段植物物种多样性最高，支持了更多的昆虫；草地恢复对于植食性昆虫的物种丰富度影响显著，在中度退化阶段物种丰富度最高；但是草地恢复对于植食性昆虫的 Shannon-Wiener 指数影响较小（表 4-10）。

表 4-10　草地恢复过程中的各昆虫类群多样性

昆虫类群	指标	未退化	中度退化	重度退化
植食性昆虫	多度	545.17b	1015.17a	898.5a
	物种丰富度	55b	69.67a	57.83b
	Shannon-Wiener 指数	3.03	2.96	3.05
捕食性昆虫	多度	1164.17a	629.67b	350.17b
	物种丰富度	19.67	20.17	20.83
	Shannon-Wiener 指数	1.82b	1.89ab	2.19a
腐食性昆虫	多度	61	38.5	29.67
	物种丰富度	8.33	9	7.17
	Shannon-Wiener 指数	1.27	1.76	1.55
寄生性昆虫	多度	60.67b	85.5a	34c
	物种丰富度	13.5	14.33	13
	Shannon-Wiener 指数	2.10ab	2.07b	2.29a

以往很少有研究关注植物多样性变化对高营养级的作用，事实上其有明显的上行作用效应。研究表明，植物多样性对各个营养级的昆虫多样性都有影响。捕食性昆虫同样积极响应植物多样性的变化，并且在植物种类丰富的群落中捕食者的存在也可以影响昆虫多样性。例如，天敌假说预测在产量多且复杂的植物群落中，数量较多的捕食者能限制植食性昆虫的数量。在松嫩草地上，草地恢复对捕食性昆虫多度影响显著，随着恢复进程的推移，捕食性昆虫多度逐渐增加；草地恢复对于捕食性昆虫物种丰富度无显著影响；但是不同恢复阶段捕食性昆虫的 Shannon-Wiener 指数有显著差异，随着草地的恢复 Shannon-Wiener 指数下降（表 4-10）。在松嫩草地上，腐食性昆虫数量较少，草地退化对其多度、物种丰富度、Shannon-Wiener 指数均无显著影响（表 4-10）。草地退化对寄生性昆虫多度影响显著，随着草地的恢复先增加后下降；不同退化梯度间，寄生性昆虫物种丰富度差异不显著；不同退化梯度间，寄生性昆虫 Shannon-Wiener 指数差异显著，随着草地的恢复先降低后升高（表 4-10）。

（三）土壤线虫群落特征对盐碱化草地恢复的响应

土壤生物是陆地生物圈的重要组成部分，其中土壤线虫是地球上数量最多的动物（Bardgett and van der Putten，2014），大约占据陆地动物的 4/5（Lorenzen，1994）。草地地下动物种类丰富多样，线虫是主要的类群，以真菌、细菌、蓝藻、原生动物、根系和其他土壤动物为食，根据取食习性通常被分为 4 个营养类群：食细菌线虫、食真菌线虫、植物寄生线虫和捕食杂食类线虫，其功能作用可由其营养位置推断。线虫在土壤食物网占据多个营养级，除直接以植物根系为食外，可以对腐生有益的病原菌和真菌进行取食和传播，调节植物体内无机氮的含量等（Li et al.，2017）。由于土壤线虫在分解有机养分、控制土壤微生物群落、调节碳和养分动态方面发挥着关键作用（Ferris，2010），并且对环境变化敏感，所以是监测土壤环境和食物网状况的良好生物活性指标（Neher，2001）

1. 土壤线虫数量变化规律

对 3 个退化梯度草地土壤线虫总数分布特征的研究发现，土壤线虫数量与草地退化程度不一致。在中度退化草地，土壤线虫总数量最高，为 590.5 条/100g 干土，约是未退化草地和重度退化草地的 2 倍。线虫各营养类群数量也呈现出不同的分布格局，其变化趋势与土壤线虫总数量的变化趋势相似。中度退化草地各个营养类群数量均高于轻度和重度退化草地。除食真菌线虫外，退化梯度间线虫各营养类群数量差异均显著（$P<0.05$）。食细菌线虫数量最多且中度退化草地大约是轻度和重度退化草地的 2 倍。植物寄生线虫数量在中度退化草地显著高于重度退化和轻度退化草地，为重度退化草地的 2 倍，为轻度退化草地的 7 倍（表 4-11）。对各营养类群相对丰富度的研究发现，食细菌线虫是所有草地采样点的优势类群，分别占草地各梯度土壤线虫总数的 60%～70%。植物寄生线虫在轻度退化草地只占 7.4%，显著低于中度退化和重度退化草地，而捕食杂食类线虫在重度退化草地仅占 3.6%，显著低于轻度退化和中度退化草地（表 4-12）。

表 4-11　草地恢复过程中的线虫数量

类群	恢复良好草地 （条/100g 干土）	恢复草地 （条/100g 干土）	未恢复草地 （条/100g 干土）	F	P
线虫总数量	257.2b±26.7	590.5a±40.6	313.3b±28.3	30.20	0.00
食细菌线虫	176.2b±51.0	357.2a±77.3	222.9b±81.6	8.69	0.00
食真菌线虫	31.5±9.6	34.9±11.8	22.0±6.6	0.49	0.62
植物寄生线虫	20.1c±6.3	134.9a±12.6	57.1b±10.7	32.96	0.00
捕食杂食类线虫	29.5ab±5.1	63.5a±18.2	11.3b±4.4	5.61	0.02

表 4-12　草地恢复过程中的线虫营养类群多度比例

类群	恢复良好草地（%）	恢复草地（%）	未恢复草地（%）	F	P
食细菌线虫	69.20±6.47	60.20±2.99	69.40±6.15	0.93	0.42
食真菌线虫	11.80±3.02	6.00±2.19	7.60±2.60	1.30	1.30
植物寄生线虫	7.40b±2.11	23.00a±1.92	19.40a±4.20	7.75	0.01
捕食杂食类线虫	11.80a±1.77	10.80a±2.92	3.60b±17	4.60	0.03

中度退化草地线虫最多的原因可能是植被类型复杂，物种多样性和功能群多样性高，而土壤盐碱胁迫在耐受范围内。线虫多度，尤其是植物寄生线虫多度受植物群落改变的驱动，捕食杂食类线虫主要受土壤环境影响（Chen et al.，2013）。线虫多度随植物多样性的升高而升高。较高的土壤容重会影响土壤对根系渗透的抵抗力、土壤孔隙体积

和对空气的渗透性，从而最终影响土壤生物的可居住孔隙空间，线虫的总数不受容重的影响，但是植物寄生线虫增多，捕食杂食类线虫减少（Bouwman and Arts，2000）。与未退化草地和中度退化草地相比，重度退化草地植物多样性最低，土壤盐碱化程度最高，因此不利于线虫数量的增加。土壤线虫多度沿草地退化梯度的分布特征结果表明，中度退化草地线虫总多度及各功能群多度均最高，重度退化草地捕食杂食类线虫数量最低。植食性线虫数量在未退化草地、中度退化草地和重度退化草地的数量大小依次为：未退化草地＜重度退化草地＜中度退化草地。

2. 土壤线虫属的变化规律

在 3 个退化梯度草地中共鉴定出土壤线虫 65 个分类群（62 个属和 3 个科），其中包括植物寄生线虫 13 个分类群、食细菌线虫 22 个分类群、食真菌线虫 9 个属、捕食杂食类线虫 21 个属。本研究在未退化草地共鉴定出土壤线虫 49 个属，中度退化草地共鉴定出 46 个属，重度退化草地共鉴定出 37 个属。表 4-13 为不同退化梯度草地土壤线虫相对多度大于 5% 的优势属。头叶属（*Cephalobus*）和棱咽属（*Prismatolaimus*）为所研究的 3 个退化梯度草地优势属，而真头叶属（*Eucephalobus*）和丽突属（*Acrobeles*）是未退化草地采样点优势属；锥科（Dolichodoridae）、丽突属和盘旋属（*Rotylenchus*）是中度退化草地的优势类群；锥科、真头叶属、真单宫属（*Eumonhystera*）和绕线属（*Plectus*）是重度退化草地优势属。重度退化草地没有盘旋属。土壤线虫属沿退化梯度的分布结果表明，不同退化草地既有各自的优势属，又有共有的优势属，植物群落结构组成决定线虫群落结构组成（Veen et al.，2010）。食细菌线虫优势属数量多，对许多关键的生态系统功能起重要的作用。线虫群落的特征是数量的补充，而不是优势属的替代（Zhang et al.，2015a）。

表 4-13　草地恢复过程中的土壤线虫群落组成（相对多度＞5%）

科	属	功能团	ND	MD	HD
植物寄生线虫（PF）					
锥科 Dolichodoridae		PF3	2.3	13.0	14.2
纽带科 Hoplolaimidae	盘旋属 *Rotylenchus*	PF3	3.0	5.0	0.0
食细菌线虫（BF）					
头叶科 Cephalobidae	头叶属 *Cephalobus*	BF2	18.6	17.2	8.2
	真头叶属 *Eucephalobus*	BF2	12.4	4.4	5.2
	丽突属 *Acrobeles*	BF2	9.3	7.4	4.0
单宫科 Monhysteridae	真单宫属 *Eumonhystera*	BF2	3.1	3.8	19.4
绕线科 Plectidae	绕线属 *Plectus*	BF2	2.7	2.0	5.2
棱咽科 Prismatolaimidae	棱咽属 *Prismatolaimus*	BF3	5.5	12.0	18.0

注：ND：未退化草地；MD：中度退化草地；HD：重度退化草地

3. 土壤线虫多样性的变化规律

线虫属的丰富度指数在恢复良好草地和恢复草地显著高于未恢复草地。Shannon-

Wiener 指数变化规律与丰富度指数相同，而优势度指数与其相反（表 4-14）。线虫各功能群的 Shannon-Wiener 指数表示食真菌线虫多样性和食细菌线虫多样性无显著差异，捕食杂食类线虫多样性逐渐下降。线虫丰富度指数反映线虫种类丰富程度，线虫的丰富度指数越高，表明物种越丰富。Shannon-Wiener 指数对稀有种贡献大，较高的 Shannon-Wiener 指数表明较好的物种多样性和良好的生态环境状况。Simpson 指数又称优势度指数，该指数对常见种敏感。土壤线虫丰富度指数和 Shannon-Wiener 指数最低值均出现在重度退化草地，这可能与该地区食物资源多样性相对较差有关，而优势度指数最高值出现在重度退化草地，说明该地区土壤线虫的物种多样性较低，而且线虫物种种类组成比例不均衡，个别优势属在该点所占的比例偏高，生态系统相对不稳定，扰动后不易恢复。植物功能群多样性增加提高捕食杂食类线虫多样性。植物多样性指数和线虫多样性指数呈正相关（Veen et al.，2010）。土壤线虫多样性沿草地退化梯度变化的研究结果表明，草地退化对土壤线虫多样性有显著影响。

表 4-14 草地恢复过程中的线虫多样性指数

多样性指数	恢复良好草地	恢复草地	未恢复草地	F	P
丰富度指数	5.24a±0.27	4.78a±0.25	3.65b±0.29	9.37	0.00
Shannon-Wiener 指数	2.76a±0.07	2.65a±0.05	2.35b±0.08	10.00	0.00
优势度指数	0.09b±0.01	0.10b±0.00	0.14a±0.01	9.54	0.00

（四）土壤微生物特征对盐碱化草地恢复的响应

土壤盐碱化不仅导致了土壤退化和土壤潜在生产力的下降，而且对土壤微生物也产生一定程度的影响。土壤微生物是草地生态系统的重要组成部分，调节生态系统一系列重要的过程，包括有机物质分解、养分和物质循环及土壤结构的稳定性等。研究不同盐碱梯度下土壤微生物群落组成和结构的变化，对于揭示微生物群落对盐碱的适应机制至关重要。

1. 土壤微生物物种组成的变化规律

土壤盐碱化主要是通过离子毒害作用和降低土壤渗透势影响土壤微生物，对盐碱敏感的微生物，低的渗透势将导致微生物细胞裂解而死亡（Yuan et al.，2007）。耐盐碱的微生物将通过分泌有机物（氨基酸、多元醇、甜菜碱）来平衡渗透式，然而产生这些物质需要消耗大量的能量并造成新陈代谢的负担（Oren，2001）。由于土壤微生物耐盐碱能力的不同，在草地退化（盐碱化）过程中微生物群落的组成发生很大的变化。

对羊草草原自然保护区中不同退化阶段草地细菌和真菌群落物种组成测定与分析的结果表明，不同处理细菌和真菌优势物种（门水平）很大程度上是一致的，但相对丰度存在一定的差异（表 4-15、表 4-16）。细菌优势菌门主要包括放线菌门、变形菌门、绿弯菌门和酸杆菌门，这几大优势菌门的相对丰度之和在各个退化梯度草地所占的比例均超过了 80%。随着退化的加剧，放线菌门、芽单胞菌门、厚壁菌门和异常球菌-栖热菌门的相对丰度逐渐增加，尤其是异常球菌-栖热菌门的变化幅度最大，中度退化与未退化样地相比，异常球菌-栖热菌门的相对丰度提高了 3 倍，重度退化与未退化样地相比，异常球菌-栖热菌门的相对丰度提高了 12 倍多。酸杆菌门、绿弯菌门、浮霉菌门和硝化螺旋菌门的相对丰度随着退化的加剧呈现降低的趋势。重度退化样地（高盐碱）放线菌门、芽单胞菌门、厚壁菌门和异常球菌-栖热菌门的相对丰度高于中度退化（中盐碱）和未退化样地，说明放线菌门、芽单胞菌门、厚壁菌门和异常球菌-栖热菌门对高盐可能更具抵抗力。子囊菌门为土壤真菌群落的优势菌门，各个退化阶段的比例均超过了 60%。草地退化降低了子囊菌门和结合菌门的相对丰度，提高了未分类真菌的相对丰度。担子菌门和芽枝菌门的相对丰度在中度退化样地达到最大值。除未分类真菌外，重度退化样地所有真菌门的微生物（芽枝菌门除外）相对丰度均低于未退化样地，表明真菌耐盐碱的能力较差。结合土壤细菌和真菌微生物物种组成对草地退化的响应，可以发现真菌对盐碱的响应比细菌更加敏感，即细菌对盐碱的耐性更强。

表 4-15　不同退化阶段细菌门水平相对丰度（%）

类群	恢复良好草地	恢复草地	未恢复草地
放线菌门	33.52±2.20	36.29±2.77	38.30±2.52
变形菌门	21.30±2.13	22.10±2.58	19.47±2.94
绿弯菌门	16.07±1.83	14.99±2.70	13.87±2.89
酸杆菌门	16.05±3.15	11.78±2.63	8.89±3.61
芽单胞菌门	2.68±0.43	3.68±0.54	7.35±1.54
厚壁菌门	3.23±0.22	3.86±0.27	5.06±0.64
硝化螺旋菌门	2.21±0.22	1.81±0.48	1.65±0.11
拟杆菌门	1.34±0.17	1.83±0.18	1.68±0.13
浮霉菌门	1.37±0.67	1.10±0.35	0.65±0.22
异常球菌-栖热菌门	0.08±0.03	0.32±0.07	1.06±0.33

表 4-16　不同退化阶段真菌门水平相对丰度（%）

类群	恢复良好草地	恢复草地	未恢复草地
子囊菌门	70.62±3.64	64.66±5.41	68.68±4.85
未分类真菌	14.73±0.60	20.56±3.05	25.14±4.56
担子菌门	8.70±2.55	9.10±2.84	3.91±1.26
结合菌门	4.49±0.75	3.59±0.32	1.56±0.44
芽枝菌门	0.00±0.00	1.00±0.49	0.12±0.08

2. 土壤微生物 α 多样性的变化规律

草地退化不仅可以直接影响微生物的活性，还可以通过改变土壤的理化性质间接影响微生物的生存环境，从而导致了微生物 α 多样性发生改变。在不同退化阶段草地微生物群落多样性的研究中发现，细菌和真菌的 α 多样性对草地退化的响应趋势是不同的（表4-17、表4-18）。中度退化提高了土壤细菌的 Sobs 指数、Shannon-Wiener 指数和谱系多样性指数，重度退化降低了土壤细菌的 Sobs 指数、Shannon-Wiener 指数和谱系多样性指数。中度退化对土壤真菌的 Sobs 指数、Shannon-Wiener 指数和谱系多样性指数影响不大，而重度退化显著降低了土壤真菌的 Sobs 指数、Shannon-Wiener 指数和谱系多样性指数。Valenzuela-Encinas 等（2009）在墨西哥的特斯科科湖的研究发现，细菌的 α 多样性（种水平和目水平）在中度盐碱土达到最大值。我们的研究结果与 Valenzuela-Encinas 等（2009）的研究结果基本一致。

表 4-17　不同退化阶段土壤细菌 α 多样性

处理	Sobs 指数	Shannon-Wiener 指数	谱系多样性指数
恢复良好	1039.17±27.52	5.49±0.07	134.18±3.04
已恢复	1098.00±17.57	5.64±0.04	139.93±3.62
未恢复	1032.00±13.08	5.40±0.03	133.68±1.88

表 4-18　不同退化阶段土壤真菌 α 多样性

处理	Sobs 指数	Shannon-Wiener 指数	谱系多样性指数
恢复良好	471.00±15.79	4.19±0.08	118.73±3.14
已恢复	471.83±17.43	3.96±0.11	119.36±2.10
未恢复	350.67±25.19	3.47±0.49	93.18±6.09

3. 土壤微生物群落结构的变化规律

草地盐碱化改变植物群落组成、多样性和土壤的理化性质，进而改变微生物群落结构。土壤盐碱化通过改变土壤渗透势而改变微生物的群落组成。不同微生物类群对土壤盐分的响应特点并不相同，主要是由不同基因型微生物耐盐碱能力的差异所引起的。微生物适应盐度的机制主要有两种：①通过胞内积累高浓度的钾离子来对抗胞外的高渗环境；②通过细胞内积累小分子有机物（如甘油、单糖、氨基酸和甜菜碱等）来抵御细胞外的高渗透压（Oren，2001）。绝大部分微生物采用第二种机制来抵抗高渗透压，只有少数的细菌采用第一种适盐机制。

Chowdhury 和 Nakatani（2011）研究表明，真菌比细菌对盐分更加敏感，因此盐度降低了真菌与细菌比值，从而影响了养分循环的过程，因为细菌很难分解难降解的有机物（如纤维素和木质素），而真菌能够释放分解复杂分子所需的几种酶。Lozupone 和 Knight（2007）在全球尺度上的研究发现，土壤盐度是影响细菌群落结构的重要因素。对吉林省长岭县腰井子羊草草原自然保护区中不同退化阶段草地细菌和真菌群落组成测定的结果表明（表 4-19）。

表 4-19　草地恢复过程中土壤细菌和真菌种水平群落组成（基于 Bray-Curtis 距离）

处理	细菌 NMDS1	细菌 NMDS2	真菌 NMDS1	真菌 NMDS2
恢复良好	−0.168	0.026	−0.159	−0.087
已恢复	−0.075	0.010	−0.138	0.027
未恢复	0.225	−0.029	0.288	0.071

综合土壤细菌和真菌群落物种组成、多样性和结构在草地退化过程中的响应规律，我们发现松嫩草地恢复过程中土壤真菌比细菌更加敏感，因此我们考虑将土壤真菌群落

的生物学特征作为草地恢复的指示指标。

四、盐碱化草地恢复的评价方法与指标体系

（一）盐碱化草地恢复的评价方法

通过前期草地生态恢复理论与实验研究，参考国内的多项草地技术标准，如《天然草地退化、沙化、盐渍化的分级指标》（GB 19377—2003）、《退化草地修复技术规范》（GB/T 37067—2018）、《休牧和禁牧技术规程》（NY/T 1176—2006）等，东北师范大学等编制了地方标准《盐碱退化草地恢复评价技术规程》（DB/22T 2476—2023）。针对我国盐碱化草地恢复效果的定量化评价，通过草地退化的土壤改造阶段、植被恢复阶段、管理维护阶段，分别制定了植被、土壤恢复的非生物状态过渡阈值、生物状态过渡阈值及生物-非生物反馈阈值，确定了在生境恢复阶段、种群恢复阶段、群落恢复阶段及生态系统恢复阶段的关键恢复技术指标，包括关键资源、关键物种（先锋物种、优势物种）和群落构建。因此，盐碱化草地恢复定量评价技术与方法，对于实现盐碱化草地的恢复及利用十分重要。

依据检测指标按照完全恢复、恢复良好、已恢复和未恢复的顺序对盐碱化草地的恢复阶段进行评价。当 70% 以上的检测指标达到某恢复阶段规定值时，则判定草地处于该恢复阶段；若达到某恢复阶段规定值的指标不足 70%，则依次向后进行判定，直到符合某恢复阶段规定值的指标达到 70%。

（二）盐碱化草地恢复评价的参照依据

1）以待评价草地附近参照样地为依据。未退化草地以待评价草地附近草地类型和水热条件相同的围封草地的植被特征与土壤状况为基准。

2）以类型相似的草地为依据。若待评价草地附近没有草地类型和水热条件相同的围封草地，可以根据草地类型相同、水热条件和地势状况相近的未退化草地的植被特征与土壤状况为基准。

3）以历史草地资源调查数据为依据。若待评价草地附近没有草地类型和水热条件相同的围封草地，又缺少草地类型相同、水热条件和地势状况相近的未退化草地，用 20 世纪 80 年代初、中期全国首次统一草地资源调查所获与待评价地区相同草地类型中的未退化草地的植被特征与土壤状况为基准。

4）以文献资料为依据。若待评价草地附近没有草地类型和水热条件相同的围封草地，也没有草地类型相同、水热条件和地势状况相近的未退化草地，又缺少 20 世纪 80 年代初、中期全国首次统一草地资源调查的样地调查资料，用正式出版的以 20 世纪 80 年代初、中期全国首次统一草地资源调查资料编写的各省（自治区、直辖市）草地资源专著或研究论文中未退化的相同典型草地资料为基准。

（三）盐碱化草地恢复的评价指标体系

基于"系统性恢复"的概念与盐碱化草地退化和恢复机制，初步建构了盐碱化草地

恢复定量评价指标体系（表 4-20）。该指标体系主要内容包括：盐碱化草地的植被恢复、盐碱化草地的土壤恢复、盐碱化草地的多功能恢复三个方面。其中涉及的恢复指标及测定方法还需要通过更多、更广泛的实验研究与技术实施进行验证与完善。

表 4-20 不同恢复阶段的技术指标阈值

监测项目			草地恢复阶段			
			完全恢复	恢复良好	已恢复	未恢复
植被特征	基本指标	植被盖度减少率（%）	<20	20~30	>30，≤45	>45
		优势种生物量减少率（%）	<15	15~30	>30，≤45	>50
		多年生植物生物量比例（%）	>0.9	0.85~0.9	≥0.6，<0.85	<0.6
		盐碱化草地指示植物生物量增长率（%）	<10%	10~20	>20，≤45	>45
	综合指标	演替度	>2.5	2~2.5	≥1.5，<2	<1.5
土壤特征	理化特征	pH	<8.5	8.5~9.5	>9.5，≤10	>10.0
		容重增加率（%）	<5	5~10	>10，≤15	>15
	养分特征	有机质减少率（%）	<40	40~70	>70，≤90	>90
		全氮减少率（%）	<30	30~60	>60，≤90	>90
	生物特征	土壤微生物生物量减少率（%）	<20	20~40	≥40，≤70	>70
		土壤线虫多度减少率（%）	<10	10~30	>30，≤65	>60
功能特征	生产力	地上总生物量减少率（%）	<20	20~35	>35，≤60	>60
	固碳功能	全碳减少率（%）	<40	40~70	>70，≤90	>90

第四节 结 语

我国北方草甸和草甸草原相对于干旱区草地类型，草地利用方式更加多元，退化过程和机制更加复杂，但草甸草原有自然资源优势，生态恢复力较强，在合理的恢复治理模式下具有很大的恢复潜力和利用空间。本研究通过对北方草甸退化草地演变规律和趋势、退化与恢复机制等基础理论的深入研究，为草地生态修复和生态产业发展提供理论基础，揭示多元利用途径和气候变化共同作用下草甸草地的退化机理，建立退化等级评估体系，探索不同退化类型草甸草地在自然与干扰条件下的恢复机制，阐释生态恢复关键技术对生物多样性、稳定性及生态系统多功能性的影响，提出我国草甸退化草地的系统性恢复理论，以及生态恢复治理的技术原理。

1）基于分析草甸草原恢复对气候变化和人为因素干扰的响应机制，得出水分是北方温带草原群落结构和生产力的主要限制因子，降水变化不仅能够直接影响草地植被组成和生产力，还能间接影响其他气候变化因子的作用效果。尽管草原退化受气候变化等自然因素的影响，但过度利用等人为因素是导致草原退化的主导因素，在草地退化和恢复过程中起决定性作用。以呼伦贝尔草原贝加尔针茅退化草地为研究对象，通过在不同退化阶段的草地上进行围封和施氮的控制实验，研究了退化草地恢复过程中围封和施氮对土壤线虫群落的作用规律，以及土壤理化性质和植物群落特征的变化规律，明确了草地恢复过程中围封和施氮对土壤线虫群落的作用规律，也揭示围封和施氮过程中植物群落和土壤环境对土壤线虫的调控机制，同时阐明土壤线虫对草地恢复的指示作用。基于大尺度草地调查数据确定草甸草原目标预测方法,探索了草甸草原定量恢复评价技术方法。

2)基于分析沙质草地恢复对气候变化和人为因素扰动的响应机制,得出影响沙质草地恢复的自然因素包括:疏松的地表、丰富的下伏砂粒,频繁大风与干旱的气候条件。草地人为因素扰动主要包括超载放牧、盲目垦殖、樵采挖药、水资源利用不当、工矿交通建设等因素。沙质草地植被和土壤恢复的过程和机制的研究表明,在沙质草地恢复的过程中,植物地上、地下生物量及凋落物生物量显著增加;土壤pH、电导率及容重显著降低,土壤含水量、土壤养分、可交换阳离子和黏粒的含量升高。土壤大团聚体所占比例显著升高,植物物种丰富度在流动沙丘中与土壤有机碳以及全氮含量呈极显著正相关。土壤水分缺失会影响土壤微生物活动及植物生长。植被自组织恢复对沙质草地干扰的响应,表现为沙地植物根冠比的变化,随着退化草地恢复,一年生植物逐渐被多年生植物替代,植物的根冠比显著增加。沙质草地在响应极端的自然环境胁迫和人为干扰时,在繁殖投资和繁殖分配方面同样具有可塑性,具有自我修复和种群的保存能力。随着沙埋深度的增加,植物的发芽率和出苗率显著降低。在沙质草地无性繁殖能力增强的情况下,植物的自疏作用将加强其对其他植物个体(包括同种和非同种植物)生长繁殖的抑制,从而导致生物多样性下降。然而,生物多样性的下降并不随环境改变而发生变化,其只与沙质草地无性繁殖体系有关。

3)羊草种群对盐碱化草地的恢复具有举足轻重的作用。盆栽模拟实验结果表明,羊草与光稃茅香混播时,更加有利于羊草向中度胁迫盐碱斑块拓展,羊草总根状茎长度及在盐碱斑块上的总生物量增加,表现为盐碱斑块上羊草的株高、叶面积呈增加趋势。羊草由健康土壤斑块拓展至中度盐碱胁迫斑块后,在第一年生育期末期,长势非常可观。但随着盐碱胁迫程度的加剧,羊草的空间拓展受到严重影响。在重度盐碱胁迫下,盐碱斑块内羊草分株芽库大小和叶面积均显著降低。刈割处理可使光合速率和气孔导度分别增加 23%和 16%($P<0.05$)。细菌多度和多样性指数变化幅度较小,但是随着恢复过程而呈现逐渐增加的趋势。与退化草地相比,未退化的草地土壤细菌和真菌群落结构均发生显著变化。由碱斑到碱斑羊草交界的过渡带,再到羊草斑块的空间恢复过程中,变形菌门逐渐增加。采取围栏封育的恢复措施后,碱蓬群落首先出现在光碱斑上,封育两年后,碱化严重地段几乎完全被碱蓬群落占据,随着封育时间的推移,虎尾草出现在碱蓬群落中,数量逐年增加,逐渐形成以虎尾草为主的单优势种群落。盐碱化草地植被自然恢复过程是由盐碱植物群落阶段到羊草+盐碱植物群落阶段再到羊草群落阶段。在演替过程中,植物群落的物种丰富度指数、Shannon-Wiener 指数、均匀度指数会随着草地恢复呈现先升高后降低的趋势。植食性昆虫的数量随着植物物种多样性增加而增多,植物多样性对昆虫多样性的影响以初级消费者为主。

在松嫩草地上,草地退化对寄生性昆虫多度影响显著,随着草地的恢复先增加后下降;不同退化梯度间,昆虫物种丰富度差异不显著。不同退化梯度间,寄生性昆虫Shannon-Wiener 指数差异显著。土壤线虫丰富度指数和 Shannon-Wiener 指数最低值均出现在重度退化草地，而优势度指数最高值出现在重度退化草地。不同处理细菌和真菌优势物种（门水平）很大程度上是一致的，但相对丰度存在一定的差异。草地退化改变了细菌和真菌的群落组成，土壤真菌比细菌更加敏感。

4）通过草地生态恢复理论与盐碱化草地恢复实验研究，参考国内的多项草地技术标准，以待评价草地附近参照样地、类型相似的草地、历史草地资源调查数据及文献资料为依据作为依据。基于"系统性恢复"的概念与盐碱化草地退化和恢复机制，初步建构了盐碱化草地恢复定量评价指标体系。该指标体系主要内容包括：盐碱化草地的植被恢复、盐碱化草地的土壤恢复、盐碱化草地的多功能恢复三个方面。

参 考 文 献

包慧娟, 姚云峰, 张学林, 等. 2003. 科尔沁沙地景观格局变化的研究. 干旱区资源与环境, 17(2): 83-88.

曹军, 吴绍洪, 杨勤业. 2004a. 近20年来科尔沁南部沙地的动态变化. 水土保持学报, 18(4): 118-120.

曹军, 吴绍洪, 杨勤业. 2004b. 科尔沁沙地的土地利用与沙漠化. 干旱区资源与环境, 18(S1): 245-248.

曹勇宏, 林长纯, 王德利, 等. 1996. 农田-草原景观界面中植被恢复的空间特征. 东北师大学报(自然科学版), 35(2): 74-78.

常学礼, 鲁春霞, 高玉葆. 2003a. 科尔沁沙地农牧交错区景观持续性研究. 自然资源学报, 18(1): 67-74.

常学礼, 鲁春霞, 高玉葆, 等. 2003b. 科尔沁沙地流动沙丘斑块动态与沙漠化关系. 自然灾害学报, 12(3): 55-60.

常学礼, 邬建国. 1998. 科尔沁沙地景观格局特征分析. 生态学报, 18(3): 226-232.

常学礼, 于云江, 曹艳英. 2004. 半干旱地区沙地景观破碎化趋势分析: 以科尔沁沙地为例. 干旱区研究, 21(1): 22-26.

常学礼, 张宁, 李秀梅. 2008. 科尔沁沙地景观基底选择对景观量化表征的影响. 干旱区地理, 31(4): 536-541.

常学礼, 赵爱芬, 李胜功. 2000. 科尔沁沙地固定沙丘植被物种多样性对降水变化的响应. 植物生态学报, (2): 147-151.

陈静, 李玉霖, 冯静, 等. 2016. 温度和水分对科尔沁沙质草地土壤氮矿化的影响. 中国沙漠, 36(1): 103-110.

褚建民, 王琼, 范志平, 等. 2013. 水分条件和冻融循环对科尔沁沙地不同土地利用方式土壤呼吸的影响. 生态学杂志, 32(6): 1399-1404.

代金霞, 田平雅, 张莹, 等. 2019. 银北盐渍化土壤中6种耐盐植物根际细菌群落结构及其多样性. 生态学报, 39(8): 2705-2714.

丁勇, 牛建明, 杨持. 2006. 沙质草原植物群落退化与沙化演替. 生态学杂, 25(9): 1044-1051.

伏洋, 李凤霞. 2007. 青海省天然草地退化及其环境影响分析. 冰川冻土, 29: 525-535.

高军靖, 吕世海, 刘及东, 等. 2013. 不同干扰类型对呼伦贝尔草甸草原群落结构及物种多样性影响的比较. 环境科学研究, 26(7): 765-771

高润宏. 2003. 绵刺(*Potaninia mongolica* Maxim.)对环境胁迫响应研究. 北京林业大学博士学位论文.

高英志, 韩兴国, 汪诗平. 2004. 放牧对草原土壤的影响. 生态学报, 24(4): 790-797

郭继勋, 姜世成, 孙刚. 1998. 松嫩平原盐碱化草地治理方法的比较研究. 应用生态学报. 9(4): 425-428.

郭灵辉, 郝成元, 吴绍洪, 等. 2016. 21世纪上半叶内蒙古草地植被净初级生产力变化趋势. 应用生态学报, 27(3): 803-814.

韩广. 1996. 科尔沁草原沙地草场冷季产草量的研究. 中国草地, 1: 1-6.

侯伟, 张树文, 张养贞, 等. 2006. 20 世纪 50 年代以来科尔沁沙地景观时空动态变化探析. 中国生态农业学报, 14(1): 206-208.

黄振艳, 王立柱, 乌仁其其格, 等. 2013. 放牧和刈割对呼伦贝尔草甸草原物种多样性的影响. 草业科学, 30(4): 602-605.

缴旭, 豆鹏, 寇远涛, 等. 2019. 科技人才生态系统自组织演化机制: 条件、诱因、动力和过程. 北京教育学院学报, 33(5): 43-50.

金志薇, 钟文辉, 吴少松, 等. 2018. 植被退化对滇西北高寒草地土壤微生物群落的影响. 微生物学报, 58(2): 2174-2185.

雷添杰. 2017. 干旱对草地生产力影响的定量评估研究. 测绘学报, 46(1): 134.

李爱敏, 韩致文, 黄翠华, 等. 2007. 21 世纪初科尔沁沙地沙漠化程度变化动态监测. 中国沙漠, 27(4): 546-551.

李爱敏, 韩致文, 许健, 等. 2006. 21 世纪初科尔沁沙地沙漠化土地变化趋势. 地理学报, 61(9): 977-984.

李春丽, 李奇, 赵亮, 等. 2016. 环青海湖地区天然草地和退耕恢复草地植物群落生物量对氮、磷添加的响应. 植物生态学报, 40(10): 1015-1027.

李凤霞, 张德罡. 2005. 草地退化指标及恢复措施. 草原与草坪, 108: 24-28.

李健英, 常学礼, 蔡明玉, 等. 2008a. 科尔沁沙地土地沙漠化与景观结构变化的关系分析. 中国沙漠, 28(4): 622-626.

李健英, 常学礼, 张继平, 等. 2008b. 科尔沁典型地区流动沙地景观特征分析. 测绘科学, 33(4): 100-102: 93.

李禄军, 于占源, 曾德慧, 等. 2010. 施肥对科尔沁沙质草地群落物种组成和多样性的影响. 草业学报, 19(2): 109-115.

李荣平, 蒋德明, 刘志民, 等. 2004. 沙埋对六种沙生植物种子萌发和幼苗出土的影响. 应用生态学报, 15(10): 1865-1868.

李西良. 2016. 羊草对长期过度放牧的矮小化响应与作用机理. 中国农业科学院博士学位论文.

李霞, 李晓兵, 王宏, 等. 2006. 气候变化对中国北方温带草原植被的影响. 北京师范大学学报(自然科学版), (6): 618-623.

李夏子, 王宇宸, 朝鲁, 等. 2018. 大气降水对内蒙古草原天然牧草产量影响的研究. 北方农业学报, 46(5): 130-134.

李新, 焦燕, 杨铭德. 2014. 用磷脂脂肪酸(PLFA)谱图技术分析内蒙古河套灌区不同盐碱程度土壤微生物群落多样性. 生态科学. 33(3): 488-494.

李振山, 贺丽敏, 王涛. 2006. 现代草地沙漠化中自然因素贡献率的确定方法. 中国沙漠, (6): 15-20.

龙瑞军, 董世魁, 胡自治. 2005. 西部草地退化的原因分析与生态恢复措施探讨. 草原与草坪, (6): 5-9.

吕德燕, 常学礼, 岳喜元, 等. 2016. 中国东北主要生态系统气温变化趋势比较. 中国沙漠, 36(1): 12-19.

马瑞芳, 李茂松, 马秀枝. 2011. 气候变化对内蒙古草原退化的影响. 内蒙古气象, (2): 30-39.

马越强, 廖利平, 杨跃军, 等. 1998. 香草醛对杉木幼苗生长的影响. 应用生态学报, (2): 128-132.

毛伟, 李玉霖, 孙殿超, 等. 2016. 养分和水分添加后沙质草地不同功能群植物地上生物量变化对群落生产力的影响. 中国沙漠, 36(1): 27-33.

蒙旭辉, 李向林, 辛晓平, 等. 2009. 不同放牧强度下羊草草甸草原群落特征及多样性分析. 草地学报, 17(2): 239-244.

牛世全, 杨建文, 胡磊, 等. 2012. 河西走廊春季不同盐碱土壤中微生物数量, 酶活性与理化因子的关系. 微生物学通报, 39(3): 416-427.

潘媛媛, 黄海鹏, 孟婧, 等. 2012. 松嫩平原盐碱地中耐(嗜)盐菌的生物多样性. 微生物学报, 52(10): 1187-1194.

任继周. 1998. 草业科学研究方法. 北京: 中国农业出版社.

宋艳华. 2011. 退化草地的恢复及其改良措施. 养殖技术顾问, (12): 237.

苏延桂, 李新荣, 贾荣亮, 等. 2007. 沙埋对六种沙生植物种子萌发和幼苗生长的影响. 中国沙漠, 27(6): 968-971.

苏政, 张强强, 杨雪, 等. 2017. 浅谈塔额垦区退化山地草甸类天然草原恢复措施技术. 农民致富之友, (20): 199.

孙殿超, 李玉霖, 赵学勇, 等. 2015. 围封和放牧对沙质草地碳水通量的影响. 植物生态学报, 39(6): 565-576.

唐华俊, 辛晓平, 李凌浩, 等. 2016. 北方草甸退化草地治理技术与示范. 生态学报, 36(22): 7034-7039.

唐华俊, 辛晓平, 李向林, 等. 2020. 北方草甸和草甸草原生态恢复的理论、技术与实践. 中国农业科学, 53(13): 2527-2531.

王德利, 郭继勋, 等. 2019. 松嫩盐碱化草地的恢复理论与技术. 北京: 科学出版社.

王德利, 吕新龙, 罗卫东. 1996. 不同放牧密度对草原植被特征的影响分析. 草业学报, 5(3): 28-33.

王德利, 杨利民. 2004. 草地生态与管理利用. 北京: 化学工业出版社.

王宏, 李晓兵, 李霞, 等. 2008. 中国北方草原对气候干旱的响应. 生态学报, (1): 172-182.

王建明, 关统伟, 贺江舟, 等. 2008. 嗜碱菌的研究进展及利用前景. 陕西农业科学, 1: 83-86.

王晶, 王姗姗, 乔鲜果, 等. 2016. 氮素添加对内蒙古退化草原生产力的短期影响. 植物生态学报, 40(10): 980-990.

王明君, 韩国栋, 崔国文, 等. 2010. 放牧强度对草甸草原生产力和多样性的影响. 生态学杂志, 29(5): 862-868.

王明君, 韩国栋, 赵萌莉, 等. 2007. 草甸草原不同放牧强度对土壤有机碳含量的影响. 草业科学, (10): 6-10.

王瑞珍, 韩国栋, 李江文, 等. 2015. 贝加尔针茅草甸草原不同利用方式的草地生产力研究. 草原与草业, 27(3): 26-31.

王绍武, 罗勇, 赵宗慈, 等. 2013. 气候变化中的自然系统, 9(6): 440-445.

王月, 李程, 李爱德, 等. 2015. 白刺沙堆退化与土壤水分的关系. 生态学报, 35(5): 1407-1421.

乌仁塔娜. 2013. 华北驼绒藜种群自组织更新研究. 内蒙古农业大学硕士学位论文.

吴薇. 2003. 50 年来科尔沁地区沙漠化土地的动态监测结果与分析. 中国沙漠, 23(6): 647-651.

许永平. 1998. 从人类违背自然规律的行为看奈曼旗的沙化过程. 中国减灾, (3): 43-46.

许志信, 赵萌莉. 2001. 过度放牧对草原土壤侵蚀的影响. 中国草地, 23(6): 59-63.

薛文杰, 陈万杰, 古琛, 等. 2015. 不同刈割方式对大针茅草地群落特征和生物多样性的影响. 中国草地学报, 37(5): 40-45.

杨持. 2000. 黄河中游水土流失区生态环境建设中的若干基础理论问题//中国生态学学会. 生态学的新纪元: 可持续发展的理论与实践. 扬州: 中国生态学会第六届全国会员代表大会暨学科前沿报告会.

杨殿林, 李长林, 李刚, 等. 2007. 气候变化对内蒙古羊草草甸草原植物多样性和生产力的影响//中国农业生态环境保护协会. 开创农业环境保护新时代: 新理念·新技术·新方法. 昆明: 第二届全国农业环境科学学术研讨会.

杨倩, 王娓, 曾辉. 2018. 氮添加对内蒙古退化草地植物群落多样性和生物量的影响. 植物生态学报, 42(4): 430-441.

杨阳, 贾丽欣, 张峰, 等. 2019. 草地利用方式对草甸草原植被空间异质性的影响. 生态学杂志, 38(7): 2015-2022.

于丰源, 秦洁, 靳宇曦, 等. 2018. 放牧强度对草甸草原植物群落特征的影响. 草原与草业, 30(2): 31-37.

张洪玲, 李国春, 王冬妮, 等. 2006. 科尔沁地区荒漠化状况的遥感监测. 农业网络信息, (2): 42-44.

张华, 丁亮, 苗苗, 等. 2007. 科尔沁沙地景观空间格局及其生态环境效应分析. 水土保持学报, 21(2):

193-196.

张唤, 黄立华, 王鸿斌, 等. 2016. 不同盐碱化草地土壤微生物差异及其与盐分和养分的关系. 吉林农业大学学报. 38(6): 703-709.

张佳华, 王长耀. 1999. 人类活动影响下科尔沁沙地沙漠化动态的敏感性分析及灰色预测. 应用生态学报, 10(2): 163-166.

张俊刚. 2016. 不同改良措施对退化草地群落和土壤特征的影响. 内蒙古大学硕士学位论文.

张文海, 杨韬. 2011. 草地退化的因素和退化草地的恢复及其改良. 北方环境, 23(8): 40-44.

张永民, 赵士洞. 2004. 科尔沁沙地及其周围地区土地利用的时空动态变化研究. 应用生态学报, 15(3): 429-435.

赵丹丹, 魏继平, 马红媛, 等. 2018. 不同退化阶段松嫩草地土壤对羊草种子萌发和幼苗生长的影响. 土壤与作物, 7(4): 423-431.

赵哈林, 张铜会, 常学礼, 等. 1999. 科尔沁沙质放牧草地植被分异规律的聚类分析. 中国沙漠, (S1): 41-45.

赵丽娅, 赵锦慧, 李锋瑞. 2006. 沙埋对几种沙生植物种子萌发和幼苗的影响. 湖北大学学报, 28(2): 192-194.

赵廷宁, 曹子龙, 郑翠玲, 等. 2003. 科尔沁地区沙质草地退化原因分析: 以奈曼旗为例. 中国水土保持科学, (4): 45-49.

周丽艳, 王明玖, 韩国栋. 2005. 不同强度放牧对贝加尔针茅草原群落和土壤理化性质的影响. 干旱区资源与环境, (S1): 182-187.

朱慧, 王德利, 任炳忠. 2017. 放牧对草地昆虫多样性的影响研究进展. 生态学报, 37(21): 7368-7374.

祝廷成. 2004. 羊草生物生态学. 长春: 吉林科学技术出版社.

Bai Y, Wu J, Clark C M, et al. 2010. Tradeoffs and thresholds in the effects of nitrogen addition on biodiversity and ecosystem functioning: Evidence from Inner Mongolia grasslands. Global Change Biology, 16: 889.

Bardgett R D, van der Putten W H. 2014. Belowground biodiversity and ecosystem functioning. Nature, 515: 505-511.

Bongers T. 1990. The maturity index: An ecological measure of environmental disturbance based on nematode species composition. Oecologia, 83(1): 14-19.

Bouwman L A, Arts W B M. 2000. Effects of soil compaction on the relationships between nematodes, grass production and soil physical properties. Applied Soil Ecology, 14(3): 213-222.

Chen D, Zheng S, Shan Y, et al. 2013. Vertebrate herbivore-induced changes in plants and soils: Linkages to ecosystem functioning in a semi-arid steppe. Functional Ecology, 27(1): 273-281.

Chowdhury N, Nakatani A S. 2011. Microbial activity and community composition in saline and non-saline soils exposed to multiple drying and rewetting events. Plant and Soil, 348: 103-113.

Ferris H. 2010. Contribution of nematodes to the structure and function of the soil food web. Journal of Nematology, 42: 63-67.

Harpole W S, Sullivan L L, Lind E M, et al. 2016. Addition of multiple limiting resources reduces grassland diversity. Nature, 537: 93-96.

Hooper D U, Johnson L. 1999. Nitrogen limitation in dry land ecosystems: Responses to geographical and temporal variation in precipitation. Biogeochemistry, 46: 247-293.

IPCC. 2014. Climate Change 2014: Impacts, Adaptation, and Vulnerability, IPCC Working Group II Contribution to AR5. Cambridge: Cambridge University Press.

Isbell F, Reich P B, Tilman D, et al. 2013. Nutrient enrichment, biodiversity loss, and consequent declines in ecosystem productivity. Proceedings of the National Academy of Sciences of the United States of America, 110: 11911-11916.

Li Q, Liang W J, Zhang X K, et al. 2017. Soil Nematodes of Grasslands in Northern China. San Diego: Elsevier.

Li Y, Wang X, Chen Y, et al. 2019. Changes in surface soil organic carbon in semiarid degraded Horqin Grassland of northeastern China between the 1980s and the 2010s. Catena, 174: 217-226.

Li Y Q, Zhang T H, Zhao H L, et al. 2011. Effects of grazing and livestock exclusion on soil physical and chemical properties in deserted sandy grassland, Inner Mongolia, northern China. Environmental Earth Sciences, 63: 771-783.

Liu S, Schleuss P-M, Kuzyakov Y. 2017. Carbon and nitrogen losses from soil depend on degradation of Tibetan Kobresia Pastures. Land Degradation and Development, 28(4): 1253-1262.

Lorenzen S. 1994. The Phylogenetic Systematics of Freeliving Nematodes. London: The Ray Society.

Lozupone C A, Knight R. 2007. Global patterns in bacterial diversity. Proceedings of the National Academy of Sciences of the United States of America, 104: 11436-11440.

Mountford J O, Lakhani K H, Kirkham F W. 1993. Experimental assessment of the effects of nitrogen addition under hay-cutting and aftermath grazing on the vegetation of meadows on a Somerset peat moor. Journal of Applied Ecology, 30: 321-332.

Neher D A. 2001. Role of nematodes in soil health and their use as indicators. Journal of Nematology. 33: 161-168.

Oren A. 2001. The bioenergetic basis for the decrease in metabolic diversity at increasing salt concentrations: Implications for the functioning of salt lake ecosystems. Hydrobiologia, 466: 61-72.

Stevens C J. 2016. How long do ecosystems take to recover from atmospheric nitrogen deposition? Biological Conservation, 200: 160-167.

Stevens C J, Dise N B, Mountford J O, et al. 2004. Impact of nitrogen deposition on the species richness of grasslands. Science, 303: 1876-1879.

Stevens C J, Lind E M, Hautier Y, et al. 2015. Anthropogenic nitrogen deposition predicts local grassland primary production worldwide. Ecology, 96: 1459-1465.

Su Y Z, Li Y L, Cui J Y, et al. 2004. Influences of continuous grazing and livestock exclusion on soil properties in a degraded sandy grassland, Inner Mongolia, northern China. Catena, 59(3): 267-278.

Valenzuela-Encinas C, Neria-González I, Alcántara-Hernández R J. 2009. Changes in the bacterial populations of the highly alkaline saline soil of the former lake Texcoco (Mexico) following flooding. Extremophiles, 13: 609-621.

van de Koppel J, Rietkerk M, Weissing F J. 1997. Catastrophic vegetation shifts and soil degradation in terrestrial grazing systems. Trends in Ecology & Evolution, 12(9): 352-356.

Veen G F, Olff H, Putten D W V D. 2010. Vertebrate herbivores influence soil nematodes by modifying plant communities. Ecology, 91(3): 828-835.

Wang J Y, Iram A, Xu T T, et al. 2019. Effects of mowing disturbance and competition on spatial expansion of the clonal plant *Leymus chinensis* into saline-alkali soil patches. Environmental and Experimental Botany, 168: 103890.

Wang Y, Cui X Y, Zhao H, et al. 2014. Responses of soil respiration and its components to drought stress. Journal of Soils and Sediments, 14: 99-109.

Xu X, Liu H, Song Z, et al. 2015. Response of aboveground biomass and diversity to nitrogen addition along a degradation gradient in the Inner Mongolian steppe, China. Scientific Reports, 5: 10284.

Yu G, Jia Y, He N, et al. 2019. Stabilization of atmospheric nitrogen deposition in China over the past decade. Nature Geoscience, 12: 424-429.

Yuan B, Xu X, Li Z, et al. 2007. Microbial biomass and activity in alkalized magnesic soils under arid conditions. Soil Biology and Biochemistry, 39: 3004-3013.

Yuan Z Q, Jiang X J, Liu G J, et al. 2019. Responses of soil organic carbon and nutrient stocks to human-induced grassland degradation in a Tibetan alpine meadow. Catena, 178: 40-48.

Zhang H F, Li G, Song X L, et al. 2013. Changes in soil microbial functional diversity under different vegetation restoration patterns for Hulunbeier Sandy Land. Acta Ecologica Sinica, 33: 38-44.

Zhang X, Guan P, Wang Y, et al. 2015a. Community composition, diversity and metabolic footprints of soil nematodes in differently-aged temperate forests. Soil Biology and Biochemistry, 80: 118-126.

Zhang Y, Cao C, Guo L, et al. 2015b. Soil properties, bacterial community composition, and metabolic diversity responses to soil salinization of a semiarid grassland in northeast China. Journal of Soil and Water Conservation, 70: 110-120.

Zhang Y, Lü X, Isbell F, et al. 2014. Rapid plant species loss at high rates and at low frequency of N addition in temperate steppe. Global Change Biology, 20: 3520-3529.

Zuo X, Yue X Y, Lv P, et al. 2017. Contrasting effects of plant inter- and intraspecific variation on community trait responses to restoration of a sandy grassland ecosystem. Ecology and Evolution, 7(4): 1125-1134.

Zuo X, Zhao X, Zhao H, et al. 2008. Spatial heterogeneity of soil properties and vegetation-soil relationships following vegetation restoration of mobile dunes in Horqin Sandy Land, Northern China. Plant and Soil, 318: 153-167.

第五章　呼伦贝尔退化草甸草原恢复与治理模式

呼伦贝尔草原位于内蒙古自治区东北部，是欧亚大草原的重要组成部分，是一个保护相对较好的天然草原区。其自然资源丰富，植物种类较多，牧草生长繁茂，草地生产力和质量相对较高，分布的草地类型有温性草甸草原类、温性草原类、低地草甸类、山地草甸类、沼泽类。其中呼伦贝尔草甸草原是我国地带性分布的温性草原中水分条件最好的区域，位于大兴安岭的西坡，是我国家畜育成品种三河马、三河牛、草原红牛的培育基地，在我国草牧业生产及草原生态环境保护中具有重要意义。但是长期以来，由于草原开垦转变为农田、草地过度利用等因素，呼伦贝尔草甸草原不仅面积减小，而且退化严重，影响草牧业的可持续发展，并威胁区域生态环境安全。为突破刈割、放牧和开垦利用方式下呼伦贝尔草甸草原退化恢复治理的技术瓶颈，采用退化草地治理恢复和合理利用技术理论与实践相结合的方法，优化呼伦贝尔草地生产方式、制定退耕地人工植被快速重建与稳定维持关键技术、构建合理的家庭牧场经营模式，这对区域草牧业与草地生态环境的和谐发展、牧民收入的稳定持续增长具有非常重要的意义。

第一节　呼伦贝尔退化草甸草原状况

呼伦贝尔草甸草原传统放牧养殖模式依然占据主导地位，家畜放牧时间较长且超载放牧，很多草场没有休养生息的机会导致草地资源严重退化，植物群落结构发生变化，有毒有害杂草不断增多。草地退化最明显的表现是草地植被变化，包括植物种群构成等质量特征和生产力数量方面特征的变化（闫瑞瑞等，2017）。草地退化导致植物群落小型化，可食牧草比例下降。轻度退化草地可食牧草产量减少20%~40%；中度退化草地可食牧草产量减少40%~60%；重度退化草地可食牧草产量减少60%以上（许志信，1983）。呼伦贝尔草甸草原放牧率增大使牧草的再生能力降低，植被盖度减小，牧草株高和群落现存量均显著下降，群落物种组成逐渐单一，过牧降低适口性好的植物在群落中的比例，有毒植物则不受影响，并对有限资源竞争处于更有利的地位，群落平均高度、地上生物量及植物群落α多样性指数均呈降低趋势，羊草群落伴生种重要值降低，一些耐践踏、适口性差的物种增加，一、二年生植物重要值也呈增加趋势（崔显义，2011；卡丽娜和刘岩，2000）。随着草地退化、沙化程度的加大，群落结构与多样性逐渐丧失，草层高度、植被盖度、株丛密度、地上生物量等都呈现不同程度的递减趋势，物种组成发生显著变化，群落物种组成逐渐单一，数量逐渐减少。未退化草地以禾本科植物占主导地位，随着退化程度的加大，退化指示类的菊科植物重要值提升；中度退化阶段蔷薇科植物不断增加，并占据优势地位；重度退化阶段多以耐践踏的蔷薇科植物和小型禾草为优势种，其中重度沙化草地，多年生植物几乎全部消失，而被一年生植物替代（石益丹，2007）。随草原退化程度的加重，植物种数目逐渐减少，其中禾本科植物物种明显下降，而豆科、菊科、莎草科植物物种数目变化不大；生活型内多年生草本植物和半灌木类植物种逐渐减少，而一、二年生草本则呈现"低—高—低"的波动变化；中生植物物种数目在群落中所占比例明显下降，而中旱生和旱生植物所占比例逐渐上升；在草原退化过程中，植物群落发生羊草+杂类草草原—羊草+寸草薹—寸草薹的逆向演替；随草原退化的加剧，群落 α 多样性明显下降，其中重度退化草地的物种丰富度、多样性、均匀度分别比轻度退化草地下降了 27%、62%、61%；β 多样性指数表明，轻度退化草地与中度、重度退化草地的群落结构相似性较低，中度与重度退化草地之间相似性较高（石益丹，2007；内蒙古农牧学院，1991）。

　　呼伦贝尔退化草原面积自 1965 年以来呈现逐步增加的趋势，1965 年退化草原面积约占可利用草原面积的 12.4%，1985 年达到 21%，为 209 万 hm²，1997 年已超过 40%，退化速度逐年加快（刘美丽，2016）。同时草地退化的另一表现形式是沙化面积增加，2006 年呼伦贝尔沙化草原面积为 662.23 万 hm²，占全市草原的 58.78%，比 2000 年净增230.61 万 hm²（刘美丽，2016）。按照万华伟等（2016）的研究结果，呼伦贝尔 10 年间（2003～2012 年）草地退化有明显的空间差异，中西部地区草地退化比东部地区严重，满洲里市和新巴尔虎右旗均出现了大面积的极重度退化草地，其他地区以轻度和中度退化为主，这种现象在 2006 年前更明显。从 2010 年开始，草地退化趋势略有减缓，植被有所恢复。10 年间，总体上中东部地区较西部地区草地退化现象较轻，以轻度和中度退化为主，植被保持稳定区域在区域内零星分布。

　　土壤是牧草和家畜的载体，是草原生态系统许多营养的储存库和动植物分解循环的场所，土地退化是生态系统退化的重要指标之一（仲延凯等，1998）。在草地生态系统的退化中，草地土壤的退化滞后于草地植物的退化，其退化后恢复时间要远远长于草地植物的恢复时间，有时植被退化到极度退化程度而土壤还保持较好的性状（Dalzell et al.，1997），但土壤退化是比植被退化更严重的退化，土壤严重退化后草原生态系统的功能会遗失殆尽。放牧是引起草地土壤退化的重要因素，放牧导致草地地上生物量的减少（Harris et al.，1997），草地系统中大量营养物质和能量物质转移到家畜生产系统，植物中大量物质和能量的输出使植被与土壤之间的物质与能量平衡出现暂时的中断。家畜的践踏和采食容易引起草地旱化，导致土壤理化性质的劣化和肥力的降低（仲延凯等，1991）。随着放牧强度的增大，草地土壤紧实度和容重显著增加，土壤毛管持水量则明显下降（朝克图，1993）。过牧条件下，牲畜长期践踏，土壤表土层粗粒化，黏粒含量降低，砂粒增加（鲍雅静等，2001），引起退化草原土壤沙化和土壤侵蚀。贾树海等（1999）的研究也表明，在高强度放牧影响下，草原地表覆被物消失、土壤表层裸露、反射率增高、潜热交换份额降低，土壤质地变粗、硬度加大、风蚀与风积过程或水蚀过程增强，有机质减少、肥力下降，土壤向贫瘠化方向发展，草地在生物地球化学循环过程中的作用降低。土壤有机质主要来源于植物地上部分的凋落物及地下的根系，随着草地的退化，归还土壤有机质的数量逐渐减少，地上植物连年利用，土壤养分也在不断消耗，随退化程度的增加而下降（朝克图，1993）。关世英等（1997）研究发现，重牧条件下土壤有机质含量仅为不放牧条件下的 48%。呼伦贝尔草甸草原土壤含水量、土壤全氮、土壤有机物、土壤碱解氮随着退化程度的增加显著下降，而土壤容重、土壤粗粒（1～2mm）百分含量、土壤速效钾随着退化程度的增加而显著上升（李文建和韩国栋，1999）。在草原放牧生态系统，放牧家畜粪尿的归还对土壤肥力有着直接的影响，采食的养分中有 60%～70%以粪尿的形式返回草原，重牧减少土壤微生物数量，土壤微生物生物量在轻牧与中牧之间最大（陈红等，2003；霍成君等，2001；杜占池和杨宗贵，1989）。

第二节　呼伦贝尔草甸草原退化的机理

草原退化是一个世界性问题，特别是在干旱和半干旱地区，据世界资源研究所估计，目前全世界 60%以上的草原已严重退化。我国草地资源的开发利用已有上千年的历史。但至今仍是以传统草牧业为主的经营方式，通过利用天然草地资源放牧草食家畜获得畜产品为特征。从古至今畜牧业发展基本是被动顺应自然，受自然生态条件制约。过去漫长的历史时期，在人少畜少草多的优势条件下，由于草地利用程度较轻得以延续和发展至今。但是，人类生产活动和发展政策对自然资源的影响非常大，尤其是人类农耕文明的发展，更是对草地资源的状况产生了深刻的影响。随着人类文明程度的提高，对草地资源的认识也发生了深刻的变化。人们已经认识到草地退化的根本原因是人类不合理的开发和利用。据统计，我国退化草地中由于农业开垦造成的占 25.4%、过度放牧造成的占 28.3%、滥挖和樵柴造成的占 31.8%、水分不合理利用造成的占 8.3%、修建房屋造成的占 0.7%，而由于自然气候条件的变化造成的只占 5.5%。

放牧和刈割是草地的两种主要利用方式，直接或间接地对草地生态系统产生影响，调节草地生态系统的物质循环和能量流动。适度放牧对草地生态系统结构和功能发挥着积极作用，但长期超载放牧则会引起草地生态系统严重退化。目前，由放牧引起的草地退化已经成为全球性问题，特别是在干旱和半干旱地区，降水资源的限制进一步加剧了草地退化程度。刈割直接将草地植物地上生物量移出生态系统，间接影响草地植物群落结构、生物量分配等，引起草地内部微环境的变化。高频率刈割一方面减少了植物凋落物向草地生态系统的输入，同时又缺少牲畜排泄物的输入，不能对生态系统进行有效物质返还，导致土壤有机碳输入减少。研究呼伦贝尔草甸草原退化的土壤和植被现状，对于草地资源的合理利用具有重要意义。

一、试验设计

本研究于 2019 年 8 月在呼伦贝尔草原区选择放牧场与刈割草场各 3 块，并选择 3 块围栏封育的试验区作为对照，研究了草地放牧、打草和围封这 3 种不同利用方式对草地的影响。放牧草场 2013 年划分到牧户，放牧成年奶牛（"三河牛"）。放牧场面积为 230 亩，放牧时间为每年的 5 月底至 10 月初，这期间进行连续放牧，10 月初至翌年 5 月休牧；以 500kg 奶牛为一个标准家畜牛单位，载畜量为 0.43 个标准牛单位/(hm²·年)。刈割草场的面积约为 225 亩，每年的 8～9 月刈割一次，留茬高度约为 8cm，10 月初至 11 月家畜在刈割草场上自由放牧，12 月至翌年 7 月禁止放牧与刈割利用。对照样地于 2016 年围栏封育，之前为自由放牧场，面积各为 45 亩。

本研究于 2019 年 8 月中旬进行草地植被调查和土壤样品采集，分析土壤的理化性状和微生物群落组成。将样方内所有物种划分为两个功能群：禾草与非禾草。

用物种丰富度（R）与 Shannon-Wiener 指数（H'）来表征植物群落的多样性，用均匀度指数（E）来表征植物群落均一性，计算公式如下：

$$R=S \tag{5-1}$$

$$H' = -\sum_{i=1}^{s} P_i \ln P_i \tag{5-2}$$

$$E = \frac{H}{S} \tag{5-3}$$

式中，S 指物种数；P_i 指某一物种的相对密度。

二、不同草地利用方式对土壤影响的机制

（一）不同草地利用方式对土壤理化性质及生物组分的影响

不同草地利用方式对土壤 pH、全碳、全氮、铵态氮、速效磷的影响不显著（$P>0.05$）（图 5-1a、c、d、f、h）。刈割草地（CP）土壤电导率显著高于围封草地（EN）与放牧草地（G）（$P<0.05$）（图 5-1b）。G 处理的土壤全磷含量显著低于 EN 与 CP 处理（$P<0.05$）（图 5-1e）。不同草地利用方式间土壤硝态氮表现为：EN>CP>G，且不同处理间均差异显著（$P<0.05$）（图 5-1g）。

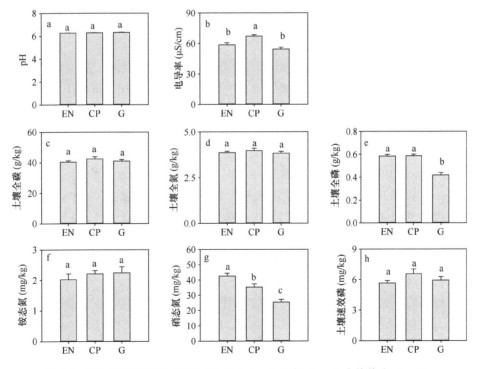

图 5-1 不同草地利用方式下土壤 pH（a）、电导率（b）及土壤养分（c～h）

不同小写字母表示不同草地利用方式间差异显著（$P<0.05$），下同

CP 处理的土壤轻组有机质质量比显著大于 EN 与 G 处理（$P<0.05$）（表 5-1）。与 EN 处理相比，G 处理显著降低了 2～0.25mm、0.25～0.053mm 土壤颗粒有机质质量比，但显著增加土壤粉粒与黏粒质量比（$P<0.05$）（表 5-1）。不同草地利用方式对土壤有机质化学与生物组分的影响不显著（$P>0.05$），但 G 处理的土壤有机质化学组分各指标均为最大值（表 5-1）。

表 5-1　不同草地利用方式下土壤有机质物理组分、化学组分及生物组分

土壤有机质组分	EN	CP	G
物理组分			
轻组有机质质量比（%）	5.42b±0.46	8.29a±0.27	4.82b±0.31
颗粒有机质质量比（%）			
2～0.25mm 土壤颗粒	8.50a±2.72	8.13ab±0.58	5.71b±0.19
0.25～0.053mm 土壤颗粒	26.43a±2.09	24.36ab±0.11	23.86b±0.42
粉粒与黏粒质量比	65.07b±4.81	67.51ab±0.69	70.43a±0.46
化学组分			
易氧化碳（mg/kg）	967.90a±53.77	990.86a±26.45	1025.63a±4.01
溶解性碳（mg/kg）	50.01a±1.98	50.92a±2.32	53.48a±1.74
溶解性氮（mg/kg）	10.33a±0.12	11.32a±1.28	11.78a±0.66
生物组分			
微生物量碳（mg/kg）	1028.97a±35.14	1022.75a±64.06	1012.74a±10.24
微生物量氮（mg/kg）	126.83a±3.78	135.27a±7.66	126.32a±2.67

注：不同小写字母表示不同草地利用方式间差异显著（$P<0.05$），下同

（二）不同草地利用方式对土壤微生物群落的影响

不同草地利用方式下的土壤样品中，检测出各样地共同含有的 26 种标记磷脂脂肪酸（PLFA）（图 5-2）。直链饱和脂肪酸（SCSFA）6 种：14:00、15:00、16:00、17:00、18:00、20:00，相对含量占土壤磷脂脂肪酸总量的 19.96%～22.37%（图 5-2，表 5-2）。单烯脂肪酸（MFA）6 种：16:1 ω9c、16:1 ω7c、18:1 ω7c、18:1 ω5c、18:1 ω9c、16:1 ω5c，相对含量占土壤磷脂脂肪酸总量的 25.47%～28.96%（图 5-2，表 5-2）。支链脂肪酸（BCFA）10 种：13:0 iso、14:0 iso、15:0 anteiso、15:0 iso、16:0 iso、17:0 iso、17:0 anteiso、18:0 iso、16:0 10-methyl、20:0 10-methyl，相对含量占土壤磷脂脂肪酸总量的 40.23%～42.71%（图 5-2，表 5-2）。多烯脂肪酸（PUFA）与环丙烷脂肪酸（CFA）各有 2 种，分别为 18:3 ω6c、18:2 ω6c 和 17:0 cyclo ω7c、19:0 cyclo ω7c，含量均在 10%以下（图 5-2，表 5-2）。

G 处理的 SCSFA、BCFA 比例显著高于 CP 处理（$P<0.05$）；CP 处理的 MFA、PUFA 比例显著高于 EN 与 G 处理（$P<0.05$）（表 5-2）。

CP 处理的土壤微生物中细菌、革兰氏阳性菌、革兰氏阴性菌、真菌、丛枝菌根真菌、放线菌 PLFA 量及总 PLFA 量均显著大于 EN 与 G 处理（$P<0.05$），但 EN 与 G 处理间差异不显著（图 5-3a～g）。G 处理的细菌/真菌显著大于 CP 处理（$P<0.05$）（图 5-8h）；EN 与 G 处理的革兰氏阳性菌/革兰氏阴性菌显著大于 CP 处理（$P<0.05$）（图 5-3i）。

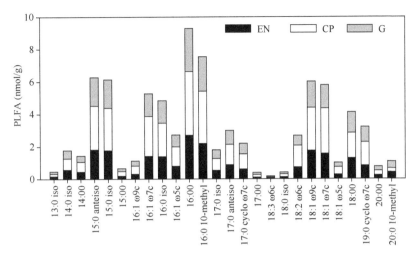

图 5-2　不同草地利用方式下土壤微生物 PLFA 图谱

表 5-2　不同草地利用方式下土壤磷脂脂肪酸类型及其比例（%）

磷脂脂肪酸	EN	CP	G
直链饱和脂肪酸（SCSFA）	21.65ab±0.41	19.96b±0.49	22.37a±1.11
单烯脂肪酸（MFA）	26.25b±0.25	28.96a±0.36	25.47b±0.30
支链脂肪酸（BCFA）	42.71a±0.31	40.23b±0.27	42.40a±0.64
多烯脂肪酸（PUFA）	3.36b±0.10	4.03a±0.13	3.03b±0.12
环丙烷脂肪酸（CFA）	6.03a±0.25	6.82a±0.24	6.73a±0.45

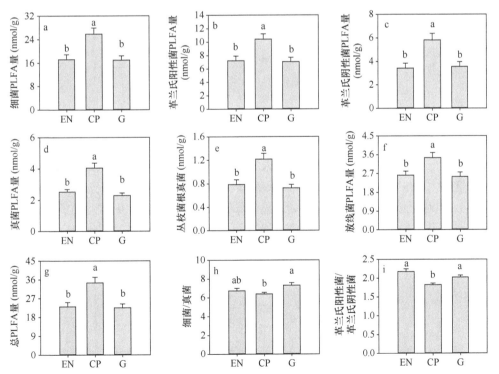

图 5-3　不同草地利用方式下土壤微生物 PLFA 量

三、不同草地利用方式对植被影响的机制

（一）不同草地利用方式对植物密度与多样性的影响

与围封草地（EN）相比，刈割草地（CP）、放牧草地（G）均显著降低了羊草（*Leymus chinensis*）密度（$P<0.05$）（图 5-4a）。不同草地利用方式对无芒雀麦（*Bromus inermis*）、裂叶蒿（*Artemisia tanacetifolia*）、寸草薹（*Carex duriuscula*）的密度影响不显著（$P>0.05$）（图 5-4b～d）。G 处理中蒲公英（*Taraxacum mongolicum*）、车前（*Plantago asiatica*）的密度均显著高于 EN 与 CP 处理（$P<0.05$）（图 5-4f、g）。

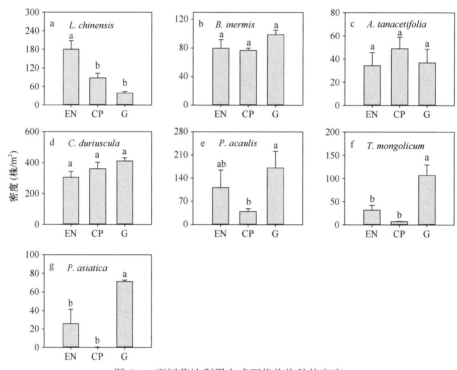

图 5-4　不同草地利用方式下优势物种的密度

与 EN 处理相比，G 处理显著降低了禾草的密度（$P<0.05$），而显著增加了非禾草与群落总密度（$P<0.05$）。CP 与 EN 处理间的禾草、非禾草及群落总密度均差异不显著（$P>0.05$）（图 5-5）。相对于 EN 与 CP 处理，G 处理显著降低了群落物种丰富度（$P<0.05$）（图 5-6a）。不同草地利用方式对群落多样性与均匀度影响不显著（$P>0.05$）（图 5-6b、c）。

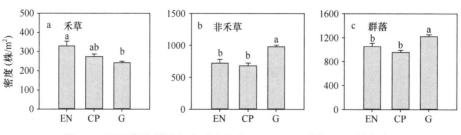

图 5-5　不同草地利用方式下功能群（a、b）及群落（c）的密度

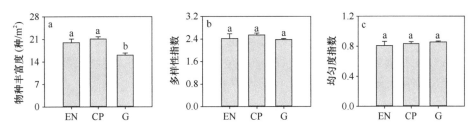

图 5-6 不同草地利用方式下物种丰富度（a）、群落多样性（b）及均匀度（c）

（二）不同草地利用方式对植被生物量的影响

相对于 EN 处理，G 处理显著降低羊草与其他植物的地上生物量，以及地上总生物量（$P<0.05$）（图 5-7a～c），但显著增加了根冠比（$P<0.05$）（图 5-7e）；与 EN 处理相比，CP 处理显著降低了羊草地上生物量与地上总生物量（$P<0.05$）（图 5-7a、c），但显著增加了植物地下生物量与根冠比（$P<0.05$）（图 5-7d、e）。G 与 CP 处理间的地上与地下生物量，以及根冠比均差异不显著（$P>0.05$）（图 5-7）。

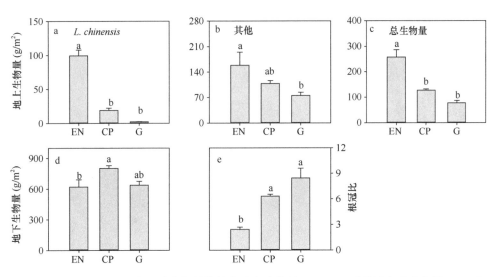

图 5-7 不同草地利用方式下羊草与其他植物地上生物量（a、b）、群落地上总生物量（c）及地下生物量（d）与根冠比（e）

（三）不同草地利用方式植物和土壤指标冗余分析

不同草地利用方式下植物生物量与植物群落、土壤各指标的冗余分析（RDA）中（图 5-8a），校正 R^2 值为 0.76（$P<0.001$），坐标轴 RDA1 与 RDA2 的解释度分别为 63.94%（$P<0.01$）、19.87%（$P<0.05$）。土壤全碳（TC）是 CP 处理中地下生物量的主要影响因子，解释度为 27.1%（$P<0.05$）。土壤硝态氮（NO_3^--N）与 2～0.25mm、0.25～0.053mm 土壤颗粒有机质比例（SMpom、MICpom）是 EN 处理中地上生物量的主要影响因子，解释度分别为 15.7%（$P<0.05$）、14.4%（$P<0.05$）、13.9%（$P<0.1$）。土壤 NO_3^--N、SMpom、MICpom 与根冠比（R∶S）呈负相关。不同草地利用方式下土壤微生物菌群，

与植物群落、土壤各指标的冗余分析（RDA）中（图 5-8b），校正 R^2 值为 0.75（$P<0.01$），坐标轴 RDA1 与 RDA2 的解释度分别为 80.09%（$P<0.01$）、0.35%。土壤轻组有机质质量比（LFOM）与现存地下生物量（BGB）是 CP 处理中土壤微生物菌群的主要影响因子，解释度分别为 40%（$P<0.05$）、31.5%（$P<0.05$）。

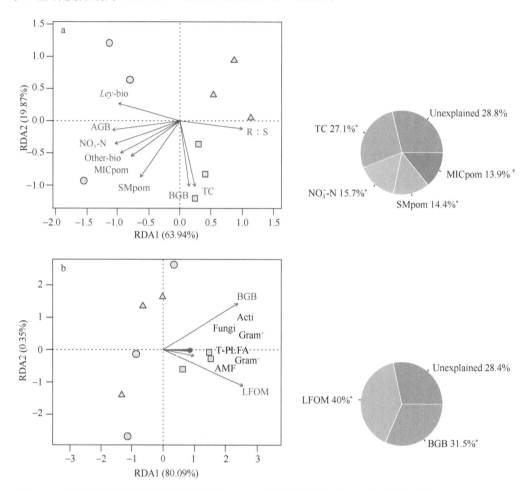

图 5-8　不同草地利用方式下植物生物量（a）、土壤微生物菌群（b）与综合环境因子的冗余分析

○ 表示 EN；□ 表示 CP；△ 表示 G。Ley-bio. 羊草地上生物量；Other-bio. 除羊草外其他植物地上生物量；AGB. 地上生物量；BGB. 地下生物量；R∶S. 根冠比；Gram+. 革兰氏阳性菌；Gram−. 革兰氏阴性菌；AMF. 丛枝菌根真菌；Acti. 放线菌；T-PLFA. 土壤总 PLFA 量；TC. 土壤全碳；NO₃⁻-N. 土壤硝态氮；SMpom. 2～0.25mm 颗粒有机质质量比；MICpom. 0.25～0.053mm 颗粒有机质质量比；LFOM. 轻组有机质质量比；Unexplained. 不能解释比例。*表示 $P<0.05$，† 表示 $P<0.1$

四、不同草地利用方式对土壤与植被的影响

本研究通过野外调查试验，研究了当地刈割、放牧和围栏封育草地土壤理化性质、土壤活性有机碳组分、植物群落及土壤微生物群落结构的变化情况。研究表明，草地围封、放牧、刈割利用对土壤碳、氮影响不显著。围封通过提高土壤中硝态氮、颗粒有机质等有效养分，显著增加了植物地上生物量。草地刈割利用通过提高植物地下生物量与土壤轻组有机质，显著增加土壤微生物各菌群 PLFA 量。草地放牧利用显著增加了星毛

委陵菜、蒲公英、车前密度，以及非禾本科杂类草密度和群落总密度，降低了物种丰富度，草地植物群落呈退化状态。每年的连续刈割利用，降低羊草、无芒雀麦、裂叶蒿与功能群禾本科密度，以及地上生物量。

本研究中，草地利用方式对土壤碳、氮没有显著影响，但在土壤有机碳物理组分中，围封的 2～0.25mm、0.25～0.053mm 颗粒有机质质量均显著高于放牧。颗粒有机质属于与砂粒级（2～0.053mm）结合的有机质部分，其数量和组成可以反映植物残体的返还程度（常会宁等，1998），对环境变化和管理措施比较敏感，可以指示土壤有机质早期的变化（杨尚明等，2015；章家恩等，2005）。相关研究表明，不同封育年限均可以显著提高颗粒有机碳含量，主要与封育后大量凋落物输入有关（田野等，2020）。冗余分析可以看出，围封中较高的植物地上生物量，主要受土壤硝态氮（NO$_3^-$-N）与颗粒有机质（MICpom，0.25～0.053mm；SMpom，2～0.25mm）的影响，总的解释率为44%。围栏封育草地植物的恢复，增加了地表凋落物及根系周转向土壤的营养输入，以及土壤微生物对养分的释放，进而又促进了植物生长。

土壤微生物对草地生态系统中能量流动、物质循环和信息传递等功能与进程发挥着至关重要的作用，土壤微生物群落也是评价草地土壤质量的重要指标。本研究发现，刈割草地的土壤微生物各菌群与总 PLFA 量，均显著大于放牧与围封草地。冗余分析可以看出，草地刈割处理中较高的土壤微生物 PLFA 量，主要受植物地下生物量（BGB）与土壤轻组有机质（LFOM）含量的影响，总的解释率为 71.5%。植物向地下（根系等）输入更多的资源，为土壤微生物提供充足的营养和能量，进而促进微生物多样性。土壤细菌的存在具有较高的植物根系驱动性，且根际土壤细菌种群与植物之间具有一定的专一性，所以植物多样性的增加有利于土壤细菌遗传多样性的提高（郭明英等，2018）。土壤轻组有机质主要包括动植物残体、菌丝体、孢子、单糖、多糖等，属于土壤活性有机质的组分，是土壤微生物的重要碳源，本研究中，草地刈割利用中轻组有机质的增加，对土壤微生物群落 PLFA 量起到促进作用。邹雨坤等（2011）在内蒙古呼伦贝尔羊草草原的研究发现，刈割草地的 PLFA 总量显著高于围封与放牧草地。刈割显著提高了土壤细菌含量（张德强等，2000）。

第三节　呼伦贝尔退化草甸草原恢复途径

退化草地改良措施主要有围栏封育、草地施肥、草地松土及草地补播等，这些措施影响退化草地的植被（群落结构、物种组成、生产力等）和土壤（土壤理化性质、气体通量、微生物变化等）。其中施肥可以显著提高草地生产力，草地补播在维持植被生产力和植物更新等方面具有重要作用，它们都是治理退化草地的有效手段。

一、放牧退化草地土壤修复技术

我国自 20 世纪 50 年代起就做了大量的草地改良工作，主要包括土壤的浅耕翻（20世纪 60 年代到 80 年代末）、土壤深松及切根（20 世纪 80 年代到现在）、草地优良牧草补播，其中飞播更是在沙区及山区广泛使用，取得了良好的效果（吴旭东等，2018）。但是由于浅耕翻对表层土壤扰动较大，草地植被在浅耕翻改良的前几年生长较弱，草原区干旱且风沙大，严重影响扰动处理后 3～4 年的草地生产力和自然环境。土壤深松是通过机械作用对表土下 20～30cm 土壤的机械扰动，可以切断部分植物根系，促进植物生长发育，该改良方法尤其对以根茎类植物为建群种和优势种的草地植被改良效果好，是目前草地植被恢复的主要改良方法。以根茎型禾草（羊草）为建群种的中度和轻度退化草地，羊草比例不低于草群的 20%，产青干草低于 50kg/亩，地表板结、地形起伏较小的地段，深松时间为早春 4 月下旬至 5 月中旬，晚秋 8 月中旬至 9 月中旬，切根程度以切碎或破碎草皮并稍加松动为宜，作业地面相对平整，不可翻动草皮。最佳切根深度8～10cm，行距 30～60cm，利于羊草高度和密度的提高（王丽娟，2016）。

（一）退化草地的深松和补播修复

本研究于 2017 年 7 月，采用深松和免耕补播技术，对内蒙古呼伦贝尔退化羊草草地进行黄花苜蓿（*Medicago falcata*）和羊草的补播，并结合草地施肥管理恢复放牧退化草地。在退化羊草草地补播黄花苜蓿和羊草，播量分别为：黄花苜蓿种子 1.5kg/亩，羊草种子 3kg/亩，施入基肥 2.5kg/亩（磷酸二铵：硫酸钾复合肥=1：1）。设 5 个处理，分别为：对照不处理（CK）；土壤深松不补播（A0）；免耕补播羊草（A1）；免耕补播黄花苜蓿（A2）；免耕补播羊草+黄花苜蓿（A3）。主要研究结果如下。

1. 补播和深松对草地植物物种数和盖度的影响

2018 年 5 月底返青后，补播处理中 A1 处理返青率是 12.18 株/m^2，A2 处理幼苗返青率是 13.77 株/m^2，A3 处理后成苗率 14.15 株/m^2。与 CK 相比，补播羊草后草地植物物种数显著降低 11.55%（$P<0.05$），其他各处理措施下的草地植物物种数与 CK 均无显著差异（$P>0.05$）（图 5-9a）。

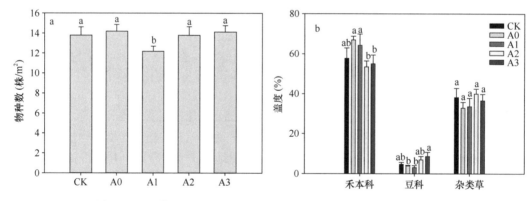

图 5-9　不同草地恢复措施对草地物种数（a）和植被盖度（b）影响
不同小写字母表示同一功能群内不同处理措施间差异显著（$P<0.05$），下同

对退化羊草草地进行 A0 和 A1 处理后草地禾本科植被盖度显著增加，与 CK 相比分别增加了 20.1%和 16.6%（$P<0.05$）（图 5-9b）。土壤深松处理（A0）后草地土

壤通透性得到一定程度改善，且深松过程可能破坏其他植物生长，而对根茎型禾草
的影响较小，为其创造了良好的生长空间，使得深松后禾本科植被盖度增加。A2、
A3 处理对草地植被盖度无显著影响。A1 处理后豆科植被盖度呈降低趋势，较 CK 降
低了 28.4%；A2 和 A3 处理下的豆科植被盖度较 CK 增加了 47.3%和 75.5%，A3 处
理后的豆科植被盖度显著大于 A0 和 A1 处理（$P<0.05$）。不同恢复措施对其他种的
盖度无显著影响（$P>0.05$）。

2. 补播和深松对草地生物量的影响

由于羊草是羊草草甸草原的优势物种，具有较强的适应性，A1 处理后羊草地上生
物量显著增加（$P<0.05$）（图 5-10a）。与 CK 相比较，不同恢复措施下的草地地上生物
量均显著增加（$P<0.05$），CK 的地上生物量仅为 189g/m^2，A1、A2 和 A3 处理后草地
地上生物量分别达到了 264g/m^2、263g/m^2 和 276g/m^2。不同草地恢复处理下禾本科植物
生物量均显著增加，A0、A1 和 A3 处理均显著减少了杂类草生物量，A1 处理后的杂类
草生物量最小，为 56g/m^2（图 5-10b）。补播黄花苜蓿后豆科植物生物量呈不同程度的增
加（图 5-10b）。虽然草地优势植物高度在各处理间无显著差异（$P>0.05$）（图 5-11）。

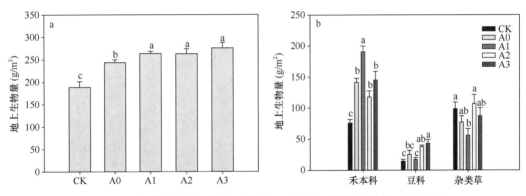

图 5-10 不同恢复措施下地上生物量（a）和各功能群生物量（b）比例

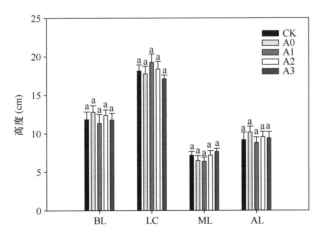

图 5-11 不同恢复措施下优势植物高度变化

BL. 无芒雀麦；LC. 羊草；ML. 黄花苜蓿；AL. 裂叶蒿

（二）退化草地的施肥恢复

合理施肥可有效提高退化草地土壤的供肥能力，补充植物所缺乏的营养元素，改善群落结构，增加草地生产力和品质。在施肥过程中，为了防止"烧苗"现象的出现，施肥时间通常要选择在有降水的时间进行，而在降水较少的半干旱地区，在施肥的同时进行灌溉，不仅可以摆脱天气对施肥时间的限制，而且可以灵活地控制降水量（刘卓艺等，2019）。本研究于2016年起，在呼伦贝尔草甸草原开展了放牧退化草地的施肥恢复研究，设5个施氮水平，即0（N0）、10g/(m²·年)（N1）、20g/(m²·年)（N2）、30g/(m²·年)（N3）、40g/(m²·年)（N4），以及2个刈割留茬高度，即4cm（M4）、8cm（M8）。研究发现，施氮显著增加禾草及群落的地上生物量（$P<0.05$），增加无芒雀麦及羊草的株高、叶面积和地上部氮素含量（$P<0.05$），但施氮量在20～40g/(m²·年)范围内差异不显著。施氮显著增加羊草的重要值，降低无芒雀麦的重要值（$P<0.05$）。低留茬高度显著提高二裂委陵菜（*Potentilla bifurca*）和星毛委陵菜（*Potentilla acaulis*）的重要值，降低糙隐子草（*Cleistogenes squarrosa*）的重要值（$P<0.05$），草地植物群落的稳定性降低。短期施氮与适宜的刈割留茬高度提高草地植物群落生产力及群落组成的稳定性，呼伦贝尔草甸草原打草适宜刈割留茬高度为8cm，适宜施氮量为10～20g/(m²·年)）。研究具体结果如下。

1. 施氮与刈割强度对植物群落生产力及主要物种组成的影响

试验样地有物种数42种，其中禾草共7种，占群落的16.7%。施氮与刈割对群落及功能群的物种丰富度无显著影响（$P>0.05$）（表5-3），但禾草及群落物种丰富度随施氮量增加有降低趋势，且表现为2017年的数值显著高于2018年相应数值（$P<0.05$）（图5-12a）。禾草及群落的地上生物量受施氮、年份、施氮与年份交互作用的影响（$P<0.05$）（表5-3），施氮使禾草及群落的地上生物量分别提高了72.7%～126.3%、61.6%～96.1%，但在施氮量10～40g/(m²·年)间差异不显著（$P>0.05$），2018年的群落、禾草地上生物量显著高于2017年（$P<0.05$）（图5-12b）。杂类草的地上生物量随施氮年限增加和施氮量增加降低，表明施氮更有利于群落中禾草功能群的生长（图5-12b）。功能群的相对生物量能反映功能群的优势度，禾草的地上生物量占群落总生物量的77.2%，非禾本科杂类草则占群落总生物量的22.8%，施氮和刈割对禾草与杂类草的相对生物量均无显著影响（$P>0.05$），仅年份影响显著（$P<0.05$）（表5-3）。

表5-3 群落和功能群的物种丰富度、地上生物量及相对地上生物量的三因素方差分析

变异来源	群落		禾草			杂类草		
	丰富度	地上生物量	丰富度	地上生物量	相对生物量	丰富度	地上生物量	相对生物量
刈割	NS	NS	NS	0.008	NS	NS	NS	NS
施氮	0.026	<0.001	0.038	<0.001	NS	0.041	NS	NS
年份	0.001	<0.001	<0.001	<0.001	0.041	NS	NS	0.041
刈割×施氮	NS	NS	NS	NS	NS	NS	NS	NS
刈割×年份	NS	NS	NS	NS	NS	NS	NS	NS
施氮×年份	0.064	<0.001	NS	<0.001	NS	0.021	NS	NS
刈割×施氮×年份	NS	NS	NS	NS	NS	NS	NS	NS

注：NS表示差异不显著，下同

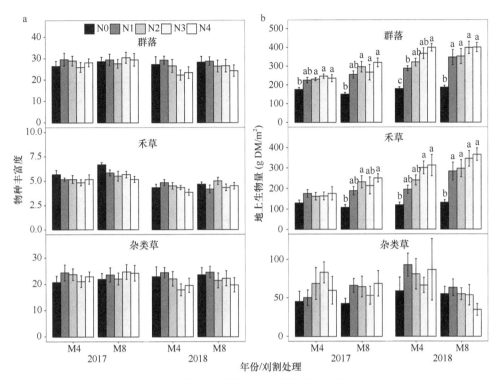

图 5-12　不同施氮量和刈割留茬高度处理下群落及功能群物种丰富度（a）和地上生物量（b）的比较
不同小写字母代表不同施氮量间差异显著（$P<0.05$），下同

呼伦贝尔草甸草原退化草地施氮 3 年对群落及功能群的物种丰富度无显著影响，但随施氮年限增加，物种丰富度有降低趋势。禾草的地上生物量占群落总生物量的 80% 左右，其变化会导致群落生物量的变化。因此，氮素添加通过增加多年生禾草的生物量而提高群落的生物量。施氮对非禾本科杂类草无显著影响，可能是草地连年刈割对上层禾草有一定抑制作用，促进阔叶类植物的生长。短期施氮促进禾草类植物生长，并对非禾本科植物及群落的物种丰富度无显著影响，说明短期内的施氮可以维持草地的可持续性。施氮超过 $10g/(m^2·年)$ 时，牧草生物量的增加幅度减缓。低刈割留茬高度显著影响植物翌年返青，以及种子萌发、幼苗生长及种子库多样性等。呼伦贝尔草甸草原刈割留茬高度为 8cm。少量氮肥添加可提高草地生产力，作用效果与可利用水分有关。草地施氮后，植物生长由氮限制转化为水分限制，降水量越高群落地上生物量越高。2018 年生长季（5～8 月）降水量 232.4mm，远高于 2017 年生长季的降水量（138.2mm），促进了植物对氮素的吸收。因此，2018 年禾草及群落的生物量均显著高于 2017 年。

2. 施氮和刈割强度对群落主要植物重要值的影响

刈割和施氮均显著影响二裂委陵菜和糙隐子草的重要值，而无芒雀麦、羊草的重要值仅受施氮影响，星毛委陵菜的重要值仅受刈割影响，刈割和施氮交互作用仅影响羊草的重要值，二裂委陵菜、薹草和糙隐子草的重要值还受年际变化的影响（$P<0.05$）（表5-4）。未施氮时，低刈割留茬高度提高羊草的重要值，降低无芒雀麦的重要值；施氮时，低刈割留茬高度降低羊草的重要值，增加无芒雀麦的重要值，且在高浓度施氮[30g/

(m²·年)或 40g/(m²·年)]情况下，刈割的改变效应越显著，说明施氮能改变无芒雀麦与羊草对刈割留茬高度的响应（图 5-13a、b）。当施氮 40g/(m²·年)时，低刈割留茬高

表 5-4 主要植物重要值的三因素方差分析

变异来源	无芒雀麦	羊草	二裂委陵菜	寸草薹	糙隐子草	星毛委陵菜
刈割	NS	NS	<0.001	NS	0.003	0.020
施氮	0.013	<0.001	0.044	NS	0.015	NS
年份	NS	NS	0.011	<0.001	<0.001	NS
刈割×施氮	NS	0.009	NS	NS	NS	NS
刈割×年份	NS	NS	NS	NS	NS	NS
施氮×年份	NS	NS	NS	NS	NS	NS
刈割×施氮×年份	NS	NS	NS	NS	NS	NS

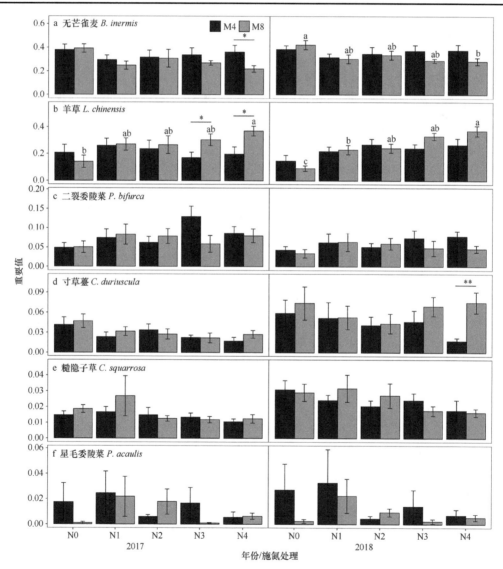

图 5-13 施氮量和刈割留茬高度对草地主要植物类群重要值的影响

*、**分别代表不同刈割留茬高度间显著性差异水平为 $P<0.05$、$P<0.01$

度显著降低薹草的重要值（$P<0.05$）（图 5-13d）。当刈割留茬高度为 8cm 时，施氮显著提高羊草的重要值，降低无芒雀麦的重要值（$P<0.05$）（图 5-13a、b）。施氮增加二裂委陵菜的重要值，降低糙隐子草的重要值（$P<0.05$），但多重比较结果不显著（$P>0.05$）（图 5-13c、e）。低刈割留茬高度提高二裂委陵菜和星毛委陵菜的重要值，降低糙隐子草的重要值（$P<0.05$），但多重比较结果不显著（$P>0.05$）（图 5-13 c、e、f）。薹草与糙隐子草的重要值在 2018 年显著高于 2017 年，二裂委陵菜则是 2017 年显著高于 2018 年（$P<0.05$）（图 5-13c～e）。

3. 土壤因子对群落生产力与物种组成的作用

逐步多元回归结果表明，土壤含水量、NH_4^+-N 含量、NO_3^--N 含量和土壤有机碳（SOC）含量显著影响群落及杂类草的物种丰富度，土壤含水量、pH、NH_4^+-N 含量和 SOC 含量显著影响禾草的物种丰富度，土壤含水量和 NO_3^--N 含量显著影响群落的地上生物量，土壤含水量、全氮（TN）和 NO_3^--N 含量显著影响禾草的地上生物量，TN 显著影响杂类草的地上生物量（$P<0.05$）（表 5-5）。其中，土壤含水量影响最大，群落、禾草及杂类草的物种丰富度与土壤含水量均为显著的正相关，而群落及禾草的地上生物量与土壤含水量则均为显著的负相关（$P<0.05$）（表 5-5），杂类草的地上生物量与土壤含水量无显著相关关系（$P>0.05$）（表 5-5）。

表 5-5 群落功能群丰富度、生物量和土壤因子的逐步多元回归分析

响应变量	群落组成	回归关系
物种丰富度	群落	$Y=21.43+0.47X_1+2.5X_4-0.21X_5+0.25X_6$（$R^2=0.22$，$F=7.85$，$P<0.001$）
	禾草	$Y=-8.28+0.11X_1+1.89X_2+0.15X_4+0.07X_6$（$R^2=0.30$，$F=9.58$，$P<0.001$）
	杂类草	$Y=46.18+0.51X_1+1.57X_4-0.17X_5+0.29X_6$（$R^2=0.23$，$F=6.88$，$P<0.001$）
生物量	群落	$Y=917.46-15.3X_1+1.94X_5$（$R^2=0.36$，$F=17.82$，$P<0.001$）
	禾草	$Y=580.28-14.89X_1-42.66X_3+1.53X_5$（$R^2=0.35$，$F=22.16$，$P<0.001$）
	杂类草	$Y=-62.37+39X_3$（$R^2=0.12$，$F=17.76$，$P<0.001$）

注：Y 代表响应值，X_1、X_2、X_3、X_4、X_5 和 X_6 分别表示土壤含水量、pH、TN、NH_4^+-N、NO_3^--N 和 SOC 含量

（三）放牧退化草地优良牧草快速建群技术

草地植被的补播改良是增加草地优良植物种类成分、改善草地植被物种多样性、提高草地生产力的有效方法（吴旭东等，2018；陈广夫等，2005；马志广和陈敏，1994）。免耕播种机在草地补播过程中的广泛应用，增加了草地补播改良技术在草地植被恢复中的应用空间。但是由于草地植被密度相对较高、土壤紧实、种子苗床条件差，免耕补播后牧草出苗困难，出苗后的竞争力比原有植物弱，很难在草地中成功建植，成为免耕补播在生产上大面积使用的限制因子。土壤深松对紧实土壤、植物根系的处理及地表植被的低扰动，可以为补播牧草种子萌发创造良好的土壤苗床，并增加补播牧草幼苗的竞争力，可以显著提高草地植物补播的成功率，并改善草地深松改良初期草地植被生长状况，克服两种草地植被改良技术的劣势，达到同时改良草地植被土壤和植物群落组成的双重目标，快速有效地提升草地生态系统的服务功能。针对重度放牧改变草地植物群落种类成分，使适口性好

的优良草种在群落中的比例降低其至消失，并使植物生产力和牧草品质下降而影响家畜生产性能等问题，根据不同生境下的退化草地植被选择适宜的优良草种，采取免耕定向补播改良技术，结合土壤深松技术对退化草地进行改良。在宁夏沙质草地补播蒙古冰草（*Agropyron mongolicum*）、沙打旺（*Astragalus adsurgens*）及达乌里胡枝子（*Lespedeza davurica*）后，生物量与对照相比提高 70%～145%（吴旭东等，2018）；Mortenson 等（2005）研究发现，天然草地补播黄花苜蓿后，地上生物量最高可增加 43%，我国草原区的补播研究也得到相似的结果。锡林郭勒干草原补播羊草后，植物群落密度提高了 50%，盖度增加了 10%（韩玉风等，1981），紫花苜蓿（*Medicago sativa*）补播到天山北坡退化山地草甸草原后，植物密度与对照相比增加了 54 株/m²，盖度增加了 30%（侯钰荣等，2016）。补播干扰增加物种丰富度，解除群落物种组成变化时缺乏种子的限制，影响植物群落多样性。补播对多样性具有长期影响，将 23 种牧草补播在热带稀树草原中，物种均匀度指数和丰富度指数增加，植物群落变化显著（Fosterb and Tilman，2003），在退化高寒草地补播后发现，Margalef 指数、Shannon-Wiener 指数、Pielou 指数和丰富度指数均在第三年达到最大的补播时间是补播成功的关键因素，不仅能促进补播成功，也有利于补播幼苗避开不良气候（王伟和德科加，2017）。虽然近年来秋播有增加的趋势，但由于苗床准备不足、土壤肥力低下及昆虫袭击等原因可能导致秋播失败（Culleton and McGilloway，1994）；地中海地区零星降水模式往往导致雨季开始或结束时补播失败，补播时间应避开 10～11 月和 4～5 月（Kyser et al.，2013）。宁夏分不同时间补播紫花苜蓿后发现，适宜补播时间为 4 月 30 日至 6 月 30 日，4 月前播种会造成出苗率低，7 月后播种越冬率低（曾庆飞等，2005）。

2013 年 7 月在呼伦贝尔草原区补播黄花苜蓿，2014～2016 年草地生产力平均提高 34%（周冀琼，2017）。干旱半干旱区草原降水的不确定性和原生植被竞争是限制草原补播技术应用的关键因素，在没有地表水补给的条件下，如何进行退化草地补播恢复，克服降水少、土壤含水量低的限制因素，是补播成功与否的关键。本研究于 2017 年在呼伦贝尔草甸草原区研究补播时间及补播不同比例羊草和黄花苜蓿（RS₁：羊草和黄花苜蓿播种比例 1∶1；RS₂：羊草和黄花苜蓿播种比例 1∶2；RS₃：羊草和黄花苜蓿播种比例 1∶3；RS₄：羊草单播；RS₅：黄花苜蓿单播）对呼伦贝尔草原植物群落的影响，利用各类群植物生物量、Simpson 指数和重要值等 7 个指标综合评价补播效果。研究发现，呼伦贝尔草原区适合夏季补播羊草和黄花苜蓿。与对照不补播草地相比，豆科和禾本科植物重要值呈增加趋势，而其他科植物重要值呈下降趋势，补播提高了 Shannon-Wiener 指数、Simpson 指数和 Pielou 指数。夏播和秋播总生物量分别增加 13% 和 15%，春播总生物量降低 26%，其中豆科植物生物量分别平均增加 61%、140% 和 366%；夏播其他科植物生物量分别平均增加 40%。主要研究结果如下。

1. 补播时间和比例对羊草、黄花苜蓿幼苗数的影响

补播时间和比例极显著影响黄花苜蓿幼苗数（$P < 0.0001$），两者交互作用显著（$P = 0.0279$）（图 5-14），秋播黄花苜蓿幼苗数量显著低于春播和夏播（$P < 0.05$）。夏播、秋播和春播黄花苜蓿幼苗均为 RS₁ 处理最低，分别为 99 株/m²、14 株/m² 和 86 株/m²；RS₅ 处理最高，分别为 212 株/m²、44 株/m² 和 258 株/m²，分别是 RS₁ 处理的 2.1 倍、3.1

倍和 3.0 倍。夏播 RS_5 和 RS_3 处理显著高于 RS_1 和 RS_2 处理（$P<0.05$）；秋播除 RS_5 处理显著高于 RS_1 处理外（$P<0.05$），与其他处理差异不显著（$P>0.05$）；春播 RS_5 处理显著高于其他处理（$P<0.05$）。

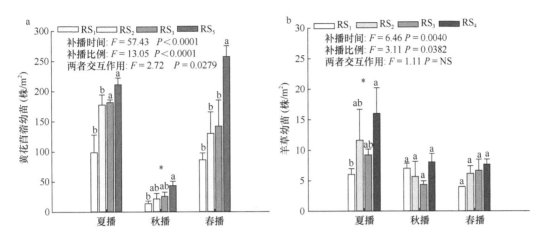

图 5-14 补播时间和比例对黄花苜蓿、羊草幼苗数量的影响

不同小写字母表示出苗数在相同时间不同处理间差异显著（$P<0.05$）。*表示不同补播时间出苗数差异显著（$P<0.05$）

补播时间和比例显著影响羊草幼苗数（$P=0.0040$、$P=0.0382$），两者交互作用不显著（$P>0.05$），夏播羊草幼苗数量显著高于春播和秋播（$P<0.05$）。夏播和春播羊草幼苗数均为 RS_1 处理最低，分别为 6 株/m^2 和 4 株/m^2，而秋播为 RS_3 处理最低，为 4 株/m^2。不同补播时间羊草幼苗数均为 RS_4 处理最高，分别为 16 株/m^2、8 株/m^2 和 8 株/m^2。夏播除 RS_4 处理显著高于 RS_1 处理外（$P<0.05$），其余各处理差异不显著（$P>0.05$）。

2. 补播时间和比例对生物量的影响

补播时间显著影响群落总生物量（$P=0.0002$），补播比例对总生物量无显著影响，两者交互作用显著（$P=0.0304$）（图 5-15a），春播总生物量显著低于夏播和秋播（$P<0.05$）。夏播总生物量最小值是 227g/m^2（CK_2），最大值是 282g/m^2（RS_5）；秋播处理中，RS_2（195g/m^2）、RS_4 和 CK_2 处理显著低于 RS_3 处理（302g/m^2）处理（$P<0.05$）；春播 CK_2 处理（257g/m^2），除与 RS_3 和 RS_4 处理差异不显著外（$P>0.05$），显著高于其他处理（$P<0.05$），RS_5 处理最低（184g/m^2）。

补播时间和比例对豆科与其他科植物生物量无显著影响，两者交互作用不显著（$P>0.05$）（图 5-15b、d），秋播 RS_3 处理其他科植物生物量（156g/m^2）显著高于 RS_1、RS_2 和 RS_4 处理（$P<0.05$）。补播时间显著影响禾本科生物量（$P=0.0005$，夏播＞秋播＞春播），补播比例对禾本科总生物量无显著影响，两者交互作用不显著（$P>0.05$）（图 5-15c），夏播 RS_5 处理最高（187g/m^2），显著高于 RS_1、RS_3 和 RS_4 处理（$P<0.05$）。

补播与 CK_2 相比，夏播和秋播总生物量分别增加了 13% 和 15%，春播总生物量降低了 26%；豆科植物生物量分别增加了 61%、140% 和 366%；夏播和春播禾本科植物生物量分别降低了 20% 和 35%，秋播则增加了 46%；夏播其他科植物生物量增加了 40%，秋播和春播则降低了 10% 和 21%。

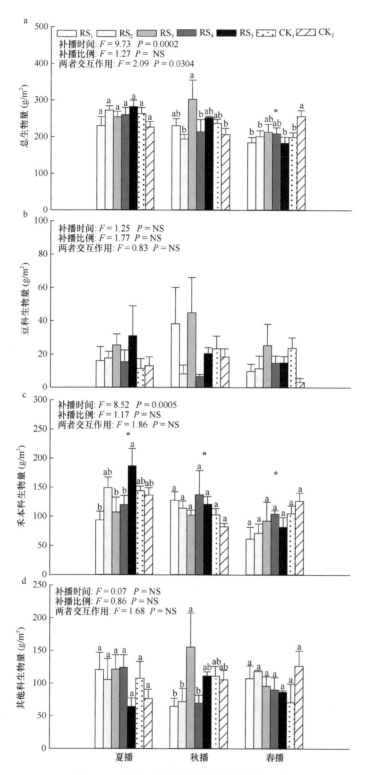

图 5-15 补播时间和比例对生物量的影响

不同小写字母表示生物量在相同时间不同处理间差异显著（$P<0.05$）。*表示不同补播时间生物量差异显著（$P<0.05$）。
CK$_1$. 划破草皮；CK$_2$. 对照不补播，下同

3. 补播时间和比例对多样性的影响

补播时间和比例对群落的 Shannon-Wiener 指数无显著影响，两者交互作用不显著（P＞0.05）（图 5-16）。补播时间对 Simpson 指数和 Pielou 指数无显著影响（P＞0.05），但补播比例显著影响 Simpson 指数（P=0.0074）和 Pielou 指数（P=0.0097），两者交互作用不显著（P＞0.05）。

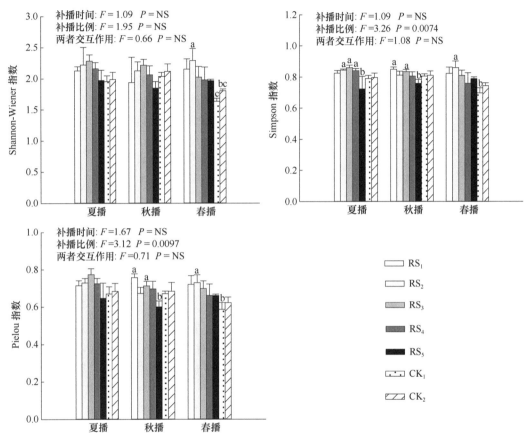

图 5-16　补播时间和比例对植物群落多样性指数的影响

不同小写字母表示多样性指数在相同时间不同处理间差异显著（P<0.05）。*表示不同补播时间多样性指数差异显著（P<0.05）

4. 补播效果综合评价

利用各类群植物生物量、Simpson 指数和重要值等 7 个指标综合评价补播效果，结果表明，不同补播时间综合效果夏播最高（D=0.51）、春播次之（D=0.46）、秋播最低（D=0.45）（表 5-6）。

二、刈割退化草地土壤改良与生产力提升技术

（一）土壤切根施肥改良与定向培育技术

土壤是牧草生长的物质基础，长期过度利用会造成草地土壤板结、孔隙度降低和透

表 5-6　不同补播时间和比例隶属函数值、权重、*D* 值及排序

	隶属函数值							*D* 值	平均	排序
	Z_1	Z_2	Z_3	Z_4	Z_5	Z_6	Z_7			
X-RS$_1$	0.25	0.24	0.38	0.71	0.13	0.59	0.36	0.36		
X-RS$_2$	0.29	0.69	0.55	0.86	0.58	0.82	0.77	0.64		
X-RS$_3$	0.49	0.35	0.38	1.00	0.39	0.52	0.55	0.54	0.51	1
X-RS$_4$	0.23	0.46	0.34	0.86	0.09	0.92	0.82	0.48		
X-RS$_5$	0.64	1.00	1.00	0.00	0.00	1.00	0.79	0.54		
Q-RS$_1$	0.83	0.52	0.99	0.93	0.15	0.59	0.37	0.60		
Q-RS$_2$	0.04	0.41	0.92	0.64	0.18	0.51	0.29	0.36		
Q-RS$_3$	1.00	0.31	0.00	0.79	0.30	0.63	0.63	0.58	0.45	3
Q-RS$_4$	0.00	0.60	0.94	0.64	0.02	0.43	0.00	0.33		
Q-RS$_5$	0.36	0.46	0.48	0.29	0.28	0.58	0.22	0.39		
C-RS$_1$	0.08	0.00	0.53	0.71	0.66	0.47	0.79	0.41		
C-RS$_2$	0.13	0.06	0.41	1.00	0.67	0.18	0.42	0.42		
C-RS$_3$	0.49	0.23	0.65	0.64	0.64	0.63	1.00	0.56	0.46	2
C-RS$_4$	0.21	0.33	0.71	1.00	0.14	0.92	0.63	0.50		
C-RS$_5$	0.22	0.14	0.75	0.50	1.00	0.00	0.52	0.43		
权重	0.20	0.18	0.05	0.17	0.22	0.15	0.04			

注：Z_1. 豆科植物生物量；Z_2. 禾本科植物生物量；Z_3. 其他科植物生物量；Z_4. Simpson 指数；Z_5. 豆科植物重要值；Z_6. 禾本科植物重要值；Z_7. 其他科植物重要值。X. 夏播；Q. 秋播；C. 春播

水性变差（刘美丽，2016）。为改善土壤通透性，近年来松土改良措施常被应用于草地退化改良中（奇立敏，2015）。松土改良包括浅耕翻、耙地和破土切根等措施，通过改变土壤理化性质和对根系刺激达到原生植被恢复目的的改良方式（奇立敏，2015；宝音陶格涛和王静，2006；闫志坚和孙红，2005）。在草地改良措施中，随着改良技术的研究与进一步革新，许多松土改良与其他改良措施相结合，如切根+施肥、打孔+施肥、切根+补播等复合型的改良技术获得了突出的试验成果。松土有利于土壤通气性的改善，施肥可以有效补充草地输出的土壤养分，从而在改善土壤环境的同时，提高植物的养分利用效率（张文军等，2012；张文海和杨媚，2011）。研究表明，切根+施肥、打孔+施肥改良措施对群落地上生物量的提升效果要明显优于两种单一处理效果（白玉婷等，2017；代景忠，2016）。然而，现有的切根与施肥改良研究多针对放牧退化草地（张俊刚，2016；乌仁其其格等，2011；宝音陶格涛和刘美玲，2003），对割草地改良的研究较少，特别是针对草甸草原退化羊草割草场的研究鲜有报道。

2014～2017 年，在连年刈割的中度退化羊草割草地，分别设置对照（CK）、切根（Q）、切根+低浓度化肥（F1）、切根+中浓度化肥（F2）、切根+高浓度化肥（F3）、切根+低浓度有机肥（H1）、切根+中浓度有机肥（H2）和切根+高浓度有机肥（H3）8 个试验处理（表 5-7）。每个处理 3 个重复，共计 24 个小区。每个处理的施肥量见表 5-7。并于每年 8 月初进行野外观测和取样，主要研究内容和结果如下。

表 5-7　试验地施肥方案

处理	缩写	肥料种类与施肥量（g/m²）
对照	CK	0
切根	Q	0
切根+低浓度化肥	F1	尿素 7.5；过磷酸钙 4.5
切根+中浓度化肥	F2	尿素 15.0；过磷酸钙 9.0
切根+高浓度化肥	F3	尿素 22.5；过磷酸钙 13.5
切根+低浓度有机肥	H1	有机肥有效养分用量 6.3
切根+中浓度有机肥	H2	有机肥有效养分用量 12.7
切根+高浓度有机肥	H3	有机肥有效养分用量 19.0

1. 切根与施肥对羊草植物功能性状的影响

本研究选择对照、切根、切根+低浓度化肥、切根+中浓度化肥和切根+高浓度化肥 5 个试验处理，于 2015～2017 年进行了羊草植物功能性状的研究。结果表明，与对照处理相比，不同年份下切根处理对羊草株高无显著性影响（$P>0.05$）。不同年份下切根+高浓度化肥处理下羊草株高最高，而 2017 年切根处理下羊草株高显著高于 2015 年和 2016 年（$P<0.05$）（图 5-17a）。2015 年和 2016 年切根+高浓度化肥处理下羊草叶片数最低，但 2017 年不同处理下羊草叶片数无显著差异（$P>0.05$）（图 5-17b）。2015 年和 2016 年切根+高浓度化肥处理下羊草叶长最长，2017 年切根处理下羊草叶长显著大于其他处理（$P<0.05$）（图 5-17c）。2015 年和 2016 年切根+高浓度化肥处理下羊草叶宽最宽，2017 年切根处理下羊草叶宽显著高于对照和切根+高浓度化肥处理（$P<0.05$）（图 5-17d）。2015 年和 2016 年切根+高浓度化肥处理下羊草茎长最长，2017 年切根处理下羊草茎长较长（$P<0.05$）（图 5-17e）。2015 年对照处理下羊草茎直径显著高于其他处理，2016 年切根+高浓度化肥处理下羊草茎直径显著高于其他处理（$P<0.05$）。除了切根+高浓度化肥处理，2017 年对照处理下羊草茎直径显著高于其他处理（$P<0.05$）（图 5-17f）。

2015～2017 年切根+低浓度化肥处理下羊草叶干重最高（$P<0.05$）（图 5-18a）。2015 年切根+高浓度化肥处理下羊草茎干重最高，而 2016 年和 2017 年切根+低浓度化肥处理下羊草茎干重最高（$P<0.05$）（图 5-18b）。与对照对比，2015 年切根+高浓度化肥处理下羊草茎叶比显著高于其他处理，而 2016 年和 2017 年对照处理下羊草茎叶比最高（$P<0.05$）（图 5-18c）。随着试验年份的增加，切根+高浓度化肥处理下羊草地上生物量显著提高（$P<0.05$）（图 5-18d）。

本研究利用可塑性指数分析羊草植物性状对切根和切根+施肥处理的响应波动情况（图 5-19）。形态性状的分类表明，羊草的形态性状可分为敏感性状和不敏感性状。整体而言，在切根+化肥处理下羊草株高、叶宽、叶干重和茎长可塑性指数波动范围相对较大，为敏感性状。羊草叶长、叶片数、茎直径和茎干重可塑性指数波动范围相对较小，为不敏感性状。

2. 切根与施肥对植物物种丰富度的影响

2015 年切根+高浓度有机肥处理下群落物种丰富度显著高于切根+低浓度有机肥处

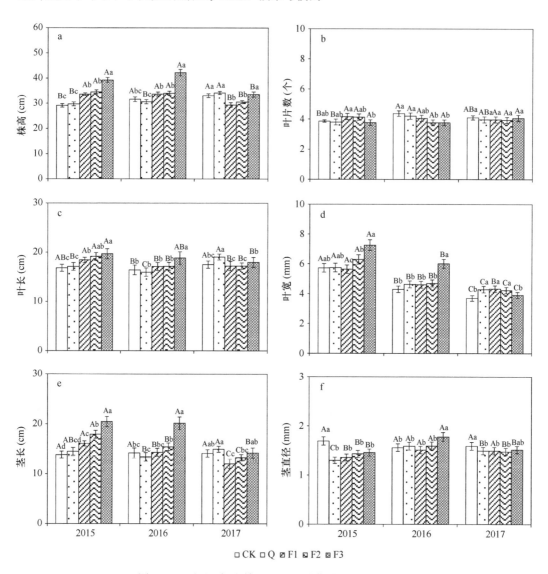

图 5-17　不同切根和施肥处理下羊草功能性状的差异

不同小写字母表示同一年份下不同处理间存在显著差异，不同大写字母表示同一处理下不同年份间存在显著差异，差异显著性水平为 0.05，下同

理，而 2016 年切根处理下群落物种丰富度较高（图 5-20）。除了 CK、切根和切根+低、中浓度有机肥处理，其他处理下群落物种丰富度逐年减少（$P<0.05$）。总之，伴随施肥年份的增加，植物群落物种丰富度呈现逐年下降的变化规律。

3. 切根与施肥对主要植物种群地上生物量的影响

切根+高浓度化肥处理更有利于羊草地上生物量的增加（表 5-8）。2017 年切根+高浓度化肥处理下羊草地上生物量显著高于对照处理、切根、切根+低浓度化肥、切根+中浓度化肥，切根+低、中浓度化肥和切根+低浓度有机肥处理下糙隐子草和山野豌

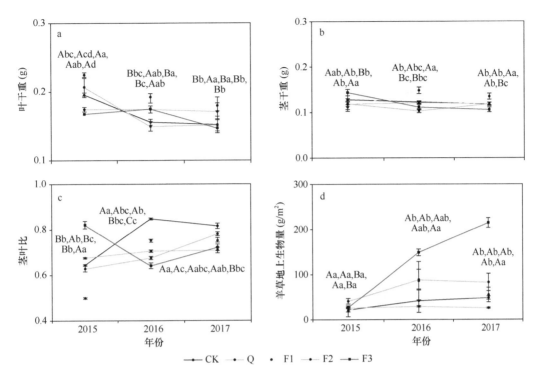

图 5-18　不同切根和施肥处理下羊草叶干重、茎干重、茎叶比及羊草地上生物量的差异

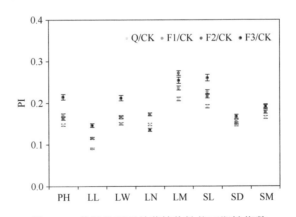

图 5-19　化肥处理下羊草植物性状可塑性指数

PH. 株高；LL. 叶长；LW. 叶宽；LN. 叶片数；LM. 叶干重；SL. 茎长；SD. 茎直径；SM. 茎干重

豆种群消失。羊草植物种群地上生物量在不同处理下均具有增加的趋势（切根+高浓度有机肥除外）。由此可以推断，切根+施肥（有机肥高浓度除外）试验处理对羊草种群的繁殖和生长发育均具有促进作用，羊草割草地的改良可通过建群种羊草种群的恢复得到改善。

通过比较 2014～2017 年主要物种 4 年平均生物量占群落生物量比例可以看出，羊草种群占整个群落比例相对较大（图 5-21）。与对照相比，切根处理后 5 个主要种群地上生物量之和占比减少了 13%，切根处理下 5 个主要种群均有不同程度的减少。

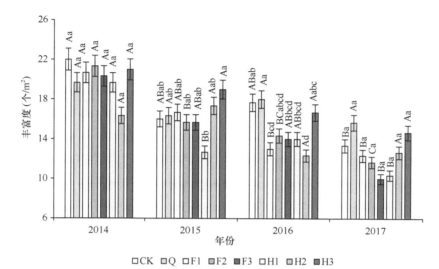

图 5-20　不同改良措施下群落物种丰富度的变化

表 5-8　不同改良措施下主要植物种群地上生物量（g/m²）

年份	处理	羊草	糙隐子草	山野豌豆	细叶白头翁	展枝唐松草
2014	CK	44.06Ab±9.73	33.51Aab±5.42	43.28Aa±5.84	44.27Aa±8.64	38.27Aabc±4.64
	Q	36.35Ab±7.41	19.99Ab±5.42	22.65Aa±2.60	35.03Aa±9.06	21.07Abc±4.78
	F1	74.47Aab±19.76	20.11Aab±11.75	30.94Aa±4.21	33.65Aa±2.62	55.77Aa±1.13
	F2	113.71Aab±14.01	32.91Aab±6.32	22.14Aa±4.43	20.82Aa±8.25	11.75Ac±2.02
	F3	143.08Aa±6.10	43.85Aa±9.33	24.47Aa±4.17	35.07Aa±3.96	19.48Abc±7.96
	H1	41.11Ab±8.99	11.89Ab±7.29	13.92Aa±7.99	30.29Aa±3.30	44.81Aab±5.73
	H2	54.59Aab±12.68	16.21Aab±8.11	19.49Aa±3.52	12.89Ba±6.67	31.67Aa±6.42
	H3	62.59Aab±9.14	19.61Ab±2.96	36.71Aa±5.07	17.95Aa±1.13	18.54Aabc±3.14
2015	CK	21.44Abc±2.17	10.59Ba±1.39	24.48Aa±1.42	42.42Aa±4.32	25.51Aab±1.46
	Q	30.64Abc±1.55	4.26Ba±0.42	17.86Aa±2.64	41.05Aa±2.93	20.08Aab±2.54
	F1	74.49Aa±2.92	4.97Aa±0.21	4.72Aa±0.11	35.55Aa±0.54	40.64Aa±0.52
	F2	53.66Aabc±2.58	5.03Aa±1.70	17.81Aa±1.80	22.39Aa±1.13	7.33Ab±0.44
	F3	48.45Aabc±4.97	—	10.63Aa±0.14	14.70Ba±0.12	8.01Ab±0.25
	H1	38.69Aabc±1.08	—	3.37Aa±1.47	31.39Aa±6.88	27.90Aabab±5.34
	H2	62.7Aab±1.34	3.69Ba±0.81	10.92Ba±0.23	24.78ABa±4.38	18.25Bab±1.16
	H3	18.79Bc±1.66	4.72Aa±0.28	32.92Aab±2.97	18.58Aa±3.12	12.21Ab±2.19
2016	CK	41.49Ab±1.61	3.33Ba±0.33	37.72Aa±1.10	69.55Aa±8.17	41.09Aa±9.82
	Q	28.95Ab±5.31	1.97Ba±1.14	31.44Aab±2.01	33.07Abc±4.99	15.91Aab±5.30
	F1	79.73Aab±8.33	—	—	31.73Abc±1.93	5.41Bb±2.51
	F2	64.65Aab±3.03	—	—	12.76Ac±4.80	6.84Ab±4.21
	F3	121.65Aa±2.24	—	8.55Abc±0.91	11.04Bc±5.14	7.90Ab±5.97
	H1	59.48Aab±6.92	1.62Aa±0.32	—	11.00Ac±6.21	5.69Bb±4.22
	H2	86.42Aab±9.01	2.30Ba±0.35	1.73Bc±0.73	43.99Ab±0.26	7.29Bb±1.02
	H3	28.07Bb±4.09	—	13.61Aabc±1.27	36.12Abc±5.34	16.55Aab±7.20

续表

年份	处理	羊草	糙隐子草	山野豌豆	细叶白头翁	展枝唐松草
2017	CK	48.10Ab±3.37	0.74Ba±0.12	11.08Aa±0.65	23.66Aab±9.15	6.92Aa±2.61
	Q	25.57Ab±3.46	2.52Ba±1.30	3.73Aa±3.45	31.33Aa±3.41	7.99Aa±3.61
	F1	45.61Ab±14.92	—	—	11.96Aab±1.66	4.30Ba±3.24
	F2	56.73Ab±3.15	—	—	10.90Aab±2.42	2.29Aa±1.56
	F3	172.21Aa±3.66	1.15Aa±0.12	0.28Aa±0.18	21.56Abab±6.1	1.04Aa±0.89
	H1	81.17Aab±2.1	—	—	4.37Ab±0.36	6.06Aba±0.71
	H2	83.29Aab±4.86	2.82Ba±1.13	0.22Ba±0.06	15.77Bab±9.07	2.01Ba±0.11
	H3	38.00ABb±4.33	1.77Aa±0.19	1.74Aa±0.18	14.08Aab±3.37	1.37Aa±0.32

注: 不同小写字母表示同一年份下不同处理间存在显著差异, 不同大写字母表示同一处理下不同年份间存在显著差异, 差异显著性水平为 0.05, 下同

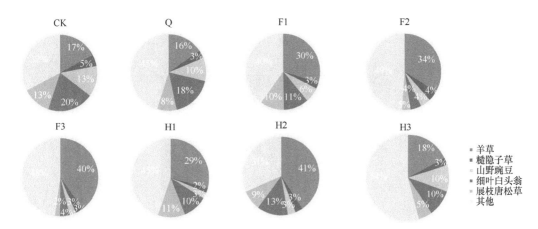

图 5-21 2014～2017 年 5 个种群平均生物量占群落生物量的比例

切根+化肥处理对 5 个种群, 尤其是羊草种群地上生物量占比总和影响较大。羊草种群地上生物量占比随着切根+化肥浓度增加而增加, 切根+低、中、高化肥处理下羊草种群地上生物量所占比例分别为 30%、34%和 40%。与羊草种群相反, 山野豌豆、细叶白头翁和展枝唐松草种群地上生物量占比随着切根+化肥浓度增加而减少。

切根+有机肥处理对 5 个优势种群地上生物量占比影响较大。在切根+低、中浓度有机肥处理下, 羊草种群占整个群落比例较大, 分别达到 29%和 41%, 比对照处理分别增加了 12%和 24%, 而切根+高浓度有机肥处理下羊草种群生物量占比较 CK 差别不大。不同切根+有机肥处理明显减少了山野豌豆、细叶白头翁和展枝唐松草种群地上生物量所占比例。

4. 切根与施肥对群落地上和地下生物量的影响

由图 5-22 可以看出, 切根+高浓度化肥处理更有利于群落地上生物量的增加。除了 2015 年, 其他年份下切根+高浓度化肥处理下群落生物量均显著高于对照处理。2015 年切根+中浓度化肥处理下群落地下生物量显著高于切根+低浓度化肥和切根+

高浓度有机肥处理，而 2017 年切根+中浓度化肥处理下群落地下生物量显著高于对照处理（$P < 0.05$）。

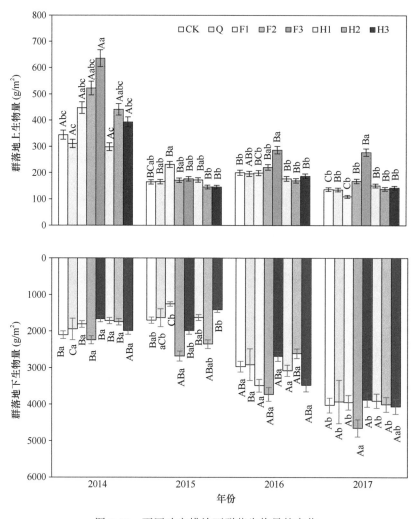

图 5-22　不同改良措施下群落生物量的变化

综合分析表明，2014 年各处理下植物群落地上生物量较高，2015～2017 年植物群落地上生物量较 2014 年明显降低，且 3 年间的变动幅度不大。随着试验年份的增加，不同处理下群落地下生物量呈逐年增加的变化规律。

（二）土壤施肥种类对羊草和群落地上生物量的影响

本研究采用 "3414" 土肥配方试验设计（吕世杰等，2018），施肥种类的选择和施用量详见表 5-9。其中，氮肥施用尿素（有效养分 N，占比 46%），磷肥施用过磷酸钙（有效养分 P_2O_5，占比 12%），钾肥施用硫酸钾（有效养分 K_2O，占比 51%），单位为 kg/hm²。将 2014～2017 年获得的建群种羊草地上生物量、群落地上生物量及其比值进行施肥种类趋势分析，探讨建群种羊草和群落地上生物量对施肥的响应及最优结果。

表 5-9　施用化肥的种类及其试验设计情况

处理编号	处理组合	N（kg/hm²）	P（kg/hm²）	K（kg/hm²）	小区面积（m）
1	N0P0K0	0	0	0	3×5
2	N0P2K2	0	350	57	3×5
3	N1P2K2	91	350	57	3×5
4	N2P0K2	183	0	57	3×5
5	N2P1K2	183	175	57	3×5
6	N2P2K2	183	350	57	3×5
7	N2P3K2	183	525	57	3×5
8	N2P2K0	183	350	0	3×5
9	N2P2K1	183	350	28	3×5
10	N2P2K3	183	350	85	3×5
11	N3P2K2	274	350	57	3×5
12	N1P1K2	91	175	57	3×5
13	N1P2K1	91	350	28	3×5
14	N2P1K1	183	350	28	3×5

1. 单肥对羊草和群落地上生物量的影响

伴随氮肥施用量的增加，建群种羊草和群落地上生物量呈增加的变化趋势，但是羊草地上生物量占群落地上生物量的比值呈先降低后增加的变化趋势（图 5-23）。伴随磷肥、钾肥施用量的增加，群落地上生物量呈单峰曲线变化；在编码值 1~2 的范围内，羊草地上生物量也呈上升的变化趋势，但是在 2~3 的范围内，羊草地上生物量几乎没有变化；羊草与群落地上生物量的比值呈正弦曲线的变化形式。结合羊草、群落地上生物量曲线的变化规律可知，羊草对氮肥响应的敏感性滞后于群落，导致其比值呈先降低后增加的变化趋势；群落对于磷肥和钾肥的响应敏感性滞后于羊草，且二者变化规律不同，说明通过调节施肥比例和施肥量可调节羊草占群落的比例。

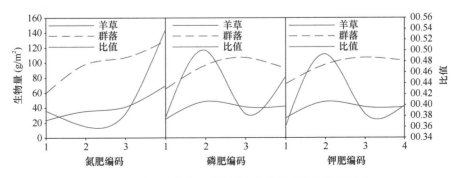

图 5-23　单肥对羊草、群落地上生物量及其比值的影响

图中编码值 1~4 代表对应的施肥水平，伴随编码值的增大施肥量在增加

2. 双肥对羊草和群落地上生物量的影响

在氮肥 0~2.0 的编码区域，氮肥和磷肥对羊草地上生物量的影响较小，但均随施肥量增加呈增加的变化趋势；在氮肥 2.0~3.0 的编码区域，氮肥施用量增加使羊草地上生物量增加幅度明显提高，而此时伴随磷肥施用量的增加，羊草地上生物量呈先降低后增加的变化趋势（图 5-24）。群落地上生物量伴随氮肥施用量的增加呈增加的变化趋势，但是伴随磷肥施用量的增加，群落地上生物量呈先降低后增加的变化趋势；羊草地上生物量受磷肥影响的最低谷出现在群落地上生物量最低谷之前（即羊草地上生物量最低谷出现在磷肥水平 1.0 左右，群落地上生物量最低谷出现在磷肥水平 2.0 左右）。羊草与群落地上生物量的比值伴随氮肥和磷肥施用量的增加而增加，但是当氮肥水平增加到 2.0 左右时，磷肥的作用使得羊草与群落地上生物量的比值呈"S"形变化趋势。氮肥、钾肥对羊草地上生物量、群落地上生物量的影响结果与氮肥和磷肥的作用比较一致；氮肥、

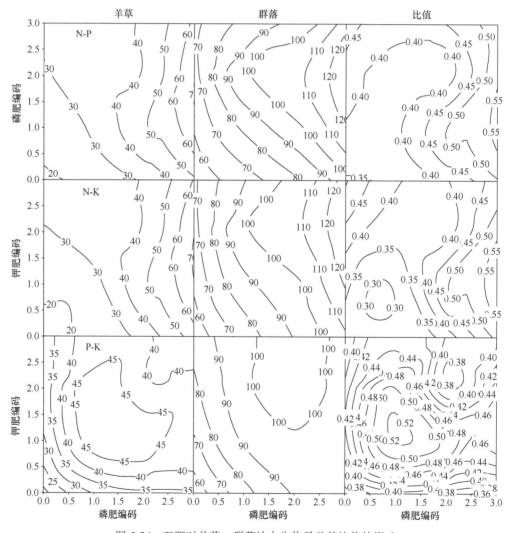

图 5-24　双肥对羊草、群落地上生物量及其比值的影响

图中 N-P、N-K 和 P-K 分别代表横向各图的横纵坐标，羊草、群落和比值分别代表纵向各图对双肥的响应规律

钾肥对羊草与群落地上生物量比值的影响结果也与氮肥和磷肥的作用相似，只不过
在氮肥、钾肥施用量较低区域，形成了羊草与群落地上生物量比值的低谷区，此时
羊草与群落地上生物量的比值为 0.30，即羊草地上生物量占群落地上生物量的
30%。同样，可以据此分析氮钾和磷钾双肥对羊草和群落地上生物量的影响规律。
综合氮磷肥、氮钾肥和磷钾肥条件下的羊草地上生物量、群落地上生物量及羊草与
群落地上生物量的比值可知，氮磷肥和氮钾肥对羊草地上生物量、群落地上生物量
及羊草与群落地上生物量比值的影响比较接近，磷钾肥对羊草地上生物量、群落地
上生物量及羊草与群落地上生物量比值的影响与氮磷肥、氮钾肥差别较大。所以，
采用双肥施用，不仅能够调整羊草地上生物量、群落地上生物量，也能够调整羊草
与群落地上生物量的比值，从而改善羊草割草地群落物种组成，改善羊草在群落中
的地位和作用。

3. 氮磷钾三因素不同指标的影响

本研究对羊草地上生物量、群落地上生物量和羊草与群落地上生物量的比值进行全
信息模型拟合（图 5-25），获得较为理想的回归模型。根据各个处理区内羊草和群落拟
合生物量及其比值，发现回归模型拟合比值和实际比值在试验处理编号为 1、2、7、8、
10、11、12、13、14 比较接近，所以采用比值回归模型进行预测具有一定的指导意义（拟
合率较高但模型检验 F 值大于 0.05）。同时发现实验处理的 11 区，不仅能获得较高的羊
草地上生物量（69.46g/m²），也能获得较高的群落地上生物量（126.70g/m²），同时还能
获得较高的羊草与群落地上生物量的比值（0.5526），此时氮磷钾肥的施用量分别为
274kg/hm²、350kg/hm²、57kg/hm²。

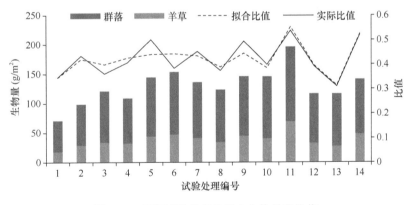

图 5-25　不同试验处理的拟合生物量和比值

羊草地上生物量 4 年的最高均值为 69.74g/m²，模拟寻优得到大于该值的样点数
为 82 个；群落地上生物量最高值为 129.25g/m²，模拟寻优得到大于该值的样点数为
19 个；羊草与群落地上生物量比值最高为 0.5375，模拟寻优得到大于该值的样点数
为 628 个。根据这些样点计算模拟寻优结果见表 5-10。羊草地上生物量理论最高值
为 71.56g/m²，此时的施肥量氮肥为 274kg/hm²、磷肥为 199.50～246.75kg/hm²、钾肥
为 20.16～26.60kg/hm²，为便于指导生产情况，氮肥、磷肥和钾肥最适施肥量为

274kg/hm^2、200kg/hm^2、21kg/hm^2。同理，群落地上生物量理论最高值为 130.76g/m^2，氮肥、磷肥和钾肥最适施肥量为 274kg/hm^2、312kg/hm^2、76kg/hm^2；羊草与群落地上生物量比值理论最高值为 0.64，氮肥、磷肥和钾肥最适施肥量为 227kg/hm^2、177kg/hm^2、23kg/hm^2。

表 5-10 不同指标的模拟寻优结果

指标	参数	氮肥（kg/hm^2）	磷肥（kg/hm^2）	钾肥（kg/hm^2）	生物量（g/m^2）或比值
羊草	编码均值	3.00	1.27	0.84	71.56
	标准误	0.00	0.07	0.06	0.12
	编码区间（95%）	3.00	1.14～1.41	0.72～0.95	—
	实际区间（95%）	274.00	199.50～246.75	20.16～26.60	71.33～71.80
群落	编码均值	3.00	1.92	2.76	130.76
	标准误	0.00	0.07	0.05	0.23
	编码区间（95%）	3.00	1.78～2.05	2.66～2.86	—
	实际区间（95%）	274.00	311.50～358.75	75.37～81.03	130.31～131.21
比值	编码均值	2.52	1.07	0.87	0.64
	标准误	0.02	0.03	0.03	0.00
	编码区间（95%）	2.48～2.57	1.01～1.13	0.82～0.92	—
	实际区间（95%）	226.51～234.73	176.75～197.75	22.96～25.76	0.63～0.65

（三）植被低扰动更新与复壮技术

刈割对植物群落组成及功能群会产生影响，不同刈割干扰强度使群落物种组成发生改变，且群落中各物种的重要值变化幅度增大，其中有些植物表现为"减少"，也有一部分植物表现为"增加"（Edwards and Crawley，1999）。长期频繁刈割导致割草地群落生物量下降、草质下降、群落矮化（郭宇，2017），一些低矮的植物如棘豆属、委陵菜属植物出现。草群中还常会出现一些早熟植物，即在刈割前来得及开花的植物，如蒲公英属、毛茛属植物；或晚熟植物，即在刈割后，在秋季土壤结冻前开花、结实的植物，如剪股颖等。长期不合理刈割使割草地种类成分变劣，产量和质量大幅下降（内蒙古农牧学院，1991）。呼伦贝尔草甸草原的研究表明，随着刈割频次的增加，原有群落优势物种重要值降低，退化指示物种重要值增加，如羊草重要值逐渐降低，星毛委陵菜、披针叶黄华重要值增加，致使草地向退化方向演替（闫瑞瑞等，2020）。因此，劣质杂草和有毒有害植物的防除备受关注，这也成为退化草地植被更新与复壮、提升草地产量和质量的重要技术措施。随着有机合成化学、生物化学等的发展，化学除莠剂的种类和产量都有了较大幅度的增加，一些选择性强、特异性高、高效、安全的除莠剂已在草地杂草防除方面得到广泛应用（冯柯等，2016），并在退化草地的植被恢复和生产力提升中显现出良好的效果（高超等，2015；戴良先等，2007；万国栋等，1996）。

本研究于 2018～2019 年，在连年刈割的中度退化羊草割草地分别设置不同浓度梯度的化学除莠试验。试验设 4 个处理，即 0ml/亩（CK）、50ml/亩、65ml/亩、80ml/亩，每个处理设 3 个重复，小区面积 6m×10m，共 12 个试验小区，采用完全随机排列，所以此试验为单因素完全随机平衡试验设计。在 60m² 的小区中 50ml/亩、65ml/亩、80ml/亩的配置分别为用除莠剂 4.5ml、5.85ml、7.2ml（除莠剂为 2,4-滴丁酯，50ml/亩为使用说明推荐用量）加蒸馏水 1.8L。除莠时间为每年的 6 月初，除莠后 1 个月内观测除莠效果。并于每年的 8 月 5 日进行植被群落数量特征野外调查和取样。主要研究内容和结果如下。

1. 羊草群落对不同除莠剂浓度的响应

本研究通过对建群种羊草数量特征（高度、盖度、密度和地上生物量）统计分析发现，羊草的数量特征在不同除莠剂浓度下均没有显著差异（P＞0.05）（表 5-11）。但是，2018 年和 2019 年，在除莠剂为 50ml/亩浓度下，羊草高度、盖度、密度和地上生物量均较其他试验处理高一些，所以尽管统计学上无显著差异，4 项指标加权平均值均较其他处理区高出 15 个百分点，因此基于对比分析角度，可以认为 50ml/亩浓度除莠剂的施用对建群种羊草有利。

表 5-11　羊草种群数量特征在不同浓度除莠剂下的对比

年份	处理	高度（cm）	盖度（%）	密度（株/m²）	地上生物量（g/m²）
2018	CK	30.33±6.24	15.10±12.99	148.33±130.14	87.24±77.73
	50ml/亩	44.11±2.95	30.33±15.17	299.67±153.86	127.20±57.53
	65ml/亩	39.33±3.67	13.00±8.50	138.67±93.17	67.50±44.03
	80ml/亩	37.56±5.15	20.00±8.08	195.67±80.93	110.31±49.31
2019	CK	34.78±3.77	23.33±1.67	166.67±19.64	52.29±4.83
	50ml/亩	36.22±0.62	35.00±2.89	336.00±86.01	104.89±30.04
	65ml/亩	33.67±1.93	24.00±2.08	145.33±17.94	66.28±32.34
	80ml/亩	31.34±2.85	30.33±7.42	264.00±112.38	67.29±13.23

羊草群落的其他优势种显示出统计学上的差异显著性（P＜0.05），但这种差异未按照除莠剂浓度梯度呈现线性变化，所以难以判断其他种群对除莠剂的响应结果。结合数值对比分析发现，除莠剂施用浓度的增加对溚草种群的生长比较有利，而裂叶蒿种群的生长受限，蓬子菜和细叶白头翁种群的规律不明显（表 5-12）。

2. 群落数量特征对不同除莠剂浓度的响应

本研究对植物群落数量特征（高度、盖度、密度和地上生物量）的分析发现，植物群落的数量特征在不同除莠剂浓度下均没有显著差异（P＞0.05）（表 5-13）。通过对比平均值发现，除莠剂的施用降低了植物群落的高度，但是降低幅度较小；高浓度除莠剂（65ml/亩和 80ml/亩）的施用会提高群落的盖度；植物群落的密度和地上生物量均在 65ml/亩施用量时较大。因此，草地施用除莠剂对植物群落的影响是多方面的，不同的指标可能会有不同的响应结果。这意味着植物群落不同植物种群对除莠剂施用与否、施用浓度甚至施用季节响应不同。采用除莠剂进行草地恢复，需要长期的试验观测和全面的种群特征评价。除莠剂的短期施用可能会收到较好的效果，但已经有文献报道，长期施用的结果是物种耐药后引起的生态学问题（种玉杰等，2020）。

表 5-12 其他优势种群数量特征在不同浓度除莠剂下的对比

年份	植物种群	处理	高度（cm）	盖度（%）	密度（株/m²）	地上生物量（g/m²）
2018	落草	CK	11.67±0.34	10.75ab±4.25	51.00ab±22.00	33.14±14.09
		50ml/亩	11.67±1.58	3.00b±2.00	20.00b±8.19	9.86±2.09
		65ml/亩	19.67±7.90	15.00a±0.00	92.00a±29.40	60.25±11.66
		80ml/亩	18.56±6.39	13.17a±2.83	64.00ab±13.50	32.83±21.48
	蓬子菜	CK	20.11±5.76	3.00±0.50	17.33ab±3.53	8.78±2.43
		50ml/亩	15.50±1.50	2.00±1.00	14.50ab±8.50	6.19±4.88
		65ml/亩	25.22±6.84	8.33±3.53	71.00a±30.35	41.89±31.75
		80ml/亩	19.34±3.18	1.17±0.44	7.67b±2.91	6.06±1.69
	细叶白头翁	CK	14.67±2.67	10.25a±1.25	58.50±4.50	30.69±0.80
		50ml/亩	11.84±3.17	1.55b±1.45	15.50±14.50	6.54±6.33
		65ml/亩	12.33±1.71	8.67ab±2.60	73.00±19.60	54.58±23.96
		80ml/亩	14.84±5.84	4.50ab±1.50	20.00±6.00	19.80±3.85
	裂叶蒿	CK	9.67±0.00	13.00±0.00	62.00±0.00	54.57±0.00
		50ml/亩	12.84±2.17	19.50±9.50	117.50±20.50	42.95±15.78
		65ml/亩	26.66±5.90	4.00±2.52	24.33±15.60	13.40±2.61
		80ml/亩	19.11±5.98	7.33±5.84	36.67±28.69	16.39±10.96
2019	落草	CK	14.67±0.58	3.67±0.67	21.33ab±3.53	11.67ab±4.79
		50ml/亩	13.50±0.87	3.33±0.88	13.33b±5.33	1.67b±0.61
		65ml/亩	14.84±2.17	4.33±0.67	37.33a±5.81	19.61a±6.69
		80ml/亩	13.11±0.87	6.33±1.67	34.67ab±9.61	12.49ab±5.30
	蓬子菜	CK	15.50±1.50	1.00b±0.00	6.00±2.00	2.92±0.72
		50ml/亩	12.50±0.00	2.00a±0.00	8.00±0.00	1.64±0.00
		65ml/亩	13.00±0.00	1.00b±0.00	4.00±0.00	10.08±0.00
		80ml/亩	24.33±0.00	2.00a±0.00	12.00±0.00	3.84±0.00
	细叶白头翁	CK	10.11±0.95	4.67±2.73	20.00±12.22	6.91±5.45
		50ml/亩	10.67±0.00	2.00±0.00	12.00±0.00	7.52±0.00
		65ml/亩	12.33±4.41	5.50±4.75	12.00±8.00	6.64±1.24
		80ml/亩	11.50±0.50	11.00±9.00	28.00±20.00	13.72±13.00
	裂叶蒿	CK	11.00b±0.00	3.00b±0.00	16.00±0.00	6.36±0.00
		50ml/亩	9.17b±0.17	12.50a±2.50	80.00±40.00	15.14±6.26
		65ml/亩	14.84a±1.17	2.67b±0.33	24.00±12.00	12.37±8.21
		80ml/亩	12.00ab±0.33	3.00b±0.00	24.00±4.00	5.72±2.72

注：同列不同小写字母代表处理间差异显著（$P<0.05$），下同

表 5-13　植物群落数量特征在不同浓度除莠剂下的对比分析

年份	处理	高度（cm）	盖度（%）	密度（株/m²）	生物量（g/m²）
2018	CK	25.71±4.54	64.97±14.78	459.00±129.09	286.09±52.78
	50ml/亩	23.16±1.24	71.00±10.21	609.67±187.35	230.55±49.39
	65ml/亩	21.07±0.63	70.67±1.10	801.67±50.27	313.42±37.81
	80ml/亩	21.39±1.53	78.50±4.33	747.33±112.82	308.43±48.70
2019	CK	18.35±1.74	41.83±1.59	366.67±44.56	207.48±43.01
	50ml/亩	16.01±1.08	27.33±6.13	281.33±28.69	214.53±35.61
	65ml/亩	17.07±0.66	40.50±9.75	326.67±60.77	238.49±61.16
	80ml/亩	17.39±1.20	40.67±8.74	324.00±52.00	192.67±4.87

（四）刈割草地合理利用技术

刈割是在某段时期内，草地系统的牧草生产能力大于牲畜需求时，人们收获多余的牧草以平衡其他时期畜草供求之间矛盾的一种手段（李文建和韩国栋，1999）。刈割不仅影响牧草个体形态特征、生长发育和繁殖特性，还会对群落结构组成、草地生产力和牧草营养价值等产生影响，是割草地合理利用与管理的重要方式（张晴晴等，2018）。探讨天然割草地对刈割的响应，进而确定和采取合理的刈割技术，是获得高产优质牧草、保证割草地稳定和可持续利用及促进草地生态系统健康发展的重要技术措施（张晴晴等，2018；杨尚明等，2015；钟秀琼和钟声，2007）。

本研究于 2014～2016 年，在贝加尔针茅割草地和羊草割草地进行刈割技术与合理利用试验，试验设置 3 个不同刈割时期（8 月 1 日、8 月 15 日、9 月 1 日），每个刈割时期又分为 4 种不同刈割留茬高度处理（0cm、2cm、5cm 和 8cm，分别为 CK、A、B、C），主要研究群落数量特征，以及牧草营养成分对不同刈割时期和刈割留茬高度的响应，从而确定合理的刈割技术。主要研究内容和结果如下。

1. 贝加尔针茅草甸草原合理刈割技术

（1）不同刈割方式对地上生物量的影响

表 5-14 表明，刈割时间对草地地上生物量无显著影响（$P=0.2185$），年份之间及留茬高度对草地地上生物量存在显著性影响（$P<0.05$）；年份、刈割时间和留茬高度方差变异占总变异的百分比分别为 66.60%、0.28% 和 17.80%。不同影响因素之间存在交互作用。

表 5-14　贝加尔针茅割草地地上生物量的方差分析

变异来源	自由度	平方和	均方	F 统计量	显著性检验
模型	35	309 884.88	8 853.85	29.47	<0.0001
年份	2	220 798.78	110 399.39	367.47	<0.0001
刈割时间	2	933.61	466.80	1.55	0.2185
留茬高度	3	59 009.45	19 669.82	65.47	<0.0001
年份×刈割时间	4	7 242.21	1 810.55	6.03	0.0003
年份×留茬高度	6	10 597.74	1 766.29	5.88	<0.0001
刈割时间×留茬高度	6	4 544.73	757.45	2.52	0.0285
年份×刈割时间×留茬高度	12	6 758.36	563.20	1.87	0.0521
误差	72	21 631.07	300.43		
总变异	107	331 515.95			

留茬高度和年份变化对地上生物量的影响均达极显著水平（$P < 0.001$），2014 年显著高于 2015 年和 2016 年（$P < 0.05$）（图 5-26a），地上生物量分别为 133.80g/m² 、 37.19g/m² 和 36.42g/m² ；对照区显著高于其他 3 种留茬高度（$P < 0.05$）（图 5-26b），CK、A、B 和 C 留茬高度处理下的草地地上生物量分比为 99.71g/m² 、 81.16g/m² 、 55.94g/m² 和 38.55g/m² 。

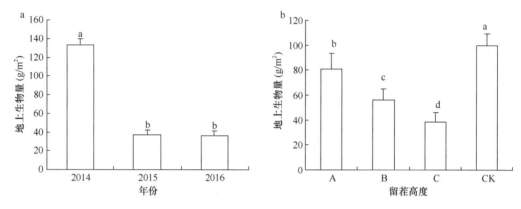

图 5-26 不同刈割年份（a）及留茬高度（b）对草地地上生物量的影响

不同小写字母代表处理间差异显著（$P < 0.05$）

（2）不同刈割方式对群落植物多样性的影响

群落丰富度指数（Margalef 指数）、多样性指数（Shannon-Wiener 指数）、优势度指数（Simpson 指数）和均匀度指数（Pielou 指数）在 8 月 15 日最高，8 月 1 日次之，9 月 1 日为最低，且 Simpson 指数和 Pielou 指数于 8 月 1 日和 8 月 15 日显著高于 9 月 1 日（$P < 0.05$）。留茬高度对群落多样性的影响均无显著差异（$P > 0.05$）。年份变化 Margalef 指数和 Shannon-Wiener 指数呈现为 2014 年和 2016 年显著高于 2015 年（$P < 0.05$）；Simpson 指数 2016 年显著高于 2014 年和 2015 年（$P < 0.05$）；Pielou 指数无显著差异（表 5-15）。可见，刈割时间对植物的 Simpson 指数和 Pielou 指数有显著影响，留茬高度对植物多样性影响不显著。

表 5-15 贝加尔针茅割草地植物多样性指数

处理		Margalef 指数	Shannon-Wiener 指数	Simpson 指数	Pielou 指数
刈割时间	8 月 1 日	2.6814a	2.4261a	0.8730a	0.8122a
	8 月 15 日	2.8573a	2.4610a	0.8746a	0.8173a
	9 月 1 日	2.5548a	2.1999a	0.8213b	0.7679b
留茬高度	A	2.7567a	2.4272a	0.8692a	0.8100a
	B	2.4621a	2.2944a	0.8426a	0.7950a
	C	2.7343a	2.3114a	0.8505a	0.7999a
	CK	2.8383a	2.4164a	0.8629a	0.7915a
刈割年份	2014 年	3.2420a	2.3769a	0.8436b	0.7899a
	2015 年	2.0413b	2.1986b	0.8458b	0.8021a
	2016 年	2.8103a	2.5115a	0.8795a	0.8053a

（3）不同刈割方式的植物多样性与地上生物量的关系

图 5-27 显示，3 年的群落地上生物量均随着植物多样性的增加而增加，且植物多样性和地上生物量均表现为显著的正相关。

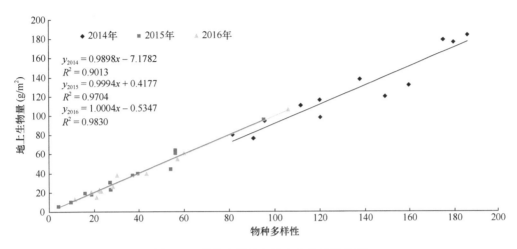

图 5-27 植物多样性与地上生物量的关系

上述结果表明，随着留茬高度的增加，地上生物量显著下降；刈割时间对群落地上生物量影响不明显，但对物种 Simpson 指数和 Pielou 指数影响显著，而留茬高度对植物多样性影响均不显著；植物多样性和地上生物量呈显著正相关关系。综合考虑，贝加尔针茅草甸草原割草地最佳刈割时间为 8 月 15 日，留茬高度 2cm 左右比较合适。

2. 羊草草甸草原合理刈割技术

（1）不同刈割方式对地上生物量的影响

本研究对不同处理群落生物量进行方差分析比较（表 5-16），结果表明，2017年不同刈割时期不同刈割留茬高度之间差异性显著（$P<0.05$）。2017 年 8 月 1 日刈割留茬高度在 0cm 显著高于 8cm，但显著低于 8 月 15 日和 9 月 1 日（$P<0.05$）。2018年同一刈割时期不同刈割留茬高度 0cm 和 2cm 显著高于其他高度（$P<0.05$），而 2019年在刈割时期和留茬高度无显著差异。2017 年 8 月 15 日同一刈割时期不同刈割留茬高度 0cm 和 2cm 显著高于其他高度（$P<0.05$），而 2018 年 8 月 15 日同一刈割时期不同刈割留茬高度 2cm 显著高于其他高度（$P<0.05$）。2017 年 9 月 1 日同一刈割时期不同刈割留茬高度 0cm 和 2cm 显著高于其他高度（$P<0.05$），而 2018 年 9 月 1 日同一刈割时期不同刈割留茬高度 8cm 显著高于 0cm（$P<0.05$）。2019 年 9 月 1 日在 0cm 处显著低于 8 月 1 日 0cm（$P<0.05$）。

（2）不同刈割方式对群落和优势种营养成分的影响

本研究对不同处理植物群落和优势种营养成分进行方差分析比较（表 5-17），结果表明，不同刈割时间不同刈割留茬高度对群落 NDF 和 ADF 营养成分呈现显著性影响（$P<0.05$），8 月 15 日刈割留茬高度 5cm 群落 ADF 和 NDF 含量均显著低于其他处理；3个不同刈割时期不同刈割留茬高度对优势种羊草营养成分影响不显著。

表 5-16 不同刈割方式下羊草草甸草原群落生物量变化

刈割留茬高度（cm）	刈割时间								
	8月1日			8月15日			9月1日		
	2017	2018	2019	2017	2018	2019	2017	2018	2019
2	56.7Bab±12.95	169.75Aa±20.22	147.74Aa±10.47	94.99ABa±4.78	335.42Aa±31.37	121.96Aa±22.07	119.59Aa±15.31	151.31Aab±11.9	119.09Aa±7.17
5	56.82Aab±1.62	110.55Ab±1.49	136.98Aa±25.2	60.23Ab±2.09	239.44Ab±28.86	157.84Aa±14.9	77.18Ab±11.53	146.99Aab±9.09	122.08Aa±6.42
8	42.24Ab±1.37	98.1Ab±2.18	116.45Aa±25.34	49.43Ab±10.92	149.23Ac±16.42	153.73Aa±4.19	45.67Ab±2.19	125.65Ab±12.04	125.33Aa±17.93
0	79.58Ba±5.93	158.7Aa±6.58	171.7Aa±13.79	109.79Aa±3.17	255.92Aab±31.1	139.35Ba±35.32	112.83Aa±4.96	171.77Aa±15.66	107.95Ba±26.49

注：同行不同大写字母表示同一刈割留茬高度不同刈割时期差异显著（$P<0.05$）；同列不同小写字母表示同一刈割时期不同刈割留茬高度差异显著（$P<0.05$）

表 5-17　不同刈割方式下羊草草甸草原群落和优势种营养成分变化

群落/优势种	营养指标	处理	刈割留茬高度（cm）	刈割时间		
				8月1日	8月15日	9月1日
群落	ADF（%）	A	2	33.91a±3.77	33.1a±1.38	29.02ab±0.78
		B	5	37.65a±2.23	33.62a±1.18	28.42ab±0.73
		C	8	30.53a±0.71	25.8b±2.53	25.39b±1.4
		CK	0	30.29a±5.08	31.8a±1.2	33.85a±3.54
	NDF（%）	A	2	64.59a±9.52	55.69a±1.2	55.24a±5.82
		B	5	57.66a±3.3	54.86a±1.06	61.56a±6.89
		C	8	58.15a±4.32	42.95b±2.87	58.63a±5.04
		CK	0	54.03a±3.21	58.94a±0.47	66.2a±7.1
	CP（%）	A	2	7.59a±0.55	8.98a±0.31	8.97a±0.25
		B	5	8.3a±0.54	8.76a±0.6	8.15a±0.53
		C	8	7.35a±0.11	9.3a±0.54	7.93a±0.47
		CK	0	8.26a±0.54	8.85a±0.66	8.55a±0.19
羊草	ADF（%）	A	2	32.12a±1.48	36.3a±0.53	34.16a±1.36
		B	5	35.24a±5.1	33.63a±0.73	32.85a±2.02
		C	8	33.72a±2.36	34.92a±2.52	31.13a±0.76
		CK	0	31.94a±1.52	33.53a±0.37	39.4a±5.79
	NDF（%）	A	2	70.71a±1.71	70.45a±0.41	71.73a±1.57
		B	5	67.72a±0.62	68.75a±1.66	67.3a±5.44
		C	8	72.4a±2.29	70.74a±1.67	72.69a±1.01
		CK	0	68.49a±1.15	71.6a±1.71	74.4a±1.64
	CP（%）	A	2	7.16a±0.44	6.84a±0.12	7.85a±1.19
		B	5	8.21a±0.13	9.1a±1.03	7.4a±0.28
		C	8	7.73a±0.19	8.04a±0.36	6.98a±0.39
		CK	0	6.97a±0.41	8.3a±0.71	7.39a±0.67

（3）不同刈割时间对群落 α 多样性的影响

本研究通过分析 2009～2011 年群落 α 多样性变化发现（表 5-18），8 月 1 日刈割，2010 年、2011 年群落的 Shannon-Wiener 指数、Simpson 指数、Pielou 指数均显著低于 2009 年（$P<0.05$）；3 个年度之间 Margalef 指数无显著差异（$P>0.05$），但有减小的趋势。8 月 15 日刈割，3 个年度之间 Margalef 指数无显著差异（$P>0.05$），但有减小的趋势；2011 年 Shannon-Wiener 指数显著低于 2009 年（$P<0.05$），2010 年与 2009 年、2011 年均无显著差异（$P>0.05$）；2011 年群落的 Simpson 指数显著低于 2009 年、2010 年（$P<0.05$）；2010 年、2011 年群落的 Pielou 指数显著低于 2009 年（$P<0.05$）。9 月 1 日刈割，2011 年 Margalef 指数、Shannon-Wiener 指数显著低于 2009 年、2010 年（$P<0.05$）；2011 年群落的 Simpson 指数显著低于 2009 年（$P<0.05$），2010 年与 2009 年、2011 年不存在显著差异（$P>0.05$）；2010 年、2011 年群落的 Pielou 指数显著低于 2009 年（$P<0.05$）。3 个年度的 Shannon-Wiener 指数、Simpson 指数和 Pielou 指数均有显著差异（$P<0.05$）。2009 年群落不同刈割时期三个指数显著高于其他年份（$P<0.05$）。综

合来看，8月15日刈割可以保证植物群落物种多样性伴随利用年限增加下降幅较小，同一刈割时间不同年份之间的物种多样性变动因指标不同变动差异较大。

表 5-18　2009～2011 年割草地同一刈割期群落的 α 多样性

刈割时间	年份	Margalef 指数	Shannon-Wiener 指数	Simpson 指数	Pielou 指数
8月1日	2009	6.486a	3.448a	0.962a	0.946a
	2010	6.207a	3.244b	0.947b	0.906b
	2011	6.108a	3.248b	0.949b	0.919b
8月15日	2009	6.118a	3.408a	0.959a	0.950a
	2010	6.463a	3.336ab	0.954a	0.924b
	2011	6.038a	3.201b	0.947b	0.914b
9月1日	2009	6.414a	3.419a	0.960a	1.780a
	2010	6.310a	3.309a	0.954ab	0.928b
	2011	5.493b	3.100b	0.937b	0.921b

综合群落地上生物量、群落和优势种营养成分及不同刈割时间群落 α 多样性变化可知，8月15日刈割可以获得较高的草地地上生物量、保留相对较高的建群种和群落养分含量，保证伴随利用年限的增加物种多样性下降幅度较小。留茬高度在 2～5cm 时植物群落地上生物量、粗蛋白（CP）含量较高。为避免草地的高强度利用，可以认为，羊草草甸草原割草地最佳刈割时间为 8月15日，留茬高度 5cm 左右比较合适。

三、放牧和刈割利用草甸草原的恢复途径

随施氮量增加，羊草的重要值显著增加而无芒雀麦的重要值显著降低，群落可能演替为羊草的单优势种群落。此外，施氮改变了无芒雀麦与羊草对于刈割留茬高度的响应，无芒雀麦更适于低刈割留茬高度，而羊草不耐低留茬高度刈割。施氮降低了糙隐子草的重要值。施氮增加高大优势禾草资源的竞争能力，抑制低矮植物生长，降低物种多样性（Borer et al.，2014）。草地刈割可增加下层低矮植物的光能利用率，降低施氮对物种多样性降低的影响（Storkey et al.，2015）。但高强度刈割抑制羊草生长，增加星毛委陵菜的优势度，加剧草原退化演替。因此，高施氮量和低刈割留茬高度可改变植物种类组成和优势度，影响群落的演替进程。适宜的刈割留茬高度（8cm）结合少量施氮有利于维持植物群落的稳定性。植物功能性状对养分添加的响应方式基本一致，施氮显著增加无芒雀麦和羊草的株高、叶面积及氮素含量（张宇平，2016），提高植物的光合竞争能力，从而提高其生物量及营养品质，但施氮量 20～40g/(m²·年)时，优势种的功能性状差异不显著。结合施氮对生物量的影响效应，呼伦贝尔草甸草原的适宜施氮量为 10～20g/(m²·年)。

群落物种丰富度与土壤含水量呈显著正相关，施氮显著降低土壤含水量，物种丰富度也呈降低趋势，表明施氮通过降低土壤含水量影响群落物种丰富度。植物地上生物量与土壤含水量呈显著负相关，这与 Bai 等（2010）的研究结果一致，可能是植物旺盛生长利用土壤中的氮素时需要土壤中的水分参与，导致土壤含水量下降，表明植物生产力

对氮添加的响应很大程度上依赖于土壤含水量。

夏播和春播建植效果好，秋播建植效果差（图 5-15）。秋播草种早春萌发，而研究区早春易发生干旱和霜冻，种子萌发后供水不足会导致幼苗直接死亡。此外，种子萌发后幼苗通过光合作用满足自身生长发育，而原生植被中返青早的阔叶类植物易对幼苗造成"遮阴效应"。张玲慧（2004）指出，植物鲜重、根鲜重和分株数会随遮光度增大表现为逐渐减小的趋势，秋播幼苗对光竞争处于劣势，导致植株矮小、黄化，生长发育受限。秋播牧草在环境不利、资源不对称竞争下建植效果差。夏播和春播在播种前对原生植被的刈割，降低了资源的不对称竞争，春播（5 月）和夏播（7 月）环境条件适宜种子萌发生长，建植效果好。

春播、夏播和秋播黄花苜蓿建植率均为单播（RS$_5$）处理最高，但是与混播处理（RS$_3$）差异不显著，这可能是 2017 年夏季干旱所致，高密度播种导致黄花苜蓿种内对水资源竞争激烈，低密度下竞争相对较小，幼苗更易存活。此外，研究过程中发现干旱条件下蝗虫等昆虫活动旺盛，该地区 2017 年总降水量为 180.8mm，低于年平均总降水量（354.5mm），附近河流是蝗虫越冬产卵的集中地，也为 2017 年蝗虫发生提供有利环境条件。黄花苜蓿幼苗生长时有"独特香味"，更易诱导昆虫袭击，导致黄花苜蓿幼苗损伤甚至死亡，以上原因导致夏播黄花苜蓿在单播处理建植率低。羊草种子在土壤含水量较低的条件下更易萌发，且羊草种子萌发率随土壤含水量上升而表现为下降趋势，羊草种子萌发率在土壤含水量 5.0%时显著高于土壤含水量 30%时（$P<0.05$），指出适宜羊草种子萌发的土壤含水量为 2.5%～15.0%（杨焜等，2018；马红媛等，2012）。呼伦贝尔草原区 2017 年缺水，土壤含水量低可能利于羊草种子萌发。此外，羊草种子在变温条件下萌发率较高，与恒温条件下相比差异显著（$P<0.05$），夏播部分羊草种子萌发，其余种子在经过严寒后打破种子休眠在第二年萌发，因此夏播羊草幼苗数较多。羊草建植率在播种密度低时较高，这与羊草繁殖策略有关，羊草低密度播种有利于其种群数量增加，使群落中羊草未来种群数量维持在适宜水平。

补播时间对禾本科生物量影响显著（图 5-15c），夏播禾本科植物生物量最高，除与羊草种子在该时期建植较好外，原生羊草主要靠无性繁殖扩充种群数量，天然草甸易形成坚韧而紧实的土壤表层，土壤通透性降低，水汽含量下降，羊草无性繁殖受阻。划破草皮打破致密草层，可提高土壤通透性，刺激羊草无性繁殖。群落调查时，夏播恢复时间相对于秋播和春播较长，划破草皮的"效应"时间也较长。而春播由于恢复时间短，禾本科生物量降低，有待于进一步观察。

第四节 呼伦贝尔退耕地人工植被快速重建技术

一、高寒地区退耕地人工植被快速重建技术

（一）高寒地区苜蓿种植技术

高寒地区苜蓿种植以砂壤土为宜，地块要求土层深厚（80cm 以上），地下水位在 1.0m

以下，土壤 pH 在 6.8～8.0。因地制宜地选用适宜在高寒地区种植并已通过国家或省级审定的品种，包括呼伦贝尔杂花苜蓿、公农 1 号紫花苜蓿、肇东苜蓿、呼伦贝尔黄花苜蓿。这些品种在呼伦贝尔正常年份均可以安全越冬。种子需要用清选机进行清选，使种子的纯净度达到 95% 以上。一般紫花苜蓿种子的发芽率在 75%～95%，可根据发芽率确定播种量。如果种子硬实率达到 20% 以上，需要进行硬实种子处理。大量种子可以在阳光下暴晒 3～5 天或用碾米机进行机械处理，一般情况下黄花苜蓿种子硬实度高一些。苜蓿种子小，种植当年的土地需要进行深耕翻，首先采用重型耙深耙 2 次，翻耕深度以 20～30cm 为宜；其次采用旋耕机旋耕，然后采用钉齿耙将留在土壤中的根系与地上部分耙除，待土壤晾晒 1～2 天后，再用钉齿耙搂草根，耙碎土块，平整地面，使土壤颗粒细匀，孔隙度适宜。播前最好对土壤中的杂草及其种子进行清除，采用灭生性除草剂（草甘膦、百草枯等）。实施测土配方施肥制度，测定 0～20cm 土层土壤的有机质、碱解氮、有效磷、速效钾含量及土壤 pH。结合整地施足基肥，以有机肥和肥效长的磷钾无机肥为主。

有机肥：土壤有机质含量<1.5% 时，黏土和壤土每公顷施用有机肥 30 000～45 000kg，沙土每公顷施用有机肥 50 000～60 000kg。

氮肥：土壤碱解氮含量<15ppm 或有机质含量<1.5% 时，可适量施用氮肥作为基肥以促进幼苗建植，每公顷施用氮素量为 40kg，肥料种类以磷酸二铵为宜。

磷肥：土壤有效磷含量<15ppm 时，需要施用磷肥，根据土壤营养测试结果，按表 5-19 指标确定施肥量。

表 5-19　基于苜蓿目标产量（干草）的推荐施磷量

土壤耕层有效磷含量（ppm）	评价	目标产量（t/hm²）		
		10	15	20
		磷肥（P₂O₅）推荐用量（kg/hm²）		
0～5	缺乏	120	170	230
5～10	基本足够	60	120	170
10～15	足够	0	60	120

苜蓿在 5 月 20 日至 6 月 10 日进行播种。采用机械条播的方式，以 15～25cm 的行距进行播种，播后覆土镇压。苜蓿裸种子按 18.0～22.5kg/hm² 进行播种，播种深度 1.5～2.5cm，黏土地稍浅，沙土地稍深。

苗期水肥管理：有灌溉条件的，在株高 15～20cm 的分枝期进行灌溉。施用磷酸钙和硫酸钾后进行灌溉，磷酸钙的施用量为 375kg/hm²，硫酸钾的施用量为 225kg/hm²，或施用尿素、磷酸钙、硫酸钾混合而成的混合肥，其中肥料 N 的重量百分比≥8%、P 的重量百分比≥25%、K 的重量百分比≥10%，施肥量不少于 1200kg/hm²。在苜蓿现蕾期灌溉一次，第一次刈割后灌溉一次，两次灌溉量相当于 50mm 降水量。上冻前浇一次冻水。旱作条件下，施肥主要与雨季相结合，施肥量同灌溉条件，在降水前进行施肥。上冻前进行中耕培土，以保证苜蓿安全越冬。种植当年，需要对苗期的杂草进行防控。对苜蓿田杂草进行两次防除喷施，第一次喷施时间为苜蓿长出地面 3～5cm 或分枝 3～4 个/枝时，喷施量为每公顷苜草净 1800ml、精喹禾灵 1500ml 和水 450kg，充分混匀后进行喷施；第二次喷施时间为苗高 15～20cm 时，喷施量同第一次喷施的用量。种植第二年及以后，在苜蓿生长关键时期通过中耕除草控制田间杂草。

选用抗（耐）病虫优良品种。提前刈割，即苜蓿病虫害发生高峰在苜蓿生长中后期时，可适时进行刈割；清除病源，即早春返青前或每茬收割后，及时消除病株残体并于田外销毁，生长期发现病株立即拔除。每茬灌水前，株高达到 10cm 时进行病虫害药剂防治。第一茬主要防治苜蓿蓟马和蚜虫等害虫，第二茬主要预防苜蓿褐斑病、叶斑病等病害。使用化学农药时，应符合《农药安全使用标准》（GB 4285—1989）和《农药合理使用准则（一）》（GB/T 8321.1—2000）的规定。

以现蕾盛期至初花期刈割最佳，一般第一次刈割在 6 月下旬，第二次刈割应在 8 月底前进行，注意要控制在霜降前 30 天完成。每年第一次刈割留茬 5～7cm，第二次刈割留茬 8～10cm。苜蓿建植当年建议不刈割，或刈割 1 次，第二年及以后每年可刈割 2 次。

（二）高寒地区青贮玉米种植技术

高寒地区青贮玉米种植以土层深厚、地势平坦、土壤 pH 在 6.0～7.5、排水良好、土壤通气性良好的地块为宜。应符合《玉米产地环境技术条件》（NY/T 849—2004）标准要求。清除种植地中的所有杂草、地面障碍物。深耕，耕翻深度 15～20cm；精细整地，使土地平整，达到土壤细碎。施有机肥 15 000～30 000kg/hm²、氮肥 120～150kg/hm²、磷肥 75～150kg/hm²。选用国家或省级审定的、符合当地生产条件和需求的青贮玉米品种。应符合《禾本科草种子质量分级》（GB 6142—2008）中划定的 2 级以上（含 2 级）的相关要求。需用包衣种子，符合《农作物薄膜包衣种子技术条件》（GB/T 15671—2009）规定。以 5 月中下旬，当 10cm 土温稳定在 8～10℃时播种为宜。精量穴播，行距 45～50cm，株距 25～30cm，保苗 67 500～75 000 株/hm²。播种深度 5cm，覆土厚度 3～4cm。

拔节期一次性施氮肥 150～300kg/hm²，有灌溉条件的可进行灌溉。病虫草害防治参照《玉米病虫草害综合防治技术规程》（DB14/T 759—2013）。青贮玉米乳熟末期至蜡熟前期，将玉米的茎秆、果穗等地上部分齐地面整株刈割，全株切碎青贮，留茬 5～10cm。

（三）高寒地区饲用燕麦种植技术

高寒地区饲用燕麦种植以土层深厚、地势平坦、土壤 pH 在 6.8～8.5 的地块为宜。清除种植地中的所有杂草、地面障碍物。深耕，耕翻深度不小于 20cm；精细整地，使土地平整，达到土壤细碎。施有机肥 30～45m³/hm² 作基肥，施磷酸二铵 150～180kg/hm²。选用国家或省级登记的、符合当地生产条件和需求的饲用燕麦品种。播种前 3～5 天进行种子包衣处理防治病虫害，包衣方法参照 GB/T 15671—2009。以 5 月下旬至 6 月中旬播种为宜。机械条播，行距 15～20cm，播量 150～225kg/hm²，播种深度 5～6cm。

分蘖期使用除草剂防除杂草，参照《内蒙古东部半干旱地区复种饲用燕麦栽培技术规程》（DB15/T 1048—2016）。分蘖期和拔节期施加尿素 60～75kg/hm²。根据病害、虫害发生情况，及时进行病虫害防治，农药使用符合 GB/T 8321.1—2000 的规定，在刈割前 15 天不得使用药剂。刈割以灌浆后期为宜，即 8 月 20 日至 9 月 10 日，留茬高度以 3～5cm 为宜。

（四）高寒地区无芒雀麦种植技术

高寒地区无芒雀麦种植以土层深厚、地势平坦、土壤 pH 在 6.8～8.2 的地块为宜。清除种植地中的所有杂草、地面障碍物。施腐熟牛粪 15 000～30 000kg/hm^2。深耕，耕翻深度不小于 20cm；精细整地，使土地平整，达到土壤细碎。本地区宜选择已通过国家或省级审定的品种，包括锡林郭勒无芒雀麦（Bromus inermis cv. Xilinguole）、公农无芒雀麦（Bromus inermis cv. Gongnong）、卡尔顿（Bromus inermis cv. Carlton）等品种（表5-20）。播种时间以 5 月下旬至 6 月中旬夏播为宜。机械条播，行距 15～25cm。播量 22.5～30.0kg/hm^2，覆土厚度 2cm，播后镇压。

表 5-20　高寒地区推荐适宜品种及其特性

品种	特性
锡林郭勒无芒雀麦	喜欢干燥寒冷的气候条件，具有很强的抗寒、抗旱及抗病虫能力。冬季-40℃的气温条件下仍能安全越冬。该草对土壤的要求不是很严格，适宜于年降水量 350～450mm、排水良好的中性壤土、黏壤土或轻质砂壤土
公农无芒雀麦	具强抗寒、中抗旱、返青早、枯黄迟、丰产等特点
卡尔顿	抗逆性强、耐踩踏、耐收割，为放牧或割草地的优良牧草。适应性较广泛，对寒冷干燥的气候适应性强，在温度、雨量适中的地方生长最好

苗期要及时除草，双子叶杂草用 900ml/hm^2 2,4-D 丁酯或 1200ml/hm^2 2,4-D 钠盐防除。有条件的可进行中耕除草。刈割后追施尿素，以 225～300kg/hm^2 为宜。刈割施肥后进行灌溉，灌溉量为 450～600m/hm^2。地冻前进行冻水灌溉，灌溉量为 750～900m/hm^2。返青水视土壤墒情而定。对蓄积草皮、生产力衰退的草地用重型圆盘耙进行切根松土。

第一次刈割以抽穗期为宜，第二次刈割应在霜降前 30～40 天完成。第一次刈割留茬 3～5cm，第二次刈割留茬 5～8cm。夏播当年可刈割 1 次，第二年及以后每年可刈割 2 次。

二、人工草地土壤质量提升技术

本研究于 2018 年在呼伦贝尔草原生态系统国家野外科学观测研究站（北纬 47°05′～53°20′，东经 115°32′～126°04′）的人工草地试验平台开展了土壤质量提升技术研究试验。该地区属于中温带半干旱大陆性气候，年平均气温为-2.4℃；年平均降水量为 320mm（2000～2010 年），主要集中于植物生长旺季（7～9 月）。土壤以黑钙土为主，有机质含量约 51g/kg。水氮添加控制实验平台使用双因素裂区试验设计。主区处理为牧草种植模式：①苜蓿（Medicago sativa）单播；②无芒雀麦（Bromus inermis）单播；③苜蓿-无芒雀麦混播（1∶1）。副区为水氮处理：①CK，未施氮和补水；②N，施氮肥 150kgN/hm^2，无补水；③W，旱季补水，不施氮；④N+W，施氮肥 150kgN/hm^2，且旱季补水。使用氮肥为尿素（化学纯，含氮量46%），每年在牧草返青期和开花期分别施 50%。补水的处理小区在 6 月、7 月、8 月每月补水 20mm，全年共补水 60mm（年平均降水量的 15%）。

（一）土壤氮素有效性及理化性质

对 3 种牧草种植模式的人工草地经过 3 年水氮处理，其土壤中 SOC、TN、NH_4^+-N 的含量及土壤含水量均无显著变化，但土壤中 NO_3^--N 和总可溶性氮（TDN）含量均显著提高（表 5-21）。在苜蓿单播和苜蓿-无芒雀麦混播草地，N 处理和 N+W 处理的土壤 NO_3^--N 含量均显著高于对照处理 CK，平均分别增加了 1.0～1.4 倍和 1.6～1.9 倍，而在无芒雀麦单播草地，仅 N 处理的土壤 NO_3^--N 含量比 CK 增加了 1.8 倍。W 处理下土壤 NO_3^--N 含量在 3 种人工草地中与 CK 之间均无显著差异（$P>0.05$）。土壤 TDN 含量的变化与 NO_3^--N 含量变化大体相同。

表 5-21　3 种牧草种植模式下不同水氮处理的土壤理化特征

处理	pH	SOC（g/kg）	TN（g/kg）	NO_3^--N (mg/kg)	NH_4^+-N (mg/kg)	TDN（mg/kg）	土壤含水量 (%)
苜蓿单播							
CK	7.0a±0.4	21.6a±1.5	2.1a±0.1	27.0c±2.6	4.6a±0.4	51.3c±1.2	12.4a±0.3
N	7.1a±0.4	20.2a±0.7	2.0a±0.1	52.9b±6.9	6.1a±0.8	78.8b±6.8	12.8a±0.4
W	6.6a±0.5	22.0a±1.0	2.1a±0.1	28.7c±1.8	5.4a±0.8	54.3c±3.3	13.6a±0.6
N+W	6.4a±0.5	21.3a±1.0	2.2a±0.1	78.3a±11.4	6.6a±1.4	103.8a±11.4	12.7a±0.8
无芒雀麦单播							
CK	7.2a±0.2	20.6a±0.1	2.1a±0.0	28.6b±2.2	4.7a±0.8	54.7b±2.9	12.5a±0.9
N	6.6a±0.2	21.4a±0.5	2.2a±0.0	81.3a±19.4	6.4a±0.9	121.2a±26.1	13.0a±0.9
W	7.2a±0.2	19.6a±1.3	2.0a±0.1	40.4b±9.0	4.9a±0.4	67.1b±10.0	13.0a±1.1
N+W	7.0a±0.3	20.4a±0.8	2.0a±0.1	55.4ab±7.6	4.8a±0.9	80.9ab±9.0	12.2a±0.5
苜蓿-无芒雀麦混播							
CK	6.8a±0.2	21.6a±1.2	2.1a±0.1	29.9b±3.0	5.6a±1.0	55.7b±4.7	12.9a±0.5
N	6.8a±0.3	21.8a±1.4	2.2a±0.1	72.3a±7.8	6.0a±1.7	104.6a±6.8	13.1a±0.7
W	7.0a±0.2	22.5a±0.8	2.2a±0.1	25.8b±3.8	6.0a±0.9	54.4b±4.3	12.4a±0.3
N+W	7.1a±0.3	21.8a±2.3	2.2a±0.2	78.1a±10.3	5.8a±0.7	109.1a±11.6	12.4a±0.4

（二）土壤有机碳组分

在 3 种牧草种植模式的人工草地，不同水氮处理对 SOC 总量没有产生显著影响（表 5-21）。通过湿筛法分离出的 3 种 SOC 组分中，矿物结合态有机碳（MAOC）在 3 种人工草地土壤中平均含量为 11.5g/kg，占 SOC 总量的 50% 以上；而粗颗粒有机碳（coarse POC）和细颗粒有机碳（fine POC）的平均含量分别为 3.2g/kg 和 6.9g/kg，明显低于 MAOC。在苜蓿单播草地，3 个水氮处理下 coarse POC 含量均显著低于 CK，平均减少了 27.3%～38.2%；fine POC 和 MAOC 的含量均在 N 处理下与 CK 有显著差异，分别平均增加了 64.6% 和降低了 20.7%（图 5-28）。在无芒雀麦单播草地，coarse POC 含量在 W 处理下显著高于 CK，平均增加了 98.7%，而其余两个 SOC 组分在不同水氮处理下无显著差异。在苜蓿-无芒雀麦混播草地，coarse POC 含量在 N 处理下显著高于 CK，平均增加了一倍；

MAOC 含量在 N 处理下最低，且显著低于 N+W 处理，但与 CK 无显著差异（$P>0.05$），相比于 CK 平均减少了 38.3%。

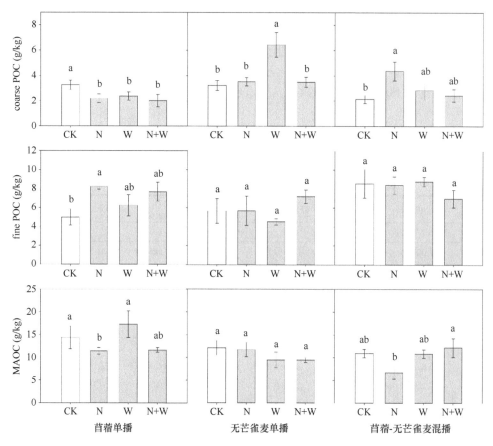

图 5-28　3 种牧草种植模式下不同水氮处理土壤有机碳组分的变化

不同小写字母表示各 SOC 组分在不同水氮处理间差异显著（$P<0.05$）

（三）土壤微生物数量及其群落组成

在两种单播模式的人工草地，不同水氮处理下其土壤微生物群落总 PLFA 含量及各微生物类群 PLFA 含量均无显著差异（表 5-22）。在苜蓿-无芒雀麦混播草地，土壤微生物总 PLFA 含量及革兰氏阳性菌、革兰氏阴性菌和丛枝菌根真菌 PLFA 含量均以 N 处理的最高，但与 CK 间无显著差异；均以 N+W 处理的最低，并均显著低于 N 处理。水氮处理后尽管土壤真菌与细菌之比（F/B）和革兰氏阳性菌与革兰氏阴性菌之比（G^+/G^-）均无显著差异，但在苜蓿单播和苜蓿-无芒雀麦混播草地，施氮倾向于增加 F/B 和降低 G^+/G^-，无芒雀麦单播则倾向于降低 F/B。

1. 土壤酶活性及酶化学计量比

3 种牧草种植模式的人工草地，在不同水氮处理下，参与土壤碳转化的 β-葡萄糖苷

表 5-22 3 种牧草种植模式下不同水氮处理中土壤 PLFA 含量（μmol/g）

处理	总 PLFA 含量	革兰氏阳性菌	革兰氏阴性菌	真菌	丛枝菌根真菌	F/B	G⁺/G⁻
			苜蓿单播				
CK	25.1a±1.7	10.2a±0.8	8.3a±0.5	2.5a±0.2	0.86a±0.07	0.137a±0.003	1.23a±0.05
N	21.7a±2.7	8.7a±1.1	7.3a±0.8	2.4a±0.4	0.72a±0.09	0.147a±0.006	1.19a±0.03
W	25.6a±3.2	10.3a±1.2	8.6a±1.1	2.6a±0.4	0.87a±0.12	0.137a±0.006	1.21a±0.04
N+W	26.0a±2.3	10.5a±0.9	8.6a±0.8	2.7a±0.3	0.83a±0.09	0.143a±0.002	1.22a±0.03
			无芒雀麦单播				
CK	23.9a±2.6	9.7a±1.1	7.8a±0.8	2.4a±0.3	0.88a±0.10	0.138a±0.008	1.24a±0.02
N	22.8a±2.3	9.5a±0.8	7.4a±0.8	2.2a±0.3	0.79a±0.14	0.128a±0.003	1.28a±0.02
W	21.7a±1.6	8.8a±0.6	7.1a±0.6	2.3a±0.2	0.75a±0.06	0.143a±0.001	1.25a±0.04
N+W	22.6a±1.8	9.2a±0.7	7.5a±0.6	2.2a±0.2	0.79a±0.04	0.133a±0.004	1.22a±0.02
			苜蓿-无芒雀麦混播				
CK	22.1ab±1.1	9.1ab±0.5	7.3ab±0.3	2.2a±0.1	0.73ab±0.03	0.132a±0.004	1.25a±0.04
N	25.9a±1.6	10.2a±0.7	8.8a±0.5	2.6a±0.3	0.95a±0.07	0.135a±0.003	1.16a±0.02
W	21.2ab±2.4	8.7ab±0.9	6.9ab±0.7	2.1a±0.3	0.73ab±0.10	0.135a±0.005	1.26a±0.05
N+W	19.8b±1.4	7.8b±0.6	6.8b±0.5	3.0a±0.2	0.69b±0.06	0.144a±0.002	1.15a±0.04

酶（βG）、纤维二糖水解酶（CB），参与土壤氮转化的乙酰氨基葡萄糖苷酶（NAG），以及参与土壤磷转化的酸性磷酸酶（AP），这 4 种土壤胞外酶的活性均有显著差异，但是其影响的程度和方向不尽相同（图 5-29）。对于碳转化相关胞外酶，在苜蓿单播草地，旱季补水显著降低 βG 和 CB 的活性，其平均值相比于 CK 分别显著降低了 67.5%（N+W 处理）和 45.5%～88.6%（W 处理和 N+W 处理）；在苜蓿-无芒雀麦混播草地，CB 活性在 N+W 处理下显著高于 CK，平均提高了 72%。对于氮转化相关胞外酶，在苜蓿单播草地，3 个水氮处理下 NAG 活性均显著低于 CK，平均降低了 35.7%～71.5%；在无芒雀麦单播草地，N 处理下 NAG 活性显著高于 CK，平均增加了 31.4%，而 W 处理则显著降低 NAG 活性，平均降低了 40.5%；而在苜蓿-无芒雀麦混播草地，N+W 处理下 NAG 的活性最高，且显著高于 W 处理，但与 CK 差异不显著（$P > 0.05$）。对于 AP，其活性在苜蓿单播和苜蓿-无芒雀麦混播草地不同水氮处理下没有显著差异，但在无芒雀麦单播草地其活性在 N 处理下最高，且显著高于 W 处理，但与 CK 差异不显著（$P > 0.05$）。

在苜蓿单播和苜蓿-无芒雀麦混播草地，不同水氮处理下土壤酶化学计量比差异显著，但在无芒雀麦单播草地无显著差异（表 5-23）。在苜蓿单播草地，N 处理的 βG/NAG 和 CB/NAG 显著高于 CK，平均增加了 90.8% 和 97.0%；W 处理的 βG/NAG 也显著高于 CK，平均增加了 56.9%。在苜蓿-无芒雀麦混播草地，N+W 处理下 CB/AP 最高，且显著高于 CK，平均增加了 73.5%；CB/NAG 也在 N+W 处理下最高，但与 CK 无显著差异，仅显著高于 N 处理。

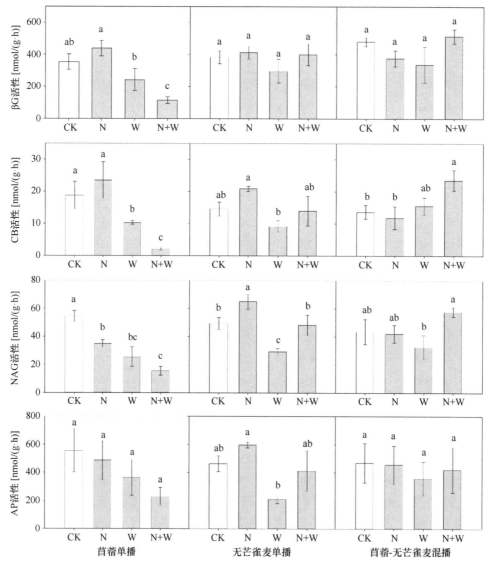

图 5-29　3 种牧草种植模式下不同水氮处理土壤酶活性的变化
不同小写字母表示各土壤酶活性在不同水氮处理间差异显著（$P<0.05$）

2. 土壤 PLFA 含量和酶活性与 SOC 组分的偶联关系

相关分析结果表明，水氮处理后 3 种牧草种植模式的人工草地土壤总 PLFA 含量的相对变化量（Δ）与 POC 相对变化量呈显著正相关（$r=0.486$，$P<0.05$），而与 MAOC 呈极显著负相关（$r=-0.657$，$P<0.01$），且在补水和不补水情况表现一致（表 5-24）。其他土壤微生物类群 PLFA 的相对变化量与 SOC 组分的相关关系与总 PLFA 含量大体相同。两种碳转化相关土壤酶 βG 和 CB 活性的相对变化量与 coarse POC（不补水情况下）和 POC（补水情况下）的相对变化量呈显著负相关，而与 MAOC（不补水情况下）呈显著正相关。土壤酶化学计量比的变化主要与 POC 组分的变化有相关关系：coarse POC 的变化与 CB/NAG 呈显著负相关（不补水情况下）（$r=-0.691$，$P<0.05$）；fine POC 的

表 5-23　3 种牧草种植模式下不同水氮处理后的土壤酶化学计量比

处理	土壤酶 C/N 比		土壤酶 C/P 比	
	βG/NAG	CB/NAG	βG/AP	CB/AP
苜蓿单播				
CK	6.5c±0.6	0.33b±0.11	0.58a±0.05	0.033a±0.004
N	12.4a±0.6	0.65a±0.11	0.75a±0.06	0.035a±0.006
W	10.2ab±1.6	0.30b±0.02	0.77a±0.14	0.037a±0.006
N+W	7.7bc±1.3	0.15b±0.04	0.61a±0.13	0.032a±0.001
无芒雀麦单播				
CK	7.7a±0.3	0.30a±0.05	0.84a±0.07	0.057a±0.010
N	6.4a±0.1	0.32a±0.01	0.70a±0.07	0.052a±0.009
W	8.0a±1.0	0.32a±0.07	1.47a±0.33	0.069a±0.006
N+W	6.8a±0.6	0.28a±0.08	1.25a±0.27	0.087a±0.027
苜蓿-无芒雀麦混播				
CK	9.9a±0.7	0.32ab±0.03	0.86a±0.12	0.034b±0.003
N	9.0a±0.4	0.26b±0.05	0.75a±0.08	0.036b±0.002
W	9.5a±1.5	0.40a±0.05	0.91a±0.10	0.038ab±0.006
N+W	8.9a±0.5	0.40a±0.04	1.15a±0.20	0.059a±0.012

表 5-24　不同水氮处理下土壤 PLFA 含量、酶活性及 SOC 组分相对变化量的相关性分析

项目	全部处理				不补水			补水			
	coarse POC	fine POC	POC	MAOC	corase POC	POC	MAOC	coarse POC	fine POC	POC	MAOC
土壤微生物量											
总 PLFA 含量	—	0.424*	0.486*	-0.657**	—	0.554†	-0.679*	—	0.679*	0.534†	-0.767**
革兰氏阳性菌	—	0.426*	0.461*	-0.628**	—	0.520†	-0.616*	—	0.682*	—	-0.781**
革兰氏阴性菌	0.390†	0.366†	0.435*	-0.629**	—	0.538†	-0.772**	0.585†	—	—	-0.635*
真菌	—	0.419*	0.498*	-0.623**	—	0.574†	-0.660*	0.585†	0.564†	0.550†	-0.733*
丛枝菌根真菌	0.464**	0.378†	0.508*	-0.632**	—	0.558†	-0.710*	0.617†	0.627†	0.563†	-0.596†
土壤酶活性											
βG	—	—	—	—	-0.642*	—	0.685*	—	—	-0.709*	—
CB	—	—	—	—	-0.651*	—	0.711*	—	—	-0.748*	—
土壤酶化学计量比											
βG/NAG	—	—	—	—	—	—	—	—	-0.581†	—	—
CB/NAG	—	—	—	—	-0.691*	—	0.607†	—	-0.540†	—	—
βG/AP	—	-0.463*	-0.476*	0.404†	—	—	—	—	-0.797**	-0.821**	—
CB/AP	—	—	—	—	—	—	0.572†	—	-0.572†	-0.667*	—

注：相对变化量（Δ）=（施氮处理-不施氮处理）/不施氮处理，不补水情况下 Δ=（N 处理-CK）/CK，补水情况下 Δ=（N+W 处理-W 处理）/W 处理。† $P<0.1$；* $P<0.05$；** $P<0.01$；$P>0.1$ 的数值表示为"—"

变化与βG/AP呈显著负相关($r=-0.463$，$P<0.05$)，且在补水情况下相关性更高($r=-0.797$，$P<0.01$)。在补水情况下，βG/AP和CB/AP的变化与POC呈显著负相关，且βG/NAG和CB/NAG的变化也与POC有负相关关系（边缘显著$P<0.1$）。回归分析结果也表明，土壤酶C/N、C/P的平均变化在补水情况下均与POC的平均变化有正相关关系（图5-30）。

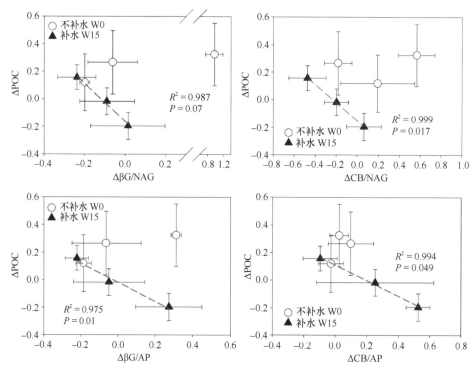

图5-30　不同水氮处理下颗粒态有机碳含量与土壤酶化学计量比相对变化量（Δ）的关系

三、退耕地人工植被快速重建与稳定维持关键技术

前人研究表明，施氮能够显著影响天然草地土壤微生物群落的数量和组成（Yang et al.，2017；Riggs and Hobbie，2016；Leff et al.，2015）。然而，在呼伦贝尔半干旱地区，3年的施氮试验并没有对人工草地土壤微生物总量及各微生物类群生物量产生显著的影响（表5-22）。这可能是由于施氮没有对土壤pH产生显著影响（表5-21），而土壤pH是调控土壤微生物群落组成和活性的重要环境因子之一（Rousk et al.，2011）。除了土壤pH，土壤碳源有效性也是调控微生物数量和活性的关键因子。本研究发现，土壤总PLFA含量和各微生物类群PLFA含量的变化与易分解的有机碳（如POC）含量变化有显著正相关关系（表5-24）。Cheng等（2018）在长白山温带森林增氮控制实验的研究也表明，土壤微生物群落的数量显著受到土壤易分解有机碳含量的调控。尽管施氮没有对土壤微生物群落数量产生显著影响，但在无芒雀麦单播草地施氮倾向于降低F/B，而在苜蓿单播和苜蓿-无芒雀麦混播草地施氮倾向于增加F/B（表5-22）。以往研究表明，施氮对F/B的影响不一，增加（Zhang et al.，2015）、降低（Yang et al.，2017；Rousk et al.，2011）

或无显著影响（Henry，2013）的结果均有报道。通常认为，土壤细菌群落对施氮的响应比真菌敏感，因为相比于真菌，细菌属于"富营养型"，具有更高的碳源和养分的需求（Fierrer et al.，2007），因此土壤氮素有效性增加时，细菌的生长速率往往高于真菌，从而导致 F/B 降低。而 F/B 在苜蓿单播和苜蓿-无芒雀麦混播草地倾向于增加，表明在混播草地豆科植物（苜蓿）在土壤微生物类群对氮的响应上起着主导作用，其作用机理需要进一步研究。

除了施氮，本研究中旱季补水也没有对人工草地土壤微生物群落数量和组成产生显著影响（表 5-22）。以往许多在草地生态系统的研究也报道了类似的结果（Huang et al.，2015；Sun et al.，2015；Zhang et al.，2013）。这个结果产生的原因可能是经过 3 年的旱期补水，土壤微生物对水分增加产生了适应性（Gutknecht et al.，2012）。另外，在苜蓿-无芒雀麦混播模式下，水氮同时添加时土壤总 PLFA 和细菌 PLFA 含量均比单独施氮显著降低（表 5-22），这可能是由旱期补水加剧了植物和微生物的氮素竞争而导致的。研究表明，水分是半干旱地区植物生长的关键限制因子之一，水分增加对植物地上和地下生物量有明显促进作用（Yang et al.，2011）。植物根系对养分元素的吸收有扩散、截获、主动吸收等多种方式，而土壤微生物尤其是细菌则主要靠土壤溶液的扩散作用，因而在土壤氮素有效性提高的情况下，植物相对于微生物对氮素吸收更有竞争优势，从而可能是导致土壤微生物尤其是细菌数量下降的原因。

相比于微生物 PLFA 含量，土壤酶活性在不同水氮处理下有显著差异（图 5-29）。以往研究认为，增氮会导致与碳转化相关的水解酶活性的增加（Riggs and Hobbie，2016；Alster et al.，2013）。与这些研究结果类似，本研究中单施氮（N）或补水后施氮（N+W）处理均增加了 βG 和 CB 活性，但是 N+W 处理显著降低了苜蓿单播土壤的 βG 和 CB 的活性。对于氮转化相关酶，施氮（N 处理）显著降低了苜蓿单播草地土壤中的 NAG 活性，但显著提高了无芒雀麦单播草地土壤的 NAG 活性（图 5-29）。目前对于氮转化相关酶对氮素富集响应的研究结果不一，促进（Gutknecht et al.，2010）和抑制（韦泽秀等，2009）的结果均有报道。本研究中，NAG 对氮素富集的不同响应可能与牧草类型及植物、微生物对氮素的竞争有关。豆科植物通常具有固氮能力，因此对外源氮素添加的响应很可能不如禾本科植物敏感。在无芒雀麦单播草地，施氮后植物在氮素吸收竞争中占据优势，从而导致微生物生长代谢受到氮素限制，因而 NAG 的活性增加；而在苜蓿单播草地，施氮能够同时满足植物和微生物的氮素需求，因此从酶经济学的角度看，微生物不需要耗费更多能量来分泌获取氮素的酶（Burns et al.，2013）。相比于施氮，除了在苜蓿-无芒雀麦混播草地补水显著提高了 CB 的活性，补水对土壤酶活性的影响基本为抑制作用或无显著影响（图 5-29）。这个结果与以往许多研究相吻合（Henry，2013；Gutknecht et al.，2010）。此外，除了 NAG，其他跟土壤氮转化相关的胞外酶（如蛋白酶和脲酶）也表现出随水分增加而活性下降（闫钟清等，2017；Sardans et al.，2008）。

经过 3 年的水氮处理，尽管人工草地 SOC 总量没有显著变化，SOC 的颗粒组成（POC 及 MAOC）对施氮产生了显著的差异性响应（图 5-28）。在苜蓿单种和苜蓿-雀麦混播模式下，施氮（N 处理）分别促进了细颗粒有机碳和粗颗粒有机碳的积累。施氮导致的 POC 的变化与土壤酶活性及酶化学计量比的变化密切相关：在补水或不补水条件下，POC （coarse POC 或 fine POC）的相对变化量与 βG（或 CB）活性、βG/NAG（CB/NAG）、βG/AP（CB/AP）的相对变化量均有负相关关系（表 5-24，图 5-30）。土壤 βG（或 CB）、NAG、AP 活性之间比值能够反映土壤微生物对碳、氮、磷养分需求的差异（Sinsabaugh and Shah，2012）。这一结果说明，土壤微生物对不同养分需求的差异是调控 POC 周转的重要驱动力：当微生物生长代谢受到氮（磷）限制时，微生物会增加获取氮（磷）的投入，从而表现出氮（磷）转化相关酶活性相对于碳转化酶活性增加（即酶 C/N 或 C/P 降低），导致活性有机碳（如 POC）的累积；而当碳是微生物群落的主要限制因子时，微生物会相应地增加获取碳的投入，表现为碳转化相关酶活性相对于氮（磷）转化酶活性的增加（即酶 C/N 或 C/P 增加），导致活性有机碳消耗。与 POC 的变化相反，施氮导致 MAOC 含量显著降低（图 5-28）。Liang 等（2015）的研究发现，长期施氮能够降低土壤微生物残体生物量（氨基糖），而 Averill 和 Waring（2018）则指出微生物残体生物量对于 MAOC 含量有重要影响。本研究中施氮条件下 MAOC 的降低是否是由土壤微生物残体生物量变化导致的，还需要深入研究。相比于 POC，有机碳和矿物颗粒之间的相互作用使得 MAOC 更加稳定（即惰性有机碳），并且对 SOC 固持更为重要（Six et al.，2002）。因此，施氮导致的 MAOC 减少可能会导致 SOC 稳定性下降，不利于人工草地土壤碳的长期固持。此外，施氮对 SOC 稳定性的负面效应在苜蓿单播草地土壤最为明显（无论补水还是不补水），而苜蓿-无芒雀麦混播草地旱季补水能够缓解这种负面影响（图 5-28）。以往研究表明，不同植物功能群（如豆科和禾本科）在地下的生态位互补和互惠作用有助于促进土壤微生物活性、提高生态系统对外界环境变化的稳定性（Dhaka and Islam，2018；Fornara and Tilman，2008）。因此，相比于单播模式，苜蓿-无芒雀麦混播的种植方式可能提升人工草地土壤碳固持及生态系统稳定性，对人工草地高效、优质化管理有重要意义。

第五节　呼伦贝尔退化草甸草原综合治理模式

一、家庭牧场管理基本原理

现代草地资源的经营应遵循可持续利用原则，在保证生态环境良性健康发展的同时寻求经济利益的最大化。家畜生产管理决策是生产者根据科学知识和经验对土地—牧草—家畜放牧系统进行合理管理的决策体系，是放牧生态系统可持续的基础。放牧管理既是一门科学，也是一门艺术，放牧管理决策应该建立在科学知识和生产实践经验的双重基础之上。草地放牧系统是一个包含动物、植物、环境及人的管理行为的复杂系统，长期以来，科学家就牧草的生长、动物营养、环境变化及人类的管理行为等对放牧系统各因素的相互影响建立了大量的统计模型、机制模型和模拟模型。随着科学技术的发展，科学家利用已有的模型，结合计算机技术建立了决策支持系统（decision support system，DSS）。这些 DSS 改变了人们对于草地放牧系统和家庭牧场的管理方式，将以前的根据经验的粗放管理方式变成目标明确的集约化管理方式。由于土地—牧草—家畜放牧系统的复杂性和多变性，草地放牧动物的管理需要多学科理论与技术的支撑，使系统的管理得以持续。例如，使放牧系统获得经济效益的决策需要具备饲用植物、与市场高度相关的家畜生产和饲用植物—动物—土地相互作用等方面的知识。因此放牧管理决策需要了解影响放牧系统管理的因素、放牧系统内各因子间的复杂关系和相互作用方式及相应的实践管理经验，在此基础上才能形成具有实际应用价值的放牧管理决策系统。

建立草地放牧系统优化模型要综合考虑各方面因素，从不同的角度和尺度衡量系统，使得各个管理目标达到平衡，能够定量指导放牧系统管理，为系统管理决策提供依据，预测系统的发展。家庭牧场是我国草地畜牧业的基本生产单元，对草地畜牧业的发展起到不可替代的作用。在保护生态的前提下发展生态畜牧业，将现有牧草资源最大限度地转换成畜产品，需要寻找一种最佳的放牧管理方式以获取家庭牧场和草地系统的和谐发展。大力发展以现代家庭牧场为主要内容的集约化经营，才能使草畜平衡具有可操作性，有利于加快牧区经济社会发展。其优化模式的基本特征是：有适度规模的、草地生产力持续稳定的天然放牧草场和人工、半人工割草场；有与草地生产能力相适应的、具有专业化生产特征、结构合理的畜群；有优化的科学技术和经营管理水平；有较高的商品生产率和经济效益。

家庭牧场经营管理的放牧系统具有复杂性、多变性和渐进性，因此必须根据各要素的特点及相关关系制定切实可行的放牧管理计划，才能在不损害系统资源的前提下，获得良好的经济效益。放牧管理必须以系统组成中相互作用且可以被操控的组分为背景（图 5-31）。牧场资源的相互关系中，决策制定者必须理解并考虑如人、资金、土地、植被、气候、动物和时间，以及行为活动及其外在影响。必须提前评估每项决策活动的影响，并进行结果监测。经营者能预见和贯彻优化决策结果带来的即时变化。成功的牧场经营者首先是能够确定影响牧场运行的不同因素，其次是能够预期其中会影响其成功的变化，成功的牧场主也是能够在企业经营中避免危机的人。经营者需要在经营过程中尽量规避风险和危机，因此必须合理安排各生产经营要素，并即时预测企业运行中的必要变化，并使这些变化能够实时产生影响。如果牧场没有形成信息分析、评估计划和直接的日常管理，那么经营者不可能对各生产经营相关要素的变化有预见性。

家庭牧场经营者必须认识到放牧率（家畜数量）是影响潜在利润量的主要因素。随放牧率增加，个体动物的生产力下降而土地单位面积产量达到最大，然后下降（图5-32a）。这个基本关系是高放牧率的主要推动力，因为放牧率在实现经济目标中具有重要作用。但是，因为草地环境中牧草生产的时空变化，最优放牧率必须随土地单位面积生产量最大化而持续变化。此外，这种变化强烈反映了利润情况，因为通常在高放牧率下，生产成本的增加在某种程度上快于总利润的增加。因此，放牧率的增加超过一定水平时，利润率水平开始下降（图5-32b）。进而，这种利润率的下降使净资产的增加率降低，降低了家畜生产系统的抗风险能力。

二、家庭牧场管理模式的经济效益

以草食家畜生产为目的的家庭牧场管理的核心是维持家畜生产的饲草料需求和可利用饲草料间的平衡。通过增加饲草料产量和品种改良提高家畜的生产性能是解决该供

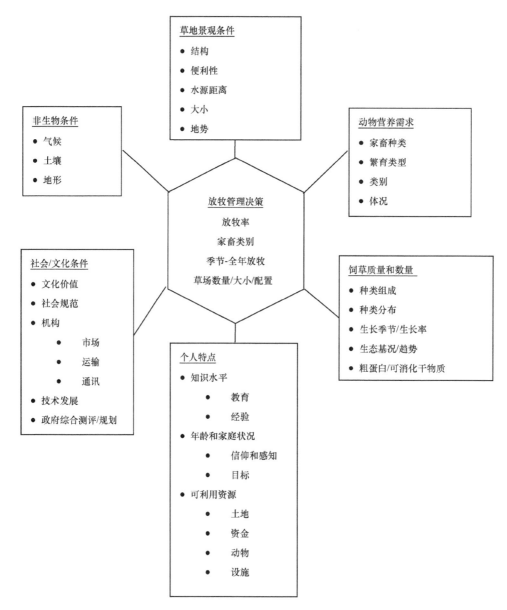

图 5-31　构成放牧系统环境的资源、行为和外部影响因素间的相互关系

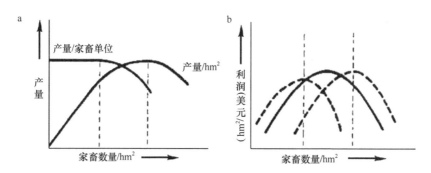

图 5-32　单位家畜产量、单位面积产量（a）和单位面积利润（b）与单位面积家畜数量的关系

需平衡的主要措施（Herrero et al., 2009）。通过对当地养羊牧户生产管理状况的调查与分析，本研究发现了以下草地管理措施能有效地改善呼伦贝尔绵羊生产和管理。

（一）生长季节（7~8 月）放牧显著提高绵羊生产性能和草地利用率

呼伦贝尔草原区，绵羊冷季放牧的经济损失主要由绵羊掉膘甚至死亡引起，导致绵羊生产的经济损失可达到 30%。呼伦贝尔草原区饲养的绵羊品种主要是当地的地方品种，适应不良环境的能力强，但是舍饲育肥生产性能不高。近年来，积极引进优良品种进行当地品种改良，形成了多个杂交品种。巴美肉羊是以当地细杂羊为母本、德国肉用美利奴为父本选育出的，适合舍饲圈养，具有耐粗饲、抗逆性强、适应性好、羔羊育肥增重快等特点。杜蒙羊是由南非的杜泊羊作为父本与蒙古羊杂交，初生羔羊个体大、体重大、生长速度快，四月龄活体重可达 40kg。杜蒙羊的适应能力强，适合舍饲圈养。通过家庭牧场营养平衡模型估算，本研究发现绵羊一年四季多数情况下营养不良，尤其是冬季（图 5-33a）。改良的杜蒙羊品种生产性能高的特点，可以显著改善家畜的营养需求状况与饲草供应之间的不平衡问题（图 5-33b）。调查发现，牧民普遍采用增加单位草地面积饲养的家畜数量来提高其经济效益，但是养畜数量增加会导致草地超载过牧、生态恶化、饲草供应不足。对大多数家庭牧场来说，简单地减少家畜数量并不是理想的解决方式，因此建议利用几种生产管理措施更好地优化草地资源管理。

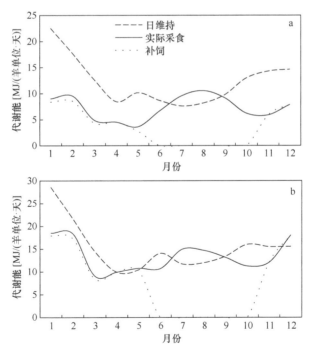

图 5-33　呼伦贝尔草原区典型牧场绵羊的日维持、实际采食和补饲代谢能
a. 牧场饲养的绵羊品种；b. 杜蒙羊

为降低草地过度放牧，提高优质饲草产量，绵羊冬季可以通过暖棚舍饲来提高饲草料的利用率并减少家畜掉膘损失。小农户的家畜生产中，将豆科饲草和优质禾草的生产

有机地结合到农业系统中可以有效改善饲草质量，从而解决绵羊冬季营养不平衡的问题（Ojiem et al.，2006）。同时，我们在呼伦贝尔草原区的放牧研究表明，呼伦贝尔草甸草原应该按照生长季节牧草供应量调整放牧率，即采用春季休牧、夏季中度放牧、秋季轻度放牧的草地放牧利用方式。绵羊冬季舍饲的饲料可以来自家庭牧场生产的饲草、青贮玉米、秸秆等农副产品和市场购买的精饲料。

（二）调整产羔时间和绵羊出栏时间降低饲养成本

呼伦贝尔草原传统的家畜饲养方式是家畜四季放牧，冬季积雪覆盖草地时，利用收贮饲草补饲，冬季和早春（1～3 月）产羔时气温很低，羔羊存活率不易保障。虽然冬季有少量补饲，但是母羊仍然掉膘，母羊和羔羊在 6 月底牧草生长量增加到可以放牧之前均处于营养不足状态。如果采用草地植物生长季节的 7 月、8 月放牧，其他时间舍饲，母羊可始终保持良好的营养状况，顺利产羔并哺乳。研究表明，在呼伦贝尔草原区，如果不考虑产羔时间，除了生长季节的 6 月末到 9 月初这段时间外，由于草地产量低或提供养分的质量差等原因，畜群仍然需要补饲。本研究通过家庭牧场生产状况的模型拟合研究发现（图 5-34），母羊 11 月份产羔，虽然补饲饲料支出费用高，但是羔羊在 6 月底前全部出栏，可以有效降低天然草地生长季节的放牧压力。但是呼伦贝尔草甸草原区农牧民通常有打贮草习惯，也种植饲草料，并有丰富的秸秆等其他农副产品资源，在家畜舍饲期间，均可作为家畜粗饲料的主要来源。羔羊主要是利用高质量的饲草和饲料进行舍饲，饲料报酬高、增重速度快、经济净收益高。

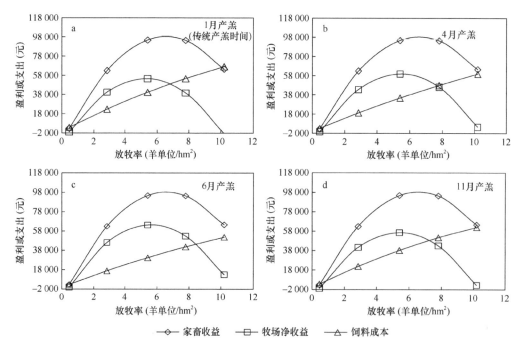

图 5-34　产羔时间对家庭牧场家畜收入和生产成本的影响分析

放牧率低于 6.0 羊单位/hm²，家庭牧场中绵羊收益逐步增加；净收益在放牧率大于 5.4 羊单位/hm² 时，由于饲料支出成本增加而降低

家庭牧场牧户在选择适宜的产羔时间时，不仅要充分考虑家畜的营养需求与天然草地植物的产量和营养价值相匹配，还需要考虑牧场饲草料等粗饲料的贮备状况，降低饲料成本支出，且不影响羔羊增重。虽然 6 月产羔可以降低饲料成本的支出（图 5-34c），但是绵羊剪毛后在距离圈舍较远的草场上放牧，此时产羔在生产上不易管理。对牧民来讲，虽然牧民也会意识到草地持续退化会降低其经济收入，直接净收益仍然是其首先要考虑的因素。因此，合理调整饲料成本、净收益和管理投入等因子，鼓励牧民逐步改变其畜牧业生产实践和管理措施，优化家庭牧场生产经营管理水平，获得生产、生态和生计的和谐共赢。在呼伦贝尔草甸草原区，绵羊 11 月产羔，母畜夏季 7～9 月在草地上放牧，10 月至翌年 6 月舍饲，放牧期间的草地放牧率保持在 6～7 羊单位/hm² （图 5-34d）。该家庭牧场家畜生产管理方式可以降低天然草地的载畜压力，增强草地生态系统的服务功能和恢复力。这些生产管理实践的改变可以更好地适应当地饲草料资源和绵羊的市场状况。牧户的生产调查数据，经过专家的草畜平衡、投入产出经济模型分析后，对家庭牧场各生产要素进行优化拟合，提出家庭牧场适宜的草地生产管理方式，指导牧户家庭牧场的生产管理实践，并与牧民共同评价资金、草地管理、家畜管理和农业管理实践变化对家庭牧场生产经营的效益。草地资源以家庭牧场为基本单元的管理模式能增强公众对牧场管理实践调整和优化的认识，为草地资源可持续利用提供合理的管理方式。该家庭牧场管理调控模式也在我国其他草原牧区进行了推广使用，获得了良好的经营管理效果。

（三）优化羔羊育肥日粮配置提高生产性能

呼伦贝尔草甸草原区属于半牧区，家庭牧场饲草料资源丰富，不仅能够种植优质的一年生玉米青贮和多年生牧草，还有丰富的农作物秸秆资源和天然干草，但是如何将这些粗饲料资源合理应用到绵羊舍饲育肥的日粮配置中，是家庭牧场资源优化配置的核心问题。本研究对该地区羔羊冬季舍饲育肥的日粮配置（表 5-25）及其经济效益进行了比较分析，设置 5 种日粮中紫花苜蓿干草的比例，分别为 0（ALF-0：粗饲料完全由禾草/秸秆组成，即对照，不添加苜蓿干草，苜蓿：禾草/秸秆=0∶100）、25%（ALF-25：苜蓿干草：禾草/秸秆=25∶75）、50%（ALF-50：苜蓿干草：禾草/秸秆=50∶50）、75%（ALF-75：苜蓿干草：禾草/秸秆=75∶25）和 100%（ALF-100：苜蓿干草：禾草/秸秆=100∶0），研究不同比例的紫花苜蓿干草在日粮中粗饲料的比例对羔羊生产性能和经济效益的影响。

研究结果表明，5 种日粮的干物质和有机质采食量均表现为 ALF-75＞ALF-100＞ALF-50＞ALF-25＞ALF-0（表 5-26）。粗蛋白的采食量随日粮中紫花苜蓿比例的减少而降低，日粮 ALF-100 的粗蛋白采食量最高。

羔羊初始体重在不同日粮处理间无显著差异（$P>0.05$）（表 5-27）。日粮中紫花苜蓿干草替代粗饲料中的秸秆可以显著提高羔羊的日增重和育肥活体重（$P<0.05$）。日粮中紫花苜蓿干草添加比例为 75%（ALF-75）时羔羊的活体重和日增重最大。饲喂日粮 ALF-75 的羔羊饲料转化率较低，与饲喂日粮 ALF-25、ALF-50 和 ALF-100 羔羊的饲料转化率差异显著（$P<0.05$）。日粮 ALF-0 的饲料转化率最高，比日粮 ALF-75 的转化率

高 46.4%（$P < 0.05$）。

表 5-25　5 种日粮的组成及其营养成分含量分析

日粮	ALF-0	ALF-25	ALF-50	ALF-75	ALF-100
日粮组分（g/kg）					
禾草/秸秆	500	375	250	125	0
苜蓿干草	0	125	250	375	500
玉米青贮	250	250	250	250	250
精料	250	250	250	250	250
化学成分（g/kg）					
干物质	918	917	916	915	915
灰分	103	101	100	99	97
有机质	897	899	900	902	903
粗蛋白	112	121	131	141	150
中性洗涤纤维（NDF）	546	537	528	519	510
酸性洗涤纤维（ADF）	372	370	368	367	365

表 5-26　不同日粮水平日采食量干物质量及其他养分

变量	日粮类型					标准误	P
	ALF-0	ALF-25	ALF-50	ALF-75	ALF-100		
DMI（g/天）	864d	902c	963b	999a	967b	4.01	<0.0001
DMI（%BW）	3.7e	3.9d	4.1c	4.4a	4.2b	0.25	<0.0001
有机质（g）	775d	814c	866b	901a	873b	4.5	<0.0001
粗蛋白（g）	97e	109d	126c	141b	145a	1.0	<0.0001
NDF（g）	472d	484c	508b	519a	493c	2.4	<0.0001
ADF（g）	321d	333c	355b	366a	353b	2.2	<0.0001

注：DMI 为干物质采食量；DMI（%BW）表示 DMI 占体重（BW）的百分率。同行不同小写字母表明在 $P < 0.05$ 水平差异显著，下同

表 5-27　日粮中苜蓿干草和禾草/秸秆的比例对羔羊体重变化、日均增重和饲料转化率等的影响

变量	日粮类型					标准误
	ALF-0	ALF-25	ALF-50	ALF-75	ALF-100	
羔羊初始体重（kg）	23.5a	23.1a	23.2a	23.2a	23.1a	0.42
羔羊出栏体重（kg）	29.4c	29.8c	31.0b	33.1a	31.1b	0.63
总活体增重（kg）	5.9c	6.7c	7.8b	9.9a	8.0b	0.54
日均增重（g）	105c	118c	139b	179a	143b	9.41
饲料转化率（g/g）	8.2a	7.6ab	6.9b	5.6c	6.8b	0.52

注：饲料转化率是日干物质采食量（DMI，g）与日均增重（ADG，g）的比值

　　干物质、有机质和 NDF 的消化率大体上随日粮中紫花苜蓿添加比例的增加而增加（表 5-28）。ALF-75 日粮的干物质、有机质、粗蛋白和 NDF 消化率最高，日粮 ALF-0 的干物质、有机质、粗蛋白和 NDF 消化率最低（$P < 0.05$）。日粮 ALF-50 和 ALF-75 的

干物质消化率无显著差异，但是均显著高于 ALF-0、ALF-25 和 ALF-100（$P<0.05$）。各日粮有机质消化率的变化依次为：ALF-75＞ALF-50＞ALF-25＞ALF-100＞ALF-0，但是日粮 ALF-50 与 ALF-75、ALF-0 与 ALF-100 间均无显著差异（$P>0.05$）。日粮 ALF-50、ALF-75 和 ALF-100 间的粗蛋白消化率无显著差异，但是均显著高于日粮 ALF-0 和 ALF-25 的粗蛋白消化率（$P<0.05$）。日粮中 NDF 的消化率依次为：ALF-75＞ALF-50＞ALF-100＞ALF-25＞ALF-0，但是日粮 ALF-25 与日粮 ALF-100 间的 NDF 消化率无显著差异（$P>0.05$）。日粮 ALF-0 和 ALF-25 的 ADF 消化率显著高于其他三个日粮的 ADF 消化率（$P<0.05$），日粮 ALF-100 的 ADF 消化率最低。

表 5-28　羔羊饲喂不同类型苜蓿干草和禾草/秸秆日粮的表观消化率

变量	日粮类型					标准误
	ALF-0	ALF-25	ALF-50	ALF-75	ALF-100	
干物质	0.63bc	0.64b	0.66a	0.67a	0.64b	0.003
有机质	0.65c	0.66b	0.68a	0.68a	0.65c	0.002
粗蛋白	0.65b	0.66b	0.71a	0.72a	0.71a	0.003
中性洗涤纤维	0.57d	0.59c	0.61b	0.63a	0.59c	0.003
酸性洗涤纤维	0.43a	0.43a	0.41b	0.38c	0.35d	0.003

本研究对 5 种日粮羔羊生产的经济效益分析表明，日粮成本随日粮中紫花苜蓿干草添加比例的增加而增加（表 5-29）。日粮中紫花苜蓿的添加比例从 0 增加到 75%时，羔羊活体重增加，但是日粮中的紫花苜蓿添加比例为 100%时，羔羊活体重反而下降，表明当紫花苜蓿比例添加量超过 75%时，限制羔羊增重的主要因素是日粮中的能量水平，而不是日粮中的蛋白质水平。单位羔羊的总收益以日粮 ALF-75 的最大，达到 27.8 美元，比全秸秆/天然干草日粮（ALF-0）高 11.1 美元。但是 5 种日粮家畜增重的饲料成本变化并不一致，日粮 ALF-100 家畜增重的饲料成本最高，日粮 ALF-0 和 ALF-25 家畜增重的饲料成本相对较低。1kg 活体重收益依次为：ALF-0（2.83 美元）＞ALF-75（2.78 美元）＞ALF-25（2.74 美元）＞ALF-50（2.67 美元）＞ALF-100（2.43 美元）。综合考虑饲料成本、转化率和经济效益，日粮中紫花苜蓿的添加比例为 50%～70%时，羔羊生产获得的经济效益最大（图 5-35）。

三、家庭牧场管理模式的生态效益和社会效益

呼伦贝尔草甸草原植被生长主要集中于 6 月、7 月、8 月，其他各月草地植被生物量增长较少或不增长，存在明显的季节性。对比家畜全年生长的能量需求，可以看出 6～9 月饲草充裕，家畜实际摄入的能量远远高于维持基本生长所需的能量，而在 12 月至翌年 4 月正是母羊营养需求的高峰期也是羔羊发育的关键时期，牧草生长却呈现低谷期（几乎不生长），饲草料缺乏，家畜实际摄入的能量显著低于维持基本生长所需的能量，这说明在传统的放牧方式下，家畜全年能量供需不平衡，草地生产力与家畜需求的季节性存在严重分异。在这种情况下，家畜生长繁殖受到一定限制，因此存在饲草夏秋季节丰裕而冬春季节严重匮乏的问题。正是草地存在的需求与供给之间的差异，导致了在冬春

两季草地被大面积破坏。在整个家庭牧场系统中，草地生产和家畜生产上的可调控性是十分有限的，因此可以通过调整家畜的采食来干预整个系统，通过减少部分家畜数量来使剩余家畜获得相对充足的饲草料供给，使整个系统得到优化。在进入冬季进行暖棚饲养前，可根据具体牲畜种类和母畜的生产能力，进行牲畜群结构优化和对牲畜数量的增减，主要是将生产效率低的牲畜淘汰，增加品种优良的牲畜，保证畜群较高的繁殖效率，从而保持稳定高效的畜牧业生产。

表 5-29　羔羊饲喂不同比例苜蓿干草和禾草/秸秆日粮的经济产出

因子	日粮类型				
	ALF-0	ALF-25	ALF-50	ALF-75	ALF-100
饲料成本（美元/kgDM）	0.19	0.22	0.25	0.28	0.31
干物质采食量（kg）	31.6	33.7	37.1	39.2	37.4
单位羔羊饲料总支出（美元）	6.14	7.50	9.31	10.9	11.5
单位羔羊活体增重（kg）	5.89	6.70	7.78	9.9	7.99
每千克增重的饲料成本（美元）	1.04	1.13	1.20	1.09	1.44
羔羊活体重价格（美元/kg）	3.87	3.87	3.87	3.87	3.87
1kg 活体重收益（美元）	2.83	2.74	2.67	2.78	2.43
单位羔羊的总收益（美元）	16.7	18.1	20.8	27.8	19.4

注：1kg 苜蓿、禾草和作物秸秆、玉米青贮及精料混合日粮的价格分别是 0.387 美元、0.161 美元、0.004 美元、0.452 美元。饲料总成本=1kg 饲料干物质的价格×总干物质采食量。饲料成本/kg 增重=总饲料成本/总活体增重。羔羊活体重价格=试验期间羔羊活体重的市场价格 3.87 美元。总利润=(1kg 活体重的价格×活体总增重/kg)−饲料总支出成本。利润/kg 活体重=活体增重 1kg 的价格−活体增重 1kg 的饲料成本

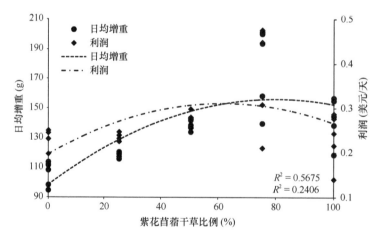

图 5-35　日粮中紫花苜蓿干草添加比例对羔羊日均增重和经济效益的影响
利润（美元/天）=日均增重×活体重价格−饲料支出×干物质采食量；干草总量=紫花苜蓿+天然干草/秸秆

放牧地采取暖季划区轮牧的利用方式，与连续放牧制度相比，划区轮牧能够保持羔羊体重的稳定增长与较高效的家畜生产。割草地生产的干草供家畜冷季利用。家畜在冷季普遍出现掉膘现象，尤其是母畜，一方面要抵御严寒，另一方面要抚育后代，这都需要母畜消耗大量的能量，这时对其舍饲尤为重要。舍饲不但可以保证出生羔羊的存活能力，也有助于母畜自身状况的恢复，来年能够持续稳定地增重和怀孕。在牲畜减少 15%

以上的条件下，坚持冬季停止放养，对牲畜进行集中暖棚饲养，优化后的牧场收入比传统饲养方式的牧场有着明显的增加，与上年相比净收入平均增加了45%左右。通过饲喂体系的优化、根据良种优化进行畜群结构和数量的调整、冬季禁牧饲料的优化、基础设施的建设可以有效地提高牧户的收入水平和经济效益。

呼伦贝尔家庭牧场的优化管理，为草场提供了休养生息的时间，植物群落中优良牧草种类和比例明显增加，植被盖度平均提高20%~30%，植物群落平均高度增加10~15 cm，既提高了草场的质量，也减少了地表水分的蒸发，使中、重度退化草场的土壤理化性能明显改善，土壤肥力提高。草原植物的残留可截获更多的冬季降雪，有利于草原植物返青及早期生长。家庭牧场的优化管理不仅可以使牧民的经济效益提高，还可以阻止草原土地侵蚀的发生。家庭牧场畜群结构优化，可有效地控制牲畜的甲烷和二氧化碳的排放量，从而减少草原地区温室气体排放量。

第六节　结　语

通过研究当地刈割、放牧和围栏封育草地土壤理化性质、土壤活性有机碳组分、植物群落及土壤微生物群落结构的变化情况，我们发现草地封育、放牧、刈割利用对土壤碳、氮影响不显著。封育通过提高土壤中硝态氮、颗粒有机质等有效养分，显著增加了植物地上生物量。草地刈割利用通过提高植物地下生物量与土壤轻组有机质，显著增加土壤微生物各菌群 PLFA 量。草地放牧利用显著增加了星毛委陵菜、蒲公英、车前密度，以及非禾本科杂类草密度和群落总密度，降低了物种丰富度，草地植物群落呈退化状态。每年的连续刈割利用，会降低羊草、无芒雀麦、裂叶蒿与功能群禾本科密度，以及地上生物量。

施氮与刈割对群落及功能群的物种丰富度和相对生物量无显著影响（表 5-3）。施氮增加禾草及群落的地上生物量，增加无芒雀麦和羊草的株高、叶面积和地上部氮素含量，但施氮量20~40g/(m²·年)间差异不显著，因此施氮量以 10~20g/(m²·年)为宜（图 5-13）。低刈割留茬高度显著降低禾草的地上生物量，提高二裂委陵菜、星毛委陵菜的重要值（表 5-4），加速草地的退化演替，不利于打草场的可持续利用。土壤含水量对植物功能群、物种丰富度和生物量的影响最大。植物对氮素的利用依赖于水分的有效性，年际变化显著影响草地植物群落的组成和生产力。因此，刈割留茬 8cm 配合施氮 10~20g/(m²·年)是呼伦贝尔草甸草原打草场可持续利用的基础。

补播是近年来修复严重退化草地常用的技术。而干旱半干旱区草原降水不确定性和原生植被竞争是限制草原补播技术应用的关键因素，在没有地表水补给的条件下，如何进行退化草地补播恢复，克服降水少、土壤含水量低的限制因素，是补播技术成功应用的瓶颈。同时补播草种在原生植被中的持久性也是补播技术应用的限制因子。乡土草种是原生植被的组成成分，与栽培选育草品种相比，抗逆性强，与原生植物群落物种的适合度高，成为近年来草地补播自然修复技术的首推草种。与单纯的草地物理改良技术相比，补播修复过程中机械划破致密草皮，也能促进原生植物根茎禾草的无性繁殖。但是乡土草种萌发困难，苗期生长缓慢是难点，因此确定乡土草种补播时间、不同草种的混播比例，并克服原生植被的竞争是本技术研究的关键。

在呼伦贝尔半干旱地区经过 3 年的施氮试验并没有对人工草地土壤微生物总量及各微生物类群生物量产生显著的影响（表 5-22），但研究发现混播草地豆科植物（苜蓿）在土壤微生物类群对氮的响应上起着主导作用。除了施氮，本研究中旱季补水也没有对人工草地土壤微生物群落数量和组成产生显著影响（表 5-22）。经过 3 年的水氮处理研究发现，相比于单播模式，苜蓿-无芒雀麦混播的种植方式可能提升人工草地土壤碳固持及生态系统稳定性，对人工草地高效、优质化管理具有重要意义。

家庭牧场优化管理使草地退化初步得到遏制，促进了草地生态系统良性循环。家庭牧场管理可使牧区生态好转、牧民生产水平和生活质量提高，由此激发了牧民群众保护草原的主动性和自觉意识，促进了草牧业的集约化经营管理，对加快畜牧业转型升级、实现草原可持续发展起到了积极的推动作用。

参 考 文 献

白玉婷, 卫智军, 闫瑞瑞等. 2017. 施肥对羊草割草地牧草产量及品质的影响. 中国草地学报, 39(4): 60-66.

宝音陶格涛, 刘美玲. 2003. 退化羊草草原在浅耕翻处理后植物群落生物量组成动态研究. 自然资源学报, 18 (5): 544-551.

宝音陶格涛, 王静. 2006. 退化羊草草原在浅耕翻处理后植物多样性动态研究. 中国沙漠, 26(2): 232-237.

鲍雅静, 李政海, 包青海, 等. 2001. 多年割草对羊草草原群落生物量及羊草和落草种群重要值的影响. 内蒙古大学学报(自然科学版), 32(3): 309-313.

常会宁, 李固江, 王文焕. 1998. 刈割对羊茅黑麦草叶片生长的影响. 中国草地, (3): 9-12.

朝克图. 1993. 呼伦贝尔草地的退化现状与治理措施. 内蒙古畜牧科学, (4): 31-33+44.

陈广夫, 蒋立宏, 蒋景纯, 等. 2005. 鄂温克旗带状补播改良退化草甸草原技术试验研究. 内蒙古草业, (4): 63-64.

陈红, 王海洋, 杜国桢. 2003. 刈割时间、刈割强度与施肥处理对燕麦补偿的影响. 西北植物学报, 23(6): 969-975.

崔显义. 2011. 呼伦贝尔草原生态. 呼和浩特: 内蒙古人民出版社.

代景忠. 2016. 切根与施肥对羊草草甸草原割草场植被与土壤的影响. 内蒙古农业大学博士学位论文.

戴良先, 董昭林, 柏正强. 2007. 高寒牧区草地毒杂草防除及化学除杂剂筛选研究. 草业与畜牧, 136 (3): 1-5.

杜占池, 杨宗贵. 1989. 刈割对羊草光合特性影响的研究. 植物生态学与地植物学学报, 13(4): 317-324.

冯柯, 马青成, 宋文杰, 等. 2016. 我国天然草地毒害草化学防控研究进展. 动物医学进展, 37(5): 86-91.

高超, 张月学, 陈积山, 等. 2015. 不同浓度下两种除草剂对羊草草原杂草防除效果的研究. 黑龙江农业科学, (10): 88-92.

关世英, 文沛钦, 康师安, 等. 1997. 不同牧压强度对草地土壤养分含量的影响. 草原生态系统研究(第五集). 北京: 科学出版社: 17-22.

郭明英, 卫智军, 吴艳玲, 等. 2018. 贝加尔针茅草原植物多样性与地上生物量及其关系对刈割的响应. 草地学报, 26(6): 1516-1519.

郭宇. 2017. 不同刈割制度对谢尔塔拉草原羊草群落特征及水分利用的影响. 内蒙古大学硕士学位论文.

韩玉风, 许志信, 刘德福. 1981. 干旱草原浅耕补播牧草试验. 内蒙古农牧学院学报, (1): 53-58.

侯钰荣, 任玉平, 李学森, 等. 2016. 补播紫花苜蓿对天山北坡退化山地草甸草原群落的影响. 草食家畜, (2): 44-47.

霍成君, 韩建国, 洪绂曾, 等. 2001. 刈割期和留茬高度对混播草地产草量及品质的影响. 草地学报, 9(4): 257-264.

贾树海, 王春枝, 孙振涛, 等. 1999. 放牧强度和放牧时期对内蒙古草原上土壤压实效应的研究. 草地学报, 7(3): 217-221.

卡丽娜, 刘岩. 2000. 鄂温克族自治旗草场退化问题浅析. 黑龙江民族丛刊, (1): 44-46.

李文建, 韩国栋. 1999. 草地刈割及其对草地生态系统影响的研究. 内蒙古草业, (4): 3-5.

刘美丽. 2016. 呼伦贝尔羊草草甸草原围封草地不同利用模式下群落特征、土壤特性研究. 内蒙古师范大学硕士学位论文.

刘卓艺, 王晓光, 魏海伟, 等. 2019. 氮素补给对呼伦贝尔草甸草原退化草地牧草产量和品质的影响. 应用生态学报, 30(9): 2992-2998.

吕世杰, 张爽, 刘红梅, 等. 2018. 贝加尔针茅割草地地上生物量对施肥及打孔的响应. 草地学报, 26(2): 330-340.

马红媛, 吕丙盛, 杨昊谕, 等. 2012. 松嫩平原退化草地羊草种子萌发对环境因子的响应. 植物生态学报, 36(8): 812-818.

马志广, 陈敏. 1994. 草地改良理论、方法与趋势. 中国草地学报, (4): 63-66.

内蒙古农牧学院. 1991. 草原管理学(第二版). 北京: 农业出版社.

奇立敏. 2015. 不同切根方式和不同梯度氮素添加对内蒙古退化羊草草地的影响. 内蒙古大学硕士学位论文.

石益丹. 2007. 呼伦贝尔草地生态系统服务功能价值评价. 中国农业科学院硕士学位论文.

田野, 张爽, 刘佳, 等. 2020. 不同刈割时期和留茬高度对羊草割草地产量和品质的影响. 草原与草业, 32(1): 35-40

万国栋, 胡发成, 周顺成. 1996. 武威地区天然草地有毒植物及其防除. 草业科学, (1): 4-7.

万华伟, 高帅, 刘玉平, 等. 2016. 呼伦贝尔生态功能区草地退化的时空特征. 资源科学, 38(8): 1443-1451.

王丽娟. 2016. 呼伦贝尔草原基本草牧场保护恢复技术研究. 农业开发与装备, (4): 49.

王伟, 德科加. 2017. 不同补播年限下河南县高寒草甸地上生物量、群落多样性与土壤养分特征的相关性研究. 青海畜牧兽医杂志, 47(2): 12-16.

韦泽秀, 梁银丽, 井上光弘, 等. 2009. 水肥处理对黄瓜土壤养分、酶及微生物多样性的影响. 应用生态学报, 20(7): 1678-1684.

乌仁其其格, 闫瑞瑞, 辛晓平, 等. 2011. 切根改良对退化草地羊草群落的影响. 内蒙古农业大学学报(自然科学版), 32(4): 55-58.

吴旭东, 蒋齐, 俞鸿千, 等. 2018. 沙质草地植物群落及土壤质地对补播和翻耕措施的响应. 干旱地区农业研究, 36(4): 246-251.

许志信. 1983 内蒙古的割草场及其培育和利用. 中国草原, (4): 7-11.

闫瑞瑞, 唐欢, 丁蕾, 等. 2017. 呼伦贝尔天然打草场分布及生物量遥感估算. 农业工程学报, 33(15): 210-218.

闫瑞瑞, 张宇, 辛晓平, 等. 2020. 刈割干扰对羊草草甸草原植物功能群及多样性的影响. 中国农业科学, 53(13): 2573-2583.

闫志坚, 孙红. 2005. 不同改良措施对典型草原退化草地植物群落影响的研究. 四川草原, (5): 1-5.

闫钟清, 齐玉春, 彭琴, 等. 2017. 降水和氮沉降增加对草地土壤酶活性的影响. 生态学报, 37(9): 3019-3027.

杨焜, 马红媛, 魏继平, 等. 2018. 紫花苜蓿和羊草种子出苗和幼苗生长对土壤含水量的响应. 生态学杂志, 37(4): 1089-1094.

杨尚明, 金娟, 卫智军, 等. 2015. 刈割对呼伦贝尔割草地群落特征的影响. 中国草地学报, 37(1): 90-96.

曾庆飞, 孙兆敏, 贾志宽, 等. 2005. 不同播期对紫花苜蓿生长性状及越冬性的影响研究. 西北植物学报, (5): 1007-1011.

张德强, 周国逸, 温达志, 等. 2000. 刈割时间和次数对牧草产量和品质的影响. 热带亚热带植物学报, (S1): 43-51.

张俊刚. 2016. 不同改良措施对退化草地群落和土壤特征的影响. 内蒙古大学硕士学位论文.

张玲慧. 2004. 地被植物耐荫性研究及园林配置探讨. 浙江大学硕士学位论文.

张晴晴, 梁庆伟, 娜日苏, 等. 2018. 刈割对天然草地影响的研究进展. 畜牧与饲料科学, 39(1): 33-42.

张文海, 杨媪. 2011. 草地退化的因素和退化草地的恢复及其改良. 北方环境, 23(8): 40-44.

张文军, 张英俊, 孙娟娟, 等. 2012. 退化羊草草原改良研究进展. 草地学报, 20(4): 603-608.

张宇平. 2016. 养分添加对内蒙古温带草地植物功能性状的影响. 内蒙古大学硕士学位论文.

章家恩, 刘文高, 陈景青, 等. 2005. 不同刈割强度对牧草地上部和地下部生长性状的影响. 应用生态学报, 16(9): 1740-1744.

《中国呼伦贝尔草地》编委会. 1992. 中国呼伦贝尔草地. 长春: 吉林科学技术出版社.

中华人民共和国农业部畜牧兽医司, 全国畜牧兽医总站. 1996. 中国草地资源. 北京: 中国科学技术出版社.

钟秀琼, 钟声. 2007. 刈割对牧草影响的研究概况. 草业与畜牧, (5): 22-25.

种玉杰, 丁艺曼, 王倩雯, 等. 2020. 除草剂的危害研究综述. 农家参谋, (13): 95.

仲延凯, 包青海, 孙维. 1991. 内蒙古白音锡勒牧场地区天然割草场合理割草制度的研究. 生态学报, 11(3): 242-249.

仲延凯, 孙维, 包青海. 1998. 刈割对典型草原地带羊草(*Leymus chinensis*)的影响. 内蒙古大学学报(自然科学版), (2): 3-5.

周冀琼. 2017. 补播苜蓿对退化草地生产力和多样性的影响. 中国农业大学博士学位论文.

朱晓昱. 2020. 呼伦贝尔草原区土地利用时空变化及驱动力研究. 中国农业科学院硕士学位论文.

邹雨坤, 张静妮, 杨殿林, 等. 2011. 不同利用方式下羊草草原土壤生态系统微生物群落结构的 PLFA 分析. 草业学报, 20(4): 27-33.

Alster C J, German D P, Lu Y, et al. 2013. Microbial enzymatic responses to drought and to nitrogen addition in a southern California grassland. Soil Biology and Biochemistry, 64: 68-79.

Averill C, Waring B. 2018. Nitrogen limitation of decomposition and decay: How can it occur? Global Chang Biology, 24(4): 1417-1427.

Bai Y, Wu J, Clark C M, et al. 2010. Tradeoffs and thresholds in the effects of nitrogen addition on biodiversity and ecosystem functioning: evidence from inner mongolia grasslands. Global Change Biology, 16(1): 358-372.

Bonan G B. 2008. Forests and climate change: Forcings, feedbacks, and the climate benefits of forests. Science. 320(5882): 1444-1449.

Borer E T, Seabloon E W, Gruner D S, et al. 2014. Herbivores and nutrients control grassland plant diversity via light limitation. Nature, 508(7497): 517.

Burns R G, Deforest J L, Marxsen J, et al. 2013. Soil enzymes in a changing environment: Current knowledge and future directions. Soil Biology and Biochemistry, 58: 216-234.

Cheng S, Fang H, Yu G. 2018. Threshold responses of soil organic carbon concentration and composition to multi-level nitrogen addition in a temperate needle-broadleaved forest. Biogeochemistry, 137(1/2): 219-233.

Culleton N, McGilloway D. 1994. Grassland renovation and reseeding in Ireland. Pastos, 24(1): 57-67.

Dalzell S A, Brandon N J, Jones R M. 1997. Response of *Lablab purpureus* cv. Highworth, *Macroptilium bracteatum* and *Macrotyloma daltonii* to different intensities and frequencies of cutting. Tropical Grasslands, 31: 107-113.

Dass P, Houlton B Z, Wang Y P, et al. 2018. Grasslands may be more reliable carbon sinks than forests in

California. Environmental Research Letters, 13(7): 074027.

Dhaka L D, Islam M A. 2018. Grass-legume mixtures for improved soil health in cultivated agroecosystem. Sustainability, 10(8): 2718.

Edwards G R, Crawley M J. 1999. Herbivores, seed banks and seedling recruitment in mesic grassland. Journal of Ecology, 87: 423-435.

Fierrer N, Bradford M A, Jackson R B. 2007. Toward an ecological classification of soil bacteria. Ecology, 88(6): 1354-1364.

Fornara D A, Tilman D. 2008. Plant functional composition influences rates of soil carbon and nitrogen accumulation. Journal of Ecology, 96(2): 314-322.

Fosterb L, Tilman D. 2003. Seed limitation and the regulation of community structure in Oak Savanna grassland. Journal of Ecology, 91(6): 999-1007.

Gutknecht J L, Field C B, Balser T C. 2012. Variation in long-term microbial community response to simulated global change. Global Change Biology, 18: 2256-2269.

Gutknecht J L, Henry H A, Balse T C. 2010. Inter-annual variation in soil extracellular enzyme activity in response to simulated global change and fire disturbance. Pedobiologia, 53: 283-293.

Harris C A, Blumenthal M J, Kelman W M, et al. 1997. Effect of cutting height and cutting interval on rhizome development, herbage production and herbage quality of *Lotus pedunculatus* cv. Grasslands Maku. Australian Journal of Experimental Agriculture, 37: 631-637.

Henry H A. 2013. Reprint of soil extracellular enzyme dynamics in a changing climate. Soil Biology and Biochemistry, 56: 53-59.

Herrero M, Thornton P K, Gerber P, et al. 2009. Livestock, livelihoods and the environment: Understanding the trade-offs. Curr Opin Environ Sustain, 1: 111-120.

Huang G, Li Y, Su Y G. 2015. Divergent responses of soil microbial communities to water and nitrogen addition in a temperate desert. Geoderma, 251: 55-64.

Kyser G B, Hazebrook A, Ditomaso J M. 2013. Integration of prescribed burning, aminopyralid, and reseeding for restoration of yellow starthistle (*Centaurea solstitialis*): Infested rangeland. Invasive Plant Science and Management, 6(4): 480-491.

Lal R. 2004. Soil carbon sequestration to mitigate climate change. Geoderma, 123(1-2): 1-22.

Leff J W, Jones S E, Prober S M, et al. 2015. Consistent responses of soil microbial communities to elevated nutrient inputs in grasslands across the globe. Proceedings of the National Academy of Science of the United States of America, 112(35): 10967-10972.

Li G Y, Han H Y, Du Y, et al. 2017. Effects of warming and increased precipitation on net ecosystem productivity: A long-term manipulative experiment in a semiarid grassland. Agricultural and Forest Meteorology, 232: 359-366.

Liang C, Gutknecht J L M, Balser T C. 2015. Microbial lipid and amino sugar responses to long-term simulated global environmental changes in a California annual grassland. Frontiers in Microbiology, 6: 385.

Lopez D R, Brizuela M A, Willems P, et al. 2013. Linking ecosystem resistance, resilience, and stability in steppes of North Patagonia. Ecological Indicators, 24: 1-11.

Mortenson M C, Schuman G E, Ingram L J, et al. 2005. Forage production and quality of a mixed-grass rangeland interseeded with *Medicago sativa* ssp. *falcata*. Rangeland Ecology & Management, 58(5): 505-513.

Ojiem J O, de Ridder N, VanLauwe B, et al. 2006. Socio-ecological niche: A conceptual framework for integration of legumes in smallholder farming systems. Int J Agric Sustain, 4: 79-93.

O'Mara F P. 2012. The role of grasslands in food security and climate change. Annals of Botany, 110(6): 1263-1270.

Riggs C E, Hobbie S E. 2016. Mechanisms driving the soil organic matter decomposition response to nitrogen enrichment in grassland soils. Soil Biology Biochemistry, 99: 54-65.

Rousk J, Brookes P C, Baath E. 2011. Fungal and bacterial growth responses to N fertilization and pH in the 150-year 'Park Grass' UK grassland experiment. FEMS Microbiology Ecology, 76: 89-99.

Sardans J, Penuelas J, Estiarte M. 2008. Changes in soil enzymes related to C and N cycle and in soil C and N content under prolonged warming and drought in Mediterranean shrubland. Applied Soil Ecology, 39(2): 223-235.

Sinsabaugh R L, Shah J J F. 2012. Ecoenzymatic stoichiometry and ecological theory. Annual Review of Ecology Evolution and Systematics, 43(1): 313-343.

Six J, Conant R T, Paul E A, et al. 2002. Stabilization mechanisms of soil organic matter: Implications for C-saturation of soils. Plant and Soil, 241(2): 155-176.

Soussana J F, Allard V, Pilegaard K, et al. 2007. Full accounting of the greenhouse gas (CO_2, N_2O, CH_4) budget of nine European grassland sites. Agriculture, Ecosystems & Environment, 121(1-2): 121-134.

Storkey J, Macdonald A J, Poulton P R, et al. 2015. Grassland biodiversity bounces back from long-term nitrogen addition. Nature, 528(7582): 401-404.

Sun J, Qin X J, Yang J. 2016. The response of vegetation dynamics of the different alpine grassland types to temperature and precipitation on the Tibetan Plateau. Environmental Monitoring and Assessment, 188(1): 20.

Sun L J, Qi Y C, Dong Y S, et al. 2015. Interactions of water and nitrogen addition on soil microbial community composition and functional diversity depending on the inter-annual precipitation in a Chinese steppe. Journal of Integrative Agriculture, 14: 788-799.

Tilman D, Reich P B, Knops J M H. 2006. Biodiversity and ecosystem stability in a decade-long grassland experiment. Nature, 441(7093): 629-632.

Yang H, Li Y, Wu M, et al. 2011. Plant community responses to nitrogen addition and increased precipitation: The importance of water availability and species traits. Global Change Biology, 17: 2936-2944.

Yang S, Xu Z, Wang R, et al. 2017. Variations in soil microbial community composition and enzymatic activities in response to increased N deposition and precipitation in Inner Mongolian grassland. Applied Soil Ecology, 119: 275-285.

Zhang N, Liu W, Yang H, et al. 2013. Soil microbial responses to warming and increased precipitation and their implications for ecosystem C cycling. Oecologia, 173: 1125-1142.

Zhang N, Wan S, Guo J, et al. 2015. Precipitation modifies the effects of warming and nitrogen addition on soil microbial communities in northern Chinese grasslands. Soil Biology and Biochemistry, 89: 12-23.

Zillmann E, Gonzalez A, Herrero E J M, et al. 2014. Pan-European grassland mapping using seasonal statistics from multisensor image time series. IEEE Journal of Selected Topics in Applied Earth Observations and Remote Sensing, 7(8): 3461-3472.

第六章 锡林郭勒退化草甸草原生态恢复途径与模式

锡林郭勒草原是中国四大草原之一，是内蒙古畜牧业发展的中心地区，更是京津地区和我国北方地区重要的生态屏障（杨勇等，2015）。20世纪50年代以来，由于人类活动强度不断加剧，加上区域气候变化等因素影响，锡林郭勒地区草地植被退化，生产力下降，土地风蚀沙化，水土流失加剧，沙尘暴频发，生态系统日渐退化（康爱民和刘俊琴，2003；赵萌莉和许志信，2000）。加强草原保护与利用事关国家乡村振兴战略的实施和生态文明建设大局。自2000年以来，国家实施的一系列天然草原保护、退牧还草、草原生态保护奖励机制等工程项目，有效促进了锡林郭勒草原的保护与建设（李晋波等，2018；康晓虹等，2018）。随着科学技术的发展，新的生态恢复方法和手段不断涌现。目前，退化草原恢复由原来单一的农艺措施、化学措施发展为以水肥为中心的农艺措施、化学措施、生物措施相结合的综合恢复措施。退化草原恢复是一项复杂的系统工程，运用恢复生态学、区域经济学、草业科学及土壤学等相关科学知识，遵循恢复和利用并重的原则，逐步实现科学治理。草甸草原是锡林郭勒草原的主要类型之一，主要分布于锡林郭勒盟东部，总面积2.2万km²，为牧民提供了赖以生存的物质保障，也是该地区重要的绿色生态屏障（巴图娜存等，2012）。近几十年来，由于气候变化和不合理开发利用等自然因素和人为因素的综合影响，草甸草原退化、沙化和盐渍化现象日趋严重（常虹等，2020）。因此，对锡林郭勒草甸草原退化原因和退化程度进行深入研究、遏制草甸草原退化趋势、恢复草原生态是区域草原生态系统保护及生态建设中的重要任务。

第一节 锡林郭勒草甸草原退化现状

锡林郭勒草甸草原主要分布在东乌珠穆沁旗东部、西乌珠穆沁旗东部、锡林浩特东南部、正蓝旗东南部和多伦县北部，总面积2.2万km²。20世纪70年代至21世纪初，草甸草原面积减少了0.07万km²（巴图娜存等，2012）。未退化草甸草原植物群落平均总盖度为95.2%，有64种植物，地上现存量为177.5g/m²，枯落物量为51.4g/m²，土壤容重为1.02g/cm³；轻度退化草甸草原植物群落平均总盖度为95.2%，有49种植物，地上现存量为129.0g/m²，枯落物量为27.0g/m²，土壤容重为1.01g/cm³；中度退化草甸草原植物群落平均总盖度为72.9%，有59种植物，地上现存量为75.5g/m²，枯落物量为13.8g/m²，土壤容重为1.09g/cm³；重度退化草甸草原植物群落平均总盖度为69.3%，有57种植物，地上现存量为50.7g/m²，枯落物量为5.8g/m²，土壤容重为1.13g/cm³（常虹等，2020；薄涛，2009）。

区域气候变化对草原生态系统的演化具有重要影响（张戈丽等，2011；张存厚等，2009）。锡林郭勒地区20世纪70年代至21世纪初的草甸草原面积减少、草地质量下降，其主要的驱动力为区域气候的暖干化问题。此外，从20世纪70年代到21世纪初的几次极端干旱年份、连续干旱年份等对于锡林郭勒地区草甸草原的退化也具有重要影响

（包妹芬等，2011；宫德吉，1997；宫德吉和汪厚基，1994）。

虽然锡林郭勒地区气候整体上呈暖干化，但是该地区草原生态系统演化以 2000 年为变化拐点。这说明，在区域气候暖干化的背景下，不同时期的人为活动对草原生态系统演化起到增强或逆转的作用。2000 年以前，驱动该地区草甸草原退化的人为因素主要是草地资源的不合理开发利用，如开垦、过度利用及缺乏对草场的科学管理和保护等（Bai et al.，2004；李博，1997；姜恕，1988）。开荒直接破坏了草地植被，缩小了草原面积，间接加重了草地载畜量，导致植被退化（杨汝荣，2002）。锡林郭勒草甸草原一直以牧业为主的产业结构，导致草地载畜量超载。超载对草地的影响主要体现在牲畜的过度啃食和践踏，使植物的繁殖能力降低，优良牧草在群落中的比例下降（王云霞和曹建民，2007；Kawamura et al.，2005）。2000 年以后，不合理的人为因素主要体现在矿产资源的开发。资源开采活动及随之而来的交通运输、地表和地下水资源的消耗等问题，严重影响了植物的正常生长，加剧了草原的干旱化和退化（姜恕，1988）。

第二节 锡林郭勒退化草甸草原生态恢复途径

本研究以锡林郭勒盟西乌珠穆沁旗草甸草原为研究区，设置不同退化成因和不同退化阶段的试验样地，采取放牧、刈割、施肥、切根、松土、围封及其组合措施，探讨适宜于该区域的退化草地生态恢复途径。

一、放牧退化草甸草原恢复措施

本研究针对放牧导致的轻度退化、中度退化和重度退化的草甸草原，分别采取了相应的技术措施，并通过分析不同技术措施对植物群特征和土壤理化性质的影响，探讨放牧退化草甸草原的恢复措施。

（一）放牧轻度退化草甸草原恢复措施

针对放牧轻度退化草甸草原采取不放牧（GP）和适应性放牧（G）2 种措施。适应性放牧是依据当地实际载畜量，放牧乌珠穆沁羊，终牧期以群落留茬高度 6cm 为基准。

适应性放牧对植物群落高度、密度、丰富度和优质牧草比例的影响不显著（$P>0.05$），但与围封处理相比，短期内适应性放牧降低植物群落高度、密度和丰富度，有利于提高植物群落优质牧草比例（表 6-1）。

表 6-1 适应性放牧对植物群落数量特征的影响

处理	高度（cm）	密度（株/m²）	丰富度（物种数/m²）	优质牧草比例（%）
G	17.79a±1.14	312.08a±20.71	18.96a±1.55	48a±0.02
GP	18.77a±2.08	340.56a±31.96	19.89a±1.43	47a±0.03

注：同列不同小写字母表示不同处理间差异显著（$P<0.05$），下同

与围封处理相比，短期内适应性放牧有利于提高植物群落地上生物量（图 6-1），降低植物群落地下生物量（图 6-2），但差异均不显著（$P>0.05$）。

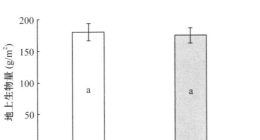

图 6-1　适应性放牧对植物群落地上生物量的影响

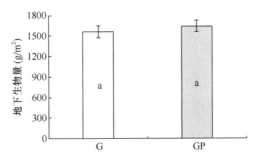

图 6-2　适应性放牧对植物群落地下生物量的影响

与围封处理相比，适应性放牧降低了土壤含水率，尤其是显著降低了 10～20cm 和 30～40cm 土层土壤含水率（$P<0.05$）（图 6-3）。适应性放牧显著增加了 0～10cm 土层土壤容重（$P<0.05$），对其他土层土壤容重的影响不显著（$P>0.05$）（图 6-4）。

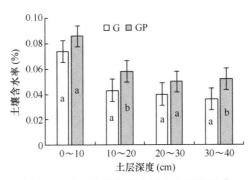

图 6-3　适应性放牧对土壤含水率的影响

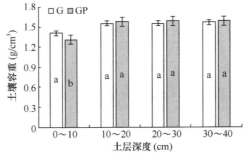

图 6-4　适应性放牧对土壤容重的影响

不同小写字母表示同一土层深度不同处理间差异显著（$P<0.05$），下同

与围封处理相比，适应性放牧有利于提高 10～20cm 和 20～30cm 土层土壤总有机碳含量，降低 0～10cm 和 30～40cm 土层土壤总有机碳含量（图 6-5）。适应性放牧降低不同土层土壤硝态氮含量，但差异均不显著（$P>0.05$）（图 6-6）。

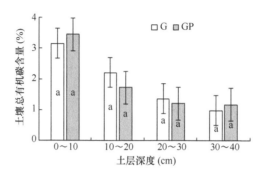

图 6-5　适应性放牧对土壤总有机碳含量的影响

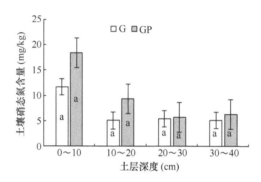

图 6-6　适应性放牧对土壤硝态氮含量的影响

（二）放牧中度退化草甸草原恢复措施

针对放牧中度退化草甸草原采取切根（RP，下雨之前切根，切根深度为 12～15cm，间隔宽度为 20cm）、施有机肥（OF，下雨之前根据土壤有效氮含量施发酵羊粪为 2.0kg/m²，全氮含量为 51.6g/kg）、切根+施有机肥（RP+OF）及围封对照（CK）等措施。

不同改良措施对植物群落高度、密度、丰富度和优质牧草比例的影响不显著（$P>0.05$）。但切根、切根+施有机肥与其他改良措施比较，有利于提高植物群落高度和物种丰富度（表 6-2）。

表 6-2　不同改良措施对植物群落数量特征的影响

处理	高度（cm）	密度（株/m²）	丰富度（物种数/m²）	优质牧草比例（%）
CK	15.20a±0.70	440.29a±36.42	21.08a±0.85	36a±0.02
OF	14.61a±0.95	421.67a±30.55	21.04a±0.61	34a±0.03
RP	16.60a±1.04	456.21a±43.25	21.83a±1.25	30a±0.02
RP+OF	19.58a±1.66	424.17a±24.84	21.42a±0.69	35a±0.03

与围封处理相比，施有机肥显著降低植物群落地上生物量（$P<0.05$），其他处理之

间的差异均不显著（$P>0.05$）（图 6-7）。不同改良措施对植物群落地下生物量的影响均不显著（$P>0.05$），但切根、切根+施有机肥与其他改良措施相比，有利于提高植物群落地下生物量（图 6-8）。

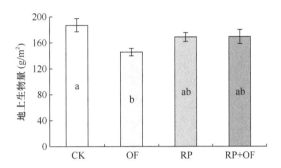

图 6-7　不同改良措施对植物群落地上生物量的影响
不同小写字母表示不同处理间差异显著（$P<0.05$），下同

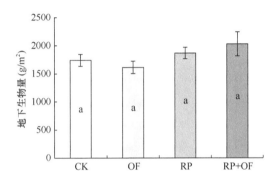

图 6-8　不同改良措施对植物群落地下生物量的影响

不同改良措施对不同土层土壤含水率的影响不显著（$P>0.05$），但切根+施有机肥与其他改良措施相比，有利于提高 0～30cm 土层土壤含水率（图 6-9）。不同改良措施对不同土层土壤容重的影响不显著（$P>0.05$），与围封处理相比，各种改良措施均降低了 0～40cm 土层土壤容重（图 6-10）。

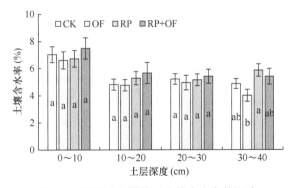

图 6-9　不同改良措施对土壤含水率的影响

不同改良措施对不同土层土壤总有机碳的影响不显著（$P>0.05$），但施有机肥、切

根+施有机肥与围封处理相比，有利于提高 0～10cm 土层土壤总有机碳（图 6-11）。不同改良措施对不同土层土壤硝态氮含量的影响均不显著（$P>0.05$），与围封处理相比，各种改良措施均有利于提高 0～40cm 土层土壤硝态氮含量（图 6-12）。

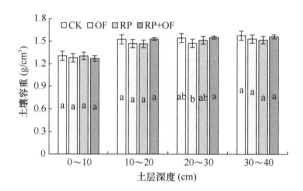

图 6-10   不同改良措施对土壤容重的影响

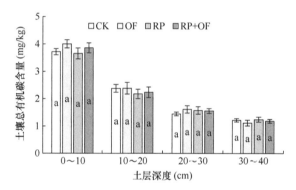

图 6-11   不同改良措施对土壤总有机碳含量的影响

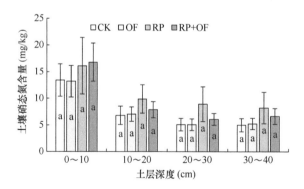

图 6-12   不同改良措施对土壤硝态氮含量的影响

（三）放牧重度退化草甸草原恢复措施

针对放牧重度退化草甸草原采取松土（SP，刀宽 2cm，深度为 12～15cm，间隔宽度为 18cm）、施有机肥（OF）、松土+施有机肥（SP+OF）及围封对照（CK）等措施。

与围封处理相比，松土显著降低植物群落密度（$P<0.05$）；与松土和施有机肥比较，

松土+施有机肥复合措施有利于提高植物群落高度、密度、丰富度和优质牧草比例，但差异均不显著（$P>0.05$）（表 6-3）。

表 6-3　不同改良措施对植物群落数量特征的影响

处理	高度（cm）	密度（株/m²）	丰富度（物种数/m²）	优质牧草比例（%）
CK	18.58a±1.67	404.00a±28.36	15.54a±0.92	0.46a±0.04
SP	17.76a±1.76	290.13b±22.60	14.04a±0.64	0.37a±0.05
OF	17.94a±1.86	337.54ab±20.74	14.33a±0.64	0.41a±0.04
SP+OF	20.58a±1.42	358.75ab±28.64	14.33a±0.68	0.42a±0.04

与围封处理相比，松土显著降低植物群落地上生物量（$P<0.05$），其他处理之间的差异均不显著（$P>0.05$）；松土+施有机肥复合措施与围封处理相比，有利于提高植物群落地上生物量（图 6-13）。不同改良措施对植物群落地下生物量的影响均不显著（$P>0.05$）（图 6-14）。

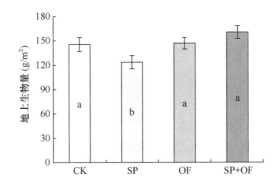

图 6-13　不同改良措施对植物群落地上生物量的影响

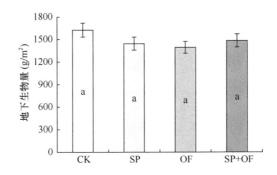

图 6-14　不同改良措施对植物群落地下生物量的影响

不同改良措施对不同土层土壤含水率的影响均不显著（$P>0.05$），但施有机肥与其他改良措施相比，有利于提高 0～40cm 土层土壤含水率（图 6-15）。不同改良措施对不同土层土壤容重的影响均不显著（$P>0.05$），施有机肥与其他改良措施比较，有利于降低 0～20cm 土层土壤容重（图 6-16）。

松土+施有机肥与其他处理相比，有利于提高 0～10cm 和 30～40cm 土层土壤总有机碳含量，但差异不显著（$P>0.05$）；施有机肥与其他处理相比，有利于提高 10～20cm

和 20～30cm 土层土壤总有机碳含量，但差异不显著（$P>0.05$）（图 6-17）。围封与其他处理比较，有利于提高 0～10cm 土层土壤硝态氮含量，但差异不显著（$P>0.05$）；与围封处理相比，其他改良措施有利于提高 30～40cm 土层土壤硝态氮含量，但差异不显著（$P>0.05$）（图 6-18）。

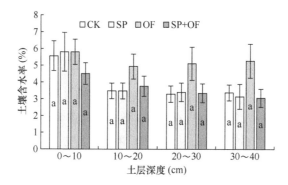

图 6-15 不同改良措施对土壤含水率的影响

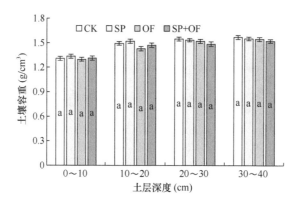

图 6-16 不同改良措施对土壤容重的影响

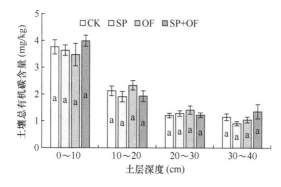

图 6-17 不同改良措施对土壤总有机碳含量的影响

二、刈割退化草甸草原恢复措施

本研究针对刈割导致的轻度退化和中度退化草甸草原，分别采取相应的技术措施，并通过分析不同技术措施对植物群特征和土壤理化性质的影响，探讨刈割退化草甸草原的恢复措施。

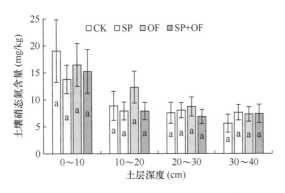

图 6-18　不同改良措施对土壤硝态氮含量的影响

（一）刈割轻度退化草甸草原恢复措施

针对刈割轻度退化草甸草原采取不刈割（NC）和割 2 年休 1 年（2/3C）2 种措施（留茬高度 6cm）。与不刈割处理相比，割 2 年休 1 年降低了植物群落高度、丰富度和优质牧草比例，提高了植物群落密度，但差异不显著（$P>0.05$）（表 6-4）。

表 6-4　割 2 年休 1 年对植物群落数量特征的影响

处理	高度（cm）	密度（株/m²）	丰富度（物种数/m²）	优质牧草占比（%）
NC	21.31a±1.12	31.65a±2.25	17.68a±0.9	0.44a±0.04
2/3C	20.98a±0.74	35.91a±3.64	17.45a±1.0	0.38a±0.03

与不刈割处理相比，割 2 年休 1 年降低了植物群落地上生物量，增加了植物群落地下生物量，但差异不显著（$P>0.05$）（图 6-19、图 6-20）。

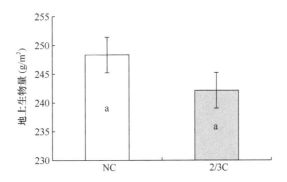

图 6-19　割 2 年休 1 年对植物群落地上生物量的影响

与不刈割处理相比，割 2 年休 1 年增加了 0～10cm 土层土壤含水率，降低了 10～40cm 土层土壤含水率，但差异均不显著（$P>0.05$）（图 6-21）。与不刈割处理相比，割 2 年休 1 年降低了 0～40cm 土层土壤容重，但均差异不显著（$P>0.05$）（图 6-22）。

与不刈割处理相比，割 2 年休 1 年增加了 0～10cm 土层土壤硝态氮含量，降低了

10～40cm 土层土壤硝态氮含量，但差异均不显著（$P>0.05$）（图 6-23）。与不刈割处理相比，割 2 年休 1 年增加了 0～30cm 土层土壤总有机碳含量，降低了 30～40cm 土层土壤总有机碳含量，但差异均不显著（$P>0.05$）（图 6-24）。

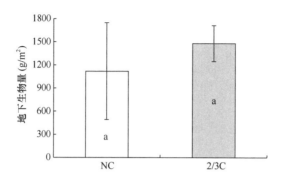

图 6-20　割 2 年休 1 年对植物群落地下生物量的影响

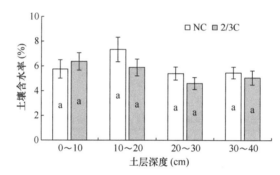

图 6-21　割 2 年休 1 年对土壤含水率的影响

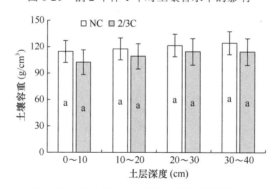

图 6-22　割 2 年休 1 年对土壤容重的影响

（二）刈割中度退化草甸草原恢复措施

针对刈割中度退化草甸草原采取切根（RP）、松土（SP）、施有机肥（OF）、切根+施有机肥（RP+OF）、松土+施有机肥（SP+OF）及围封（CK）等措施。

虽然不同改良措施对植物群落高度、密度和丰富度均没有显著影响（$P>0.05$），但与围封处理相比，施有机肥、松土、切根+施有机肥和松土+施有机肥 4 种措施均有利于提高植物群落高度，施有机肥、切根和松土+施有机肥 3 种措施均有利于提高植物群落

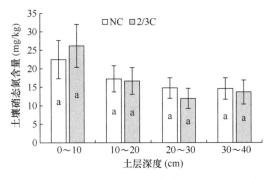

图 6-23 割 2 年休 1 年对土壤硝态氮含量的影响

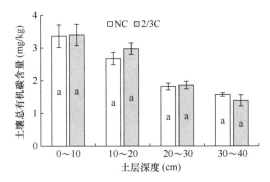

图 6-24 割 2 年休 1 年对土壤总有机碳含量的影响

密度，施有机肥、切根+施有机肥和松土+施有机肥 3 种措施均有利于提高植物群落物种丰富度（表 6-5）。

表 6-5 不同改良措施对植物群落数量特征的影响

处理	高度（cm）	密度（株/m²）	丰富度（物种数/m²）
CK	15.93a±0.93	704.86a±56.27	20.95a±1.25
OF	16.33a±1.12	708.95a±47.56	21.18a±1.37
RP	15.73a±0.95	707.68a±47.06	20.91a±1.19
RP+OF	17.13a±0.95	675.86a±44.89	21.00a±1.22
SP	16.13a±0.93	685.50a±46.30	19.09a±1.07
SP+OF	17.83a±0.79	705.05a±42.38	22.27a±0.87

不同改良措施对植物群落地上和地下生物量均没有显著影响（$P>0.05$）。与围封处理相比，各种改良措施均有利于提高植物群落地上生物量，降低植物群落地下生物量（图 6-25、图 6-26）。

与围封处理相比，施有机肥、切根+施有机肥和松土+施有机肥 3 种措施均有利于提高 0～10cm 土层土壤含水率（$P>0.05$）；施有机肥、切根和切根+施有机肥 3 种措施均有利于提高 10～20cm 土层土壤含水率（$P>0.05$）；施有机肥和松土+施有机肥 2 种措施均有利于提高 20～40cm 土层土壤含水率（$P>0.05$）（图 6-27）。切根和松土 2 种措施有利于降低 10～40cm 土层土壤容重，切根显著降低了 20～30cm 土层土壤容重（$P<0.05$）（图 6-28）。

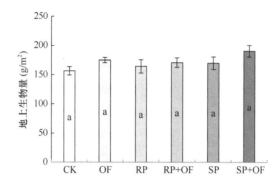

图 6-25 不同改良措施对植物群落地上生物量的影响

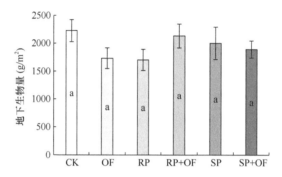

图 6-26 不同改良措施对植物群落地下生物量的影响

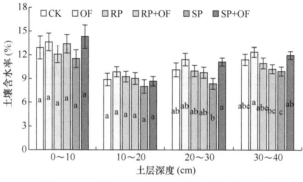

图 6-27 不同改良措施对土壤含水率的影响

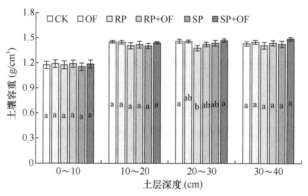

图 6-28 不同改良措施对土壤容重的影响

不同改良措施下，0~10cm 土层土壤硝态氮含量的大小顺序为围封＞切根+施有机肥＞松土＞松土+施有机肥＞施有机肥＞切根，不同处理之间的差异均不显著（P＞0.05）；10~20cm 土层土壤硝态氮含量的大小顺序为松土＞切根+施有机肥＞围封＞松土+施有机肥＞施有机肥＞切根，不同处理之间的差异均不显著（P＞0.05）；20~30cm 土层土壤硝态氮含量的大小顺序为松土＞松土+施有机肥＞切根+施有机肥＞围封＞切根＞施有机肥，不同处理之间的差异均不显著（P＞0.05）；30~40cm 土层土壤硝态氮含量的大小顺序为松土＞施有机肥＞松土+施有机肥＞切根+施有机肥＞围封＞切根，不同处理之间的差异均不显著（P＞0.05）（图 6-29）。

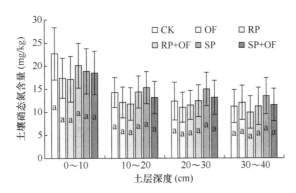

图 6-29 不同改良措施对土壤硝态氮含量的影响

不同改良措施下，0~10cm 土层土壤总有机碳含量的大小顺序为施有机肥＞围封＞松土＞松土+施有机肥＞切根＞切根+施有机肥，不同处理之间的差异均不显著（P＞0.05）；10~20cm 土层土壤总有机碳含量的大小顺序为松土＞切根＞围封＞切根+施有机肥＞施有机肥＞松土+施有机肥，不同处理之间的差异均不显著（P＞0.05）；20~40cm 土层土壤总有机碳含量的大小顺序为松土＞切根＞施有机肥＞切根+施有机肥＞围封＞松土+施有机肥，不同处理之间的差异均不显著（P＞0.05）（图 6-30）。

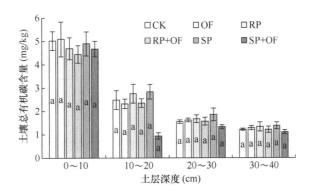

图 6-30 不同改良措施对土壤总有机碳含量的影响

三、优质牧草种质资源筛选及人工草地建植

本研究通过搜集锡林郭勒草甸草原优质的乡土牧草及栽培（引进）的牧草种质材料，

建立种质资源圃进行引种试验，以筛选出适合锡林郭勒草甸草原的优良牧草种质资源，并进行人工草地建植。

（一）优质牧草种质资源筛选

将采集的当地优质牧草种子与在当地已栽培的牧草种子进行品比试验，最后筛选出适合当地的优良牧草种质资源。

1. 优良牧草种质资源搜集

本研究共搜集锡林郭勒草原及自然条件相似地区的牧草种质材料和抗性、品质、产量等性状突出的栽培（引进）种质材料79种份，其中采集自然条件相似地区的牧草种质材料55种份（抗旱苜蓿10种份、抗寒苜蓿12种份、水稗子6种份、草木樨25种份、沙打旺2种份）（表6-6）；引进种质材料24种份（苜蓿5种份，燕麦16种份，杂花草木樨、二年生黄花草木樨、老芒麦各1种份）（表6-7）。

表6-6 采集的牧草种质材料

编号	种名	采集地	草地类型	环境条件	采集日期	备注
1	苜蓿	巴音哈太	荒漠草原	干旱	2017-09-21	抗旱10种份
2	苜蓿	巴音哈太	荒漠草原	干旱	2017-09-21	抗寒12种份
3	水稗子	和林格尔	典型草原	半干旱	2017-10-11	6种份
4	草木樨	呼和浩特	典型草原	半干旱	2017-09-16	25种份
5	沙打旺	土默特左旗	典型草原	半干旱	2017-10-11	2种份

表6-7 引进的牧草种质材料

编号	牧草品种	编号	牧草品种	编号	牧草品种
1	敖汉紫花苜蓿	9	燕麦381	17	进口牧乐斯
2	中苜1号	10	燕麦haynire	18	海威
3	草原3号苜蓿	11	燕麦kona	19	国产牧乐斯
4	美国苜蓿WL298HQ	12	定燕	20	花燕麦
5	美国苜蓿WL366HQ	13	魁北克燕麦	21	白燕2号
6	坝燕6号	14	甜燕麦	22	二年生黄花草木樨
7	张燕4号	15	青引2号	23	杂花草木樨
8	陇燕3号	16	坝莜18号	24	老芒麦

2. 种质资源筛选

为筛选适合草甸草原的优良种质资源，本研究于2017年7月开始在西乌珠穆沁旗建立饲草种质资源圃10亩，将搜集的40种份种质资源进行了田间栽培引种试验。经过筛选，适宜当地种植的禾本科牧草有坝燕6号、魁北克燕麦、进口牧乐斯、海威、国产牧乐斯，豆科牧草有中苜1号苜蓿（表6-8～表6-10）。

（二）人工草地建植技术

本研究对筛选出的适合锡林郭勒草甸草原的优良牧草种质资源进行了人工草地建

植，包括大麦与燕麦复种、饲用燕麦与草木樨混播、放牧用混播人工草地栽培、饲用燕麦复种等。

表 6-8　牧草种质资源小区试验品种

编号	牧草品种	编号	牧草品种	编号	牧草品种
1	敖汉紫花苜蓿	15	青引 2 号	29	贝勒 2
2	中苜 1 号	16	坝莜 18 号	30	Vitality
3	草原 3 号苜蓿	17	进口牧乐斯	31	牧王
4	美国苜蓿 WL298HQ	18	海威	32	赤 616
5	美国苜蓿 WL366HQ	19	国产牧乐斯	33	赤 181
6	坝燕 6 号	20	花燕麦	34	16 大区
7	张燕 4 号	21	白燕 2 号	35	峰红 2 号
8	陇燕 3 号	22	二年生黄花草木樨	36	赤谷 17
9	燕麦 381	23	杂花草木樨	37	赤 15614
10	燕麦 haynire	24	老芒麦	38	老芒麦栽培新品系
11	燕麦 kona	25	科纳	39	川草 2 号
12	定燕	26	美国燕王	40	野生老芒麦
13	魁北克燕麦	27	海威		
14	甜燕麦	28	贝勒 1		

表 6-9　引种牧草品种株高、产量测定结果

序号	引种牧草品种	株高（cm）	产量（kg/亩）
1	坝燕 6 号	84.4	461.3
2	张燕 4 号	72.1	436.5
3	陇燕 3 号	68.2	406.8
4	燕麦 381	65.2	417.4
5	燕麦 haynire	62.8	422.1
6	燕麦 kona	74.5	430.9
7	定燕	70.7	440.9
8	魁北克燕麦	86.3	473.7
9	甜燕麦	57.3	398.4
10	青引 2 号	68.4	412.5
11	坝莜 18 号	42.8	380.7
12	进口牧乐斯	59.9	471.6
13	海威	58.4	455.4
14	国产牧乐斯	59.2	460.9
15	花燕麦	60.4	425.4
16	杂花草木樨	20.6	—
17	白燕 2 号	58.4	—
18	二年生黄花草木樨	23.7	—
19	敖汉紫花苜蓿	25.8	—
20	老芒麦	104.8	150.3

注："—"表示未测定此项

表 6-10　苜蓿品比试验

品种	2017 年		2018 年				
	株高（cm）	茎叶比	返青率（%）	平均株高（cm）	平均分枝（数/枝）	平均干鲜比	干草总产量（kg/hm²）
中苜 1 号	27.4	1.29∶1	92	92.67	6.7	0.27	1741
草原 3 号	24.9	1.21∶1	87	87.25	6.3	0.23	1210
WL298HQ	25.7	1.17∶1	90	91.16	6.4	0.24	1553
WL366HQ	25.2	1.17∶1	85	85.21	5.9	0.26	1400

1. 大麦复种饲用燕麦技术

发展饲草复种有利于内蒙古种植结构的调整。种植结构的形成和变化可以间接反映当前市场对农产品的需求状况、农业种植的比较优势及农业科技的发展水平。选择利用复种饲草增加饲草作物的种植面积，提高种植比例，是调整内蒙古种植业结构的有效途径，有利于增加就业率、缩小城乡收入差距。同时，充分利用光、水、热、土等条件，将 1 年 1 茬改为 1 年 2 茬，提高复种指数和饲草产量，并且不使用地膜，减少水、化肥、农药使用量和秸秆残留量，符合国家提倡的"一控两减三基本"政策，可明显降低成本、增加收益、减少环境污染，对于防御沙化和荒漠化地区自然灾害、避免生态危害、繁荣沙区经济、保护内蒙古中部城市群和首都北京生态安全与环境质量、提高生态效益具有重要意义。

大麦每年 4 月初播种，6 月 25～28 日收获；燕麦 6 月 28 日至 7 月 2 日种植，9 月上旬收获。播前整地结合施有机肥（牛场产的牛粪）3t/亩，并进行深翻地，播前施复合肥 20kg/亩，并进行大型圆盘耙整地。选择生育期较短的大麦品种，亩播量 25kg，播种深度 5cm，行距 12cm，采用气吹式精量播种机播种。播后立即浇水，保证出苗率。喷施立清除草剂控制杂草，根据土壤墒情及时浇水，在拔节孕穗期每亩施 2 次尿素，每次 20kg，促进大麦营养生长。大麦播后 80 天左右即可收割，采用大型割草机，每天可收割 1000 亩，在地里摊晒 3～4 天，含水率降到 14% 以下时，用打捆机打捆（每捆 400kg），打捆后将大麦草捆运送到储草棚码垛储藏，或制作半干青贮饲料。

在大麦打捆的同时，喷施基肥 20kg/亩，使用大型联合整地机进行整地。选择蒙燕 1 号燕麦，亩播量 20kg，播种深度 5cm，行距 12cm，采用免耕播种机播种。播后灌溉保苗，控制杂草，在拔节孕穗期每亩施 2 次尿素，每次 20kg，促进燕麦营养生长，及时浇水，同时要注意雨水过大时及时排水，防止倒伏。播种 60 天左右可开始收获，及时收获可以提高品质。采用大型割草机，在短时间内收割完毕，晾晒、打捆或进行半干青贮。

2. 饲用燕麦与草木樨混播栽培技术

饲用燕麦与草木樨混播栽培可有效合理地利用空间、光照、热量和水分等资源，进而增加牧草产量；也可减轻对土壤矿物元素的竞争，减少氮肥使用量，改善土壤结构，提高土壤肥力。草木樨不仅可为土壤提供大量有机质，其根瘤还可以固氮，给土壤供应氮素。种草养畜又能增加有机肥料，可培肥地力，对保持土地可持续利用具有重要意义。

饲用燕麦与草木樨混播是适宜在草甸草原区推广的人工草地建植模式。

饲用燕麦和草木樨混播的第一年，采用机具条播饲用燕麦和草木樨，行距 15～18cm。饲用燕麦亩播量 8kg，播种深度 3～4cm，严密覆土。覆土后在原垄上播种草木樨，草木樨亩播量 2kg，播种深度 0.5cm，播后及时镇压紧实。施肥应在饲用燕麦分蘖或拔节期，草木樨返青初期、现蕾期进行，原则为前促后控，结合灌溉或降水前施肥。

第一年，在饲用燕麦分蘖、拔节、抽穗时视土壤墒情结合饲用燕麦生长情况进行灌溉。第二年，在草木樨返青初期、现蕾期视土壤墒情结合草木樨生长情况进行灌溉。

第一年，宜在饲用燕麦灌浆至乳熟期刈割，选择天气晴朗时，连同草木樨进行机械收获，留茬高度 15～20cm。第二年在草木樨现蕾盛期至初花期齐地面刈割。

3. 放牧用混播人工草地建植技术

放牧用混播人工草地建植技术由牧草品种选择搭配、保护性播种、经纬播种、水肥一体化管理等技术优化集成。牧草组合采用豆科牧草和禾本科牧草搭配，直根系和须根系搭配，一年生、二年生和多年生搭配；对牧草播前整地、施基肥、播种时间及播种量、播种深度与行距、田间管理、水肥一体化等栽培技术及配套机械化作业技术进行高产、稳产技术优化组装；同时要综合考虑经济、政策、社会文化等外部因素，以及人工草地与天然草地牧草的营养搭配问题。放牧用混播人工草地播种采用经纬播种法，利于水土保持、防风固沙。该技术可以显著增加经济效益，可以用于限时放牧，解决部分家畜的饲草料来源紧缺问题。

4. 饲用燕麦复种栽培技术

饲用燕麦复种栽培技术选择生育期短、产量高、品质好的饲用燕麦品种，采用水肥一体化技术，在 3 月底至 4 月初顶凌播种第一茬饲用燕麦，7 月收获第一茬后一周内播种第二茬，10 月中旬可收获第二茬燕麦。在内蒙古呼和浩特、包头、锡林郭勒和黑龙江等地的栽培示范显示，两茬饲用燕麦的鲜草产量达到 3337kg/亩，干草产量达到 1063kg/亩，与当地农牧民栽培的燕麦产量相比，增产 50%以上，标志着内蒙古饲用燕麦复种栽培技术取得了突破性进展。该技术为一季有余、两季不足的气候及生态恶劣地区解决了冷季青绿饲草不足和饲草养分缺乏的问题，实现了生态和经济效益双赢，为区域草产业提供科技示范，应用前景广阔。对推广优质燕麦种植具有重要的现实意义。

第三节　锡林郭勒退化草甸草原恢复后利用措施

本研究 2009 年开始对放牧重度退化草甸草原进行围封，到 2016 年植物群落主要优势物种为贝加尔针茅、线叶菊、中华隐子草和柄状薹草，平均总盖度达 90%，每平方米内的植物种数有 45 种，地上现存量为 126g/m²，枯落物量为 25g/m²，土壤容重为 1.02g/cm³。本研究针对围封恢复退化草甸草原，采取不同放牧强度利用、不同刈割制度利用措施，以探讨锡林郭勒退化草甸草原恢复后的可持续利用措施。

一、放牧利用对恢复退化草甸草原的影响

本研究对围封恢复 7 年的退化草甸草原，设置 4 种放牧强度试验，分别为不放牧（NG）、轻度放牧（LG，实际载畜量的 30%）、中度放牧（MG，实际载畜量的 50%）、重度放牧（HG，实际载畜量的 70%）。

轻度放牧与其他处理相比，显著提高了植物群落平均高度（$P<0.05$）；不同放牧强度对植物群落密度和优质牧草比例的影响不显著（$P>0.05$），但短期内放牧有利于提高优质牧草比例；与重度放牧相比，中度放牧显著提高了植物群落物种丰富度（$P<0.05$），其他处理之间的差异均不显著（$P>0.05$）（表 6-11）。

表 6-11 不同放牧强度对植物群落数量特征的影响

处理	高度（cm）	密度（株/m²）	丰富度（物种数/m²）	优质牧草占比（%）
NG	19.08b±1.69	470.79a±38.45	15.71ab±1.34	63a±0.06
LG	24.30a±2.29	401.13a±55.32	14.54ab±0.75	75a±0.04
MG	18.45b±1.05	386.42a±19.60	17.13a±0.60	67a±0.05
HG	16.66b±1.26	385.00a±40.00	13.08b±0.87	65a±0.05

与重度放牧相比，轻度放牧显著提高了植物群落地上生物量（$P<0.05$）；与不放牧相比，重度放牧显著降低了植物群落地上生物量（$P<0.05$）；其他处理之间的差异均不显著（$P>0.05$）（图 6-31）。与不放牧相比，轻度放牧显著提高了植物群落 0～10cm 土层地下生物量（$P<0.05$），其他处理不同土层的差异均不显著（$P>0.05$）（图 6-32）。

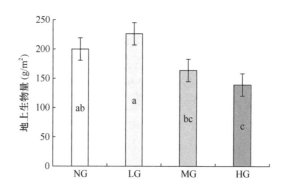

图 6-31 不同放牧强度对植物群落地上生物量的影响

与不放牧相比，轻度放牧和重度放牧降低了 0～10cm 土层土壤含水率，中度放牧提高了土壤含水率，其中轻度放牧与不放牧和中度放牧之间的差异显著（$P<0.05$）；其他土层不同处理之间的差异均不显著（$P>0.05$）（图 6-33）。土壤容重在同一土层不同放牧强度之间的差异均不显著（$P>0.05$）（图 6-34）。

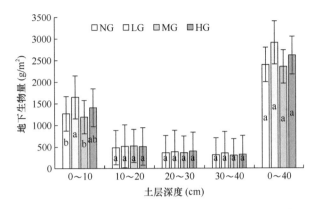

图 6-32　不同放牧强度对植物群落地下生物量的影响

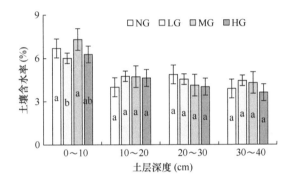

图 6-33　不同放牧强度对土壤含水率的影响

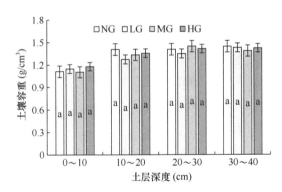

图 6-34　不同放牧强度对土壤容重的影响

与不放牧相比,轻度放牧和中度放牧有利提高 0～40cm 土层土壤硝态氮含量($P>$ 0.05);重度放牧有利于提高 0～30cm 土层土壤硝态氮含量($P>$0.05),降低 30～40cm 土层土壤硝态氮含量($P>$0.05)(图6-35)。放牧有利于提高 0～40cm 土层土壤总有机碳含量,但除中度放牧下 30～40cm 土层有显著差异外,其余均无显著差异($P>$0.05)(图6-36)。

二、刈割利用对恢复退化草甸草原的影响

本研究对围封恢复 7 年的退化草甸草原,设置 4 种刈割制度试验,分别为每年割 1

次（1C）、割 1 年休 1 年（1/2C）、割 2 年休 1 年（2/3C）和不刈割（NC）。刈割时间为 8 月 15～16 日，留茬高度为 6cm。

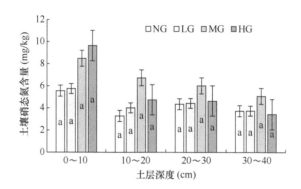

图 6-35　不同放牧强度对土壤硝态氮含量的影响

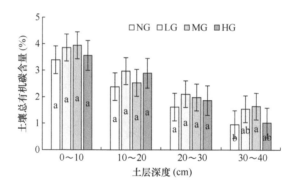

图 6-36　不同放牧强度对土壤总有机碳含量的影响

从表 6-12 可知，与不刈割相比，刈割显著降低了植物群落平均高度（P＜0.05），显著提高了植物群落丰富度（P＜0.05）。割 1 年休 1 年和割 2 年休 1 年均有利于提高植物群落密度，每年割 1 次降低植物群落密度（P＞0.05）。刈割降低了植物群落中优良牧草比例，但差异不显著（P＞0.05）。

表 6-12　不同刈割制度对植物群落数量特征的影响

处理	高度（cm）	密度（株/m²）	丰富度（物种数/m²）	优质牧草占比（%）
NC	24.05a±1.43	297.63a±28.15	16.21b±0.55	79a±0.04
1/2C	19.02b±0.86	321.25a±27.62	18.17a±0.58	76a±0.04
2/3C	17.39b±0.98	340.29a±30.60	18.67a±0.73	75a±0.06
1C	19.90b±1.12	295.50a±16.11	19.04a±0.82	76a±0.04

与不刈割相比，刈割显著降低了植物群落地上生物量（P＜0.05），其他处理之间的差异均不显著（P＞0.05）（图 6-37）。刈割对不同土层地下生物量的影响均不显著（P＞0.05）（图 6-38）。

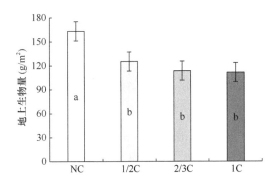

图 6-37　不同刈割制度对植物群落地上生物量的影响

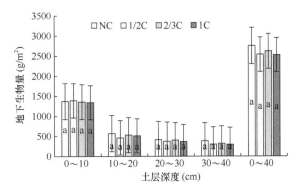

图 6-38　不同刈割制度对植物群落地下生物量的影响

　　与不刈割相比，割 1 年休 1 年提高了 0～10cm 土层土壤含水率、降低了其他土层土壤含水率，割 2 年休 1 年提高了不同土层土壤含水率，每年割 1 次提高了 20～30cm 土层土壤含水率、降低了其他土层土壤含水率，但差异均不显著（$P>0.05$）（图 6-39）。割 1 年休 1 年提高了不同土层土壤容重，割 2 年休 1 年降低了不同土层土壤容重，每年割 1 次提高了 0～20cm 土层土壤容重、降低了 20～40cm 土层土壤容重，但差异均不显著（$P>0.05$）（图 6-40）。

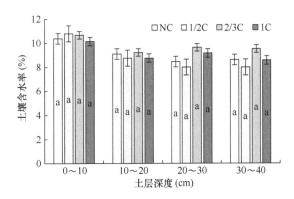

图 6-39　不同刈割制度对土壤含水率的影响

　　与不刈割相比，割 1 年休 1 年和割 2 年休 1 年降低了 0～20cm 土层土壤硝态氮含量、提高了其他土层土壤硝态氮含量，每年割 1 次降低了 0～20cm 和 30～40cm 土层土壤硝态氮含量、提高了 20～30cm 土层土壤硝态氮含量，但差异均不显著（$P>0.05$）（图 6-41）。割 1 年休 1 年（除 10～20cm 外）和割 2 年休 1 年降低了不同土层土壤总有机碳含量，每年割 1 次提高了 10～20cm 土层土壤总有机碳含量、降低了其他土层土壤总有机碳含量，但差异均不显著（$P>0.05$）（图 6-42）。

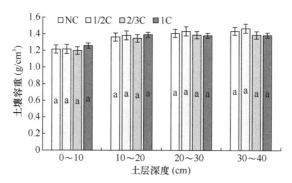

图 6-40　不同刈割制度对土壤容重的影响

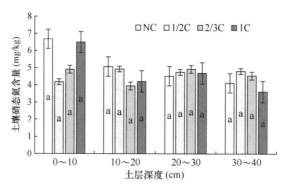

图 6-41　不同刈割制度对土壤硝态氮含量的影响

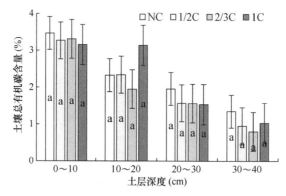

图 6-42　不同刈割制度对土壤总有机碳含量的影响

三、优质草产品加工贮藏技术

本研究通过对玉米秸秆黄贮饲料调制技术、天然牧草青贮饲料发酵技术、饲用大麦青贮饲料调制技术等的研制，提出优质草产品加工贮藏的适用技术，包括适宜的加工时间、秸秆粉碎长度、含水量、填装密度、乳酸菌和纤维素酶的添加量等。

（一）玉米秸秆黄贮饲料调制技术

本研究通过确定玉米秸秆黄贮饲料适宜的加工时间、秸秆粉碎长度、含水量和填装密度，显著改善了玉米秸秆黄贮饲料的发酵品质。

1. 玉米秸秆黄贮饲料加工时间

收获玉米穗后，随着存放时间的推移，玉米秸秆营养价值不断降低，尤其是粗蛋白含量显著降低（图 6-43），而粗纤维组分中性洗涤纤维（NDF）和酸性洗涤纤维（ADF）含量不断提高（图 6-44），所以为了获得优质玉米秸秆黄贮饲料，收回玉米穗后应尽快加工黄贮饲料，尽量在收获后 1 周之内完成。

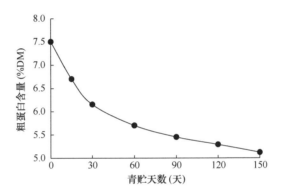

图 6-43　玉米秸秆贮藏过程中粗蛋白含量的变化
DM 表示干物质，下同

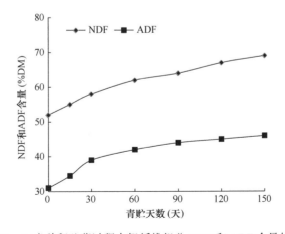

图 6-44　玉米秸秆贮藏过程中粗纤维组分 NDF 和 ADF 含量的变化

2. 玉米秸秆粉碎长度

研究不同加工方式对玉米黄贮饲料的质量影响，发现短切可以改善玉米黄贮饲料的品质（表 6-13）。

表6-13　粉碎长度对玉米秸秆黄贮饲料发酵品质的影响（含水量50%）

粉碎长度（cm）	pH	乳酸（%DM）	乙酸（%DM）	氨态氮占全氮（%）	密度（kg/m³）
1.0	4.42	4.57	1.25	2.54	510
1.5	4.56	4.32	1.35	2.68	480
2.0	4.67	4.02	1.65	2.79	450
2.5	4.81	2.01	2.54	4.68	430
3.0	5.01	1.25	3.15	5.18	420
4.0	5.5	0.25	4.24	5.94	400

3. 玉米秸秆含水量调节

研究发现，玉米秸秆原料含水量是影响青贮饲料发酵品质和有氧稳定性的重要指标（表6-14，图6-45和图6-46）。当含水量低于40%时，玉米秸秆黄贮饲料发酵不充分，发酵过程对秸秆纤维软化效果较差，对适口性改善程度有限。当含水量超过50%时，玉米秸秆黄贮饲料的有氧稳定性较差，清晨取样，放置12h后，就会产生刺鼻酸味，影响适口性和家畜的采食量。结合当地生产实践，含水量调节至40%～50%为宜。

表6-14　水分调节对玉米秸秆黄贮发酵品质的影响（真空包装青贮）

含水量（%）	pH	乳酸（%DM）	乙酸（%DM）	氨态氮占全氮（%）
30.0	5.51	0.25	0.54	1.25
35.0	5.15	1.35	0.47	1.68
40.0	4.84	2.58	0.35	2.35
45.0	4.54	3.54	0.34	2.41
50.0	4.35	4.27	0.33	2.85
55.0	4.21	4.68	0.21	3.48
60.0	4.01	4.79	0.22	4.15
65.0	3.94	5.01	0.26	4.05

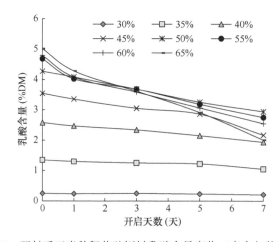

图6-45　开封后玉米秸秆黄贮饲料乳酸含量变化（真空包装青贮）

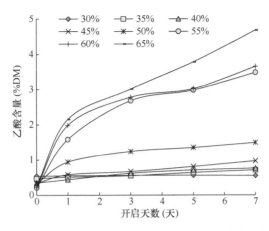

图 6-46　开封后玉米秸秆黄贮饲料乙酸含量变化（真空包装青贮）

4. 填装密度

填装密度是影响玉米秸秆黄贮饲料发酵品质的重要因素，随着填装密度的增加，黄贮饲料发酵品质逐渐提高（表 6-15）。当密度达到 400kg/m³ 以上时，没有丁酸产生，并且氨态氮占全氮百分比低于 5%，填装密度应该在 400kg/m³ 以上为宜。

表 6-15　填装密度对玉米秸秆黄贮饲料发酵品质的影响（含水量 45%）

填装密度（kg/m³）	pH	乳酸（%DM）	乙酸（%DM）	丙酸（%DM）	丁酸（%DM）	氨态氮占全氮（%）
300	5.08	0.48	1.97	0.17	0.41a	7.28
350	4.87	1.27	1.64	0.25	0.08b	6.56
400	4.65	1.59	1.75	0.04	—	4.85
450	4.61	2.48	1.37	—	—	4.58
500	4.55	3.18	1.15	—	—	4.38
600	4.51	3.28	1.01	—	—	4.21
650	4.48	3.34	0.91	—	—	4.02

注："—"表示不产生该物质

（二）天然牧草青贮饲料发酵技术

为提高天然牧草青贮饲料的品质，本研究对其发酵过程中的微生物群落结构及微生物群落结构调控技术进行了探讨。

1. 微生物群落结构

肠杆菌科（Enterobacteriaceae）细菌和乳酸菌分别主导发酵的初期（0～35 天）和后期（35～60 天）；乳球菌属（*Lactococcus*）等 3 个属是天然牧草青贮饲料发酵前期、中期和后期的主要乳酸菌；小戴维霉属（*Davidiella*）等 5 个属是天然牧草青贮饲料发酵过程中的主要真菌。

天然牧草青贮饲料发酵过程中主要细菌门有变形菌门（Proteobacteria）、厚壁菌门

（Firmicutes）、放线菌门（Actinobacteria）、拟杆菌门（Bacteroidetes）、绿弯菌门（Chloroflexi）和芽单胞菌门（Gemmatimonadetes），占细菌序列的 94%；发酵初期 Proteobacteria、Firmicutes 和 Actinobacteria 为主，占细菌序列的 98%。随着发酵过程的推进，细菌门由 Proteobacteria 转变为 Firmicutes，Proteobacteria 相对含量先增加后降低，而 Firmicutes 相对含量先降低后增加。发酵的第 60 天，Proteobacteria 和 Firmicutes 相对含量分别占 34.04%和64.52%（图 6-47）。

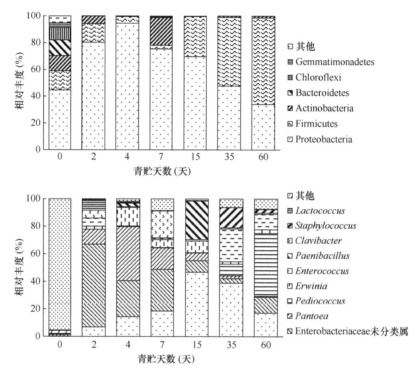

图 6-47　天然牧草青贮饲料发酵过程中细菌群落结构变化

上图为门，下图为属。*Lactococcus*-乳球菌属；*Staphylococcus*-葡萄球菌属；*Clavibacter*-棒形杆菌属；*Paenibacillus*-类芽孢杆菌属；*Enterococcus*-肠球菌属；*Erwinia*-欧文菌属；*Pediococcus*-片球菌属；*Pantoea*-泛菌属；*Enterobacter*-肠杆菌属

　　天然牧草青贮饲料发酵过程中，*Enterobacter* 相对含量在第 15 天增长至 46.78%，第 60 天降至 17.05%。Enterobacteriaceae 未分类属在第 2 天超过 60%，之后在 3.26%～30.29%范围内波动。*Pantoea* 在第 4 天达到 39.18%，第 60 天降至 0.73%。在第 0～15 天，*Pediococcus* 保持在较低水平，在第 60 天达到 45.72%。*Erwinia* 在第 4 天达到 13.48%，之后在 1.82%～8.42%范围内波动。*Enterococcus* 在第 35 天增长至 23.68%，第 60 天降至 11.3%。*Lactococcus* 在第 2 天增长至 7.68%，第 4 天降至 1.06%，然后保持在低于 0.3%的水平。

　　在整个发酵过程中，真菌只检测到 3 个门，分别为子囊菌门（Ascomycota）、担子菌门（Basidiomycota）和接合菌门（Zygomycota），其中主要真菌门为 Ascomycota 和 Basidiomycota，相对含量占真菌序列的 99%以上。Ascomycota 在前 7 天波动增长，第 60 天降低至 81.60%；Basidiomycota 的变化趋势相反（图 6-48）。

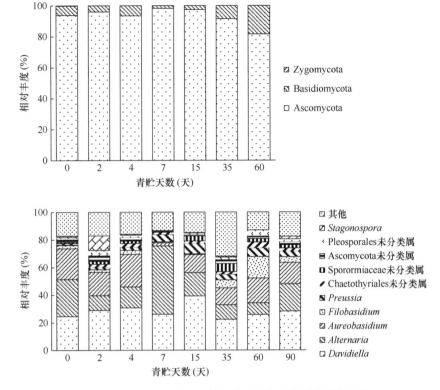

图 6-48　天然牧草青贮饲料发酵过程中真菌群落结构变化

上图为门，下图为属。*Stagonospora*-壳多胞菌属；Pleosporales-格孢腔菌目；Ascomycota-子囊菌门；Sporormiaceae-荚孢腔菌科；Chaetothyriales-刺盾炱目；*Preussia*-光黑壳属；*Filobasidium*-线黑粉酵母属；*Aureobasidium*-短柄霉属；*Alternaria*-链格孢属；*Davidiella*-小戴维霉属

随着天然牧草青贮饲料发酵过程的推进，*Davidiella* 在 22.35%～39.34%范围内波动；*Alternaria* 在第 2 天降至 10.72%，第 7 天增长至 49.45%，第 60 天降至 8.43%；*Aureobasidium* 在 2.40%～23.66%范围内波动；*Stagonospora* 在第 2 天增长至 10.47%，第 4 天降至 0.59%，之后相对含量低于 1%；*Filobasidium* 在前 15 天波动降低，第 60 天增长至 15.45%；*Preussia* 在第 15 天增长至 7.60%，第 35 天降至 4.35%，第 60 天增长至 6.26%（图 6-48）。

2. 微生物群落结构调控技术

微生物群落结构调控技术研究表明，羊草青贮饲料发酵初期 pH 升高，乳酸菌含量较少，大肠杆菌含量保持在较高水平。调节含水量和添加乳酸菌可以快速降低羊草青贮饲料的 pH，加快乳酸菌增殖，有效控制大肠杆菌活性。调节含水量和添加乳酸菌结合使用，在促进发酵和抑制有害微生物方面效果最佳。

发酵过程中，对照组（CK）pH 先升高后降低，其他处理显著降低（$P < 0.05$）；各处理组的乳酸、乙酸和氨态氮含量在 0～35 天显著升高，35 天后显著降低（$P < 0.05$）。发酵第 5 天以后，乳酸菌处理组（L）、水处理组（W）和乳酸菌+水处理组（LW）pH 显著低于对照组，乳酸、乙酸和氨态氮含量显著高于对照组（$P < 0.05$）；L 和 LW 处理组 pH 和氨态氮显著低于 W 处理组，乳酸和乙酸量显著高于 W 处理组（$P < 0.05$）。

对照组天然牧草青贮饲料发酵过程中，乳杆菌科（Lactobacillaceae）细菌相对含量不断升高，肠杆菌科（Enterobacteriaceae）细菌先升高后降低，欧文菌科（Erwiniaceae）细菌先降低后升高。在对照组青贮饲料中，肠杆菌科细菌演替主导整个发酵过程（图6-49）。

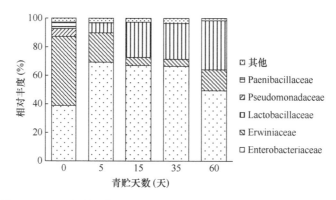

图 6-49　对照组青贮饲料发酵过程中细菌群落结构变化（科水平）
Paenibacillaceae-类芽孢杆菌科；Pseudomonadaceae-假单胞菌科；Lactobacillaceae-乳杆菌科；Erwiniaceae-欧文菌科；
Enterobacteriaceae-肠杆菌科

Lactobacillaceae、Enterobacteriaceae 和 Erwiniaceae 是 L 处理组原料的主要细菌科。发酵过程第 5 天，Lactobacillaceae 细菌相对含量达到 95%以上，之后保持该水平；其他科细菌均为小众菌群。在乳酸菌处理的天然牧草青贮饲料中，乳酸菌演替主导整个发酵过程（图6-50）。

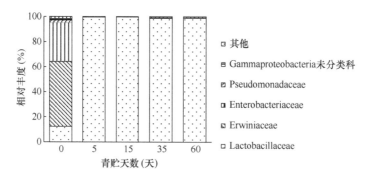

图 6-50　L 处理组青贮饲料发酵过程中细菌群落结构变化（科水平）
Gammaproteobacteria-γ-变形菌纲；Pseudomonadaceae-假单胞菌科；Enterobacteriaceae-肠杆菌科；Erwiniaceae-欧文菌科；
Lactobacillaceae-乳杆菌科

W 处理组发酵过程中，第 5 天 Lactobacillaceae 细菌相对含量升高至 80%以上，以后降低，第 60 天低于 40%。Enterobacteriaceae 细菌相对含量先降低后升高，第 60 天高于 60%。Erwiniaceae 细菌相对含量先降低后升高。在水处理的天然牧草青贮饲料中，乳酸菌演替主导发酵过程的前期，肠杆菌科细菌演替主导发酵过程的后期（图6-51）。

Lactobacillaceae、Enterobacteriaceae 和 Erwiniaceae 是 LW 处理组原料的主要细菌科。发酵过程第 5 天，Lactobacillaceae 细菌相对含量达到 95%以上，之后保持该水平；其他科细菌均为小众菌群。在乳酸菌和水处理的天然牧草青贮饲料中，乳酸菌演替主导发酵过程（图 6-52）。

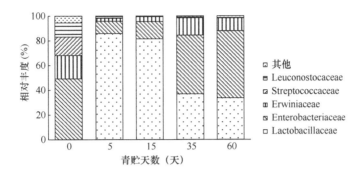

图 6-51　W 处理组青贮饲料发酵过程中细菌群落结构变化（科水平）

Leuconostocaceae-明串珠菌科；Streptococcaceae-链球菌科；Erwiniaceae-欧文菌科；Enterobacteriaceae-肠杆菌科；
Lactobacillaceae-乳杆菌科

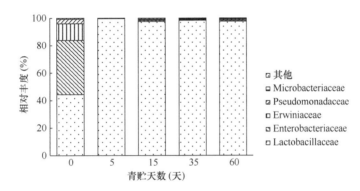

图 6-52　LW 处理组青贮饲料发酵过程中细菌群落结构变化（科水平）

Microbacteriaceae-微杆菌科；Pseudomonadaceae-假单胞菌科；Erwiniaceae-欧文菌科；Enterobacteriaceae-肠杆菌科；
Lactobacillaceae-乳杆菌科

（三）饲用大麦青贮饲料调制技术

填装密度对饲用大麦青贮饲料品质的影响表明，增加大麦原料填装密度可有效降低青贮饲料 pH，提高干物质回收率和控制大肠杆菌数量。

1. 发酵过程

发酵过程中，饲用大麦青贮饲料 pH 降低至 60 天的 4.16；乳酸菌和细菌数量前 4 天快速升高，之后缓慢降低；大肠杆菌数量前 2 天快速升高至 9.25，之后快速降低，第 20 天降至检测限以下（图 6-53）。Enterobacteriaceae 细菌演替主导饲用大麦青贮饲料的整个发酵过程（图 6-54）。

2. 刈割时间

随着刈割时间的推迟，无芒大麦干物质含量逐渐升高，之后降低。由于 6 月 20 日刈割的原料草含水量过高，青贮饲料中可检测到大肠杆菌，之后刈割调制的青贮饲料未检测到大肠杆菌。7 月 12 日刈割的原料枯萎较严重不适合调制青贮饲料；7 月 5 日刈割调制的青贮饲料 pH 较高，发酵品质较差；6 月 27 日刈割调制的青贮饲料 pH 接近 4.2，乳酸菌数量最高，酵母菌数量较低，未检测到大肠杆菌。故在不使用添加剂的情况下调制无芒大麦青贮饲料的最佳刈割期为乳熟期，即干物质含量在 30%～32%。

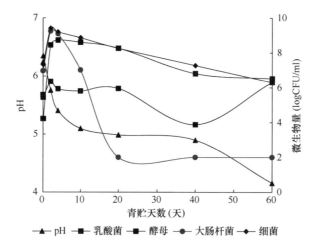

图 6-53　饲用大麦青贮饲料发酵过程中 pH 和微生物量（鲜重）变化

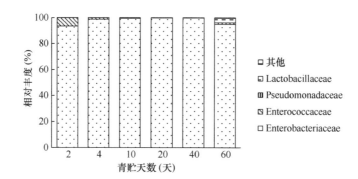

图 6-54　饲用大麦青贮饲料发酵过程中细菌群落结构变化（科水平）
Lactobacillaceae-乳杆菌科；Pseudomonadaceae-假单胞菌科；Enterococcaceae-肠球菌科；Enterobacteriaceae-肠杆菌科

3. 添加剂

添加 3 种乳酸菌添加剂后，饲用大麦青贮饲料的 pH 降至 4.0 左右，乳酸菌和细菌数量明显降低（图 6-55）。原料草中主要细菌有 Enterobacteriaceae、Erwiniaceae 和 Pseudomonadaceae，对照组青贮饲料中主要细菌为 Enterobacteriaceae，3 种乳酸菌处理的青贮饲料主要细菌为 Lactobacillaceae。

4. 填装密度

随着填装密度的升高，饲用大麦青贮饲料的 pH、氨态氮占全氮百分比、中性洗涤纤维和酸性洗涤纤维含量显著降低（$P<0.05$），干物质回收率、干物质体外消化率、中性洗涤纤维体外消化率和酸性洗涤纤维体外消化率显著升高（$P<0.05$），肠杆菌属细菌相对含量降低，乳杆菌属细菌显著升高（图 6-56）。

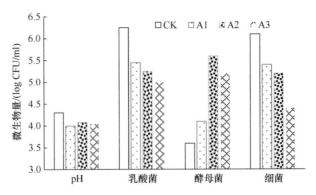

图 6-55　乳酸菌添加剂对饲用大麦青贮饲料 pH 和微生物量（鲜重）的影响

CK. 不添加；A1. 添加植物乳杆菌、布氏乳杆菌、粪肠球菌；A2. 添加植物乳杆菌、干酪乳杆菌；
A3. 添加植物乳杆菌、布氏乳杆菌

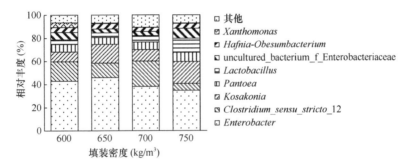

图 6-56　饲用大麦青贮饲料中细菌群落结构变化（属水平）

Xanthomonas-黄单胞菌属；*Hafnia-Obesumbacterium*-哈夫尼亚-肥杆菌属；uncultured_bacterium_f_Enterobacteriaceae-不可培
养细菌 f 肠杆菌科；*Lactobacillus*-乳杆菌属；*Pantoea*-泛菌属；*Kosakonia*-科萨克氏菌属；*Clostridium_sensu_stricto*_12-梭状
芽胞杆菌 12；*Enterobacter*-肠杆菌属

（四）草产品贮藏技术

以多年生禾本科牧草为主的天然草原，适宜收获期为 7 月下旬至 8 月中旬；留茬高度在 5～8cm。选择晴朗天气，将刈割后的牧草平铺在草地上进行自然晾晒。当含水量降至 35% 左右时，使用搂草机将牧草搂成草条，继续晾晒；当含水量降至 15%～18% 时开始打捆。使用圆草捆打捆机将草条打成圆捆，草捆密度达到 150kg/m³ 以上，将圆捆运输至贮藏处。

草棚贮藏：草捆堆垛方式见图 6-57 和图 6-58。

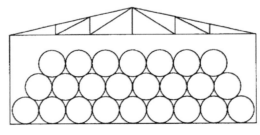

图 6-57　圆捆草棚内堆垛方式 1

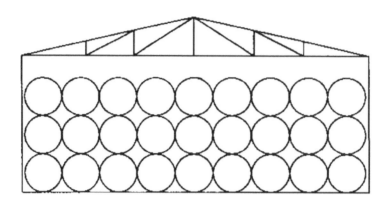

图 6-58　圆捆草棚内堆垛方式 2

露天贮藏：选择地势高、干燥、平坦、开阔、排水通畅的地方。在底层铺设 10cm 的散干草或垫木等，将圆捆垛起，顶层用塑料膜覆盖压好（图6-59）。注意防水、防潮、防霉、防火，并防止动物的毁坏和污染。

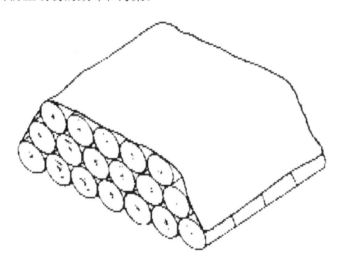

图 6-59　露天堆垛与覆盖方式

贮前准备：清理青贮设施内的杂物，检查质量，如有损坏及时修复。检修机械设备，使其运行良好。准备添加剂、塑料薄膜、镇压重物等材料。

加工时间：玉米秸秆黄贮饲料加工时间应在玉米穗收获后 1 周内。

秸秆存放：秸秆根部的茎呈绿色或黄绿色，应在青贮设施附近搭起支架，贮前运回后竖立堆放；茎叶全部变黄，运回后可放倒堆放。

粉碎：秸秆原料粉碎长度应在 1～2cm。

添加剂选择和用量：应选用促进乳酸菌发酵、保证秸秆黄贮成功的各种乳酸菌和纤维素酶等生物添加剂。商品化的生物添加剂具体添加量按照产品说明添加；使用自主筛选培养的乳酸菌制剂时，添加在每克玉米秸秆原料中有效活菌数应不低于 105 个。

含水量判别方法：抓起粉碎或揉碎秸秆原料，用手握紧，若手上有水分，但不明显，含水量为 50%～55%；感到手上潮湿，含水量为 40%～50%；不潮湿时含水量在 40% 以下。

添加剂添加与水分调节：当玉米秸秆原料含水量低于 60% 时，将添加剂与调节原料水分所用水混合均匀后，在常温下放置 1～2h，活化菌种形成菌液，在原料粉碎或揉碎时将其均匀喷洒至原料上，将含水量调节至 60% 左右；当原料含水量高于 60% 时，将添加剂与水混合均匀后，在常温下放置 1～2h，活化菌种形成菌液，原料粉碎或揉碎时将其均匀喷洒至原料上，用水量不应超过原料的 0.2%。

填装与压实：原料填装应迅速均一，与压实作业交替进行。黄贮加工量在 300m³ 以下，可平铺分层填装；加工量超过 300m³ 时，原料应由内向外呈楔形分层填装。原料每填装一层压实一次，每层填装厚度不超过 20cm。应采用压窖机或其他轮式机械压实反复镇压，压实密度应在 400kg/m³ 以上。填装压实作业中，不得带入外源性异物。

密封：填装压实作业之后，立即密封。从原料填装至密封不应超过 3 天，或需采用分段密封的作业措施，每段密封时间不超过 3 天。应采用无毒无害塑料薄膜覆盖，塑料薄膜外面放置重物镇压。

贮后管理：应经常检查设施密封性，及时补漏；顶部出现积水及时排除。

第四节　锡林郭勒退化草甸草原综合治理模式与效益分析

针对草甸草原区家庭牧场中最主要的生产资料——天然草地，本研究提出草地退化修复及修复后再利用技术，把最先进的科学技术、管理方法推广到家庭牧场并传播出去。

一、放牧退化草甸草原综合治理模式

根据草甸草原退化现状和具体条件，应采取相应的技术措施改良退化草原，促进牧草生长发育，恢复草原植被。努力探索放牧轻度退化草甸草原"围栏封育+划区轮牧+人工草地"治理模式、放牧中度退化草甸草原"围栏封育+切根+科学施肥（有机肥）+人工草地"治理模式、放牧重度退化草甸草原"围栏封育+松土+科学施肥（有机肥）+补播+人工草地"治理模式。

（一）围栏封育+划区轮牧+人工草地治理模式

对于放牧轻度退化草场，宜采取以划区轮牧（适应性放牧措施）为主要利用手段，以提高优良牧草比例为主要目标，以其他技术措施为配套的治理模式。其具体做法是加强轻度退化草场的人工管理，通过划区轮牧，合理利用草场资源，提高草场资源利用率，减轻退化草场的放牧压力，使其能够得以充分休养生息，促进其向良性循环状态转变。该模式可显著提高轻度退化草场植被盖度、植被产量、优良牧草比例等。就草原生产而言，轻度放牧有利于植物生长，促使草原向着较高生产力的方向演替。

（二）围栏封育+切根+科学施肥（有机肥）+人工草地治理模式

放牧中度退化草场，宜采用以切根+施有机肥复合措施、免耕补播、科学施肥、清

除毒草等为主要技术措施的治理模式。其具体做法是进行围栏封育。经过围封，草甸草原通常变成以羊草为主要建群植物的植被类型，豆科牧草所占比例亦有所增加，产草量大大提高，从而有效遏制草地退化，达到恢复草原植被、保持水土、维持生物多样性的目的。利用土壤种子库和天然落种萌发机制，增加天然植被盖度，恢复植被稀少区的植被盖度。在无植被区域，依靠免耕补播、清除毒草、抚育管护等干预措施，提高植被盖度、植物多样性和优良牧草比例等。

（三） 围栏封育+松土+科学施肥（有机肥）+补播+人工草地治理模式

放牧重度退化草原，以恢复植被、覆盖裸地为主要目标，宜采取以松土+施有机肥复合措施、围栏封育、补播、施肥等为主要配套技术的治理模式。其具体做法是在严重退化区域，采取全面禁牧、季节性禁牧和围栏封育等措施，禁止放牧活动对草场的进一步破坏。对破坏严重的裸露地段，遵循灌草结合，速生、一年生与多年生植物互补，上繁植物与下繁植物互补，浅根植物与深根植物互补的原则，选择适宜于当地生长的优良牧草，通过补播、施肥等手段进行人工植被建植。在6～7月依据降水情况采用补播机一次性完成补播、覆土作业，提高放牧重度退化草甸草原植物群落地上生物量，加快严重退化草场及其生态系统的恢复，以此保障严重退化草场治理的顺利进行。

二、刈割退化草甸草原综合治理模式

（一） 围栏封育+割2年休1年+施肥治理模式

对于轻度退化草场，可采取割2年休1年的适度刈割利用方式、喷施叶面肥等手段，促使天然草地牧草种类增多，产草量增加，盖度增大，群落结构改善。如果肥量充足且建群种适宜于周围的生态环境，可增强其竞争力，生长旺盛，并缩短群落的演替阶段，改变群落的结构。选用含腐殖酸水溶肥料+根管家（解淀粉芽孢杆菌）肥料进行轻度退化草场改良，可以解决化肥施用无降水、没有水分土壤无法吸收的弊端。利用大型机械直接喷施水溶肥，植物可以直接吸收部分营养元素，迅速提高草地生产力，促进牧草生长发育，加速草地植物群落的恢复更新；土壤也可有效吸收部分营养元素，达到对草原的高效和永续利用，打造草甸草原轻度退化打草场"围栏封育+割2年休1年+施肥"治理模式。

（二） 封育+清除毒草+施肥治理模式

对于刈割中度退化草场，以围栏封育为主要目标，采用以围栏封育、切根+施有机肥、松土+施有机肥等为主要技术措施的治理模式。其具体做法是通过围栏封育，附加施肥添加土壤和植物叶面养分，利用土壤种子库和天然落种萌发机制，增加天然植被盖度，恢复植被稀少区域的植被盖度。依靠清除毒草、抚育管护等干预措施，提高植物多样性和优良牧草比例。

三、经济社会效益

（一）经济效益

本研究建设退化草甸草原综合治理示范区 3910 亩，其中人工草地建植技术示范区 2650 亩，单位面积增产 20%~123%，辐射推广 5800 亩；天然草场施肥增产技术（喷施叶面肥）示范区 1180 亩，辐射推广 30 000 万亩，植物群落生产力提高 25.9%（表 6-16）。放牧退化草甸草原恢复示范区 80 亩，植被生产力平均提高 21%，优质牧草比例平均增加 18%。

表 6-16　经济效益分析

牧草品种及技术	增产（kg/亩）	增产率（%）	价格（元/kg）	新增产值（元/亩）	示范面积（亩）	推广面积（亩）
苜蓿	80	20	1.8	144	400	3 000
饲用燕麦	100	33	1.6	160	1 900	2 000
燕麦+草木樨混播	240	80	1.5	360	200	500
大麦复种燕麦	370	123	1.3	481	150	300
喷施叶面肥增产	31.72	26	1.4	44.4	1 180	30 000

（二）社会效益

家庭牧场是锡林郭勒草甸草原区草地管理与畜牧业生产的基本单元，本课题研发的放牧退化草甸草原的恢复技术、刈割退化草甸草原的恢复技术、已恢复退化草甸草原的维持稳定技术，以及组装集成后的综合治理模式，将来若能在该区域大面积推广应用，能够推动当地经济社会的可持续发展，使牧民增收、草原增绿，更重要的是，该区域退化草甸草原的恢复对于维护我国北方天然的绿色生态屏障具有重要意义。

家庭牧场作为一种新型畜牧业经营主体，是实现畜牧业产业化、集约化经营的有效途径。家庭牧场的建设有助于从根本上转变广大牧民的思想观念，改变传统的牲畜养殖习惯，增加科技投入，使牲畜养殖走上科学化道路，促进了畜牧业的市场化发展。提高经济效益的同时，也带动周边其他牧民群众科学养殖的积极性，进而推动畜牧业朝着产业化、集约化方向发展的进程。草地资源是家庭牧场经营的基础，然而人们对经济效益的过度追求导致草原严重退化。目前，该区域家庭牧场中草地利用主要存在以下几方面问题。

放牧地退化导致饲草料供给不足。实际生产中，对经济效益的追求导致过度放牧。当地牧民逐年增加的物质需求，导致家畜数量增加，高载畜量下的长期过度放牧必然导致草地退化，削弱草地生产力，阻碍牧区经济发展，使草牧业陷入恶性循环，而草地退化的结果就是饲草料供给不足。

缺乏天然草地的合理利用和科学指导。近年来，西乌珠穆沁旗在气候变化和人口剧增双重压力的胁迫下，由于家庭牧场资源利用与管理不合理，草原破坏程度较为严重，退化速度惊人。造成草原退化的最主要原因就是对草地资源的管理和利用不当。除我国草地管理中采取的一些如土地承包、草畜平衡、划区轮牧、休牧禁牧等政策措施存在的影响外，缺乏对天然草地的合理利用和科学指导、缺乏治理退化草地的技术措施是目前亟待解决的问题。

第五节　结　语

　　放牧轻度退化草甸草原恢复，可采取适应性放牧措施，每年7月中旬放牧，以群落留茬高度6cm为终牧期。适度放牧利用不会加剧草场退化，因为植物群落特征和土壤理化性质等多项指标多无显著变化。放牧中度退化草甸草原采取切根、施有机肥（发酵羊粪）和切根+施有机肥3种措施，均降低0～40cm土层土壤容重和提高0～40cm土层土壤硝态氮含量；切根+施有机肥措施，有利于提高植物群落高度和物种丰富度、提高0～30cm土层土壤含水率和0～10cm土层土壤总有机碳含量。放牧重度退化草甸草原采取施有机肥措施有利于提高0～40cm土层土壤含水率和10～30cm土层土壤总有机碳含量，降低0～20cm土层土壤容重；松土+施有机肥复合措施，通过改善土壤通气性、透水性和提高养分等立地条件，可提高植物群落生物量、根茎型禾草相对生物量，减少杂类草相对生物量。

　　刈割轻度退化草甸草原恢复，采取割2年休1年的适度刈割利用不会加剧草场退化，因为与对照（不刈割）相比，植物群落特征和土壤理化性质多项指标无显著变化。喷洒叶面肥也有利于提高刈割中度退化割草场植物群落盖度、高度和生物量。刈割中度退化草甸草原恢复，可采取切根+施有机肥、松土+施有机肥2种措施。2种复合处理方式均显著提高群落生产力。已恢复的退化草甸草原采取3种刈割制度利用，均影响地上生物量的维持，是不适合的利用方式。而适度的放牧（轻度和中度放牧）是符合当地实际情况的利用方式。

　　搜集锡林郭勒草原及自然条件相似地区的牧草种质材料和抗性、品质、产量等性状突出的栽培（引进）种质材料79种份。经过筛选，适宜当地种植的禾本科牧草有坝燕6号、魁北克燕麦、进口牧乐斯、海威和国产牧乐斯；豆科牧草有中苜1号苜蓿。发展饲草（大麦与燕麦）复种有利于种植结构的调整。利用复种饲草增加饲草作物的种植面积，提高种植比例，是调整内蒙古种植业结构的有效途径，将1年1茬改为1年2茬，提高复种指数、饲草产量，并且不使用地膜，减少水、化肥、农药使用量和秸秆残留量。饲用燕麦和草木樨混播栽培技术可有效合理地利用空间、光照、热量和水分等资源。草木樨不仅可为土壤提供大量有机质，其根瘤还可以固氮，给土壤供应氮素。放牧用混播人工草地栽培技术由牧草品种选择搭配、保护性播种、经纬播种、水肥一体化管理等技术优化集成。牧草组合采用豆科牧草和禾本科牧草搭配，直根系和须根系搭配，一年生、二年生和多年生搭配。饲用燕麦复种技术选择生育期短、产量高、品质好的饲用燕麦品种，采用水肥一体化技术，与当地农牧民栽培的燕麦产量相比，增产50%以上。

　　通过确定玉米秸秆黄贮饲料适宜的加工时间、秸秆粉碎长度、含水量、填装密度、添加乳酸菌和纤维素酶量，显著改善了玉米秸秆黄贮饲料的发酵品质。收获玉米穗后，随着存放时间的推移，玉米秸秆营养价值不断降低，收回玉米穗后应尽快加工黄贮饲料，尽量在收获后1周之内完成。短切可以改善玉米黄贮饲料的品质。玉米秸秆原料含水量是影响青贮饲料发酵品质和有氧稳定性的重要指标。填装密度是影响玉米秸秆黄贮饲料发酵品质的重要因素，随着填装密度的增加，黄贮饲料发酵品质逐渐提高。

天然牧草（羊草）青贮饲料发酵过程中，肠杆菌科和乳酸菌分别主导发酵的初期（0～35 天）和后期（35～60 天）。羊草青贮饲料发酵初期 pH 升高，乳酸菌数量较少，大肠杆菌数量保持在较高水平；调节含水量和添加乳酸菌可以快速降低羊草青贮饲料的 pH，加快乳酸菌增殖，有效控制大肠杆菌活性。调节含水量和添加乳酸菌结合使用，在促进发酵和抑制有害微生物方面效果最佳。

填装密度对饲用大麦青贮饲料的品质有重要影响，增加大麦原料填装密度可有效降低青贮饲料 pH，提高干物质回收率和控制大肠杆菌数量。肠杆菌科细菌演替主导饲用大麦青贮饲料的整个发酵过程。随着刈割时间的推迟，无芒大麦干物质含量逐渐升高。在不使用添加剂的情况下，调制无芒大麦青贮饲料的最佳刈割期为乳熟期，即干物质含量在 30%～32%。随着填装密度的升高，饲用大麦青贮饲料的 pH、氨态氮占全氮百分比、中性洗涤纤维和酸性洗涤纤维含量显著降低，干物质回收率、干物质体外消化率、中性洗涤纤维体外消化率和酸性洗涤纤维体外消化率显著升高；肠杆菌属细菌相对含量降低，乳杆菌属细菌显著升高。

以多年生禾本科牧草为主的天然草原，适宜收获期为 7 月下旬至 8 月中旬，留茬高度为 5～8cm。将刈割后的牧草平铺在草地上进行自然晾晒，当水分降至 35%左右时，使用搂草机将其搂成草条，继续晾晒，当含水量降至 15%～18%时，开始打捆。

针对退化草甸草原生产中存在的实际问题，以家庭牧场为基本生产单元，进行了相应技术的组装与示范推广，总结出基于生产单元（牧户）的区域退化草甸草原综合治理模式。放牧轻度退化采取"围栏封育+划区轮牧+人工草地"治理模式，放牧中度退化采取"围栏封育+切根+科学施肥+人工草地"治理模式，放牧重度退化采取"围栏封育+松土+科学施肥+补播+人工草地"治理模式。放牧退化草甸草原恢复示范区 80 亩，植被生产力平均提高 21%，优质牧草比例平均增加 18%。轻度退化打草场采取"围栏封育+割 2 年休 1 年+施肥"技术模式，中度退化打草场采取"封育+清除毒草+施肥"治理模式。

参 考 文 献

巴图娜存, 胡云锋, 艳燕, 等. 2012. 1970 年代以来锡林郭勒盟草地资源空间分布格局的变化. 资源科学, 34(6): 1017-1023.

包姝芬, 马志宪, 崔学明. 2011. 近50年锡林郭勒盟的气候变化特征分析. 内蒙古农业大学学报(自然科学版), (3): 157-160.

薄涛. 2009. 内蒙古草甸草原放牧退化演替研究. 内蒙古农业大学硕士学位论文.

常虹, 孙海莲, 刘亚红, 等. 2020. 东乌珠穆沁草甸草原不同退化程度草地植物群落结构与多样性研究. 草地学报, 28(1): 187-195.

宫德吉. 1997. 内蒙古干旱灾害对策研究. 内蒙古气象, (4): 10-19.

宫德吉, 汪厚基. 1994. 内蒙古干旱现状分析. 内蒙古气象, (1): 17-23.

姜恕. 1988. 草原的退化及其防治策略初探. 资源科学, (2): 157-160.

康爱民, 刘俊琴. 2003. 锡林郭勒草原治理刻不容缓. 中国水土保持, (4): 5-6.

康晓虹, 史俊宏, 张文娟, 等. 2018. 草原禁牧补助政策背景下牧户生计资本现状及其影响因素研究:

基于内蒙古典型牧区的调查数据. 干旱区资源与环境, 32(11): 61-67.

李博. 1997. 中国北方草地退化及其防治对策. 中国农业科学, 30(6): 1-9.

李晋波, 姚楠, 赵英, 等. 2018. 不同放牧条件下锡林郭勒典型草原土壤水分分布特征及降水入渗估算. 植物生态学报, 42(10): 61-70.

王云霞, 曹建民. 2007. 内蒙古草原过度放牧的解决途径. 生态经济, (7): 58-60+64.

杨汝荣. 2002. 我国西部草地退化原因及可持续发展分析. 草业科学, (1): 23-27.

杨勇, 李兰花, 王保林, 等. 2015. 基于改进的 CASA 模型模拟锡林郭勒草原植被净初级生产力. 生态学杂志, 34(8): 2344-2352.

张存厚, 李云鹏, 李兴华, 等. 2009. 内蒙古近 30 年 10℃积温变化特征分析. 干旱区资源与环境, 23(5): 100-105.

张戈丽, 陶健, 董金玮, 等. 2011. 1960 年-2010 年内蒙古东部地区生长季变化分析. 资源科学, 33(12): 2323-2332.

赵萌莉, 许志信. 2000. 内蒙古草地资源合理利用与草地畜牧业持续发展. 资源科学, 22(1): 73-76.

Bai Y, Han X, Wu J, et al. 2004. Ecosystem stability and compensatory effects in the Inner Mongolia grassland. Nature, 431(7005): 181-184.

Kawamura K, Akiyama T, Yokota H, et al. 2005. Quantifying grazing intensities using geographic information systems and satellite remote sensing in the Xilingol steppe region, Inner Mongolia, China. Agriculture Ecosystems & Environment, 107(1): 83-93.

第七章 科尔沁沙质草甸草原退化治理技术模式

科尔沁草原分布于东北平原向内蒙古高原的过渡区域。历史上，科尔沁草原河川众多，植被繁茂，水草丰美。连绵起伏的岗梁部分土质松软，保水性强，排水良好，主要发育着草甸草原植被甚至森林植被。内蒙古赤峰市以北地区曾有"平地松林八百里"，通辽市北部地区有大面积榆树疏林草原，以及其他类型有乔木疏林和灌木生长的草原植被。岗梁之间的甸子地，水源充沛，土质肥沃，地势平坦开阔，形成大面积草甸甚至沼泽植被。生境的变异和多样，造就了科尔沁草原丰富的生物多样性。因此，科尔沁草原自古就是优良的天然牧场，不仅饲养着传统的蒙古牛、蒙古羊，在现代还培育了闻名遐迩的科尔沁红牛、草原红牛、敖汉细毛羊和兴安细毛羊等家畜优良品种。同中国境内其他著名的草原一样，科尔沁草原也有着悠久的历史和深厚的人文、文化底蕴。由于自然演变和人为活动，科尔沁草原在近代出现了以沙化为主要特征的衰退现象。至 19 世纪后期，因滥垦沙质草地，砍伐森林，曾号称"平地松林八百里"的林草植被渐成茫茫沙海。许多地方甸子地不断缩小，沙坨地扩大，使科尔沁草原又有了科尔沁沙地之称，成为全国最大的沙地。原生的森林、草甸和草甸草原植被逐渐被更加旱生性的草原植被所替代。长期以来，人们为恢复和治理科尔沁沙地付出了不懈努力，取得了巨大成效，探索出了适用于不同区域和不同环境条件下的多种技术模式。然而，随着环境、气候、社会、经济、文化等条件的不断变化，新的问题不断出现，需要系统地探索科尔沁沙质退化草甸植被恢复与重建技术模式、科尔沁优良乡土植物种质与适宜植物品种筛选及栽培技术集成、科尔沁沙质退化草甸综合治理与资源优化利用的集成技术体系与模式，目标是恢复提高科尔沁沙地土壤稳定性、植物多样性、植被盖度和第一性生产力，促进经济发展。通过综合治理技术集成、优质牧草加工、贮藏和高效利用，保证技术的有效实施，提高农牧民收入，从而为该区域产业发展提供技术支撑。

第一节 科尔沁沙质草甸草原退化、沙化、盐碱化状况

一、退化、沙化、盐碱化面积特征

20 世纪 90 年代中期，科尔沁地区退化草地面积占草地总面积的 45.9%。其中，轻度退化面积 $305.35 \times 10^4 hm^2$，占可利用草地面积的 29.8%，牧草产量比正常草地减少 25%以下；中度退化面积 $119.55 \times 10^4 hm^2$，占可利用草地面积的 11.7%，牧草产量减少 25%～50%；重度退化面积 $45.39 \times 10^4 hm^2$，占可利用草地面积的 4.4%，牧草产量减少大于 50%（乌力吉，1996）。朱芳莹（2015）利用 1987～1992 年 TM 融合图像、1999～2002 年 ETM+融合图像和 2012 年 ETM+卫星影像，通过遥感解译，计算出科尔沁沙地沙化土地面积1987 年为 $48\,344 km^2$、2000 年为 $49\,572 km^2$ 和 2012 年为 $50\,522 km^2$，以 $87 km^2$/年的速率

在匀速扩张，总体上土地沙化扩张趋势仍在迅速增大。科尔沁沙质草地退化主要特征为草地生物量减少和优质牧草种类减少，平均减产幅度为 36%。在双辽地区，优质牧草的干物质动态为 1970 年 1800kg/hm², 1980 年 1350kg/hm², 1990 年 750kg/hm², 2000 年 600kg/hm², 2003 年 215kg/hm²，优质牧草产量在 30 余年中减少了 88%。

2003 年 8 月，中国科学院沈阳应用生态研究所同中央电视台联合对科尔沁沙地进行生态科学考察，认为草地退化仍呈加剧态势（蒋德明等，2004）。在一些代表性区域如奈曼旗，退化草地面积约 35.55×10⁴hm²（原文为 3.62×10⁵hm²，根据合计校正），占全旗可利用草地面积的 88.8%。其中，轻度退化 13.6×10⁴hm²，中度退化 9.65×10⁴hm²，重度退化 12.3×10⁴hm²。在双辽市，1970 年草地退化、沙化、盐碱化（简称"三化"）面积为 2000hm²，1980 年为 5330hm²，1990 年为 1.53×10⁴hm²，2000 年为 2.6×10⁴hm²，2003 年达到 2.8×10⁴hm²，增速惊人。蒋德明等（2004）考察发现，草地退化表现为如下特点：①除用作割草场的甸子地以外，沙区草地被以一年生植物（虎尾草、狗尾草、马唐等）为主的群落所覆盖，多年生牧草（尤其是多年生禾本科牧草）稀少，致使牧草产量随降水多寡波动，表现出非常明显的脆弱特征；②流动沙丘、半流动沙丘继续朝产草量大、草质好的草甸地块移动，致使良好草地面积趋向减少；③从 1999～2002 年，科尔沁进入降水低谷期，大部分地区承受了连续干旱，草地生产力受到了明显影响；④牲畜数量在一些地区不仅没有下降，还继续增长；⑤地表水减少明显，在一定程度上影响草地植被的组成和生物量。

内蒙古 2010 年草原资源调查统计了科尔沁沙地集中分布的兴安盟、通辽市和赤峰市草原退化、沙化和盐碱化面积及所占比例。这是 20 世纪 80 年代中期第三次草原资源普查之后，最具权威性的一次调查。第三次草原资源普查，兴安盟、通辽市和赤峰市总草原面积分别为 303.32×10⁴hm²、456.34×10⁴hm² 和 546.74×10⁴hm²；2010 年草原资源调查时，这 3 个盟市总草原面积分别为 226.86×10⁴hm²、310.71×10⁴hm² 和 470.16×10⁴hm²，分别减少了 76.46×10⁴hm²、145.63×10⁴hm² 和 76.58×10⁴hm²，减少量是惊人的。草原面积减少至少有 3 层含义：一是减少的草原改变了用途，如果被开垦变为农用土地，则这部分草地是生产力最高的部分；二是保留下的草原在牲畜数量没有减少甚至增多的情况下，放牧压力加大，使本来条件就很脆弱的生态系统，处于更强的"三化"之中；三是治理难度加大，因为减少利用强度的先决条件很难实现。在保留的草原总面积中，3 个盟市合计"三化"草原面积分别为 150.51×10⁴hm²、256.39×10⁴hm² 和 390.56×10⁴hm²，分别占各自草原总面积的 66.34%、82.52% 和 83.07%（表 7-1～表 7-3）。"三化"草原治理任务艰巨。

表 7-1 2010 年内蒙古科尔沁沙地所在盟市退化草原统计表

盟市	草原总面积 (×10⁴hm²)	退化草原面积 (×10⁴hm²)	轻度退化		中度退化		重度退化	
			面积 (×10⁴hm²)	占比 (%)	面积 (×10⁴hm²)	占比 (%)	面积 (×10⁴hm²)	占比 (%)
兴安盟	226.86	129.86	56.24	24.79	62.49	27.55	11.13	4.91
通辽市	310.71	105.28	33.01	10.62	47.85	15.40	24.42	7.86
赤峰市	470.16	253.90	106.87	22.73	129.29	27.50	17.74	3.77

注：占比是指占本行政区域草原总面积百分比。表 7-2 和表 7-3 同

表 7-2 2010 年内蒙古科尔沁沙地所在盟市沙化草原统计表

盟市	草原总面积 (×10⁴hm²)	沙化草原面积 (×10⁴hm²)	轻度沙化		中度沙化		重度沙化	
			面积 (×10⁴hm²)	占比 (%)	面积 (×10⁴hm²)	占比 (%)	面积 (×10⁴hm²)	占比 (%)
兴安盟	226.86	10.01	5.18	2.28	2.40	1.06	2.43	1.07
通辽市	310.71	116.34	52.39	16.86	42.66	13.73	21.29	6.85
赤峰市	470.16	126.79	41.25	8.77	56.60	12.04	28.94	6.16

表 7-3 2010 年内蒙古科尔沁沙地所在盟市盐碱化草原统计表

盟市	草原总面积 (×10⁴hm²)	盐碱化草原面积 (×10⁴hm²)	轻度盐碱化		中度盐碱化		重度盐碱化	
			面积 (×10⁴hm²)	占比 (%)	面积 (×10⁴hm²)	占比 (%)	面积 (×10⁴hm²)	占比 (%)
兴安盟	226.86	10.64	1.61	0.71	2.40	1.06	6.63	2.92
通辽市	310.71	34.77	11.32	3.64	15.32	4.93	8.13	2.62
赤峰市	470.16	9.87	2.45	0.52	4.15	0.88	3.27	0.70

依据 2010 年草原资源调查，内蒙古草原总面积为 7587.49×10⁴hm²，退化草原面积为 3225.24×10⁴hm²，占全区草原总面积的 42.51%。兴安盟、通辽市和赤峰市 3 地草原退化面积占当地草原面积的 57.24%、33.88%和 54.00%。其中，兴安盟和赤峰市超过了内蒙古平均水平。内蒙古沙化草原面积为 1074.58×10⁴hm²，占全区草原总面积的 14.16%。兴安盟、通辽市和赤峰市 3 地草原沙化面积占当地草原面积的 4.41%、37.44%和 26.97%。其中，通辽市和赤峰市是内蒙古平均水平的 2.64 倍和 1.90 倍。内蒙古盐碱化草原面积为 326.16×10⁴hm²，占全区草原总面积的 4.3%。上述 3 地盐碱化面积占当地草原面积的 4.69%、11.19%和 2.10%。其中，兴安盟与自治区水平相当，赤峰市低于自治区平均水平，通辽市是自治区平均水平的 2.6 倍。综合统计，内蒙古"三化"草地面积合计占草地总面积的 60.97%，兴安盟、通辽市和赤峰市 3 地草原"三化"面积占当地草原总面积的 66.34%、82.52%和 83.07%，幅度超过自治区平均水平。因此，科尔沁沙质草地生态治理和可持续利用对区域生态系统恢复具有重大意义。

二、退化、沙化、盐碱化群落特征

本研究以通辽市扎鲁特旗（北纬 43°50′13″～45°35′32″，东经 119°13′48″～121°56′05″）为试验区。该旗是科尔沁沙质草甸和草甸草原最典型的分布区之一，多年平均降水量为 382.5mm，素有科尔沁草原"后花园"之称。其草地处于内蒙古高原向松辽平原过渡的地带、由北部山地向低山丘陵到沙丘平原过渡的地带、由草甸草原向西部典型草原过渡的地带，原始生境的生物多样性丰富，群落成分复杂。植被类型分布地带性比较明显，由北向南生长着线叶菊（*Filifolium sibiricum*）群系、贝加尔针茅（*Stipa baicalensis*）群系、羊草（*Leymus chinensis*）群系、大针茅（*Stipa grandis*）群系等代表类型（常宏理等，1994）。长期的干扰破坏和不合理利用，使草原景观变得支离破碎，岗梁地沙化、缓平地退化、低洼地退化加盐碱化十分普遍。根据 1980~1985 年内蒙古草原勘测设计院草原普查结果，扎鲁特旗草地退化面积共达 $1.84×10^5 hm^2$。其中，轻度退化 $1.10×10^5 hm^2$、中度退化 $2.54×10^4 hm^2$、重度退化 $4.84×10^4 hm^2$（内蒙古草原勘测设计院，1989）。此后 30 年，国家和内蒙古自治区都投入了大量资金和物资、实施了多项"三化"草地治理工程，付出了艰苦努力，力图扭转"三化"草地加剧的不利局面。本研究以 Landsat8 卫星遥感影像资料为基础，以谷歌地图等图件作为辅助工具，在 2016 年对扎鲁特旗草地资源和退化状况进行了本底调查，在 8 月份生物量最高时期，调查有效样地 81 个。

扎鲁特旗中南部以沙质土为主的区域，凡是水土条件较好的草地基本都被开垦，其余草地被分割成片段，破碎化严重。在调查区发现 120 种植物，分属 34 科 85 属。其中，植物种数最多的 7 个科为禾本科（Gramineae）、菊科（Compositae）、豆科（Leguminosae）、蔷薇科（Rosaceae）、百合科（Liliaceae）、藜科（Chenopodiaceae）和唇形科（Labiatae），占总种数的 66.67%。根据生活型，这 120 种植物可划分为 7 个功能群，即一年生植物、一二年生植物、二年生植物、多年生根茎禾草、多年生丛生禾草、多年生杂类草和灌木半灌木。统计各功能群的数量对比关系并绘制生活型谱，发现该旗草地虽然仍以多年生草本植物占优势，但一年生、一二年生和二年生植物比例超过 1/4。在原始状态下的该类顶极植物群落中，一年生或一二年生植物比例一般低于 2%。在多年生草本植物中，多年生杂类草所占比例最高，其次为多年生根茎禾草，多年生丛生禾草物种数最少（表 7-4）。

表 7-4　扎鲁特旗沙质草原植物群落生活型谱

生活型	一年生	一二年生	二年生	多年生根茎禾草	多年生丛生禾草	多年生杂类草	灌木半灌木	合计
物种数	24	5	2	31	9	34	7	112
占比（%）	21.4	4.5	1.8	27.7	8.0	30.4	6.3	100

草原植物群落的结构与外貌通常用植物种类组成来反映，常用优势种的更替作为判断群落演替阶段的指标（王炜等，1999）。本研究将本次调查的草地群落植物组成与 1980~1985 年相近地点调查资料进行比较，发现有很大改变。群落优势种变化可以判断草地仍处于退化过程中。在草甸草原区域，物种替换明显（表 7-5）。其中，蒙古栎（*Quercus mongolica*）、白桦（*Betula platyphylla*）等乔木遭受了严重的砍伐或死亡。山地草甸草原建群种虎榛子（*Ostryopsis davidiana*）、绣线菊（*Spiraea salicifolia*）、山杏（*Armeniaca sibirica*）的地位下降。大针茅取代了贝加尔针茅的优势地位，部分地区贝加尔针茅完全消失，旱化加剧；中华隐子草（*Cleistogenes chinensis*）在群落中衰退，草地的优势种演变为糙隐子草（*C. squarrosa*）和寸草薹（*Carex duriuscula*）。不少草地一年生禾草止血马唐（*Digitaria ischaemum*）、小画眉草（*Eragrostis minor*）、狗尾草（*Setaria viridis*）等成为优势植物。

表 7-5　扎鲁特旗草甸草原主要草地组两次调查的群落主要植物种对比

草地亚类	草地组	1980~1985 年主要种	2016 年主要种
平原丘陵草甸草原	根茎禾草草地	羊草、贝加尔针茅、野苜蓿、火绒草、薹草、委陵菜、马先蒿、冷蒿、落草	针茅、羽茅、糙隐子草、阿尔泰狗娃花、并头黄芩、柄状薹草、裂叶蒿、地榆
山地草甸草原	具落叶乔木的灌木草地	虎榛子、线叶菊、贝加尔针茅、绣线菊、大针茅、蒙古栎、白桦	糙隐子草、寸草薹、虎尾草、大针茅、虎榛子、蒙古栎、绣线菊、百里香、大丁草、小画眉草
	阔叶灌木草地（1）	山杏、线叶菊、隐子草、针茅、铁杆蒿、胡枝子、薹草	马齿苋、野葱、苍耳、稷、尖叶铁扫帚、灰莲蒿、针茅、大针茅、山杏、达乌里胡枝子、寸草薹、糙隐子草
	阔叶灌木草地（2）	山杏、羊茅、贝加尔针茅、中华隐子草、糙隐子草、铁杆蒿、胡枝子、委陵菜	小画眉草、止血马唐、唐松草、远志、中华小苦荬、达乌里胡枝子、虎尾草、糙隐子草、委陵菜
	根茎禾草草地	野古草、贝加尔针茅、中华隐子草、羊草、胡枝子、黄蒿、百里香	糙隐子草、达乌里胡枝子、寸草薹、狗尾草、羊草、尖叶铁扫帚、委陵菜、大针茅、止血马唐、冠芒草
	直立杂类草草地	线叶菊、贝加尔针茅、羊草、糙隐子草、麻花头、紫菀、白头翁、山苦荬、黄芩	糙隐子草、委陵菜、羊草、寸草薹、尖叶铁扫帚、针茅、黄芩、北柴胡、线叶菊
水泛地草甸	根茎禾草草地	野古草、中华隐子草、芦苇、针茅、羊草、百里香、委陵菜、铁杆蒿、胡枝子、薹草	羊草、芦苇、旋覆花、星星草、委陵菜、天蓝苜蓿、车前、阿尔泰狗娃花、狗尾草、裂叶蒿
沼泽化草甸	小莎草草地	薹草、芦苇、拂子茅、牛鞭草、野大麦、海乳草、蒲公英	寸草薹、蒲公英、海乳草、委陵菜、猪毛菜
低地盐化草甸	根茎禾草草地	羊草、马蔺、芦苇、薹草、长叶碱毛茛、风毛菊、碱蓬	虎尾草、寸草薹、羊草、蒲公英、委陵菜、草地风毛菊、碱蓬

在低地水泛地草甸中野古草（*Arundinella anomala*）、针茅、中华隐子草等原来的优势种消失，芦苇（*Phragmites australis*）的优势度下降；沼泽化草甸的种类成分变动较大，芦苇、拂子茅、牛鞭草（*Hemarthria altissima*）、野大麦（*Hordeum brevisubulatum*）等根茎禾草在群落中消失；在低地盐化草甸，羊草的优势度降低，马蔺（*Iris lactea*）、芦苇在群落中消失，而虎尾草（*Chloris virgata*）的生长发育旺盛，呈现出一年生植物为主的景观。

对比 1980~1985 年与 2016 年的调查结果发现，扎鲁特旗沙质草甸草原多年生草种数介于中度退化与重度退化之间，一年生草种数远多于重度退化的草地标准，草群平均高度介于轻度退化与中度退化之间，草群盖度介于中度退化与重度退化之间（表 7-6）。由此判断，扎鲁特旗草甸草原处于由中度退化向重度退化的过渡阶段。由于一年生植物逐渐成为群落主体，草地生产力随雨热的变化波动性加大，不稳定性增强，利用价值降低。尤其是冬春季节草地失去多年生植物枯落物和残茬保护，地表裸露面积扩展，风蚀的风险加大，出现大量活动沙丘和风蚀穴，通过一般封闭等措施在短期内很难自然恢复。

表 7-6　20 世纪 80 年代扎鲁特旗草甸草原退化状况与 2016 年调查结果比较

	正常草地	轻度退化		中度退化		重度退化		2016 年实测值	
		数量	占正常草地（%）	数量	占正常草地（%）	数量	占正常草地（%）	数量	占正常草地（%）
多年生草种数	26	17	65.4	8	30.8	6	23.1	7	26.9
一年生草种数	1	2	200.0	2	200	6	600	11	1100
草群平均高（cm）	39	16	41.0	8	20.5	5	12.8	9	23.1
草群盖度（%）	65	35	53.8	26	40.0	29	44.6	27	41.5

第二节　科尔沁沙质草甸草原退化、沙化、盐碱化影响因素

一、不同季节温度、降水量、蒸散量和积温对植物生长的影响

本研究以扎鲁特旗生态牧场为试验区，该旗位于科尔沁沙质草甸和草甸草原的典型地段（北纬 44°22′38.11″～44°26′17.70″，东经 121°12′38.55″～121°20′39.51″），研究区占地面积约 47.23km²。草地类型以温性草甸草原类和低地草甸类为主，均有不同程度的退化、沙化。土壤多为风沙土，部分为草甸土和沼泽土。优势植物有大针茅、羊草、冰草、褐沙蒿、差不嘎蒿、油蒿、芨芨草、芦苇、野大麦、拂子茅、巨序剪股颖、大叶章、披碱草、薹草、小糠草等。

本研究对 2005～2017 年科尔沁退化草地的植被盖度、生物量及 4 个季度的温度、降水量、蒸散量和年积温统计分析表明，研究区植被盖度为 46%～72%，平均为 63%；草地生物量为 63.7～120.9g/m²，平均为 92.0g/m²。4 个季度的平均温度依次为–7.4℃、16.5℃、21.6℃和–2.0℃；平均降水量依次为 6.2mm、130.2mm、192.9mm 和 20.1mm；平均蒸散量依次为 36.7kg/m²、54.4kg/m²、107.9kg/m² 和 43.0kg/m²。≥0℃积温为 3557.2～4133.6℃，平均为 3808.7℃。

研究表明，植被盖度与 4 个季度的温度均呈负相关，与降水量呈正相关，与蒸散量的相关性有正有负，与积温的相关性较小。其中，植被盖度与一、三季度温度呈显著负相关关系（$P<0.05$），说明 1～3 月和 7～9 月两个季度制约植被生长的主要因子之一是温度；植被盖度与三季度降水量呈显著正相关（$P<0.05$），说明 7～9 月的降水量是影响植被生长的又一主要因子；植被盖度与二季度蒸散量呈显著正相关（$P<0.05$），与三季度蒸散量呈极显著正相关（$P<0.01$），说明 4～9 月的蒸散量也会对植被生长产生正向影响（表 7-7）。进一步以盖度为因变量（y）进行多元回归分析，得到盖度随三季度蒸散量和三季度温度变化的回归方程 $y=0.135x_1-8.001x_2+221.735$（$R^2=0.648$，$P<0.05$，$x_1$ 为三季度蒸散量，x_2 为三季度温度）；盖度随二季度蒸散量和三季度降水量变化的回归方程 $y=0.211x_1+0.049x_2+42.195$（$R^2=0.601$，$P<0.05$，$x_1$ 为二季度蒸散量，x_2 为三季度降水量）。说明植被盖度随三季度蒸散量和温度的协同变化而变化，也受二季度蒸散量和三季度降水量的共同影响。

草地生物量与不同季度的温度、降水量、蒸散量、积温的相关性各不相同，与盖度同各气象指标的相关性类似。生物量与三季度温度呈极显著负相关（$P<0.01$），说明 7～9 月的温度越高，越不利于生物量的积累；生物量与二季度降水量呈极显著正相关（$P<0.01$），说明 4～6 月的降水量是影响草地生物量的主要因子之一；生物量与二季度蒸散量呈显著正相关（$P<0.05$），表明 4～6 月的蒸散量也会对生物量的积累产生正向影响（表 7-7）。以生物量为因变量（y）进行多元线性回归分析，得出回归方程为 $y=0.329x_1-18.577x_2+451.296$（$R^2=0.782$，$P<0.05$，其中 x_1 为二季度降水量，x_2 为三季度温度），证明了草地生物量的积累受二季度降水量和三季度温度共同影响。

表 7-7　科尔沁沙质草甸和草甸草原年度季温、季降水量、季蒸散量和积温与植被盖度和生物量的相关性

气象因素	季度	Pearson 盖度相关性	盖度显著性（双尾）	Pearson 生物量相关性	生物量显著性（双尾）
温度	一	−0.571	0.041	−0.218	0.475
	二	−0.525	0.066	−0.416	0.157
	三	−0.624	0.023	−0.685	0.010
	四	−0.092	0.766	0.296	0.326
降水量	一	0.112	0.715	0.317	0.292
	二	0.462	0.112	0.844	0.000
	三	0.584	0.036	0.252	0.407
	四	0.301	0.318	0.010	0.975
蒸散量	一	−0.448	0.125	−0.345	0.249
	二	0.659	0.014	0.672	0.012
	三	0.696	0.008	0.460	0.114
	四	0.236	0.439	−0.225	0.459
≥0℃积温		−0.181	0.553	0.027	0.930

为了观测不同深度的土壤温度和土壤含水量的月变化，本研究在植被生长季（4 月下旬至 10 月），采用物联网设备主要对植被生长季 1m 深度内每隔 10cm 土层温度和水分进行自动监测和收集，结果表明，土壤温度在 6 月和 7 月随土层加深而降低，10 月则随土层加深而升高。其他月份 40cm 以上土层温度基本上保持与气温相似的节律，30cm 时温度最高。40cm 以下土层温度也随气温变化而变化，层间波动较小（图 7-1）。

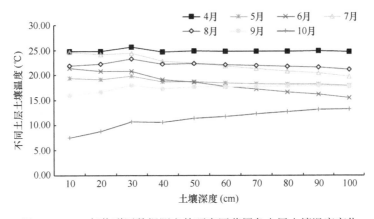

图 7-1　2017 年物联网数据测定的研究区草原各土层土壤温度变化

各月份土壤水分变化规律性更加明显，表现为 3 种模式，即低含水月、中含水月、高含水月（图 7-2）。土壤含水量的月动态与降水月动态完全匹配，说明沙地土壤水分几乎全部由降水供给。春季 4 月和 5 月土壤含水量极低，上下土层基本一致，说明冬春少雨雪多大风的科尔沁草原土壤失水迅速，降水是补充土壤水的唯一来源，这也是科尔沁沙地草原常常表现为春旱的原因。春季沙地治理和草原改良的最大限制因素是土壤干旱。对于建设人工草地，除了部分极耐旱的牧草品种外，冬季灌溉越冬水和春季灌溉返

青水就显得十分必要。9月和10月大气降水减少，各层土壤含水量也相应减少，总体处于中等状态。失水途径主要是地面蒸发和植物叶面蒸腾，失水速率较高。6月、7月和8月大气降水集中，土壤含水量也得到迅速补充，各层都维持在较高水平。如果充分利用好这个时期的水分，减少灌溉用水，会大大节约治沙成本。此期间，50cm 土层含水量保持在 16.0%以上，如果选择一些深根性植物或深浅根植物的合理搭配，会有利于其对水分的有效利用。

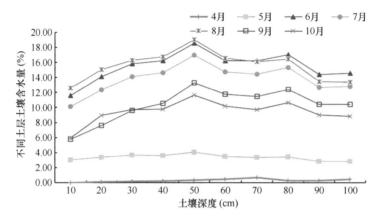

图 7-2　2017 年物联网设备测定的研究区草原各土层土壤水分变化

二、不同季节温度和降水对草地退化、沙化的影响

采用遥感监测草地退化、沙化，主要是以归一化植被指数（NDVI）拟合盖度对遥感图片进行解译的，而影响盖度的气象因素有三季度蒸散量、二季度蒸散量、三季度温度、三季度降水量和一季度温度，研究中要重点分析这些指标对草地退化、沙化的贡献。分析表明，三季度温度与中度沙化呈显著正相关（$P<0.05$），相关系数为 0.950；三季度降水量与重度退化呈显著负相关（$P<0.05$），相关系数为 –0.902（图7-3）；其他气象指标与草地退化、沙化相关关系未达显著水平（表 7-8）。中度沙化面积与三季度温度变化趋势一致，重度退化面积与三季度降水量变化趋势相反，印证了三季度温度和三季度降水量是制约植被盖度的最主要气象因素，从而进一步影响草地的退化和沙化过程。

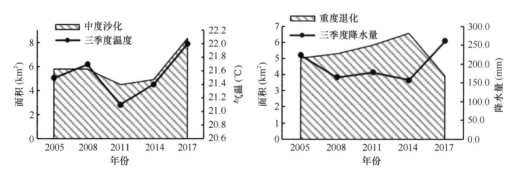

图 7-3　三季度温度和降水量与草地中度沙化（左）和重度退化（右）的关系

表 7-8　不同退化、沙化草地面积与关键气象指标的相关性

气象因素		轻度退化	中度退化	重度退化	轻度沙化	中度沙化	重度沙化
三季度蒸散量	Pearson 相关性	−0.048	−0.169	0.187	−0.254	0.184	0.211
二季度蒸散量		−0.730	0.558	0.564	−0.094	−0.269	0.455
三季度温度		0.779	−0.552	−0.802	−0.731	0.950	0.163
三季度降水量		0.453	0.094	−0.902	−0.704	0.845	0.224
一季度温度		0.359	−0.477	−0.261	−0.697	0.566	0.581
三季度蒸散量	显著性（双尾）	0.938	0.785	0.764	0.680	0.768	0.733
二季度蒸散量		0.161	0.329	0.322	0.881	0.662	0.442
三季度温度		0.121	0.334	0.103	0.161	0.013	0.794
三季度降水量		0.443	0.880	0.036	0.185	0.071	0.718
一季度温度		0.553	0.416	0.672	0.191	0.320	0.304

三、1961～2018 年气候变化对草地退化、沙化的影响

气候变化对科尔沁沙质草原的影响主要包括直接影响和间接影响两个方面。不同季度气象因子与草原退化和沙化的作用是直接的，具有很强的波动性。生长季温度升高会促进沙化的形成，尤其是对由轻度沙化向中度沙化转变起着重要作用；而降水量是控制草地重度退化的最关键要素。科尔沁地区降水量总体上呈波动性减少趋势，虽然减少的量不大，但对于科尔沁沙地这样主要靠雨养的草原环境，微小的变化都可能引起强烈反应（李东方等，2013）。同时，降水还引起光照强度、湿度、土壤水和地下水的变化，进而影响植被的演变。幸运的是，科尔沁草原年平均风速呈极显著减弱，缓解了沙地地表的物理干扰，对土壤稳定极其有利。这种情况下，如果退化、沙化过程依然扩展，至少说明两个关键问题：一是其他干扰因素仍然过大，风速降低的正面效应不足以抵消地面干扰形成的负面影响。二是发生了变化的其他气象指标对草地退化、沙化的综合影响非常显著，其中个别有利因素作用有限，可能只起到减缓作用。这种情况下，人为适当干预、趋利避害、主动适应气候变化是十分必要的。

1961～2018 年，科尔沁草原年最大地上生物量下降，下降速率为 5.7g/(m²·10 年)。年最大地上生物量与各气象因子的相关性分析表明，降水量、风速及空气平均相对湿度变化起着最为关键的作用（表 7-9）。以草地年最大地上生物量与空气平均相对湿度的关

表 7-9　1961～2018 年科尔沁草原年最大地上生物量与气象因子的相关性

	最大地上生物量	平均气温	平均降水量	平均风速	日照时数	平均相对湿度
最大地上生物量						
平均温度	−0.197					
平均降水量	0.498**	−0.251				
平均风速	0.152	−0.684**	0.062			
日照时数	0.040	0.214	−0.246	−0.138		
平均相对湿度	0.382**	−0.574**	0.570**	0.385**	−0.319*	

注：Pearson 相关性分析，双尾测验。**表示在 0.01 水平上差异显著，*表示在 0.05 水平上差异显著

系为例（图 7-4），其能清楚地阐明气候变化对草地退化、沙化的贡献。进入 21 世纪以来，受降水的波动性和风的共同影响，大气平均相对湿度波动性增强，相对应的科尔沁草原年最大地上生物量波动性也增强。

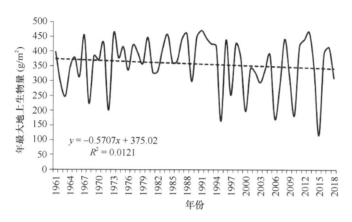

图 7-4　1961～2018 年科尔沁草原年最大地上生物量与空气相对湿度变化的关系

气候变化更大的影响是通过影响地下水和土壤水而间接对植被甚至群落环境发生作用。其中，科尔沁地区近年来地下水位普遍下降，影响是持久和长远的。朱永华等（2017）研究了 1951～2015 年科尔沁沙地四季和全年地下水埋深的变化趋势，结果都先呈线性变化再呈波动式变化，埋深增加的趋势显著。地下水位下降，也会对地表水产生影响。常学礼等（2013）的研究表明，在 1975～2009 年，科尔沁沙地湖泊面积和数量的变化趋势呈抛物线形减少，在 1995 年湖泊面积与数量最高。进入 21 世纪，湖泊面积萎缩、数量减少呈明显的加快趋势。到 2009 年，面积>0.05km^2 的湖泊数量仅为 81 个，不足 1995 年的 11%；湖泊总面积为 4375.0hm^2，不到 1995 年的 26%，而湖泊消涨主要受到年降水量波动的影响。贾恪等（2015）也认为，科尔沁沙地 1986～2013 年小型湖泊数量和面积均发生了不同程度的增减变化，湖泊面积萎缩，这种萎缩主要归因于气候的干化。其变化趋势与区域内降水量呈现很强的正相关，与蒸发量呈较强的负相关。

以科尔沁沙地和与水相关的关键词进行检索，近年来发表的中文论文有百余篇，与气候变化有关的论文也不少，说明这些问题的社会关注度很高。从反映的结果看，气候变化和地下水位降低负面影响的结论占多数。

四、生态牧场区草地退化、沙化动态变化

研究区草地的退化、沙化动态状况是科尔沁沙质草甸和草原区的缩影，极具代表性。选择扎鲁特旗以 3 年为间隔期的 2005 年、2008 年、2011 年、2014 年和 2017 年的遥感数据为依据，生成不同时期不同程度草甸和草甸草原退化、沙化空间分布图，结果显示研究区草地状况在 10 余年间发生了较大的变化（图 7-5）。生态牧场所在区域（图中蓝框线内）2005 年草地退化面积所占比重最大，以轻度退化为主，中度退化次之，沙化面积约占该区域的 1/3，主要为轻度沙化；2008 年中度和重度退化范围扩大，中度沙化面

积有所增加；2011 年中度退化面积继续扩大，与 2008 年相比增加近 1 倍，草地沙化程度也由 2008 年的中度沙化演变成重度沙化；2014 年生态牧场仍以中度退化占比最大，重度沙化面积也较 2011 年明显增加，表现出扩张的趋势。2015 年生态牧场围栏封闭，2016 年开始实施了施肥、补播、人工草地建设等一系列保护和治理改良措施，草地状况明显好转。地面监测表明，治理前寸草蘖不生的风蚀裸地，已经被植物覆盖，多年生植物的比重逐渐增加。从 2017 年的遥感图中可以看出，重度沙化扩张现象得到了抑制，轻度沙化、中度和重度退化面积大幅减少，整体区域呈现轻度退化状态。反映出在对生态牧场区进行草地治理以后，恶化的草地生态发生了逆转，治理成效显著。

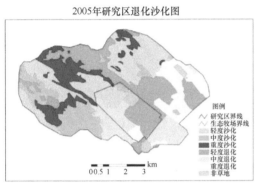
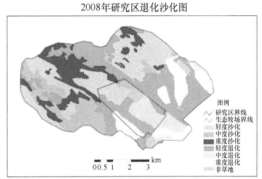
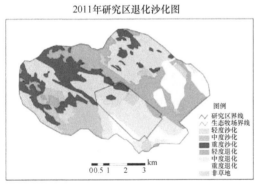
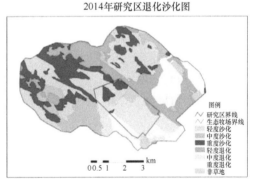
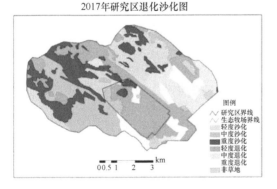

图 7-5　不同年份研究区（扎鲁特旗退化草甸和草甸草原区）和生态牧场区（蓝框线内）草地退化、沙化动态变化

与 2005 年以来各年相比，2018 年生态牧场区草地的盖度和生物量有明显增加。尤其是平均生物量，生态牧场内比其他区域提高近 1.3 倍（图 7-6）。

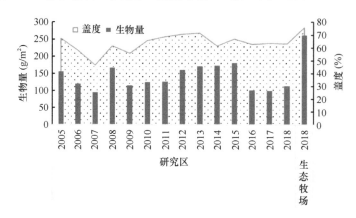

图 7-6　2005～2018 年科尔沁沙质草甸草原研究区和生态牧场植被盖度和生物量年际动态

2019 年地面监测表明，2016 年之前严重退化的草地，经过围栏封育、补播、施肥等措施，植被已经全面恢复，正向演替趋势明显。除了草群盖度、高度、生物量增加以外，消失多年的、稀少的或一直被家畜采食而生长受到抑制的沙质草甸草原的标志性优势植物榆树、贝加尔针茅、草麻黄、羊草等大量恢复，呈现出繁荣生长的态势。尤其是榆树幼苗，多度增加，能够正常生长，反映了草地的原始特征。这说明科尔沁退化、沙化草地经过有效的技术处理是能够恢复的，关键是把握 2 个关键环节：一是消除过度干扰因素，如过度放牧、开地种粮等。二是有足够长的恢复时间。从目前试验的结果看，经过补播、施肥处理的轻度退化草地需要 2 年、中度退化草地需要 3 年、重度退化草地需要 4～5 年可以在秋季割草利用，如果各延长 1 年，可以在 6 月、7 月、8 月轻度轮牧。

五、过度耕作对草地退化、沙化、盐碱化的影响

大面积开垦荒地是造成科尔沁草地面积减少的主要原因之一。垦荒不但导致草地面积减少，垦荒后弃耕也加剧了土壤风蚀（蒋德明等，2004）。

地处科尔沁草原南缘的新石器时代兴隆洼遗址的发现，证明早在 8000 多年前，北方先民已开始经营原始锄耕农业、渔猎业和家畜饲养业。粟的种植已成规模，使猪的大量饲养成为可能。由于科尔沁草原以沙土为主的土壤特点，易于开垦，受洪涝等灾害的影响小，河湖分布广，水草丰美，生物多样性丰富，对于生产力低下、农耕生产条件简陋的古人来说，是得天独厚的生存条件。而通过耕种获取生产和生活资料，是定居生活的前提。所以，科尔沁草原成为农耕文化的"牺牲品"。

宋太祖建隆元年（960 年）以后的 300 年间，科尔沁草原由契丹、女真等游牧民族控制。契丹驻牧于今辽河上游一带，辽代中期（983～1055 年），契丹北部游牧腹地的潢水（今西拉木伦河）、土河（今老哈河）流域，部分地区有了农业。上京的临潢府定霸县（今赤峰市巴林左旗南波罗城北面），中京的恩州（今赤峰市区与敖汉旗之间）、松山州（今赤峰市西南等地），北部边境的胪朐河（今克鲁伦河）流域，从辽太宗耶律德光（902～947 年）时就已开始经营农业。

辽代中期（10～11 世纪），契丹族在其所控制的今内蒙古东部地区大量垦殖，发展农业，东至海勒水（今海拉尔河）流域，科尔沁草原是其活动的核心区域。契丹族是一个开放的民族，在与汉族的长期交往和文化融合过程中，学习了大量汉族的农耕技术，使其统治的区域形成不同的经济模式。北部地区以游牧经济为主，中部地区以半游牧半农耕为主，南部地区（俗称幽云十六州）则完全属于农耕区。正是这样的经济形态，使辽代经济发达，国力强盛，有长期同宋朝对立抗衡的资本，甚至占据上风。

13 世纪，漠南汉族聚居区的农业开始向漠北蒙古族聚居区扩展。弘吉剌部聚居的达里诺尔附近，形成耕钓业。元至元九年（1272 年）拔都军克鲁伦河；至元二十二年（1285 年）亦集乃路；至元二十九年（1292 年）上都河和应昌路（今达里诺尔附近），大宁（今赤峰市宁城县）、高州（今赤峰市元宝山区）等处屯田都有较大规模。

清朝以"带地投诚"为由，将大片丰美的草原划定为皇家牧场。在嘉庆年间，山东、河北两地发生饥荒，清朝政府以"借地养民"为名，准许汉民进入科尔沁地区进行耕种。清文宗咸丰（1851～1861 年）和穆宗同治（1862～1874 年）时期，对草原的垦殖管理放松。到清德宗光绪（1875～1908 年）和宣统（1909～1911 年）时期，管理变废。有些蒙古贵族在清朝政府封禁政策松宽之际，为了增加旗内的财政收入，开始私自招垦。例如，当时的扎萨克图旗（今科尔沁右翼前旗）乌泰王规定，只要蒙户交银二三十两，可不经绳丈自由开垦。至光绪二十八年（1902 年），清政府开禁前，乌泰王自由放垦蒙地 $4.27 \times 10^4 hm^2$。

清光绪三十三年（1907 年），科尔沁草原地区的科尔沁右翼中旗开垦草原 $8.0 \times 10^4 hm^2$，净收入超过白银 24 万两。翌年，理藩院左丞姚锡光奏请垦放内蒙古东部荒地得到奏准，从扎鲁特旗开始丈放。据统计，从清光绪二十八年至三十四年（1902～1908 年），科尔沁地区 10 个旗中的 7 个旗共垦丈草原 $261.7 \times 10^4 hm^2$，仅在扎鲁特旗 1 个旗，从清光绪二十八年至三十三年（1902～1907 年）就开垦了牧场 $52.0 \times 10^4 hm^2$。

辛亥革命后，北洋军阀更是变本加厉地推行掠夺性的开垦政策。1912 年，长春召开哲里木盟（今通辽市）王公会议，同年又在绥远召开西部 2 盟王公会议，旨在通过盟旗王公贵族，大规模开放蒙荒。1914 年 2 月，民国政府内务、农商、财政等部和蒙藏院联合制定《禁止私放蒙荒通则》《垦辟蒙荒奖励办法》，1915 年又公布了《边荒条例》。蒙垦方针的既定，使内蒙古地区的驻军和派遣内蒙古各路军队，争先恐后地开放蒙荒，张作霖等在东蒙各地派遣屯垦军强垦牧场。1928 年，东北军阀设立了兴安屯垦军公署，在王爷庙设立第一垦殖局，在察尔森设立第二垦殖局，在扎鲁特旗设立第三垦殖局，在现兴安盟地区强占广开草原牧场。

民国时期，军阀和日本帝国主义等在科尔沁地区疯狂掠夺土地，肆无忌惮开垦草原牧场，使科尔沁草原遭受了严重破坏。1916～1924 年，张作霖强垦蒙地 31.02 万垧（垧为旧时土地面积单位。在东北地区 1 垧相当于今天的 $1hm^2$）。科尔沁草原至今家喻户晓的蒙古族民歌《嘎达梅林》就是歌颂抵抗军阀肆意开垦科尔沁草原的民族英雄的史诗。然而，当年嘎达梅林（汉名孟青山）以生命为代价保护的科尔沁最丰美的草原，如今大部分变成了农田或沙地。

中华人民共和国成立后，开垦草原的行为有所扼制。1951 年 4 月 16 日，绥远省（今内蒙古自治区中、南部地区）人民政府颁布了《关于严禁开垦蒙旗牧场的命令》。但由于对草原认识上的错误和政策失误，自 1958 年开始，内蒙古草原出现 3 次开垦高潮，共开垦草原 246.6×10⁴hm²。

第一次草原开垦是 1958～1962 年，全国粮食短缺，为了从全局解决粮食自给，提出"以粮为纲"的口号。于是，在全国范围内掀起开荒种粮热潮，草原牧区和半农半牧区不顾本地区自然条件的限制，大量开垦草原，大办农业和副食基地。据有关资料，这期间牧区耕地面积从 1957 年的 1.0×10⁴hm² 发展到 1961 年的 52.7×10⁴hm²。其中，仅 1960 年开垦新荒地 26.7×10⁴hm²。这样的高速开垦在内蒙古农垦史上是史无前例的。

第二次草原开垦是 1966～1976 年，强调"以粮为纲""农业学大寨"，特别强调粮食的重要性。于是虽然口头上讲以牧为主，实际上却从上到下给牧区下达粮食任务，并提出了一些口号，如"以农养牧""以农促牧""牧民不吃亏心粮""牧区社队粮食自给"等。在这样的要求下，一些牧区大量开荒，造成了牧场退化、沙化，破坏了发展畜牧业的物质基础。在此期间除了当地民众进行大面积草原开垦外，还有众多的生产建设兵团、部队、机关、学校、厂矿企业等单位也相继到草原区域进行开垦，乱占牧场。在 1958～1976 年的 18 年间，内蒙古开垦草场 206.7×10⁴hm²。其中，部队、兵团、机关、学校、企业等单位在 16 个牧业旗县开垦草原 93.3×10⁴hm²。有资料显示，盲目开垦草原，使牧区退化的草原达 4600×10⁴hm²，天然草场产草量减少了 1/3～1/2。

第三次草原开垦是自 20 世纪 80 年代末开始，持续近 10 年，其开垦强度和开垦面积远大于前两次，危害程度也超过前两次。大兴安岭东西两侧新开垦草原面积逾百万公顷，被开垦的处女地均为优良的天然牧场和割草场。其中，嫩江中上游开垦规模最大，约占开垦总面积的一半以上，额尔古纳河中上游、西辽河上游及锡林郭勒草原东部乌拉盖河流域也占一定比例。

大规模开垦草原的后果是"一年开草场，二年打点粮，三年五年变沙梁"，形成"农业吃牧业，风沙吃农业"的局面，加剧了草原退化，科尔沁草原成为开垦的重灾区。由于水土植被条件优越的草甸草原、草甸等被开垦，牲畜的放牧空间被大大压缩，超载过牧现象日趋严重。一些粗放耕种的土地退化、沙化、盐碱化严重，常常被弃耕，而当植被恢复后，往往又被开垦种植，这样反反复复耕种—撂荒—再耕种，使大面积土地水土流失严重，风蚀沙化频发，环境迅速劣化，生物多样性和生产潜力彻底丧失。目前科尔沁地区治理难度最大的"三化"草地都是这样形成的。直到 20 世纪 80 年代，《内蒙古自治区草原管理条例》《中华人民共和国草原法》相继颁布实施，盲目滥垦草原的行为才得到有效制止。然而，非法开垦草原的现象至今依然屡禁不止。

六、过度放牧对草地退化、沙化、盐碱化的影响

超载过牧是草地退化的最直接动因（蒋德明等，2004）。根据哲里木盟（今通辽市）水利局（1999）资料，通辽市的天然草地载畜量在 20 世纪 60 年代为 727×10⁴ 羊单位，

90 年代较少，为 539×10^4 羊单位。1949 年每只羊单位占有可利用草地面积 $1.67hm^2$，1995 年只占 $0.5hm^2$。而此期间实际饲养的牲畜远远超过载畜量要求的水平。据 1985 年全区草地资源普查，哲里木盟草地实有牲畜数量与载畜量相比，暖季丰年超载 24.3%，平年超载 55.4%，歉年超载 148%；冷季丰年超载 89.9%，平年超载 136%，歉年超载 280%。当超载过牧与自然因素交织在一起时，草地退化更为显著。李玉霖等（2019）通过长期定位控制实验，发现半干旱沙区 50.5% 的沙漠化土地是由草地过度放牧引起的。对于沙质草地，当牧草采食率持续高于 55% 以上时，草地开始出现退化；当牧草采食率持续高于 70%时，草地迅速退化和沙化。当然，开垦草原使高肥力、高产的草地面积减少，增加了其他草地的放牧压力，也是超载过牧、草地退化、沙化的重要驱动因素。

第三节　科尔沁沙质草甸草原恢复技术与模式

一、退化、沙化、盐碱化草地恢复治理思路

近年来沙地治理工作取得了成绩，但需要治理的沙地面积仍然很多，治理任务仍然艰巨。还没有得到很好治理的基本都是难啃的"硬骨头"，沙地治理难度越来越大。多年经验表明，草地在退化阶段治理的难度比沙化阶段容易，用时短，效果好。左小安等（2009）研究表明，科尔沁沙地一旦形成沙丘流动，植被恢复演替过程就要经历以先锋植物沙蓬为主的一年生植物群落（流动沙丘阶段）→以半灌木差不嘎蒿和一、二年生草本植物为主的群落（半流动和半固定沙丘阶段）→以一、二年生草本植物和多年生草本植物为主的群落（固定沙丘阶段），群落物种组成结构存在递进性和渐变性，禾本科植物和多年生草本植物逐渐增加，植物群落结构趋于复杂。但这个过程一般会很长，即使采取同样的措施进行恢复，效果也明显不同，即植被盖度、生物量和密度等均表现为草地＞固定沙丘＞流动沙丘（罗永清等，2016）。

治理难度加大的原因有：①全球气候变化造成了该区域气候条件的暖干化，以旱灾为主要特征的灾害天气事件增加，降低了治沙的成功率。尤其是连年发生的春旱且伴随的大风天气，增加了沙地治理成本，严重影响治理技术实施效果。②近年治理形成的林草植被尚未完全成熟，稳定性差，需要长期的恢复和生长过程。一旦遭遇持续干旱，易出现反复。③一些治理区域，由于植物种选择不合理，或技术使用不当，失败的情况比较常见。由于连续干旱，治理区植被枯萎、树木死亡的现象屡见不鲜。④多年来的治理原则是"先易后难，先急后缓"，一些较容易治理的地方已经得到治理，剩下的地方往往立地条件差，所需投入多。⑤近年来沙区境内河流大都断流或水量急剧减少，湖泊大部分干涸，湿地大量消失，地下水位大幅度下降。而农牧业用水却明显增加，大量抽取地下水，使沙区植被的生存条件进一步恶化。⑥导致沙地荒漠化的各种人为因素依然存在。一些地方对治理区域保护不力，建设成果得不到持续保障，甚至有边治理边破坏的现象。这是治理难度加大的关键社会因素。

总结多年科尔沁沙质草地治理的成功经验，规划今后治理方向，既要考虑宏观区域布局，又要考虑微观有效技术，把生态修复治理保护与区域产业发展紧密结合。因此，应按

分区治理的原则，力争形成"区域集中，条件相似，因地制宜，重点突出，分类施策，项目带动"的格局。科尔沁沙地治理分区重点考虑区域分布和治理条件两个主要因素：区域分布是考虑不同旗县的统一组织协调问题，即可以跨盟市、避免跨旗县行政区域分区；治理条件是指治理要求和技术的相似性问题。按照这样的分区布局原则，可把内蒙古境内科尔沁沙地分为 3 大治理区，即东区、西区和北区。东区包括奈曼旗、库伦旗、科尔沁左翼后旗、开鲁县、科尔沁区和科尔沁左翼中旗；西区包括翁牛特旗、敖汉旗和巴林右旗；北区包括阿鲁科尔沁旗、扎鲁特旗、科尔沁右翼中旗、巴林左旗和突泉县部分地区。

由于整个沙地范围较大，每个区仅反映了相对的一致性。各区内部立地条件也有很大差别：东区和西区农业相对发达，土地开发强度大。靠近西辽河、教来河、新开河平原区的部分，地势平坦，林业发达；其他区域流动和半固定沙丘集中分布，生态极其脆弱。北区牧业发达，土地干扰频繁，治沙基础薄弱。因为处于山前，春季严重受下降气流的直接影响，风季长，治理难度更大。沙质草甸和草甸草原治理区主要在东区和北区。

对于科尔沁沙地"三化"草甸和草甸草原的治理，以恢复提高科尔沁沙质草甸土壤稳定性、植物多样性、植被盖度和第一性生产力及促进经济发展为目标，有针对性地实施不同退化类型草地的植被快速恢复与重建技术和科学利用技术。在此过程中，要广泛搜集、评价、筛选并繁育适宜于沙质退化草甸草原恢复与重建的乡土植物种质和优良植物品种，提高植被的适应性和稳定性，遏制"二次退化"。通过综合治理技术集成、优质牧草加工、贮藏和高效利用，保证综合可持续的治理效果，提高农牧民收入，构建相对稳定的沙质退化草地综合治理与产业化发展的集成技术体系与优化模式。使治理区土壤稳定是植被稳定的前提，植被稳定是进一步发展的前提。

因为目前需要治理的区域，综合条件较差，在植被恢复和重建过程中，难以通过大规模造林或集中大范围种草而取得持续成效。这就要求在微观上，根据沙丘类型、沙丘部位、土壤类型和固定程度、水源状况、保护利用要求等，乔灌草结合，形成立体结构和水平镶嵌，实现综合效益。植被建设的总原则是"密草，中灌，疏乔"原则。考虑水分制约，乔木总盖度在治理区小于 10%，灌木总盖度小于 30%，草本总盖度 60% 左右。植被恢复的总目标是整体上形成稳定的疏林草原景观，植被重建的总目标是建成稳产高产、配套完善的人工草地。

李钢铁（2004）依据对国内外沙化土地治理的研究，结合科尔沁沙地的实际，认为疏林草原是由林（稀疏的乔木和灌丛）和草构成的一个复合生态系统，具有 2 个产出中心：一是乔木的木材产出或乔灌木果实的收获，直接获取经济收益；二是牧草的收获（草本植物的地上生物产量和树木枝叶），发展畜牧业。这与当地农牧交错、牧业为主的特点相契合。疏林草原具有可持续发展、生态与经济效益有机结合的优点，应该成为科尔沁沙地植被恢复的主要目标类型。这是一种富有远见和符合实际的思路。从大量现存和保护较好的植被分析，基本都以疏林草原为主，为沙地治理保留了"模板"。

二、沙地治理植物种选择和区域适用性

在"三化"草地治理中，植物种选择的基本原则是"先本土，后引进""成功者优

先""经长期研究评价认可者优先""低成本者优先"。把植物的适应性放在第一位，经济性放在第二位；强调科学性，避免盲目性；强调节水性和可持续生长，避免不惜成本的短期行为。有的植物种生态幅很广，适应性很强，应用空间普遍；有的植物种生态幅较窄，具有局部适应性，能在部分区域使用。其中，多数一年生或一、二年生植物具有先锋性，对沙地植被恢复具有极其重要的作用。但这些植物一般不需要专门种植（个别种除外），只要沙丘固定，会通过土壤种子库自然出现。只有为增加沙地表面初始盖度时，才专门种植。多数一年生植物的密度主要受水热制约，在哪里生长具有自然选择性。大量文献记载或实践总结表明，不少植物在科尔沁"三化"草地治理中被证明有效。有的种属于区域有效，有的则属于全域有效，包括多年生草本植物（个别一、二年生植物）、灌木、半灌木和乔木（表 7-10）。这些科尔沁沙地本土或在过去治沙实践中得到成功使用的植物种，仍然是今天和今后沙地治理中的重要选择。

表 7-10　科尔沁沙地治理中常用植物种及其适应区域

植物类型	植物种名	适宜种植的治理区			说明
		东区	西区	北区	
一年生或一、二年生草本植物	多花黑麦草 Lolium multiflorum	√	√	√	生长迅速，叶量丰富，残留物多
	谷子 Setaria italica	√	√	√	可快速形成活沙障
	燕麦 Avena sativa	√	√	√	人工草地用，要求灌溉
	白花草木樨 Melilotus albus	√	√	√	落籽后自然繁殖性好，肥土性好
	黄花草木樨 M. officinalis	√	√	√	落籽后自然繁殖性好，肥土性好
	杂交野大豆 Glycine soja cv. hybrid	√	√	√	已登记 4 个品种，用于人工饲料地建设
多年生草本植物或小半灌木	偃麦草 Elytrigia repens	√	√	√	在半固定沙丘及水分条件较好的流动沙丘上适应性较好
	披碱草 Elymus dahuricus	√	√	√	建植迅速，寿命较短
	蒙古冰草 Agropyron mongolicum	√	√	√	适应性好，冬春盖度好
	沙生冰草 A. desertorum	√	√	√	适应性好
	羊草 Leymus chinensis	√	√	√	固定沙地使用，播种种子处理很重要
	藕草 Phalaris arundinacea	√	√	√	适于草甸或有灌溉条件的固定沙地，种子小，播前种子处理很重要
	紫花苜蓿 Medicago sativa		√	√	包括由紫花苜蓿为亲本杂交培育的杂化苜蓿。人工草地用，要求灌溉
	花苜蓿 M. ruthenica	√	√	√	适于土壤表面比较稳定的固定、半固定沙地
	沙打旺 Astragalus adsurgens	√	√	√	还有斜茎黄芪，喜固定、半固定沙地
	草木樨状黄芪 A. melilotoides	√	√	√	喜硬质沙地或草地
	达乌里胡枝子 Lespedeza davurica	√	√	√	喜固定沙地
灌木	沙棘 Hippophae rhamnoides	√	√	√	更适于硬质土地
	小叶锦鸡儿 Caragana microphylla	√	√	√	适应性广
	柠条锦鸡儿 C. korshinskii	√	√	√	适应性广
	山杏（西伯利亚杏）Armeniaca sibirica	√	√	√	喜石质山地或固定沙地

续表

植物类型	植物种名	适宜种植的治理区			说明
		东区	西区	北区	
灌木	黄柳 *Salix gordejevii*	√	√	√	喜在沙丘或沙梁地生长，也适于在流动沙地栽植
	沙柳 *S. cheilophila*	√	√	√	喜在半固定沙丘或固定沙丘生长
	杞柳 *S. integra*	√	√		喜湿
	胡枝子 *Lespedeza bicolor*	√	√	√	喜湿，适于在固定沙地、山麓生长
	紫穗槐 *Amorpha fruticosa*		√		适于在坡地生长
	东北木蓼 *Atraphaxis manshurica*	√		√	固定沙地常见
	欧李 *Cerasus humilis*	√	√	√	固定沙地常见
	叶底珠 *Securinega suffruticosa*	√			生态、药用、观赏兼用，喜固定沙地
	臭柏 *Sabina vulgaris*	√	√		喜沙丘基部水分充足的地方，处于试验推广阶段
半灌木	沙蒿 *Artemisia desertorum*	√	√	√	在流动沙丘、半固定沙丘能够正常生长
	光沙蒿 *A. oxycephala*	√	√	√	在流动沙丘、半固定沙丘能够正常生长，最喜沙丘基部
	乌丹蒿 *A. wudanica*	√	√		在流动沙丘、半固定沙丘能够正常生长
	褐沙蒿 *A. halodendron*	√	√	√	在流动沙丘、半固定沙丘能够正常生长
	细枝岩黄芪（花棒）*Hedysarum scoparium*	√	√		适于在各类沙丘生长
	塔落岩黄芪（羊柴）*H. laeve*		√	√	适于在各类沙丘生长
	山竹岩黄芪（山竹子）*H. fruticosum*	√	√	√	适于在各类沙丘生长
	蒙古岩黄芪（踏郎）*H. mongolicum*	√	√		适于在各类沙丘生长
乔木	樟子松 *Pinus sylvestris* var. *mongolica*	√	√	√	适于固定沙地
	榆树 *Ulmus pumila*	√	√	√	适于固定沙地
	杨树 *Populus*	√	√	√	有多个品种
	柳树 *Salix*	√	√	√	柳树的适应性广泛，喜稀植，喜水
	旱柳 *S. matsudana*	√	√		喜湿
	乌柳 *S. cheilophila*	√			喜湿
	色木槭（五角枫）*Acer mono*	√		√	适于固定沙地，喜稀植
	元宝槭 *A. truncatum*	√	√		适于固定沙地，喜稀植
	刺榆 *Hemiptelea davidii*	√			适于固定沙地，喜稀植
	大果榆 *Ulmus macrocarpa*	√	√	√	适于山地、丘陵坡地
	文冠果 *Xanthoceras sorbifolium*	√	√		喜固定沙地，精细管理
	油松 *Pinus tabulaeformis*	√	√	√	适应性差于樟子松
	沙地云杉 *Picea meyeri* var. *mongolica*		√	√	最适于西区北部和北区西部
	刺槐 *Robinia pseudoacacia*	√	√		喜固定沙地、道路边坡
	桑 *Morus alba*	√	√		局部地区
	蒙桑 *M. mongolica*	√	√		局部地区

由于科尔沁沙地天然植被类型主要为疏林草原，木本植物较其他沙地丰富。据焦树仁（2002）统计，科尔沁沙地现有乡土树种80余种。这些植物种的最大特点是适应本土气候。除了表7-10中介绍的治沙常用植物种外，其他植物种亦可选择应用。有些种如果加强培育，扩大繁殖，突破栽植技术难点，具有极好的生态和经济前景。这些木本植物种包括：水曲柳、黄檗、椴树、胡桃楸、朝鲜柳、稠李、暴马丁香、蒙古栎、山里红、山荆子、卫矛、桃叶卫矛、白蓈、鼠李、南蛇藤、茶条槭、金银花、荚蒾、五味子、小叶朴等。可以选择在特定环境、特定区域和特定目标下应用。

三、工程措施结合生物技术与综合治理模式

（一）不同类型沙地综合治理模式

总结科尔沁沙地治理和生态修复的成功经验，多年来产生了非常多的模式和技术。这些模式和技术有的具有普遍意义，有的能够在局部环境下得到成功应用。治沙的基本手段首先是科学调查规划，因地制宜地选择治理模式。例如，在大的治理区域内，根据立地环境，细分为"半干旱沙化土地治理区""干旱退化沙化草原和坨沼地治理区""半湿润沙化土地治理区""小经济圈建设治理区"等，分别采取不同的治理方法和模式。在具体的技术上，经常采用"人工造林""封沙育林""飞播造林""封禁保护""人工种草""飞播牧草""乔灌草结合恢复植被""饲草料基地建设"等。

过去已经成功采用的治理模式包括：①以流动沙丘为主要区域的治理模式有"植再生沙障""封沙育林育草""近自然造林""营造综合防护体系"等；②以半固定沙丘为主要区域的治理模式有"封沙育林育草""近自然造林""建生物经济圈"等；③以固定沙丘为主要区域的治理模式有"两行一带式林草复合系统""网带式乔灌草立体配置""兼用型防护林""退化草场治理""沙化草原封育保护"等。

常用的关键技术包括"天然草地补播改良技术""雨季飞播造林技术""杨树深松插干造林技术""机械开沟人工挖穴造林技术""机械注水造林技术""杨树钻孔深栽造林技术""玉米秸容器苗造林技术""人工草地建设技术"等。多数情况下，不同的治理模式和不同的治理技术会同时应用，以取长补短，提高综合效益。

模式一：飞播+封沙育林育草技术模式

主要适用于地处偏远、交通不便、人烟稀少、植被稀疏、条件严酷、人畜干扰少、资金有限、劳动力缺乏及难于大规模人工种草和营造人工林的退化、沙化草地。

特点是效率高、见效快、省资金。成本仅为同类型人工造林、种草成本的1/10～1/5。播后经过几年的封禁，能成为很好的打草场，为发展畜牧业提供饲草。由于适于飞播的区域和条件多样，飞播的具体技术及参数要遵照相应的技术标准。

播区选择原则：播区内地形高差小，进出航两端净空条件好，地势开阔，无突出山峰。面积大，集中连片（不小于350hm²），且飞播的有效面积在80%以上，界线清晰，使用权落实，符合当地土地利用、生态环境治理、产业结构调整和可持续发展规划的草原区。

飞播区现场勘查：通过现场多点勘查比较，按照播区选择原则，确定飞播区域。查

清地形起伏、开阔程度、集中连片情况、土壤质地和原生植被的种类、盖度及产草量。按科尔沁沙地多年飞播的经验，在植被盖度小于30%的情况下飞播效果最好

编制实施作业图：在1∶50 000或1∶25 000地形图上绘制飞播区示意图，标出播区位置和范围，主要山峰、河流、海拔、经纬度、村镇等，在此基础上绘制1∶2500～1∶5000大比例作业图，标出航标线方向、航标桩、高压线、播幅、播长及其他高空障碍物等。

草种选择原则：表7-10中的草本植物和灌木半灌木，都可以作为飞播材料单播或混播。按中华人民共和国农业行业标准《飞播种草技术规范》（NY/T 1239—2006）的要求，草种必须适宜播区生境条件，做到适地适草，合理组合。既能起防风固沙和水土保持的生态作用，又具有良好的饲用价值。应以多年生乡土草种为主；外地引种必须经过风土驯化试验，确认表现好的方可作为飞播用种；飞播一、二年生草种必须与多年生草种相补相济。速生草种播种量不宜超过1/5。《飞播种草技术规范》列出了北方草原常用草种、混播组合、混播比例和播量（表7-11），可供参考。

表 7-11　北方草原常用飞播草种及其组合

草种名称及组合	草种比例	播种量（kg/hm²）
沙打旺		7.5
木地肤		7.5
沙打旺 + 胡枝子 + 草木樨	2∶3∶5	13.5
沙蒿 + 沙打旺 + 草木樨 + 锦鸡儿	1∶2∶3∶4	10.5
胡枝子 + 沙打旺 + 锦鸡儿	2∶1∶7	16.5
紫花苜蓿 + 岩黄芪 + 草木樨 + 羊草 + 披碱草	2∶3∶2∶2∶1	16.5
冰草 + 胡枝子 + 锦鸡儿 + 草木樨	3∶3∶2∶2	15
木地肤 + 蒿属	2∶1	10.5
沙拐枣 + 油蒿 + 岩黄芪属	4∶3∶3	10.5
沙打旺 + 胡枝子 + 沙蒿 + 山竹子（或锦鸡儿）	3∶2∶1∶4	12

种子丸衣化：飞播草种要进行种子丸衣或包衣处理。应加入根瘤菌（豆科）、肥料、生长素、稀土、保水剂、灭鼠灭虫药品等。同时保证落粒均匀，提高出苗率，保证1m²有飞播灌木或半灌木0.2～0.4株或混合草本植物2株以上。

围栏封育：对飞播区进行围栏封育，禁止家畜进入。在局部区域，根据立地条件和水分条件，选择栽种表7-10中所列的乔木树种。乔木面积不要超过总面积的10%。封育时间由相关专家对植被恢复情况进行鉴定后确定。

模式二：喷播+封沙育林育草技术模式

适宜区域：立地类型为流动沙地和半固定沙地，流动沙地喷播成苗率高于半固定沙地。

使用机械：内蒙古赤峰市使用4BQD-40型气力喷播机累计喷播面积2.67×10⁴hm²。当年成苗率达80%以上，7年后有苗面积占有效面积的71.33%。植被恢复良好，沙化趋势被有效抑制，出现飞禽。

植物种组合：①小叶锦鸡儿+蒙古岩黄芪+沙打旺，混播比例为4∶4∶2；②小叶锦

鸡儿+沙打旺，混播比例为 6：4；③蒙古岩黄芪+沙打旺，混播比例为 6：4。

作业条件：风力 4 级以下时进行喷播作业。机械扬程蒙古岩黄芪、小叶锦鸡儿和沙打旺种子分别为 12m、15m 和 5m。所以，三种植物单播的有效播幅分别为 24m、30m 和 10m。为提高喷播效率和效果，最好拌种后混播。拌种时用多效复合剂，对提高成苗率作用很大。混合种子用量 7.5kg/hm²，保证出苗 20 株/m² 以上。喷播作业完成后，根据当地实际情况，可将羊群放入播区按一定路线行进践踏，促进种子与土壤接触。

喷播最佳时间：每年的 6 月中旬。

在喷播当年的 9 月份，可在流动沙地上用当年生黄柳、蒙古岩黄芪的枝条栽植再生沙障，规格是 4m×4m。材料长 0.8m，埋深 0.5m，地上部 0.3m，疏透结构。对喷播区进行围栏，防止牲畜和人为破坏。

模式三：固定沙地治理技术模式

这个治理模式包括平缓沙地治理模式、沙丘状沙地治理模式和丘间低地治理模式 3 个类型。

平缓沙地治理模式的治理方式为营造草牧场防护林网或防护林带。

林网规格：500m×500m 乔灌混交网格。主林带垂直主风向，内乔外灌，栽植 4～8 行乔木，配栽 2 行灌木。副林带与主林带垂直，栽植 3～6 行乔木或灌木。乔木株行距一般为 4m×6m。灌木株行距 2m×2m 或 1m×4m、1m×5m，根据成林后的冠幅确定。

植物种选择：小黑杨、哲引 3 号杨、哲林 4 号杨、樟子松、山杏、胡枝子、沙棘、柠条锦鸡儿等。在造林前一年雨季用四铧犁或重耙进行带状翻耙整地。注意的问题是翻地必须获得当地土地和草原管理部门批准，符合法律法规的规定。

沙丘状沙地治理模式的治理方式是近自然模式治理，不破坏或少破坏原生植被。

治理规格：在沙丘的不同部位选择无灌木生长的地方，采取挖大坑、穴状整地方式，以岛状建设人工植被。通过栽植木本植物，封沙育草，促进草本植物生长。一般在沙丘上部栽植山杏、柠条锦鸡儿、胡枝子等灌木；沙丘中下部栽植樟子松、榆树、色木械等乔木；沙丘底部栽植杨树或柳树。栽植斑块内的乔灌木保存株数要在 1050 株/hm² 以上。栽植前一年雨季进行穴状整地，坑穴的规格为乔木 80cm×80cm×80cm、灌木 50cm×50cm×50cm。在春季土壤刚解冻时和秋季上冻后栽植易于成活。如果土壤水分不足，栽植后要灌足水。

丘间低地治理模式的治理方式是建设草牧场锁边林，保护坨间低地草地。

锁边林规格：林带为内侧栽 2～3 行灌木、外侧栽 2～3 行乔木。乔木株行距应为 4m×4m 或 4m×5m。植物种选择方面，乔木树种为杨树、柳树、樟子松等；灌木以沙棘、紫穗槐和小红柳为主。前一年进行带状翻耙整地或穴状整地，将栽植点周围直径 1m 范围内的杂草及草根彻底除掉。

模式四：流动沙地治理技术模式

包括 2 类不同的技术模式，即平沙地治理模式和沙丘地治理模式。

平沙地治理模式的技术要求是采用窄灌木带宽草带模式和乔木网灌草间作模式。窄灌木带宽草带模式是选择柠条锦鸡儿、胡枝子、黄柳、山杏等灌木，栽成 2 行 1 带式灌木带。灌木株行距为 1m×1.5m 或 1m×2m，带宽 8～12m，带间种草。乔木网灌草间作模式是在沙化严重区域，先建植防护林网，在网内按窄灌木带宽草带模式进行栽植。防护林网的规格为 300~500m×300~500m，种乔木 6 行，株行距为 1.5~2m×4~8m。树种主要为杨树、榆树、柠条锦鸡儿、胡枝子等。整地要求坑穴的规格为乔木 80cm×80cm×80cm、灌木 50cm×50cm×50cm，现整现栽现种；种草规格参照人工草地建设标准。

沙丘地治理模式主要采用植物再生沙障技术。

技术要求：在起伏较大的流动沙丘上，选取再生能力强的黄柳或蒙古岩黄芪（踏郎）或差不嘎蒿等按 4m×4m 的网格建沙障。

再生材料截取的长度规格为黄柳 70cm、蒙古岩黄芪 40cm、差不嘎蒿 40cm。黄柳用 1~2 年生枝条。埋植株距黄柳 0.5~1m、蒙古岩黄芪 30~40cm、差不嘎蒿 30~40cm，在网格线上均匀埋设。埋设沙障时要先挖去表层干沙层，然后挖 60cm 深的沟埋黄柳，或 30cm 深的沟埋蒙古岩黄芪和差不嘎蒿。注意栽植的上下方向，避免倒置。埋土到一半左右时，将截段（50cm 用于黄柳或 30cm 用于蒙古岩黄芪和差不嘎蒿）后的农作物枯秆直立埋在沟中。

在网格沙障内根据土壤种子库的情况种植牧草。条件好的地方，斑块状植树。植树采用随挖坑随栽植的方式，乔木按 80cm×80cm×80cm 挖坑深栽，灌木按 50cm×50cm×50cm 的规格栽植。灌木重点选沙棘、紫穗槐、山杏等。

模式五：局部沙地综合治理技术模式

治理对象：局部区域沙丘类型比较复杂，任何单一技术模式都难以治理的地方，需要采取综合措施。整地措施是在沙丘的不同部位，根据所栽种植物种的不同，采取不同的措施。

在沙丘 1/3 以上的地方不整地。在丘间低地和沙丘 1/3 以下部位，若栽乔木，则在前一年雨季前人工穴状整地，穴坑的规格为 80cm×80cm×80cm，有利于熟化土壤和聚集雨雪，便于第二年栽植阔叶树或带土移植针叶树。若栽灌木，则随整地随栽植，坑的规格是 60cm×60cm×60cm。

树种配置：在沙丘 1/3 以上的丘顶，以栽植灌木为主，可选柠条锦鸡儿、蒙古岩黄芪、黄柳、胡枝子、沙棘等；在沙丘 1/3~2/3 的丘中，以栽植乔木为主，间栽一些灌木。乔木重点为樟子松、榆树、桑树、色木槭等；灌木为紫穗槐和山杏等；在沙丘 2/3 以下的丘底，可栽植杨树和柳树；在丘间甸子地上，水分条件优越，以保护草本植物为主，可适当栽一些耐湿的乔灌木，形成疏林草场。

栽植密度：无固定的株行距，可不规则配置栽植点。乔木密度一般为每亩 20~30 株，灌木为 80~100 株。栽后应及时浇一遍透水，以后视土壤墒情适当浇水。

模式六：沙丘起伏区疏林草原植被建设与恢复技术模式

适宜地境：农牧交错带沙丘起伏相对较大的沙地，坨甸相间分布。植被盖度一般小于 30%。

树种选择：以榆树（乡土榆树、刺榆）、色木槭、杨树、松树（樟子松、油松）、沙地云杉等为主，辅以刺槐和紫穗槐。

栽植格局：圆形片状配置，每片 10~15 株主要树种，每片外围栽植 5~10 株辅助树种，每片占地 200~300m²，每 700m² 左右土地中种 1 片，形成岛状分布的片林，其他区域种草。沙丘阴坡利于乔木生长。乔木主要在沙丘水分条件好的下部、丘间甸子地上边缘栽植。其余部位播种牧草或栽植灌木。乔木宜采用 2～3 年生苗，来自苗圃或育苗基地。

播种牧草：在栽植乔木的同时，选择多种优良牧草混播。主要草种或半灌木有紫花苜蓿、草木樨状黄芪、沙打旺、达乌里胡枝子、羊柴、冰草、羊草、早熟禾、偃麦草、木地肤、驼绒藜等。

牧草播种方式：面积较大时，采用机械喷播。面积小时，采用人工撒播。播种季节一般选择在晚春，播后可以驱赶羊群践踏覆土保墒，并使种子和土壤紧密接触，利于种子发芽。

模式七：平坦沙地疏林草原植被建设与恢复技术模式

适宜地境：农牧交错带沙丘起伏较小、地势平坦、水分条件比较好的沙地，有灌溉条件。

树种选择：以榆树（乡土榆树、刺榆）、杨树、松树（樟子松、油松）、云杉、山杏等为主。甜仁山杏可以直接用种子播种，成本低，收益高，经济效益好，在科尔沁沙地的栽培试验比较成功，适于大面积推广。

栽植格局：榆树和山杏、山里红等共同构成人工群落的主体，榆树为山杏和牧草的生长创造良好的条件，不仅可以生产牧草，同时还可以生产木材和山杏果、杏仁，经济结构多样，效益稳定，利用价值大。栽植方式也为圆形片状配置，外围种乔木，中间种山杏，每片 20～30 株山杏，占地 500～700m^2。每 1500m^2 地栽种 1 片，空间种草。乔木宜采用 2～3 年生苗。山杏用种子在上冻前直播。

播种牧草：在栽植乔木的同时，选择多种优良牧草混播。主要草种或半灌木有紫花苜蓿、沙打旺、达乌里胡枝子、羊柴、冰草、羊草等。机械撒播或条播。播种季节一般选择春季。播前灌水增墒，播后依天气情况进行灌溉。

模式八：林草间作技术模式

适宜地块：适于地势较平坦、相对高差小于 3m 的轻度沙化草地、弃耕地和旱作农田。

造林规格：采用一年生杨树苗，机械造林。造林规格为株行距 1m×6m、1m×8m、1m×12m 等。以宽行为主，可大于 12m。行间种农作物或牧草。树木在 14 年左右可轮伐。

林间种草：树木的行间种植多年生豆科牧草如紫花苜蓿、杂花苜蓿、沙打旺等，也可以种植一年生或一、二年生豆科牧草如草木樨、毛苕子等，既可以收作牧草养畜，还可改良土壤，促进林木生长。

模式九：沙地生物经济圈综合治理模式

适宜条件：以户或村为单位，在平缓沙丘、固定沙地、半固定沙地上，选择地下水位较高、开发潜力较大的丘间低地周围或起伏较小的平缓地带。

建设形式：先进行土壤改良，然后栽植乔灌木、优良牧草、农作物、经济作物等，形成水、草、林、机、粮（料）五配套的生物经济圈，既治沙，又发展了农牧业经济。

生物经济圈由核心区和保护区组成，面积为 4～10hm^2。核心区面积不小于 2hm^2，内设房舍、家畜棚圈、农田、果园、人工草地、灌溉配套设施等。核心区周围栽植乔灌结合的防护林带。林带的格局一般为乔木 3~4 行，两侧栽植灌木 2~3 行。条件允许时，可设多层防护林带，带间种草。保护区外围设置机械围栏或生物围栏，保护区内封沙育林育草。

在一些以牧为主的坨甸交错区，以分散居住牧户为单位的"小生物圈"整治模式也值得推广。这个模式是为每个牧户划定 1 个生产保护区。生产保护区分为 3 个层次，即中心区、保护区和缓冲区。中心区设在围封条件比较好的甸间低地，面积 1.3~3.3hm²。在中心打机井 1 眼，种植基本农作物 0.3~0.7hm²，种植牧草 0.3~1.3hm²，外围栽植乔灌林带 0.7~1.3hm²。保护区在中心区的外围围建草库伦，进行流沙固定和草场补播改良，实行半封闭管理。建设家畜棚圈，放牧和舍饲都集中在这一区内。缓冲区在保护区外围，按划定的区域范围对流动沙丘进行封育、禁牧，其余部分计算合适的载畜率，进行春季休牧和夏秋季划区轮牧。冬季家畜以舍饲为主，适当进行适应性放牧。

（二）家庭牧场精准治理修复与利用模式

在内蒙古境内，科尔沁沙地集中分布的兴安盟、通辽市和赤峰市，现有草原面积 1007.73×10⁴hm²。3 地草原退化面积分别占当地草原面积的 57.24%、33.88% 和 54.00%。这些退化草原土壤基质基本为沙质，十分脆弱。虽然地表还没有出现明显的侵蚀沙化现象，但长期的干扰和不合理利用，表现为原生植被中优势种成分减少，一年生植物种大量增加，甚至居于主导地位。许多沙质草甸草原常见的代表性植物如贝加尔针茅、羊草、草麻黄和优良的杂类草大量减少或消失，乔木榆树幼苗家畜喜食，没有机会长成幼树。在退化草地上除了个别残存的榆树外，很难见到幼树。多年生植物的盖度和生物量减少，表现为夏季总盖度没有明显降低，但生物量极其不稳定，从而以一年生植物为主，草地利用价值降低，极易形成沙化状态。研究表明，科尔沁沙质退化草原土壤肥力很低，牧草品质低劣，许多草地都经过了反复改良治理，但治理后"二次退化"的现象严重，不仅造成巨大浪费，也给区域生态和牧民生产造成极大的不稳定性，使区域经济的可持续发展失去了根本依托。周欣等（2015）的观察表明，科尔沁地区沙丘恢复过程中植物生物量的增加与表层土壤颗粒细化、营养物质增多、水分增加密切相关。

在通辽市扎鲁特旗道老杜苏木退化草地的研究试验表明，如果遵循科学的步骤，采用低成本、低扰动、易实施、易接受的技术，严格控制利用强度和利用方式，退化草原完全能够改良恢复并趋于稳定。

试验地条件：位于科尔沁沙地中北部的家庭牧场内，属于沙质草甸草原。由于常年放牧，草地普遍退化。退化特征为距离居住点越近退化越严重，相对形成重度退化、中度退化和轻度退化的退化系列。气候条件表现为冬春干旱，多大风天气，夏季多雨，年均气温 6.6℃，年均日照时数 2882.7h，年均无霜期 139 天，年均降水量 382.5mm，年均蒸发量 1800mm 以上，年均相对湿度 49%。地带性土壤为暗栗钙土，但经过多年利用后，原腐殖质层基本消失。在轻度退化区域保存有多年生植物大针茅、中华隐子草、羊草、糙隐子草、达乌里胡枝子、野韭（*Allium ramosum*）、冷蒿（*Artemisia frigida*）、甘草（*Glycyrrhiza uralensis*）、草麻黄（*Ephedra sinica*）等，密度较低，一年生植物大量存在；

在中度退化区域，这些多年生植物更加稀疏，一年生植物成为生物量的主要成分，特别是一年生蒿属植物；在重度退化区域，多年生植物已经少见，或在夏秋季偶见，生物量构成几乎全部为一年生植物。

改良措施：①围栏封育，避免家畜任意进入。这是对草地进行治理改良的关键步骤。其他措施都是在封育的基础上进行的。实验区在 2016 年开始围栏封闭。②施肥。在中度退化草地上，设置 4 个施肥处理和不施肥对照，施肥总量一致（表 7-12）。2017 年 7 月雨季地面撒施化肥。③补播。在轻度、中度和重度退化草地上，分别设置 3 个不同的补播处理和 1 个对照。设计思路是退化越重，补播成分越复杂（表 7-13）。试验按随机区组方式进行设计，2017 年 7 月雨季，用幅宽 4m 的免耕播种机条播，播深 1～2cm。在 2017 年、2018 年和 2019 年每年的 8 月中、下旬进行恢复效果观察测定。

表 7-12　科尔沁沙地退化草地施肥改良实验设计

草地改良方式	处理代码	施肥内容	施肥量（kg/hm^2）
围栏封育	CK	不施肥对照	0
围栏+施肥	A	尿素	300
	B	磷酸二铵	300
	C	尿素+磷酸二铵	150+150
	D	尿素+磷酸二铵+氧化钾	150+75+75

注：尿素氮含量为 46%；磷酸二铵的氮（N）和五氧化二磷（P$_2$O$_5$）含量分别为 18% 和 48%；氧化钾（K$_2$O）含量为 ≥60%

表 7-13　科尔沁沙地退化草地封育+补播改良实验设计

草地退化程度	处理代码	补播内容	补播量（kg/hm^2）
轻度退化	LCK	无补播对照	0
	LA	沙生冰草	22.5
	LB	沙生冰草+沙打旺	10.5+4.5
	LC	沙生冰草+沙打旺+披碱草	6.0+4.5+4.5
中度退化	MCK	无补播对照	0
	MA	沙生冰草+沙打旺	22.5+7.5
	MB	沙生冰草+沙打旺+披碱草+羊草	12.0+7.5+10.5+15.0
	MC	沙生冰草+沙打旺+披碱草+羊草+达乌里胡枝子	12.0+4.5+10.5+15.0+3.0
重度退化	HCK	无补播对照	0
	HA	沙生冰草+沙打旺+蒙古冰草+白花草木樨	15.0+7.5+15.0+7.5
	HB	沙生冰草+沙打旺+披碱草+羊草+蒙古冰草+白花草木樨	10.5+7.5+9.0+15.0+10.5+7.5
	HC	沙生冰草+沙打旺+披碱草+羊草+蒙古冰草+达乌里胡枝子+白花草木樨	10.5+6.0+9.0+15.0+10.5+4.5+4.5

1. 施肥处理效果

化肥在施用当年就对草地总生物量产生了显著影响。虽然对照也有显著增加，但幅度远小于施肥处理。可以理解为施肥处理的生物量与围栏封育（CK）的生物量的差值即施肥效应。其中，施肥第二年 D 处理效果最明显，第三年处理 B、C、D 处理的增量明显加大（图 7-7），说明复合肥的效果强于单纯施用氮肥。磷酸二铵效果比较突出，可能是磷或氮磷配合起更大作用。陈静等（2014）的试验也表明，单纯添加氮素或水分对当地 4 种优势植物平均地上总生物量、各构件平均生物量及繁殖体和茎平均生物量分配无显著影响；夏季添加氮素后增雨，使 4 种植物平均地上总生物量及各构件平均生物量显著增加，但不能持久。

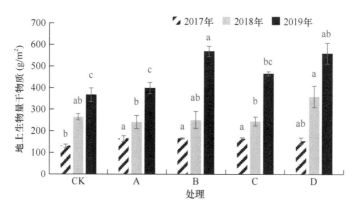

图 7-7 科尔沁沙地中度退化草地施肥改良前 3 年总生物量变化
同一年份处理间不同小写字母表示差异显著（$P<0.05$），下同

进一步分析各年的生物量组成，多年生植物生物量各施肥处理与 CK 基本一致，B、C、D 处理总生物量增加的主要贡献是一年生植物（图 7-8）。长期的肥料残效需要进一步观测，但至少说明，在中等退化的沙质草甸草原，只要封育足够长的时间，即使不施肥，多年生植物的活力也会迅速恢复，生物量也会稳步提高。从经济的角度考虑，围栏的效益毋庸置疑。

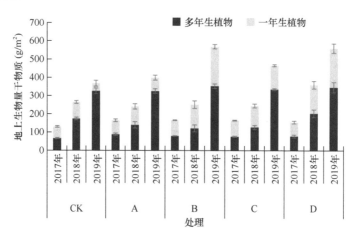

图 7-8 科尔沁沙地中度退化草地施肥改良前 3 年多年生和一年生植物生物量变化

2. 补播处理效果

（1）轻度、中度退化草地补播改良效果
轻度退化草地补播措施在第一年和第二年对地上生物量的影响有限，处理间无显著

差异。第三年只有 LC 处理的生物量明显高于对照，在趋势上表现为生物量随补播成分的增加而增大（图 7-9）。其中，多年生植物的生物量也表现出相似的变化特征（图 7-10）。中度退化草地补播不论是地上总生物量还是多年生植物生物量变化，与轻度退化草地补播基本一致。

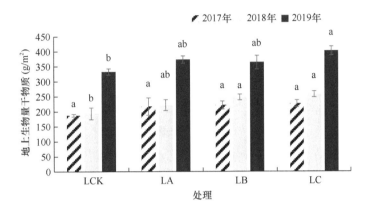

图 7-9 科尔沁沙地轻度退化草地补播前 3 年地上生物量变化

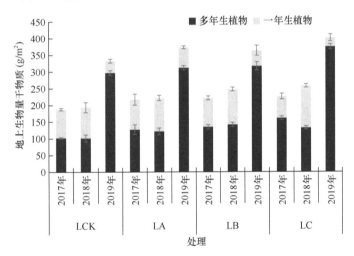

图 7-10 科尔沁沙地轻度退化草地补播前 3 年多年生和一年生植物地上生物量变化

（2）重度退化草地补播改良效果

重度退化草地补播后生物量增长较快，总生物量甚至超过轻度和中度退化草地。其中，对照呈比较稳定的增长趋势；其他处理基本上为补播成分越复杂增长越明显（图7-11、图7-12）。补播当年 HA、HB 和 HC 3 个处理比对照地上生物量分别增长 23.55%、23.93%和 30.18%；补播翌年分别增长 20.03%、12.20%和 30.88%；补播第三年分别增长12.37%、16.69%和 26.91%，说明在重度退化草地上适当进行补播会提高草地总生物量。分析地上生物量构成比例，3 年中一年生植物占总地上生物量的比例在逐年下降，多年生植物占总地上生物量的比例在逐年增加，这是群落不断趋于稳定的标志。但一年生植物仍处在较高水平，占总生物量的比例远远高于轻度退化和中度退化。补播时对土壤有一定扰动，一年生植物生物量更明显高于对照。

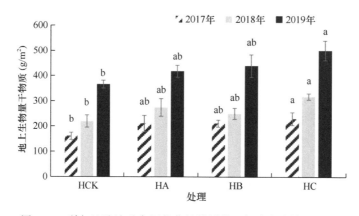

图 7-11 科尔沁沙地重度退化草地补播前 3 年地上生物量变化

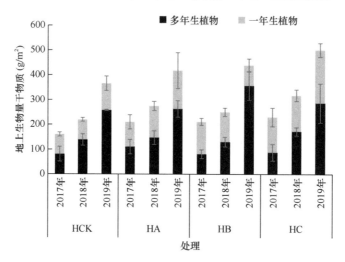

图 7-12 科尔沁沙地重度退化草地补播前 3 年多年生和一年生植物地上生物量变化

如果把不同处理下的多年生植物平均总生物量看成是处理总效应，应该包括围栏封育效应和补播效应。补播效应是总效应减去围栏封育效应的差值。实际上，在补播处理中，围栏封育起主要作用。补播对草地多年生植物地上生物量的效应随着退化程度加重而减少（表 7-14）。重度退化草地补播效应很低，这也在某种程度上反映了多年生植物与一年生植物的竞争关系。

表 7-14 科尔沁沙地退化草地补播第三年多年生植物地上生物量分解效应（kg/hm²）

处理效应	轻度退化	中度退化	重度退化
总效应	2059.4	1614.5	1297.1
封育效应	1328.7	1144.6	1249.7
补播效应	730.7	469.9	47.4
补播效应占比（%）	35.5	29.1	3.7

3. 草地群落演替趋势

综合分析补播措施对科尔沁退化草地的影响，可以判断不同退化状态下草地群落的发展演替趋势。经过对补播后第三年（2019 年）草地群落植被盖度、密度、高度、生物量、组成成分等指标进行综合评定，并邀请专家到现场进行群落稳定性和趋势鉴定，可以把草地划分成不同的状态，即重度退化、中度退化、轻度退化、相对稳定状态、亚顶极状态和顶极状态。综合判断表明，轻度退化草地处理第三年，草地基本上达到了稳定状态，群落组成丰富，分布的均匀性较好，外观上处于正常状态。按现有的恢复趋势，如果进一步保护或适度利用，会在 3～4 年内达到亚顶极甚至顶极状态。中度退化草地处理第三年，草地基本上接近稳定状态，第四年达到稳定状态的概率很大，预计达到亚顶极或顶极状态的时间会比轻度退化草地慢。重度退化草地处理之前基本为裸地，处理第三年草地达到了处理之初轻度退化的状态。但由于群落中多年生植物比例较低，不会沿轻度退化恢复轨迹演替，会需要更长时间达到稳定状态。草地群落趋于稳定并向更高层次发展的指示性植物包括贝加尔针茅、大针茅、羊草、草麻黄和乔木榆树（图 7-13）。

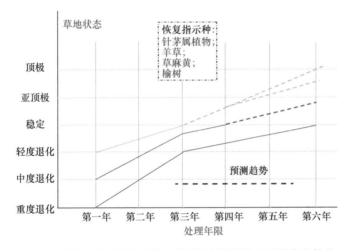

图 7-13 科尔沁退化沙质草甸草原封育补播处理后的恢复趋势

因此，当草地处于轻度退化状态时，及时围栏封闭或停止利用，根据需要适当补播，是十分必要的。一旦退化加重，恢复的困难程度将加大。孙殿超等（2015）研究表明，围封能够使退化沙质草地生态系统的碳、水循环速率提高，从而促进草地恢复，但围封时间不宜过久。

（三）自然恢复+人工干预修复治理模式

科尔沁沙质草甸在内蒙古境内形成的盐碱化草地有 55.28×10⁴hm²。这些区域大多曾经是水草丰美的低地草甸、坨间低平地草甸和湖滨草甸等，是科尔沁草原初级生产力最高的部分。由于地下水位较高，碱土普遍发育。在原始草甸中，黏重的碱土之上往往覆盖 30～50cm 沙土，使草地土壤既有良好的通透性，又有极佳的保水保肥能力，成为草甸植物最佳的生长环境。随着气候暖干化加剧，地下水位普遍下降，草甸环境日趋劣化。

持续的放牧利用，使干旱表土不断被风蚀，原始植被的生存条件丧失，底层碱土裸露，形成大量斑块状的盐碱地草地景观。除了一些耐盐碱的多年生植物，一年生植物成为草地的优势种，且生产力极低。还有不少地方被开垦种粮，表土受侵蚀后碱土裸露，撂荒后形成大量不毛之地。这些盐碱草地干旱时土壤板结，雨涝时汪洋一片，渗水性极差，成为治理难度最大的类型。多年来，人们付出了极大努力试图改良这些草甸草地，恢复往日风光，但多以失败告终。本研究在国家重点研发计划重点专项"科尔沁沙质草甸草地退化治理技术与模式"的支持下，选择科尔沁草原西北部、通辽市扎鲁特旗境内的重度碱化草地（北纬 44°33′139.007″、东经 121°12′23.151″，海拔 265m）作为治理试验区，采取多种综合的治理措施，取得了良好效果，给大范围科尔沁类型的盐碱草地修复治理提供了经验。

盐碱化草地特征：草地是由盐碱斑裸地或一年生植物斑块与多年生植物斑块构成的斑块镶嵌景观。依据《天然草地退化、沙化、盐渍化的分级指标》（GB 19377—2003），按草地总盖度、土壤含盐量、土壤 pH、盐碱斑面积、草地总产草量和家畜可食草产量占总产草量比例的变化率等将修复治理区的草地分为中度碱化草地和重度碱化草地，极少部分为轻度碱化草地。中度碱化草地多年生植物有羊草、糙隐子草、冷蒿、百里香（*Thymus mongolicus*）、银灰旋花（*Convolvulus ammannii*）等，但相对多度都较低，而狗尾草、猪毛蒿（*Artemisia scoparia*）等一、二年生植物较发达。重度碱化草地土壤流失极其严重，表土流失厚度比中度碱化地段多 10～25cm。斑块有 2 类：一类是寸草薹不生的碱斑裸地；另一类是由单一耐盐碱一年生植物构成的斑块，主要有碱蓬（*Suaeda glauca*）斑块和虎尾草斑块。

修复治理原则：按照自然恢复为主、人工干预修复为辅的原则，根据碱化草地的严重程度选择不同的修复治理措施，即使在同一片草地上也不搞"一刀切"。自然恢复是对轻度碱化和植被较好的地段，采取围栏封育措施，消除放牧的影响，依靠草地的自我调节能力来恢复草地植被的过程。人工干预修复是在遵循自然规律的基础上，通过农业技术措施改变碱化草地植物的立地环境或改善植被结构，使碱化草地在人工辅助下加快恢复进程。中度碱化草地围栏封育+人工修复治理并重，植被生长较好地段以封育自然恢复为主，适当辅助人工修复措施，盐碱斑和植被较差地段以人工重建为主。重度碱化草地以人工修复重建为主，辅助围封管护措施。围栏建设、种子选择等都以相关的技术标准为依据。

人工干预措施：主要采取 5 种修复治理措施，即在围栏封育和处理后松土的基础上：①围封自然恢复，不做其他处理（CK）；②覆沙+补播修复（S+B）；③施有机肥+补播修复（Y+B）；④施脱硫石膏+补播修复（T+B）；⑤施腐殖酸+补播修复（F+B）。

围封禁牧是所有修复治理措施的前提。疏松土壤采用机引铧式犁作业，耕深 15cm。按研究区设计布局，铺沙厚度为 10～15cm；农家肥施用量为 15～22.5m³/hm²；脱硫石膏施用量为 15 000～18 000kg/hm²；腐殖酸施用量为 1500～1800kg/hm²。重耙 1 次，耙深为 10cm。补播牧草种子的选择及比例为：披碱草、紫羊茅（*Festuca rubra*）、中间偃麦草（*Elytrigia intermedia*）、冰草（*Agropyron cristatum*）、中苜 1 号苜蓿（*Medicago sativa* cv. Zhongmu No.1）、白花草木樨、多花黑麦草、敖汉苜蓿（*M. sativa* cv. Aohan）及野大麦等耐盐碱的禾本科和豆科牧草按照 0.5∶0.2∶0.2∶0.3∶0.1∶0.2∶0.1∶0.1∶0.2（重量）比例混播，播量为 60kg/hm²。这种搭配模拟了草地自然演替的过程，同时考虑了牧草的质量。播种后进行轻耙，让种子充分入土。为了保湿、防风和使植物幼苗正常生长，播种后覆盖苇帘。土壤处理时间在 2017 年 6 月，播种时间为 7 月降水较多的时节。

修复治理效果：

1）草群生物量变化：碱化草地经过修复后第二年（2018 年）和第三年（2019 年），不论是中度还是重度碱化草地的群落地上生物量（干重）均有了明显的提高。其中，第三年中度碱化草地地上生物量达到 291.66～591.23g/m²，重度碱化草地达到 263.06～368.89g/m²，多数处理都有显著增加（$P<0.05$）（图 7-14、图 7-15）。在中度碱化条件下，S+B 处理效果最为明显；而在重度碱化条件下，S+B、Y+B 和 F+B 处理的效果都很显著。更大的变化是在处理第三年，地上生物量构成 CK 处理依然以一年生植物为主，而其他处理都以多年生植物为主。

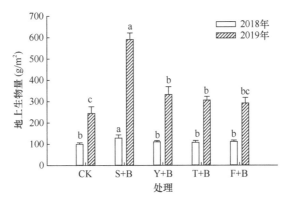

图 7-14　中度碱化草地不同修复处理对群落第二年和第三年地上生物量的影响

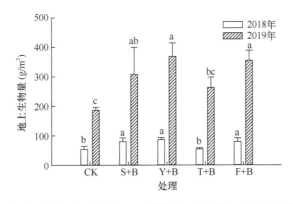

图 7-15　重度碱化草地不同修复处理对群落第二年和第三年地上生物量的影响

2）草群粗蛋白含量变化：中度碱化草地治理第二年，所有处理的植物群落平均粗蛋白含量都显著高于 CK（$P<0.05$）；第三年 S+B、Y+B 和 T+B 处理显著高于 CK。其中，S+B 处理表现最为突出。重度碱化草地治理第二年，群落粗蛋白含量表现出与中度

碱化草地相似的变化趋势；第三年 S+B 和 T+B 处理表现突出，不仅显著高于 CK，也显著高于 Y+B 和 F+B；Y+B 和 F+B 处理也显著高于 CK（$P<0.05$）。这充分说明几种处理措施对改善草地质量的作用是明显的。中度和重度碱化草地粗蛋白含量在第三年最高可分别达到 14.11% 和 19.73%。

3）相对饲用价值变化：根据测定的各处理在治理第二年和第三年草地植物群体的可食干物质产量、可消化干物质产量、饲草中中性洗涤纤维（NDF）含量和酸性洗涤纤维（ADF）含量，计算群落饲草的相对饲用价值（RFV）（表 7-15）。

表 7-15 中度和重度碱化草地不同修复处理群落第二年和第三年牧草 RFV 变化

处理	中度碱化		重度碱化	
	第二年	第三年	第二年	第三年
CK	70.91c±1.97	84.92d±1.17	68.316c±0.24	89.76c±1.00
S+B	99.70a±1.80	110.97a±8.16	105.56a±5.43	112.99a±5.315
Y+B	85.31b±1.58	101.22bc±2.38	100.25a±2.17	109.10a±1.19
T+B	72.37c±1.66	102.09b±1.25	101.11a±2.29	111.54a±5.28
F+B	85.02b±2.51	94.34c±1.40	83.47b±3.36	100.32b±4.75

注：同列不同小写字母者表示不同处理间差异显著（$P<0.05$），下同

结果表明，中度碱化草地治理第二年群落的 RFV，在 S+B、Y+B 和 F+B 处理都显著高于 CK，S+B 处理表现最突出；第三年所有处理都显著高于 CK，以 S+B 和 T+B 处理的表现更加明显。重度碱化草地治理第二年和第三年群落的 RFV 都以 S+B、Y+B 和 T+B 处理最高，F+B 处理次之，CK 表现最差，差异显著（$P<0.05$）。其中，基本规律表现为重度碱化草地的治理效果强于中度碱化草地；S+B 处理的效果最好且稳定；T+B 处理的效应较好；Y+B 和 F+B 处理的效果相对稳定。至于各处理的残效能够维持多久，每个处理的成本和效益及对环境的综合影响，以及景观效果有待于进一步的持续观测（图 7-16）。

图 7-16 重度碱化草地修复治理前（左，2017 年）后（右，2019 年）景观

（四）严重风蚀沙化草原重建人工割草地模式

科尔沁严重沙化的沙质草甸草地以景观破碎化、植被退化、沙丘活化、整体环境劣化为主要特征。基质条件复杂，在一个局部区域内同时存在多个退化类型，主要是风蚀

严重，土壤不稳定。多年来，这些地方已经采取了多项治理措施，大多没有产生理想效果，或者处理效果维持时间短，沙化状况仍在加重，草地基本失去了初级生产能力和生态维持能力。

总结多年治理的经验教训，建设以水为核心的高产人工草地，是最为有效的沙地治理模式。在科尔沁重度沙化草甸草地，采用"燕麦复种苜蓿"人工草地建植模式。在人工草地建设上采取"优先改土、灌溉配套、稳定基质、搭配种植、当年收益"的方针，效果显著。

地块选择：选择生境遭彻底破坏，集中连片，地下水丰富，完全没有植被自然恢复可能的区域，本研究在充分考虑生态效益和经济效益的基础上，创新了"土地平整固定，燕麦复种苜蓿，当年获得收益"的模式。利用燕麦早春种植、快速生长特性，快速抑制了土地风蚀，破碎和熟化了土壤，增加了有机质；夏季燕麦收获后，复种苜蓿，提高了播种质量，当年可以收获一茬。

土地平整：首先对地表进行机械平整，使其符合机械作业和灌溉设施作业的要求。

种植流程：早春施有机肥（4月初，施用腐熟的牛粪，施用量为30~45t/hm²）后浅耕或旋耕（20cm），用驱动耙耙平耙实后镇压。4月上旬，先播种燕麦。可选择的燕麦品种较多，在科尔沁地区燕王、甜燕1号、福燕1号、牧王等品种的表现良好，播种量为120~150kg/hm²。施用种肥磷酸二铵，施用量为150kg/hm²，播后立即喷灌，避免风蚀。7月中旬刈割燕麦后立即翻耕整地，镇压苗床。7月中下旬，播种紫花苜蓿或杂花苜蓿，如康赛、中苜1号、中苜2号、WL343、草原3号等苜蓿品种，播种量为18.0~22.5kg/hm²，条播行距为12.5cm。施用种肥磷酸二铵，施用量约300kg/hm²，播后根据土壤墒情进行灌溉。播种当年可以刈割1茬，刈割时间一般在9月下旬。

种子处理和根瘤菌接种：播前10天进行发芽试验，测试发芽率。播前根瘤菌拌种，新种植苜蓿的土地必需接种根瘤菌，按每千克种子拌8~10g根瘤菌剂拌种。经根瘤菌拌种的种子应避免阳光直射；避免与农药、化肥、生石灰等接触。接种后的种子如未能及时播种，3个月后应重新接种。目前市场上销售接种过根瘤菌的紫花苜蓿种子，可以直接购买播种。

越冬管理：不同苜蓿品种越冬能力差别很大。在科尔沁沙地，国产苜蓿品种的越冬性多优于进口品种。在管理上，正确使用越冬水非常重要。一般在土壤封冻前，做适当缺水处理；一旦土壤开始封冻，要灌足一次越冬水。春季苜蓿返青时，结合施肥进行一次深灌溉，为第一茬收割打好基础，也有利于顺利度春。

后期管理：在科尔沁沙地，种植燕麦后复种苜蓿，会大大减轻杂草危害。苜蓿种植第二年开始，每年能够刈割3茬。要严格按操作规程收获、加工和贮藏，收获后及时灌水。

沙地土壤保肥能力差，要把施肥作为草地管理的重要手段。

该项技术的应用可在收获一茬苜蓿的基础上，多收获一茬优质燕麦，解决了苜蓿种植当年经济效益低的问题，燕麦的种植大大提高了土地的利用率和熟化率。由于燕麦生长较快，在春季可起到减少土壤风蚀的作用，也为苜蓿种植创造了良好的物理条件，生态作用明显。

燕麦当年收获干草 4800kg/hm²，苜蓿收获干草 2250kg/hm²，扣除成本，当年纯收益 5775 元/hm²。该模式提高了土地利用效率，土壤有机质迅速提高，稳定性增强。观测结果表明，人工草地没有出现新的风蚀现象。第二年刈割 3 茬的单位面积产量可达 9888.45kg/hm²。

（五）撂荒地、退耕地混作人工草地建植模式

科尔沁沙质草甸草原区域有大量的撂荒地，是经过多年耕种后肥力下降、土壤风蚀、难以继续耕种的土地。由于多数原生植被繁殖体消失，撂荒后很难自然恢复，表现为一年生杂草丛生，生产力低而不稳定，利用价值很小。经过试验证明，这些土地完全可以建成豆科-禾本科牧草混播的高产、优质人工草地。

选地及准备：选择地势较高、雨季无积水、地面起伏较小且适宜灌溉的退化、沙化撂荒地，土壤 pH 为 7.0～8.3，土壤含盐量小于 0.2%。如果地面起伏较大，需加以适当平整，便于使用喷灌设备和割草机割草。土地平整后进行旋耕并安装喷灌设备。为了减轻种植当年杂草为害，在 5 月上旬开始喷水使杂草出苗，6 月上旬旋耕灭草，7 月中旬播种。播前再旋耕 1 次，旋耕后镇压。

草种选择：目前试验的结果是豆科牧草以紫花苜蓿或杂花苜蓿最佳。苜蓿品种应选择秋眠级 3 级以下品种，国产品种可选用东苜 1 号、草原 3 号、公农 1 号、肇东和龙牧 801 等；国外品种可选用雪豹、北极熊、驯鹿、WL298HQ 和 WL168HQ 等。禾本科牧草可选用菁 6 号无芒雀麦、Carlton 无芒雀麦等品种，也可以选用通草 1 号蔺草。为了表述方便，这里把苜蓿与禾草混播草地简称为"豆禾混播草地"。

播种：最佳播种时间为 7 月 15 日左右，不晚于 7 月 20 日，主要是为了避开春季和初夏的大风干旱和杂草危害。播前需要施基肥，在种植前最后一次旋耕时施入。施有机复合肥（17-17-17）（指肥料中氮磷钾占比各为 17%）800kg/hm² 或 NPK 混合肥（15-15-15）（指肥料中氮磷钾占比各为 15%）800kg/hm²，施肥后灌水，灌水 3 天后播种。以种植苜蓿和无芒雀麦为例，播种按苜蓿、无芒雀麦行数比 2∶2 间行混播或 1∶2 间行混播（刈牧型）。前者苜蓿、无芒雀麦单位面积播种量各占其单播量的 50%；后者苜蓿占单播量的 33%，无芒雀麦占单播量的 67%。苜蓿单播量为 15kg/hm²，无芒雀麦单播量 15kg/hm²。播种深度 1～2cm，行距 30cm，播后镇压，灌水。

田间管理：播种后及时灌水，保持种子萌发层湿润，利于出苗。每次灌水量达到土层湿润 10cm，出齐苗后逐渐减少灌水次数，增加灌水量。禾草分蘖后灌水 3 次/月（科尔沁地区降水集中在 7 月、8 月、9 月，灌水则根据降水情况确定，尽量节约灌水成本）。播种当年，待禾草分蘖追施氮肥 1 次，施尿素 35～45kg/hm²，施肥后灌水。第二年开始全年氮磷钾肥施用量为：N 140kg/hm²、P₂O₅ 100kg/hm²、K₂O 120kg/hm²，分 3 次追施。第一次在牧草返青期施入，施总量的 40%；第二次在第一茬草刈割后施入，施总量的 30%；第三次在第二茬草刈割后施入，施总量的 30%。第一茬和第二茬刈割 1 周后喷 1 次高效氯氰菊酯或溴氰菊酯防治蓟马对混播苜蓿的危害。如果发现苜蓿褐斑病和霜霉病，喷施多菌灵防治；如果蚜虫为害严重则采用吡虫啉或溴氰菊酯防治。苗期如果杂草为害较严重，需要人工除草。第二年开始头茬草刈割后喷施苗前除草剂（甲草胺、乙草

胺等）可有效控制一年生禾本科杂草危害，喷药后马上喷灌浇水可减轻药物对种植禾草的伤害。

收获：紫花苜蓿-无芒雀麦混播草地每年刈割 3 次，每次在苜蓿初花至盛花期刈割，留茬 5cm 左右。通辽地区第一茬 6 月初刈割、第二茬 7 月中旬刈割、第三茬 9 月初刈割。

产量与品质：如果以 A 代表不同的施肥水平，以 B 代表不同的混播比例，则不同处理组合产草量和粗蛋白收获量是不同的。苜蓿-无芒雀麦 1：1 混播第二年干草产量在 8.80（A_7B_1）～11.82（A_2B_1）t/hm²，粗蛋白产量在 1.33～1.86t/hm²。苜蓿-无芒雀麦 1：2 混播第二年干草产量在 6.65（A_5B_2）～11.54（A_2B_2）t/hm²，粗蛋白产量在 1.01～1.84t/hm²（表7-16，图 7-17）。豆禾 1：1 混播牧草总产量和粗蛋白产量均高于豆禾 1：2 混播（图 7-18）。

表 7-16 不同处理组合下 2 年龄豆禾混播草地不同茬次及全年牧草总产量（t/hm²）

处理组合	牧草总产量			
	头茬	二茬	三茬	全年
A_1B_1	4.95bc±0.14	4.32b±0.21	2.20bcde±0.37	11.46ab±0.34
A_1B_2	4.69cd±0.22	2.35e±0.18	2.04cde±0.27	9.08e±0.23
A_2B_1	5.04b±0.27	4.97a±0.30	1.79de±0.33	11.82a±0.80
A_2B_2	4.63cde±0.27	4.29b±0.32	2.62ab±0.22	11.54ab±0.37
A_3B_1	5.48a±0.22	3.30d±0.09	2.28bcd±0.15	11.06abc±0.43
A_3B_2	3.64fg±0.14	4.08bc±0.11	2.66ab±0.38	10.38cd±0.25
A_4B_1	3.20h±0.35	4.89a±0.17	2.60ab±0.43	10.69bcd±0.69
A_4B_2	4.33e±0.43	3.90bc±0.40	2.97a±0.50	11.20abc±0.48
A_5B_1	4.56de±0.24	3.23d±0.32	2.27bcd±0.16	10.06d±0.34
A_5B_2	1.90j±0.17	2.48e±0.06	2.27bcd±0.12	6.65g±0.13
A_6B_1	3.97f±0.101	3.77c±0.52	2.35bc±0.40	10.09d±0.90
A_6B_2	2.51i±0.12	3.32d±0.18	2.63ab±0.32	8.79e±1.04
A_7B_1	3.69fg±0.16	2.72e±0.31	2.39bc±0.41	8.80e±0.15
A_7B_2	3.36gh±0.33	2.77e±0.47	1.68e±0.25	7.81f±0.41

注：①A_1（$N_{280}P_{150}K_0$）、A_2（$N_{350}P_{100}K_{360}$）、A_3（$N_{140}P_{300}K_{300}$）、A_4（$N_{420}P_{250}K_{120}$）、A_5（$N_{70}P_{50}K_{60}$）、A_6（$N_{210}P_0K_{240}$）、A_7（$N_0P_{200}K_{180}$）。字母下角的数字为元素的公顷施用量（kg）；②B_1-豆禾比例 1：1，B_2-豆禾比例 1：2

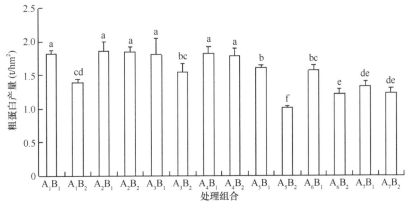

图 7-17 不同处理组合下 2 年龄豆禾混播草地全年粗蛋白收获量

不同小写字母表示不同处理间差异显著（$P<0.05$），下同

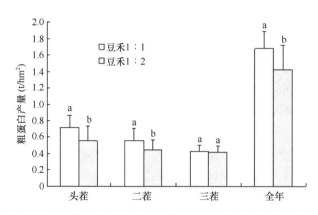

图 7-18　豆禾混播草地不同混播比例下各茬次及全年粗蛋白收获量

（六）沙化草原放牧型人工草地建植与利用模式

在科尔沁沙地草原上，有大量的撂荒地、退化放牧地等，具备灌溉条件，但土壤沙化严重，防护条件差，不适宜进行翻耕种植。这些草原上的原生优势植物衰退，在雨热条件比较好的时节，有大量一年生或一、二年生植物生长，利用价值很低。为了节省家畜饲养成本，提高肉、奶品质，农牧民希望把这样的土地恢复成为放牧地。经过项目试验，人工免耕种植多年生混合牧草，进行放牧型人工草地建设并科学放牧利用的做法是可行的。

地块选择：地表相对平整，具有可利用水源和灌溉设施，多年生植物的长势弱，原生的多年生优势种在群落中不起主要作用，适于机械免耕补播。

地表处理：当地表有影响机械作业和喷灌的风蚀穴、沙包、灌丛堆、冲蚀沟等，要用推土机推平、镇压。有条件的情况下，补播前在地表撒施以家畜粪便为主的有机肥，施肥量为 $75 \sim 150 t/hm^2$。

混播设计：草种选择羊草、披碱草、无芒雀麦、沙打旺和紫花苜蓿，按不同比例混播。由于草种较多，可以设计某一种植物为主，播量最大，其他种为辅，形成类似于天然草地的优势种和常见种或伴生种的组合，减少种间竞争，提高稳定性。实践证明，不同的播量组合，会产生不同的草地恢复效果。在此展示 3 个不同的草种混播方案，用不播种的草地进行空白对照（表 7-17）。其中，方案 1 以羊草为优势种，方案 2 以沙打旺为优势种，方案 3 以无芒雀麦为优势种。

表 7-17　沙地草原免耕补播放牧型人工草地草种混播方案

方案编号	播种方式	播种量（kg/hm²）
方案 1	羊草、披碱草、无芒雀麦、沙打旺、紫花苜蓿	15.0、4.5、2.25、0.75、1.5
方案 2	羊草、披碱草、无芒雀麦、沙打旺、紫花苜蓿	2.25、3.0、4.5、11.25、1.5
方案 3	羊草、披碱草、无芒雀麦、沙打旺、紫花苜蓿	2.25、3.0、16.5、1.5、0.75
对照（CK）	天然无补播	—

播种与灌溉：在降水比较集中的夏季播种，利于出苗，节约灌溉成本。当降水不足

时，播后进行灌溉。当土壤封冻时，灌 1 次越冬水；在牧草生长过程中，如遇干旱，进行应急性非充分灌溉，1 次灌溉渗水深度达到 15～20cm 即可。

使用牧草免耕补播机播种：由于禾草和豆科草种子形态和千粒重差别很大，同时播种落种不均匀，播前进行包衣。包衣方式参考飞播牧草进行。播种时把 3 种禾草种子混合，1 次播种；把 2 种豆科草种子混合，与禾草进行垂直交叉播种。

围栏保护：对播种的草地进行围栏保护。

放牧利用：草地播种当年不进行放牧。但由于补播干扰，播种当年一年生植物往往旺盛生长，可在牧草越冬前 1 个月，用割草机高茬割草，抑制一年生植物生长。对割下的牧草进行裹包青贮，能够制成优良的青贮饲料。割后草群的光照条件改善，有利于播种植物的生长。第二年开始进行放牧利用。以轻度和中度放牧为主。放牧季为 6 月中旬至 10 月中旬；休牧期为 10 月中旬至翌年 6 月中旬。每天上午放牧 3～4h，其他时间休闲（图 7-19）。

图 7-19　退化、沙化草地（左）混播牧草恢复为放牧型草地（中）后放牧家畜（右）

不同混播方案草地恢复特征：人工补播混合牧草可以加速多年生植物的介入，对改良沙质草地作用明显。播种第二年测定，群落高度在方案间差异明显（$P<0.05$），反映了不同优势种的差异。以禾草为主时，高度、盖度和密度都高；以豆科草为主时，则都较低。对照的物种仍以一年生植物为主，生长不良。各方案间的物种数差异不显著（$P>0.05$）（表 7-18）。

表 7-18　不同补播方案放牧地群落特征指标对照表

方案	群落平均高度（cm）	密度（株/m²）	盖度（%）	种数（m²）
方案 1	21.57a±2.28	384.00a±41.19	53.93a±10.02	7.00a±1.63
方案 2	14.63b±2.03	151.06c±30.50	44.66ab±4.42	7.67a±0.58
方案 3	10.88c±1.34	293.13b±91.79	36.13b±8.20	5.33a±0.58
CK	21.57a±2.28	151.25c±54.65	14.09c±5.02	6.50a±1.29

第三年人工补播放牧地的植被物种组成及重要值发生了明显变化，补播草种在群落中的整体地位提升明显。其中，CK 共有 9 种植物，重要值大于 0.1 的有 3 种，在 0.05～0.1 的有 3 种，沙蒿和薹草是群落建群种。根据分科特征可知，方案 1 中共有 14 种植物，包括禾本科、豆科、莎草科、菊科、牻牛儿苗科、紫草科和萝藦科植物，重要值大于 0.1 的有 3 种，羊草重要值最大，显示出播量最大的羊草能够较好地在群落中迅速建群并占

据重要地位。方案 2 中共有 13 种植物，包括禾本科、豆科、莎草科、菊科、牻牛儿科、藜科和旋花科植物，重要值大于 0.1 的有 3 种，其中播量最大的沙打旺在群落中重要值最大，其余 2 种沙蒿和薹草均为原生植物，表明沙打旺能够较好地在群落中生存。方案 3 中共有 7 种植物，重要值大于 0.1 的有 3 种，其中播量最大的无芒雀麦在群落中重要值最大，沙打旺、羊草次之，原生植物重要值较小（表 7-19）。说明在混播组合中，播量最大者往往决定着群落的发展走向，至少在前期是如此。

表 7-19　不同方案补播放牧草地植被物种组成及重要值变化

物种	科	方案 1	方案 2	方案 3	CK
羊草 *Leymus chinensis*	禾本科	0.3142	0.0362	0.1381	—
披碱草 *Elymus dahuricus*	禾本科	0.1084	0.0863	—	—
无芒雀麦 *Bromus inermis*	禾本科	0.0627	0.0841	0.4165	—
紫花苜蓿 *Medicago sativa*	豆科	0.0634	0.0382	0.0446	—
沙打旺 *Astragalus adsurgens*	豆科	0.0349	0.3237	0.2604	—
薹草 *Carex* spp.	莎草科	0.1569	0.1324	—	0.2413
虎尾草 *Chloris virgata*	禾本科	0.0296	0.0549	—	0.0626
沙蒿 *Artemisia desertorum*	菊科	0.0219	0.1064	0.0537	0.2167
猪毛蒿 *A. scoparia*	菊科	0.0393	—	—	0.0919
牻牛儿苗 *Erodium stephanianum*	牻牛儿苗科	0.0185	0.0448	—	0.0321
砂引草 *Messerschmidia sibirica*	紫草科	0.0483	—	—	—
鹅绒藤 *Cynanchum chinense*	萝藦科	0.0109	—	—	—
沙芦草 *Agropyron mongolicum*	禾本科	0.0510	—	—	—
茵陈蒿 *Artemisia capillaris*	菊科	0.0405	—	—	0.1144
达乌里胡枝子 *Lespedeza davurica*	豆科	—	0.0491	—	0.0486
碱蓬 *Suaeda glauca*	藜科	—	0.0208	—	—
草麻黄 *Ephedra sinica*	麻黄科	—	—	—	0.0663
蒺藜 *Tribulus terrestris*	蒺藜科	—	—	—	0.0314
藜 *Chenopodium album*	藜科	—	0.0180	0.0246	—
打碗花 *Calystegia hederacea*	旋花科	—	0.0258	0.0621	—

注："—"表示该方案中未见此物种

在不同的混播方案中，植物的适应性表现是不同的。在以羊草为主的方案 1 中，披碱草自然高度最高（43.3cm），羊草次之，占据牧草上层的空间；沙打旺和紫花苜蓿由于家畜采食占据群落下层，相对优势不足；无芒雀麦生长极少。说明适口性不同的植物混播在一起，适口性好的植物首先被家畜采食，生长受到抑制。在以沙打旺为主的方案 2 中，几种牧草自然高度相差不大，但多数生长稀疏，说明沙打旺有更强的竞争力。在以无芒雀麦为主的方案 3 中，由于家畜采食整齐，草层高度无显著差异，范围在 8～14.3cm。在方案 1 中，羊草盖度（32.25%）显著高于其他牧草，沙打旺和披碱草盖度次之，紫花苜蓿盖度最小（2%），无芒雀麦生长极少。在方案 2 中，沙打旺盖度显著高于其他牧草，其他牧草盖度都较小，披碱草和苜蓿盖度均小于 1%。因此建议不要使沙打旺在混播中占比过大。在方案 3 中，无芒雀麦和沙打旺盖度高于其他几种牧草，群落中无披碱草或极少生长。这种差别也反映在牧草现存量上。方案1中羊草现存量显著高于其他牧草,沙打旺次之。方案2中沙打旺现存量显著高于其他牧草,其他牧草现存量都较小,披碱草、无芒雀麦和苜蓿现存量均小于10%。方案3中沙打旺现存量超过了无芒雀麦,羊草和苜蓿现存量均小于10%,群落中无披碱草或极少生长。

第四节　结　语

科尔沁草原“三化”是由气候变化和人类活动双重影响造成的。分析科尔沁草原区近几十年来的气候要素变化趋势,基本处于对草地不利的状态。尤其是地下水位,每年以20~40cm的速度下降,造成多数湖泊干涸,河水断流,使“三化”加剧。大面积开垦荒地是造成科尔沁草地面积减少的主要原因之一。垦荒不但导致草地面积减少,垦荒后弃耕也加剧了土壤风蚀。大规模开垦草原的后果是“一年开草场,二年打点粮,三年五年变沙梁”,形成“农业吃牧业,风沙吃农业”的局面,加剧了草原退化。由于水土植被条件优越的草甸草原、草甸等被开垦,牲畜的放牧空间被大大压缩,超载过牧现象日趋严重。

虽然近年来的沙地治理工作取得了不少成绩,但需要治理的沙地面积仍然很大,治理的任务仍然繁重而艰巨。还没有得到很好治理的基本都是难啃的“硬骨头”,沙地治理难度越来越大。多年的经验表明,草地在退化阶段治理的难度比沙化阶段容易,用时短,效果好。草地植被建设要摒弃过去以造林为主、重树轻草的做法,总的原则是“密草,中灌,疏乔”。考虑水分制约,乔木总盖度在治理区小于10%,灌木总盖度小于30%,草本总盖度在60%左右。植被恢复的总目标是整体上形成稳定的疏林草原景观;植被重建的总目标是建成稳产高产、配套完善的人工草地。在“三化”草地治理的植物种选择中,基本原则是“先本土,后引进”“成功者优先”“经长期研究评价认可者优先”“低成本者优先”。把植物的适应性放在第一位,经济性放在第二位;强调科学性,避免盲目性;强调节水性和可持续生长,避免不惜成本的短期行为。

在总结多年沙质草地治理实践经验的基础上,通过本研究几年的探索,总结出家庭牧场精准治理修复与利用模式,包括:科尔沁沙质退化草地“三低一优”(即低扰动、低成本、降低利用强度和优化利用方式)恢复治理模式、碱化草原“自然恢复+人工干预”修复治理模式、重度沙化草甸草地“燕麦复种苜蓿”人工草地建植模式、撂荒退化草原苜蓿-禾草混播人工草地建植模式、沙化草原放牧型人工草地建设与利用模式等,能为科尔沁沙质草地的生态修复和可持续利用提供技术支撑。

参 考 文 献

常宏理, 魏丽男, 刘显芝. 1994. 扎鲁特旗植被过渡性特征的研究. 草业科学, 11(3): 5-8.

常学礼, 赵学勇, 王玮, 等. 2013. 科尔沁沙地湖泊消涨对气候变化的响应. 生态学报, 33(21): 7002-7012.

陈静, 李玉霖, 崔夺, 等. 2014. 氮素及水分添加对科尔沁沙地4种优势植物地上生物量分配的影响. 中国沙漠, 34(3): 696-703.

贾恪, 刘廷玺, 雷慧闽, 等. 2015. 科尔沁沙地沙丘-草甸相间地区 1986-2013 年湖泊演变. 中国沙漠, 35(3): 783-791.

蒋德明, 刘志民, 寇振武, 等. 2004. 科尔沁沙地生态环境及其可持续管理: 科尔沁沙地生态考察报告. 生态学杂志, 23(5): 179-185.

焦树仁, 富贵生, 姜鹏. 2002. 科尔沁沙地的乡土树种及其保护与利用. 内蒙古林业科技, (1): 3-7.

李东方, 刘廷玺, 王冠丽, 等. 2013. 科尔沁沙地沙丘-草甸区土壤水、地下水对降雨的响应. 干旱区资源与环境, 27(4): 123-128.

李钢铁. 2004. 科尔沁沙地疏林草原植被恢复机理研究. 内蒙古农业大学博士学位论文.

李玉霖, 赵学勇, 刘新平, 等. 2019. 沙漠化土地及其治理研究推动北方农牧交错区生态恢复和农牧业可持续发展. 中国科学院院刊, 34(7): 832-840.

罗永清, 赵学勇, 丁杰萍, 等. 2016. 科尔沁沙地不同类型沙地植被恢复过程中地上生物量与凋落物量变化. 中国沙漠, 36(1): 78-84.

内蒙古草原勘测设计院. 1989. 科尔沁草地资源. 杨陵: 天则出版社: 147-158.

孙殿超, 李玉霖, 赵学勇, 等. 2015. 围封和放牧对沙质草地碳水通量的影响. 植物生态学报, 39(6): 565-576.

王炜, 梁存柱, 刘钟龄, 等. 1999. 内蒙古草原退化群落恢复演替的研究 IV. 恢复演替过程中植物种群动态的分析. 干旱区资源与环境, 13(4): 44-55.

乌力吉. 1996. 科尔沁草地的畜草平衡与草业发展途径的研究. 草业科学, 13(4): 40-43.

哲里木盟水利局. 1999. 哲里木盟水旱灾害. 呼和浩特: 内蒙古人民出版社.

周欣, 左小安, 赵学勇, 等. 2015. 科尔沁沙地沙丘固定过程中植物生物量及土壤特性. 中国沙漠, 35(1): 81-89.

朱芳莹. 2015. 中国北方四大沙地近 30 年来的沙漠化时空变化及气候影响. 南京大学硕士学位论文.

朱永华, 张生, 孙标, 等. 2017. 科尔沁沙地典型区地下水、降水变化特征分析. 干旱区地理, 40(4): 718-728.

左小安, 赵哈林, 赵学勇, 等. 2009. 科尔沁沙地不同恢复年限退化植被的物种多样性. 草业学报, 18(4): 9-16.

第八章 松嫩平原盐碱化草甸生态修复与资源利用模式

松嫩平原草地是以耐盐碱性较强的羊草为优势植被，以盛产优质禾本科羊草而驰名中外。松嫩草地微地貌起伏，地下水位高，土壤盐碱化严重，土壤质地黏重，是一片独特的草地。松嫩平原、辽河平原构成的松辽平原的植被主体为草甸（周道玮等，2010），在我国东北畜牧业发展中起着重要作用。由于长期遭受自然灾害和人类活动的影响，该区草地出现严重盐碱化现象。草地退化一方面加剧土壤盐碱化、侵蚀，导致草地生态屏障功能丧失；另一方面导致草地优质饲草比例减少，土壤肥力和饲草产量、质量下降，草地资源利用效率低下。大量聚集在地表的盐分，在大风作用下迅速扩散，也给周边地区土地造成严重危害，因而直接影响草地生态服务功能和畜牧业的发展。研究适合松嫩平原盐碱化草地改良、利用具体方法，对改善和保障草地生态环境、提高草地资源生产能力和畜牧业支撑能力意义重大。将退化草地恢复与优质牧草发展纳入核心目标，开展系统的盐碱化草地植被恢复治理，提高草地资源生产能力和利用效率已经成为政府、学界、企业和农户的紧迫共识。研究松嫩平原盐碱化草地退化及其趋势，探讨其盐碱化特征和机制，提出盐碱化草地生态修复和改良模式、草地合理利用及草地-秸秆畜牧业发展模式，可为松嫩平原盐碱化草甸生态恢复和可持续发展提供理论借鉴。

第一节 松嫩平原盐碱化草甸特征及退化机制

一、盐碱化草甸退化特征

（一）群落结构功能特征

未退化的松嫩草地羊草群落（原生草地群落）组成以羊草为绝对优势种，伴生种有寸草薹（*Carex duriuscula*）、匍枝委陵菜（*Potentilla flagellaris*）等（表 8-1）。群落中共有 17 种植物，99%为中生种或湿生种，其中多年生植物 11 种，占 65%，一年生植物 6 种，占 35%。群落总盖度约 80%，总植物密度 1213 株/m^2，羊草占据 92%，群落总生物量 391g/m^2，其中羊草占据 96%以上。群落 Shannon-Wiener 指数为 0.39，均匀度指数为 0.14。

次生盐碱化植物群落。松嫩草地原生羊草群落退化消失后，耦合微地形及土壤水盐分布，各类次生盐碱化植物群落在低洼的微地形内由低处向高处依次替代分布，完整的分布序列自低处向高处依次为水稗（*Echinochloa phyllopogon*）、针蔺、萹蓄（*Polygonum aviculare*）、三穗薹草（*Carex tristachya*）、虎尾草、星星草（*Puccinellia tenuiflora*）、碱地肤和碱蓬（*Suaeda glauca*）等群落；不完整的顺序替代系列依次为水稗、萹蓄、虎尾草及萹蓄、三穗薹草、虎尾草和碱蓬等群落（图 8-1）。根据各群落所在微地形位置和相关联的土壤湿度判断，此替代分布序列是微地形决定的水盐梯度的结果，但不代表退化演替序列关系。

表 8-1　未退化羊草草地的群落结构

物种	盖度（%）	高度（cm）	密度（株/m²）	生物量（g/m²）
羊草 Leymus chinensis	72	45	1119.2	381.1
寸草薹 Carex duriuscula	1	17	52.3	2.3
狗尾草 Setaria viridis	<1	43	4.8	1.8
糙隐子草 Cleistogenes squarrosa	<1	29	11.4	1.3
花苜蓿 Medicago ruthenica	<1	48	0.9	1.2
达乌里胡枝子 Lespedeza davurica	<1	42	0.7	1
全叶马兰 Kalimeris integrifolia	<1	26	6.5	0.8
匍枝委陵菜 Potentilla flagellaris	1	9	6.9	0.7
山黧豆 Lathyrus quinquenervius	<1	23	2.6	0.4
鹅绒藤 Cynanchum chinense	<1	101	0.1	0.3
芦苇 Phragmites australis	<1	40	0.3	0.2
碱地肤 Kochia scoparia var. sieversiana	<1	26	0.8	0.2
具刚毛荸荠 Heleocharis valleculosa f. setosa	<1	38	4.0	0.1
虎尾草 Chloris virgata	<1	15	0.9	<0.1
画眉草 Eragrostis pilosa	<1	32	0.1	<0.1
拂子茅 Calamagrostis epigeios	<1	30	0.1	<0.1
米口袋 Gueldenstaedtia verna	<1	19	0.9	<0.1

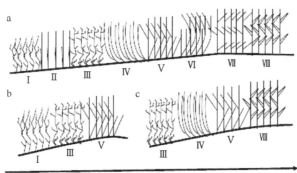

图 8-1　微地形自低处向高处的次生盐生植物群落的顺序替代分布示意图

a. 完整的替代分布序列；b、c. 不完整的替代分布序列。Ⅰ：水稗、Ⅱ：针蔺、Ⅲ：蒿薹、Ⅳ：三穗薹草、Ⅴ：虎尾草、Ⅵ：星星草、Ⅶ：碱地肤、Ⅷ：碱蓬

　　松嫩平原广泛分布的次生盐生植物群落以一年生植物功能群为优势种，主要为虎尾草群落、碱蓬群落和碱地肤群落。但在一些地段，生长有以多年生植物功能群为优势种建成的植物群落，主要有星星草群落和小獐毛（Aeluropus pungens）群落。其中，星星草适生于湿润生境，其群落中伴生有水稗、藨草（Scirpus triqueter），证明其中生、湿生的特点，因此分布在水分条件较好、盐分含量高的地段。尽管星星草被确定为盐生植物，但在松嫩平原较干旱的土壤地段上并不能形成群落，因此其与羊草群落不构成演替系列关系。

在长期无放牧干扰下，次生盐碱化植物群落的植物种类和多样性一般低于原生羊草群落，虎尾草、角果碱蓬（Suaeda corniculata）、碱地肤、星星草、针蔺、寸草薹、萹蓄群落对应的多样性和均匀性指数分别为 0.19 和 0.18、0.44 和 0.32、0.27 和 0.39、1.71 和 0.88、0.27 和 0.14、0.55 和 0.21、0.19 和 0.09。然而，对比原生羊草草地，次生盐碱化植物群落的盖度、平均高度并不低，其生物量甚至是未退化羊草群落的 2 倍，可达 720g/m^2。各群落优势种植物生物量占总生物量的 95%以上（表 8-2）。局部羊草草地盐碱化严重，表土已经不再适合植物生长，形成盐碱裸地。

表 8-2　次生盐碱化群落结构

群落	物种	盖度（%）	高度（cm）	密度（株/m^2）	生物量（g/m^2）
虎尾草	虎尾草 Chloris virgate	80	59	1247.7	460.9
	稗 Echinochloa crusgalli	1	36	62	34.7
	角果碱蓬 Suaeda corniculata	<1	24	0.3	0.1
角果碱蓬	角果碱蓬 Suaeda corniculata	90	88	212.7	722.3
	碱蓬 Suaeda glauca	<1	73	2.0	6.1
	虎尾草 Chloris virgate	<1	9	31	2.9
	芦苇 Phragmites australis	<1	43	0.7	0.4
碱地肤	碱地肤 Kochia scoparia var. sieversiana	70	29	1007	417.2
	虎尾草 Chloris virgate	17	39	85.3	21.8
星星草	星星草 Puccinellia tenuiflora	62	51	39.2	356.5
	碱地肤 Kochia scoparia var. sieversiana	<1	17	5.0	1.0
	稗 Echinochloa crusgalli	1	17	17	1.5
	虎尾草 Chloris virgate	5	24	57.3	9.0
	藨草 Scirpus triqueter	1	33	41.3	2.4
	獐毛 Aeluropus sinensis	<1	28	5.7	1.3
	萹蓄 Polygonum aviculare	1	10	33.7	0.9
针蔺	针蔺 Eleocharis intersita	90	36	3908	229
	藨草 Scirpus triqueter	<1	41	6.0	0.8
	稗 Echinochloa crusgalli	1	16	45.3	2.4
	萹蓄 Polygonum aviculare	2	13	129.3	7.6
	碱地肤 Kochia scoparia var. sieversiana	<1	18	2.3	0.4
	虎尾草 Chloris virgate	<1	30	27.3	2.8
	星星草 Puccinellia tenuiflora	<1	23	10.3	0.6
三穗薹草	寸草薹 Carex duriuscula	95	27	2896	302.9
	虎尾草 Chloris virgate	1	30	89.3	26.7
	星星草 Puccinellia tenuiflora	<1	35	21	2.4
	萹蓄 Polygonum aviculare	2	16	94.3	4.9
	稗 Echinochloa crusgalli	2	24	66.7	4.8
	猪毛菜 Salsola collina	<1	30	0.3	0.3
	角果碱蓬 Suaeda corniculata	<1	21	0.7	0.1
	针蔺 Eleocharis intersita	1	26	54	2.5
	碱地肤 Kochia scoparia var. sieversiana	<1	27	1.7	0.9

续表

群落	物种	盖度（%）	高度（cm）	密度（株/m²）	生物量（g/m²）
三穗薹草	菊叶委陵菜 *Potentilla tanacetifolia*	<1	24	31	5.9
	蒲公英 *Taraxacum mongolicum*	<1	10	0.3	1.4
	车前 *Plantago asiatica*	<1	25	0.3	0.1
	藨草 *Scirpus triqueter*	<1	38	4.3	0.7
萹蓄	萹蓄 *Polygonum aviculare*	75	8	3925	220.3
	虎尾草 *Chloris virgata*	1	15	84.7	10.7
	碱地肤 *Kochia scoparia* var. *sieversiana*	<1	18	6	2.4
	稗 *Echinochloa crusgalli*	<1	12	51	10.9
	车前 *Plantago asiatica*	<1	22	0.3	0.2
	寸草薹 *Carex duriuscula*	<1	14	1	<1
	星星草 *Puccinellia tenuiflora*	<1	38	0.7	<1
	菊叶委陵菜 *Potentilla tanacetifolia*	<1	10	1.3	<1
	隐花草 *Crypsis aculeata*	<1	8	0.3	<1

在盐碱化草地的一些高岗处，由于土壤质地特异，水分蒸发较快，形成高盐分含量的盐碱地，并持续存在，多年生耐盐植物獐毛（*Aeluropus littoralis* var. *sinensis*）在此形成盐生植物群落。持续的蒸发作用使獐毛群落土壤各层盐分含量一直维持在较高水平，其他植物很难侵入定居，形成单优势种的群落，其盖度 50%，高度 20.1cm，密度 675 株/m²，生物量达 160.9g/m²。獐毛群落既不与上述水盐梯度系列的群落发生联系，也不与羊草草地退化系列发生联系。

在放牧干扰下，草地盐碱化不仅体现在优势植被组成的改变，也体现在草地植被覆盖的低矮稀疏化。随放牧干扰强度增加，原生羊草群落和次生盐碱化植物群落尽管优势植物地位并未改变，但表现为植被盖度、高度、密度、生物量的依次降低，草地植物群落呈现低矮稀疏化趋势（表 8-3）。

（二）土壤盐碱化特征

松嫩平原草地的土壤盐分组成以 Na_2CO_3、$NaHCO_3$ 为主。由原生羊草群落到退化后的次生虎尾草群落，再到严重退化的盐碱裸地，土壤各层盐离子含量逐渐增加，其中，以 Na^+、CO_3^{2-}、HCO_3^- 增加最为显著。从羊草群落到退化后的虎尾草群落和盐碱裸地，50cm 土层内平均 Na^+ 含量分别增加了近 30 倍和 40 倍，HCO_3^- 含量分别增加了近 9 倍和 12 倍。在 50cm 深度内，羊草和虎尾草群落盐离子含量随土壤深度先增加，在 30cm 深度左右趋于稳定并达到高值（表 8-4）。

未退化羊草群落土壤表层盐分含量和 pH 相对下层低，下部各层逐渐增高，在 30～40cm 土层达到最大值，而后向下逐渐降低。与次生盐生植物群落相比，未退化羊草群落土壤剖面各层的盐分含量都较低，pH 也呈相同的变化规律（表 8-5）。

表 8-3　不同放牧强度下羊草群落和虎尾草群落的低矮稀疏化趋势

群落	放牧强度	物种	盖度（%）	高度（cm）	密度（株/m²）	生物量（g/m²）
羊草	轻度	羊草 *Leymus chinensis*	80	44	834	274.3
		西伯利亚蓼 *Polygonum sibiricum*	2	32	4	1.5
		星星草 *Puccinellia tenuiflora*	2	45	7	0.5
		寸草薹 *Carex duriuscula*	0.5	29	24	0.6
	中度	羊草 *Leymus chinensis*	62	34	502	169.4
		西伯利亚蓼 *Polygonum sibiricum*	2	26	2	0.4
		萹蓄 *Polygonum aviculare*	1	11	2	0.3
	重度	羊草 *Leymus chinensis*	28	20	97	31.4
		虎尾草 *Chloris virgata*	1	9	2	0.6
		碱地肤 *Kochia scoparia* var. *sieversiana*	0.5	13	2	0.6
虎尾草	轻度	虎尾草 *Chloris virgata*	80	51	612	223..3
		芦苇 *Phragmites australis*	1	58	2	0.9
		萹蓄 *Polygonum aviculare*	1	35	3	0.4
	中度	虎尾草 *Chloris virgata*	60	38	445	120.7
		碱蓬 *Suaeda glauca*	2	21	3	1.2
		萹蓄 *Polygonum aviculare*	0.5	18	2	0.2
	重度	虎尾草 *Chloris virgata*	29	24	46	22.6
		水稗 *Echinochloa phyllopogon*	3	27	9	2.5

表 8-4　未退化羊草群落、次生虎尾草群落及盐碱裸地盐离子含量（mg/kg）

	土层（cm）	Na⁺	Mg²⁺	K⁺	Ca²⁺	CO₃²⁻	HCO₃⁻	Cl⁻	SO₄⁻
羊草	0～5	43.70	12.93	20.47	93.81		380.64	63.90	16.66
	5～10	47.88	11.43	8.19	87.62		402.60	79.88	20.35
	10～20	81.31	10.00	9.74	75.63		439.20	74.55	23.17
	20～30	120.98	11.12	8.07	75.55		585.60	81.65	13.78
	30～50	202.04	8.64	3.83	70.38		717.36	71.00	6.36
	平均	99.18	10.82	10.06	80.60		505.08	74.20	16.06
虎尾草	0～5	1158.41	33.21	11.28	443.03	446.40	3220.80	347.90	99.72
	5～10	1884.98	54.46	8.53	587.18	950.40	3191.52	568.00	213.10
	10～20	3230.16	73.15	3.80	363.16	1080.00	4392.00	639.00	434.27
	20～30	3963.45	95.16	1.04	522.00	1440.00	7349.28	852.00	534.58
	30～50	3268.26	77.71	2.82	517.53	1116.00	7759.20	639.00	377.81
	平均	2701.05	66.74	5.49	486.58	1006.56	5182.56	609.18	331.90
盐碱裸地	0～5	5667.21	11.28	7.91	282.05	1958.40	6880.80	656.75	853.28
	5～10	4350.21	8.29	33.04	249.13	1584.00	5856.00	461.50	585.75
	10～20	3599.28	18.93	37.99	503.54	1296.00	5416.80	869.75	371.39
	20～30	3227.40	32.77	16.23	601.10	1224.00	6441.60	603.50	213.97
	30～50	3416.31	92.86	4.83	784.75	1022.40	7905.60	426.00	111.13
	平均	4052.08	32.83	20.00	484.11	1416.96	6500.16	603.50	427.10

注：空白格表示未测量

表 8-5　未退化羊草群落、次生盐碱化植物群落及盐碱裸地 pH 和电导率（EC，μS/cm）

土层（cm）	羊草		虎尾草		碱蓬		盐碱裸地	
	pH	EC	pH	EC	pH	EC	pH	EC
0～10	9.5	362	10.1	797	10.0	2169	10.4	2358
10～20	9.6	491	10.2	838	10.0	2115	10.3	1307
20～30	10.1	591	10.0	994	10.0	1850	10.3	1047
30～40	10.2	698	9.8	850	10.0	1625	10.3	891
40～50	10.1	640	9.6	735	10.0	1391	10.3	777
50～60	9.7	364	9.4	612	10.0	1514	10.3	650
60～70	9.5	308	9.4	513	10.1	1283	10.3	596
70～80	9.3	251	9.3	262	10.1	1225	10.3	517
80～90	9.1	208	9.3	191	10.1	1033	10.2	469
90～100	9.0	189	9.3	215	10.1	1071	10.1	449
平均	9.6	410	9.6	601	10.0	1528	10.3	906

虎尾草群落土壤表层盐分含量和 pH 略高于未退化羊草群落，并向下逐渐升高，在 30cm 土层盐分含量达到最大值，以下各层逐渐降低；pH 也呈相似的变化规律。碱蓬群落表层盐分含量非常高，向下逐层降低，至 1m 深处，电导率仍高达 1071μS/cm，而对应的 pH 稳定。裸地表层盐分含量高，向下逐层降低，而且降低速度较快，至 1m 深处仅为表层的 1/5。在 0～100cm 范围内，不同样地的 pH 大小顺序为裸地＞碱蓬群落＞虎尾草群落和未退化羊草群落；土壤电导率为碱蓬群落＞裸地＞虎尾草群落＞未退化羊草群落（表 8-5）。

以 30cm 土层进行评估，与未退化羊草群落相比，虎尾草群落、碱蓬群落及盐碱裸地土壤各层盐含量自下而上依次升高，表明次生盐碱化植物群落土壤盐分有上移现象，并且各层的盐分含量都高于未退化羊草草地土壤各层的盐分含量，指示盐分源于 1m 以下的深层土壤；或是表层消失，次生盐碱化植物群落的土壤表层相当于羊草群落土壤下面一层，并耦合后续盐分积累。

包括水稗、针蔺、蔺蓄、寸草薹、星星草在内的其他次生盐碱化植物群落的土壤 pH 和电导率从地表向下先增加，至 30cm 左右深度，pH 平均达到 10.0，电导率分别达到 390～800μS/cm，然后随土壤深度增加趋于下降。碱地肤和獐毛群落的土壤 pH 和电导率在土层间变化较小，碱地肤 pH 整体接近或高于 10，獐毛 pH 整体低于 10.0，但二者电导率均整体高于 1000μS/cm（表 8-6）。

表 8-6　其他次生盐碱化群落 pH 和电导率（EC，μS/cm）的垂直分布

土层（cm）	水稗		针蔺		蔺蓄		寸草薹		星星草		碱地肤		獐毛	
	pH	EC	pH	EC	pH	EC	pH	EC	pH	EC	pH	EC	pH	EC
0～10	9.2	251	9.3	257	10.0	564	9.4	369	9.3	215	10.0	1096	9.8	1962
10～20	9.6	311	9.7	359	10.0	838	9.6	520	9.7	439	10.2	1025	9.9	2530
20～30	9.8	394	9.9	444	10.0	799	9.6	577	9.9	616	10.4	1224	9.9	2483
30～40	9.9	393	10.0	454	10.0	715	9.8	500	10.0	636	10.4	1223	9.9	2056
40～50	10.0	381	10.0	427	10.0	623	9.8	442	10.0	531	10.3	1149	9.9	2043
平均	9.7	346	9.8	388	10.0	708	9.6	482	9.8	487	10.3	1143	9.9	2215

无论原生羊草群落还是次生盐碱化植物群落，在不同放牧干扰强度下均会发生群落植被不同程度的低矮稀疏化，相应也影响着土壤盐碱特征，如随着放牧强度的加剧，原生羊草群落和次生虎尾草群落表土 pH 均呈显著增加（图 8-2）。

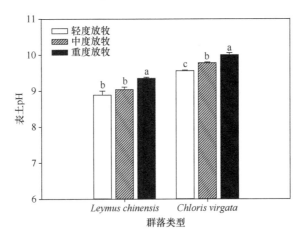

图 8-2　原生羊草（*Leymus chinensis*）群落和次生虎尾草（*Chloris virgata*）
群落在放牧扰动下的表土 pH
同一群落类型不同小写字母表示不同处理间差异显著（$P < 0.05$），下同

（三）土壤理化特征

除盐碱特性之外，草地退化也改变了松嫩草地其他土壤理化特征，相关变化在土壤表层体现最为明显。研究发现，松嫩草地原生羊草植被 0～10cm 土层土壤容重为 1.34g/cm^3，土壤有机碳（SOC）含量为 12.6g/kg，土壤全氮（TN）含量为 1.24g/kg，土壤全磷（TP）含量为 0.32g/kg。在放牧干扰下，不同退化程度的羊草草地的土壤容重对比原生草地增加 4.5% 以上，而土壤有机碳、全氮和全磷含量对比原生草地分别降低 20%、25.8% 和 30% 以上。当原生羊草植被退化消失，次生盐碱化的虎尾草群落占据生境时，土壤容重对比原生草地增加 5.9% 以上，而土壤有机碳、全氮和全磷含量对比原生草地分别降低 45%、48% 和 52% 以上（图 8-3）。

在放牧后的退化草甸，进一步生态管理影响土壤理化性质的演变。如果持续放牧，会导致土壤容重进一步增加，而土壤有机碳、全氮和全磷含量随时间推移缓慢降低。相反，如果实施禁牧，退化草地土壤容重及土壤有机碳、全氮和全磷含量能够在 6 年后得到显著修复（表 8-7）。

（四）生态过程的特征

在松嫩草甸，当植被由原生羊草群落转变为次生虎尾草群落，以及原生和次生植被在放牧扰动下的低矮稀疏化过程中，由于根系生物量和微生物数量的减少，根呼吸和土壤微生物呼吸降低（图 8-4）。然而，草地的次生盐碱化提高了根呼吸对温度的敏感性，潜在降低了次生盐碱化植被在增温情景下的地下生物量碳输入（图 8-5）。

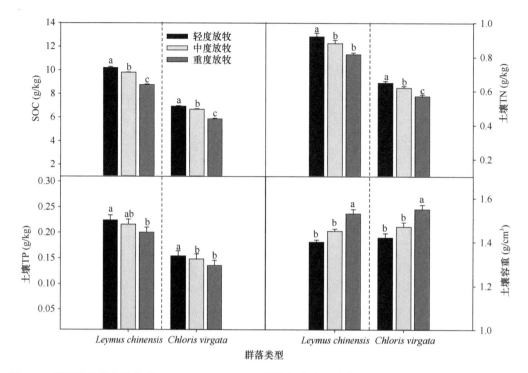

图 8-3　不同退化程度的羊草（*Leymus chinensis*）群落和次生虎尾草（*Chloris virgata*）群落的表土有机碳、全氮、全磷含量和容重密度

表 8-7　严重退化草甸在放牧和封育管理下土壤理化性质的变化

土壤性质		0～10cm			10～20cm		
		5 年	6 年	8 年	5 年	6 年	8 年
有机碳 （g/kg）	封育	6.92Ca±0.22	7.96Ba±0.13	9.45Aa±0.36	6.00C±0.27	6.88Ba±0.10	7.56Aa±0.33
	放牧	6.20Ab±0.12	5.94ABb±0.26	5.51Bb±0.33	5.64A±0.20	5.01Bb±0.15	4.34Cb±0.11
全氮 （g/kg）	封育	0.82Ba±0.01	0.86Aa±0.02	0.90Aa±0.02	0.75±0.01	0.78a±0.03	0.78a±0.02
	放牧	0.77Ab±0.01	0.76ABb±0.02	0.72Bb±0.01	0.70A±0.01	0.64Ab±0.02	0.56Bb±0.02
全磷 （g/kg）	封育	0.21±0.02	0.23±0.02	0.25±0.02	0.20±0.02	0.22±0.01	0.22±0.02
	放牧	0.21±0.02	0.20±0.02	0.20±0.01	0.19±0.02	0.18±0.01	0.18±0.01
容重 （g/cm³）	封育	1.40b±0.02	1.38b±0.02	1.37b±0.02	1.45b±0.02	1.43b±0.02	1.41b±0.02
	放牧	1.58a±0.04	1.59a±0.04	1.60a±0.03	1.63a±0.03	1.64a±0.02	1.64a±0.02

注：同行不同大写字母表示年际间差异显著（$P<0.05$），不同小写字母表示封育和放牧处理间显著性（$P<0.05$）

　　如图 8-6 所示，对比封育管理，因为生物量碳、氮输入的减少，连续的放牧退化将显著降低松嫩草甸土壤碳氮储量。

　　草地植被退化后，进一步的放牧干扰，尤其雨天放牧践踏将严重破坏表层土壤结构（图 8-7a），损伤植物根系，加速植被退化，降低地表的水土迟滞能力。由于土壤中含有大量的 Na^+，湿润的土壤分散性好，结构疏松，雨后易形成风蚀、水蚀，造成表土层渐渐消失，下面的重盐土层裸露形成新地面（图 8-7b），限制植被的再生修复。

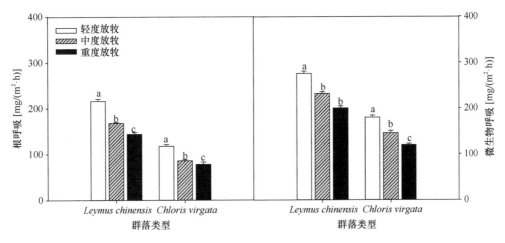

图 8-4　不同退化程度的羊草（*Leymus chinensis*）群落和次生虎尾草（*Chloris virgata*）群落的根呼吸
和微生物呼吸速率

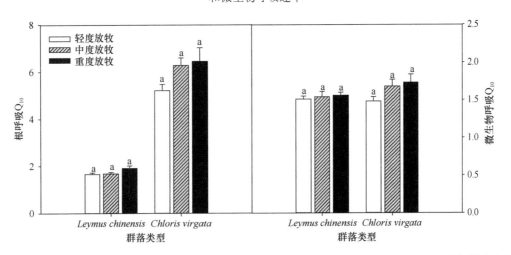

图 8-5　不同退化程度的羊草（*Leymus chinensis*）群落和次生虎尾草（*Chloris virgata*）群落的根呼吸
和微生物呼吸温度系数（Q_{10}）

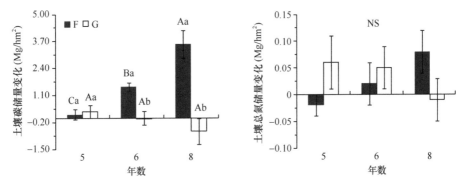

图 8-6　不同年限封育和放牧退化草地表层土壤碳氮储量的变化

F 代表封育，G 代表放牧；不同大写字母代表年际间差异显著，不同小写字母代表封育与放牧处理间差异显著，
NS 代表差异不显著

图 8-7 植被退化耦合放牧干扰加剧水土流失

二、盐碱化草甸退化程度与变化趋势

松嫩平原位于我国的东北平原中西部，是我国重要的商品粮及畜牧业发展基地。受历史地质和地形地貌影响，松嫩平原土壤盐碱化问题突出。盐碱化土地面积 301.2 万 hm^2，占总土地面积的 20%，盐碱化土地主要集中分布于黑龙江、内蒙古和吉林 3 省（区）35 市（县）（图 8-8）。其盐碱土分区属东北半湿润-半干旱草原-草甸盐渍区松辽平原半湿润草甸碱化-苏打斑状盐渍土片。

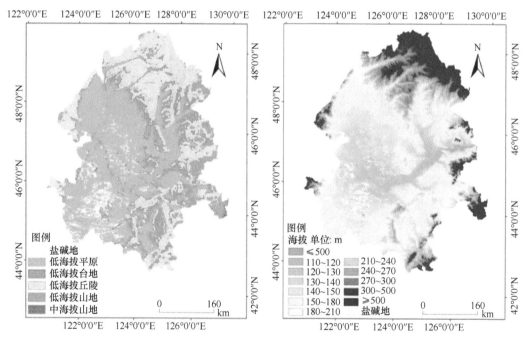

图 8-8 松嫩平原地貌特征及盐碱地分布

松嫩平原草地是我国著名的天然草场，11 个重点牧区之一。该草地曾水草丰美，植物种类丰富，地上生物量较高，优势种植物为羊草，且豆科植物种类较多，在生物量中占有较为适宜的比例。但近半个世纪以来，该地域草地退化严重。割草场植被盖度由 20

世纪 50 年代的 85%，下降到 21 世纪初的 70%，而放牧场的植被盖度下降到 30%～40%，严重的地段仅为 10%～20%，甚至形成大片的盐碱裸地；割草场的植被平均高度由 50 年代的 80cm 下降到 21 世纪初的 40～50cm，放牧场的草层高度在 20cm 以下，曾经的"风吹草低见牛羊"的壮观景象不复存在。松嫩平原的群落植被组成也发生了变化，由原来的羊草群落逆行演替形成盐生植物群落。在盐碱化严重地区，羊草（*Leymus chinensis*）、拂子茅（*Calamagrostis epigeios*）、糙隐子草（*Cleistogenes squarrosa*）等植物部分或全部消失。出现了寸草薹（*Carex duriuscula*）、星星草（*Puccinellia tenuiflora*）、碱蒿（*Artemisia anethifolia*）、朝鲜碱茅（*Puccinellia chinampoensis*）4 种植被；同时，出现了碱蓬（*Suaeda glauca*）、角果碱蓬（*Suaeda corniculata*）、碱地肤（*Kochia scoparia var. sieversiana*）等 8 种入侵种，这 8 种植被是随着草地碱化而出现的，碱地肤甚至成为优势种。产草量由原来的 2.5t/hm² 下降到 21 世纪初的 1.0t/hm²，饲草质量下降，家畜不喜食的杂类草、毒害草和一年生植物增多，豆科牧草仅占 1%甚至消失；草地载畜量下降，载畜量由原来的 3 羊单位/hm²，下降到 21 世纪初的 0.7 羊单位/hm²；草地面积锐减，大面积的草地被开垦成农田。以吉林西部为例，据遥感评估，20 世纪 50 年代，吉林西部草地面积近 2×10⁴km²，而到 2014 年，草地面积锐减到 3.19×10³km²，仅占土地总面积的 6.8%（表 8-8）。

表 8-8 吉林西部草地面积及占西部总面积比例

时间	面积（km²）	占总面积的比例（%）
20 世纪 50 年代	20 000	42.6
1981 年	17 270	36.8
1996 年	14 830	31.6
2001 年	8 520	18.1
2014 年	3 194	6.8

草地植被退化的同时，松嫩平原草地的土壤盐碱化问题也日益突出。以吉林西部为例，尽管目前草地土壤仍以轻度盐碱化为主，面积为 27.31×10⁴hm²，但中度和重度盐碱化草地占比同样较高，分别占该区域草地总面积的 19.96%和 13.07%，面积分别为 12.18×10⁴hm² 和 7.97×10⁴hm²，明显高于同一区域内的农田和湿地（图 8-9）。

松嫩草地土壤盐碱化加重的同时，土壤质量也随之退化。土壤的有机质含量降低，其全氮、全磷、有机质含量随放牧强度的增加而逐渐下降。在重度放牧地区，土壤全氮、全磷含量分别下降了 41%和 30%，可溶性氮和速效钾含量也显著减少。同时，土壤退化的症状还表现在了土壤的物理及化学性质上。在重度退化草地上，土壤表层砂粒含量由 64.5%增加到 73.7%，黏粒减少 11.2%，土壤的容重、紧实度、硬度都有所增加，而土壤的孔隙度、含水量、毛管持水量下降。

三、盐碱化草甸及其退化形成机制

（一）原生盐碱化和次生盐碱化的机制

盐碱土包括盐土和碱土两个土类，以及从属其他土类而具有不同程度盐碱化的土壤

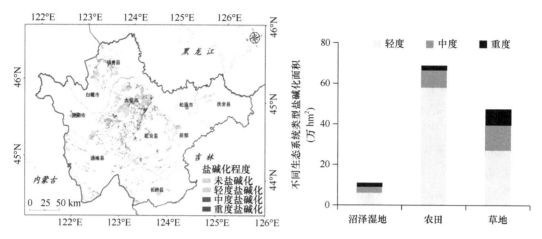

图 8-9 吉林西部受盐碱化影响的土地面积（何兴元等，2020）

系列。当土壤盐分含量＞0.1%或土壤 pH＞8.0，碱化度大于 5%的土壤都属于盐碱土的范畴。据联合国教科文组织（UNESCO）与联合国粮农组织（FAO）不完全统计，全世界有盐碱土面积 $9.5×10^8hm^2$。我国盐碱土资源分布十分广阔，约有 $9.9×10^7hm^2$。松嫩平原盐碱土分区属于东北半湿润-半干旱草原-草甸盐渍区松辽平原半湿润草甸碱化-苏打斑状盐渍土片。

气候、地形地貌、成土母质、水文等是造成松嫩平原土地盐碱化的自然因素。气候因素决定了盐碱化发生的必然性；地形地貌、水文因素为盐碱化提供了物质基础和发育空间。

1. 气候因素

松嫩平原位于我国东北的中心，地处北纬 40°30′～48°5′、东经 122°12′～126°20′，欧亚大陆的最东端，属半干旱温带季风气候区，具有典型的大陆性气候特点：冬夏季风更替现象明显，温差较大，具有高温的夏季和低温的冬季及气温从黑夜到白昼的剧烈转变的日变幅。松嫩平原的年平均气温为 2.7～4.7℃，夏季最高气温为 35～40℃，且全年平均风日 100 天以上，平均风速 4～5m/s。松嫩平原的年降水量为 400～500nm，由于受年季风大气环流的影响，70%～80%的降水量集中在 6～9 月。松嫩平原的年蒸发量达到1200～1900mm，是降水量的 3 倍以上，较高的蒸降比使得土壤及地下水中的可溶性盐分随上升水流累积于地表。大陆季风气候明显，春季和秋季共占全年降水的不到 20%，春季气温上升快，多大风，水分蒸发快，是积盐期。夏季降水达到全年降水的 70%，是脱盐期，但夏季时间短暂，只在 6～8 月。冬季土壤发生冻融现象，冻层深达 160～180cm。土壤在冻结的过程中，冻土层与其下较湿润的土层之间出现了温度和湿度梯度差，从而导致产生水分的热毛管运动，底层的土壤水和地下水则向冻土层汇集，形成了"隐蔽性积盐"过程。而在春季土壤开始消融时，冻结层自上向下消融过程中，已融化的水分向上迁移和蒸发，造成土壤盐分大量积累于表土层，形成表层土壤盐分春季"大爆发"。

2. 地形地貌

地形地貌是影响土壤盐碱化形成的条件之一。松嫩平原从地形上来看，其四周被大兴安岭、小兴安岭和长白山所环绕，是出流滞缓的泛滥冲积平原。这种四周高、中间低的地形构造决定了该区域内的地表径流和地下径流出流滞缓。大、小兴安岭和长白山广泛分布着火山岩，火山岩的风化形成了钙、镁、钾和钠的重碳酸盐类，并溶解于地表和地下径流中。从山麓到平原的径流中，溶解度小的钙、镁碳酸盐和重碳酸盐类首先沉积，而溶解度较大的钠、钾碳酸盐和重碳酸盐类则汇集到平原的低洼处。因此，这种负地形往往是水盐汇集区，是土壤盐碱化的必发地段。

3. 成土母质

第四纪沉积物在地质史中是最新的沉积物，其类型与盐渍土的形成关系更为密切，大部分盐渍土都是在第四纪沉积母质的基础上发育起来的。整个松嫩平原是第四纪更新世早期河湖相沉积物形成的，它是一种黑土堆积岩相，沉积厚度一般为 40～50m，质地黏重。就整个第四纪河湖相沉积物盐分组成而言，均以碱金属的碳酸盐和重碳酸盐为主，局部低地受地表水或地下水的影响，盐分有分异现象，土壤中有一定数量的氯化物及硫酸盐积累，但仍以重碳酸盐和碳酸盐为主，形成氯化物或硫酸盐苏打盐渍土。

4. 水文及水文地质条件

松嫩平原东、西、北三面环山，南面是平缓的松辽分水岭。三面环山，使得该地域多为地表水闭流区或缓流区。同时该区有较多的江河及各支流，如松花江、嫩江、乌苏里江、洮儿河、蛟河等，加上区内夏季降水集中，这些地表水绝大部分不能通过河道或地下径流及时排往区外，而停留在区内地势较低的河-湖漫滩上和汇集在局部洼地中，从而使得水分平衡主要靠蒸发来调节，水中携带的盐类累积下来，使区内半内流区和闭流区的地表水、地下水逐渐被矿化，土壤也逐渐盐碱化。该区地下水埋深 1.5～3m，矿化度 2～5g/L，高者达 10g/L，盐分以碳酸盐为主，且含有大量交换性 Na^+。因此，局部地区的浅层地下水、高地下水矿化度及主要靠蒸发调节的弱地表径流等这些松嫩平原地区特有的水文地质因素加速了该区土地盐碱化的发生与演变。

松嫩平原低海拔平原内的集水区分别有相互间隔的分水岭阻隔，因而发展成各自独立的集水区（图 8-10），地表水系统相互基本不联系，每个集水区内，各自发展形成了5 片独立的盐碱地，盐碱化草地镶嵌在每个集水区内，呈碎片状分布。

地理学家或土壤学家认为，受气候、历史地质地貌影响，松嫩平原原本就是一个盐碱土分布区，在盐碱土上形成的草地为盐碱化草地，即松嫩草地原初未退化的羊草草地，或称原生盐碱化草地。原生盐碱化草地在放牧、践踏、割草、取土等人为因素作用下，羊草草地地表覆盖发生了一定程度的变化，一些地区土壤表层的盐分增加，羊草消失，被耐盐碱或抗盐碱植物碱蓬（*Suaeda glauca*）、虎尾草（*Chloris virgata*）、碱地肤（*Kochia scoparia* var. *sieversiana*）、碱蒿（*Artemisia anethifolia*）、星星草（*Puccinellia tenuiflora*）和朝鲜碱茅（*Puccinellia chinampoensis*）等所取代，形成了碱蓬群落、碱地肤群落、虎尾草群落等盐生植物群落；一些地段地表盐分含量高并干旱而不长植物成为裸地，俗称盐碱裸地或碱斑（图 8-11）。土壤表层盐分含量增加，原生羊草草地植被存在所需要的低盐表层消失，而被盐生植物群落或盐碱裸地取代的过程为草地的次生盐碱化，目前所说的松嫩草地的盐碱化或退化即指草地的次生盐碱化过程。

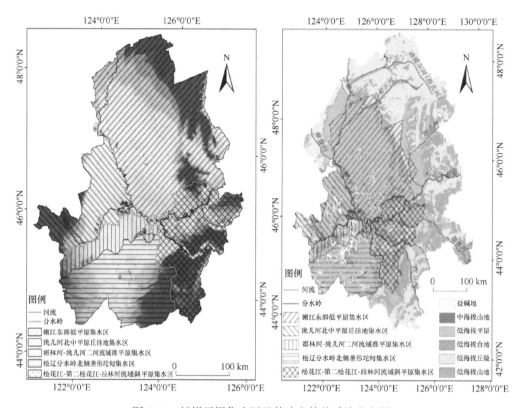

图 8-10 松嫩平原集水区及其决定的盐碱地分布图

图 8-11 原生盐碱化羊草草地（a）及次生盐碱化的虎尾草草地（b）、碱蓬草地（c）和碱斑（d）

目前，松嫩草地土壤表层盐分增多及草地次生盐碱化的原因一般被认为是植被退化导致土壤水分散失，由以植被蒸腾为主变成以土壤蒸发为主，以致土壤表层以下的盐分随土壤的蒸发作用，沿土壤毛细管上升并积聚于土壤表层（刘福汉和王遵亲，1993）。

此外，松嫩平原原生草地在退化以前，表土（0～20cm）盐碱含量一般低于其下层土壤（20～50cm）（图8-12a）。人类干扰一方面可能直接破坏移除了表土；另一方面植被的破坏可能增加地表的侵蚀，导致表土流失，下层高盐分土壤裸露成为新的地表，并进一步限制植被生长而加剧退化，导致次生盐碱化发生（图8-12b）。

图8-12　原生盐碱化羊草群落土壤剖面pH（a）及地表干扰裸露的草地景观（b）

（二）次生盐碱化发生的水盐耦合机制

"盐随水来，盐随水去"，土壤水盐耦合运移的方向和速率能够指示草地次生盐碱化的发生规律，调控水盐运移也是改良盐碱化草地的关键。本书以松嫩平原羊草草地、芦苇草地、朝鲜碱茅草地、盐碱裸地等4种不同盐碱化程度生境为例，对比分析生长季中不同土壤剖面水盐分布格局及耦合动态变化，试图揭示次生盐碱化发生的水盐耦合机制。

1. 生长季土壤水分垂直层变化

羊草草地：整个生长季中，表层0～10cm土壤含水量相对较低，10～20cm土层土壤含水量相对较高，然后随土壤深度增加土壤含水量逐渐降低，在40～50cm处达到最低点，然后土壤含水量再随土壤深度增加逐渐增高（图8-13a）。5月、6月各层土壤剖面含水量均较低，6月与5月相比，40～100cm土层土壤含水量稍有降低，说明由于4月、5月降水极少，土壤蒸发强烈及植物根系吸水，带动深层土壤水分向上运移，最后通过地表蒸发或蒸腾作用散失到大气中。7～9月开始各土层土壤含水量开始明显升高，特别是表层0～10cm土壤含水量增加最为明显。说明由于6～8月降水频次与降水量激增，土壤水分向下淋溶，土壤水分增加。这个时期，整个土壤剖面水分呈现整体增高趋势，土壤水分属于下渗型。10月0～70cm土壤含水量明显较前一时期降低，分析其原因，是由于9月大气降水较前一时期6～8月明显减少，土壤水分蒸发量大于淋溶造成土壤水分整体向上迁移，最终散失到大气中使得土壤水分减少。

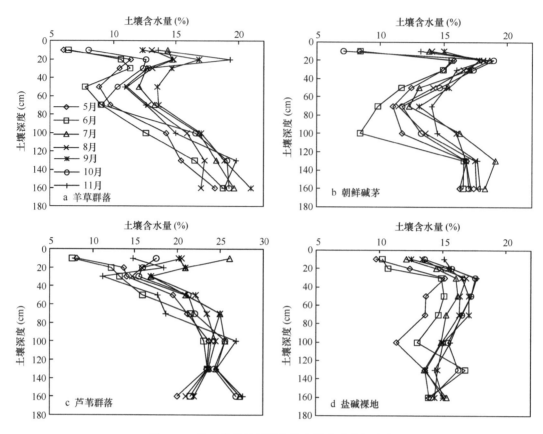

图 8-13 盐碱化草地不同生境土壤水分空间分布

朝鲜碱茅草地：整个生长季中，与羊草群落相同，在表层 0～10cm 土壤含水量相对较低，10～20cm 土层土壤含水量相对较高，然后随深度增加，土壤剖面含水量降低，在 50～100cm 处达到最低值，然后逐渐升高（图 8-13b）；在 130～160cm 处达到相对稳定的较高值。5 月、6 月土壤剖面各层土壤含水量也均较低。6 月与 5 月相比，土壤剖面 50～100cm 处含水量降低，分析其原因，是由于 4 月、5 月降水频次与降水量均极少，土壤剖面的土壤水分在蒸发拉力的作用下，深层土壤水分逐层向上迁移，由地表散失到大气中，整个土壤剖面水分向上运移，表现为蒸发型。7～9 月各层土壤含水量比 5 月、6 月明显升高，特别是表层 0～10cm 土壤含水量增加最为明显。说明由于 6～8 月降水频次与降水量激增，土壤水分向下淋溶，土壤水分增加。这个时期，整个土壤剖面水分呈现整体增高趋势，土壤水分属于下渗型。10 月 0～10cm 土层土壤含水量明显较前一时期降低，分析其原因，是由于 9 月大气降水较前一时期 6～8 月明显减少，土壤水分蒸发量大于淋溶造成土壤水分整体向上迁移，最终散失到大气中使得土壤水分减少。

芦苇草地：与其他生境相比，芦苇草地地势相对较低，地下水资源相对丰富。在整个生长季中，表层 0～30cm 土壤含水量受降水影响，变幅较大。5 月、6 月芦苇群落表层 0～20cm 土壤含水量极低，然后随深度增加土壤含水量逐渐增加；7～9 月，表层 0～30cm 土壤含水量激增，10 月、11 月表层 0～30cm 土壤含水量开始下降（图 8-13c）。

盐碱裸地：整个生长季中，盐碱裸地表层 0～10cm 土壤含水量亦较低，然后逐渐升高，在 30～40cm 处达到最高值，除 5 月、6 月在 70～100cm 降至较低值外，其他月份基本上都是在 130～160cm 处降至较低值（图 8-13d）。5 月土壤剖面各层土壤含水量最低，6 月 100～130cm 土壤含水量有所增加，分析其原因，可能是由于 5 月初盐碱裸地冻结层融通，地下水得以向上补充，使深层土壤剖面水分得以回升。从 7 月开始，由于得到降水的补充，土壤剖面各层土壤水分开始增加，但月份之间，同层变幅较小，说明盐碱裸地相比于羊草与朝鲜碱茅群落，土壤渗透能力较差，水分淋溶从上至下淋溶量较少。这是盐碱裸地表层土壤积盐的原因之一。

在 5 月、6 月，4 种生境表层（0～20cm）土壤的平均含水量由高到低分别为朝鲜碱茅群落（12.1%和 12.0%）＞盐碱裸地（12.4%和 10.5%）＞芦苇群落（10.9%和 9.9%）＞羊草群落（8.8%和 8.5%）；中层（20～80cm）土壤的平均含水量为芦苇群落（20.8%和 19.7%）＞盐碱裸地（13.0%和 14.2%）＞朝鲜碱茅群落（12.1%和 10.4%）＞羊草群落（11.3%和 10.3%）；深层（80～160cm）土壤的平均含水量为芦苇群落（21.7%和 22.5%）＞羊草群落（16.8%和 17.7%）＞朝鲜碱茅群落（16.5%和 16.6%）＞盐碱裸地（13.8%和 15.3%）。在 7～9 月，4 种生境中表层土壤剖面（0～20cm）平均含水量由高到低依次为芦苇群落（23.5%、18.2%和 20.6%）＞朝鲜碱茅群落（16.2%、16.1%和 16.4%）＞羊草群落（14.5%、14.0%和 14.6%）＞盐碱裸地（13.3%、14.1%和 14.0%）；中层土壤剖面（20～80cm）平均含水量为芦苇群落（23.2%、22.3%和 22.7%）＞盐碱裸地（15.5%、15.9%和 16.2%）＞朝鲜碱茅群落（14.5%、13.5%和 15.2%）＞羊草群落（14.3%、13.6%和 15.0%）；深层土壤剖面（80～160cm）平均含水量为芦苇群落（25.9%、22.3%和 22.8%）＞羊草群落（19.0%、17.2 和 19.9%）＞朝鲜碱茅群落（18.7%、17.5%和 17.0%）＞盐碱裸地（14.4%、14.4%和 14.5%）。在 10 月、11 月，4 种生境中表层（0～20cm）土壤平均含水量为芦苇群落（16.7%和 16.6%）＞盐碱裸地（14.6%和 15.4%）＞朝鲜碱茅群落（13.0%和 15.7%）＞羊草群落（10.3%和 16.5%），中层（20～80cm）土壤平均含水量为芦苇群落（22.4%和 20.6%）＞盐碱裸地（16.4%和 16.5%）＞朝鲜碱茅群落（13.7%和 14.7%）＞羊草群落（12.6%和 13.1%），深层（100～160cm）土壤平均含水量为芦苇群落（25.6%和 26.1%）＞羊草群落（19.2%和 19.4%）＞朝鲜碱茅群落（16.9%和 17.8%）＞盐碱裸地（15.2%和 14.7%）。

2. 土壤剖面盐分的空间分布

各种生境土壤盐分空间分布见图 8-14。羊草群落、朝鲜碱茅群落与盐碱裸地 3 种生境土壤盐分都表现出强烈表聚现象，即盐分主要分布在土壤剖面上层，深层土壤盐分含量较低（图 8-14a、b、d）。而芦苇群落表层盐分含量最低，随着剖面深度的增加，盐分逐渐增高（图 8-14c）。

羊草群落：整个生长季中，土壤剖面表层盐分含量较低，然后随深度增加逐渐升高，盐分含量最高层位于 10～20cm 处。然后随深度增加逐渐降低，于 70cm 后剖面盐分降低至较低值，再随深度增加盐分含量变化不大（图 8-14a）。6 月与 5 月相比，2～5cm、20～50cm 土壤剖面盐分含量增高，而 10～20cm 土壤剖面盐分含量降低，说明了土壤剖面盐分整体有向上迁移的趋势。7 月与 6 月相比，2～5cm 土壤剖面盐分含量降低，相对应的 5～30cm 土壤剖面盐分含量升高，说明了表层土壤剖面盐分在降水淋溶的作用下，

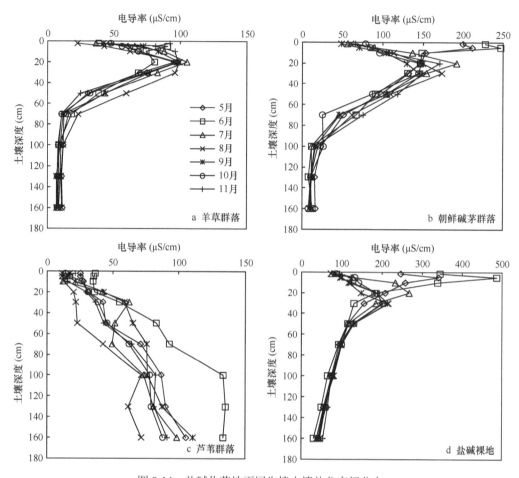

图 8-14　盐碱化草地不同生境土壤盐分空间分布

整体有向下运移的趋势。8 月，表层 0～20cm 土壤剖面盐分含量继续降低，而 20～70cm
盐分含量继续升高，说明降水淋溶作用继续影响着表层土壤盐分向下迁移。9 月，0～
10cm 土壤剖面盐分含量相对于 8 月有所增高，而 30～70cm 盐分相应减少，说明盐分有
向上迁移的趋势。10 月，表层 2～10cm 土壤剖面盐分含量降低，而 10～20cm 盐分含量
升高，分析原因是因为 9 月有一次较强的降水，将表层 2～10cm 土壤剖面盐分淋溶到
10～20cm 处。11 月，表层 0～5cm 土壤剖面盐分开始增加。

　　朝鲜碱茅群落：整个生长季中，表层盐分含量较低，随后随深度增加，含量逐渐增
高。5～6 月在剖面 2～5cm 处，7 月、9 月、10 月、11 月在剖面 20～30cm 处，8 月在
30～40cm 处达到含量最高值，随后逐渐降低。在 100cm 剖面处向下，土壤剖面盐分含
量变化不大（图 8-14b）。6 月 0～5cm 土壤剖面盐分含量比 5 月明显提高。7 月 0～5cm
土壤剖面盐分含量迅速降低，而 10～30cm 处盐分含量增高，盐分含量最高层从 2～5cm
处下移至 10～20cm 处。这是由于 6 月、7 月降水频次和降水量增多，雨水向下淋溶，
盐分随水向下运动，积累于较深的土壤剖面处的缘故。8 月 5～20cm 剖面盐分含量继续
下降，土壤剖面盐分含量最高值下移至 20～30cm 处。9 月盐分含量最高层上移至 10～
20cm 处，同时 5～10cm 土壤剖面盐分含量增加。10～11 月各层土壤剖面盐分含量变化

不大。

芦苇群落：整个生长季中，土壤剖面盐分含量均较低，从表层到深层土壤盐分含量逐渐增大。6月与5月相比，各剖面土壤盐分含量明显升高，但到了7月雨季后土壤盐分含量降低。8月，各土壤剖面盐分含量达到最低值，然后到9月后逐渐升高。10月与11月，各剖面土壤盐分含量变化不大（图8-14c）。

盐碱裸地：整个生长季中，表层0～2cm土壤剖面盐分含量较低，随后随深度增加，盐分含量上升。5～6月在2～5cm处、7月在20～30cm处、8～11月在30～40cm处盐分含量达到最高值，随后随深度增加逐渐降低，变化幅度较小（图8-14d）。与5月相比，6月0～5cm土壤剖面盐分含量明显升高，而20～30cm土壤剖面盐分含量有所下降，说明此剖面土壤盐分在蒸发拉力作用下向上迁移。7月，0～10cm处土壤盐分含量急剧下降，10～30cm土壤剖面盐分含量增高，说明在雨水淋溶作用下，表层盐分向下迁移。8月10～20cm土壤剖面盐分含量有所降低，其他剖面盐分含量与7月相比变化不大。9～11月5～20cm土壤剖面盐分含量比8月略有升高，但这3个月土壤剖面盐分含量变化不大。

3. 土壤pH

4种生境中土壤剖面pH分布情况见图8-15。4种生境中以芦苇群落土壤剖面pH最低，羊草群落土壤剖面pH略高于芦苇群落。二者土壤pH均以表层土壤较低，随土壤剖面深度加大，土壤pH增加，羊草群落于10～20cm、20～30cm土壤剖面处达到相对较高值，后开始降低，芦苇群落于20～30cm处达到较高值。朝鲜碱茅群落与盐碱裸地土壤剖面pH均较高，超过10.0。二者在0～2cm土壤剖面处pH均较低，在2～5cm处达到较高值，后随土壤剖面深度加大，土壤pH略有降低，但降低幅度较小。4种生境土壤pH也表现出强烈的季节动态变化，即在5～6月时，表层土壤pH升高，而在雨季7～8月，表层土壤pH降低。羊草和芦苇土壤各剖面pH在时间尺度上变化较大（图8-15a、c），而朝鲜碱茅群落与盐碱裸地除了表层0～2cm、2～5cm、5～10cm剖面外，其他土壤剖面pH在时间尺度上变化较小（图8-15b、d）。

根据上述分析，得出以下结论。

1）春季干旱少雨、多风、高潜在蒸发量；夏季高温、多雨、降水集中；秋季降水减少，蒸发增强的大陆性季风气候及较高的地下水位决定了松嫩盐碱化草地表层土壤含水量在春秋两季较低、深层土壤含水量较高的特点。4种生境中芦苇群落土壤剖面含水量最高，土壤剖面水分随季节变化幅度最大的为芦苇草地，其次是羊草草地，盐碱裸地变幅最小。

2）4种生境中，土壤剖面盐分分布从高到低依次为盐碱裸地、朝鲜碱茅草地、羊草草地和芦苇草地。在春季蒸发拉力、植物蒸腾作用的作用下，土壤盐分表现出深层土壤盐分向上迁移，积聚在表层土壤中；而在夏季降水淋溶作用下，积累于土壤表面的盐分向下运动到深层，盐碱裸地与朝鲜碱茅草地土壤剖面盐分含量季节动态变化明显。水盐的协同运移是土壤盐碱程度变化的驱动因素，植被覆盖下降和气温增加驱动土壤水分蒸发加剧，导致表土盐碱程度增加。

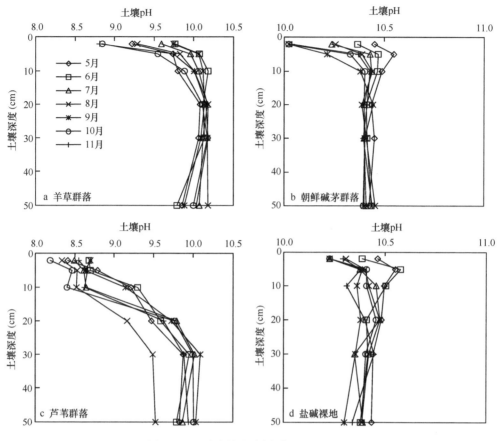

图 8-15　4 种生境土壤剖面 pH 空间变化

（三）人为干扰的潜在盐碱化驱动机制

自然因素是松嫩平原草地盐碱化的必然条件，而人类不合理的经济利用与活动加剧了草地盐碱化的程度和速度，是草地次生盐碱化的现实驱动力。人为因素很多，最主要的是毁草开荒、过载放牧、农业灌溉等，其他的因素如搂草、挖药、取土、开矿等也能加剧草地盐碱化程度。人类活动破坏了地表植被和土壤结构，引起土体和地下水中水溶性盐类随土壤毛管上升水流向上运动，引起盐分在土壤表层积累，加剧了草地土壤的盐碱化程度。人为干扰直接移除地表土壤或降低植被盖度，植被盖度的降低甚至消失加剧了风蚀和水蚀作用，表层土壤消失，裸露出深层盐碱化土壤，同样导致次生盐碱化。

1. 毁草开荒

毁草开荒是草地面积锐减的最主要原因。例如，20 世纪 50 年代，吉林西部草地面积为 200 万 hm²，1981 年草地面积减少至 172.7 万 hm²，1996 年草地面积减少至 148.3 万 hm²，2001 年草地面积减少至 85.2 万 hm²（图 8-16）。从 80 年代开始草地面积减少速度加快，20 年内减少了 87.5 万 hm²，占原初草地面积一半以上。农田与草地接壤，农民将邻近的草地开垦为农田，或在草地内部一些土壤状况比较好的斑块中开垦，直到开垦的农田扩展到有积水或盐碱程度较高的草地边缘。被开垦的草地均为土壤盐碱化程度较轻的草地或草甸土,因此具有较好土壤的草地大面积地减少,而剩下的几乎全是一些土壤盐碱化程度较高的草地,经济价值较高的牧草较少,产草量降低,从而大大降低了草地的载畜量。

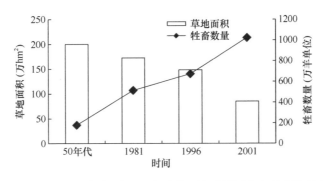

图 8-16 20 世纪 50 年代至 2001 年吉林西部草地面积与牲畜数量变化

2. 过载放牧

在草地面积锐减的同时,松嫩平原盐碱化草地载畜量却在大幅度增加。例如,在 20 世纪 50 年代,吉林西部草地载畜量为 180 万羊单位,放牧强度仅为 0.9 羊单位/hm², 1981 年草地载畜量达到 515 万羊单位,放牧强度增加到 3.0 羊单位/公顷,1996 年草地载畜量达到 675 万羊单位,特别是到了 2001 年,达到了 1025 万羊单位,草地实际放牧强度为 12.0 羊单位/hm²。家畜过度啃食植物的营养体,会影响植物正常的光合作用,致使植物根部不能得到足够的营养物质来满足自身再生的需要,使得植物无性繁殖能力下降。家畜的过度啃食,能啃食掉植物生长点,从而减少植物的有性繁殖。久而久之,适口性强的优良牧草在群落中的比例逐渐减少甚至消失,而适口性较差的植物增加,导致群落结构发生变化。另外,牲畜的物理性践踏也不容忽视:一方面牲畜践踏能造成植物的机械损伤,如折断茎叶;另一方面牲畜践踏能使土壤结构发生变化,特别是雨后,牲畜的践踏作用对土壤的破坏作用更为明显。在 20 世纪 50 年代初,草地产干草 1000~1500kg/hm²,羊草为 90%以上,豆科牧草占 5%。至 2001 年,割草场干草产量仅为 500~1000kg/hm²,羊草仅占 60%~70%,豆科牧草基本消失,蒿属、杂类草约占 30%。而在放牧的草场上,草地严重退化,植被盖度降低,植物种类减少,羊草比例降低或消失,只生长一些耐盐碱植物如虎尾草、碱地肤、碱蓬等,干草产量仅为 200~450kg/hm²,甚至一些地方形成了大面积的盐碱裸地,失去了利用价值。

3. 大面积水田灌溉

20 世纪 80 年代以来,松嫩草地或草地周边大面积开垦水田,区域水田面积增加了 50 万 hm²,增长 1 倍以上,大量的引渠灌溉改变了当地的水文和水文地质条件,使潜水位升高,引起土体和地下水中水溶性盐类随土壤毛管上升水流向上运行,迅速在土壤表层累积,使原来非盐碱化的草地土壤发生了次生盐碱化,或使土壤原有盐碱化程度加重。而后,又不得不大量引水,采用大水压盐的方法,这就造成了盐碱化和次生盐碱化的恶性循环，加剧草地盐碱化。

4. 其他人类活动对草地的影响

其他人类活动如不合理的连续割草导致植物缺少种子不能更新；挖药、搂柴导致草地植被和土壤被破坏得千疮百孔；挖碱土，以前为修缮农村老式土房和土院墙，每年大量无序地从草地上挖碱土，扩大了草地的盐碱化；由于人口增加和经济需要，一些工业和民房建设也在占用草地资源，导致草地面积减少。

第二节　松嫩平原盐碱化草甸生态修复和改良模式

一、盐碱化草甸生态修复模式

盐碱化草甸生态修复和改良，不但要考虑技术的效果，而且要考虑实际的经济效益，需要因地制宜，避免使用化学原料，而应结合当地的现有资源，提出成本低廉、方法有效、具有经济效益的恢复技术。松嫩草地地处农牧交错带，存在大量的秸秆资源及风沙土，因此在松嫩草地开展生态恢复与改良时，应优先选择秸秆和风沙土等资源，采用价格低廉、易于推广的技术。本研究结合盐碱地定义、形成过程及盐碱化程度，特别是有无"淡化"表层现象，提出如下盐碱地分类类别（图8-17）。

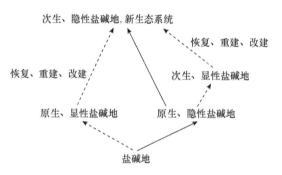

图 8-17　松嫩平原盐碱地分类及其发生关系
实线箭头表示自然发生，虚线箭头表示干扰发生

原生、隐性盐碱地：松嫩平原盐碱地形成初期发生发展而来的一类盐碱地。广泛存在于松嫩平原，植被为羊草群落、拂子茅群落、繁缕群落、豆科+杂类草群落，种类组成多为"甜土"植物。土壤表层暗黑褐色，有"淡化"表层。

原生、显性盐碱地：松嫩平原盐碱地形成初期发生发展而来的另一类盐碱地。位于泡沼周围，由于雨水冲刷，植物不能定居，没有形成植被覆盖，地表裸露。表层有或无"淡化"表层。

次生、显性盐碱地：原生、隐性盐碱地形成后，由于表层土壤地表层被干扰而消失，下层土壤直接成为新地面，发展而来的一类盐碱地。地面灰白、灰黄色，无"淡化"表层，有盐生植物群落覆盖，或无植物群落覆盖。

原生、隐性盐碱地在无干扰情况下继续存在，松嫩平原为半湿润区，隐性盐碱地表层土壤含较多有机质，土层透水性好，即使原生羊草植被退化，采取休牧或禁牧措施，一个生长季内植被即可以快速恢复，发展起羊草、芦苇等优势群落植被。

原生或次生、显性盐碱地经改造，可以形成隐性盐碱地。原生、显性盐碱地源于历史性汇水冲积或季节性积水，恢复植被的前提是阻断区域水文循环，形成种子发芽定居的安全生境，保证种子具有定居并发芽的基础条件。

次生、显性盐碱地及原生、显性盐碱地表层土壤具有如下特点：

1）由于风吹作用，地表光滑，几乎没有种子能被截留定居。

2）有机质含量低，土壤肥力弱。

3）水溶性盐离子含量高，总可溶性盐含量＞0.8%。

4）钠离子含量高，透水性差，下层土壤更干旱，植物生长得稀疏矮小。

上述特点综合作用，导致次生、显性盐碱地植被稀疏或没有植被。根据次生盐碱地上述特点，下列措施对于植被恢复或重建亦具有积极作用：

1）停止致损干扰，这是最基本的前提条件。

2）在周边群落种子成熟季节，适时扰动地表，使地表粗糙不平，拦截种子流，并适当补播种子。

3）添加枯落物、秸秆等有机物料并旋耕，增加土壤有机质，提高土壤肥力并增加土壤通透性。

松嫩平原区为半湿润气候，对草原草生长而言降水相对充裕，在盐碱不是很严重的显性盐碱地地段，植被恢复覆盖相对简单，围封 2～3 年植被就可以覆盖地面，甚至可以恢复优势植被羊草群落。但是，在盐碱严重的显性盐碱地地段，恢复植被覆盖需要采取相应的辅助措施，研究和实践表明，施加枯落物、秸秆扦插、翻耙、筑垄、制沟筑台等措施具有良好的植被生态恢复效果。针对不同类型显现盐碱地，采用不同技术进行植被恢复时，均需要遵循如下原则：

1）技术有效。

2）成本低廉。

3）可操作，可大面积推广。

4）有后续社会效益或经济效益。

（一）秸秆扦插生态修复模式

重度退化草地存在大量的盐碱裸斑，通过扦插玉米秸秆截留植物种子，改良吉林西部次生光碱斑，在玉米秸秆分解作用下，以玉米秸秆本身及其邻近区域为植物提供生长平台，使被截留的植物种子得以顺利定居、生长，达到低成本、快速地恢复次生光碱斑植被的目的。研究结果表明，扦插玉米秸秆可显著提高土壤种子库的种子数量，改良区土壤种子数量为 4020.0 粒/m^2，次生光碱斑土壤种子库为 10.0 粒/m^2，被截留的种子为植被恢复提供了种源（图 8-18）。改良区土壤理化特性得到一定改善，但仍具有高 pH、高盐分含量和低有机质含量等特征。虎尾草能在玉米秸秆周围存活，每个玉米秸秆周围可生长 3.9 株±2.2 株，产量可达 68.64g/m^2±38.72g/m^2。该方法投入少、成本低、技术简单，在次生光碱斑呈斑块状，且面积相对较小的区域，具有更大的推广潜力（何念鹏等，

2004a，2004b）。

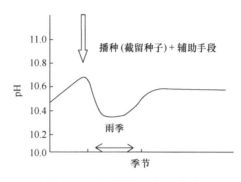

图 8-18　盐碱地生态修复模式

　　在扦插玉米秸秆的盐碱裸地上撒播羊草等植物种子，第一年植物幼苗的位置是在扦插处，分布在扦插的秸秆四周，即围绕在秸秆周围逐渐向四周辐射散布。幼苗由扦插秸秆处的中心位置分布数量最多，然后向四周分布数量逐渐减少至无植株分布。撒播种子的植物幼苗主要集中分布在秸秆与土壤接触处，其他位置较少或无植株分布。第二年雨季，扦插秸秆处表层土壤基本愈合，在扦插秸秆处有一层沙层，以秸秆为中心，垂直高度为 1～2cm，直径在 10～15cm，呈馒头状。此时植物幼苗主要分布在该馒头状沙层上，向四周辐射分布数量逐渐减少至无（图 8-19）。此后植物的定居与生长就以扦插的玉米秸秆为中心向外逐渐拓展，在有些扦插的地方，相邻扦插处的植物竞相连成片。植物在扦插秸秆处生长说明了扦插玉米秸秆能有效地拦截植物种子，并能提供一个适宜的微生境，保证定居下来的植物种子萌发、幼苗定居、生长、发育，并完成繁殖（姜世成，2010）。

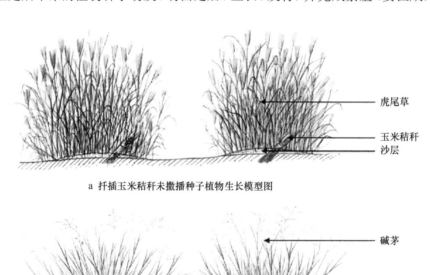

a　扦插玉米秸秆未撒播种子植物生长模型图

b　扦插玉米秸秆撒播碱茅种子植物生长模型图

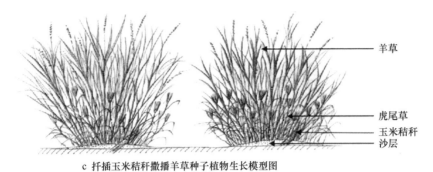

c 扦插玉米秸秆撒播羊草种子植物生长模型图

图 8-19　扦插玉米秸秆植物生长位置示意图（姜世成，2010）

扦插秸秆后第一年（2002 年），扦插秸秆处理的各样地盖度较低，仅为 5%，但从 2003 年后，各扦插秸秆处理样地植被盖度急剧上升，均达到 55%以上。扦插秸秆处理样地与对照样地及围栏封育样地植被盖度相比，差异极显著（$P<0.01$），但各扦插秸秆处理样地之间差异不显著（$P>0.05$）（图 8-20）。

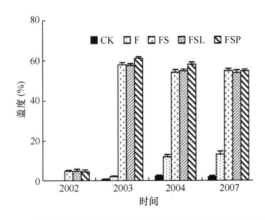

图 8-20　盐碱裸地扦插玉米秸秆后各处理样地的盖度变化
CK：对照；F：围栏；FS：围栏+扦插秸秆；FSP：围栏+扦插秸秆+星星草种子；FSL：围栏+扦插秸秆+羊草种子

扦插玉米秸秆后第一年，3 种处理样地中，每个扦插玉米秸秆处植物地上与地下生物量均较低（图 8-21）。到了第二年秋天，3 种扦插处理样地中，每个扦插玉米秸秆处植物地上与地下生物量剧增。在没有撒播种子的扦插中，植物种类只有虎尾草，地上与地下生物量分别达到了 105.2g/扦插和 32.1g/扦插。在撒播星星草种子的扦插中，生长的植物主要为星星草与虎尾草，星星草长势良好，地上与地下生物量占整个扦插处95.0%以上，分别达到了 114.3g/扦插与 34.7g/扦插。在撒播羊草种子的扦插中，植物种类主要为羊草和虎尾草，虎尾草地上与地下生物量分别为 42.8g/扦插和 9.0g/扦插，羊草地上与地下生物量为 28.9g/扦插和 20.6g/扦插，羊草在第二年生长有大量的地下横走根茎，因此地下生物量很高。到了第三年，未撒播种子的扦插中，植物地上和地下生物量比第二年都有所降低，分析原因主要是因为第三年每丛扦插处虎尾草相对密度过大，种群内竞争导致营养不足；撒播星星草种子的扦插中，植物种类为星星草，虎尾草极少或无，星星草的地上生物量比前一年有所降低，但地下生物量比前一年有所增加；撒播羊草种子的扦插处，植物种类主要为羊草，植株数量比上一年有大幅度的提高，因此地上生物量比上一年显著增加，并且地下横走根茎总长度也比上一年有显著的增加，地下生物量也比上一年有显著的增加，虎尾草植株矮小，地上和地下生物量均较低。3 种扦插处理后的单位面积植物地上和地下生物量均显著地高于围栏封育与对照（$P<0.01$）（姜世成，2010）。

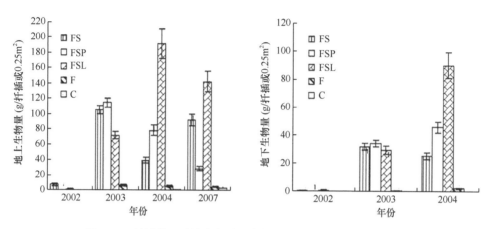

图 8-21　扦插处理后地上与地下生物量变化（姜世成，2010）

（二）秸秆覆盖和深埋模式

在盐碱地上覆盖作物秸秆，可明显减少土壤水分蒸发，抑制盐分在地表积聚，阻止水分与大气的直接交流，对土表水分上行起到阻隔作用，提高了松嫩平原退化盐碱草地土壤养分含量，降低了土壤的 pH，改善了土壤化学性质及盐离子含量，使土壤微生物及酶活性增加（表 8-9）；同时还增加光的反射率和热量传递，降低土表温度，从而降低蒸发耗水（刘泉波，2005；崔新等，2014）。研究表明，在土壤地表下 30cm 处铺设秸秆隔层能防止土壤盐分因毛细管作用而反至土壤表层（王胜利等，2000）。对秸秆进行不同深度的填埋也会对盐碱土的水盐运动变化造成影响，研究表明秸秆表层覆盖及深埋处理均能有效地增加土壤含水量，对秸秆进行双层深埋处理能够显著抑制土壤盐分含量，并提高土壤水分的利用效率（李芙荣等，2013）。土壤蒸发量、土壤含水率及土壤蒸发的抑制率受不同秸秆覆盖量的影响极大，研究表明秸秆覆盖量越大，土壤水分的利用效率越高，少量秸秆覆盖量处理的效果要低于大量秸秆覆盖量处理的效果（图 8-22）（孙博等，2011）。

尽管地表覆盖秸秆或地下掩埋秸秆能达到良好的抑盐效果，但是这种手段还是较为单一。有研究表明，通过结合地膜覆盖及秸秆深埋的措施，能够达到更好的改良盐碱土壤的效果（王婧等，2012；赵永敢等，2013）。

秸秆深埋还田能够显著提高土壤温度，促进作物生长，研究表明，相比于不覆盖秸秆，秸秆深埋还田能提高土壤的日平均温度，受秸秆深施量的影响，土壤深施秸秆深度越深，土壤温度受到的影响越为明显（图 8-23）（常晓慧等，2011）。

表 8-9　覆盖秸秆和补播牧草对盐碱草地土壤脲酶活性的影响

补播牧草	年份	不同覆盖下的土壤脲酶活性[mg/(g·24h)]				标准误均值	显著性 P 值
		0kg/m²	1kg/m²	1.5kg/m²	2kg/m²		
东饲 1 号	2010	1.78	2.12	2.35	2.45	0.16	0.13
	2011	2.65b	3.42a	3.11a	3.24a	0.23	0.01
	2012	3.15c	3.55ab	4.34ab	4.99a	0.34	0.02
	均值	2.53	3.03	3.27	3.56	0.27	0.63
星星草	2010	1.67	2.33	2.26	2.33	0.28	0.05
	2011	5.76	6.35	6.84	6.77	0.11	0.22
	2012	6.53b	7.01a	7.23a	6.99a	0.23	0.04
	均值	4.65	5.23	5.44	5.36	0.66	0.98

注：同行不同小写字母表示不同处理间差异显著（P＜0.05），下同
资料来源：崔新等，2014

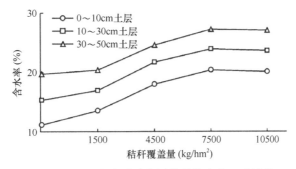

图 8-22　盐碱化土壤含水率随秸秆覆盖量的变化（孙博等，2011）

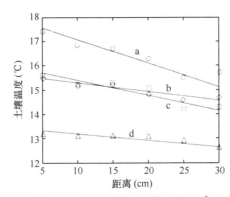

a. 12:00～13:00回归方程 $Y=15.966-0.057X$, $R^2=0.848$;
b. 17:00～18:00回归方程 $Y=17.711-0.075X$, $R^2=0.914$;
c. 1:00～2:00回归方程 $Y=15.755-0.040X$, $R^2=0.932$;
d. 8:00～9:00回归方程 $Y=13.337-0.020X$, $R^2=0.855$

图 8-23　土壤温度与相对秸秆距离的回归分析（常晓慧等，2011）

　　同时与传统土壤耕作相比，免耕留茬秸秆的耕作方式更有利于降低耕层土壤的 pH，增加土壤的保水能力，这有利于降低盐碱化草地土壤的盐碱度（秦嘉海，2005）。该耕作方式还为草地植物羊草等作物的生长提供了有利的条件，能够进一步提高羊草的经济效益。

（三）沙压碱生态修复模式

沙压碱属于一种物理改良盐碱化土壤的方法，该方法主要是通过将风沙土覆盖在盐碱土上以改变土壤结构，达到重新分配土壤水盐分布及减少水分蒸发的目的。

国内的许多研究表明，向盐碱土中掺沙覆沙能有效地改良盐碱化土壤。例如，在向科尔沁沙地及松辽平原交错区盐碱地采用覆沙改良的措施后发现，向盐碱地中覆沙，将沙土与盐碱土混合后，盐碱土的电导率及碱化度都有明显的下降（周道玮等，2011b）。亦有研究发现，向盐碱地中施加不同的掺沙处理，随着掺沙比例的增加，表层土壤的砂粒含量增加，而粉粒和黏粒降低（蔺亚莉等，2016），土壤的透气性、透水性更好，土壤的盐分含量和碱化度逐渐降低。然而掺沙量的多少还要依据具体的盐碱地类型而定，掺沙量应以不宜形成板块地表为准（努果，2000）。

松嫩平原毗邻科尔沁沙地，由于风蚀等作用形成沙丘-草甸交错相间的分布格局（肖荣寰，1995；赵学勇等，2009）。由于自然和人类作用，草甸发生盐碱化，形成荒芜废弃的盐碱化土地。这为将沙丘上的风沙土搬运到盐碱地上，形成此区"覆沙改造盐碱地"的盐碱化草地植被恢复奠定了物质基础和条件（图8-24）。"沙压碱，赛金板"是在此区乡村广泛流传的说法，并在一定程度上实践着，相关学科对此也能给出理论解释。但是，沙土覆盖厚度或混入比例及其土壤理化性质的变化、恢复草地的效果、可持续年限等都缺少科学研究。

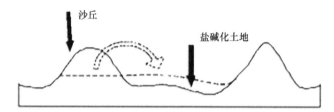

图 8-24　沙地-盐碱化草甸交错镶嵌分布横切面示意图（周道玮等，2011b）
空心箭头指示沙丘搬运，虚线指示新形成的土壤表面：沙丘搬运走的厚度和覆沙厚度需要根据实际情况进行确定

沙地土壤具有盐分含量低、结构疏松的性状（姚丽和刘廷玺，2005），沙地土壤与盐碱土壤混合，能有效降低盐碱土的盐碱含量。在立地盐碱土上覆盖风沙土壤可以起到"沙压碱"的作用，即通过沙地土壤毛管空隙大、不能形成毛管吸力的作用，限制下层盐碱土的盐分向上移动，使之分布于立地土壤的某一深层下面，实现上面覆沙层发展适合于植物生长的土壤层目的，在雨水的作用下，盐分从表土淋溶到深层土中。团粒结构的增强，保水、储水能力的增大，减少了地表蒸发，抑制了深层盐分向上运动，使表土层盐碱化程度降低。或由于覆盖的风沙土与下面的盐碱土发生一定程度的混合，形成盐碱含量低的土壤层。

实验结果表明，铺沙对盐碱土改良的效果随沙层厚度增加而明显。土壤 pH 和电导率随铺沙厚度增加逐渐降低，当沙层厚度达 15cm 时，pH 比对照区下降 3 个单位，电导率由 5.6mS/cm 下降到 1.01mS/cm。土壤含水率随沙层厚度而逐渐升高，15cm 深的沙层含水率比对照区提高 91%（图8-25）（郭继勋等，1998）。

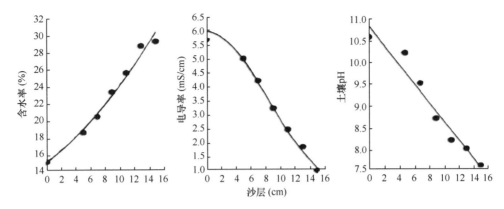

图 8-25　铺沙改良盐碱土的效果（郭继勋等，1998）

有研究者在铺沙处理的各小区内种植羊草（A）、野大麦（H）和碱茅（P），观测 3 种植物的生长状况。结果表明，沙层在 7cm 以下，3 种植物的存活率均较低，效果不明显。碱茅在沙层 11cm 处理中即可良好生长，密度为 267 株/m²，产量达 85g/m²，基本保持稳定。羊草和野大麦在沙层 13cm 中可正常生长，密度分别为 415 株/m² 和 457 株/m²，产量分别为 108g/m² 和 127g/m²（表 8-10）（郭继勋等，1998）。

表 8-10　铺沙改良后羊草、野大麦和碱茅的生长状况

沙层厚度（cm）	密度（株/m²）			高度（cm）			产量（g/m²）		
	A	H	P	A	H	P	A	H	P
5	5	7	8	25	25	30	1	3	5
7	35	70	90	30	30	30	18	23	27
9	185	186	197	30	30	30	59	62	54
11	326	357	267	35	35	40	86	109	85
13	415	457	315	40	35	40	108	127	101
15	468	493	326	40	40	40	114	134	103

资料来源：郭继勋等，1998

然而，通过表面覆沙的成本比较高，10cm 厚度的覆沙厚度就意味着需要 1000m³/hm²，这严重阻碍了该技术的推广。黄迎新等（2016）开发的客土播种法，减少了土壤的使用量，取得了良好的效果。该方法主要是在生长季早期，用犁在盐碱地中开一条 10~15cm 的沟，在沟中覆盖沙土，在沙土中播种羊草种子，在周围盐离子没进入沙土中时，羊草能够迅速萌发，并利用羊草成株耐盐碱能力较高的特点及能够无性繁殖的方式，迅速恢复植被（图 8-26）（黄迎新等，2016）。

（四）围栏封育生态修复模式

封育是退化草地恢复的一种有效途径，对于中度退化程度以下的草地，可通过停止使用、围栏封育使其自然恢复。通过比较吉林省长岭县境内围封 4 年的羊草（*Leymus chinensis*）、芦苇（*Phragmites australis*）、虎尾草（*Chloris virgata*）三种优势群落发现，封育 4 年后，围栏内各群落的植被盖度、群落高度、各建群种的密度、地上生物量均显著高于围栏外，尤其是围栏内的羊草群落已经接近了未退化草地羊草群落的水平，说明

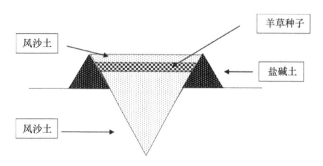

图 8-26 客土播种法示意图（黄迎新等，2016）

封育能有效地保护和恢复地上植被。封育后，围栏内外各群落土壤的理化性质并没有显著差别，均劣于未退化的羊草群落。可见，植被恢复所需时间较少，而土壤恢复所需时间漫长。退化草地生态系统完全恢复所需的时间要超出仅恢复草地植被结构的时间（李强等，2009）。人工播种与围栏封育相结合能够有效地防止草原退化、恢复草原植被及提高草原的植被盖度（赵兰坡等，1999）。研究表明，围封会对退化盐碱草地土壤碳、氮、磷储量造成影响，对吉林省长岭县境内的草甸持续围封 5～8 年后发现，盐碱化草甸的土壤 pH 和容重降低，土壤养分浓度上升；表层土壤有机碳和总磷储量逐渐增加，全氮储量先降低后增加（李强等，2014）。围封不仅对土壤的理化性质产生影响，同时亦能增加草地生产力。研究表明，围封 5 年、6 年和 8 年后，退化草地的地上生物量逐渐增加。另有研究表明，对内蒙古锡林郭勒典型草原进行春季休牧实验，比较休牧区及非休牧区草地地上生物量发现，休牧区产草量显著高于连续放牧区产草量，这可能是由于春季休牧有利于牧草在返青初期积累大量的营养物质，从而为牧草后期的生长提供充足的养分，进而提高草地生产力。随着封育年限的不断增加，草地生产力逐渐增加（李军保等，2009）。然而并非围封的时间越久越好，国外的相关研究发现，长期围栏封育并不能显著提高草地生产力。对干旱区草场长时间的监测发现，草地生产力非但没有提高，还有显著的下降趋势。同时不同的封育措施对草地生产力的影响也存在差异（杨晓晖等，2005）。因此，确定合理的围封年限对于提高草地生产力来讲具有极为重要的意义。不同的草场围封年限也是不同的，如对于宁夏沙化草地来讲，由于草地沙化现象比较严重，围封的年限需要增加，研究表明，围封 8 年能够显著提高草地生产力，但是当围封时间达到19年后会出现植被数量下降的现象，草地生产力反而下降（刘建等，2011）。因此，围栏封育对退化草地的恢复起到先促进后抑制的作用，并不是围封时间越长越好，还应根据当地的气候及植被情况制定合理的围封年限，才能有效提高草地生产力。

对比围栏封育和未围栏封育的草地的生长过程，以及对群落盖度的分析可见，围栏内各群落的盖度明显高于围栏外。围栏外各群落的盖度以虎尾草为最高（35%），羊草次之（33%），芦苇最低（14%），围封后它们的盖度分别达到了 65%、84%和 56%，羊草群落的盖度相对于围栏外优势尤为明显，已经接近未退化草地羊草群落的盖度（89%）。对围栏内外植被高度的调查发现，围栏外各群落高度显著低于围栏内。围栏外虎尾草群落植被高度为 30cm，围栏内的虎尾草群落植被高度达到了 60cm，芦苇群落植被高度围栏内（77cm）相对于围栏外优势更加明显，围栏内羊草群落植被高度达到了

54cm（围栏外为 29cm），而未退化草地羊草群落植被高度为 62cm（此高度为营养枝高度）。相对于围栏外，围封明显提高了各群落的植被高度，但对于围栏内羊草群落而言，还未达到过未退化草地羊草群落水平。围栏内外各群落建群种密度无显著差别。其中，围栏外虎尾草的密度（355 株/m²）略高于围栏内（330 株/m²），其他两群落都是围栏内略高于围栏外（表 8-11）。围栏内羊草群落的密度略低于未退化草地羊草群落的密度，但差异并不显著。围栏外各群落地上生物量显著低于围栏内。这可能主要是由围栏内外各群落植被高度的差异所引起的。对比围栏内外各群落的生物量发现，羊草群落的生物量均要高于其他两群落。围封后羊草群落生物量虽然低于未退化草地羊草群落生物量，但未达到显著水平（李强，2010）。

表 8-11　围栏内外群落特征

群落	位置	盖度	建群种密度（株/m²）	高度（cm）	生物量（g/m²）
虎尾草	围栏内	0.65a±0.04	330.7b±61.6	60.0a±2.4	225.11b±38.94
	围栏外	0.35b±0.04	355.0b±31.8	30.0b±1.3	73.30c±12.52
芦苇	围栏内	0.56b±0.06	218.1b±34.6	77.4a±2.6	160.52b±19.25
	围栏外	0.14c±0.04	205.3b±22.2	26.4c±1.4	50.11c±8.62
羊草	围栏内	0.84a±0.01	558a±54.3	54.1b±14	300.21a±26.44
	围栏外	0.33b±0.04	475.2a±108.8	29.0c±1.1	87.02b±23.8
羊草	健康草地	0.89a±0.02	605.0a±86.6	62.2a±1.2	394.82a±67.9

注：同列不同小写字母表示不同处理间差异显著（$P<0.05$），下同
资料来源：李强，2010

同时我们还需注意，围封打破了草地原有的放牧传统，虽然能够减轻草地的负荷，但是也应意识到放牧对维持草地生态系统平衡的作用，应该将放牧与围封这两种手段相结合，这样才能将植物与动物生产相互联系，进而提高草地生产力，同时对于盐碱草地的恢复起到有益作用。

二、盐碱化草甸改良模式

盐碱化草甸的植被比较单一，营养价值低，并且土壤贫瘠，需要通过混播豆科牧草、施肥及补播一些优质牧草进行改良。混播、施肥和补播等方法能够迅速提高草地地上植被的营养价值，还能改良草地土壤，从而提高生产力。

（一）豆禾混播改良模式

豆禾混播既可提高牧草产量和质量，又有助于土壤修复。在豆禾混播草地中，豆科植物具有固氮作用，禾本科植物能够从豆科植物根际间获得其固定的氮产物，补充禾本科植物对于氮素的需求。豆科植物的营养价值较高，豆禾混播能够提高草地的营养价值，并且豆禾植物的生态位有所不同，在适当的混播配置中，能够形成混播优势，增加产量。同时混播草地能够降低酸性洗涤纤维和中性洗涤纤维的含量，提高牧草品质，使得牧草的营养价值有一定的提升（王平等，2009；Qin and Liang，2010；邢越，2019）。

羊草-沙打旺、羊草-紫花苜蓿混播地干物质产量在建植当年高于羊草单播地；5 种

物种组合的所有混播地干物质产量在建植第二年略高于羊草单播地，但增产程度未达到显著水平（图 8-27）。羊草-沙打旺（A.a）、羊草-花苜蓿（M.r）和羊草-紫花苜蓿（M.s）混播地氮产量显著高于羊草单播地。羊草与胡枝子（L.d）、山野豌豆（V.a）的混播地氮产量与羊草单播地相似。沙打旺和紫花苜蓿的干物质产量与氮产量在混播草地总产量中占绝对优势，与之混生的羊草产量受到强烈抑制。花苜蓿干物质产量和氮产量在高比例羊草混播地中受到一定程度的抑制，在低比例羊草混播地中未受到干扰。达乌里胡枝子和山野豌豆干物质产量与氮产量在混播草地总产量中所占比例小，其种群生长受到羊草强烈的抑制作用（王平等，2007）。

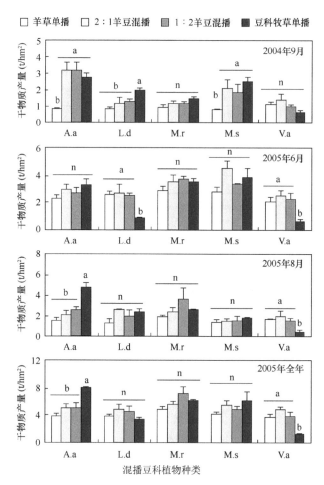

图 8-27　羊草单播、豆科牧草单播、2∶1 羊豆混播和 1∶2 羊豆混播在 2004 年 9 月，2005 年 6 月、8 月及 2005 年全年的干物质产量（王平等，2007）

不同字母间表示单、混播间在 $P=0.05$ 水平上存在显著差异，n 表明无显著差异

　　禾草和豆科牧草在混播草地中处于受益还是受抑状态很大程度上取决于其初始混播比例。适当减少相对竞争力强的物种的混播比例，有利于促进产量和密度向双方均受益的区域移动，如羊草与沙打旺、紫花苜蓿的豆禾混播草地，羊草与达乌里胡枝子、花苜蓿、山野豌豆的豆禾混播草地逐渐显现出混播优势（王平等，2009）。

值得注意的是，在实际豆科牧草种植或混播研究中，豆科牧草的固氮效率随土壤氮素肥力或固氮累积的增加呈现下降趋势。在土壤氮影响豆科牧草固氮效率的过程中，土壤磷相对有效性的变化扮演了关键调控角色，即氮富集增加了磷对豆科牧草发育和固氮的生理限制，并驱动豆科植物通过消耗根系碳水化合物促进根际磷活化，间接限制根瘤营养和生长发育，进而降低了生物固氮效率（图 8-28）。这一结果表明氮、磷元素在调控豆科牧草固氮上的互作关系和潜在机制，为未来豆科牧草草地的管理和最大化固氮收益提供了参考。

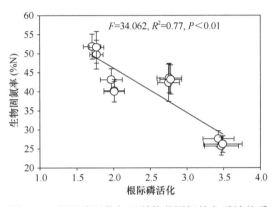

图 8-28　根际磷活化与豆科牧草固氮的负反馈关系

（二）人工施肥改良模式

施肥是传统的农业增产方式，现在也被广泛应用于退化草地改良领域。松嫩平原盐碱化草地的土壤肥力下降严重，尤其是氮素极度缺乏，施加氮肥对于草地植物生长有着极其显著的效果（李本银等，2004；何丹等，2009）。邢越（2019）采用盆栽实验施加氮肥（10g/m²），发现施氮与播种模式对地上生物量有显著影响（图 8-29），施氮提高了单播地和混播地的地上生物量。单播草地中，施氮显著提高了胡枝子的地上生物量，胡

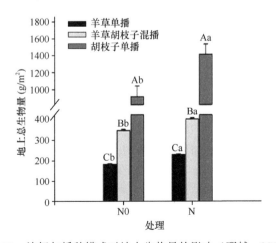

图 8-29　施氮与播种模式对地上生物量的影响（邢越，2019）

N0 代表不施氮，N 代表施氮。不同大写字母代表不同播种模式之间差异显著（$P<0.05$），不同小写字母代表不同施氮水平之间差异显著（$P<0.05$）

枝子的地上生物量施氮比未施氮增加了 54.94%，施氮显著提高了羊草的地上生物量，羊草的地上生物量施氮比未施氮增加了 25.36%。混播草地中，施氮显著提高了混播草地的地上生物量，施氮比未施氮增加了 16.57%（邢越，2019）。在施氮处理和未施氮处理下，混播草地地上生物量显著高于羊草单播草地，其中在施氮处理下，混播草地地上生物量比羊草单播草地高 74.99%，在未施氮处理下，混播草地地上生物量比羊草单播草地高 88.85%。

施加氮肥能够迅速增加羊草群落产量，西晓霞（2018）于 2018 年 5 月 15 日到 6 月 30 日对羊草草地进行了不同施氮处理（0kg/hm²、45kg/hm²、90kg/hm²、135kg/hm²、180kg/hm²，分别以 N0、N1、N2、N3、N4 表示），结果发现，4 次施氮处理下羊草总生产力均随施氮水平的增大而呈增长趋势。羊草总生产力最大值出现在 5 月 15 日 N4 水平，为 4425.77kg/hm²，相比 N0 水平增长了 91.85%，其次是 5 月 30 日 N4 水平，为 4356.85kg/hm²，而 N3 水平最大值出现在 5 月 30 日，N1、N2 水平最大值出现在 5 月 15 日。通过比较 5 月 15 日和 5 月 30 日 5 个施氮处理下羊草总生产力平均值发现，5 月 15 日施肥对羊草总生产力的影响小于 5 月 30 日施肥对羊草总生产力的影响（表 8-12）（西晓霞，2018）。

表 8-12　不同施氮水平对羊草春季生产力的影响（kg/hm²）

施氮水平	羊草总生产力			
	5 月 15 日	5 月 30 日	6 月 15 日	6 月 30 日
N0	2306.90c	2305.66c	2249.88c	2337.04c
N1	2612.84c	2606.89bc	2555.28c	2487.77c
N2	3184.47b	3151.97b	3060.68b	2598.31bc
N3	3545.23b	3834.24a	3431.78b	3160.95ab
N4	4425.77a	4356.85a	3951.13a	3429.35a
均值	3215.04	3251.12	3049.75	2802.68

资料来源：西晓霞，2018

由于草地产量无法和农作物产量相比，施肥需要考虑投入与产出效益，通过综合对比选择适当措施。另外在草地开展施肥措施时，还需要注意施肥浓度不宜过高，避免产生"烧苗"现象，因此较高浓度的施肥需要在雨前进行。

（三）补播改良模式

补播是天然草地改良的重要方法。补播包括两种方式：一种是广义的补播，在退化草地中，补播原有优势物种，增加目标物种的密度从而提高产量。例如，在羊草稀疏的群落补播羊草，从而使得羊草产量提高，或者在苜蓿人工草地补播苜蓿，使得退化的苜蓿草地能够继续被利用。另一种是狭义的补播，即在原有草地中补播新的优势物种，从而提高草地的产量与品质。最常见的就是在天然草地中补播豆科植物，这可以有效替代无机氮肥，为草地生态系统输送氮素。美国、英国和新西兰地区早在 100 多年前就进行了草地补播改良工作，美国怀俄明州东部短草区补播黄花草木樨（*Melilotus officinalis*）后，产草量比不补播的草地增加 140%（孙吉雄，2000）。由于缺乏适应性强的豆科牧草，补播的豆科牧草常常存在竞争力弱、扩散困难等问题，这严重制约了利用补播豆科牧草改良草地的进程，需要选择适应性强的物种，松嫩草地适宜补播的豆科植物有紫花苜蓿（*Medicago sativa*）、黄花苜蓿（*Medicago falcata*）、花苜蓿（*Medicago ruthenica*）、黄花草木樨（*Melilotus officinalis*）、达乌里胡枝子（*Lespedeza davurica*）、细叶胡枝子（*Lespedeza juncea* var. *subsericea*）、沙打旺（*Astragalus adsurgens*）、山黧豆（*Lathyrus quinquenervius*）、多茎野豌豆（*Vicia multicaulis*）等。

三、盐碱化草甸生态修复重建模式

草地的建植需要考虑土壤特性，还需要考虑建植草地的目的，从而选择适宜的品种。在松嫩地区，适宜建植的草地物种包括：星星草（*Puccinellia tenuiflora*）、野大麦（*Hordeum brevisubulatum*）、羊草（*Leymus chinensis*）、紫花苜蓿（*Medicago sativa*）、黄花苜蓿（*Medicago falcata*）、花苜蓿（*Medicago ruthenica*）、达乌里胡枝子（*Lespedeza davurica*）、黄花草木樨（*Melilotus officinalis*）、沙打旺（*Astragalus adsurgens*）等。

（一）星星草（*Puccinellia tenuiflora*）生态修复重建模式

星星草为多年生植物，是盐碱化草甸的先锋物种，具有很强的耐盐碱能力，能在 pH 9～10 以上的碱地上生长发育，经常在光碱斑周围形成星星草群落。裸碱斑上不生长星星草的主要原因是种源的限制，一旦解决种源问题，则能够在草地迅速建植星星草群落（李景信等，1985）。星星草重建多是在盐碱裸斑等重度盐碱化土壤上进行，而在土壤盐碱化较轻的区域，则不推荐建植星星草群落，可以选择产量及品质更优的物种。在面积较小的裸碱斑，周边如果自然生长星星草，通过对裸碱斑的浅耕、翻耙等措施，改变地表，增加粗糙度，就能截留星星草的种子，辅以围封措施，1～2 年就能恢复星星草植被。

如果裸碱斑周围没有星星草植被，或者裸碱斑较大，则需要人工播种才能重建星星草植被。播种一般选择 5～7 月进行，不宜在 8～9 月进行，因为松嫩平原 8 月以后种植的星星草，生长得较为矮小，不利于越冬。或者也可以在 10 月以后播种，在第二年生长季来临时就能够迅速生长。在土壤表面播种，通过翻耙等措施，使种子覆土，或者在土壤中播种，然后覆土 1～2cm。星星草由于种子较小，千粒重只有 0.2g（张剑，2015），覆土厚度太大就很难萌发。播种量在 5～15kg/hm^2，一般在第二年可达 1～2t/hm^2（孙泱，1987）。

（二）野大麦（*Hordeum brevisubulatum*）生态修复重建模式

野大麦是生长在中国北方的一种优良牧草，耐盐碱能力超过羊草，抗旱能力强，同时又具有耐寒、耐湿、耐涝和耐贫瘠等优点。野大麦根系发达，分蘖力和生殖力均较强，每年每亩可收种子 35～60kg；再生力强，耐践踏，适于放牧，亦可每年刈割两次；产量高，草质柔软，适口性好，各种家畜喜食，亦可调制干草；营养价值高，粗蛋白含量高达 15.3%，粗脂肪 3.4%，并含有除胱氨酸、色氨酸、酪氨酸外的各种氨基酸及多种微量元素，尤其抽穗期的 16 种氨基酸含量高达 5.1%。因此野大麦既是改良盐碱化草甸的草种，又是草地生产中较为理想的草种。由于它的耐盐碱能力较强，采用浅耙的方法，撒播野大麦种子即可实现野大麦的建植。在浅耙后，野大麦第一年和第二年的产量较少，而在第三年成为群落中的优势种，虎尾草密度、高度及地上生物量较前一年降低显著，并且群落中也伴生少量的碱地肤、芦苇。野大麦密度、高度与地上生物量较前一年增加显著，密度达到 1450.7 株/m^2±225.0 株/m^2，高度为 54.3cm±4.0cm，地上生物量达到 536.1g/m^2±106.8g/m^2。经过三年的植物演替，优势种一年生植物演变成多年生植物，特别是野大麦占据了整个群落优势种的地位（表 8-13）（姜世成，2010）。

表 8-13　盐碱裸地浅耙种植野大麦后植物恢复情况（$n=6$）

年份	野大麦			朝鲜碱茅			虎尾草	
	密度（株/m^2）	高度（cm）	生物量（g/m^2）	密度（株/m^2）	高度（cm）	生物量（g/m^2）	密度（株/m^2）	高度（cm）
2002	44.7a±4.9	10.5a±0.6	1.58a±0.2					
2003	517.8a±41.4	16.8b±1.3	56.1b±10.1	124.5a±47.5	14.5a±2.1	0.8a±0.2	732.1a±6.5	78.0b±1.3
2004	1450.7c±225.0	54.3c±4.0	536.1c±106.8	1751.0b±610.1	49.9b±3.9	272.1b±96.4	99.8b±42.9	23.6a±0.8

资料来源：姜世成，2010

（三）羊草（*Leymus chinensis*）生态修复重建模式

羊草为禾本科赖草属多年生根茎性禾草，羊草草地是松嫩草甸的原始景观。羊草同时具有有性繁殖和无性繁殖，其繁殖具有三低现象，即抽穗率低、结实率低、发芽率低，因此，在建植羊草草地时，需要考虑羊草的繁殖特性。

羊草具有一定的耐盐碱能力，但是要弱于星星草，因此要在重度盐碱地及裸碱斑建植羊草十分困难，需要进行改土。化学方法（如施加石膏和硫酸铝等）成本高昂，且原料有限，草原面积动辄以千公顷计，现有化学材料根本无法满足需要，因此需要着眼于区域现有资源，根据羊草的生长规律，建植羊草草地。目前比较成熟的方法是覆沙种植羊草，还有移栽羊草，但是这些方法成本较高，而且依赖灌溉等措施，推广难度较大。开沟覆沙的方法是利用羊草不同发育阶段耐盐碱能力的差异及无性繁殖等生物学特性，具有一定的科学意义，但是覆沙需要考虑政策的限制，现有沙丘主要生长农作物或林地，需要从政策上调整。

羊草种植技术较为成熟，一般在 5～7 月，尽量选择一年以内的种子进行播种，种子年龄超过 1 年后，其生活力急剧下降。种子发芽率低，所以需要播种量在 15～30kg/hm^2。在播种前通过翻耙等措施，去除地表生长的物种及立枯物，将种子撒播在土中，覆土不要超过 2cm。一般播种后 1～2 年，群落即可建植成功。

（四）紫花苜蓿（*Medicago sativa*）生态修复重建模式

蛋白质饲料缺乏是世界性问题，有研究表明，牲畜日粮需要 11%～12% 的粗蛋白含量才能基本满足生长需要，我国草地饲草的粗蛋白含量全年大约为 8.7%（周道玮，2004）。苜蓿向来有牧草之王的美誉，是世界上最重要并且种植最广的豆科牧草（Sledge et al.，2003），在世界范围内的种植面积达 3200 万 hm^2。同时，苜蓿也是我国栽培历史最悠久、分布面积最广的优良牧草之一（耿华珠，1995）。地球上每年被固定到土壤中的氮多达 1.4t，其中 80%来源于像苜蓿与根瘤菌这样的生物固氮体系。苜蓿生产体系还可以减少水土流失，保护土壤表层和地下水，增强土壤抗侵蚀力并改良土壤（Castonguay et al.，2009）。建植紫花苜蓿草地，可有效解决我国蛋白质饲料缺乏的问题，同时可以利用其固氮能力提高土壤肥力，还能增加地面覆盖、减少土壤侵蚀、保持水土，建植紫花苜蓿是解决蛋白质饲料缺乏、草地退化并实现可持续发展的可行途径之一。我国苜蓿种植面积从 2001 年的 284.9 万亩增长到 2010 年的 407.8 万亩，居各类人工草地之首。

在松嫩碱化草甸，建植紫花苜蓿草地时，需要注意品种的秋眠级数（FD）。苜蓿的秋眠性是指由于对温度和短日照的响应，植株高度减小的特性（Knipe et al.，1998）。苜蓿秋眠性实际上是苜蓿生长习性的差异，即在秋季北纬地区光照减少，气温下降，引起的生理休眠，导致苜蓿形态类型和生产能力发生的变化，植株由向上生长转向匍匐生长，并最终总产量减小的一种生长特性，这种变化在苜蓿秋季刈割之后的再生过程中差异比较明显，但是在春季或初夏刈割后却很难观察到（洪绂曾，2009）。秋眠级数的大小决定了紫花苜蓿在本地的越冬性。

对不同秋眠级数的紫花苜蓿品种幼苗进行不同温度处理，结果发现，53Q60 在−9℃和−12℃处理下，幼苗生长阶段对存活率有极显著的影响，而 Tango 和 CUF101 在−6℃和−9℃处理，幼苗生长阶段对存活率有显著的影响（表 8-14）（武祎，2018）。

表 8-14　不同品种、不同冷冻温度下幼苗生长阶段对存活率的影响

品种	冷冻温度							
	−3℃		−6℃		−9℃		−12℃	
	F	P	F	P	F	P	F	P
53Q60（秋眠，FD=3）	—	—	1.174	0.36	7.861	0.004	26.499	<0.001
Tango（半秋眠，FD=6）	0.710	0.565	8.3778	0.003	18.107	0.001	—	—
CUF101（不秋眠，FD=6）	0.407	0.751	27.866	<0.001	4.415	0.026	—	—

注：53Q60 在−3℃处理下，所有生长阶段的幼苗存活率均为 100%，而 Tango 和 CUF101 在−12℃处理下，所有生长阶段的幼苗存活率均为 0，因此没有进行方差分析
资料来源：武祎，2018

通过比较 3 个苜蓿品种不同生长阶段幼苗在不同温度胁迫下的存活率可以看出，在冷冻温度为−3℃时，53Q60 的 4 个生长阶段及所有品种 3 周龄幼苗的存活率均为 100%，Tango 和 CUF101 其他生长阶段幼苗的存活率也均高于 95%（图 8-30）。此后，随冷冻温度的降低，幼苗存活率也显著降低。在所有处理下，53Q60 的幼苗存活率基本都是最高的，其次是 Tango，而 CUF101 的存活率基本都是最低的。在−6℃的处理下，3 个品种总体趋势体现出随幼苗年龄的增加抗性增强，3 周、4 周龄的幼苗表现出较好的抗冻性。然而在−9℃的处理下，则是表现出随幼苗年龄的增加，抗冻性逐渐减小的趋势。并且相同生长阶段的幼苗，存活率的排序均为 53Q60>Tango>CUF101，体现了与秋眠级数相反的趋势。在−12℃的处理下，除了 53Q60 的 1 周龄幼苗，所有品种所有生长阶段的幼苗存活率均为 0（图 8-30）（武祎，2018）。

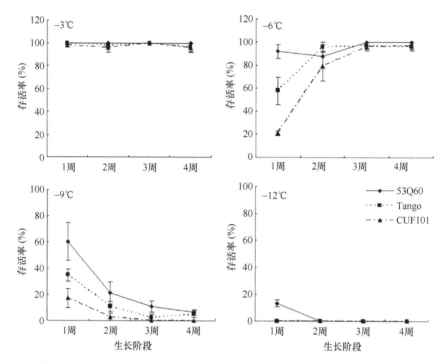

图 8-30　不同胁迫温度下不同生长阶段苜蓿幼苗的存活率（武祎，2018）

在松嫩地区建植紫花苜蓿，必须选择秋眠级数较低的品种，否则不能安全越冬。建议选择本地品种如公农系列、龙牧系列及敖汉等品种，它们的秋眠级数较低，一般是 1～2 左右。

在松嫩地区，紫花苜蓿建植后，还需要考虑刈割管理，这对紫花苜蓿可持续利用十分关键。有学者在研究不同品种紫花苜蓿产量的过程中发现，草原 3 号、公农 1 号刈割 2 次处理的地上生物量分别比各自品种其他处理最高产量还高 50.66%、30.11%。并且在所有处理中，都是公农 1 号地上生物量最高（表 8-15）（黄迎新等，2007a）。

表 8-15　不同刈割处理下不同品种的地上生物量（×10^3kg/hm^2）

品种	刈割 1 次	刈割 2 次	刈割 3 次	刈割 4 次
草原 3 号	5.526aA/aA	13.838aA/bB	9.046aA/cA	9.185aA/cA
公农 1 号	6.475aA/aA	16.141aA/bB	12.406bB/cBC	10.936bA/cC

注：小写字母和大写字母分别表示在 $P<0.05$ 和 $P<0.01$ 水平差异显著；斜杠上方数字表示同列数据间的比较，斜杠下方表示同行数据间的比较

资料来源：黄迎新等，2007a

（五）黄花苜蓿（*Medicago falcata*）生态修复重建模式

黄花苜蓿为豆科苜蓿属多年生优质牧草，其形态一般颇似紫花苜蓿，主要的不同是花序为黄色，荚果直或略弯呈镰刀形，而紫花苜蓿花为紫色，荚果为螺旋状；其营养价值很高，与紫花苜蓿相当，产量和再生性虽逊色于紫花苜蓿，但其抗逆性却非紫花苜蓿能比（岳秀泉和周道玮，2004）。黄花苜蓿属于耐寒的旱中生植物，适

应能力强，耐寒、抗旱、耐盐碱、耐风沙、抗病虫害，在黑钙土、栗钙土和盐碱土上均能良好生长。黄花苜蓿是苜蓿抗性育种不可缺少的种质资源，也是松嫩碱化草地建立人工草地的优良物种。

建植黄花苜蓿时，需要注意黄花苜蓿种子的硬实现象，即种皮不透水，导致胚不能吸胀萌发，种子始终维持坚硬的状态。不透水种皮为硬实种子提供了延长生命的机会，这种休眠形式对自然界种的延续和传播极为有利，使得种子可以在时间与空间尺度上扩散（郭学民等，2005；穆春生等，2005）。但是，种子硬实却不利于物种进行大规模的生产应用，因为这将导致种子萌发严重不齐、无效播种量增多。黄花苜蓿种子的硬实问题是将其投入生产应用前必须解决的一个重要环节。黄花苜蓿种子在用 98%硫酸处理20～30min 后的发芽率较高,但在处理过程中发现浸泡 30min 会导致种皮被大面积腐蚀，种皮表层碎膜脱落增多，硫酸溶液变黄。并且硫酸处理 30min 后的发芽率有下降趋势，可能是因为长时间的硫酸浸泡对种子形成了酸害，致使吸胀的种子因种胚被烧伤而不能正常萌发。在浸泡时间等于和低于 15min 的处理中，种子发芽率均低于 85%（图 8-31）。

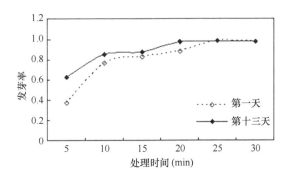

图 8-31　不同时间硫酸处理后黄花苜蓿种子的发芽率（武祎，2018）

所有处理中，硫酸浸泡 25min 后的种子发芽最快，发芽率最高（图 8-32）。尽管种子浸泡 30min 后发芽率提高，但是种皮出现爆裂现象，胚根生长细弱，这是酸害现象。浸泡 20min 的种子发芽较慢，第 3 天有 72%的种子萌发，随后发芽率平缓上升，至第11 天时达到最大，与浸泡 25min 处理的效果基本一致。浸泡 5min 的种子最终发芽率为53%。

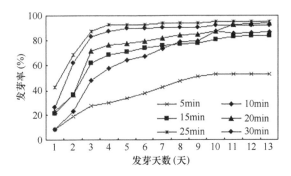

图 8-32　98%硫酸处理不同时间的种子发芽率（武祎，2018）

黄花苜蓿种子的发芽指数和活力指数均随着98%硫酸浸泡时间的增加而升高，最高值均出现在浸泡 25min 的处理中，之后随浸泡时间的延长发芽指数和活力指数均下降（图 8-33）。

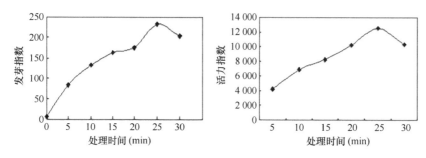

图 8-33　98%硫酸处理不同时间的发芽指数和活力指数（武祎，2018）

硫酸浸泡处理后，硬实的种皮上出现了许多条裂纹，这些裂纹长短、深浅不一，但是它们的存在却不同程度地使种皮表面开裂，打破了致密的栅栏组织，水分可以由此进入种子，进而胚可以吸胀和萌发（图 8-34）。

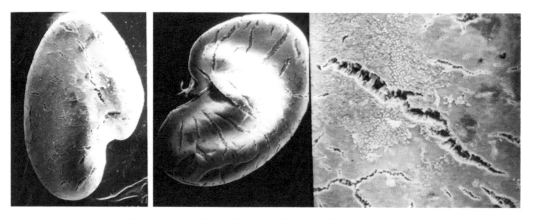

图 8-34　硫酸浸泡处理后的硬实黄花苜蓿种子种皮的电镜照片（武祎，2018）

硬实种子不能吸水萌发，不仅是因为种皮栅栏组织的阻挡作用，种孔也是一个很重要的原因。种孔也叫发芽口，是胚珠时期的珠孔，其位置正对着种皮下面的胚根尖端，它是种子吸水的主要通道。硫酸处理同时也打通了种孔，水分从种孔进入种子内部，胚根吸水生长，从种孔伸出（图 8-35）。

黄花苜蓿建植时，必须选择适宜的品种。黄花苜蓿品种主要集中在美国、俄罗斯和中国北方地区。黄迎新等（2007b）对比了俄罗斯品种和中国本地野生黄花苜蓿的不同生态型（表 8-16），结果发现（表 8-17）它们的高度差异十分显著，其中野生黄花苜蓿呈半直立型，自然高度最高，在生长第一年平均自然高度为 16.3cm，在第二年平均自然高度是 60.5cm，与其他 3 种均呈现极显著差异，而绝对高度与其他 3 种均在第一年差异极显著，平均绝对高度是 101.6cm，在第二年无显著差异；其他 3 种呈匍匐型，自然高度除第一年达菲较低之外，无显著差异，而第二年绝对高度则是秋柳较低，达菲与雅酷之间无显著差异。根据植物的形态特性可以发现，野生黄花苜蓿的人工草地适于打草利用，而引进的 3 个俄罗斯品种适合在天然草地中补播，供放牧利用（黄迎新等，2007b）。

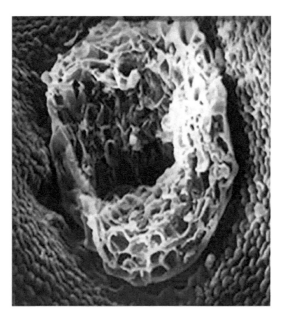

图 8-35　硫酸浸泡处理后的黄花苜蓿硬实种子种孔的电镜照片（武祎，2018）

表 8-16　试验材料

中文名称	拉丁文名称	来源
达菲	*Medicago falcata* L. cv. Darviluya	俄罗斯
秋柳	*Medicago falcata* L. cv. Syulinskaya	俄罗斯
雅酷	*Medicago falcata* L. cv. Yakuskayayellow	俄罗斯
黄花苜蓿	*Medicago falcata* L.	中国锡林郭勒盟

表 8-17　不同黄花苜蓿高度与冠幅

年龄	品种	自然高度（cm）	绝对高度（cm）	冠幅（m²）
第一年	达菲	6.4aA±0.8	75.2aA±2.7	1.507aA±0.098
	秋柳	12.6bBC±0.8	72.7aA±2.4	1.510aA±0.085
	雅酷	10.1bAB±0.9	75.9aA±2.2	1.443aA±0.103
	黄花苜蓿	16.3cC±2.0	101.6bB±5.9	2.117bB±0.112
第二年	达菲	31.6aA±2.3	92.9abA±2.7	2.571aA±0.308
	秋柳	35.9aA±3.6	84.5aA±4.0	1.803bcB±0.144
	雅酷	36.3aA±2.0	96.4bA±3.2	2.311abAB±0.141
	黄花苜蓿	60.5bB±4.1	94.2abA±4.5	1.718cB±0.122

注：小写字母和大写字母分别表示同列同年的值在 $P<0.05$ 和 $P<0.01$ 水平差异显著

（六）花苜蓿（*Medicago ruthenica*）生态修复重建模式

花苜蓿为豆科苜蓿属植物，是松嫩草甸常见豆科物种，具有耐盐碱、耐旱、耐寒、耐瘠薄等优良特性。对土壤条件要求不严，除低洼易涝地、重盐碱地外，均能良好生长发育。花苜蓿在黑龙江高寒地区能耐–35～–33℃的低温而安全越冬。解冻后，0～20cm 土温稳定在 7～8℃时发芽返青，幼苗遇–4～–3℃不受霜害。但是其不耐热，夏季温度超过 32℃即停止生长。种子硬实率高达 70%，播前应对种子进行打破硬实处理，春季播种在 4～5 月，秋季在 9 月，具体播期根据土壤的墒情而定，最适合雨季播种，条播，行距 30cm，播深 1～2cm，播种量为 7.5kg/hm²，初花期刈割较好，盛花期后刈割再生性较差（袁有福等，1986；苏加楷，1993；陈默军，1999）。可单播，也可与羊草等混播，从而建立放牧草地（张子仪，2002）。当年春季播种，苗期生长缓慢，蹲苗期较长，易受杂草危害。秋季有大部分种子成熟，生育期 120 天左右。生育第二年 5 月上旬返青，7 月中旬现蕾，8 月上旬开花，8 月下旬结荚，9 月下旬成熟。花苜蓿茎分枝多，纤细，叶量丰富，开花期茎、叶、花序所占比例为：茎 42.4%、叶 52.4%、花序 5.2%（刘建宁，2002）。其再生性差，但家畜采食后上膘较快，在内蒙古一般认为家畜采食 15～20 天后即可上膘，泌乳母畜采食后可提高乳品质量。亩产鲜草可达 1200kg，花苜蓿适合于低输入系统，适合在土壤贫瘠、环境恶化的条件下种植（袁有福等，1986；王殿魁等，1990；罗新义，1991；Campbell et al.，1997，1999；赵淑芬等，2005）。

花苜蓿种子的最低发芽温度为 5～6℃，幼苗可在–4～–3℃低温下生长，在最低温–45℃的地方也能安全越冬，是一种抗寒性较好的豆科牧草，但花苜蓿幼苗耐热性较差，在 25～27℃条件下生长最快，超过 30℃后生长减慢，33℃时就会停止生长（张子仪，2002）。10～40℃条件下直立型花苜蓿种子具有较高的发芽率；在 10℃/20℃、15℃/25℃和 20℃/30℃三个变温条件下，低盐胁迫和低碱胁迫下的直立型花苜蓿种子发芽良好；15～25℃处理时，高盐胁迫和高碱胁迫下的种子只有大约 50%可以发芽（黄迎新等，2007c；Guan et al.，2009）。

在松嫩草甸进行建植人工草地及天然草地时，花苜蓿非常适合混播和补播等建植方式。在松嫩平原建植花苜蓿草地需要面临的主要问题是盐碱胁迫，在松嫩平原大面积碱化土壤中，主要的盐成分是中性盐 NaCl 和 Na₂SO₄、碱性盐 NaHCO₃ 和 Na₂CO₃（葛莹和李建东，1990）。为了模拟混合盐碱，模拟复杂的天然盐碱条件，杨季云（2011）设置了 A～F 处理的混合盐碱处理，随着盐浓度增加，处理液的盐度从 24mmol/L 增加 120mmol/L，pH 从 7.03 增加到 10.32（表 8-18）。处理组之间的 pH 差异远远大于处理组内（武祎，2018）。

在植物营养生长过程中，相对生长速率可以反映很多至关重要的植物活动，因此是指示植物对不同胁迫响应的优良指标。在杨季云（2011）的研究中，花苜蓿幼苗的地上和地下部分相对生长速率都受盐、碱胁迫的显著影响（图 8-36）。作为中生植物中一个普遍存在的现象，植物生长受盐条件的抑制（Ashraf and Harris，2004）。然而，在杨季云（2011）研究中的低盐条件下，地上部分的生长没有被抑制；在低于 7.26 的中等 pH

水平下，地下部分的生长也被促进，这表明花苜蓿对盐分胁迫有一定的抗性（杨季云，2018）。

表 8-18　不同处理的胁迫因素列表

处理	pH	盐浓度（mmol/L）	Na^+（mmol/L）	Cl^-（mmol/L）	SO_4^{2-}（mmol/L）	HCO_3^-（mmol/L）	CO_3^{2-}（mmol/L）
A_1	7.03	24	32	16.0	8.0	0.0	0.0
A_2	7.12	48	64	32.0	16.0	0.0	0.0
A_3	7.18	72	96	48.0	24.0	0.0	0.0
A_4	7.22	96	128	64.0	32.0	0.0	0.0
A_5	7.26	120	160	80.0	40.0	0.0	0.0
B_1	7.29	24	32	8.0	8.0	8.0	0.0
B_2	7.45	48	64	16.0	16.0	16.0	0.0
B_3	8.04	72	96	24.0	24.0	24.0	0.0
B_4	8.22	96	128	32.0	32.0	32.0	0.0
B_5	8.30	120	160	40.0	40.0	40.0	0.0
C_1	8.80	24	32	9.6	7.2	6.4	0.8
C_2	8.92	48	64	19.2	14.4	12.8	1.6
C_3	8.95	72	96	28.8	21.6	19.2	2.4
C_4	8.99	96	128	38.4	28.8	25.6	3.2
C_5	9.02	120	160	48.0	36.0	32.0	4.0
D_1	9.03	24	32	6.4	7.2	9.6	0.8
D_2	9.05	48	64	12.8	14.4	19.2	1.6
D_3	9.10	72	96	19.2	21.6	28.8	2.4
D_4	9.15	96	128	25.6	28.8	38.4	3.2
D_5	9.22	120	160	32.0	36.0	48.0	4.0
E_1	9.45	24	32	9.6	0.8	6.4	7.2
E_2	9.56	48	64	19.2	1.6	12.8	14.4
E_3	9.64	72	96	28.8	2.4	19.2	21.6
E_4	9.69	96	128	38.4	3.2	25.6	28.8
E_5	9.79	120	160	48.0	4.0	32.0	36.0
F_1	9.84	24	32	0.0	0.0	16.0	8.0
F_2	9.91	48	64	0.0	0.0	32.0	16.0
F_3	9.96	72	96	0.0	0.0	48.0	24.0
F_4	10.11	96	128	0.0	0.0	64.0	32.0
F_5	10.32	120	160	0.0	0.0	80.0	40.0

资料来源：杨季云，2011

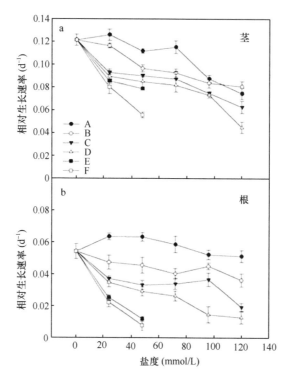

图 8-36　不同混合盐碱胁迫条件下花苜蓿幼苗地上部分和根系相对生长速率的变化（杨季云，2011）

第三节　松嫩平原盐碱化草甸资源评价和利用

一、盐碱化草甸三种典型禾草不同季节的饲喂价值

孙海霞等（2016）选择盐碱化草甸具代表性的三种禾草（羊草、虎尾草和星星草）为研究对象，通过绵羊消化代谢试验，得出不同时期三种禾草的干物质采食量和消化率数据（表 8-19）。通过试验结果得出以下结论：①不同季节收获羊草干草对绵羊干物质采食量和消化率有显著的影响，春、夏、秋和冬季干物质每公斤代谢体重采食量分别为68.29g、69.86g、57.09g 和 32.53g；干物质消化率分别为 50.75%、50.94%、46.74%和36.91%。秋季和冬季羊草绵羊采食后氮处于负平衡，冬季枯黄的羊草不能满足绵羊能量和蛋白质的维持需要，还需要优质豆科牧草或其他蛋白源补充，从而获得更好的生产性能。②春季虎尾草无论是采食量还是消化率均高于同期的羊草，但在夏、秋和冬季采食量显著降低，与羊草相比，虎尾草这种较高的采食量维持时间短，因此虎尾草是松嫩草地上一种短期潜在的高营养饲草来源。③不同季节收获星星草干草对绵羊干物质采食量有显著的影响，但对干物质消化率、中性洗涤纤维（NDF）消化率和酸性洗涤纤维（ADF）消化率无显著影响。绵羊采食星星草中的碳 48.85%以上通过粪碳排出，采食 4 个季节星星草的绵羊都处于氮的负平衡状态，总之星星草的低含氮量和采食量是限制星星草饲喂价值的重要因素，在放牧生产中，要注意与其他优质牧草的搭配利用（孙海霞等，2016）。

表 8-19　三种典型禾草的采食量、消化率和碳氮代谢

测定指标	牧草	春季	夏季	秋季	冬季	标准误	P
干物质采食量（g）	羊草	924.45a	940.20a	782.70a	355.50b	87.40	0.027
	虎尾草	970.28a	387.68b	379.20b	441.01b	80.63	0.001
	星星草	412.42bc	723.90a	636.98ab	321.30c	61.37	0.034
每公斤代谢体重采食量（g）	羊草	68.29a	69.86a	57.09a	32.53b	4.90	0.013
	虎尾草	73.48a	30.01b	29.80b	34.33b	4.84	0.003
	星星草	37.03bc	62.30a	54.59ab	28.54c	4.37	0.024
干物质消化率（%）	羊草	50.75a	50.94a	46.74a	36.91b	2.10	0.027
	虎尾草	64.46a	51.99b	48.19b	53.16b	1.91	0.026
	星星草	48.95	37.70	41.98	52.05	3.19	0.417
NDF 消化率（%）	羊草	50.60a	47.81a	41.52ab	35.64b	2.19	0.036
	虎尾草	64.90a	49.65b	46.99b	55.81ab	2.02	0.024
	星星草	49.30	42.00	43.76	50.16	0.18	0.348
ADF 消化率（%）	羊草	45.54	41.76	40.89	41.16	1.76	0.82
	虎尾草	49.75	41.55	43.39	49.06	2.19	0.255
	星星草	43.95	36.00	39.95	46.45	2.25	0.465
氮平衡	羊草	4.41a	0.65b	−0.03c	−3.70d	0.94	<0.001
	虎尾草	4.12a	−4.00b	−4.18b	−2.40b	1.14	0.004
	星星草	−1.33	−2.22	−1.46	−3.47	0.47	0.404
粪碳占饲草中碳的比例（%）	羊草	52.25b	53.12b	60.12a	66.08a	1.83	0.004
	虎尾草	40.26	59.86	52.89	55.36	3.08	0.058
	星星草	53.38	52.83	56.54	48.85	1.27	0.197

资料来源：孙海霞等，2016

　　通过以上研究发现，同时期收割三种禾草饲喂价值低于放牧利用方式下的饲喂价值，大多季节仅满足动物维持需要，无法满足动物增重需求，建议放牧利用。

二、放牧条件下羊草草甸饲喂价值评价

　　孙海霞（2007）选用 1hm^2 人工羊草草地进行围栏放牧。绵羊放牧时间从 2009 年 5 月到 2010 年 4 月，分别进行 4 期试验：春季（5 月 20 日至 6 月 7 日）、夏季（7 月 20 日至 8 月 7 日）、秋季（9 月 30 日至 10 月 14 日）、冬季（4 月 5 日至 4 月 19 日），每期选择 6 只成年东北细毛羊母羊，4 期绵羊的平均体重分别为 33.2kg、40.8kg、45.5kg 和 39.8kg，分别用于测定采食量和消化率（孙海霞，2007）。

　　羊草的代谢能（ME）、干物质（DM）、总能（GE）、有机物（OM）、粗蛋白（CP）、NDF 和 ADF 的表观消化率见表 8-20（孙海霞，2007）。羊草的养分浓度和消化率在季节间存在差异。ME、DM、GE、OM、CP、NDF 和 ADF 的消化率在春季和夏季显著高于秋季和冬季（$P<0.05$）。而且，秋季 CP 的消化率显著高于冬季，而冬季的 ME 显著高于秋季（$P<0.05$），然而冬季和秋季 DM、GE、OM、NDF 和 ADF 的消化率差异不显著（$P>0.05$）。春季和夏季所有的值差异不显著（$P>0.05$）。冬季 CP 的表观消化率为负值，是由粪中排泄的蛋白质的量低于蛋白质的摄入量所致。

表 8-20　羊草对放牧绵羊的代谢能浓度和养分的表观消化率（*n*=6）

指标	春季	夏季	秋季	冬季	标准误
ME 浓度（MJ/kgDM）	12.13a	11.62a	8.66c	10.40b	0.404
表观消化率（%）					
DM	73a	77a	54b	50b	2.4
GE	74a	78a	54b	59b	2.5
OM	74a	80a	54b	54b	2.2
CP	78a	82a	33b	−32c	5.1
NDF	76a	77a	63b	54b	3.4
ADF	69a	72a	53b	47b	2.7

资料来源：孙海霞，2007

　　人工羊草草地放牧绵羊的养分采食结果见表 8-21（孙海霞，2007），放牧绵羊最高的 DM 采食量在夏季（1868g/天），其次是春季、秋季和冬季，且夏季的采食量显著高于其他季节（*P*<0.05）。OM、NDF 和 ADF 与 DM 的采食量具有相似的趋势。夏季可消化能和可消化粗蛋白采食量显著高于春季（*P*<0.05），并且这两个季节的采食量显著高于秋季和冬季。

表 8-21　人工羊草草地放牧绵羊的养分采食量（*n*=6）

养分指标	春季	夏季	秋季	冬季	标准误
DM（g/天）	1267b	1868a	1051b	911b	129.9
OM（g/天）	1203b	1773a	998b	865b	123.3
NDF（g/天）	910b	1340a	820b	643b	93.9
ADF（g/天）	417b	614a	405b	396b	136.1
可消化粗蛋白（g/天）	95.8b	170.9a	17.4c	−6.2c	35.2
ME（MJ/天）	15.3b	22.7a	9.3c	9.6c	1.8
每千克代谢体重（LW$^{0.75}$）					
DM（g/天）	91.4a	119.2a	59.0b	57.7b	9.44
OM（g/天）	86.7a	113.2a	56.0b	54.8b	8.96
NDF（g/天）	65.6b	85.6a	46.0bc	40.7c	6.81
ADF（g/天）	30.1ab	39.2a	22.7b	25.1b	3.22
可消化粗蛋白（g/天）	6.91b	10.93a	0.97c	−0.40c	2.66
ME（MJ/天）	1.10a	1.45a	0.52b	0.61b	0.13

资料来源：孙海霞，2007

　　绵羊的每日干物质采食量，某种程度上受绵羊体重大小的影响，而放牧绵羊体重随季节而变化，为了校正体重差异，孙海霞（2007）对绵羊每千克代谢体重的采食量也进行了计算。同样，最高的采食量也发生在夏季，除了可消化粗蛋白和 NDF，其他的值与春季相似（*P*>0.05）。秋季和冬季各养分的采食量没有显著变化（*P*>0.05）。NDF 和 ADF 的摄入量春季和秋季差异也不显著（*P*>0.05）。然而春季 DM、OM、ME 和可消化粗蛋白采食量显著高于秋季（*P*<0.05）。

　　每日可消化粗蛋白采食量在春、夏、秋和冬 4 个季节分别为 95.8g/天、170.9g/天、

17.4g/天和–6.2g/天。冬季可消化粗蛋白采食量为负值，表明采食粗蛋白量低于粪中粗蛋白的含量。

通过比较刈割和放牧条件下羊草的饲喂价值，可以看出放牧条件下采食量和消化率等指标优于同期羊草干草舍饲的对应指标，因此单从家畜生产和草地利用效率角度考虑，放牧是松嫩平原碱化草甸推荐的利用方式。

三、碱蓬属盐生植物饲喂价值评价

碱蓬为一年生草本，一般生于海滨、湖边、荒漠等处的盐碱荒地上，可在盐分含量高于 2% 的土壤中生长，当土壤盐分含量在 1% 左右且较湿润时生长最为繁茂，常常形成单优势植物群落。碱蓬是一种聚盐性的真盐生植物，对盐具有积累效应，它能从土壤中吸收大量的可溶性盐类，并把这些盐积聚在体内。大量试验结果表明，在不同浓度 NaCl 胁迫下，碱蓬体内的 Na^+、Cl^- 含量随土壤盐分含量的增大而升高，其中以叶片的变化最为明显。殷立娟等（1994）对松嫩平原盐碱化草甸生长的 5 种耐盐牧草羊草、星星草、虎尾草、獐毛和碱蓬体内 K^+ 和 Na^+ 的积累与分布动态进行研究，结果表明，碱蓬 Na^+ 含量最高，每克干重含 5419～5668μmol。因此，碱蓬可以使盐土脱盐，降低土壤的盐分含量，增加土壤中氮、磷、钾及有机质和微生物成分，从而改良盐碱地的土质，被誉为盐碱地改造的"先锋植物"。

碱蓬群落是当前松嫩草甸典型的盐生群落之一，是放牧动物非常重要的饲料资源。我们通过对碱蓬的研究，主要得出以下几方面结论。

（一）能量缺乏和部分矿物元素过量是限制盐生植物碱蓬利用的重要因子

不同收获时间对碱蓬干草产量和化学组成的影响见表 8-22 和表 8-23。碱蓬最高鲜草产量在 7 月，但 8 月干草产量最大。碱蓬干草的不利之处就是粗灰分含量高，总能含量很低，6～10 月干草中能量变化范围为 12.35～17.50kJ/kgDM，远远低于当地常用干草羊草的总能，所以能量不足是限制碱蓬干草饲用价值的重要因素，在饲喂动物时，要注意配合高能量饲料的补充。但由于碱蓬的消化率相对其他干草要高，也可以在一定程度上提高消化能或代谢能浓度。高钠含量是碱蓬干草的另一特征，6～10 月变化范围为（27.04～96.23g/kgDM），与澳大利亚的滨藜属盐生植物的钠含量相似，而目前澳大利亚已很好将这些盐生植物引入家畜生产系统，说明在我国也具有这种潜力。需要注意的是，碱蓬干草中铁含量较高，6～10 月变化范围为（772.2～1091.9mg/kgDM）。这个含量远远高于美国国家研究委员会（NRC）推荐的绵羊日粮的铁需要量（30～50mg/kgDM），铁等矿物质在碱蓬中的富集对动物生理或生产的影响还需进一步研究。

（二）绵羊日粮中添加碱蓬干草或碱蓬籽实的饲喂策略

1. 碱蓬干草的饲喂策略

根据采食量、消化率和生长性能及血液生化等数据分析，碱蓬干草在绵羊日粮中适

表 8-22　收获时间对碱蓬产量的影响

产量	收获时间					标准误	P	
	6 月	7 月	8 月	9 月	10 月		线性	二次非线性
鲜草产量（kg/hm²）	11 987.2	29 866.7	25 833.3	12 964.0	12 845.6	10 843.6	0.64	0.07
干物质含量（g/kg）	122.5	149.3	243.5	363.1	457.4	135.84	<0.01	<0.01
干物质产量（kg /hm²）	1 433.9	4 518.9	6 266.1	4 852.1	5 905.3	2 011.7	0.13	<0.01

表 8-23　不同时期收获的全株碱蓬的化学组成变化（DM）

化学组成	收获时间					标准误	P	
	6 月	7 月	8 月	9 月	10 月		线性	二次非线性
总能（MJ/kg）	12.35	12.72	15.11	15.84	17.50	1.75	<0.01	<0.01
粗蛋白（g/kg）	185.9	126.6	117.3	74.6	43.7	54.16	<0.01	<0.01
粗灰分（g/kg）	368.4	321.6	210.8	182.1	145.4	67.3	<0.01	<0.01
中性洗涤纤维（g/kg）	359.4	451.4	564.7	642.1	652.0	126.36	<0.01	<0.01
酸性洗涤纤维（g/kg）	171.7	219.8	378.8	383.4	395.7	86.68	<0.01	<0.01
钙（g/kg）	2.04	3.09	2.40	2.42	5.29	1.30	0.18	0.01
磷（g/kg）	1.19	1.73	1.65	1.35	0.97	0.32	0.49	0.07
镁（g/kg）	3.99	4.82	4.54	4.06	5.54	0.63	0.30	0.15
钠（g/kg）	96.23	85.21	63.00	39.24	27.04	29.37	<0.01	<0.01
钾（g/kg）	9.95	11.46	11.86	10.30	9.52	1.00	0.60	0.13
锌（mg/kg）	39.13	51.71	39.30	44.78	37.95	5.75	0.70	0.70
铁（mg/kg）	1075.7	1091.9	851.9	772.2	815.6	151.0	0.05	0.05
铜（mg/kg）	17.89	26.34	23.66	19.56	25.42	3.69	0.55	0.06

宜的添加剂量为 25% 左右，此范围碱蓬干草的添加，在保证碱蓬干草所含的高盐成分不影响反刍动物瘤胃发酵和动物健康的前提下，提高了绵羊采食量，舍饲绵羊生长率提高 30% 左右，减少饼粕类饲料添加量 20%，而且还减少了盐、矿物质的添加量，降低绵羊饲料成本。

2. 碱蓬籽实的饲喂策略

根据采食量、消化率及生长性能等数据分析，绵羊日粮中添加 150～450g 碱蓬籽实是安全的，在保证碱蓬籽实所含的高盐成分不影响反刍动物瘤胃发酵和动物健康的前提下，提高了绵羊采食量，饲草转化率提高 10%～15%，舍饲绵羊生长率提高 15%～20%，日粮有机物消化率提高 4%～9%，减少绵羊日粮中饼粕类饲料添加量 10%～45%，具有良好的生态效益和经济效益。

（三）首次试验证实绵羊日粮中添加碱蓬籽实有富集羊肉中矿物元素硒、共轭亚油酸、共轭亚油酸前体的作用

不同水平碱蓬籽实添加试验证实，日粮中添加碱蓬籽实对绵羊肉中矿物元素硒、共轭亚油酸前体（C18:1 t11）含量有显著的影响，肉中 n-3 系列脂肪（C18:3 n-3）和共轭亚油酸（CLA c9t11）也随碱蓬籽实添加量的增加有提高的趋势。研究证实，C18:1 t11

在人体组织中可以去不饱和形成共轭亚油酸，因此提高羊肉中 C18:1 t11 对人类的脂肪酸营养也具有重要意义。尽管很多植物油已经被证实具有改善动物产品脂肪酸组成的特性，但受添加成本的影响，无法在实际生产中加以推广使用，本研究最大的特色是利用盐碱化草地生长的碱蓬籽实来达到富集功能性脂肪酸的目的，提高了盐生植物的利用价值，而且还发现了碱蓬籽实具有提高羊肉硒含量的作用。

因此，充分利用松嫩平原碱化草地特有盐生植物进行草地生态恢复和资源化利用是提高退化草地生产力的重要途径之一。

四、盐碱化草甸放牧家畜的饲养

（一）放牧家畜生长过程

草地牲畜由小到大的生产是一个自然的时间过程，实质是一个营养的时间过程，即牲畜生长是饲草数量、饲草质量的函数，饲草数量和饲草质量是时间的函数，因此理解草地牲畜的生长过程是草地饲养的基础。我国东北地区气候四季分明，植物生长分绿草期和枯草期，制约着草食牲畜的生长，形成长膘—掉膘周期。这与饲料数量和质量供应稳定的其他牲畜饲养系统非常不同，即草地畜牧业的牲畜饲养系统是一个饲料供应数量和质量受制于气候和植物生长动态的系统。因此，探索饲草料来源、饲料供应数量和质量的时间动态及其牲畜生长的可能状况，对于草地生态保护、草地牲畜生产具有重要意义。

草地饲养的牲畜在断奶前阶段，生长过程主要取决于母乳的多少，出生时的体重及母羊（牛）的体况对后续生长有很大影响；断奶后的生长主要由草地牧草的营养决定。草地牲畜自小到大不同生长阶段所需要的营养不同、草地自春至秋不同阶段所能提供的营养数量和质量也不同，二者的良好匹配决定着牲畜生长率和草地饲草的利用效率。为此，长岭草地农牧生态研究站开展了以 2 年为周期的松嫩草甸放牧羊生长过程监测，具体监测结果如下。

1. 松嫩草甸成年公羊体重变化

测定结果表明，即使在牧草的生长季，7～10 月公羊日增重平均在 80g 左右，体重增长不明显主要与公羊的配种消耗有关，从 10 月到翌年 3 月，即使草地已进入枯草期，公羊体重仍处于上升的趋势，表明草地提供的营养不仅能满足公羊的维持需要，还可以满足日增重 60g 左右的增重需要。3～5 月是整个年份中公羊体重下降的阶段，日体重降低 80g 左右，表明此阶段是草地饲养最困难的阶段，从草地摄入的能量和蛋白质已不能满足维持需要，只有靠体重的消耗分解才可以满足。5～7 月为公羊一年中生长最快的阶段，日增重平均在 100g 左右。因此，对于成年公羊，无须进行精料的补饲，即可基本满足配种的需求。

2. 松嫩草甸母羊体重变化

母羊的体重从 7 月至羔羊的出生阶段一直处于上升的趋势，翌年 3～5 月是母羊体重下降最严重的时段，无论在几月产羔，5 月初母羊的体重达到最低点，加强 3～5 月期间补饲对母羊全年的生产都具有重要意义。母羊 5～7 月体重处于增加时段，日增重范围在 50～100g，大多数日增重在 70～80g。

3. 松嫩草甸羔羊生产特征及羔羊的生长

母羊的产羔监测结果表明，松嫩草甸母羊产羔时间主要在 12 月到翌年 6 月，1 月和 4 月为主要的产羔月，分别占出生羔羊总数的 30%左右，1 月、2 月产羔主要为成年母羊，它们在上一年 7 月配种季体重集中在 40～50kg，而 4 月产羔母羊主要为上一年的新生羔羊、7 月体重主要集中在 20～25kg。从 12 月至翌年 6 月，随出生日期的滞后，羔羊的出生体重处于下降的趋势，从最初的 5kg 左右，下降到 3～4kg，在后续的 0～90 天哺乳期生长中，以 12 月、2 月和 4 月的平均日增重较高，分别约为 180g、150g 和 150g，日增重最低的为 3 月出生的羔羊。3 月龄羔羊体重范围在 11～17kg，即由于出生月及出生体重的差异，最后导致 3 月龄羔羊体重相差 6kg 左右。不同月出生羔羊到当年的 10 月末，体重相差达 15kg 左右，其中 12 月至翌年 1 月和 2 月出生的羔羊体重可以达到 34kg，而 3～4 月出生的羔羊体重为 25kg，5～6 月出生的羔羊体重为 18～19kg。12 月至翌年 4 月出生的羔羊通过 1～2 月补饲，体重可以达到 40kg 左右，而 5～6 月的补饲成本会很高。另外，选择在羔羊哺乳期补饲，还是在 10 月末进入枯草期补饲也是生产者需要权衡的一个问题。

（二）盐碱化草甸刈割干草生产

刈割是草地管理中提高牧草产量和营养价值的普遍做法。不同刈割起始时间和频次对牧草的产量和营养价值的影响不同。一种放牧或刈割制度不太可能适合所有牧草种类和草地类型，应制定区域和牧草特有的刈割制度，以支持畜牧业的可持续生产。本研究以羊草（*Leymus chinensis*）为研究对象，它是一种 C_3 多年生根茎型牧草，广泛分布于松嫩草原（分布面积 150 万 km^2；地球上最大的牧场之一）。羊草生物量占该地区地上总生物量的 85%以上。尽管羊草在该地区很重要，但在牧草产量和营养价值最大化方面，相关管理实践有限。本研究开展了不同刈割起始时间和频次对松嫩草地羊草产量和营养价值的影响研究。

本研究试验周期为 2016 年 5～9 月。研究区属温带大陆性季风气候，年平均气温 2.7～4.7℃，年平均降水量为 427mm，70%～80%的降水发生在 6～9 月。本研究包括两个独立试验，刈割起始时间试验和刈割频次试验。其中刈割起始时间设置 8 个处理（从 5 月 15 日至 9 月 1 日，每隔 15 天）和 1 个对照处理（仅在 9 月 30 日割草），所有处理 9 月 30 日收获。刈割频次设置 5 个处理，试验周期为 6 月 1 日到 10 月 1 日，分别为刈割 1～5 次，其中第一次刈割为 8 月 15 日，其余第二次至第五次刈割间隔分别为 120 天、60 天、40 天和 30 天。

随着刈割起始时间的推迟，羊草的首茬干物质产量和累计干物质产量呈单峰变化，在 7 月 15 日至 8 月 15 日最大。此外，随着刈割起始时间的推迟，羊草的首茬粗蛋白产量和累计粗蛋白产量也呈单峰变化，在 6 月 1 日至 8 月 15 日最大。因此 7 月 15 日至 8

月 15 日的起始刈割可使羊草的累计干物质产量和累计粗蛋白产量值最大。结果表明，越早刈割越不利于羊草总产量和总蛋白产量的积累，这主要是因为羊草总产量和总蛋白产量主要由首次刈割来决定（图 8-37）（Zhao et al.，2021）。

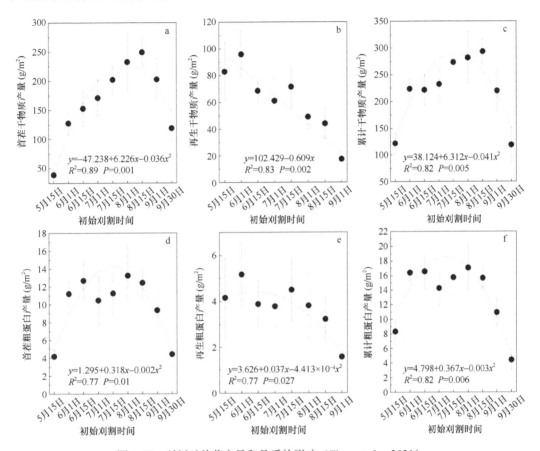

图 8-37 刈割对羊草产量和品质的影响（Zhao et al.，2021）
羊草首茬干物质产量、再生干物质产量和累计干物质产量及首茬粗蛋白产量、再生粗蛋白产量和累计粗蛋白产量对不同刈割起始时间的响应

羊草产量在刈割 3 次时最大。随着刈割频次的增加，羊草 CP 产量呈增加趋势，但刈割超过 3 次后，CP 产量无显著增加。因此，每年 3 次是最佳的刈割方式。Zhao 等（2021）的研究结果符合放牧最优化假说，一般这种补偿生长发生在农田和实验室条件下，Zhao 等的试验地点草地类型为草甸草原，羊草占绝对优势且降水较多，有利于羊草发生补偿生长。

综上，根据目前的研究，7 月 15 日至 8 月 15 日起始刈割可使羊草的累计干物质产量和累计粗蛋白产量值最大。此外，每年刈割 3 次，能够获得最大的累计干物质产量和累计粗蛋白产量（图 8-38）（Zhao et al.，2021）。

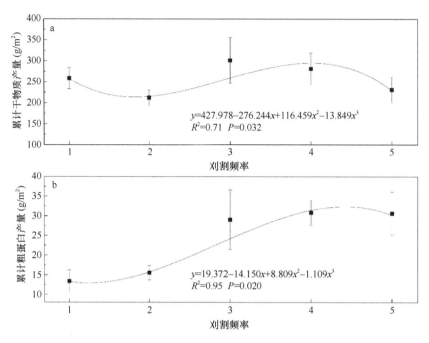

图 8-38 刈割对羊草蛋白质含量的影响（Zhao et al.，2021）

2016 年累计干物质产量和累计粗蛋白产量对不同刈割频次的响应

五、盐碱化草甸秸秆畜牧业生产模式构建

（一）松嫩平原秸秆资源及其饲喂潜力

秸秆是指籽粒收获后的剩余部分，包括茎秆及叶片等组织器官。秸秆不但在中国作为粗饲料被广泛利用，且在畜牧业发达的美国，在发展畜牧业消耗了大量粮食的基础上，同样将秸秆作为粗饲料的一部分被广泛利用。中国每年饲养了 20 亿羊单位的草食牲畜，按每年每个羊单位需饲草 0.6～0.7t 计算，需要 12 亿～14 亿 t 饲草，中国草地每年产干草 3 亿 t，即使完全被利用，尚有 9 亿～11 亿 t 来自其他途径，无疑秸秆在其中占据较大比例。中国秸秆资源丰富，作物秸秆每年至少提供了大约 3 亿 t 的粗饲料。但是，长期以来人们一直认为秸秆的营养价值低，为低质量饲料的代名词。这涉及饲料质量比较评价，即秸秆饲料的营养价值与什么样的其他饲料比较。

表 8-24 统计分析了各种秸秆基本营养价值，可以发现，各种秸秆的粗蛋白含量都高于 4%，高的达到 14% 以上，很多报道玉米秸秆的粗蛋白含量平均值高于羊草。

随着秸秆处理技术的进步，包括氨化及碱化氨化复合处理技术的成功应用，秸秆揉碎设备和压块设备的发明，特别是氨化与揉碎或压块的结合，使秸秆可利用的营养质量有了很大提高与改善，牲畜适口性也得到了提高，饲喂效果显著，退一步说，若玉米田生产籽粒 7～10t/hm^2，那么生产秸秆也就是 7～10t/hm^2，以玉米叶片占作物秸秆的 36% 计，则可以生产 2.5～3.6t/hm^2 的玉米叶片饲料。有研究报道，玉米叶的体外消化率远远高于玉米茎的消化率（孙海霞，2007）。东北草地平均生物量以 1.0～1.5t/hm^2 计，保留 40% 作为草地可持续发展的基量，产饲草 0.6～0.9t/hm^2，农田的优良叶片饲料产量是草

表 8-24 秸秆与羊草干草的粗蛋白（CP）、中性洗涤纤维（NDF）和酸性洗涤纤维（ADF）含量比较

秸秆和羊草	干物质（%）	CP（%）	NDF（%）	ADF（%）	补充说明
玉米秸秆	100	5.55	76.96	50.97	山西样品
	100	7.22	72.96	45.70	山西样品
	100	4.34	73.26	44.32	
	94	5.53	73.80	42.09	东北样品
	94	4.47	71.34	42.69	东北样品
	94	4.02	72.13	42.81	东北样品
	96	4.0	74.23	44.32	
		9.20	59.72	43.01	风干样
	96	4.38	71.75	48.53	内蒙古样品
	93	7.26	70.02	40.87	
	93	6.97	74.46	45.68	
干样平均（%）		5.72	71.88	44.64	
水稻秸秆	100	5.59	75.93	56.79	
	93	3.81	74.52	50.41	
	92	4.66	72.17	52.57	
		4.65	67.17	44.27	风干样
干样平均（%）		4.68	72.45	51.01	
大豆秸秆	95	13.38	61.32	48.00	山西样品
	95	13.96	61.33	47.87	山西样品
	97	13.98	61.96	49.97	山西样品
	100	6.51	74.7	37.9	东北样品
干样平均（%）		11.96	64.83	45.94	
羊草干草	100	6.94	72.28	49.58	
	100	2.39	80.9	43.5	
	100	2.80	78.00	49.00	秋季样品
干样平均（%）		4.04	77.06	47.36	

地的 4～5 倍。粗略估算，中国 100 多万 km² 农田所生产的叶片优良粗饲料恰恰相当于北方 400 多万 km² 草地所生产的饲草，甚至还多一些。全球变化后的升温，使东北作物生育期延长，早播种早收获成为可能，在作物籽粒成熟 99%时收获籽粒，更可以获得优良的玉米秸秆饲料资源，即比传统提前收获籽粒和秸秆，可以获得青绿的高营养价值的秸秆用作饲料。另外，"保绿型"玉米品种的应用和推广，为农田收获优良粗饲料开辟了新的途径。羊草纤细柔软的适口性和采食量自然要好一些，秸秆粗硬适口性有问题，但揉搓湿化或揉搓加盐湿化后适口性和采食量都得到改善，适口性和采食量可以很容易提高，这些不能作为否定秸秆作饲料的理由。

东北地区草地生产干草的割草、搂盘、运输成本为 170～220 元/t，秸秆作饲料的收购、加工处理成本为 150～200 元/t，因此秸秆具有作为反刍动物粗饲料的营养基础及进行产业化的经济可行性。

（二）草地-秸秆畜牧业生产理论基础

东北农牧交错区大量的优良秸秆饲料加之优质的放牧资源草地，奠定了东北畜牧业发展的物质基础。秸秆与草地在利用途径上的良好组合匹配，为发展"半舍半牧饲养方案"提供了可能，即生长季节利用草地饲草进行放牧，非生长季利用秸秆饲养，形成草地与秸秆共同为粗饲料资源的"半舍半牧饲养方案"的畜牧业发展模式，在此专门称其为"草地-秸秆畜牧业"发展模式。

草地-秸秆畜牧业是以草地饲草和秸秆为主要资源而发展的畜牧经济产业。东北农牧交错区具有优良的秸秆饲料资源和优质的草地资源，为保护性草地资源利用和适应性牲畜生产的"草地-秸秆畜牧业"的发展奠定了得天独厚的基础。有研究表明，玉米、水稻秸秆的营养质量与羊草干草相当，草地植物开花早期是优质的放牧资源，生物量最大时收获的羊草干草的营养质量严重下降。每年 6~9 月在草地放牧，其他月利用秸秆饲喂是草地-秸秆畜牧业进行牲畜生产的适应性方案，生态效益与经济效益显著。

草地畜牧业是以草地饲草为主要资源的畜牧经济产业，秸秆畜牧业是以秸秆为主要资源的畜牧经济产业。东北及其他广大的农牧交错区，草地资源与农田残茬及作物秸秆资源并存，空间镶嵌交错，时间衔接互补，具有发展草地和秸秆共同为主要资源生产家畜的优势和潜力。生产实践中，东北农牧交错区一直存在秸秆作饲料的传统，秋天籽粒收获后，家畜在农田地里"溜茬"，冬季利用秸秆进行补饲，夏季在草地或林下放牧。理论上，这一资源利用与生产牲畜的方式还缺少科学的系统化总结，缺少生产过程中的科学指导，实践中表现粗放、技术落后。我们在进行实地调研和具体研究的基础上，综合相关方面的研究进展，并对东北农牧交错区的牲畜饲养方式进行提炼，概括成"草地-秸秆畜牧业"（straw-grassland farming）发展模式，论述其生产过程和关键环节，期望对东北草地生态保护和畜牧业发展及对类似的农牧交错区的草地保护和畜牧业发展有指导和推进作用。

（三）草地-秸秆畜牧业模式构建和优化

草地产量形成过程和计算表明，草地适于 6 月开始放牧，即草地立地生物量达到总生物量的 40%时开始放牧，10 月停止放牧以保留可持续发展的基数。由于每月的日产草量不同，因此每日（或每月）的理论放牧率不同，应该维持什么样的放牧率涉及复杂的管理对策与风险评价。

东北羊草草地分布广泛，健康草地产草量基本与内蒙古羊草+大针茅草原植被相同（赵育民等，2008），以利用 60%计，羊草草地收获干草仅可以饲喂 738（1476/2）羊单位-日数（每个羊单位每天需要 2kg 计算，下同），即全年饲养 2.0（738/365）羊单位；但用以在 6~10 月进行放牧可支持 1230（2460/2）羊单位-日数，即相当于全年饲养了 3.4（1230/365）羊单位，立地同样保留了 40%的生物量，约 1t/hm²。后者的饲草质量优于前者，前者仅支持牲畜低生长水平（50g/天），后者可以支持高生长水平（150g/天），因此，羊草草地用于生长季放牧可以具有较好的经济效益，即可获得的净草地产量及可消化产量远高于收获干草，饲草的质量也远高于收获干草，饲养水平高于饲草干草，并能保留 40%的最高生物量作为草地可持续存在的基量。科学合理地利用草地放牧能够保证生态效益和经济效益并存，属于有经济收入和可持续的草地资源利用方式。

饲草料能值与粗蛋白含量是评价饲料营养价值最基本的两项指标，代谢能与牲畜生长呈直线正关系，粗蛋白含量与牲畜生长呈直线正相关。无论是草地储存的干草还是作物秸秆，都不能满足牲畜以一定的生长率进行增重生长的需要，有必要添加一定量粮食等精饲料，使之代谢能达到 9MJ/kg 以上，添加多少取决于饲养策略，即生长率与饲养时间的权衡、经济投入与产出的权衡。草地干草与作物秸秆普遍存在粗蛋白含量不足的问题，对于反刍动物，全世界各地区采取普遍做法是增加饲草料中的豆科牧草含量，在增加粗蛋白的同时，提高代谢能含量。若秸秆的粗蛋白含量为 6%，30kg 的羔羊生长率为 120g/天时，每天需要饲草料 1.5kg，需要粗蛋白 150g，若利用粗蛋白含量为 18%的豆科牧草进行补饲，需要的秸秆量和苜蓿量分别为 1.0kg 和 0.5kg，日粮的粗蛋白含量为 10%，豆科牧草占日粮的 33%，由此可见，理论上利用秸秆加豆科牧草饲喂可以获得 120g/天的生长率。

东北农牧交错区肉羊若 3 月初产羔，出生体重 4～4.5kg，哺乳期持续 3 个月，体重达到 20～25kg，即哺乳期在 200g/天左右的生长率，至 6 月初开始放牧，9 月末出栏，每日维持 130～150g 的生长率，体重即可达到 40kg 的边际生长状态，符合高端市场需要，也有更好的价值回报。基础母羊在 10 月及以后的季节里利用秸秆饲养。对照前面的放牧分析，我们有理由相信这一饲养方案可以生产实践，操作时还需要进一步设计优化。

北方草地畜牧业或东北草地-秸秆畜牧业生产过程中，如下几个环节对牲畜的后续生长率也具有重要影响，同时，这几个环节具有非常强的管理意义：①羔羊的出生质量，决定着以后的生长速度；②哺乳期的生长速度，即哺乳期母羊的泌乳量，决定着羔羊断奶时的体重和以后的生长速度；③出生日期，决定着管理方案的制定及当年羔羊生长过程与饲草生长过程和营养过程的完美匹配。生产中，上述问题需要根据具体情况设计符合生产计划和安排的执行方案，同时，根据所饲养的牲畜种类和品种，维持牲畜保持何种生长速度取决于管理水平和社会生产力水平，核心问题是经济核算和管理策略。

第四节 结 语

本章根据松嫩盐碱化草甸的特点，基于植被现状及土壤水、盐、肥力分布特征，对松嫩平原盐碱化草甸退化程度进行分级和空间定位，对盐碱化草甸采取分级分类改良：在重度盐碱化草甸，结合土壤水盐运移规律研究，通过添加秸秆等有机物料、开沟排水洗盐、覆沙压碱等技术淡化表层土壤盐碱含量，辅以补播，促进植被及其生态功能恢复；在中、轻度盐碱化草甸，研究豆科牧草和适宜饲草作物的混播与栽培技术，研究优化的豆禾混播组合，增加土壤肥力，改善草地群落结构，提高草地饲草供应能力和稳定性。培育适宜的饲草作物新品种，建立适宜的高产饲料栽培利用方式，构建高产、高营养栽培模式，优化草地资源生产和利用。在稳定草地生态和饲草生产的基础上，研究饲草再生及其营养动态，结合牲畜不同季节和牲畜生长不同阶段的营养与福利需要，最大化饲草资源利用效率，结合秸秆资源开发，发展草地-秸秆畜牧业生产技术体系和模式，实现饲草资源高效率利用和牲畜高效率生产。

参 考 文 献

常晓慧, 孔德刚, 井上光弘, 等. 2011. 秸秆还田方式对春播期土壤温度的影响. 东北农业大学学报, 42(5): 117-120.

陈默军. 1999. 牧草与粗饲料. 北京: 中国农业大学出版社.

崔新, 崔国文, 李洪影, 等. 2014. 覆盖秸秆和补播牧草对松嫩平原退化盐碱草地土壤酶活性的影响. 中国草地学报, 36(5): 95-100.

葛莹, 李建东. 1990. 盐生植被在土壤积盐-脱盐过程中作用的初探. 草业学报, (1): 70-76.

耿华珠. 1995. 中国苜蓿. 北京: 中国农业出版社.

郭继勋, 姜世成, 孙刚. 1998. 松嫩平原盐碱化草地治理方法的比较研究. 应用生态学报, (4): 90-93.

郭学民, 徐兴友, 高荣孚, 等. 2005. 合欢硬实种子的萌发特性及种皮微形态特征. 河北科技师范学院学报, (4): 24-27+38.

何丹, 李向林, 何峰, 等. 2009. 施氮对退化天然草地主要物种地上生物量和重要值的影响. 中国草地学报, 31(5): 42-46.

何念鹏, 吴泠, 姜世成, 等. 2004a. 扦插玉米秸秆改良松嫩平原次生光碱斑的研究. 应用生态学报, (6): 969-972.

何念鹏, 吴泠, 周道玮. 2004b. 扦插玉米秸秆对光碱斑地虎尾草和角碱蓬存活率的影响. 植物生态学报, (2): 258-263.

何兴元, 王宗明, 辛晓平, 等. 2020. 东北地区重要生态功能区生态变化评估. 北京: 科学出版社.

洪绂曾. 2009. 苜蓿科学. 北京: 中国农业出版社.

黄迎新, 范高华, 周道玮. 2016. 一种在北方重度盐碱地恢复羊草植被的方法: 中国, CN201610835380.X.

黄迎新, 周道玮, 岳秀泉, 等. 2007a. 不同苜蓿品种再生特性的研究. 草业学报, (6): 14-22.

黄迎新, 周道玮, 岳秀泉, 等. 2007b. 黄花苜蓿形态变异研究. 中国草地学报, (5): 16-21.

黄迎新, 周道玮, 岳秀泉, 等. 2007c. 扁蓿豆研究进展. 草业科学, (12): 34-39.

姜世成. 2010. 松嫩盐碱化草地水盐分布格局及盐碱裸地植被快速恢复技术研究. 东北师范大学博士学位论文.

李本银, 汪金舫, 赵世杰, 等. 2004. 施肥对退化草地土壤肥力、牧草群落结构及生物量的影响. 中国草地, (1): 15-18+34.

李芙荣, 杨劲松, 吴亚坤, 等. 2013. 不同秸秆埋深对苏北滩涂盐渍土水盐动态变化的影响. 土壤, 45(6): 1101-1107.

李景信, 马义, 付喜林. 1985. 种植星星草改良碱斑地的研究. 中国草原, (2): 53-55.

李军保, 马存平, 鲁为华, 等. 2009. 围栏封育对昭苏马场春秋草地地上植物量的影响. 草原与草坪, (2): 46-50+56.

李强. 2010. 不同恢复措施对松嫩平原退化草地的作用. 东北师范大学硕士学位论文.

李强, 刘延春, 周道玮, 等. 2009. 松嫩退化草地三种优势植物群落对封育的响应. 东北师大学报(自然科学版), 41(2): 139-144.

李强, 宋彦涛, 周道玮, 等. 2014. 围封和放牧对退化盐碱草地土壤碳、氮、磷储量的影响. 草业科学, 31(10): 1811-1819.

蔺亚莉, 李跃进, 陈玉海, 等. 2016. 碱化盐土掺砂对土壤理化性状和玉米产量影响的研究. 中国土壤与肥料, (1): 119-123.

刘福汉, 王遵亲. 1993. 潜水蒸发条件下不同质地剖面的土壤水盐运动. 土壤学报, (2): 173-181.

刘建, 张克斌, 程中秋, 等. 2011. 围栏封育对沙化草地植被及土壤特性的影响. 水土保持通报, 31(4): 180-184.

刘建宁. 2002. 北方干旱地区牧草栽培与利用. 北京: 金盾出版社.

刘泉波. 2005. 吉林省西部退化草地改良恢复研究. 吉林大学硕士学位论文.

罗新义. 1991. 扁蓿豆的特征、特性及其利用前途. 黑龙江畜牧科技, (1): 45-49.

穆春生, 王颖, 孟安华. 2005. 松嫩草地主要豆科牧草种子硬实破除方法研究. 四川草原, (10): 6-8+22.

努果. 2000. 浅谈盐碱地的改良与利用. 青海草业, (2): 42.

秦嘉海. 2005. 免耕留茬秸秆覆盖对河西走廊荒漠化土壤改土培肥效应的研究. 土壤, (4): 447-450.

苏加楷. 1993. 牧草高产栽培. 北京: 金盾出版社.

孙博, 解建仓, 汪妮, 等. 2011. 秸秆覆盖对盐渍化土壤水盐影响的试验研究. 水土保持通报, 31(3): 48-51.

孙海霞. 2007. 松嫩平原农牧交错区绵羊放牧系统粗饲料利用的研究. 东北师范大学博士学位论文.

孙海霞, 常思颖, 陈孝龙, 等. 2016. 不同季节刈割羊草对绵羊采食量和养分消化率的影响. 草地学报, 24(6): 1369-1373.

孙吉雄. 2000. 草地培育学(草原专业用). 北京: 中国农业出版社.

孙泱. 1987. 苏打碱化盐渍土种植星星草的条件和技术. 土壤通报, (2): 63-65+68.

唐晓玲, 王颖, 马艳敏, 等. 2019. 基于3S的吉林省西部土地盐碱化面积动态变化分析. 气象灾害防御, 26(4): 44-48.

王殿魁, 李红, 罗新义. 1990. 蔺蓿豆与肇东苜蓿杂交育种的研究: Ⅰ. 以诱发突变体作杂交亲本, 获得属间远缘杂交成功. 中国草地, (1): 52-55.

王婧, 逄焕成, 任天志, 等. 2012. 地膜覆盖与秸秆深埋对河套灌区盐渍土水盐运动的影响. 农业工程学报, 28(15): 52-59.

王平, 王天慧, 周道玮. 2007. 松嫩地区禾-豆混播草地生产力研究. 中国科技论文在线, (2): 121-128.

王平, 周道玮, 张宝田. 2009. 禾-豆混播草地种间竞争与共存. 生态学报, 29(5): 2560-2567.

王胜利, 刘峻峰, 赵景芳. 2000. 对隔断潜水蒸发改良盐渍土的探讨. 内蒙古水利, (1): 60.

武祎. 2018. 东北豆科牧草. 长春: 东北师范大学出版社.

西晓霞. 2018. 施氮对羊草个体特征、群体结构及生产力的影响. 东北师范大学硕士学位论文.

肖荣寰. 1995. 松嫩沙地的土地荒漠化研究. 长春: 东北师范大学出版社.

邢越. 2019. 施氮对羊草和胡枝子混播种植的产量和品质及芽库的影响. 东北师范大学硕士学位论文.

杨晓晖, 张克斌, 侯瑞萍. 2005. 封育措施对半干旱沙地草场植被群落特征及地上生物量的影响. 生态环境, (5): 730-734.

杨季云. 2011. 花苜蓿生长特性、逆境响应及生态分异研究. 东北师范大学博士学位论文.

姚丽, 刘廷玺. 2005. 科尔沁沙地土壤化学特性研究. 内蒙古农业大学学报(自然科学版), (2): 35-38.

殷立娟, 石德成, 薛萍. 1994. 松嫩平原草原5种耐盐牧草体内K^+、Na^+的分布与积累的研究. 植物生态学报, (1): 34-40.

袁有福, 王玉林, 罗新义. 1986. 扁蓿豆的主要经济性状及栽培技术的研究. 中国草原, (2): 38-41.

岳秀泉, 周道玮. 2004. 黄花苜蓿的优良特性与开发利用. 吉林畜牧兽医, (8): 26-28.

张剑. 2015. 东北碱化草地两种碱茅属无性系植物繁殖生态及其适应机理. 东北师范大学博士学位论文.

张子仪. 2002. 中国饲料学. 北京: 中国农业出版社.

赵兰坡, 王宇, 郯瑞卿, 等. 1999. 苏打盐碱土草原退化防治技术研究. 吉林农业大学学报, (3): 64-67.

赵淑芬, 孙启忠, 韩建国, 等. 2005. 科尔沁沙地扁蓿豆生物量研究. 中国草地, (1): 27-31.

赵学勇, 张春民, 左小安, 等. 2009. 科尔沁沙地沙漠化土地恢复面临的挑战. 应用生态学报, 20(7): 1559-1564.

赵永敢, 李玉义, 胡小龙, 等. 2013. 地膜覆盖结合秸秆深埋对土壤水盐动态影响的微区试验. 土壤学报, 50(6): 1129-1137.

赵育民, 王军邦, 牛树奎, 等. 2008. 内蒙古典型草原羊草和大针茅群落热值研究. 草业科学, 25(8): 7-21.

周道玮. 2004. 草地放牧的牛羊需要吃饱也需要吃好. 四川草原, (9): 16-20.

周道玮, 李强, 宋彦涛, 等. 2011a. 松嫩平原羊草草地盐碱化过程. 应用生态学报, 22(6): 1423-1430.

周道玮, 田雨, 王敏玲, 等. 2011b. 覆沙改良科尔沁沙地-松辽平原交错区盐碱地与造田技术研究. 自然资源学报, 26(6): 910-918.

周道玮, 张正祥, 靳英华, 等. 2010. 东北植被区划及其分布格局. 植物生态学报, 34(12): 1359-1368.

Ashraf M, Harris P. 2004. Potential biochemical indicators of salinity tolerance in plants. Plant Science, 166(1): 3-16.

Campbell T, Bao G, Xia Z. 1997. Agronomic evaluation of *Medicago ruthenica* collected in Inner Mongolia. Crop Science, 37(2): 599-604.

Campbell T, Bao G, Xia Z. 1999. Completion of the agronomic evaluations of *Medicago ruthenica* [(L.) Ledebour] germplasm collected in Inner Mongolia. Genetic Resources and Crop Evolution, 46(5): 477-484.

Castonguay Y, Michaud R, Nadeau P, et al. 2009. An indoor screening method for improvement of freezing tolerance in alfalfa. Crop Science, 49: 809-818.

Guan B, Zhou D, Zhang H, et al. 2009. Germination responses of *Medicago ruthenica* seeds to salinity, alkalinity, and temperature. Journal of Arid Environments, 73(1): 135-138.

Knipe B, Reisen P, McCaslin M. 1998. The relationship between fall dormancy and stand persistence in alfalfa varieties. Proceeding of the 1998 California Alfalfa Symposium, (3): 203-208.

Qin W, Liang Z. 2010. Response and drought resistance of four leguminous pastures to drought during seed germination. Acta Prataculturae Sinica, 19(4): 61-70.

Sledge M K, Bouton J H, Kochert G. 2003. Shifts in pest resistance, fall dormancy, and tolerant synthetics derived yield in 12-, 24-, and 120-parent grazing from CUF 101 alfalfa. Crop Science, 43(5): 1736-1740.

Zhao C, Li Q, Cheng L, et al. 2021. Effects of mowing regimes on forage yield and crude protein of *Leymus chinensis* (Trin.) Tzvel in Songnen grassland. Grassland Science, 67(4): 275-284.

第九章　寒地黑土区退化草甸生态修复与产业化模式

寒地黑土是宝贵的自然资源，是大自然赋予我们的得天独厚的宝藏。我国东北寒地黑土区是世界四大片黑土区之一，它以高有机质和高肥力而著称，不仅是东北农业发展的基础，也是中国的粮仓，在保障国家粮食安全中具有举足轻重的地位。但自 20 世纪 50 年代大规模开垦以来，东北黑土区逐渐由林草自然生态系统演变为人工农田生态系统（韩晓增和李娜，2018）。我国黑土地区草地面积 75%以上已被开垦为耕地，剩余未被开垦的 25%草地均已经出现不同程度的退化，其中重度退化草地占整个退化面积的 50%、轻度和中度各占 25%。主要表现为土壤盐碱化加剧、植被盖度减小、产草量减少、优质牧草比例减小、水土流失面积加大、土壤腐殖质层明显变薄、黑土地的有机质含量大幅度减少。退化情况呈现退化范围不断扩大、退化速度逐年增加的形势。寒地黑土区草甸退化已经成为制约我国东北地区农牧业发展的棘手难题。同时，寒地黑土区草甸退化与恢复的理论研究也十分薄弱。寒地黑土区草牧业体系尚未建立，亟待探索生态草牧业发展的关键技术与模式，促进传统畜牧业转型及可持续利用。寒地黑土区冬季寒冷，存在明显冻融交替，寒地黑土区草甸实际退化程度也被严重低估。本研究旨在揭示寒地黑土区草甸退化现状、机理及等级，探索寒地黑土退化草甸恢复治理技术和产业化模式，为黑土区退化草甸治理工作提供理论依据。

第一节　寒地黑土区草甸退化现状、机理及等级

一、寒地黑土区草甸退化现状

寒地黑土区草甸面积辽阔，畜牧业发展迅速，是我国东北地区西部重要的绿色生态屏障，对当地气候调节、水源涵养、土壤形成与保护等生态系统服务的维持和区域经济发展有重要意义。近几十年以来，我国人口的增加、居民生活水平的提高及对肉、奶等畜产品和草原旅游文化需求的不断提升，迫使寒地黑土区草甸利用强度不断增加，最终使得草地资源过度开采和利用。同时，温室效应加剧破坏寒地黑土地生态系统平衡，草原生态经济系统恶性循环、逆行演替，致使我国寒地黑土区草甸退化现象严重，束缚了我国生态、社会和畜牧业的可持续发展。

从 20 世纪五六十年代开始，我国草地大面积退化，到八九十年代已经到了非常严峻的地步。在土地盐碱化、沙化及草地过度开垦等问题较为突出的寒地黑土区草甸，过去的 40 年草地面积更是严重缩小，严重退化、沙化面积将近占 1/3（图 9-1、图 9-2）。在草甸的退化过程中，植被覆盖减少、生产力持续降低、植被保持水土能力下降，进而导致大面积草地"三化"问题（退化、沙化、盐碱化）。草甸退化影响牧草多样性，致使有毒有害植物滋生蔓延，不仅消耗土壤的养分和水分，妨碍优良牧草正常生长和种群

图 9-1　黑龙江省齐齐哈尔市退化草地

图 9-2　黑龙江省肇东市退化草地

扩大，还常常毒害牲畜，对畜牧业造成严重损失。草甸退化降低土壤养分含量，引起土壤中不同养分的比例失调，土壤肥力也有所下降，致使植物生长缺乏必要营养元素、土壤微生物群落减少、植物-土壤协同作用减弱，从而导致土壤退化程度加剧，地表受到侵蚀，最终陷入恶性循环。除人为因素外，持续的自然灾害使原本脆弱的寒地黑土区草甸生态环境更加恶化，致使草牧业经济和草原环境受到严重损失。草地生态系统作为地球上整个生物地球化学循环的一个重要组成部分和其他生态系统之间存在着广泛的联系，草地生态系统的退化进程能够对整个陆地和海洋生态系统产生巨大影响。因此，了解寒地黑土区草甸退化机理和等级划分有助于合理利用草地资源，遏制其进一步退化，最终修复退化草地生态系统。

二、寒地黑土区草甸退化机理

（一）自然因素与寒地黑土区草甸的关系

不利自然因素主要有气候、地形、黑土质地、盐碱、鼠害等，这些是造成寒地黑土区草甸退化的内在原因。

1. 气候因素与寒地黑土区草甸的关系

寒地黑土区草甸地处东亚季风区，受东亚季风的影响每年春季少雨多风、西北向季风强烈且持续时间长，造成草甸春旱现象严重。每逢春季的干旱大风，极易使土壤成分变化，造成表层黑土风蚀，产生沙尘暴天气。每年 4~5 月干旱大风期可剥蚀黑土表土层 1~2cm，因此导致黑土逐渐向东收缩和退化的演变趋势。寒地黑土区草甸地区属于温带大陆性湿润、亚湿润气候，降水集中且强度大，年降水量可达 450~650mm，绝大部分降水集中在每年的 6~9 月，占全年降水量的 90% 以上，加之寒地黑土区地形主要以漫岗为主，局部地区沟蚀极其严重，极易引起土壤侵蚀，从而造成大面积寒地黑土区草甸土壤退化。同时，寒地黑土主要位于我国北方的季节性冻土区，较大的降雪量和冬夏温差使得冻融交替。在冻融作用下，春季土壤解冻时土壤结构被破坏，土壤变得破碎、松散，表层土壤疏松，容易被积雪融化的径流冲刷。在干旱的春季受大风影响，风蚀现象加剧，极易造成土壤退化。据相关统计，黑龙江省松嫩平原和三江平原水土流失面积达 317.05 万 hm^2，其中重度及重度以上水土流失地区面积为 48.73 万 hm^2。

全球气候变暖是寒地黑土区草甸退化的一个重要气候驱动因子。全球或区域气候变暖引起海水膨胀和陆地冰雪融化，导致东北黑土区季节性冻土北移。从气候的百年尺度来看，寒地黑土区目前处在小冰期冷干阶段后的相对暖湿阶段，加之温室效应影响，与 100 年前相比，寒地黑土区现代多年冻土边界已北移了 20~30km。季节性冻土是形成黑土的主要原始条件之一，随着季节性冻土的北移，黑土将失去其形成的条件，导致黑土逐渐向北收缩和退化的演变趋势。崔海山等（2003）研究表明，季节性冻土决定黑土资源的纬向分布特征，并预测到 21 世纪中叶东北地区气温将比 21 世纪初高约 10℃，致使多年冻土黏结将逐渐退到大小兴安岭北部，相应的季节性冻土也会北移，黑土层也逐渐向北收缩。同时，全球或区域气候变暖除引起如高温、干旱、洪涝、暴风雨和热带风等全球气候变化加速水土流失外，还会使土壤水分变化，加速土壤有机质分解，造成土壤有机质含量下降，最终使寒地黑土区草甸生态系统发生变化，产生等一系列不良后果。气温升高影响植物生长，而且可能加速和激发枯枝落叶成分发育，影响草原生态系统的碳循环。因此，气候变暖也成为寒地黑土区草甸退化的原因之一。气象资料表明，近 30 多年降水丰少歉多，年均蒸发量可达 1600mm，是降水量的 3.2 倍，多年生牧草因旱而亡。干旱不能够结实、籽种质量偏差、不能萌发生长、幼苗枯死，这不但影响牧草正常生长发育，更是严重影响了植物繁育更新。例如，在黑龙江大庆地区，从 1980～2010 年 31 年的降水量看，低于 31 年平均值的有 17 年，占 55%，干旱呈上升趋势。6～9 月是牧草生长旺季，天气酷热，多日无雨，形成"掐脖子旱"。

2. 地形因素与寒地黑土区草甸的关系

寒地黑土区草甸主要地形多为地势平坦的波状起伏平原和台地低丘区（其中 59.4% 的面积属于坡地），坡度一般不大（多数分布在 3°～15° 的坡面上）且地表植被覆盖相对良好，但因坡较长，可达几百米甚至上千米，这种地形导致田间的汇水面积相对较大，故径流集中冲刷能力大。同时，寒地黑土区表层土质疏松，抗蚀抗冲能力弱，易被积雪融化所产生的融雪径流冲刷，促进侵蚀沟的蔓延与发展（图 9-3）。因此水力侵蚀和冰融

图 9-3　水土流失严重

侵蚀严重，使土壤退化日趋严重，东北黑土区土壤侵蚀面积如表 9-1 所示。在汇水面上部面状侵蚀基础上，在汇水面底部往往形成较大的水量，进而形成较大的冲沟，由面状侵蚀过渡到底部的沟谷侵蚀。因此，局部山地丘陵与河流两岸的寒地黑土水土流失形成了大量的侵蚀沟，侵蚀沟沟边和沟头常常出现裂缝和塌落现象，加重寒地黑土的侵蚀和侵蚀沟的发展，导致寒地黑土区草甸面积逐渐减少。根据黑龙江省第三次土壤侵蚀遥感调查，黑龙江省水土流失面积达到了 11.5 万 km^2，占全省土地总面积的 25.4%，每年流失土壤量达 2 亿～3 亿 m^3，其中松嫩平原和三江平原水土流失面积达 317.05 万 hm^2，占流失总面积的 11.97%。黑龙江已有大型侵蚀沟 16.11 万条，占地面积约 9.33 万 hm^2。在水土冲刷严重的漫岗丘陵区，平均每 1.67 hm^2 就有一条侵蚀沟。由于沟壑的不断发展，土地大块变小块，严重的地方已支离破碎。

表 9-1　东北黑土区土壤侵蚀面积统计表

	强度		中度		轻度		合计	
	面积（km^2）	百分比（%）	面积（km^2）	百分比（%）	面积（km^2）	百分比（%）	面积（km^2）	百分比（%）
水蚀	4 455.6	2.2	18 227.3	9.0	29 195.1	14.4	51 878	25.6
风蚀	3 645.8	1.8	8 100	4.0	10 701.6	5.3	22 448.2	11.1
合计	8 101.4	4.0	26 327.3	13.0	39 896.7	19.7	74 326.2	36.7

资料来源：王玉玺等，2002

3. 地质因素与寒地黑土区草甸的关系

寒地黑土区草甸的土壤腐殖质层与黄土相比有机质含量较高（一般为 3%～6%，高者可达 15%），容重小，孔隙度高（69.7%左右），质地疏松，抗侵蚀能力较弱，其可蚀性因子仅为 0.26，因此极易发生面状侵蚀。质地松软的黑土难以抵挡风沙、水力和冻融的侵蚀。土壤系统本身固有的有机平衡被打破，土壤中腐殖质、有机质在很短的时间内急剧流失，造成土壤有机质降低。近 50 年来，黑土层平均流失了一半，表层有机质含量减少了 1/3～1/2（以县为单位农田黑土肥力现状统计结果如表 9-2 所示）。根据水利部松辽水利委员会的数据，黑土层厚度已由初期的平均 80～100cm 降到了 20～40cm，吉林梨树等部分地区地表黑土基本丧失殆尽，露出表层之下的黄色土壤，呈现"破皮黄"的状态。随着黑土腐殖质层的逐渐变薄和有机质含量的不断降低，黑土层的稳定性和持水性等也降低，土壤一系列物理性状也逐渐恶化，导致寒地黑土区土壤保水保肥性能减弱、抗御旱涝能力降低、土壤日趋板结，造成了寒地黑土区草甸退化。

4. 盐碱因素与寒地黑土区草甸的关系

寒地黑土区土壤所含盐分是导致盐碱化的物质基础，90%以上草原土壤均属于盐碱土，pH 8.2 以上，全盐含量 0.1%以上，盐碱土类型主要为苏打盐碱土，一般植物盐分临界值为 0.2%，不毛之地 pH 9.0 以上，全盐含量 0.3%以上，因此植物存活困难。近年来全球气候变暖加重了次生盐碱化，造成有 30%～40%草原出现盐碱斑，严重影响了植物生长，部分不耐盐碱植物出现死亡（图 9-4）。同时，部分寒地黑土区草甸是闭流区，夏季雨季集中降水，较大的降水量导致地下水位升高，雨水携带大量土壤深处的营养盐类汇集于低洼地，再遇上气温较高的天气，蒸发旺盛，表层水分蒸发，而营养盐类却留在了表层，造成此处草原盐碱化。同时，盐类物质在土壤中留存，导致水的渗透性增强，造成土壤黏性下降，土壤渐渐沙化，更加剧了寒地黑土区草甸的退化。

表 9-2 以县为单位农田黑土肥力现状统计结果

县市	有机质含量（g/kg）		
	开垦前	第二次土壤普查	2002 年
嫩江	120	51.6	50.6
五大连池	112	75.0	74.0
北安	150	69.6	67.7
海伦	106	56.8	45.0
拜泉	120	30.0	44.0
绥棱	100	44.5	41.7
望奎	83	42.9	37.1
克东	120	55.0	47.2
克山	120	55.0	43.7
讷河	—	46.3	40.3
兰西	70.0	—	33.9
明水	—	43.6	37.4
青冈	—	35.0	36.1
依安	—	41.4	39.8
庆安	88.8	39.6	38.5
绥化	100.0	41.8	37.3
巴彦	107.6	44.5	32.6
呼兰	118.2	40.0	32.4
哈尔滨	—	27.2	32.8
宾县	100.0	29.3	26.6
双城	65.0	27.0	28.7
五常	93.2	32.6	30.7
阿城	85.7	23.0	23.8
全省平均	80~100	43.2	38.9

注："—"表示无数据
资料来源：张兴义等，2013

图 9-4 黑龙江省肇东市盐碱化草甸

5. 鼠虫害肆虐与寒地黑土区草甸的关系

鼠害、虫害也是造成寒地黑土区草甸退化的自然因素。草甸植被减少后打破了生态平衡，原有的生物链被破坏，鼠虫等由于天敌的减少其数量不断增多，加之旱年鼠虫等生物灾害的发生频率增加，鼠繁殖使得草甸上出现了大量的鼠洞，啃食草和草根。虫害的发生使草的生长受到严重影响，最后导致草甸发生退化。据统计，1978～1999 年，我国北方 11 个省（区）平均每年鼠害成灾面积近 2000 万 hm²。鼠类与牲畜争食牧草，加剧草与畜的矛盾。鼠类食草量较大，其日食量相当于自身体重的 1/3～1/2，布氏田鼠日食鲜草平均为 14.5g/只，高原鼠兔日食鲜草 66.7g/只，这使得鲜草量消耗巨大，造成牲畜严重缺草。并且鼠类的存在也破坏草场，挖洞、穴居是鼠类的习性，挖洞和食草根破坏牧草根系，导致牧草成片死亡。害鼠挖的土被推出洞外形成许多洞穴和土丘，这些土易压草地植被引起牧草死亡，成为次生裸地。

（二）人为因素与寒地黑土区草甸的关系

不利人为因素主要包括过度放牧、刈割、樵采、乱挖、开矿、利用等，这些都是造成寒地黑土区草甸退化的外在原因。

1. 过度放牧与寒地黑土区草甸的关系

过度放牧被很多研究者认为是加剧盐碱化，致使寒地黑土区草甸退化最重要的人为因素。过度放牧、载畜量的增加使得草甸退化问题日益严峻，这不仅导致草地面积缩减，也关联着草地生产力降低。寒地黑土区草甸是当地牧民们赖以生存的故土，放牧是他们维持生活的基本方式，历史上草原没有承包到户，牲畜吃草原"大锅饭"，当草原产草量满足不了牲畜采食量时即"超载过牧"造成草甸退化。近年来，人口增长过快、居民生活水平的提高及农牧民生活水平和需求持续提高，动物产品持续上涨等给草地带来巨大压力。20 世纪 50 年代，我国人口剧增引发大量资源的消耗。自 1950 年，草原牧区人口增加 1 倍多，草地家畜增加 3 倍，致使草原面积不断减少，出现人地矛盾并最终导致草畜矛盾，引起草地退化。加之竭力增加养殖规模，成为农牧民主体收入，超越草原安全承载能力，造成牲畜过度啃食草原，导致草原连年遭啃食，最终草地退化、盐碱化（表9-3）。大庆市在 2005 年实施禁牧以前，牲畜规模达到 90 万绵羊单位，草原平年合理承载力仅有 26 万绵羊单位，实际载畜量超过 3 倍以上。刘颖等（2002）通过放牧强度对羊草草地的影响试验得出，过度放牧会使羊草草地群落有衰落的趋势。

表 9-3　全国不同年份年末牛羊存栏数

年份 牲畜	1950	1960	1970	1980	1990	2000
牛（万头）	4 810.3	5 744.3	7 358.3	7 167.6	10 075.2	12 866.3
羊（万只）	4 673.0	11 281.0	14 704.0	18 713.0	21 164.0	29 031.9

资料来源：王利民等，2004

同时，产草量与采食量在年度间、季节间不平衡也是引起过度放牧的一个主要因素。以大庆地区寒地黑土区草甸为例，草甸平年为 100%、丰年 110%、歉年 90%，丰年和歉年相差了 20 个百分点。从各月产草量看，5 月产草量最低，为 17%，最高 8 月是最低月的 5.88 倍。由此可见，寒地黑土区草甸不同年份及季节的产草量是不平衡的，但是牲畜采食量在四季基本平衡。牲畜养殖周期、饲养规模难以随着年度草原生产力变化而调整，牲畜为了饱腹不得不啃食牧草幼苗、刨食草根，破坏了牧草正常生长发育。部分寒地黑土区草甸面积狭小而不能倒场放牧，连年持续放牧牲畜，牧草难以结实，根茎繁殖和牧草分蘖的营养物质得不到储备，造成草原产草量下降、植被稀疏、盖度降低、密度减小。

此外，放牧造成寒地黑土区草甸退化、盐碱化的另一个重要原因是放牧牲畜选择性采食牧草。适口性好并提前返青牧草遭到过度采食，不能正常生长和繁殖，比例减少甚至退出草群。然而，适口性差及返青晚的牧草得到保留，具备较强争肥争水能力，这使得草甸植物群落改变，最终发生退化现象。相关调查数据表明，相同类型未退化草甸频度记录平均达到 36 种植物，严重退化草甸平均仅 9 种植物，样方内未退化草甸平均达到 16 种植物，严重退化草甸平均仅 4 种植物；未盐碱化草甸频度记录平均达到 44 种植物，严重盐碱化草甸则平均仅 11 种植物；未退化草原优质牧草比例平均为 76.54%，严重退化草原优质牧草比例平均仅 30%，未盐碱化草原优质牧草比例平均为 75.54%，严重盐碱化草原优质牧草仅 18.62%。

放牧时牲畜的践踏同样会造成寒地黑土区草甸退化。牲畜多次反复践踏，特别是雨后和"返浆"盐碱土，土壤表层踏实。在干旱时地表水蒸发后，地表板结和龟裂、土壤通气性差、含盐量增加导致部分牧草死亡，植被变得稀疏，牧草难以生长繁育，幼苗无法生存而死亡，严重地段变成岛状盐碱斑，插花式灰绿交错在卫星影像上呈鱼鳞状影像。对草地的不合理利用造成植被生物量减少，放牧动物体重下降，甚至由冬春营养不足而导致春乏死亡。如果草原资源继续恶化，则会使动植物成分改变，生物多样性受到损害，生产水平低的劣质植物和动物取代优质植物和动物。与此同时，水土流失逐步加重，土壤肥力减低，土层变薄，使原本脆弱的草原生态环境遭到更为严重的破坏。在部分城市实施全面禁牧后，寒地黑土区草甸退化、盐碱化情况有所遏制，一部分草甸正逐步恢复。

2. 过度刈割与寒地黑土区草甸的关系

打草不合理或连年刈割会造成寒地黑土区草甸盐碱化加剧，刈割造成群落生物量和密度下降，优良牧草在群落中的比例减少，群落地上生物量下降，杂草类增加并引起生境条件恶化。连年刈割不留带种子，即"上不留籽，下不留茬"，割优留劣，牧草得不到有性繁殖的机会，使得牧草老化死亡，导致草群变得稀疏，种类随之减少，产量、高度、密度等下降，打草场枯落物明显减少，有性繁殖牧草比例下降。例如，以贝加尔针茅为建群种或优势种的草原在 20 世纪 80 年代调查为 20 万亩，30 多年后由于不合理刈割，草甸面积减至 2.5 万亩，降低了 87.5%。同时，打草搂草等机械作业会破坏黑土表层土壤及浅层草根。打草季牧草仍在生长，机械行走在草原上，搂草机搂齿和捆草划破、划松甚至划断浅层草根，划破草丛和损伤分蘖点、生长点，对种子繁殖和丛生草影响严重。打草搂草把多数生物量带走的同时，也会带走枯草落叶等，减少了寒地黑土区草甸有机物的补充，致使土壤中有机质含量减少，土壤肥力下降，一些喜肥植物的生长受阻并逐渐减少。此外，早秋降水使打过草的土壤径流加大，高出盐碱冲到低处而造成局部盐碱化，并且割草导致植被盖度下降、地皮裸露、水分蒸发加大、土壤盐分含量增加，加快土壤盐碱化。

3. 过度樵采、乱挖和开矿与寒地黑土区草甸的关系

在草甸上过度樵采、采挖药材和开采矿产也是造成寒地黑土区草甸沙化的重要人为因素之一。寒地黑土区草甸上有丰富的植物资源，草地不仅为畜牧业发展提供牧草饲料，而且盛产大量药材、野生植物，并且很多地区的草地下蕴藏着丰富的矿产资源。但近年来过度樵采灌木作薪柴、大规模频繁采挖天然草地具有药用价值的植物、滥采中药材、滥挖野菜等问题十分突出。过度采挖导致草地资源日趋减少，根系和土壤变浅，新芽受损，加剧风蚀、水蚀、盐碱化和土壤贫瘠化，导致草甸生态环境受到严重破坏，畜牧业赖以生存的草地资源不断枯竭，严重影响草牧业的可持续发展。例如，发菜是一种珍贵的食用菌，每当春秋季节，成千上万的人在草地上采挖，对草地的破坏性极大，把本身生态系统就很脆弱的草地搞得"千疮百孔"。寒地黑土区产有甘草、防风、柴胡、远志、麻黄、黄芩等多种名贵中草药，但多年来人们只采挖、不培育，这不仅使中草药数量下降，且在草地上留下大量坑穴、土堆，形成大块"斑秃"。据测定，每挖 75kg 甘草或麻黄即可使 1hm^2 草地极度荒漠化，使草地出现不同程度的风蚀、退化和沙化。

4. 过度开垦与寒地黑土区草甸的关系

不合理的土地利用布局和土地利用方式是导致黑土区水土流失加剧的一个重要人为因素。寒地黑土区草甸良好的天然植被具有较强的自然恢复能力，土壤有机质丰富并适宜耕作。从 20 世纪 80 年代开始国家鼓励开垦草地，随着经济的发展和人口的增长，人们对食物的需求增加，致使大面积草地被开垦成为耕地，毁草、毁林等导致自然的保护屏障遭到严重破坏（表 9-4）。目前我国由于盲目开垦、撂荒等导致的草地沙化面积占草地总面积的 25.4%。草甸退化与草甸开垦密切相关，开垦过程中土壤完整性被破坏，侵蚀沟谷发育，使土地利用率降低，侵蚀沟谷增多，可利用土地面积减少，降低了土地利用率，增大了耕作难度，增加了生产成本（表 9-5）。因此，随着草原开垦面积的增加，草原退化面积也在增加。这种长期不合理垦殖，一味扩大耕地面积，造成土地利用空间布局和土地利用方式以土地开发利用为核心，并没有从区域和生态系统整体的角度合理布局土地利用结构。在一个世纪以前，人类的开荒面积有限，不可能对草原、森林等自然环境造成很大影响。然而，随着开荒面积的迅速增大，开荒特别是草地开荒不仅直接减少草地的总面积，还会导致一系列相关后果，包括草原地区及草原邻近区域生态环境的破坏（图 9-5）。草地开荒在世界诸多国家都曾发生过，如美国曾在北美大平原上大规模开垦土地，种植小麦等粮食作物。大多数粮食作物是一年生植物，种植作物直接破坏草原植被，并且种植粮食作物需要连年耕种，每年都必须翻耕土壤，土壤表层极易受到风蚀作用，借助风力在春秋季节可能被吹起，形成沙尘。最终 1934 年在北美大平原上出现了"黑风暴"。"黑风暴"席卷了美国 2/3 的国土，草原开垦区域的植被有 15%~85%被破坏，4500 万 hm^2 已被开垦的农田不复存在，16 万农牧民破产。随后，苏联在 1963 年又上演了此现象。此外，在农田基本建设过程中基础设施水平不高，生态防护措施不

足，农业基础设施特别是灌溉系统不完善，有灌无排，或者大水漫灌，使土壤中的水分自然蒸发后，盐分被浓缩并留在土壤里，导致土壤盐碱化。

表 9-4　不同开垦年限黑土物理性质变化

开垦年限（年）	深度（cm）	比重（g/cm³）	容重（g/cm³）	总孔隙度（%）	饱和持水量（%）	田间持水量（%）	对植物有效水分（%）	10℃渗透系数（cm/s）
5	0～15	2.5	0.863	64.8	75.24	54.56	20.44	31.93×10⁹
	15～25	2.56	1.042	59.2	61.65	43.20	18.60	20.61×10⁹
40	0～15	2.4	1.095	55.9	59.53	50.06	17.53	20.02×10⁹
	15～25	2.5	1.121	52.2	50.64	36.26	6.25	17.83×10⁹

资料来源：范昊明等，2004

表 9-5　不同垄向水土流失的比较（黑龙江克山）

处理	坡度（°）	径流量（m³/km²）	冲刷量（kg/hm²）	土壤流失厚度（cm）
顺垄	7.3	72 900	220	0.54
斜垄	4.8	143 180	103	0.26
横垄	0.0	41 340	5.57	0.01

资料来源：范昊明等，2004

图 9-5　草地被开垦成为耕地

再者，有些草原区蕴藏着丰富的煤炭、石油、天然气与重金属矿藏。例如，大庆市地下含有丰富的石油资源，为了发展地方经济进行高强度的开采活动，导致植被根系破坏，影响地面植被的覆盖，使土壤抗蚀指数降低，加剧水土流失。地表植被的减少改变了生态系统能量转化途径、水分和营养元素系统内循环途径，进而影响土壤理化性质及动植物和微生物等土壤生物区系物种的种类和数量，形成生态系统脆弱区。当地表植被、土壤被破坏到一定程度时，将难以再恢复，生态系统将遭到严重破坏，造成草地生态系统退化。由于寒地黑土土质疏松，在开采过程中易引起地表沉陷，使地表变形，土壤受到扰动，形成地表裂缝、台阶状塌陷盆地、塌陷坑等不良地质现象，这将直接影响草地植被或农田作物。草地植物根系裸露，水分难以吸收，导致枯死，且地表产生的裂缝造成土壤非毛管孔隙增多，并在一定程度上促进土壤水分垂直蒸发，加剧土壤水分损失，改变地表颗粒结构土壤细粒物质，加剧土壤养分流失，显著降低土壤理化性质，对土地资源造成了严重破坏。此外，开采过程中对地下水的破坏会改变含水层结构，地下水位下降及水资源短缺严重影响植被的恢复与重建。开采活动区的建设、矸石堆放、勘探和开发，打井钻井、修建道路等不可避免地要占用大量草场，开采产生的废气、废水、废渣排放等通过地表径流，把有害物质携带扩散进入土壤，使土壤结构变坏，造成土地污染，从而使草场遭到破坏。

5. 其他因素

管理措施欠完善也同样造成了寒地黑土区草甸的退化。放牧养畜是农牧民主要经济收入之一，但牲畜分户饲养，草原没有及时承包到户，草地的经营机制、激励机制不健全。草原产权制度与草地过度利用密不可分，产权制度设计的缺陷和制度供给的滞后性使草地的使用和保护处于一种无序状态。因此，诱发牧民掠夺式经营行为的发生，无限制发展牲畜数量使牲畜极度啃食草原，打草场连年无休，加剧退化、盐碱化，致使寒地黑土区草甸被长期过度利用。农牧民对于草原禁牧休牧、划区轮牧、打草场轮刈、草原改良、免耕补播、人工草原建设、草原施肥、草原保护、草原节水灌溉等技术措施，熟练掌握程度低，再加上草原管理、生产、保护、利用等很多科学技术普及到位迟缓，管理部门监管盲区大，保护草原的宣传工作不到位，对草地的保护力度赶不上草原退化的速度也导致黑土草甸的退化。从事本专业技术和技术推广工作的技术人员较少，农村地广，普及科技知识难度大，再则农牧民掌握技术难度大。另外，草原科学经济效益相对不明显，人们认识程度不到位，兴趣难以提升。

近几年，草原旅游兴起使当地居民的收入增加，也推动了地方经济的发展，但管理粗放造成一系列的生态环境问题。骑马是草地旅游的主要活动，由于马匹在旅游点集中，草场反复被践踏，常常引起退化。同时，旅游刺激野生植物资源的捕猎和采集，使资源枯竭。在平坦草场和缓坡草地，车辆可任意通行，这虽给行车带来了方便，但也使草场遭到破坏。草原上除主干道外，小路、便道四通八达，随意形成的道路和多条并行道，毁坏了许多可利用的草场。

三、寒地黑土区草甸退化等级

（一）寒地黑土区草甸未退化特征

未退化寒地黑土区草甸植物群落总盖度良好，其相对百分数的减少率在0%~10%，草层高度基本未降低或相对百分数的降低率低于10%。群落植物组成结构良好，优势种牧草综合算术优势度和可食用草种个体数基本不减少。一般优势牧草有羊草、贝加尔针茅、大针茅、长芒草等，并伴生一些较为中生的优良牧草如无芒雀麦、野豌豆、苜蓿等。不可食草与毒害草个体数相对百分数的增加率在10%以下。草地退化指示植物种个体数、草地沙化指示植物种个体数及草地盐碱化指示植物种个体数的相对百分数基本不增加。地上总产草量和可食用草产量稳定，不可食草与毒害草产量相对百分数的增加率低于10%。0～20cm表层土壤有机质和全氮含量丰富，土壤容重不增加。浮沙堆积面积占草甸面积、土壤侵蚀模数和鼠洞面积占草地面积相对百分数的增加率均低于10%。未退化的草甸土壤性状况良好、肥力高、有机质含量高、微生物活性强、营养丰富。C/N值为10～14，黏粒含量＞35%，阳离子交换量大，交换性盐基（尤其是 Ca^{2+} 和 Mg^{2+}）含量也很高，盐基饱和度多在50%以上，并随深度递增，pH在6.0～8.5。且水稳性团粒结构比重大，结构疏松容重低，持水能力强，通透性良好，黑土膨胀系数很大，干湿体积变化范围为25%～50%，具有良好的保肥与保水性能，适宜植物生长（高兴等，2011）。

（二）寒地黑土区草甸轻度退化特征

寒地黑土区草甸轻度退化主要植物构成和种群外貌特征无明显变化。寒地黑土区草甸退化引起草地质量下降，首先表现在优势牧草减少。群落中优良牧草（如松嫩草地优势草种羊草等）开始减少，优势种个体数量和优势种盖度相对百分数的减少率下降20%，但草地群落仍基本可以维持原优势种群。草群中适应能力强、适口性差的杂类草植物种增加且优质牧草产量降低，即优势种牧草综合算术优势度和可食用草种个体数减少20%。同样，不可食草与毒害草（如松嫩草地常见的瑞香狼毒、狼毒大戟、乳浆大戟、块根糙苏、大花飞燕草、狗舌草等）个体数相对百分数的增加率达到20%。草地退化指示植物种个体数、草地沙化指示植物种个体数和草地盐碱化指示植物种个体数略有增加，且地上凋落物数量明显减少。例如，原生群落的一些伴生成分，如糙隐子草、冷蒿、百里香、麻花头、狗娃花、星毛委陵菜等数量逐渐增加，以小针茅为建群种的荒漠草原中无芒隐子草、银灰旋花、栉叶蒿、骆驼蓬的数量逐渐增加。就寒地黑土土壤方面而言，表层土壤有机质含量、全氮含量及土壤容重基本不变，土壤容重不增加（王炜等，1999）。

（三）寒地黑土区草甸中度退化特征

退化过程中优势牧草进一步减少，如甘南地区草地退化导致优良牧草所占比例由1982年的70%下降到1996年的45%。原来的建群种和优势种逐渐减少或衰变为次要成分，而原来次要的植物逐渐增加，生物多样性遭到严重破坏，优势种盖度下降至20%～50%。实际上在草地植被退化过程中，伴随着植被中植物种类的变化，植被结构与生产功能也会不断下降，植被对其着生土壤及其群落小环境的改造作用也逐渐降低。例如，在东北松嫩草原上，重度盐化草甸土壤上只能发育以碱蓬、碱蒿为优势种的盐生植物群落，轻度盐化草甸土壤上则是以羊草为优势种的羊草群落生长最好。同时，在草地退化过程中优良牧草的生长发育减弱，可食用草产量下降，而不可食部分比重增加。草地上适应能力强、适口性差的杂类草植物和有毒、有害植物大量增加，不可食杂类草所占比例增，银灰旋花、星毛委陵菜、华北白前、赖草、狼毒等有毒的植物也增加。此时，寒地黑土区草甸中退化草地指示植物数量增多，出现的退化指示植物主要有阿尔泰狗娃花、星毛委陵菜、茵陈蒿、黄金蒿等。草甸退化、牧草高度降低导致牧草产量减少了20%～50%，致使生物多样性遭到严重破坏且濒危野生动植物物种增多。

同时植被数量的减少，还会使土壤养分平衡失调。黑土中有机质含量减少30%，致使土壤肥力逐渐下降。例如，1958 年寒地黑土区草甸中的有机质在 4%～6%，最高处可达 8% 以上，但到 1990 年寒地黑土区草甸中有机质的含量下降至 3%～5%，水土流失严重的地方甚至达到 2% 以下。据近 20 年定位观测资料，寒地黑土区草甸表层土壤中有机质含量的下降速度约为每年 0.01%。随着寒地黑土区草甸土壤中有机质含量的减少，养分贮量和保肥性能也相应下降，土壤 C、N 含量下降，且土壤 N 的衰减要快于 C，土壤 C/N 值呈增加趋势，说明伴随着土壤 C、N 含量的显著下降，土壤质地变粗，植物氮素供应不足更为突出。中度退化时土壤颗粒组成发生变化，黏粒含量趋于减少，砂粒增多。不同粒径对土壤团粒结构形成和保水保肥的贡献不同，黏粒的减少抑制了土壤的膨胀、可塑性、离子交换等物理性质。土壤 0～20cm 表层含水量下降，硬度增加，深层土壤含水量逐渐高于表层。土壤容重呈上升趋势，深土层（30～50cm）的容重最小，容重的增加必然影响土壤中水分、空气移动和植物根系发育，出现中度片状侵蚀、盐碱斑和沙漠化。土地沙化是寒地黑土区草甸中度退化中最为常见的现象，裸露面积增加以后，表土极易遭到风蚀，在春季风力作用下，陆地表层的土壤、土壤母质等被破坏、磨损、分散、搬运和沉积，这种侵蚀分选过程使土壤细粒物质损失，粗粒物质相对积累，土壤原有结构遭到破坏，性能变差、肥力损失、地力衰退，进而随着沙粒移动，表土出现不同厚度的覆沙层导致整个生态系统退化并出现风沙微地貌。这种粗化过程随风力的变化而间隙式发展。在大风初期持续一定时间，当风力不再增加、处于相对稳定状况时，风蚀强度随之减弱，当风力再度增加时，粗化又重复出现（闫晓红等，2020）。寒地黑土区草甸主要为盐碱土，由于退化时含水量的变化加重了盐碱化程度，当土壤含盐量太高（超过 0.3%）时形成盐碱斑块，干燥、强烈的蒸发作用使土壤水分减少，在地下水浅埋地段，地下水中的盐分随着蒸发不断向地表迁移聚集，盐分大量积累，积盐在地表形成盐碱土。在寒地黑土区草甸微碱性的土壤适宜植物的生长发育，但退化严重时盐分的过度积累（pH＞9）会抑制植物的生长，同时使植物群落发生改变，耐碱性植被开始占主体，群落结构向退化方向发展（辛玉春和杜铁瑛，2013）。

在草原生态系统消费者亚系统中，鼠类作为一类消费者，在草原能量流动、物质循环、食物链中发挥重要作用。正常情况下，鼠类对草原适度的啃食是有利于草原生态系统的循环。但是寒地黑土区草甸中度退化时鼠洞增加并出现与退化草原相适应的鼠种，加剧草原鼠害的发生，导致草原鼠害频繁爆发，严重威胁寒地黑土区草甸生态环境建设及草牧业可持续发展。

（四）寒地黑土区草甸重度退化特征

发生重度退化时草地植被生物量下降大于 90%，草地上秃斑、裸地扩大。草地群落优势植物已发生显著变化，植被中一些原有的利用价值较高的多年生优势种逐渐衰退甚至消失，大量一年生和多年生杂草侵入，适应能力强、适口性差的杂类草植物和无利用价值的直根系有毒杂草成为优势种或成为优势群落。可食用草产量大量减少（极少量的早熟禾等禾本科植物）或为零。多数地区的草地发生了质的改变，狼毒、星毛委陵菜等草地退化指示植物大量出现，各种退化指示植物产量占草地总产量的 40% 以上，草地总产量下降 60% 以上（王云霞，2010）。例如，一些学者发现在重度退化过程中松嫩羊草草地发生了不同程度的退化演替，松嫩草地逆向演替过程中，随着土壤退化程度的加剧，羊草种子发芽率显著降低，羊草幼苗生长及根长的生长受到的抑制作用增强，最终逐渐被其他植物替代，植被群落退化演替规律表现为羊草群落→碱茅群落→虎尾草群落→碱蓬群落直至退化为光碱斑。

同时，害鼠及鼠洞明显增多，草地地表风蚀、水蚀、冻融、盐碱化、沙化现象加重水土流失。寒地黑土区草甸土壤重度退化还表现在有机质的含量进一步降低，黑土层逐渐变薄甚至露出表层之下的黄色土壤，土壤空隙变小，容量增加，土壤物理性能变得恶劣，旱时黑土板结僵硬，涝时黑土变得朽黏。土壤 C/N 的下降，致使黑土矿化速率加快，黑土中微生物群落结构发生严重变化，黑土结构遭到破坏，逐渐丧失保水、保肥及蓄水能力，生态功能脆弱，自然灾害频发，最终草原生态系统物质和能量平衡遭到破坏，进而使整个生态系统结构功能受到破坏，生态服务价值降低。

第二节　寒地黑土区退化盐碱草甸快速修复

随着农业结构的调整和草食性畜牧业的发展，在树立和践行"绿水青山就是金山银山"的生态理念下，寒区草原面临着最为严峻的生产、生态挑战，草地的恢复与治理势在必行，然而目前仍缺乏适宜不同退化草原的改良技术。为解决上述技术瓶颈，本研究以退化草原增产增效关键技术为切入点，连续多年开展了适宜草品种的选育、单播与混播等生物修复技术、施用有机肥和秸秆覆盖等物理修复技术的研究和示范推广。对东北寒地黑土区草地退化进行恢复治理，有效地恢复草地的生产力和生物多样性、增加土壤肥力和墒情，为我国东北寒地黑土区轻度退化草甸的快速恢复及高效可持续利用提供数据和理论支持。

一、研究方法

本研究针对我国寒地黑土区退化草甸长期面临改良技术单一的突出问题，以退化草原增产增效关键技术为切入点，选择轻度（pH<7.5；有机质≥3.5%）、中度（7.5≤pH<9.0；有机质 1.5%~3.5%）和重度（pH≥9.0；有机质≤1.5%）退化草甸作为研究对象，开展了以下研究。

（一）重度退化草甸改良与恢复技术

1）筛选适宜补播的牧草品种 3 个以上。

2）在品种筛选的基础上，研究各个牧草品种单播建植技术对重度退化草甸植被恢复、草地生产力提高和土壤改良效果的影响。

3）对所选定的牧草品种，按植物学特征和生物学特性分别组建由 2~3 个品种组成的混播组合 5~8 个，研究各个组合混播建植技术对重度退化草甸植被恢复、草地生产力提高和土壤改善效果的影响。

4）采用秸秆覆盖、施农家肥等措施，观测其对重度退化草甸植被恢复、草地生产力提高和土壤改善效果的影响。

5）在单播或混播的基础上，同时结合秸秆覆盖、施农家肥等措施，进行综合建植，观测其对重度退化草甸植被恢复、草地生产力提高和土壤改善效果的影响。

（二）中度、轻度退化草甸恢复与质量提升技术

1）筛选适宜补播的牧草品种3～5个。

2）确定各个牧草品种单播的补播建植技术，并分别研究其对中度、轻度退化草甸植被恢复及草地生产力提高效果的影响。

3）对所选定的牧草品种按植物学特征和生物学特性分别组建由2～5个品种构成的混播组合8～10个，研究各个混播组合建植技术对中度、轻度退化草甸植被恢复及草地生产力提高效果的影响。

4）在单播和混播的基础上，结合秸秆覆盖保墒和施农家肥等措施，观测其对中度、轻度退化草甸植被恢复及草地生产力提高效果的影响。

本研究试验地位于黑龙江省哈尔滨市西南部的双城区公正乡民旺村，地处松嫩平原腹地，地理坐标为北纬45°08′～45°43′、东经125°41′～126°42′。以不同退化类型草甸为筛选基地，进行适宜草种资源筛选和评价，并进行混播组配和评价，为草甸植被恢复奠定前期基础。

性状要求：抗寒、抗旱和耐涝，兼顾一年生、多年生品种。

草种数量：筛选适宜草种3～5个。

测定指标：物候期、越冬率、生物量及生长指标、生长适应性及饲用品质评价。

草种选择：重度退化草甸选择羊草、星星草、野大麦；中度退化草甸选择羊草、草木樨、野大麦；轻度退化草甸选择羊草、紫花苜蓿、垂穗披碱草。

建植方式：采用完全随机设计（表9-6～表9-8），每个小区种植面积为5m×5m，1.0m过道，三次重复。

测定指标：生长指标为产草量。

土壤指标：测定0～10cm、10～20cm、20～30cm土层的物理指标和化学指标，土壤物理指标包括容重、含水量、土壤pH和电导率；土壤化学指标包括土壤养分（全氮、碱解氮、全磷、速效磷、速效钾）及有机质含量。

表9-6 重度退化草甸修复试验小区设计表

小区编号	草种	农家肥（kg/m^2）	秸秆（kg/m^2）
D1	未播种	0	0
D2	未播种	0	0.75
D3	未播种	1.5	0
D4	未播种	1.5	0.75
D5	羊草	0	0
D6	羊草	0	0.75
D7	羊草	1.5	0
D8	羊草	1.5	0.75

小区编号	草种	农家肥（kg/m²）	秸秆（kg/m²）
D9	星星草	0	0
D10	星星草	0	0.75
D11	星星草	1.5	0
D12	星星草	1.5	0.75
D13	野大麦	0	0
D14	野大麦	0	0.75
D15	野大麦	1.5	0
D16	野大麦	1.5	0.75

表 9-7　中度退化草甸修复试验小区设计表

小区编号	草种	农家肥（kg/m²）
C1	未播种	0
C2	未播种	0.75
C3	羊草	0
C4	羊草	0.75
C5	草木樨	0
C6	草木樨	0.75
C7	野大麦	0
C8	野大麦	0.75

表 9-8　轻度退化草甸修复试验小区设计表

小区编号	草种	农家肥（kg/m²）	秸秆（kg/m²）
D1	未播种	0	0
D2	未播种	0.75	0
D3	未播种	0	1.5
D4	未播种	0.75	1.5
D5	羊草	0	0
D6	羊草	0.75	0
D7	羊草	0	1.5
D8	羊草	0.75	1.5
D9	紫花苜蓿	0	0
D10	紫花苜蓿	0.75	0
D11	紫花苜蓿	0	1.5
D12	紫花苜蓿	0.75	1.5
D13	垂穗披碱草	0	0
D14	垂穗披碱草	0.75	0
D15	垂穗披碱草	0	1.5
D16	垂穗披碱草	0.75	1.5

二、重度退化草甸对不同生态修复措施的响应

（一）对地上生物量的影响

在草甸的退化过程中，通常是一些质量低劣的有毒有害植物、杂类草等比例相对升高，这些植物家畜很少采食，只有在草地植物极端贫乏或某些特殊阶段时被采食利用。相反，植物群落中的禾本科、豆科等优良牧草，由于家畜的过度采食消耗，在群落中的比例越来越低，致使草地生物多样性明显下降。由于草地群落优势种发生改变，生态系统结构变劣，致使草地生产力低下，产草量下降。通过不同修复措施的试验，我们发现除了 2018 年 D11 处理外，单播及秸秆覆盖和施农家肥处理均可以提高地上生物量，其中 2018 年 D7 地上生物量全年最高，为 8263.33kg/hm²，比对照增加了 149.77%；2019 年 D6 地上生物量全年最高，为 14 486.11kg/hm²，其次 D7 为 11 416.67kg/hm²，分别比对照增加了 195.46% 和 132.86%（图 9-6），可以看出补播羊草结合秸秆覆盖和施农家肥可有效地提高牧草产量，达到了快速恢复的目的。

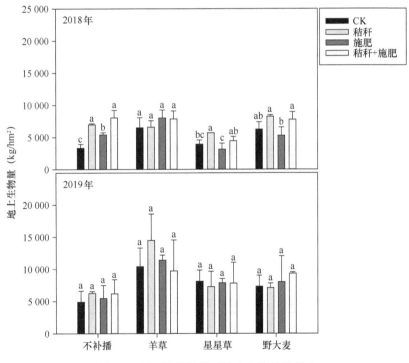

图 9-6　不同修复措施对地上生物量的影响

不同小写字母表示不同处理间差异显著（$P<0.05$），下同

（二）对土壤水分和容重的影响

黑土结构的恶化导致寒地黑土区土壤保水、保肥性能减弱，抵御旱涝能力降低，加之养地、用地严重失衡，土壤板结现象越来越严重。自然黑土表层容重多在 1.00～1.20g/cm³，而目前黑土耕层容重在 1.10～1.47g/cm³，比垦前平均增加 0.29g/cm³。土壤

容重逐渐增大，孔隙逐渐减小，土壤通透性变差，持水量降低。2017 年土壤含水量在各层处理间差异均不显著（$P>0.05$），然而土壤含水量 5～10cm 土层高于 0～5cm 土层。2019 年 0～5cm 土层土壤含水量在 D15 达到最高，为 18.47%，比对照增加了 19.31%；5～10cm 土层在 D15 处理达到最高，但各处理间差异不显著（$P>0.05$），与 2017 年相反，除了 D7、D9 和 D12 处理外，土壤含水量 0～5cm 土层高于 5～10cm 土层（表 9-9）。表明野大麦建植后，植被盖度增加，地表水分蒸发减少，土壤表层保水能力迅速增强。同时，2017 年 0～5cm 土层的 D6、D9 和 D11 处理容重最小，分别为 1.05g/cm^3、1.05g/cm^3 和 1.08g/cm^3；5～10cm 土层在 D6 和 D9 处理下容重最小，均为 1.10g/cm^3。2019 年土壤容重在 0～5cm 和 5～10cm 土层呈现相似的变化趋势，在 D6 处理下最低，分别为 0.96g/cm^3 和 1.07g/cm^3（表 9-10）。结果表明，补播羊草后，羊草发达的根系改善了土壤物理结构，增加土壤孔隙度，降低土壤容重。

表 9-9 不同修复措施对土壤水分的影响（%）

处理	0～5cm		5～10cm	
	2017 年	2019 年	2017 年	2019 年
D1	13.63a±2.34	15.48ab±1.64	16.50a±0.67	14.15a±0.95
D2	13.63a±2.68	14.35abc±2.89	17.62a±0.85	14.30a±0.32
D3	13.84a±0.45	15.21abc±0.82	16.71a±0.34	14.03a±2.31
D4	13.36a±1.67	14.41abc±3.93	16.56a±1.47	14.38a±1.99
D5	14.93a±7.23	14.12abc±1.62	17.92a±2.82	13.78a±0.99
D6	12.48a±1.60	17.59ab±0.63	16.51a±1.21	13.84a±1.22
D7	12.14a±2.49	10.54c±0.16	15.92a±0.26	15.52a±0.91
D8	12.45a±1.54	15.51ab±2.72	16.33a±1.61	14.77a±2.92
D9	12.54a±1.62	14.18abc±3.01	16.43a±0.56	15.39a±1.84
D10	12.22a±2.22	17.28ab±0.83	16.54a±2.26	13.68a±3.34
D11	12.01a±1.24	17.48ab±0.43	16.37a±3.07	13.37a±3.94
D12	13.26a±0.50	13.12bc±3.96	15.69a±1.14	15.03a±4.00
D13	11.16a±0.25	15.98ab±2.08	15.60a±2.35	15.45a±1.45
D14	13.30a±3.24	15.62ab±4.32	14.94a±0.61	15.60a±2.97
D15	13.32a±0.69	18.47a±0.79	16.00a±0.82	18.03a±1.15
D16	11.89a±1.54	16.65ab±4.22	16.16a±1.17	15.20a±3.34

注：不同小写字母表示不同处理间差异显著（$P<0.05$），下同

（三）对土壤 pH 和电导率的影响

近年来，受全球气候变化的影响，地下水位下降，植物生长的环境被破坏，加之放牧利用过度，草地退化日趋严重。由于特殊的地形条件及地质作用，草甸表层土壤中积聚了大量盐碱成分，在草地退化达到一定程度时，就表现为草地的盐碱化，导致草地生态系统失衡。本研究试验结果表明，土壤 pH 随着时间的推移，除了 D2、D9 和 D11 处理外，所有处理整体上呈下降趋势。其中，2017 年 D2 和 D9 处理 pH 为最低；2018 年

表 9-10　不同修复措施对土壤容重的影响（g/cm³）

处理	0～5cm 土层		5～10cm 土层	
	2017 年	2019 年	2017 年	2019 年
D1	1.25a±0.03	1.42ab±0.10	1.23a±0.09	1.35abc±0.05
D2	1.17ab±0.08	1.34abc±0.08	1.23a±0.08	1.34abc±0.01
D3	1.22ab±0.09	1.35abc±0.12	1.18ab±0.07	1.27abcd±0.14
D4	1.23ab±0.10	1.35abc±0.09	1.17ab±0.04	1.22bcde±0.02
D5	1.15ab±0.13	1.03de±0.11	1.13ab±0.03	1.16de±0.15
D6	1.05b±0.06	0.96e±0.17	1.10b±0.01	1.07e±0.10
D7	1.16ab±0.06	1.15bcde±0.13	1.15ab±0.02	1.16de±0.11
D8	1.18ab±0.14	1.10cde±0.23	1.16ab±0.07	1.18cde±0.05
D9	1.05b±0.05	1.33abc±0.08	1.10b±0.04	1.42a±0.09
D10	1.13ab±0.08	1.23abcd±0.04	1.13ab±0.06	1.23bcde±0.04
D11	1.08ab±0.06	1.35abc±0.02	1.16ab±0.03	1.26abcd±0.03
D12	1.16ab±0.15	1.33abc±0.03	1.15ab±0.13	1.37ab±0.13
D13	1.17ab±0.10	1.40ab±0.05	1.16ab±0.15	1.29abcd±0.05
D14	1.19ab±0.11	1.43a±0.20	1.18ab±0.06	1.28abcd±0.08
D15	1.15ab±0.04	1.39ab±0.15	1.16ab±0.03	1.26abcd±0.07
D16	1.13ab±0.14	1.42ab±0.28	1.14ab±0.08	1.35abc±0.07

在 D16 和 D5 处理 pH 最低；2019 年在 D5 和 D12 处理 pH 最低（图 9-7）。说明在改善土壤 pH 方面，单播羊草处理更有效。对于土壤电导率（EC），随着时间的推移，所有处理总体上也呈下降趋势，在 2019 年达到最低。其中，2017 年（除 D14、D16 外）和 2019 年各处理 EC 差异不显著（$P>0.05$），D10 处理 EC 较低；2018 年 D10 处理 EC 最低（图 9-8），说明星星草+秸秆处理增加了地表的盖度，导致土壤含水量增加，土壤盐分积累速度减慢，星星草的脱盐交换进一步降低了土壤 EC。

（四）对土壤养分的影响

草甸退化的过程中，土壤条件也随着植被的逆行演替出现变化。虽然草地土壤退化与植被退化关系密切，然而两者也有较大差异。草地退化过程中，土壤退化滞后于植被退化，即首先植被出现退化征兆，然后土壤条件发生改变，土壤也就开始衰退。草甸退化降低土壤养分含量引起土壤中不同养分的比例失调，土壤肥力也有所下降，致使植物生长缺乏必要营养元素，从而导致土壤退化程度加剧，地表受到侵蚀，最终陷入恶性循环。修复试验结果表明，随着时间的推移，所有处理速效磷含量在年际间呈上升趋势，在 2019 年达到最高，说明各处理措施对于土壤磷的积累有一定的影响。其中，2017 年速效磷含量在 10.24～20.16mg/kg 范围内波动，为三年内最低；2018 年 D9 处理的速效磷含量最高；2019 年与 2018 年一致，同样 D9 处理的速效磷含量最高，然而增加幅度逐渐变小，为 13.31%（图 9-9），说明星星草对土壤磷含量的增加有一定的正效应。土壤速效钾含量年际间变化不明显。2017 年在 D4 处理下速效钾含量最高，D15 处理最低；2018 年在 D8 处理下速效钾含量最高，比对照增加了 125.47%；2019 年在 D4 处理下速效钾含量最高（图 9-10），可以看出秸秆覆盖+施农家肥对土壤速效钾的积累有较大的作用。土壤碱解氮含量随着时间的推移总体呈上升趋势，在 2019 年达到最高。2017 年在 D5 处理下碱解氮含量最高，比对照增加了 39.35%；2018 年除了 D6 和 D7 处理，其余所有处理土壤碱解氮含量低于对照；2019 年各处理碱解氮差异不显著（$P>0.05$）（图 9-11）。补播羊草可以产生较高的生物量，有助于减少土壤侵蚀和养分淋溶，从而使凋落物分解释放的养分积累。

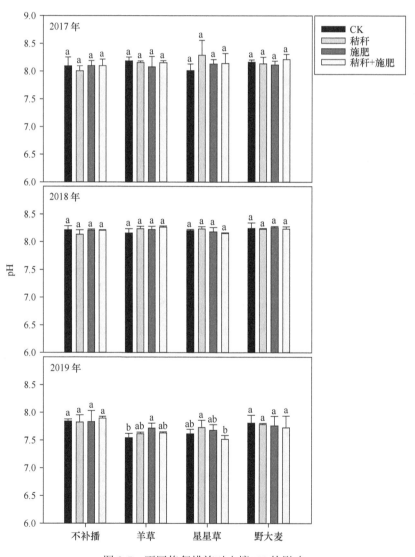

图 9-7　不同修复措施对土壤 pH 的影响

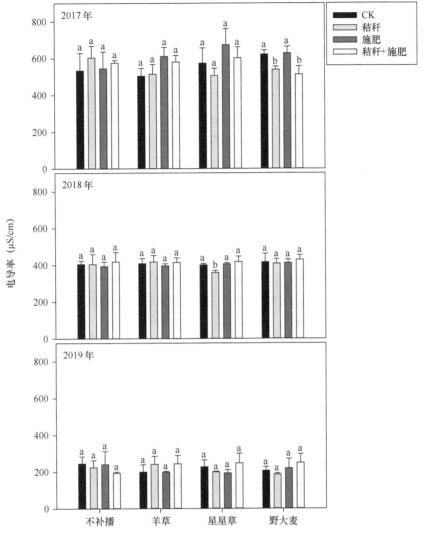

图 9-8　不同修复措施对土壤电导率的影响

（五）对土壤有机质的影响

标志着土壤肥力高低的有机质含量，随着草甸退化程度的加剧而逐渐降低。土壤有机质含量的降低，说明草甸土壤的营养水平对植物的营养需求产生了限制作用，植物的根系与地上部生物量积累无法达到正常的水平。土壤有机质含量从垦殖前的6%～8%下降到0.8%～2.4%。本研究发现，土壤有机质含量在2017年和2018年大致相同，在2019年达到最高（图9-12）。2017年在D15处理土壤有机质含量最高，D2处理最低；2018年各处理土壤有机质差异不显著（$P>0.05$）；2019年在D15处理下土壤有机质含量最高，比对照增加了14.76%。说明施农家肥一方面可增加土壤中有机物质含量，由此提高土壤肥力，改善土壤环境；另一方面野大麦在生长过程中通过产生大量根系分泌物和植物残体增加土壤有机质含量。二者结合使用，效果更好。

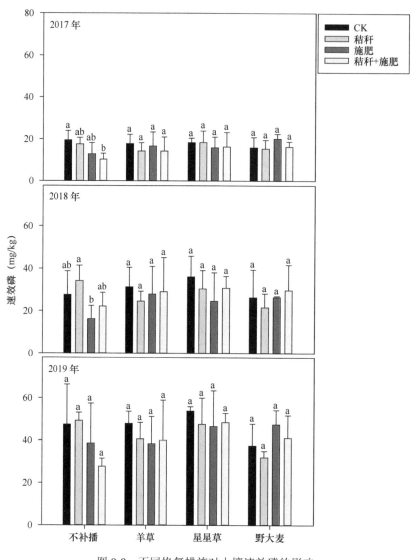

图 9-9　不同修复措施对土壤速效磷的影响

三、中度退化草甸对不同生态修复措施的响应

（一）对地上生物量的影响

补播和施肥均可以提高试验草甸地上生物量（图 9-13）。2018 年地上生物量 C2 比 C1 提高 47.98%，C4 比 C3 提高 25.96%，C6 比 C5 提高 18.77%，C8 比 C7 提高 21.19%，2018 年施肥比未施肥平均提高 28.48%；2019 年地上生物量 C2 比 C1 提高 12.16%，C4 比 C3 提高 80.56%，C6 比 C5 提高 26.83%，C8 比 C7 提高 56%，2019 年施肥比未施肥平均提高 25.87%。2018 年通过补播地上生物量 C3 比 C1 提高 127.1%，C5 比 C1 提高 63.14%，C7 比 C1 提高 112.34%；2019 年通过补播地上生物量 C3 比 C1 提高 36.29%，C5 比 C1 降低 20.85%，C7 比 C1 提高 47.88%。施肥、补播及年份极显著地影响地上生

物量，两因素和三因素对小区地上生物量也产生了极显著的交互作用。

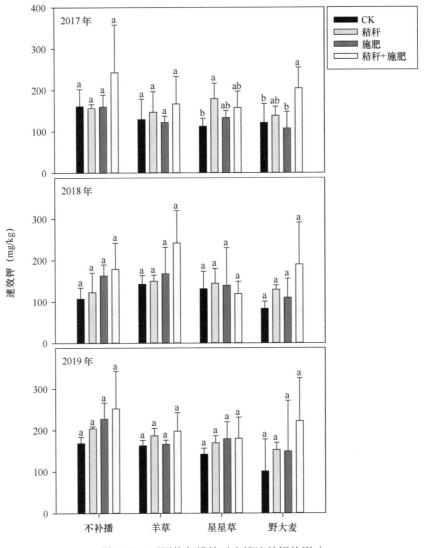

图 9-10　不同修复措施对土壤速效钾的影响

（二）对土壤水分和容重的影响

由补播、施肥和年份对中度退化草甸土壤含水量的影响（表 9-11）可以得出，除 C2 和 C5 组合外，其余处理 2019 年含水量高于 2017 年含水量；5～10cm 土层的组合比对应 0～5cm 土层组合含水量低，说明土壤表层比下层含水量高。在 0～5cm 土层中，补播和年份单因素显著影响土壤的含水量，两因素中补播×施肥及补播×年份表现出显著的交互作用，三因素没有显著的交互作用；在 5～10cm 土层中，施肥处理未显著影响土壤含水量，补播和施肥显著影响了土壤含水量；补播和施肥对土壤含水量有显著的二因素交互作用；补播×施肥×年份表现出显著的三因素交互作用。

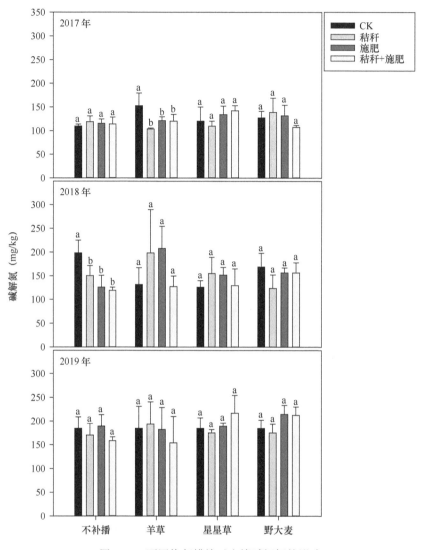

图 9-11　不同修复措施对土壤碱解氮的影响

由表 9-12 可以看出，土壤容重随土壤深度的增加而增大，2019 年 0～5cm 土层的 C8 容重最小（1.00g/cm³），2017 年 5～10cm 土层的对照处理容重最大（1.27g/cm³）；除 0～5cm 土层 C7 处理及 5～10cm 土层 C5 处理外，其余处理组合随着年份的递增均能降低土壤容重。在 0～5cm 土层中，补播、施肥和年份单因素显著影响土壤容重，补播和施肥、补播和年份有显著的二因素交互作用，三因素对土壤容重表现出显著的交互作用；在 5～10cm 土层中，补播、施肥和年份能显著影响土壤容重，二因素中只有补播和施肥有显著的交互作用，三因素没有显著的交互作用。

（三）对土壤 pH 和电导率的影响

0～10cm 土层土壤 pH 随年份的增加呈逐渐下降的趋势（表 9-13），2017 年和 2019 年 C1 处理的 pH 全年最高，C6 处理的 pH 为全年最低；2018 年 C3 处理的 pH 全年最高，

C2 处理的 pH 全年最低，pH 在 2017 年、2018 年和 2019 年内无显著差异（$P > 0.05$）。10～20cm 土层土壤 pH 随年份的增加呈先升高后降低的趋势（表 9-14），C1 处理在 2017 年、2018 年和 2019 年土壤 pH 最高，说明土地自然放置土壤 pH 降低速度较慢；C8 处理在 2017 年土壤 pH 最低，证明在播种当年种植野大麦+农家肥可在当年降低土壤 pH；C2 处理在 2018 年 pH 最低，说明施肥在后续的两年中可以有效降低土壤 pH。20～30cm 土层土壤 pH 随年份的增加总体上呈下降趋势（表 9-15），C3 处理在 2017 年和 2018 年 pH 最高，在 2019 年 pH 不是最高，2019 年 C1 处理 pH 最高，pH 在 2017 年、2018 年和 2019 年年内无显著差异（$P > 0.05$）；通过三因素方差分析可以得出年份可以显著影响 20～30cm 土壤 pH。

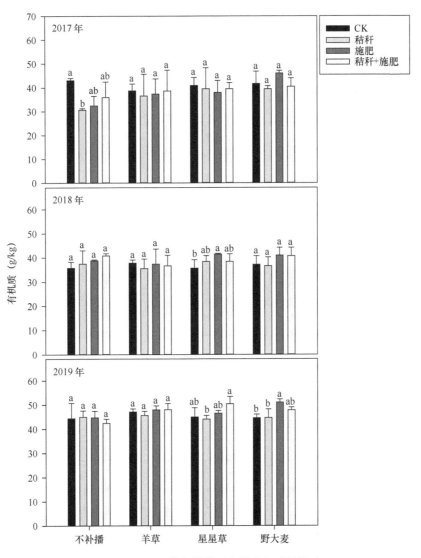

图 9-12　不同修复措施对土壤有机质的影响

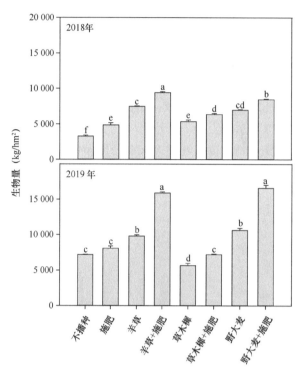

图 9-13　不同修复措施对地上生物量的影响

表 9-11　不同修复措施对土壤含水量的影响（%）

处理	0～5cm 土层		5～10cm 土层	
	2017 年	2019 年	2017 年	2019 年
C1	16.12b±0.49	18.46c±1.31	11.39b±0.53	16.95b±0.86
C2	20.39ab±0.71	19.41c±0.83	18.11a±1.29	19.17ab±0.78
C3	17.50ab±1.55	25.98b±0.77	16.52ab±1.25	19.17ab±2.43
C4	16.92b±0.44	26.77ab±0.60	15.65ab±1.45	20.09ab±1.60
C5	19.52ab±0.78	28.65ab±1.24	19.45a±1.31	18.89ab±0.97
C6	18.22ab±1.36	25.39b±0.88	15.90ab±1.87	21.83ab±0.38
C7	19.56ab±0.67	28.10ab±0.30	18.66a±1.23	24.87a±1.46
C8	21.35a±0.23	30.67a±0.61	17.66a±0.32	22.79ab±1.01

表 9-12　不同修复措施对土壤容重的影响（g/cm³）

处理	0～5cm 土层		5～10cm 土层	
	2017 年	2019 年	2017 年	2019 年
C1	1.24a±0.01	1.15a±0.02	1.27a±0.03	1.23a±0.01
C2	1.11bc±0.04	1.09ab±0.02	1.19ab±0.01	1.18ab±0.01
C3	1.12bc±0.01	1.08ab±0.04	1.17bc±0.02	1.16ab±0.01
C4	1.17b±0.01	1.01b±0.04	1.19ab±0.01	1.13bc±0.03
C5	1.17b±0.01	1.08ab±0.03	1.15bc±0.03	1.17ab±0.02
C6	1.13bc±0.01	1.02b±0.01	1.15bc±0.01	1.12bc±0.01
C7	1.08cd±0.01	1.10ab±0.01	1.19ab±0.03	1.16ab±0.02
C8	1.02d±0.01	1.00b±0.02	1.08c±0.02	1.05c±0.02

表 9-13　不同修复措施对 0～10cm 土壤 pH 的影响

处理	2017 年	2018 年	2019 年
C1	8.14a±0.17	8.01a±0.02	7.93a±0.04
C2	8.07a±0.44	7.98a±0.04	7.84ab±0.02
C3	8.10a±0.03	8.10a±0.07	7.85ab±0.01
C4	8.04ab±0.01	8.05a±0.07	7.88ab±0.15
C5	8.10a±0.02	8.02a±0.02	7.86ab±0.01
C6	8.02a±0.04	8.06a±0.06	7.80b±0.05
C7	8.06a±0.05	8.00a±0.03	7.82ab±0.01
C8	8.06a±0.06	8.02a±0.04	7.82ab±0.02

表 9-14　不同修复措施对 10～20cm 土壤 pH 的影响

处理	2017 年	2018 年	2019 年
C1	8.13a±0.03	8.20a±0.04	8.13a±0.04
C2	8.04a±0.02	7.98ab±0.04	7.93ab±0.07
C3	8.09a±0.01	8.05ab±0.03	7.88b±0.04
C4	8.04a±0.02	8.04a±0.01	7.89ab±0.05
C5	8.11a±0.05	8.04b±0.03	7.90ab±0.05
C6	8.06a±0.02	8.08ab±0.01	7.97ab±0.05
C7	8.01a±0.06	8.11ab±0.01	7.93ab±0.07
C8	8.00a±0.04	8.02b±0.01	7.91ab±0.05

表 9-15　不同修复措施对 20～30cm 土壤 pH 的影响

处理	2017 年	2018 年	2019 年
C1	8.09a±0.02	8.08a±0.01	8.04a±0.06
C2	8.06a±0.02	8.01a±0.01	8.01a±0.02
C3	8.14a±0.03	8.13a±0.04	7.99a±0.05
C4	8.05a±0.05	8.10a±0.04	8.04a±0.04
C5	8.03a±0.01	8.01a±0.01	7.97a±0.02
C6	8.02a±0.01	8.08a±0.07	8.03a±0.04
C7	8.08a±0.05	8.05a±0.06	8.00a±0.03
C8	8.02a±0.04	8.04a±0.06	8.01a±0.04

由图 9-14 可以看出，土壤电导率随年份的增加呈下降趋势，在 2019 年达到最低；在 0～10cm 土层中，2017 年和 2018 年 C3 处理电导率最低，说明补播羊草在前两年吸收了较多的盐分，使土壤电导率下降；2019 年 C5 组合电导率为 220.67μS/cm，是三年内的最低值，2019 年的 0～10cm 土层是电导率最低的一个土层，说明补播和施肥等措施对土壤表层盐分的吸收有着重要的作用，2019 年 7 种措施均能显著降低土壤电导率。在 2017 年 10～20cm 土层中发现，除 C8 和 C4 处理外，另外 5 种措施较 CK 处理电导率显著下降；2018 年和 2019 年 C4 处理使土壤电导率显著下降，2018 年 C2 和 C5 组合增加土壤电导率；2019 年除 C3 处理外，其余 6 种措施较 CK 处理均能显著降低土壤电导率；除 2018 年 10～20cm 土层外，CK 处理均为电导率最高的组别，说明自然情况下

土地盐分下降速度较慢，补播草种改良速度大大增加，尤其 2018～2019 年改良效果显著。在 20～30cm 土层中，随着年份的增加电导率呈先升高后下降的趋势，2018 年电导率比 2017 年和 2019 年高，这可能是由于 2018 年降水充足，有些小区含有积水导致土壤电导率高；2017 年 7 种措施均能显著降低土壤电导率；2019 年除 C3 处理外，其余 6 种处理使土壤电导率显著下降，C2 处理电导率为 264μS/cm，是当年最低值，说明在 2019 年施肥改良土壤电导率效果显著。补播、施肥和年份均对电导率有显著影响，补播×施肥、补播×年份和年份×施肥则明显改变土壤电导率。

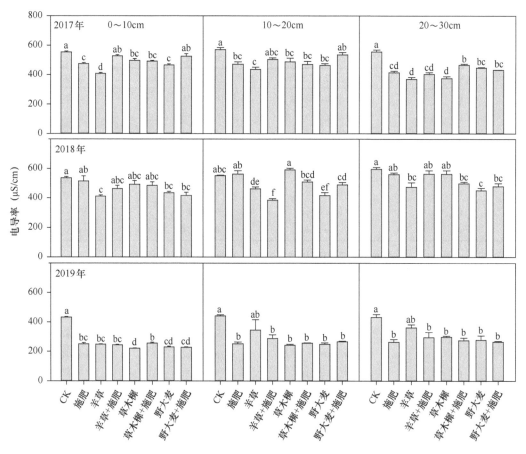

图 9-14 不同修复措施对土壤电导率的影响

（四）对土壤有机质的影响

土壤有机质随土壤深度增加呈下降趋势（图 9-15），在 0～10cm 土层中，2019 年 C4 处理土壤有机质高达 58.85g/kg，是三年最高，C3 处理土壤有机质也达到 58.68g/kg，C3 和 C4 两个处理显著高于 CK 处理，说明补播羊草及补播羊草加施肥能显著提高土壤有机质含量。

在 10～20cm 土层中，2018 年 C7 组合土壤有机质达到 58.95g/kg，显著高于 2018 年其他组合，为三年最高，表明补播野大麦可以显著提高土壤 10～20cm 土层的有机质

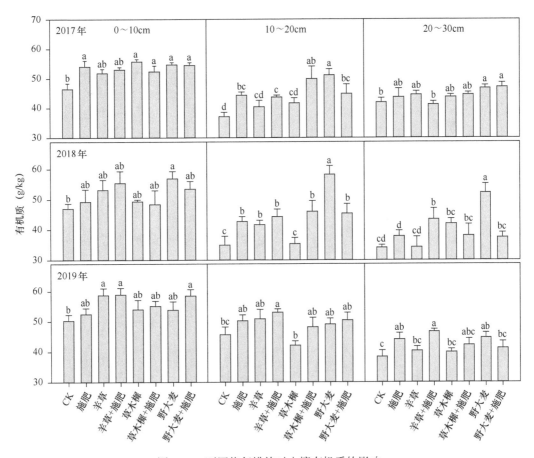

图 9-15　不同修复措施对土壤有机质的影响

含量；2018 年内除 C5 组合外，其余组合土壤有机质含量均显著高于 CK 处理，说明补播草木樨对土壤有机质含量恢复作用不显著。补播、施肥和年份对土壤有机质含量表现出极显著的影响，补播×施肥和补播×年份对土壤有机质含量表现出极显著的二因素交互作用，补播×施肥×年份对土壤有机质含量表现出极显著的三因素交互作用。

在 20～30cm 土层中，2017 年 C7 处理显著高于 CK 处理，2018 年 C7 处理的有机质含量是三年最高，为 52.83g/kg，显著高于其他组合，2019 年 C7 处理显著高于 CK 处理，说明在 2017～2019 年补播野大麦能提高土壤有机质含量，改良效果最佳；补播和年份对土壤有机质含量有极显著的影响，施肥对土壤有机质含量有显著的影响；补播×施肥和年份×施肥对土壤有机质含量表现出极显著的二因素交互作用，补播×年份对土壤有机质含量表现出显著的二因素交互作用，补播×施肥×年份对土壤有机质含量表现出极显著的三因素交互作用。

（五）对土壤全氮的影响

从图 9-16 可以看出，在 0～10cm 土层土壤全氮含量随年份的增加呈缓慢的上升趋势，上升幅度较小。2018 年 C6 组合土壤全氮含量显著提高，说明草木樨+施肥处理能提高土壤全氮含量。2017～2019 年每年内土壤全氮含量无显著差异。三因素方差分析可以得出，施肥和年份对土壤全氮含量有显著的影响，没有显著的二因素交互作用，也没有显著的三因素交互作用。

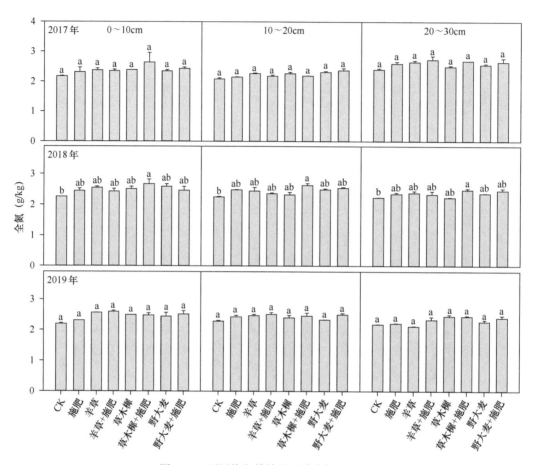

图 9-16　不同修复措施对土壤全氮的影响

在 10～20cm 土层中，土壤全氮含量随年份的增加呈缓慢的上升趋势，趋势较小。2018 年 C6 组合土壤全氮含量显著高于 CK 处理，2017～2019 年每年内土壤全氮含量无显著差异；经三因素方差分析发现，补播和施肥对土壤全氮含量有显著的影响，没有显著的二因素交互作用，也没有显著的三因素交互作用。

在 20～30cm 土层中，土壤全氮含量随年份的增加呈先降低后升高的趋势，这与 0～10cm 土层和 10～20cm 土层有所不同。在 2018 年 C6 组合土壤全氮含量显著高于 CK 处理，2017～2019 年每年内土壤全氮含量无显著差异；经三因素方差分析可知，补播和年份对土壤全氮含量有极显著的影响，补播×年份对土壤全氮含量表现出极显著的二因素交互作用。

（六）对土壤全磷的影响

由图 9-17 可以看出，在 0～10cm 土层土壤中，除 2018 年 C3 处理外都能提高土壤全磷含量，2017 年土壤全磷含量无显著差异，2018 年和 2019 年 C6 处理土壤全磷含量显著高于当年的 CK 处理，改良效果较好，2019 年 C6 处理土壤全磷含量是三年最高，为 0.35g/kg。据三因素方差分析可知，补播、施肥和年份对土壤全磷含量有极显著影响，补播×年份对土壤全磷含量表现出显著的二因素交互作用，补播×施肥×年份对土壤全磷含量表现出极显著的三因素交互作用。

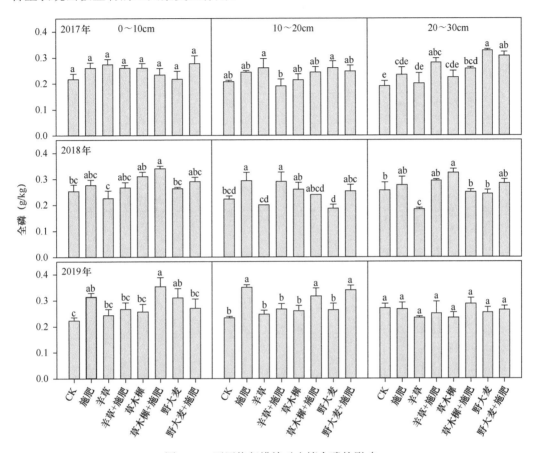

图 9-17　不同修复措施对土壤全磷的影响

在 10～20cm 土层中，土壤全磷含量随年份的增加呈上升趋势；2018 年和 2019 年 C2 处理可显著提高土壤全磷含量，2019 年 C2 处理全磷含量为三年最高，施肥能有效提高土壤全磷含量；施肥和年份对土壤全磷含量有极显著影响，补播×施肥和年份×施肥对土壤全磷含量表现出极显著的二因素交互作用，补播×年份对土壤全磷含量表现出显著的二因素交互作用，补播×施肥×年份对土壤全磷含量表现出极显著的三因素交互作用。

在 20～30cm 土层中，2017 年 C7 处理全磷含量为三年最高，为 0.33g/kg，显著高于 CK 处理；2018 年 C5 处理全磷含量为 0.32g/kg，显著高于 CK 处理；2019 年土壤全磷含量无显著差异。根据三因素方差分析，补播和施肥对土壤全磷含量有极显著影响，补播×施肥和补播×年份对土壤全磷含量表现出极显著的二因素交互作用，补播×施肥×年份对土壤全磷含量表现出极显著的三因素交互作用。

（七）对土壤碱解氮的影响

由图 9-18 可以看出，土壤碱解氮含量随年份的增加呈上升趋势，随土层深度的增加而减少。在 0～10cm 土层中，2017 年土壤碱解氮含量无显著差异，2018 年 C8 处理土壤碱解氮含量显著高于其他处理并且是三年最高，为 218.67mg/kg；2019 年各种处理措施均可提高土壤碱解氮含量。补播、年份和施肥对土壤碱解氮含量有极显著影响，补播×施肥、补播×年份和年份×施肥对土壤碱解氮含量表现出极显著的二因素交互作用，补播×施肥×年份对土壤碱解氮含量表现出极显著的三因素交互作用。

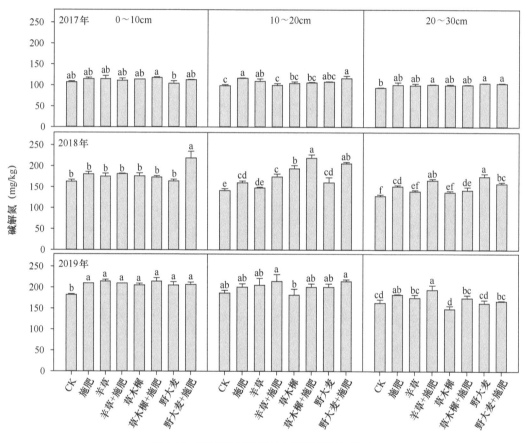

图 9-18　不同修复措施对土壤碱解氮的影响

在 10～20cm 土层中，2017 年只有 C2 和 C8 处理可显著提高土壤碱解氮含量；2018 年除 C3 处理外，其余组合均可显著提高土壤碱解氮含量，C6 处理土壤碱解氮含量为 219.33mg/kg，是三年最高；2019 年土壤碱解氮含量无显著差异。由三因素方差分析可知，补播、年份和施肥对土壤碱解氮含量有极显著影响，补播×年份和年份×施肥对土壤碱解氮含量表现出极显著的二因素交互作用，补播×施肥×年份没有表现出显著的三因素交互作用。

在 20～30cm 土层中，2017 年中只有 C4、C7 和 C8 处理可显著提高土壤碱解氮含量；2018 年除 C3 和 C5 处理外，其他处理均可显著提高土壤碱解氮含量；2019 年 C4

处理土壤碱解氮含量为三年最高（194mg/kg）。据三因素方差分析可知，补播、年份和施肥对土壤碱解氮含量有极显著影响，补播×施肥、补播×年份和年份×施肥对土壤碱解氮含量表现出极显著的二因素交互作用，补播×施肥×年份对土壤碱解氮含量表现出极显著的三因素交互作用。

（八）对土壤速效磷的影响

从图 9-19 可以看出，0～10cm 土层和 10～20cm 土层土壤速效磷含量随年份的增加呈上升趋势，20～30cm 土层土壤速效磷含量无明显规律；2017 年土壤速效磷含量随土层的加深无明显变化，2018 年和 2019 年土壤速效磷含量随土层的加深呈下降趋势。在 0～10cm 土层中，2017 年 C3 和 C7 处理显著降低土壤速效磷含量，说明补播羊草和野大麦会消耗土壤速效磷；2018 年 C2 和 C6 处理均可显著提高土壤速效磷含量；2019 年 C8 处理提高土壤速效磷含量的速度显著高于另外 7 种处理，为三年最高。经三因素方差分析可知，施肥和年份对土壤速效磷含量有极显著影响，补播×施肥、补播×年份和年份×施肥对土壤速效磷含量表现出显著的二因素交互作用，补播×施肥×年份对土壤速效磷含量表现出极显著的三因素交互作用。

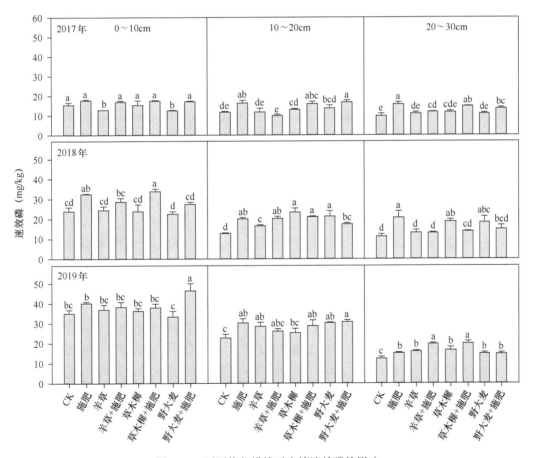

图 9-19　不同修复措施对土壤速效磷的影响

在 10～20cm 土层中，2017 年 C6 和 C8 处理土壤速效磷含量显著高于 CK 处理，2018 年所有处理组合土壤速效磷含量均显著高于 CK 处理，2019 年除 C4 和 C5 处理外其余处理土壤速效磷含量均显著高于 CK 处理，C8 处理土壤速效磷含量为 31.33mg/kg，是三年最高。据三因素方差分析，补播和年份单因素对土壤速效磷含量有极显著影响，施肥对土壤速效磷含量有显著影响，补播×施肥和补播×年份对土壤速效磷含量表现出显著的二因素交互作用，补播×施肥×年份对土壤速效磷含量表现出极显著的三因素交互作用。

在 20～30cm 土层中，2017 年施肥 C2、C4、C6 和 C8 处理显著提高土壤速效磷含量；2018 年 C2、C5 和 C7 处理显著提高土壤速效磷含量，C2 处理土壤速效磷含为三年最高值；2019 年 7 种处理均显著提高土壤速效磷含量，C4 处理为当年最高。根据三因素方差分析可知，补播、施肥和年份对土壤速效磷含量有极显著影响，补播×施肥、补播×年份和年份×施肥对土壤速效磷含量表现出极显著的二因素交互作用，补播×施肥×年份对土壤速效磷含量表现出极显著的三因素交互作用。

（九）对土壤速效钾的影响

从图 9-20 可以看出，在 0～10cm 土层中，土壤速效钾含量随年份的增加呈上升趋势；2017 年 C4、C6 和 C8 处理均可显著提高土壤速效钾含量，其中 C8 处理土壤速效钾含量为三年最高；2018 年 C2、C4 和 C6 处理可显著提高土壤速效钾含量；2019 年各处理措施土壤速效钾含量均显著高于 CK 处理，改良效果较好。根据三因素方差分析可知，补播、施肥和年份对土壤速效钾含量有极显著影响，补播×施肥、补播×年份和年份×施肥对土壤速效钾含量表现出极显著的二因素交互作用，补播×施肥×年份对土壤速效钾含量表现出极显著的三因素交互作用。

在 10～20cm 土层中，土壤速效钾含量随年份的增加无明显规律；2017 年 C4、C6、C7 和 C8 四种处理土壤速效钾含量显著高于 CK 处理，C8 处理土壤速效钾含量为 2017 年最高；2018 年 C2、C5、C6 和 C8 四种处理土壤速效钾含量显著高于 CK 处理，改良效果显著，C6 处理土壤速效钾含量为 2018 年最高；2019 年 C4 处理土壤速效钾含量显著高于其他处理，为三年最高。根据三因素方差分析可知，补播、施肥和年份对土壤速效钾含量有极显著影响，补播×施肥、补播×年份对土壤速效钾含量表现出极显著的二因素交互作用，补播×施肥×年份对土壤速效钾含量表现出显著的三因素交互作用。

在 20～30cm 土层中，2017 年 C4、C6、C7 和 C8 四种处理土壤速效钾含量显著高于 CK 处理，这与 10～20cm 土层土壤呈现出相似的规律，C6 处理土壤速效钾含量为 122.40mg/kg，是三年最高值；2018 年只有 C6 处理显著提高土壤速效钾含量；2019 年所有处理土壤速效钾含量均显著高于 CK 处理，改良效果显著。根据三因素方差分析可知，补播、施肥和年份对土壤速效钾含量有极显著影响，补播×施肥、补播×年份和年份×施肥对土壤速效钾含量表现出极显著的二因素交互作用，补播×施肥×年份对土壤速效钾含量表现出极显著的三因素交互作用。

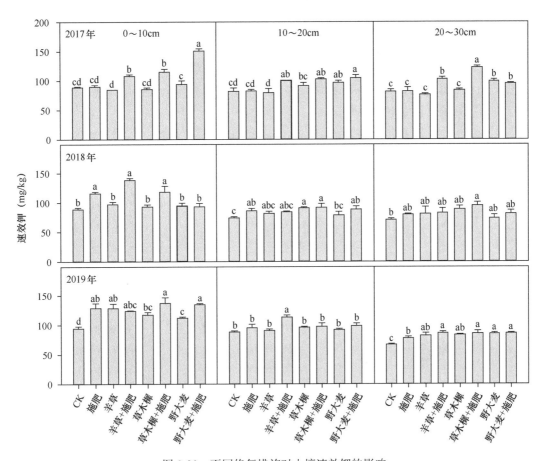

图 9-20　不同修复措施对土壤速效钾的影响

四、轻度退化草甸对不同生态修复措施的响应

（一）对地上生物量的影响

草地植被生物量对不同恢复措施的响应如表 9-16 所示。在各补播处理中，不同恢复措施的影响，导致同一处理不同重复的植被生物量偏差较大，这可能是由于各重复原本优势种不同，其对秸秆覆盖和有机肥的响应也有所不同；D5 处理可以短时间提高植被生物量，而随后补播羊草对植被生物量的影响逐渐变小；补播紫花苜蓿在 2018～2019 年地上生物量出现明显上升，其中以 D12 处理的增长最为明显，D11 处理在 2019 年间由于根瘤菌尚未能完全发挥作用，添加氮肥等肥料可以有效增加其植被生物量；补播垂穗披碱草在 2018～2019 年植被生物量出现明显增加，秸秆覆盖或施肥的作用均能有效提升垂穗披碱草的植被生物量，但二者的交互作用对垂穗披碱草植被生物量的影响却并不明显。几种处理中 D9 和 D12 处理植被生物量增长最明显。

（二）对土壤水分和容重的影响

土壤含水量指土壤中水分占有的重量与土壤总重量的比值。较高的土壤含水量说明土壤墒情良好，也有利于地上植被的生长发育。不同恢复措施下 2019 年 0～10cm 土层土壤含水量如表 9-17 所示。在各处理中，草种补播对于土壤含水量的影响最为明显。施肥和秸秆覆盖对土壤含水量的改良并不显著，只有在草种因素的叠加作用下，才能通过促进植被生长进而改良土壤含水量。并且，土壤含水量与土壤容重一样，在"施肥"和"D12"处理呈现明显改良效果。

表 9-16 不同恢复措施对植被生物量的影响（kg/hm²）

处理	2018 年地上生物量	2019 年地上生物量
D1	5 928.3a±1 811.7	7 861.1a±444.4
D2	7 050.0a±720.0	7 708.3a±1 083.3
D3	5 508.3a±1 031.7	7 902.8a±2 763.9
D4	7 205.0a±855.0	9 513.9a±4 069.4
D5	10 570.0b±1 325.0	12 458.3a±333.3
D6	10 177.0b±482.3	8 430.6c±430.6
D7	10 646.5b±532.0	8 291.7c±1 083.3
D8	13 826.5a±621.0	10 933.3b±66.7
D9	4 558.0b±632.0	14 250.0a±1 833.3
D10	4 399.7b±685.3	6 388.9c±472.2
D11	6 683.7a±396.3	8 375.0b±291.7
D12	2 935.0c±510.0	13 333.3a±583.3
D13	6 153.3a±863.3	8 097.2a±277.8
D14	5 493.7b±355.0	7 847.2a±944.4
D15	4 480.0c±355.0	7 875.0a±416.7
D16	4 566.7c±883.3	5 500.0b±333.3

表 9-17 2019 年不同恢复措施对 0～10cm 土层土壤含水量的影响（%）

处理	未补播	羊草	紫花苜蓿	垂穗披碱草
无处理	20.71b±0.61	22.01a±1.08	23.57b±1.59	21.09a±0.74
施肥	26.59a±1.40	22.01a±1.81	22.07b±0.56	23.62a±1.60
秸秆覆盖	23.78ab±0.94	21.07a±0.86	26.03a±0.71	22.88a±0.54
施肥+秸秆覆盖	24.61ab±0.96	22.06a±0.30	21.77b±0.78	20.75a±0.90

土壤容重是由土壤孔隙和土壤固体的数量决定的。一般含矿物质多而结构差的土壤，土壤容重在 1.4～1.7g/cm³；含有机质多而结构好的土壤（如农业土壤），土壤容重在 1.1～1.4g/cm³。土壤容重是土壤熟化程度指标之一，熟化程度较高的土壤，容重较小。2019 年土壤 0～10cm 土层土壤容重如表 9-18 所示。所有处理均可显著改良土壤容重。尤其以施肥对土壤容重改良效果最为明显，D2 处理土壤容重为 1.070g/cm³，说明施肥可以显著促进土壤熟化程度，改良土壤结构。而各草种中，紫花苜蓿对土壤容重的改良效果优于其他两种植物。

表 9-18　2019 年不同恢复措施对 0～10cm 土壤容重的影响（g/cm³）

处理	未补播	羊草	紫花苜蓿	垂穗披碱草
无处理	1.297a±0.011	1.144a±0.025	1.188a±0.042	1.156a±0.020
施肥	1.070b±0.010	1.155a±0.032	1.212a±0.036	1.152a±0.040
秸秆覆盖	1.133b±0.020	1.126a±0.029	1.124a±0.058	1.149a±0.019
施肥+秸秆覆盖	1.134b±0.056	1.160a±0.043	1.074a±0.011	1.163a±0.053

（三）对土壤 pH 的影响

各处理土层 pH 如图 9-21～图 9-23 所示。各种处理均可有效降低各土层 pH，其中，

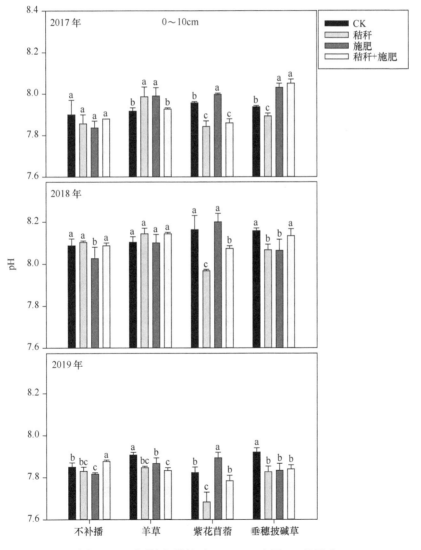

图 9-21　不同恢复措施对 0～10cm 土层 pH 的影响

D13 处理对 0～10cm 土层 pH 的降低效果较为明显；D5 处理对 10～30cm 土层 pH 降低较为明显；D9 处理对 0～30cm 土层 pH 均有较明显影响；秸秆覆盖可以有效地影响水土壤墒情，通过影响植被生长情况，进而影响各植被对土壤 pH 的影响；施肥主要作用于土壤 0～10cm 土层。垂穗披碱草的种植处理提高了各土层 pH。

（四）对土壤电导率的影响

各处理土层的电导率如图 9-24～图 9-26 所示。所有土层电导率在 2017～2019 年均呈下降趋势。施肥可以促进植物生长，加快植株建植，增加了植株对水溶性盐的利用，可以较显著降低各土层电导率。由于三种植物根系形态各异，对各土层电导率的影响也

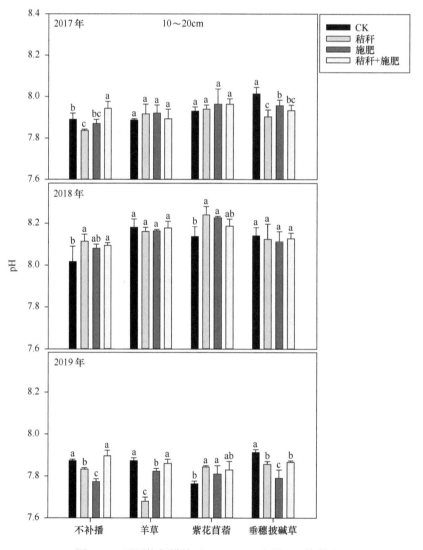

图 9-22　不同恢复措施对 10～20cm 土层 pH 的影响

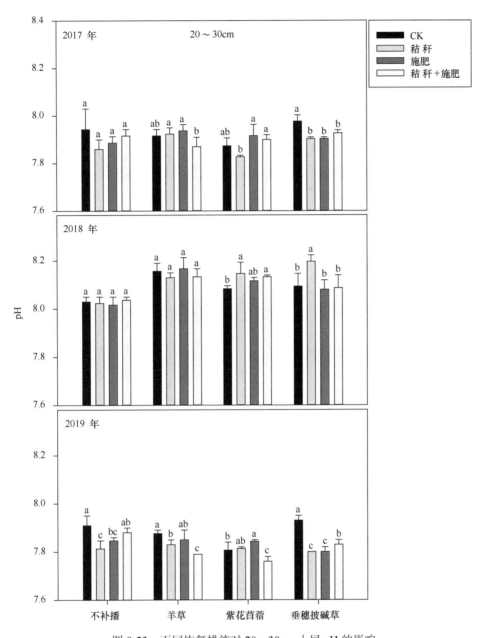

图 9-23　不同恢复措施对 20～30cm 土层 pH 的影响

有所不同：从 2017～2019 年来看，垂穗披碱草对土壤表层电导率的影响加大，紫花苜蓿在有机肥的配合下对 0～20cm 土层电导率的影响较为明显，而羊草对较深土层电导率的影响更为明显。

（五）对土壤有机质的影响

不同恢复措施对不同土层有机质含量的影响如图 9-27～图 9-29 所示。大多数处理在 2017～2019 年各土层有机质含量普遍呈增长趋势。2019 年，种植紫花苜蓿在 0～10cm

土层的有机质含量呈现下降趋势，与 2017 年相比，施肥+秸秆覆盖使该土层土壤有机质含量增加最为明显；在 10～20cm 土层中，与 2017 年相比，羊草+施肥使有机质含量增长最为明显；在 20～30cm 土层中，与 2017 年相比，羊草+施肥+秸秆覆盖使有机质含量增长最为明显。而羊草+秸秆覆盖和垂穗披碱草+秸秆覆盖处理有机质含量有所减少。从长远角度考虑，紫花苜蓿的建植可能会大量利用土壤表层的有机质，从而导致其 0～10cm 土层有机质含量下降；而施肥可以有效提高植被盖度，却无法对 10～20cm 土层有效提供有机质，导致该土层有机质含量的下降。但从整体而言，除由无法有效分解导致秸秆对表层土影响较小外，各处理对有机质含量有显著影响。羊草+施肥处理和垂穗披碱草+施肥+秸秆覆盖处理显著降低了各土层土壤有机质含量。

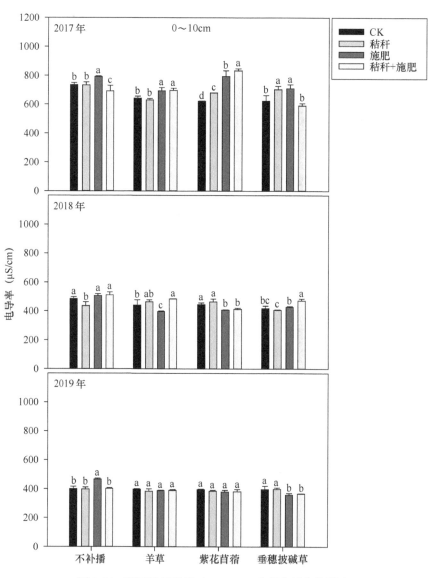

图 9-24　不同恢复措施对 0～10cm 土层电导率的影响

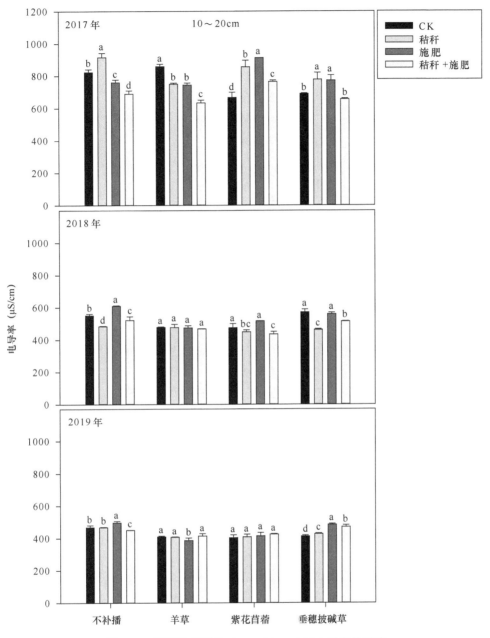

图 9-25　不同恢复措施对 10～20cm 土层电导率的影响

（六）对土壤全氮的影响

不同恢复措施对不同土层全氮含量的影响如图 9-30～图 9-32 所示。2017～2019 年，各处理全氮含量在 0～10cm 土层呈持续升高趋势，其中种植紫花苜蓿、施肥+秸秆覆盖处理全氮含量有所下降，其余小区有所增加，其中垂穗披碱草+施肥+秸秆覆盖处理全氮含量增加最为明显；10～20cm 土层全氮含量呈持续下降趋势，其中施肥处理、施肥+秸秆覆盖处理及所有羊草处理 10～20cm 土层全氮含量有所增加，紫花苜蓿处理全氮含量

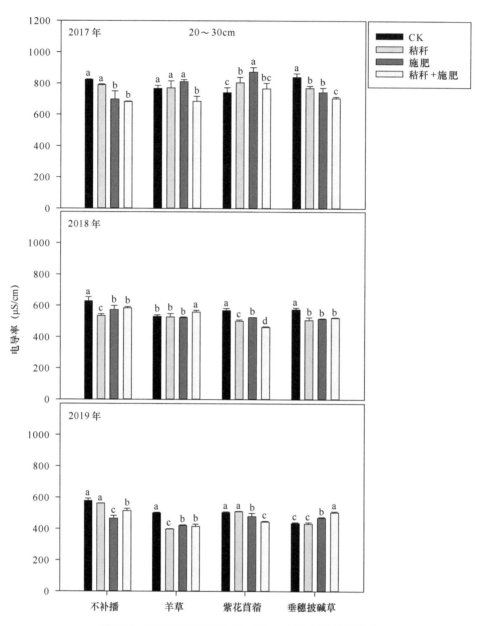

图 9-26　不同恢复措施对 20～30cm 土层电导率的影响

在该土层增加最为明显；20～30cm 土层呈先下降后升高趋势，其中秸秆覆盖处理、施肥处理和施肥+秸秆覆盖处理全氮含量明显下降，其余因素对全氮含量的提升较为明显，羊草+施肥+秸秆覆盖处理全氮含量增加最为明显。

（七）对土壤碱解氮的影响

不同恢复措施对不同土层碱解氮含量的影响如图 9-33～图 9-35 所示，各处理均能使各土层碱解氮含量显著增加。在 0～10cm 土层中，D11 处理对土壤碱解氮含量提升最为明显；在 20～30cm 土层中，垂穗披碱草处理碱解氮含量提高最为明显。总之，单播

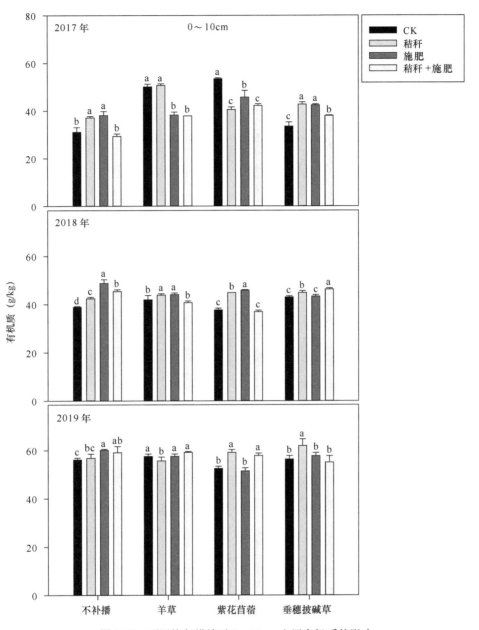

图 9-27　不同恢复措施对 0～10cm 土层有机质的影响

羊草+施肥处理、单播羊草+秸秆覆盖处理和单播羊草+施肥+秸秆覆盖处理显著提高各土层土壤碱解氮含量。

（八）对土壤速效磷的影响

不同恢复措施对不同土层速效磷含量的影响如图 9-36～图 9-38 所示。2017～2019年，各处理普遍提高各土层土壤速效磷含量。垂穗披碱草处理和 D12 处理 0～10cm 土层速效磷含量有所增加，其中种植垂穗披碱草该土层速效磷含量增加 19.36%；10～20cm

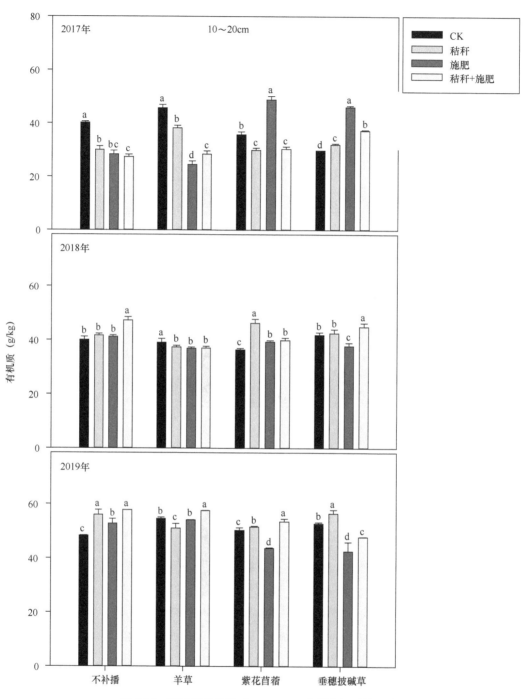

图 9-28　不同恢复措施对 10～20cm 土层有机质的影响

土层使速效磷含量增加的是紫花苜蓿处理和羊草+施肥+秸秆覆盖处理；羊草+秸秆覆盖处理提高 20～30cm 土层土壤速效磷含量。其中，单播垂穗披碱草+施肥+秸秆覆盖处理 0～10cm 土层土壤速效磷含量提高 53.28%，10～20cm 土层土壤速效磷含量提高 39.00%，

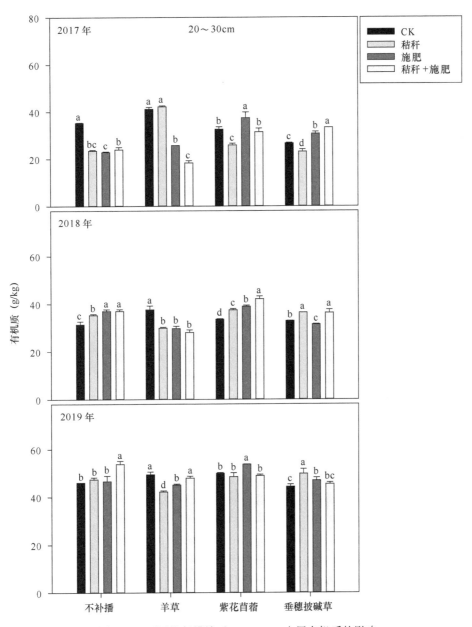

图 9-29　不同恢复措施对 20～30cm 土层有机质的影响

20～30cm 土层土壤速效磷含量提高 19.39%，提高幅度最明显。单播羊草+施肥+秸秆覆盖处理各土层土壤速效磷含量也呈明显的增加趋势。

五、结论

1）筛选并确定了适合寒地黑土区退化草甸生态修复的草种 3～5 个，其中重度退化草甸为野大麦、星星草和羊草，中度退化草甸为野大麦、草木樨和羊草，轻度退化草甸为羊草、垂穗披碱草和紫花苜蓿。

2）在草种单播的基础上，再结合施农家肥（1.5kg/m²）和秸秆覆盖（0.75kg/m²）等措施进行综合治理，使轻度、中度和重度退化草甸的植被产草量与单播对照相比，分别提高 52.15%、48.40%和 12.52%，达到了快速植被快速修复的目标。

3）明确了"补播+施农家肥+覆盖秸秆"的综合修复措施，使轻度、中度和重度退化草甸的土壤有机质含量与对照相比，分别提高了 9.12%、12.41%和 14.46%。

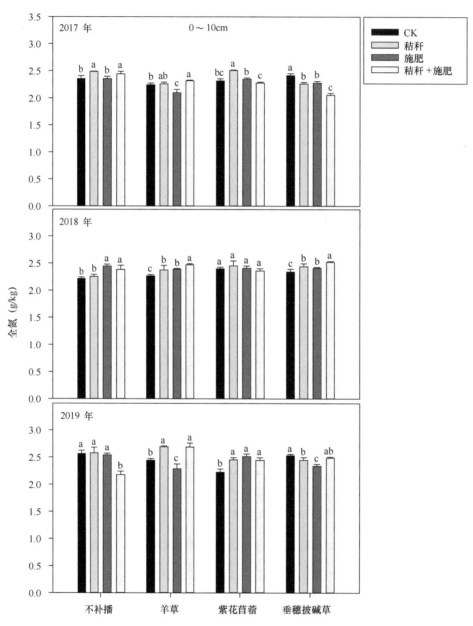

图 9-30 不同恢复措施对 0～10cm 土层全氮的影响

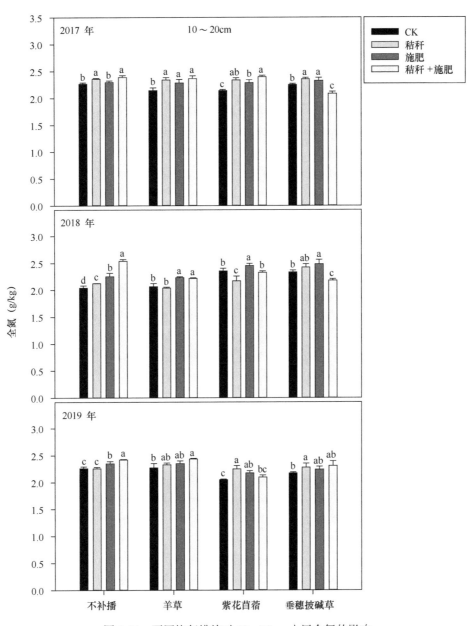

图 9-31　不同恢复措施对 10～20cm 土层全氮的影响

第三节　寒地黑土区退化开垦草甸地力恢复

东北寒地黑土农区原生植被大部分为草甸草原，受气候变化及不合理利用等因素影响，近几年黑土资源流失退化严重，保护黑土这一宝贵不可再生资源，已被提升为国家战略。草田轮作是恢复土壤地力的最有效手段之一，优质饲草还是畜产品安全生产和效益提高的关键保障。东北寒地农区土壤条件相对较好，利用大面积农田退化开垦草甸进行人工种草，不但要重视长远生态效益，同时还必须兼顾和重视当年的种植经济效益。

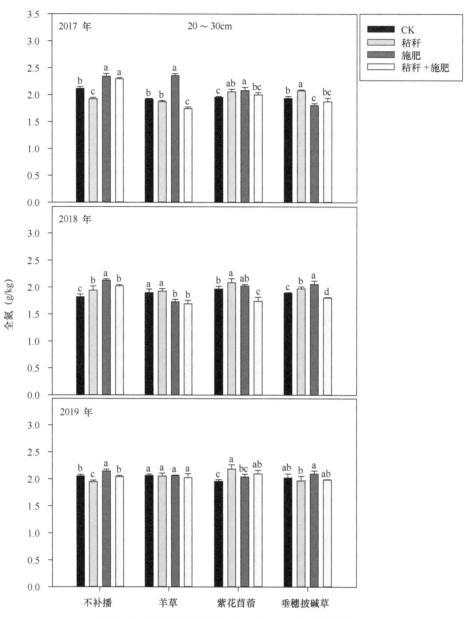

图 9-32　不同恢复措施对 20～30cm 土层全氮的影响

一、研究方法

针对我国寒地黑土区退化开垦草甸质量退化的问题，以增产增效关键土壤改良技术为切入点，以种植玉米的耕地、玉米和苜蓿轮作地和种植 3～4 年的苜蓿地为研究对象，观测苜蓿在退化开垦草甸生态修复中的生态效益及经济效益。

本研究试验地位于黑龙江省哈尔滨市双城区五家镇，地理坐标为北纬 45°53′～45°59′、东经 126°38′～126°39′。

样地选择：多年种植玉米的开垦草甸（为便于表述，以下简称多年玉米地，MC），

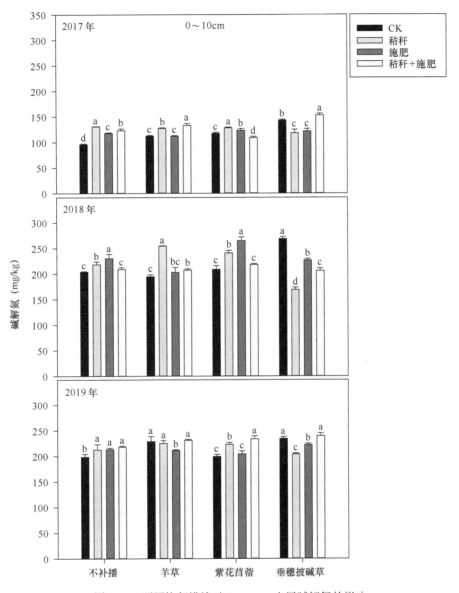

图 9-33　不同恢复措施对 0～10cm 土层碱解氮的影响

连续种植三年、四年苜蓿的开垦草甸（简称三年苜蓿地，TA；四年苜蓿地，FA），连续种植两年苜蓿后再种植一年玉米的开垦草甸（简称一年玉米地，OC）。在每个样地内设置 4 个小区，小区面积 20m×20m，相邻小区之间至少间隔 50m 以上。

取样方法：每个小区随机选取 10 个样点，采用随机取样法，取土深度为 0～15cm、15～30cm。将 10 个样点的土壤混匀，采取四分法去掉多余的土壤。土样及时运回并储存于-80℃冰箱中。每个小区重复 4 次。

测定指标：土壤 pH 和电导率、土壤养分（全氮、碱解氮、全磷、速效磷、全钾、速效钾）及有机质含量。土壤细菌、真菌群落组成和多样性。

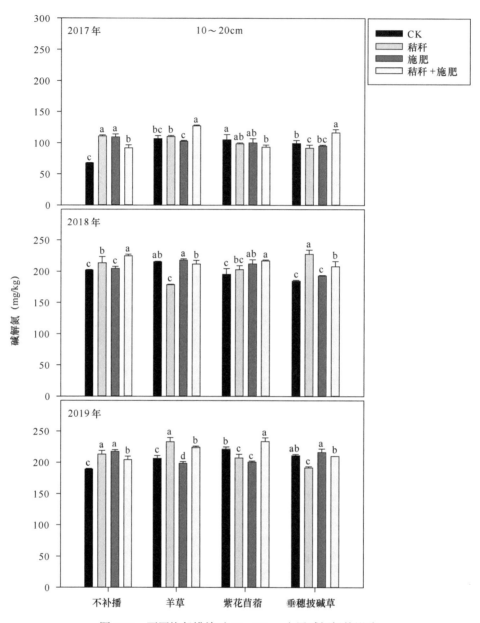

图 9-34 不同恢复措施对 10～20cm 土层碱解氮的影响

二、退化开垦草甸种植紫花苜蓿不同年限对土壤化学性质的影响

（一）土壤 pH

在 0～15cm 土层中，一年玉米地、三年苜蓿地、四年苜蓿地土壤 pH 显著高于多年种植玉米的开垦草甸，分别增加 6.97%、6.55%、6.08%（$P < 0.05$），说明种植苜蓿后土壤 pH 升高，改善了长期种植玉米地的偏酸性土壤。在 15～30cm 土层中，不同土地土壤的 pH 变化趋势与上层一致，总体上均比 0～15cm 土层 pH 高（图 9-39a）。

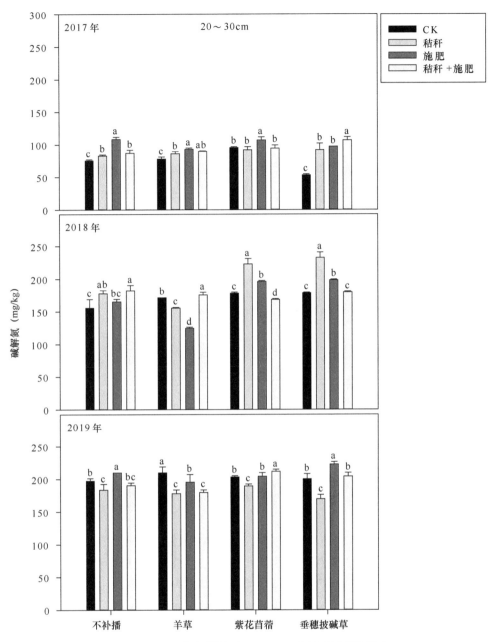

图 9-35　不同恢复措施对 20～30cm 土层碱解氮的影响

（二）土壤电导率

在 0～15cm 土层中，与多年种植玉米的开垦草甸相比，一年玉米地、三年苜蓿地、四年苜蓿地使土壤电导率显著降低，分别降低了 44.22%、57.19%、60.68%（$P<0.05$）。15～30cm 与上层结果一致，差异较小（图 9-39b）。苜蓿地土壤电导率均低于玉米地（图 9-39b），说明种植苜蓿可降低土壤含盐量，改善土壤质量。

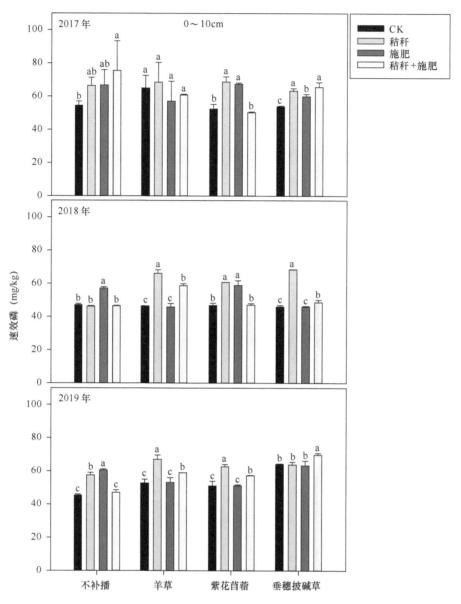

图 9-36 不同恢复措施对 0～10cm 土层速效磷的影响

（三）土壤有机质

在 0～15cm 土层中，与多年种植玉米的开垦草甸相比，一年玉米地、三年苜蓿地、四年苜蓿地土壤有机质均略有下降，分别下降了 3.32%、1.63%、6.14%（图 9-39c），说明单一的玉米种植模式可以维持表面有机质含量。在 15～30cm 土层中，一年玉米地有机质含量比多年种植玉米的开垦草甸高 3.69%，而三年苜蓿地、四年苜蓿地分别比多年种植玉米的开垦草甸低 11.53%、19.08%。可以看出，与单一作物连作相比，退化开垦草甸种植紫花苜蓿不同年限可提高 15～30cm 土层土壤有机质含量，种植苜蓿在短期内还不能显著提高有机质含量。

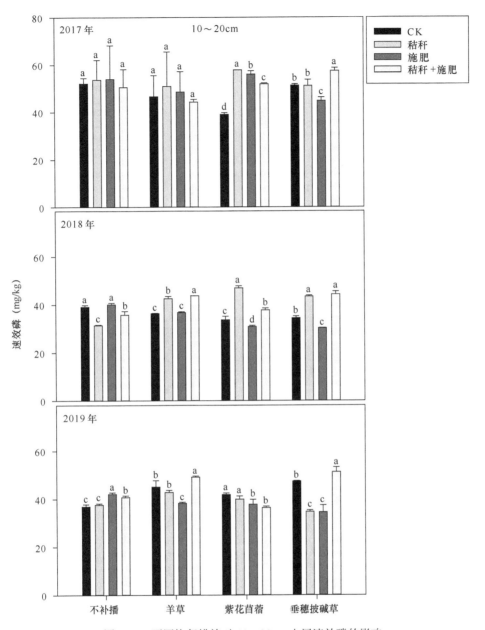

图 9-37 不同恢复措施对 10～20cm 土层速效磷的影响

（四）土壤全氮和碱解氮

在 0～15cm 土层中，一年玉米地、四年苜蓿地土壤全氮分别低于多年种植玉米的开垦草甸 4.80%、5.17%，三年苜蓿地高于多年种植玉米的开垦草甸 2.21%。在 15～30cm 土层中，与多年种植玉米的开垦草甸相比，一年玉米地全氮含量高出 8.49%（图 9-39d）。说明与玉米连作相比，在改变种植作物后可以提高土壤全氮含量。

总体上看，苜蓿地的土地碱解氮含量低于玉米地。在 0～15cm 土层中，与多年种植玉米的开垦草甸相比，一年玉米地土壤碱解氮含量高出 8.38%。三年苜蓿地、四年苜蓿地土壤碱解氮含量降低了 8.27%、20.42%。15～30cm 土层中结果与 0～15cm 土层相似，这说明频繁改变种植作物种类可以提高土壤碱解氮的含量（$P<0.05$）（图 9-39g）。

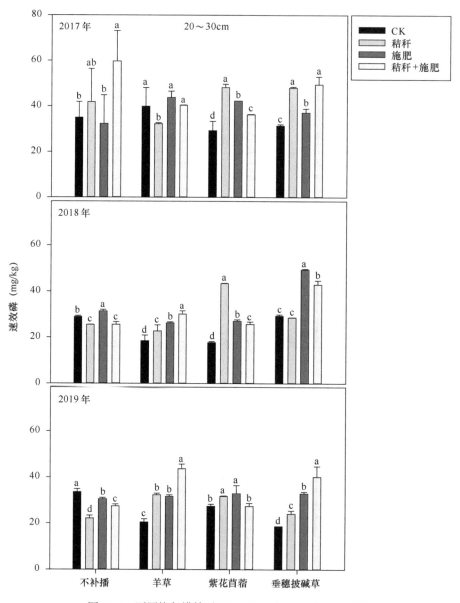

图 9-38　不同恢复措施对 20～30cm 土层速效磷的影响

（五）土壤全磷和速效磷

　　在 0～15cm 土层中，与多年种植玉米的开垦草甸相比，一年玉米地、三年苜蓿地、四年苜蓿地土壤全磷含量显著降低（图 9-39e）。15～30cm 土层中结果与上层相似，且均低于 0～15cm 土层。说明退化开垦草甸种植紫花苜蓿一定年限后，减少化肥使用量，土壤全磷含量下降。

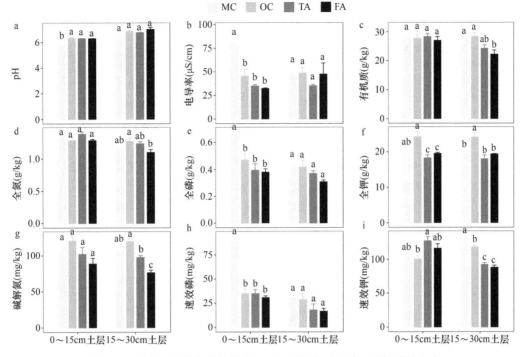

图 9-39　退化开垦草甸种植紫花苜蓿不同年限对土壤化学性质的影响

在 0~15cm 土层中，土壤速效磷含量趋势与全磷一致，一年玉米地、三年苜蓿地、四年苜蓿地土壤速效磷含量显著低于多年种植玉米的开垦草甸。在 15~30cm 土层中，与多年种植玉米的开垦草甸相比，一年玉米地土壤速效磷含量相近，三年苜蓿地、四年苜蓿地速效磷含量低于多年种植玉米的开垦草甸，分别降低 40.59%、40.59%（图 9-39h），说明改变退化开垦草甸种植紫花苜蓿年限，减少化肥的使用量后，土壤表层速效磷含量显著下降，寒地黑土中磷素缺乏，农田中磷素依赖化肥的投入。

（六）土壤全钾和速效钾

在 0~15cm 土层中，多年种植玉米的开垦草甸全钾含量显著高于苜蓿地（$P<0.05$）。与多年种植玉米的开垦草甸相比，一年玉米地全钾含量升高了 18.78%，三年苜蓿地、四年苜蓿地显著降低了 10.87%、4.97%（$P<0.05$）（图 9-39f）。15~30cm 土层结果与表层一致。可以看出，与长期种植玉米相比，种植苜蓿后土壤中全钾含量下降，这表明种植玉米施入大量钾肥，玉米生长对钾肥需求量较大，且需要持续投入。

在 0~15cm 土层中，退化开垦草甸种植紫花苜蓿不同年限与多年种植玉米的开垦草甸中土壤速效钾含量无显著差异（$P>0.05$），但一年玉米地土壤速效钾含量显著低于三年苜蓿地 20.81%。总体上看，苜蓿地的速效钾含量高于玉米地（图 9-39i）。在 15~30cm 土层中，一年玉米地、三年苜蓿地、四年苜蓿地土壤速效钾含量均显著低于多年种植玉米的开垦草甸（$P<0.05$），分别低于多年种植玉米的开垦草甸 11.30%、30.65%、33.96%。苜蓿地速效钾含量显著低于玉米地（$P<0.05$），但不同年限苜蓿地之间速效钾含量相近（图 9-39i）。

三、退化开垦草甸种植紫花苜蓿不同年限对土壤微生物群落的影响

（一）土壤微生物多样性

由退化开垦草甸种植紫花苜蓿对微生物的影响结果可知（图 9-40），在 0～15cm 土层中，种植苜蓿三四年后细菌群落的可操作分类单元（operational taxonomic unit，OTU）丰度显著高于多年种植玉米的开垦草甸（$P<0.05$），一年玉米地 OTU 丰度无显著改变。15～30cm 土层中细菌群落的 OTU 丰度与 0～15cm 土层相似，苜蓿地细菌群落 OTU 丰度显著高于多年种植玉米的开垦草甸，且两土层中均为四年苜蓿地群落 OTU 丰度高于三年苜蓿地，即短期内种植苜蓿的年限增加，细菌群落的 OTU 丰度也随之增加。但与上层不同的是，多年种植玉米的开垦草甸转种二年苜蓿再种植一年玉米后，细菌群落 OUT 数量低于多年种植玉米的开垦草甸，但不显著（$P>0.05$）（图 9-40a）。Chao1 和 Ace 指数的分析结果与 OTU 丰度完全一致（图 9-41b、c）。

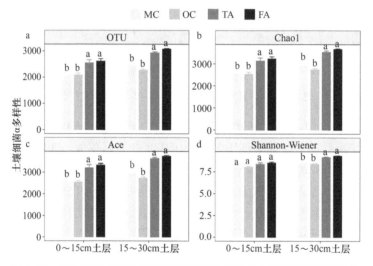

图 9-40　退化开垦草甸种植紫花苜蓿不同年限下土壤细菌群落多样性

不同退化开垦草甸种植紫花苜蓿不同年限下，0～15cm 土层中 Shannon-Wiener 指数无显著差别，苜蓿地略高于多年种植玉米的开垦草甸，一年玉米地与多年种植玉米的开垦草甸接近。15～30cm 土层中苜蓿地的 Shannon-Wiener 指数显著高于多年种植玉米的开垦草甸（$P<0.05$），而一年玉米地与多年种植玉米的开垦草甸无显著差异，也说明种植苜蓿可以增加细菌群落的多样性，而一年玉米地没有改变细菌群落多样性，反而在 15～30cm 土层略有下降（图 9-40d）。

退化开垦草甸种植紫花苜蓿年限的改变并没有使土壤真菌群落的 α 多样性发生显著变化。在各土层中，土壤真菌的 OTU、Chao1、Ace 和 Shannon-Wiener 指数均保持稳定（图 9-41）。结果表明，类似来源的一些土壤的真菌多样性不受到土地利用模式的强烈影响，可能与土壤环境条件的均质性有关。

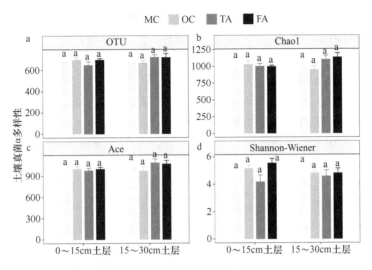

图 9-41　退化开垦草甸种植紫花苜蓿不同年限下土壤真菌群落多样性

（二）土壤微生物组成

在 0～15cm 土层中，与长期种植玉米相比，种植苜蓿增加了细菌变形菌门
（Proteobacteria）、酸杆菌门（Acidobacteria）和疣微菌门（Verrucomicrobia）的相对丰度，
降低了芽单胞菌门（Gemmatimonadetes）、放线菌门（Actinobacteria）和绿弯菌门
（Chloroflexi）的相对丰度。此外，一年玉米地（种植两年苜蓿后再种植玉米）的土壤细
菌相对丰度也发生了很大改变，如芽单胞菌门、放线菌门、浮霉菌门（Planctomycetes）
和绿弯菌门明显增加，比多年种植玉米的开垦草甸分别增加了 12.32%、3.21%、5.74%、
5.69%；变形菌门和酸杆菌门明显减少，比多年种植玉米的开垦草甸减少了 20.52%、
3.54%（图 9-42a），表明种植苜蓿后会增加土壤碳和其他养分的可用性，从而改变这些
富营养类群微生物的丰度。

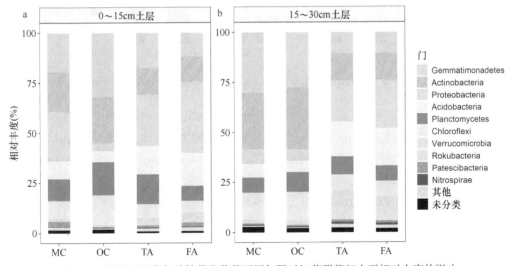

图 9-42　退化开垦草甸种植紫花苜蓿不同年限对细菌群落门水平相对丰度的影响

在 15～30cm 土层中，与长期种植玉米相比，退化开垦草甸种植紫花苜蓿年限的改变在门水平上对细菌群落结构影响较小，相对丰度变化不大，Proteobacteria、Gemmatimonadetes、Acidobacteria 略有降低，Actinobacteria、Chloroflexi 略有升高。种植苜蓿三四年后，Actinobacteria、Gemmatimonadetes、Chloroflexi 相对丰度显著降低，Proteobacteria、Acidobacteria、己科河菌门（Rokubacteria）、硝化螺旋菌门（Nitrospirae）显著升高（图 9-42b），说明种植模式的改变会显著影响优势菌门及丰度。

对于真菌，在 0～15cm 土层中，与多年种植玉米的开垦草甸相比，种植苜蓿增加了子囊菌门（Ascomycota）、Mortierellomycota、毛霉门（Mucoromycota）、球囊菌门（Glomeromycota）、Rozellomycota、Calcarisporiellomycota 的相对丰度，降低了担子菌门（Basidiomycota）、壶菌门（Chytridiomycota）的相对丰度。一年玉米地真菌群落组成变化情况与苜蓿地不同，与多年种植玉米的开垦草甸相比，一年玉米地降低了 Ascomycota、Glomeromycota、Rozellomycota、Calcarisporiellomycota 的相对丰度，提高了 Basidiomycota 的相对丰度。另外退化开垦草甸种植紫花苜蓿不同年限后，出现了新的门，即 Kickxellomycota（图 9-43a），说明了不同种植模式对土壤真菌结构及功能有不同程度的影响。

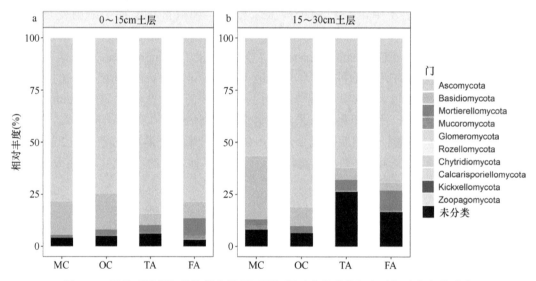

图 9-43　退化开垦草甸种植紫花苜蓿不同年限对真菌群落门水平相对丰度的影响

在 15～30cm 土层中，与多年种植玉米的开垦草甸相比，一年玉米地、三年苜蓿地、四年苜蓿地的优势菌群 Ascomycota、Mortierellomycota 的相对丰度均有升高；Basidiomycota 的相对丰度出现了下降。此外，种植苜蓿增加了 Mucoromycota、Glomeromycota、Kickxellomycota 的相对丰度，降低了 Chytridiomycota 的相对丰度，并且三年苜蓿地真菌群落中出现新的门 Zoopagomycota（图 9-43b）。

第四节　寒地黑土区退化草甸生态修复模式

一、寒地黑土区退化草甸快速修复技术

本研究针对寒地黑土区退化盐碱草甸，根据不同退化程度，采取单播、混播的植被修复措施，结合施用腐熟农家肥和秸秆覆盖的综合措施，可达到快速植被快速修复的目标。

在草种选择上，轻度退化草甸紫花苜蓿、垂穗披碱草和羊草；中度退化草甸野大麦、羊草和草木樨；重度退化草甸选择星星草、野大麦和羊草。播种期 5 月上旬～7 月中旬。播种方式采用条播，行距 15～30cm，播种深度 2～3cm。单播播种量（表 9-19）和混播比例及播种量（表 9-20）如下。

表 9-19　单播播种量（kg/hm^2）

草种	紫花苜蓿	披碱草	羊草	野大麦	草木樨	星星草
播种量	25～30	30～45	45～60	45～60	25～30	15～30

表 9-20　混播比例及播种量

退化程度	草种	混播比例（%）	播种量（kg/hm^2）
轻度	羊草	40	20
	紫花苜蓿	40	12
	披碱草	20	6
	合计	100	38
中度	野大麦	40	18
	羊草	40	18
	草木樨	20	5
	合计	100	41
重度	星星草	40	12
	野大麦	40	22
	羊草	20	10
	合计	100	44

综合修复措施如下：在围栏封育基础上，将秸秆覆盖、施用腐熟农家肥和补播三种措施中的任何两种或三种措施综合使用。根据实际需求可分别选择以下综合修复措施：腐熟农家肥+单播、腐熟农家肥+混播、秸秆覆盖+单播、秸秆覆盖+混播、腐熟农家肥+秸秆覆盖+单播、腐熟农家肥+秸秆覆盖+混播。

二、寒地黑土区退化开垦草甸紫花苜蓿高效生产利用模式

寒地黑土区有很大一部分草甸已经被开垦为耕地，经过多年连续耕作和单一粮食生产，目前土壤有机质含量已经减少 2/3 以上，出现严重退化。但与我国西部地区的退化、

沙化草地相比，该地区土层深厚，雨水较充足，相对条件仍然较好。在这些退化开垦耕地上种植优质豆科饲草紫花苜蓿，一方面可肥田固土、恢复地力，另一方面还可以生产出优质高产的优质苜蓿饲草，满足我国在奶牛养殖中对优质苜蓿草的大量需求，是保证生态效益和经济效益协调发展的有效途径。

为此，本研究开展了适宜该地区退化开垦草甸（退化耕地）大面积种植的优质苜蓿新品种选育和高产高效种植管理新模式的研究。在原有研究的基础上，目前共成功培育并登记国审紫花苜蓿新品种 1 个（东农 1 号紫花苜蓿），制定寒地黑土区退化开垦草甸（退化耕地）紫花苜蓿高效种植管理新模式 1 套。

紫花苜蓿高效种植管理新模式结合苜蓿新品种特性（抗寒性、产量、营养成分、再生性、抗病虫害等），调整播期和播种量，改进田间管理和刈割次数，确保苜蓿播种当年长势，改进草产品生产形式，综合天气降水情况和客户需求，灵活开展干草、半干裹包青贮生产，取得较好的效果。与传统种植模式相比，新模式种植的纯收入由 150 元/亩提高到 450 元/亩。新模式与传统模式技术指标对比见表 9-21。

表 9-21　新模式与传统模式技术指标对比

技术环节	新模式	传统模式
品种选择	东农 1 号紫花苜蓿	其他
选地	退化开垦草甸、弃耕地	沙化、盐碱化退化草地
播期	5 月初	6 月下旬
行距	15～30cm（利于除杂晾晒）	30～60cm
除杂草	及时，化学除草 1～2 次	不除草或不及时
施肥	叶面肥（刈割后株高 15cm）	不施肥
灭虫	每茬及时灭虫（特别关键）	不灭虫
刈割次数	第一年：1 茬 第二年后：3～4 茬	第一年：0 茬 第二年后：2～3 茬
干草产量	650～700kg/亩	300～450kg/亩
草产品类型	干草或半干裹包青贮（根据天气或养殖场需求灵活调整）	干草（单一）
纯收入	450 元/亩	150 元/亩

其中，刈割时间调整为：刈割三茬时间为初花期，生长期为 45 天；刈割四茬时间为现蕾期，生长期为 35 天（表 9-22）。

表 9-22　刈割时间

刈割茬数	第一茬	第二茬	第三茬	第四茬
三茬	6 月 15 日	7 月 30 日	9 月 15 日	
四茬	6 月 5 日	7 月 10 日	8 月 15 日	9 月 20 日

第五节　结　　语

在自然和人为因素的双重影响下，我国东北寒地黑土区草甸退化严重，大部分原生草甸被开垦，又经受着高强度的不合理利用，仅存的少量草甸也在急剧萎缩。本研究针对我国寒地黑土区草甸退化问题，根据寒地黑土区草甸退化程度的不同，分别采用适宜牧草品种选种及补播建植、施肥及秸秆覆盖等技术措施，快速恢复退化草甸植被。筛选并确定了适合寒地黑土区退化草甸生态修复的草种 3～5 个，轻度退化草甸适宜补播的草种为羊草、垂穗披碱草和紫花苜蓿，中度退化草甸适宜补播的草种为野大麦、草木樨和羊草，重度退化草甸适宜补播的草种为野大麦、星星草和羊草。在草种单播的基础上，再结合施农家肥（1.5kg/m²）和秸秆覆盖（0.75kg/m²）等措施进行综合治理，达到了植被快速修复的目标。此外，在寒地黑土区退化开垦草甸种植紫花苜蓿，短期内可有效改善土壤 pH 状况，降低土壤电导率，显著改善土壤微生物多样性和群落结构。

参 考 文 献

崔海山, 张柏, 于磊, 等. 2003. 中国黑土资源分布格局与动态分析. 资源科学, 25(3): 64-68.

范昊明, 蔡强国, 王红闪. 2004. 中国东北黑土区土壤侵蚀环境. 水土保持学报, 18(2): 66-70.

高兴, 李秀霞, 贾凤梅, 等. 2011. 寒地黑土区土壤退化状况与保护对策. 安徽农业科学, 39(28): 17271-17273.

韩晓增, 李娜. 2018. 中国东北黑土地研究进展与展望. 地理科学, 38(7): 1032-1041.

刘颖, 王德利, 王旭, 等. 2002. 放牧强度对羊草草地植被特征的影响. 草业学报, 11(2): 22-28.

李发鹏, 李景玉, 徐宗学. 2006. 东北黑土区土壤退化及水土流失研究现状. 水土保持研究, 13(3): 50-54.

王炜, 梁存柱, 刘钟龄, 等. 1999. 内蒙古草原退化群落恢复演替的研究Ⅳ. 恢复演替过程中植物种群动态的分析. 干旱区资源与环境, 4: 44-55.

王玉玺, 解运杰, 王萍. 2002. 东北黑土区水土流失成因分析. 水土保持科技情报, 3: 27-29.

王利民, 姜怀志, 姚纪元, 等. 2004. 我国北方草地的现状和可持续发展对策. 家畜生态, 25(2): 4-7.

王云霞. 2010. 内蒙古草地资源退化及其影响因素的实证研究. 内蒙古农业大学博士学位论文.

辛玉春, 杜铁瑛. 2013. 青海省天然草地退化程度分级指标初探. 青海草业, 22(1): 19-21+32.

闫晓红, 伊风艳, 邢旗, 等. 2020. 我国退化草地修复技术研究进展. 安徽农业科学, 48(7): 30-34.

张兴义, 隋跃宇, 宋春雨. 2013. 农田黑土退化过程. 土壤与作物, 2(1): 1-6.

第十章　北方草甸与草甸草原生态产业优化模式

北方草甸与草甸草原立足于区域的生态资源优势，遵循自然生态有机循环的机理，以自然系统承载能力为准绳，把生态优势转化为经济优势，全面提高资源利用效率。生态产业发展是顺应新时代可持续发展理念，受到全球广泛关注。生态资源是人类生存和社会发展的物质基础，而生态产业则是提供生态资源总量的一种重要方式和手段。生态产业遵循物质循环和能量循环的自然法则，是破解资源耗竭与环境恶化的重要实践（任洪涛，2014）。生态产业是以生态学、生态经济学、产业生态学等为理论基础，以生态系统中物质循环与能量转化规律为依据，促进生态资源在实现其经济价值的同时，能更好体现其生态价值和社会价值，建立生态良性循环的生态经济体系，实现人与自然和谐共生（杨亚妮等，2002；石琳，2021）。统筹协调自然、经济、人文等条件，综合分析资源、技术、社会经济和环境因素，转变经济发展方式，使产业发展向低碳方面转变，精准制定生态产业重构策略，促进培育绿色发展的生态产业（姜仁良，2017；何方方，2015；荣小培，2014；孟蠛蕾和朝克，2015；李瑞峰，2018；张亚娜，2018）。生态产业是人类从消极的环境保护到积极的生态建设下应运而生的，也是人类从预警性的环境运动发展到自觉的社会行动的过程（任洪涛，2014），是化解生态利益供给矛盾的有效方式。人类由最初的采集、狩猎经济过渡到种植业、游牧经济，再到当今的工业生产经济，随着人口增长与生态资源短缺矛盾加剧，生态产业的技术创新和产业结构升级需求也越发强烈。本研究以北方草甸与草甸草原退化修复与生态产业技术与集成为基础，研究生态畜牧业和生态富民技术引擎与模式集成，分析评估生态产业技术经济环境效益，揭示草地生态系统物质循环和能量流动的基本规律、生态产业生产体系或环节之间的耦合机理、草地生态系统的物质和能量多级利用方式，摸索建立具有高效经济过程和和谐生态功能的生态产业优化模式，从多个层面发挥生态产业技术创新驱动的重要价值。

第一节　生态产业理论发展

从 20 世纪 70 年代开始，可持续发展的思想逐渐形成，生态产业是可持续发展的理论基础之一，是产业生态化管理的重要方法。"生态产业"的概念及其产业边界和产业内容，在国内外尚无统一定论。Ayres 和 Kneese（1969）继首创性提出"产业代谢"概念后，提出更具划时代意义的"产业生态"概念。美国国家科学院与贝尔实验室于 1991 年共同组织首次"产业生态学"论坛，并对产业生态学概念、内涵、应用前景等做出系统性报告和研究。

国内产业生态学研究主要聚焦产业共生模式与机理的探索，其中又以对生态产业（园区）的研究为重。毛德华和郭瑞芝（2003）提出生态产业是按生态经济原理和知识经济规律组织起来的基于生态系统承载力、具有高效的经济过程及和谐的生态功能的网络型产业。王如松（2003）认为生态产业是基于生态系统承载能力，在社会生产活动中应用生态工程的方法，突出了整体预防、生态效率、环境战略、全生命周期等重要概念，模拟自然生态系统，建立的一种高效的产业体系。生态产业是依据产业生态学原理、循环经济理论及协同原理组织起来的基于生态系统承载能力，并具有较高的自然、社会、经济、技术和环境等五律协同的产业；技术层次上是展开生态技术创新和推广应用的管理，使每项任务均细化为具体行动。广义的生态产业是指所有产业部门的生态化，即在满足人们对物质产品或精神产品需求的同时，最大限度地减少生产过程对物质资源的消耗、对环境的污染和生态破坏，兼顾生态环境的保护与经济社会的发展，最终形成产业发展与生态环境的持续协调，如生态农业、生态旅游业等。狭义的生态产业指各类专门的环境产品和环境功能服务等。随着全球工业化进程的不断深入，产业发展对环境的负面影响越来越大，人们开始反思传统产业发展模式高消耗、高污染、高排放的弊端，生态环境要素的稀缺性在产业系统中凸显出来（陈效兰，2008；李周，2009；郭力华等，2000；柳树滋，2001）。社会对减缓和适应环境变化压力的加大，要求科学界提供人类生产活动的生态影响机理和管理方法的呼声越来越高。因此发展生态产业，生产生态（绿色）产品，冲破绿色壁垒，回避环境风险，成为新一轮国际贸易竞争的焦点，也成为生态产业发展的动力（王如松和杨建新，2000）。在草地生态产业领域，于小飞（2015）提出构建科学合理的生态产业体系是实现呼伦贝尔草甸草原生态功能区可持续发展的关键，并结合该地区资源禀赋条件及经济发展现状，提出了构建以生态农牧业、生态工业、生态服务业为主体的生态产业体系。

随着我国社会经济的高速发展，物质产品极大丰富，但生态资源短缺的时代已经到来，生态恶化已成为制约经济社会可持续发展的最大瓶颈。生态资源的短缺造成社会成员难以切实地享有生态利益。生态产业要求把产业发展建立在生态环境良性循环的基础上，以实现生态与经济相互协调的可持续发展，是生态利益正向供给最主要的方式。生态利益的有效供给取决于生态利益的价值实现。生态产业充分实现了生态利益的商品化，为环境保护和生态建设提供了新的平台（任洪涛，2014）。生态产业具有综合性，体现其经济效益、社会效益和生态效益的高度融合：一是生态产业要求提供有利于人类健康的优质环境来提高人类生活质量，通过保护生物多样性等途径增进社会效益，维护平衡生态资源的代内和代际的公平利用，提高生态资源的利用效益；二是生态产业的发展是建立在生产技术和生产力提高的基础上的，技术创新不断地改进生态产品或服务的质量，显著增强生态产业的市场。生态产业理论是草原生态化发展的理论基础，同时循环经济、生态经济、生态农业等理论又是畜牧业、草业生态化理论的根基，与其存在直接或间接的关系。

生态产业是知识经济的 21 世纪世界产业发展的新思维理念。保护和修复退化草地、维护可持续生态平衡、资源化循环利用、发展草产业等生态产业之路，是北方草甸和草甸草原发展的客观要求。运用产业生态化管理的理论、方法和技术，聚集草地碳汇生态产品、草地畜产品和草业产品，是北方草甸和草甸草原实现生态产业的重要目标。因此，需要构建草地退化修复技术、废弃物资源化循环利用技术、草畜高效利用技术和生态产业技术集成体系，实现可持续发展的草地生态产业。

第二节 草地生态修复技术集成

一、大田尺度草地生态修复

本研究针对退化草甸草原和草甸的综合治理需求，对现有草地生态保护修复技术的成效进行定量评价和比较，在大量可选技术中筛选出适宜的技术方案并进行优化；在大田尺度上进行技术集成与验证，并采用量化指标（产量、质量、效益）分析应用的效果；在此基础上，将技术集成的成果在牧场和区域尺度上进行技术转化与示范应用。

本研究在草甸草原和草甸项目区开展土壤疏松、土壤养分调控、植被结构优化的生产效果、生态效益和经济效益的比较分析试验，技术指标包括植被结构优化、产量提高、土壤改善、效益提高及效果持续性等方面。土壤疏松技术为破土切根（QG）和疏松打孔（DK），破土切根是利用主动型的盘齿类切刀强制切土壤板结层，将羊草横走根茎切断，地表形成极小切缝并伴随局部疏松；疏松打孔采用机械切入和振动方式破除根系层板结状况，在表土形成蜂窝状结构并破坏表土毛管。结果表明，切根和打孔均能在一定程度上提高草地产草量，但在不同区域均未达到显著水平；在所有研究区域，单纯采用物理措施投入低、净收益也低，只有与化学和生物措施配合才能达到比较理想的效果（图 10-1）。

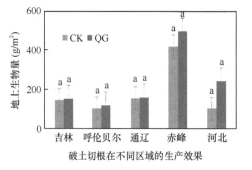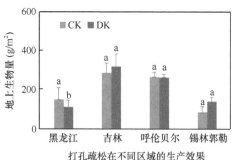

图 10-1 草甸草地不同区域土壤物理疏松的生产效果

不同小写字母表示不同处理间差异显著（$P<0.05$），下同

长期不合理的放牧和刈割都会降低土壤养分水平，尤其是长期不合理刈割，会抽空土壤营养库。土壤养分调控主要通过施用化肥、微生物肥、有机肥来提高土壤营养水平，达到恢复植被和提高生产力的作用。本研究对不同区域施用化肥的结果进行比较，发现施用化肥处理具有显著的增产作用，3 个处理 3 年的产量都显著高于对照处理，而施用有机肥处理的增产效果不明显（图 10-2）。此外，对比不同区域草甸草地土壤养分调控的经济效益，发现吉林/呼伦贝尔/河北施用化肥效益显著，呼伦贝尔收益最高可达对照的 2.6 倍，科尔沁草原施肥改良经济效益不显著，有机肥由于投入成本较高，效益为零或负（图 10-3）。

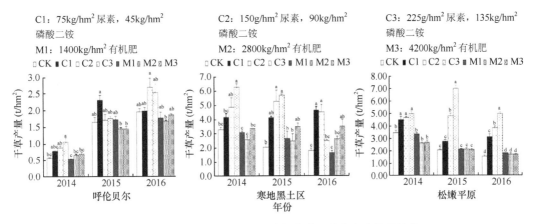

图 10-2　化肥和有机肥在不同草甸草地区域的生产效果比较

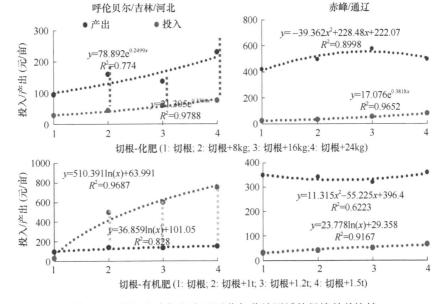

图 10-3　化肥和有机肥在不同草甸草地区域的经济效益比较

对于生产力相对比较高的草甸草原和草甸，植被结构优化是提高其生物量和利用价值的重要途径，主要包括传统的补播技术及生长调节技术。补播是在不破坏或少破坏原有植被的情况下，播种适应性强、饲用价值高的牧草，以增加草群的种类和盖度，是提高草地生产力和质量的一种草地治标改良措施。生长调节技术主要利用植物生长素调节根茎植物的根茎芽萌发和分蘖，从而有方向性地调控群落成分。

基于上述技术筛选结果，本研究初步提出呼伦贝尔退化草甸草原生态修复技术集成模式，并在内蒙古呼伦贝尔草原生态系统国家野外科学观测研究站进行大田尺度的技术验证。大田验证试验植被和土壤分析结果表明，疏松 2 遍+低化肥，产草量从 181.78g/m² 增加到 320.54g/m²，粗蛋白从 14.35%增加到 22.63%，羊草无明显变化；疏松 3 遍+中化肥，显著提高了羊草株丛数，从 129 株/m² 增加到 469 株/m²，年产草量最高可达对照的 6 倍（2017 年）。该结果为草地生态修复提供了重要启示，即土壤疏松程度是促进羊草分蘖的重要因素，施肥对物种之间没有差异性，即施肥可促进所有物种的生长。

二、牧场尺度草地生态修复

牧场尺度草地生态修复改良集成 20 多种单项植被土壤修复技术，主要包括不同方式的土壤疏松技术，不同水平及不同种类的化肥（氮肥、磷肥、复合肥料）、有机肥（厩肥、发酵肥、蚯蚓粪、蘑菇培养基）、生长调节剂/促进剂的组合技术，以及液体地膜等新型改良材料的使用。样地在土壤输送基础上进行了施肥处理，包括对照组（CK）、高化肥（H）、低化肥（L）、有机肥（O）等 4 个处理，每个处理 3 个重复。

植被和土壤分析结果表明，不同修复处理的产草量均显著高于未进行修复处理的对照组。其中低化肥+有机肥处理产量最高，显著高于低化肥和高化肥的处理（$P<0.05$），干草和羊草产量分别为 412.27g/m^2、247.12g/m^2，有机肥处理的干草和羊草产量增产贡献分别为 235.79g/m^2、235.58g/m^2（图 10-4）。

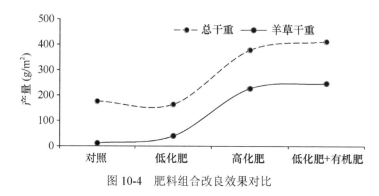

图 10-4　肥料组合改良效果对比

土壤修复的成套设备和肥料配方示范结果表明，四维一体肥在研究区表现最佳（图 10-5），土壤疏松+四维一体肥在使用后连续三年大幅度增产，优质牧草比例增加。2017 年修复样地是对照样地（30kg/亩）的 6 倍，2018 年修复样地是对照样地（83kg/亩）的 4.7 倍，2019 年修复样地是对照样地（67kg/亩）的 3.7 倍（齐地面 10cm）。

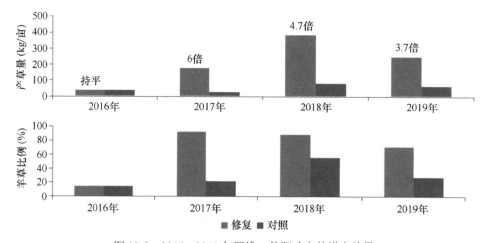

图 10-5　2017～2019 年四维一体肥改良的增产效果

三、退耕地及盐碱化撂荒地生态修复

根据谢尔塔拉牧场 2000 头奶牛优质蛋白质饲料缺乏的问题，结合退耕地快速修复与重建，开展优质饲草生产技术集成研究，包括优质饲草资源筛选、高产苜蓿人工草地水肥调控、混播群落结构与产量调控、盐碱化撂荒地重建及优质牧草利用技术的集成示范、高产优质饲草生产加工技术。本研究筛选 35 份苜蓿品种资源，确定了呼伦贝尔杂花苜蓿、公农 1 号苜蓿等 2 个主栽品种，中育一号杂花苜蓿进入国家审定品种区域试验；筛选了 22 份燕麦品种资源，确定了哈维 1、美达、贝勒等 3 个主栽品种（图 10-6）。

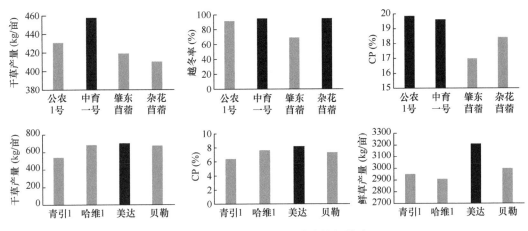

图 10-6　优质牧草抗性与生产性能筛选

本研究在呼伦贝尔年均降水量 300~350mm 的区域，针对牧草产量与营养品质双重目标，引进窄行密植苜蓿种植技术，并提出关键施肥期（播种期施加磷酸二铵 10kg，分枝期-现蕾期追施尿素 5kg）、关键补水期（现蕾期补水 50mm，每茬次刈割 5 天后补水 50mm）大田水肥调控方案，达到苜蓿人工草地产量 450kg/亩以上、粗蛋白 18.5%以上（图 10-7）。

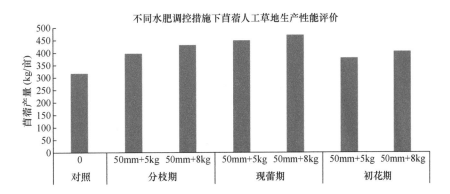

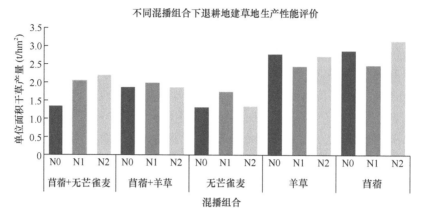

图 10-7 不同技术措施生产性能评价

N0 表示不施肥, N1 表示施肥 75kgN/(hm²·年), N2 表示施肥 150kgN/(hm²·年)

本研究在谢尔塔拉牧场退耕地及盐碱化撂荒地修复与重建区域，应用混播草地群落建植技术集成，在保证修复植被群落盖度、寿命与生活年限的基础上，提高牧草产量与营养品质。苜蓿+无芒雀麦混播比例1：1、苜蓿+羊草混播比例1：3两种模式共示范2000亩，苜蓿+无芒雀麦混播草地产量达到450kg/亩，苜蓿+羊草混播草地达到380kg/亩。此外，针对盐碱地含盐量0.85%以内的撂荒地，以开沟覆沙种植羊草、播种量3kg/亩、行距20cm条播方式进行了重建，在调整土壤质地和结构、增加通透性的同时，提高植被盖度和产量。

第二节　牧场资源化循坏利用技术集成

本研究针对割草场逐年刈割和天然草原连续放牧造成的养分流失及大型牧场废弃物污染严重的问题，开展大型牧场废弃物资源化循环利用生态产业技术的研究；并基于生态草业和生态畜牧业的技术成果，使得种植和养殖过程中的物质流和能量流循环系统，可以能动地促进物质循环利用和减少能量损失，修复退化草地并降低废弃物污染，产生良好的效益。另外融合生态草业和生态畜牧业各项技术，对规模化牧场废弃物牛粪进行资源化处理利用。

一、牧场废弃物资源化利用

将牧场的鲜牛粪作为培养双胞蘑菇和蚯蚓的原材料。双孢菇采用全牛粪发酵栽培，辅料为过磷酸钙、石膏、碳酸钙等材料，温度控制在 20～24℃，空气相对湿度控制在85%～95%，发酵培养后蘑菇菌丝较白，质量好，可作为鲜食蘑菇销售，剩下的菇渣具有颗粒性，透气性较好，可直接作为肥料使用。另外，鲜牛粪通过堆积、接种等培养蚯蚓的流程，经过蚯蚓消化道中砂囊的机械研磨和体内一系列酶的消化后，会形成粉末状、无味道的残渣，即蚓肥（vermicompost）。收集各处理的样品，测定其营养成分（表 10-1）。

表 10-1 鲜牛粪、菇渣与蚓肥营养成分比较

样品	有机碳（OC）(g/kg)	全氮（TN）(g/kg)	碳氮比（C/N）	碱解氮（AN）(g/kg)	碱解氮/全氮（AN/TN）(%)	速效磷（AP）(g/kg)	速效钾（AK）(g/kg)
鲜牛粪	697.65a	18.43a	37.85b	0.20a	1.09a	1.52a	11.21a
菇渣	303.08b	16.08a	18.85a	0.58b	3.61b	0.11b	1.78c
蚓肥	435.61b	6.07b	71.76c	1.00c	16.47c	0.11b	4.72b

注：同列不同小写字母表示不同处理间差异显著（$P<0.05$），下同

　　鲜牛粪经过种植双孢菇、养殖蚯蚓处理后（图 10-8），收集蘑菇菌渣和蚯蚓排泄物进行堆肥制作有机肥料，两种有机肥的碱解氮（AN）含量显著增加（$P<0.05$），蚓肥中的碱解氮（AN）是鲜牛粪的 5 倍；而有机碳（OC）、速效磷（AP）和速效钾（AK）的含量均大幅降低（$P<0.05$），尤其是速效磷（AP）的含量，处理之后含量低至 0.11g/kg。

图 10-8 牛粪种植蘑菇和养殖蚯蚓

　　菇渣中的全氮（TN）含量和鲜牛粪基本一致，但是蚓肥中的全氮（TN）含量比二者显著降低（$P<0.05$），因此菇渣的碳氮比（C/N）较鲜牛粪明显降低（$P<0.05$），而蚓肥中的碳氮比则显著升高（$P<0.05$）（表 10-1）。而由于碱解氮（AN）的大幅增加（$P<0.05$），两种肥料的碱解氮/全氮（AN/TN）也显著增加（$P<0.05$），尤其是蚓肥，由 1.09%增加到 16.47%。

二、菇渣和蚓肥改良草地

　　将菇渣和蚓肥作为有机肥对天然草地进行改良，连续两年对施肥后天然草地植被特征情况和土壤的营养成分、土壤微生物多样性进行测定。蚓肥和菇渣有机肥对土壤有效磷和有效钾产生明显的影响，导致土壤 pH 趋于中性且 a3 处理显著高于其他处理。a3 处理的有效磷含量增高，而 b3 处理的有效钾含量最高，蚓肥和菇渣处理提高了土壤可利用养分，表明蚓肥和菇渣对化学性质有明显的影响。菇渣处理的草地生物量均比对照有显著增加，尤其在 b3 处理下，地上生物量显著高于其他处理（表 10-2）。

表 10-2 不同有机肥处理的土壤化学性质和地上生物量（*n*=3）

处理	pH	全氮（g/kg）	全磷（g/kg）	全钾（g/kg）	有效氮（mg/kg）	有效磷（mg/kg）	有效钾（mg/kg）	有机质（g/kg）	生物量（g/m²）
CK	6.28b±0.10	2.51a±0.25	0.66a±0.12	31.85a±0.61	172.84a±10.24	7.43b±0.94	179.42a±31.01	55.48a±0.90	172.8c±10.68
a1	6.31b±0.02	2.52a±0.30	0.68a±0.10	32.64a±1.44	175.90a±11.67	8.89b±1.39	209.19bc±55.79	52.15a±6.19	198.38bc±14.94
a2	6.51b±0.01	2.26a±0.12	0.69a±0.21	31.96a±0.84	167.76a±3.12	8.34b±1.29	195.03bc±32.10	50.32a±5.18	180.91bc±2.90
a3	7.02a±0.54	2.47a±0.08	0.73a±0.20	33.12a±0.71	184.54a±15.22	10.20a±0.15	252.14ab±4.68	55.40a±5.49	214.27bc±5.26
b1	6.21b±0.08	2.56a±0.28	0.74a±0.26	32.18a±0.51	183.70a±3.66	9.06b±1.87	250.67ab±12.13	55.75a±1.76	191.49ab±1.99
b2	6.14b±0.12	2.10a±0.07	0.58a±0.04	31.84a±0.56	169.34a±6.80	8.18b±0.48	220.20bc±23.32	48.31a±5.60	219.78ab±10.73
b3	6.17b±0.20	2.40a±0.26	0.55a±0.01	32.59a±0.88	187.96a±5.60	8.84b±0.31	292.44a±20.67	55.78a±4.43	244.11a±13.59

注：CK. 无施处理；a1、a2、a3 分别为腐殖类肥料施肥量 15t/hm²、30t/hm²、45t/hm²，b1、b2、b3 分别为菌渣施肥量 15t/hm²、30t/hm²、45t/hm²。下同。

土壤微生物多样性分析共得到 31 个类群，所有样品中的前 5 个主要为放线菌门（Actinobacteria）、变形菌门（Proteobacteria）、酸杆菌门（Acidobacteria）、疣微菌门（Verrucomicrobia）和绿弯菌门（Chloroflexi），它们占细菌群落相对丰度的 85% 以上（图10-9）。在这些占优势的类群中，放线菌在 a2 处理中最为丰富（36.79%），但在 a1 处理中最少（31.57%）。相反，酸杆菌门在 a1 处理中最高（20.69%），在 a2 处理中最低（13.92%）。变形菌门作为第二丰富的门，在 b1 和 b3 处理中含量较高（23.29%、22.32%）。而疣微菌门在 a3 处理中占比最多（12.72%），绿弯菌门在 b2 处理中最为丰富（10.59%）。

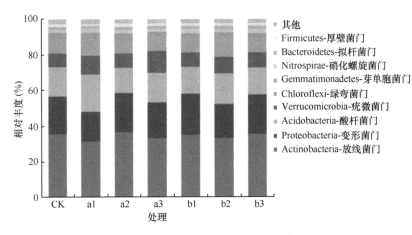

图 10-9 不同有机肥处理土壤微生物组成

三、清洁生态牧场与粪污处理

为了解决谢尔塔拉牧场粪污染问题，本研究基于粪污处理和资源化利用技术集成，开展清洁生态牧场产业技术研究。主要集成不同类型粪污处理及循环利用技术。粪污处理技术集成以谢尔塔拉牧场大型养殖场为研究对象，通过 3 种方式（生物发酵、种植蘑菇、养殖蚯蚓）（图 10-10），对粪污进行资源化处理。处理后生物发酵肥有机质含量居中、全氮含量最高，分别为 403.6g/kg 和 16.5g/kg；种植蘑菇菌渣有机质含量减少、全氮含量几乎未变，分别为 303.1g/kg 和 16.1g/kg；蚯蚓粪的有机质含量最高、全氮最低，分别为 435.6g/kg 和 6.07g/kg。

将上述不同技术产生的有机肥施用在天然草地和人工栽培草地上，改良土壤、促进草地增产，通过调制干草和制备青贮饲料，为牧场养殖提供优良饲草。施有机肥明显增加了地上生物量，尤其是蘑菇菌渣，效果明显。每公顷施用 30t 蘑菇菌渣后干草产量达到 2.60t，比对照提高 51.2%。每公顷施用 45t 蚓肥后干草产量达到 2.14t，比对照提高24.4%。有机肥还田的方法在消纳废弃物的同时，还能增产富民。但是，有机肥对羊草的增产效果却不明显，有的处理甚至降低了羊草的干重，这可能是由于有机肥通过增加群落其他植物的生长，降低了羊草的优势度（图 10-11）。

谢尔塔拉牧场有 2000 头牛规模，年产粪污 1.8 万 t。每吨牛粪约可以产活蚯蚓 30kg，制成蚯蚓粉约 5kg，按单价 60 元/kg 计算，有 300 元的收益，并且可以产生约 200 元的

图 10-10　粪污处理循环利用技术（g/kg）

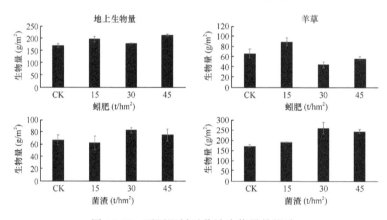

图 10-11　不同肥料对草地生物量的影响

蚓肥的收益，每吨牛粪养殖蚯蚓的收益约为 500 元。采用全牛粪栽培技术种植双孢菇，每吨牛粪可产生 500kg 双孢菇，单价按 8 元/kg 计算，产值为 4000 元，除去人工、原料等费用，每吨牛粪种植蘑菇收益大约为 1500 元。此外，过程中的副产物蚓肥和菇渣都可以作为有机肥还田，节省了牧场的肥料投入，有机肥改良天然草地的技术，使羊草生物量提高了 12.68%，群落生物量提高了 41%，群落多样性和土壤养分也大幅提高，说明退化草场得到了较好的修复，粪污的资源化处理产生了良好的生态效益和经济效益。此外养殖蚯蚓和种植蘑菇可以生产中药地龙、蚯蚓粉和食用菌，也有良好的附加经济效益。

第四节　优质高效草产品生产利用技术集成

一、不同区域品种筛选与适宜性区划

为了解决北方草甸与草甸草原区牧草引种需求，本研究开展基于不同区域气候和土壤环境大数据的牧草区域布局，研制牧草适宜性地理信息系统（GIS）模型，确定不同牧草品种在研究区域的适宜性分布情况。在此基础上，选择呼伦贝尔、科尔沁两个典型区域，基于越冬率和产量两个重要生产性能指标，开展适宜栽培的牧草品种筛选。呼伦贝尔地区筛选了呼伦贝尔杂花苜蓿、公农 1 号、肇东、龙牧 801 等苜蓿品种，以及羊草、无芒雀麦、披碱草、老芒麦等多年生禾草，青海 444、林纳、加燕、哈维等一年生燕麦品种。科尔沁地区筛选了 13 个苜蓿品种，包括国外苜蓿品种 5 个（WL-319、苜蓿 3010、康赛、金皇后、驯鹿），国内育成品种 5 个（中苜 1 号、草原 2 号、草原 3 号、甘农 1 号、公农 1 号），国内地方品种 3 个（肇东苜蓿、敖汉苜蓿、准格尔苜蓿），其中草原 3 号在产量上与当地主推的国内外苜蓿品种差异不显著，考虑一个完整生产周期 5~6 年，草原 3 号在当地推广中在产量方面更有优势。

二、高产牧草栽培及加工技术集成

呼伦贝尔谢尔塔拉牧场不同播种量、施肥、灌溉量、种植方式的技术集成及加工研究结果表明（图 10-12），呼伦贝尔地区主要栽培牧草适宜播种量苜蓿以 1.0kg/亩，披碱草、无芒雀麦以 1.5kg/亩，羊草以 2.5kg/亩为宜；关键补水期为返青期与现蕾期；施肥量推荐苜蓿磷酸二铵 8kg、尿素 10kg，燕麦磷酸二铵 10~15kg、尿素 8kg；关键期补水灌溉量（含降水量 400mm 计算）可实现 500kg/亩左右的产量目标。总体上看，混播产量较单播高，但不同草种组合也存在草种间资源竞争的现象，同时由于混播种植种子的差异播种有一定难度，不利于大田推广，目前仍以单播为主。本试验主要集成了高寒地区苜蓿与小麦轮作、高寒地区青贮玉米种植、高寒地区无芒雀麦栽培和高寒地区饲用燕麦种植等成熟技术。

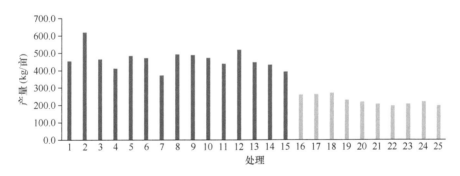

图 10-12　不同播种方式对牧草产量影响

1. 垂穗披碱草+杂花苜蓿（1∶1）；2. 无芒雀麦+杂花苜蓿（1∶1）；3.野生羊草+杂花苜蓿（1∶1）；4. 垂穗披碱草+杂花苜蓿（2∶1）；5. 无芒雀麦+杂花苜蓿（2∶1）；6. 野生羊草+杂花苜蓿（2∶1）；7. 垂穗披碱草+杂花苜蓿（3∶2）；8. 无芒雀麦+杂花苜蓿（3∶2）；9. 野生羊草+杂花苜蓿（3∶2）；10. 野生羊草+无芒雀麦+杂花苜蓿（3∶3∶3）；11. 野生羊草+垂穗披碱草+杂花苜蓿（3∶3∶3）；12. 野生羊草+秣食豆+杂花苜蓿（3∶1∶1）；13. 野生羊草+饲用大豆+杂花苜蓿（3∶1∶1）；14. 野生羊草+燕麦+杂花苜蓿（3∶1∶1）；15. 野生羊草+青谷子+杂花苜蓿（3∶1∶1）；16. 吉生羊草；17. 野生羊草；18. 披碱草；19. 无芒雀麦；20. 肇东苜蓿；21. 杂花苜蓿；22. 龙牧 801；23. 龙牧 803；24. 龙牧 806；25. 黄花苜蓿

保护行播种方式（图 10-13）对苜蓿返青及产量有显著影响，表现在苜蓿苗期生长缓慢，持续时间长，长时间的裸地不仅容易造成水土流失，而且也容易造成杂草滋生，严重时导致种植失败。进行保护行播种既可以抑制杂草生长，达到保护苜蓿正常生长的目的，又可以防止水土流失，同时也可弥补苜蓿播种当年效益低的缺陷。保护行播种第二年交叉种植区返青普遍较早，返青率高，交叉种植区返青期提前 16 天，返青率提高0.15%。

图 10-13 苜蓿和燕麦保护行播种

燕麦与苜蓿种植效益对比分析表明，科尔沁地区燕麦种植一年两茬，净收入 569.5元/亩；苜蓿种植以 4 年平均产量计算，净收入 585.6 元/亩；苜蓿+燕麦保护行播种，以第二年的苜蓿产量计算，净收入 597.7 元/亩，略高于单播苜蓿。燕麦种植一年两茬、单播苜蓿、苜蓿+燕麦保护行播种人工草地种植模式，种植效益接近，苜蓿+燕麦保护行播种方式略高。

本研究基于呼伦贝尔地区开展的优质高效草产品生产利用技术集成和试验研究，提出呼伦贝尔苜蓿-燕麦-青贮玉米优化模式，针对奶牛为主的生产单元，在退耕地进行优质牧草种植，"苜蓿-燕麦-青贮玉米"按 1∶1∶2 的比例进行种植配置（图 10-14）。示范牧场用 1kg 苜蓿+2kg 燕麦代替 5kg 秸秆饲喂奶牛，乳蛋白含量达 3.4%，乳脂肪 4.0%。每头奶牛年增加奶量 300kg，每公斤利润增加 1.00 元，每头牛全年利润增加 300 元。

图 10-14 优质草产品加工

第五节　生态畜牧业技术模式

一、饲草高效持续利用模式

（一）改良放牧系统

1. 自由放牧向控制放牧转变

自古以来，放牧都是人类利用家畜生产的一种重要方式，我国长期以来没有对放牧活动进行计划或约束，大多数牧民实行自由放牧的形式，没有明确的规划，盲目进行草场放牧，容易造成过度放牧，使草地产量和质量下降，严重时可引起草地退化。控制放牧是对放牧活动进行科学规划和管理，利用控制放牧家畜采食来达到现有饲料资源的最佳利用。合理利用天然草场和人工草地，进行控制放牧，实行以草定畜，推广围栏放牧、轮牧和舍饲的合理组合，既可以防止草地退化、沙化，又可以提高草地利用效率。放牧是高质量、低成本利用草地饲养家畜的有效方式，有利于家畜健康及减少疾病的发生和传播。合理放牧的标准就是家畜在草地上放牧，草地在正确的管理下能长期保持稳定的生产力和相对稳定的草地群落结构，土壤不出现退化或水土流失，家畜的各项生产指标处于良好状态（张英俊，2009）。

当前常用的控制放牧方式是连续放牧和划区轮牧，对于犊牛和羔羊还可以采用穿栏放牧。典型的控制放牧模式为划区轮牧模式，将草地划分成若干轮牧小区，按照一定次序逐区采食，轮回利用，并且充分利用暖季牧草营养价值丰富、产量高和幼畜生长快、饲料报酬高的优势，采取控制存栏的措施，扩大母畜比例，实行羔羊当年出栏，按暖季草地载畜量确定发展头数，按冷季草地载畜量确定存栏，既提高家畜生产，又有效防止草地退化，改善草地状况，兼顾经济发展与生态环境保护。通过制定合理的放牧制度，充分利用牧草的生物学特征，降低家畜的选择性采食行为与践踏对草地的干扰强度，协调草地植物群落的生态学特性，以达到整个草地生态系统的良性运转，最终实现草地资源的可持续利用（颜景辰，2007）。

2. 天然草地饲喂向天然草地和人工草场兼顾转变

草地畜牧业是生态畜牧业的重要组成部分。草地畜牧业的高质量发展对于我国畜牧业的整体竞争力提升具有重大意义。我国是草原资源大国，拥有各类天然草地近 4 亿 hm^2，占国土总面积的 41.7%。天然草地是我国最大的生态系统，也是我国面积最大的生态屏障。人工草地是通过人为播种建植的人工草本群落，即种植优良牧草，以获取稳定、高产、优质饲草料的草地。它既可以弥补天然草地产草量低的不足，有效缓解草地放牧压力，同时又可以源源不断地为家畜提供量多、质优的饲草（韩建国，2007）。

根据《肉羊饲养标准》（NY/T 816—2004）的规定，一只体重 40kg 的公羔羊，实现日增重 200g，每天需要的干物质为 1.47kg、代谢能为 15.84MJ、粗蛋白为 183g，因此，就要求每千克牧草的代谢能要达到 10.78MJ，蛋白质含量达到 12.4%。由于一般天然草地的饲草中代谢能和粗蛋白含量较低，草地放牧育肥的生产力偏低，无法满足家畜的营养需求。近年来，随着人工草地和放牧管理技术研究的不断深入，人工草地放牧利用的生产性能显著提升。苜蓿草地上羔羊育肥实现了日增重 300g，羔羊出生后 100～120 天胴体重超过 17.5kg，增重效果显著（Moot et al.，2018）。在阿根廷，在紫花苜蓿草地上放牧饲养的奶牛，结合适当补饲，年产奶量可以达到 9t 以上，肉牛的日增重也可以达到 1.4kg。在新西兰 450～780mm 降水量的雨养区，以白车轴草和多年生黑麦草为主的混播草地有被紫花苜蓿混播草地替代的趋势，因为紫花苜蓿草地持久性更强、牧草产量更高并可使家畜增重更快（Mills et al.，2014）。此外，放牧还会使土壤、环境、动物福利、动物健康及畜产品品质具有明显的优势。我国的农田土壤由于高强度利用，同类土壤的有机质含量与欧洲相比明显偏低，棕壤平均低 1.5%～2.0%，黑钙土低 5.0%左右（杨帆等，2017），而多年生混播草地由于减少频繁耕作及丰富地下生物量非常有利于有机质中腐殖酸的形成（Allen and Michael，2007）。放牧利用时家畜排泄物等有机物直接还田，有利于土壤有机质含量的提升，提高土壤质量。

人工草地为确保畜牧业可持续发展而提供高产优质的饲草，是实行畜牧业必不可少的草料生产基地，可以减轻天然草地压力，改善饲草营养。饲喂方式由以天然草原为主转变为天然草原和人工草地兼顾，对维持畜牧业生产持续、稳定、健康发展，保护生态环境，提高畜牧业生产水平具有重要意义。

本研究在河北廊坊进行的放牧草地系统高效生产与持续利用关键技术研究就采取了典型的人工草地划区轮牧模式，人工建植紫花苜蓿+苇状羊茅+鸭茅（3:1:1）的豆禾混播草地，进行轮牧试验。结合气候条件、草地生产潜力及育肥羔羊的营养需求，试验地所在的华北区域要实现 150 天的全草型肉羊高效放牧育肥[放牧期从 5 月 1 日～9 月 28 日，羔羊进场重 25kg（三月龄），出栏体重 55kg，以日增重 200g 测算]，每只羊需要配置 220.5kg 优质干草或 2376MJ 代谢和 27.45kg 粗蛋白。按照 5 月饲草品质计算，每公顷紫花苜蓿混播草地可满足 51 只育肥羊的干物质和代谢能的需要量，以及 85 只育肥羊的粗蛋白的需要量。按照较低的干物质和代谢能计算，每公顷紫花苜蓿混播草地可满足 51 只肉羊、每只增重 30kg 的营养需要，从而实现放牧草地的草畜平衡，充分利用草地的营养供给，实现草地的可持续发展（何峰等，2020）。

（二）补充混合饲料

天然草地或人工草地通常只提供一种或几种饲草，无法满足家畜生长发育对各种营养元素的需求，合理配制混合饲料供给家畜营养物质，才能经济地利用饲草饲料，生产出量多质优的畜产品。家畜的营养需要可分为维持需要和生产需要两大类。维持需要是指维持其基本生命活动所需要的营养物质，表现为维持正常消化、呼吸、循环、体温等正常的生命活动。而生产需要是用于生长、繁殖、泌乳、长肉、产毛等生产活动，是摄食营养的总量减去维持需要后的剩余部分。生产需要占总营养需要量的比例越高，饲料的转化率就越高，饲养效果就越好。科学的日粮配合可以降低维持需要，提高饲料的利用率和养畜的经济效益（张英俊，2009）。

混合饲料的配制需要根据家畜的种类、生长阶段、营养需要量、饲料原料种类、营养成分、预期采食量等条件进行综合分析，规划计算各种饲料原料的用量比例，形成配方配制饲粮。混合饲粮的实际饲养效果是评价配方质量的最好尺度（张英俊，2009）。

随着饲料工业的发展，全混合日粮（total mixed ration，TMR）技术已经成为当今国内外规模化、集约化牧场采用的饲养技术。TMR 是按照反刍动物不同生理阶段的营养需要，把切碎（揉搓）为适当长度或颗粒的粗饲料、精饲料、矿物质、维生素和各种营养添加剂按照一定的配比进行充分搅拌混合而得到的一种营养相对均衡的日粮。TMR 技术在配套技术措施和性能优良的 TMR 机械的基础上能够保证家畜每采食一口日粮都是精粗比例稳定、营养浓度一致的全价日粮。TMR 实现了饲料加工的规模化、工业化，可减少饲喂浪费，便于规模化养殖管理，有利于提高规模效益和劳动生产率（辛鹏程和黄建华，2019）。目前这种成熟的饲喂技术在以色列、美国、意大利、加拿大等国已经普遍使用，我国现正在逐渐推广使用。

普通 TMR 虽然有诸多优点，但是在储存和运输过程中容易腐败变质，不适合长期储存和长距离运输。发酵 TMR 技术是有效解决此问题的途径。发酵 TMR 是普通 TMR 技术与青贮发酵技术相结合，在原有 TMR 基础上进行发酵的新型饲喂技术。不仅便于储存和运输，而且通过发酵提高了饲料的口味和适口性。制作方式一般有打捆青贮裹包、青贮袋装、拉伸薄膜裹包等，都是对原料进行厌氧发酵，改善原料的品质（赵钦君等，2016）。裹包制作发酵 TMR 后，粗蛋白、灰分和醚浸出物含量都有显著增加，pH 显著降低，发酵产物如乳酸、乙酸和丙酸含量增加，储存时间延长（Wang et al.，2010）。裹包贮存可显著提高 TMR 饲料干物质、粗蛋白和中性洗涤纤维的瘤胃消失率和有效降解率（张俊瑜等，2010）。在饲喂发酵 TMR 后，奶牛的产奶量可以提高 7.69%，3.5%标准乳产量提高了 5.2%（周振峰等，2010）。邱玉朗等（2013）研究发现，饲喂发酵 TMR 的肉羊日增重比普通 TMR 和精粗分开日粮分别增加 7.36g 和 19.44g，发酵 TMR 能够显著提高肉羊的生长性能、改善肉羊消化吸收功能和增强蛋白质合成。发酵 TMR 的诸多优点使其应用越来越广泛，通过其配方技术、添加剂、生产设备等方面的研究，可以进一步发挥其生产潜力，促进草牧业高质量发展。

（三）开发新型生态饲料

生态饲料是指围绕解决畜产品公害和减轻畜禽粪便对环境污染等问题，从饲料原料的选择、配方设计、加工、饲喂等过程，实施严格质量控制和动物营养系统控制，以改变、控制可能发生的畜产品公害和环境污染，使饲料达到低成本、高效益、低污染的效果（唐淑珍等，2008）。保证饲料安全是保证畜产品安全乃至食品安全的基础。生态饲料又名环保饲料，主要有饲料原料型生态饲料、微生态型生态饲料和综合性生态饲料（辛学，2011）。

饲料原料型生态饲料：特点是原料成本低、消化率高、有害成分低、安全性高、营养成分变化小，如秸秆饲料、畜禽粪便饲料、绿肥饲料、酸贮饲料等。这类饲料通常就地取材，利用天然原料进行资源化处理，是资源节约型和环境友好型的生态饲料。

微生态型生态饲料：饲料中加入少量或微量的添加剂，能强化营养物质利用，提高动物生产性能，调节家畜胃肠道微生物菌落，促进有益菌的生长繁殖，提高饲料的消化率，具有明显降低污染的能力。分为营养性添加剂和非营养性添加剂，营养性添加剂主要功能是平衡营养、改善品质，包括氨基酸添加剂、矿物质添加剂、维生素添加剂等；非营养性添加剂不提供营养，但是可以防治疾病、提高饲料收益、降低饲料成本，获取更大的经济效益，包括微生物添加剂（如乳酸杆菌制剂、双歧杆菌制剂等）、中药添加剂等（董璇等，2020）。

综合性生态饲料：综合考虑原料成本、家畜营养吸收、对环境的污染等各种因素，全面有效地提供营养、控制各种生态环境污染等，应用适宜饲料原料，采用两种或两种以上饲料添加剂，通过特定的加工工艺制作而成的饲料，一般来说成本较高。

配制生态饲料的前提是要用优质的原料，保证其来源为已被认定的绿色食品产品及其副产物。核心是准确估测动物对营养的需要量和所用原料的利用率，可以提高家畜对饲料的利用率，减少排出量，不仅可以节省蛋白质资源，而且会大大降低畜禽粪便的氮污染程度。加工技术常采用膨化和颗粒化技术，目的是破坏或抑制饲料中的抗营养因子、有毒有害物质和微生物，以改善饲料的卫生状况，提高养分的消化率（唐淑珍等，2008）。

开发生态饲料的重点在于生态饲料添加剂，包括酶制剂、微生态制剂、有机微量元素等，能更好地维持畜禽肠道菌群平衡，提高饲料转化率，减少环境污染。开发与利用生态饲料配制技术，包括准确估算牲畜的营养需要量和原料的消化率，通过改进饲料的加工工艺以充分提高饲料中养分的消化和利用效率（颜景辰，2007；唐淑珍等，2008）。

二、大型生态牧场经营模式

（一）综合生态牧场方式

大型生态牧场是在大农业生产中形成良性生态循环的规模化牧场。其目的为广辟饲料来源，提高能量利用率和物质转化率，降低生产成本，节省能源消耗，减少环境污染，从而提高整个农业生产的经济和社会效益（农业大词典编辑委员会，1998）。大型生态牧场一般是以规模化养殖的牧场为中心，以专业化、产业化、公司化为经营方式，实行种养结合循环农业生产方式，以生态文明为指导思想进行畜禽饲养生产活动。国外通常把生态牧场称为综合农场系统（Integrated Farm System）模式，下面是一个典型的综合农场系统模式（图10-15），人工草地种植、收获、储存为家畜提供饲草，草地为家畜提供放牧条件，家畜废弃物通过固液分离变为沼气、沼渣或直接为草地土壤提供肥料，放牧活动和肥料滋养土地，土地种植人工草地形成一个物质和能量的多级循环农业模式，也是典型的生态牧场模式。

近年来，国内也新建或改建了很多大型生态牧场，多数以专业化程度较高的奶牛、肉牛或肉羊牧场为主，由大型企业独立经营或企业和牧户组成合作社经营。本研究依托国家重点研发计划"北方草甸草地生态草牧业技术与集成示范"（2016YFC0500608）在内蒙古通辽市扎鲁特旗进行肉羊养殖生态牧场模式的研究，当地企业建立专业化牧场，

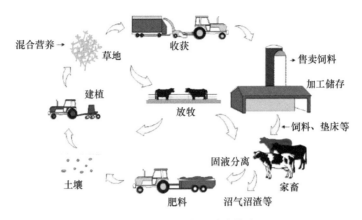

图 10-15 综合农场系统模式

通过天然草地改良及种植人工草地提供饲料和吸纳牧场废弃物,并且与农户成立养殖合作社进行规模化肉羊养殖和销售(仝宗永等,2020)。作为典型的大型生态牧场模式,整体可以分为饲料来源、养殖繁育、加工销售三大部分,如图 10-16 所示。

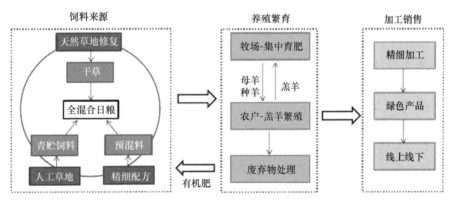

图 10-16 生态牧场模式图

(二)生态牧场饲料来源

生态修复天然草地:通过不同改良措施修复沙化的天然草地为合作社自有的租用草地,退化草地的植物平均盖度提高了 14%,牧草生物量从 536.05g/m^2 提高到 659.34g/m^2,显著提高了 23%($P<0.05$)。共建成约 130hm^2 的打草场,属于以冰草为主的草甸草地,其他主要物种有羊草、针茅、沙葱、野韭等,干草平均年产量可以达到 400~500kg/亩。

人工草地:生态牧场每年生产全株饲用玉米约 5000t,其中 2500t 制作青贮饲料,另外 2500t 收获玉米籽粒加工成为精料中的玉米粉,粉碎的秸秆也可作为饲料。

精料:精料中的预混料和豆粕需要购买,其他成分都可以自给,牧场有混料机可以进行混料制作 TMR 配方,不同生长发育阶段肉羊的精料配方不同。

(三)生态牧场养殖繁育及产品附加值

本研究所采用羊的品种为小尾寒羊+萨福克羊+杜泊羊三元杂交羊,其具有生长速度快、适应性强、耐受性强等特点，产羔率 100%，每只母羊平均年产羔 2.6 只。牧场委托农户进行肉羊繁殖和饲养，并将羔羊饲养至 3~4 月龄、体重在 30~40kg，牧场按照高于市场价的 20%~30%进行回收，高于 40kg 的羔羊按 40kg 回收，统一按体重进行分群集中饲养，饲料来自修复后打草场和人工草地，实现不同生育阶段的肉羊匹配不同配方的日粮，精准饲喂，达到营养和产量的最优化。在养殖过程中肉羊产生的排泄物可以通过堆肥发酵等方式制作成有机肥，在天然草场和人工草地中施用进行还田，达到废弃物的循环利用。

通过集中育肥饲养至约 8 月龄，育肥羊体重达到 60~70kg，最高可达 75kg 时，统一进行屠宰，分部位分割、精细加工、包装及定价、申报绿色优质产品，进行现代化市场推广，通过实体店和加盟店统一销售，还可通过电子商务进行线上销售，这极大地提高了产品附加值和经济收益。

此生态牧场模式通过修复退化草场和人工种植为牲畜提供了饲料，同时改善了生态环境，而且通过"保姆式"管理、精细和科学的日粮配方、集约化生产和销售，极大地提高了生产效率和调动了农户的养殖积极性，使得肉羊的日增重提高了 66.6%，产生了可观的经济效益，经济效益远高于传统的个体农户饲养模式，年收入是个体农户的 2 倍以上，5000 头肉羊以上规模化的生态牧场年利润可达 400 万元以上。

三、家庭生态牧场经营模式

我国在 20 世纪 80 年代推行草原家庭承包经营以来，随着科技和社会发展，规模小、资源配置不合理等弊端日益突出，发展现代家庭生态牧场是解决上述问题的有效途径。家庭生态牧场以草原生态保护为前提，以家庭经营为基础，实现规模化养殖、标准化生产、集约化经营，实现以畜牧业生产与草原生态建设"双赢"为目标的畜牧业生产基本单位（赵和平和白春利，2013）。家庭生态牧场是以单个农户或联户为经营单位，以围封轮牧、草地改良改造、人工种草为手段，以恢复牧场植被、提高产草量为前提，以草畜平衡为基点，以半舍饲养畜和划区轮牧的形式把畜牧业的各项技术组装配套，实施科学养畜和建设养畜，以发展牧区生产、提高畜牧业经济效益和生态效益为目的的家庭生产经营模式和生态建设模式（颜景辰，2007）。

家庭生态牧场模式是在牧场"双权一制"和"草畜平衡"政策的基础上，通过草场的有偿流转，盘活存量的闲置草场，实现了草地资源的优化配置，以家庭为单位进行围封划区轮牧，充分利用天然草场。饲养方式是天然草场轮牧与半舍饲相结合，通过种植饲草、建设棚舍，提高牲畜饲养的管理水平，使生产方式由散养向半舍饲集约化经营转变，推广畜种改良、集约化饲养和疫病预防等生产技术，采用综合措施进行生态建设，治理沙化的草场，恢复草原植被，使草畜达到动态平衡，实现生态畜牧业的长期稳定发展。

在内蒙古呼伦贝尔谢尔塔拉进行肉羊家庭生态牧场的研究，当地普遍存在的肉羊养殖模式是数个养羊家庭联户为经营单位，共同雇佣 1 名或 2 名羊倌，在春季或夏季的盛草期，一般都是在租用或公用的草场进行以划区轮牧为主的纯放牧，但是到了秋季的枯草期，放牧已经不能满足牲畜的需要，各户除出栏售卖部分肉羊外，必须通过半舍饲等方式进行饲养，通过饲草和精料等资源的科学合理配置，实现草地可持续生长、肉羊优质增产和牧民增收的目标，这是一种典型的家庭生态牧场模式（仝宗永等，2020）。

在枯草期时，可以根据当地天然草地生物量和营养成分的变化，计算出现存草地生物量和需要补充的饲料营养量。与 8 月盛草期相比，9 月枯草期的天然草地地上生物量显著降低了 42.4%，粗蛋白含量显著降低了 36%（P＜0.05）（图 10-17）。

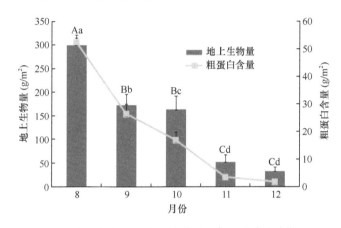

图 10-17　围封草地地上生物量和粗蛋白含量变化

不同大写字母表示地上生物量差异显著（P＜0.05），不同小写字母表示粗蛋白含量差异显著（P＜0.05）

在此基础上制定出可满足枯草期肉羊营养需求的饲养方案，参照《肉羊饲养标准》（NY/T 816—2004）规定，35kg 育肥羊日增重 0.1kg 需补充粗蛋白 141g/天，增重 0.2kg 需补充粗蛋白 187g/天。除去放牧的采食量，计算补饲日粮的添加量。本研究根据监测到的谢尔塔拉天然草场的营养供给量结果和《肉羊饲养标准》（NY/T 816—2004），配制了营养均衡的补饲日粮配方，用全混合日粮（TMR）搅拌机混合后，压成密度高、储存时间长和饲喂方便的颗粒饲料。补饲日粮配方组成及营养水平见表 10-3。

表 10-3　补饲日粮配方组成及营养水平

项目	含量	项目	含量
草颗粒组成		营养水平	
玉米（%）	40.00	消化能（MJ/kg）	13.60
苜蓿草粉（%）	24.00	粗蛋白（%）	15.00
干酒糟（%）	12.00	钙（%）	0.59
白酒糟（%）	19.55	磷（%）	0.26
山里红（%）	3.00	赖氨酸（%）	0.80
食盐（%）	1.20	半胱氨酸+胱氨酸（%）	0.44
预混料（%）	0.25	苏氨酸（%）	0.50

注：预混料为每千克日粮提供维生素 A 8000IU、维生素 D 3000IU、维生素 E 33.6mg、维生素 B_2 3.2mg、维生素 B_{12} 0.01mg、泛酸 10mg、烟酸 16mg、叶酸 1.28mg、生物素 0.168mg、Cu 11.2mg、Zn 65.6mg、Fe 140mg、Mn 37.6mg、I 1.52mg、Se 0.3mg；消化能为计算值，其余为实测值

家庭生态牧场采用枯草期"放牧+干草+草颗粒精料补饲"的饲养技术，制定的日粮制度是：9～10 月，除放牧外每只肉羊每天补充精料 0.25kg；10～11 月，除放牧外每只肉羊每天补充 0.5kg 精料和 2kg 干草；11～12 月进行舍饲，每只肉羊每天补充 0.75kg 精料和 2kg 干草。与传统饲养方式相比，此饲养模式下每只羊体重增加 5kg 左右，达到 41.41kg。在呼伦贝尔地区，传统的育肥模式使肉羊体重在 11 月中旬达到最高峰，若此时进行售卖，由于草料涨价、无法放牧等原因，大量育肥羊上市，市场供大于求，羊肉价格比 12 月中下旬或春节前的价格低很多。而再进行一个月的育肥后售卖，市场价高，家庭生态养殖模式比传统方式每只羊多收入 37.9 元，产生了较好的经济效益和社会效益（仝宗永等，2020）。

第六节　生态富民技术模式与效益评估

一、家庭牧场和规模化牧场发展现状

（一）家庭牧场发展现状

家庭牧场是我国草原牧区 20 世纪后期以来形成的基础畜牧生产单元，其生产经营发展状况对我国草牧业发展、草原生态环境保护、少数民族和边疆地区社会稳定等方面均有重要的意义（段庆伟，2006；李春梅，2014；王瑞珍，2017）。家庭牧场作为我国草原牧区畜牧产业生产经营的主体形式，其形成的基础是 20 世纪末草场包产到户，草原畜牧生产流动性降低，家庭牧场固定在各自草场上开展生产，对所划分天然草场的依赖性很高，生产生活受到气候和自然灾害影响，收益极不稳定，特别是不同家庭牧场所拥有的草场面积和质量差异较大，牧户间收入水平差异加大，所采取的畜牧经营模式和先进牧草生产技术应用方面的发展相对滞后，在长期高强度使用下，家庭牧场草场普遍退化，草地生态系统结构稳定性、载畜量、产草量和生态系统服务功能均有降低。

与荷兰、法国、英国、加拿大等国的家庭农场相比，国内牧区家庭牧场高度依赖于天然草场放牧和打草养殖牲畜，受气候条件和自然灾害影响较大，饲草料供应情况季节性变化明显，经常会发生越冬饲草料短缺的问题，特别是受到近年降水较少和畜产品价格波动等因素影响，大量牧民由于越冬饲草料不足、牲畜饲喂成本上涨、资金周转困难等问题被迫低价出售牲畜，这严重影响了当地畜牧产业的稳定发展和牧民生活水平的提升（李兆林等，2014；王瑞珍，2017）。与美国、澳大利亚等畜牧先进国家的规模化养殖场和家庭牧场相比，我国牧区家庭牧场的另一个特点是规模普遍较小，在畜群管理、饲喂配比、经营手段、畜种改良和技术信息服务等方面与国际先进水平差距较大，这些因素进一步制约了牧户经济收益的提升和资源环境影响的控制（刘欣超等，2020）。此外，我国草原地区畜牧产业农牧分离问题较为突出，与法国、英国等家庭农场种养结合的模式比较，我国草原牧区家庭牧场不仅难以从附近的农田获取秸秆等种植业副产品来缓解冬季饲草料短缺的问题，而且牲畜粪便也无法方便地通过就近还田来实现无害化处理和有效利用，特别是在我国草甸草原牧区，随着当地牧民生活生产能源结构的改变和牧户牲畜圈舍饲养规模的扩大，当地牲畜圈舍中积累的粪便能作为燃料利用的比例越来越少。

因此，寻找并建立符合我国草甸草原牧区家庭牧场特点和现实需求且在经济成本和环境效益上具有可行性的生态产业技术方法对于我国草原牧区家庭牧场畜牧产业发展、牧民生活水平提升和草原生态环境保护方面具有重要的现实意义。

（二）规模化牧场发展现状

开展规模化、集约化畜牧养殖是我国当前大力提倡的畜牧业发展方向，近年来在政策和补贴方面也对集约化养殖场进行了大力扶持。国外经验表明，规模化牧场在土地资源、污染物处理等资源环境影响方面相较于传统小规模家庭牧场畜牧生产模式具有相当大的优势。例如，在规模化奶牛养殖场和传统家庭牧场奶牛养殖的比较方面，当前大部分研究结果表明，规模化养殖场在温室气体排放、土地占用、粪便排放等方面要远低于小规模散养的牛奶生产系统（Capper et al.，2009；Roy et al.，2009；Salou et al.，2017）。此外，规模化养殖在畜产品质量控制、生产效率提高和降低人力成本等方面也具有优势，相比于传统季节性放牧奶牛牧场，规模化奶牛养殖场通过科学规范的养殖模式，在提高奶牛饲喂消化效率、提升奶牛产奶能力、改良畜群结构、改进牲畜粪便处理利用方面具有明显优势，使得在相同资源环境成本下，规模化养殖场牛奶产出更多，进而增加了养殖场经济收益（Braghieri et al.，2015；Capper et al.，2009）。但同时也有学者认为，规模化养殖场一些经营方式也会增加牛奶生产中的某些类别的环境影响，如某些规模化养殖场通过种植不施肥低产苜蓿增加奶牛产奶量同时降低温室气体排放，但会引发牛奶生产过程中的耕地占用面积的增加（Wang et al.，2016）。

与欧美等畜牧产业先进地区相比，我国规模化养殖场还存在一些需要改进的方面。首先，我国养殖场规模偏小，相对较小的规模限制了养殖场经营管理方面的专业化、标准化发展，同时，由于规模限制，先进的科学养殖、疫病防治技术不能得到推广应用，无论在硬件建设、防疫、粪污处理还是畜种引进改良等方面的先进技术应用都比较滞后。此外较小的养殖规模限制了懂技术、善管理的高层次人才进入养殖行业，使得我国规模化养殖场缺乏市场意识和长远规划，养殖效益不高，对市场适应度不够，对市场预测准确度低，抗风险能力不强，限制了畜牧产业健康发展。

我国规模化养殖业不断发展，养殖场的规模不断扩大、集约化程度日渐提高，为当前规模化养殖场牲畜疫病防治工作带来了更高的挑战，但当前我国养殖场从业人员中疫病治疗知识尚不普及，再加治疗技术水平的限制，导致了近年来我国规模化养殖场畜禽疫病发病率相对较高，造成了较多的牲畜损失，损害了我国养殖业经济效益。此外，不当疫病控制手段如兽药用药剂量加大和时间延长不仅会造成养殖业生产成本上升，同时还会增大畜禽药物残留量，影响了我国畜产品的公共卫生安全，妨害了我国养殖产业的稳定发展。

畜牧业发展迅猛，养殖专业户和规划养殖场逐年增多，随之而来的是畜禽污染问题。随着规模化养殖场的建设和发展，不可避免地产生了大量的"畜产公害"，普遍存在养殖污水和畜禽粪便任意排放、堆弃的现象，缺少必要的污染治理措施，污染治理投资普遍偏低，夏季异味扰民严重，滋生细菌，容易引发疾病，粪便渗滤液威胁着地表水和地下水体安全。这直接导致了对养殖场环境的污染，同时也间接地污染了土壤、水源、空气等。因此，随着养殖业规模的扩大，畜禽污染已成为农村环境污染的主要来源。对于规模化养殖场来说，大量未经利用的牲畜粪便直接释放到环境中会引起水体富营养化、空气污染、温室气体排放和病原体传播等一系列环境和公共卫生问题（Kumar et al.，2013；张晓明，2011；朱宁，2016）。畜禽粪便含有大量的有机质、氮、磷等养分，是一种重要的有机肥料资源，但是目前我国畜禽粪便利用程度较低，畜禽粪尿作为有机肥的还田率仅有 40%～50%，我国畜牧产业规模化和规模化养殖程度的不断提高，导致了农业生产中农牧分离问题的加剧，进一步限制了牲畜粪便的还田利用（Gu et al.，2015；马林等，2018，张建杰等，2018）。

二、绿色生态旅游型家庭牧场模式

本研究提出绿色生态旅游型家庭牧场模式，结合生态治理和人工种植，探索生态养殖富民的途径，集成绿色生态草业技术、优质牧草生产加工技术、草畜高效利用技术和生态旅游技术，集成绿色生态旅游型家庭牧场模式，并在通辽市扎鲁特旗选择新利牧场开展示范。示范户通过退化、沙化草地改良，改善牧场草地质量，提高草地生产力，改良 3 年后打草利用；同时建植人工草地，通过"企业+农户"的合作模式，实行种养结合和生态养殖业，人工草地和天然草地生产的草作为饲料，带动周边养殖户开展养殖业；收购羔羊集中养殖，屠宰后分割销售，并结合家庭牧场生态旅游进行产品推广。本模式合作社中的牧户的每只肉羊收益在 600 元以上，提供了非常可观的经济收益，这也极大地推动了养殖规模化和现代化发展。

1）退化草地试验区选在扎鲁特旗道老杜苏木胡鲁斯台嘎查生态牧场内，主要优势植物为：达乌里胡枝子（*Lespedeza davurica*）、糙隐子草（*Cleistogenes squarrosa*）、草麻黄（*Ephedra sinica*）。"补播+施肥+围封、补播+围封、围封"三种治理方式在 2016～2019 年相对外围放牧地的群落高度、盖度、生物量都有显著提高，草群自然高度比外围放牧地高 21～48cm，盖度增加 51%～71%，生物量增加 142～362g/m²，牧草产量提高23%（图 10-18）。

图 10-18　退化草地治理前后对比照

2）在对试验区本底调查的基础上，通过"围封+工程网格+补播、围封+补播、围封"等措施治理沙化草地。随着年份的增加，草群的高度不断升高，当年草群高度即达到7.0cm，到2019年草群高度已达到73.3cm，优势种为杨柴（*Hedysarum mongolicum*）、沙蒿（*Artemisia desertorum*）等。采用机械沙障+补播方式对沙化草地治理后，草群盖度从治理前裸沙地的0达到现在的75%，较治理前有明显增加。随着时间推移，治理后盖度呈逐年增加的趋势，对地面的覆盖效应越加明显（图10-19）。

图10-19　沙化草地治理前后对比照

3）每年种植青贮玉米2000亩、苏丹草400亩，青贮玉米产量2500kg/亩，苏丹草产量3500kg/亩，为家畜提供大量的饲草料。

通过治理退化草地、沙化草地、种植人工草地，减轻天然草地载畜压力，改善草场质量，提高草场产量，建成天蓝草绿、风景优美的草原。引导农牧民改善居住环境，搭建传统的蒙古包群落，吸引以生态教育、生态旅游为主题的休闲旅游的个人、家庭、团体，发展扎鲁特旗草甸草原生态草业+生态旅游的模式。在通辽市扎鲁特旗道老杜苏木胡鲁斯台嘎查，建成生态草业示范基地1个，示范区内退化草地植被生产力增加20%～30%，优质草比例增加20%～30%；在查干套力皋图嘎查示范牧户进行退化草地补播，因种植期降水量较少，导致产草量无明显增加；在南宝力皋图嘎查牧户进行盐碱地改良示范，改良后牧户草场中度和重度盐碱斑减少，地上生物量提高148%～203%。扎鲁特旗格日朝鲁苏木芒哈吐嘎查引导牧户建立旅游型家庭牧场示范区5个，建成生态产业主题旅游示范区1个。

三、家庭牧场肉羊生态养殖模式

针对牧区秋冬季天然草地枯草期较长，草料短缺和质量下降造成肉羊"秋瘦、冬死"的问题，本研究对小型家庭牧场生态养殖模式进行研究，试验动态监测了当地天然草地生物量和营养成分的变化，在此基础上制定出可满足育肥期内肉羊营养需求的饲养方案，采用盛草期放牧和枯草期"放牧+干草+草颗粒精料补饲"的饲养技术，探索适合于呼伦贝尔草原区域的肉羊育肥模式并分析其经济效益。

（一）草地生物量监测

围封放牧草地的地上生物量随时间的增加逐渐降低，在8月盛草期时，每平方米牧草干重可达将近 300g，但是进入 9 月下旬枯草期后，地上生物量显著性下降至干重 172.8g/m²，减少了 42.4%（$P<0.05$）。到 11 月、12 月时，地面植被基本都凋零枯死，只有少量枯落物等。围封草地混合样的粗蛋白也从 8 月盛草期的 17.48%降低到 10 月的 10.32%，根据 8 月和 10 月的地上生物量计算，相应的每平方米草地的粗蛋白含量也从 52.43g 显著性下降到 16.80g（$P<0.05$），到了 11 月、12 月时，围封草地的粗蛋白含量下降到极低的水平（图 10-17）。说明枯草期时草地不仅生物量下降明显，能提供的粗蛋白等营养物质含量也大幅下降。

（二）日粮模式和体重变化监测

家庭生态牧场枯草期不同饲养方式下肉羊体重变化监测结果表明：放牧对照组的枯草期（9 月 12 日）开始时到 11 月中旬，一直在野外放牧，试验羊只平均体重在 11 月中旬达到最大，为 37.36kg，但是从 11 月下旬以后逐渐下降，在 12 月 12 日时试验羊只平均体重下降至 35.46kg，相比枯草期开始，增重只有 1.15kg。而放牧+补饲试验组的肉羊在 3 个月内体重一直呈现上升趋势，相比 9 月试验开始，在 11 月中旬即显著增加至 39.26kg（$P<0.05$），在 12 月中旬时达到最高值，为平均 41.41kg，并且同放牧组相比具有显著性升高（$P<0.05$），增重也达 6.09kg，相比 11 月和放牧组均有显著性增加（$P<0.05$）（表 10-4）。

表 10-4　枯草期不同饲养方式下肉羊体重变化测定结果

时间	放牧对照组		放牧+补饲试验组	
	平均体重（kg/只）	增重（kg）	平均体重（kg/只）	增重（kg）
9 月	34.31a± 1.04	—	35.32a± 0.86	—
10 月	36.53a± 0.86	2.22b± 0.88	38.80a± 0.65	3.48*a± 0.42
11 月	37.36a± 0.87	3.05b± 0.30	39.26b± 0.75	3.94*a± 0.59
12 月	35.46a± 0.88	1.15a± 0.46	41.41*b± 0.81	6.09*b± 0.77

注：与放牧对照组相比，*表示差异显著（$P<0.05$）；同一处理不同时期相比，不同小写字母表示差异显著（$P<0.05$）

（三）经济效益分析

本研究对不同日粮制度的饲养模式下的饲料成本、羊肉收益进行了统计。由表 10-5 可知，放牧对照组中每只试验羊只共消耗干草 75kg，而放牧+补饲试验组每只试验羊只共消耗干草 122kg，精料 43.75kg，按照当地干草价格 400 元/t、草颗粒饲料 2000 元/t 计算，放牧对照组饲料成本为 30 元/只，放牧+补饲试验组饲料成本为 136.3 元/只。放牧+补饲试验组比放牧对照组平均每只显著性增重 4.94kg（$P<0.05$），按照当地活羊毛重的价格为 30 元/kg 计算，增收 148.2 元/只，除去饲料成本多支出的 110.3 元/只，在其他成本均相同的情况下，新模式比传统放牧对照组显著性增收约为 37.9 元/只（$P<0.05$），产生了较好的经济效益。

表 10-5　枯草期不同饲养模式下肉羊经济效益

组别	干草（kg/只）	精料（kg/只）	饲料成本（元/只）	增重（kg/只）	增收（元/只）	利润（元）
放牧对照组	75	—	30	1.15a±0.46	34.5a±13.8	4.5a±13.8
放牧+补饲试验组	122	43.75	136.3	6.09b±0.77	182.7b±23.1	42.4b±23.1

四、大型牧场智慧生态草牧业

呼伦贝尔农垦集团谢尔塔拉农牧场拥有 30 万亩农田、50 万亩草地（其中打草场 26 万亩），家畜存栏 4.5 万头，2 个规模化奶牛基地集中饲养奶牛 6000 余头。目前存在的主要问题是：①占草原面积 52% 的天然打草场严重退化、产量下降，导致冷季草畜矛盾严重；②规模化奶牛饲养场急需多汁饲料和蛋白质饲料，以提高牛奶产量和质量；③大规模饲养场产生的大量粪污没有成套处理技术，目前已经堆放了 3 万多吨粪污亟待处理。其中，谢尔塔拉牧场有 2000 头牛规模，年产粪污 1.8 万 t。

为解决天然草原放牧场和打草场退化、大型养殖场多汁饲料缺乏及废弃物污染严重的问题，本研究有针对性地开展了生态产业技术集成模式研究和示范，融合生态草业、生态畜牧业乃至生态旅游业的技术成果，构建从草地生态修复、优质饲草生产加工、饲草料高效转化、粪污无害化处理（用于草地改良和牧草种植）、智慧生态牧场管理到生态旅游规划等一整套相互支撑的技术体系和模式，促进草畜系统物质循环和能量流动过程，提高物质循环利用效率，提高天然草原和人工草地生产力水平，通过智慧管理实现修复后草原持续利用，产生良好的生态效益和经济效益（图 10-20）。

图 10-20　谢尔塔拉牧场生态产业技术集成总体构架

2016 年，本研究在小范围开展了不同草地修复技术的有效性评价，以可复制、系统性为筛选原则，甄别筛选适合在谢尔塔拉牧场实施的草原生态修复技术，同时对谢尔塔拉牧场不同利用类型的草地进行遥感监测和地面采样，进行草地健康诊断，在此基础上，选择谢尔塔拉牧场及其周边的天然打草场为修复示范区。2017～2021 年连续开展了草原生态修复技术集成示范（图 10-21）。

植被	顶级群落	示范区	
地上生物量 (g/m²)	203	176	↓
羊草比例 (%)	35.20	6.55	↓

土壤理化性质			
容量 (g/cm²)	1.10	1.15	↑
pH	6.55	6.53	▬
有机碳 (g/kg)	61.29	32.30	↓
全氮 (g/kg)	4.56	3.27	↓
全磷 (g/kg)	0.76	0.49	↓
全钾 (g/kg)	34.16	25.99	↓

土壤种子库			
土壤种子密度 (粒/m²)	1381	896	↓

植被	对照	改良	
地上生物量 (g/m²)	176	412	↑ 1.3 倍
羊草比例 (%)	6.55	59.94	↑ 8.2 倍

土壤理化性质			
容量 (g/cm²)	1.15	1.17	▬
pH	6.53	6.48	▬
有机碳 (g/kg)	32.30	32.33	▬
全氮 (g/kg)	3.27	3.32	↑
全磷 (g/kg)	1.12	1.30	↑
全钾 (g/kg)	25.99	24.94	▬

土壤生物	施肥不会影响系统健康		
土壤动物数量	898	1663	↑
土壤线虫数量	745	1021	↑

图 10-21　谢尔塔拉草原生态修复示范区
修复前诊断（上）、修复后评估（中）与修复直观效果（下）

本研究针对谢尔塔拉牧场草畜资源优化管理和可持续利用，集成智慧牧场管理技术，开展相关技术示范转化。融合地基监测、无人机和卫星遥感，构建了"天-空-地"一体化牧场信息快速获取平台和软硬件集成系统，开发基于双拓扑结构异构分簇网络技术的草原地基无线感测系统、基于面阵固态激光成像雷达的便携式草原生物量无损伤测量装置、放牧家畜行为监控设备与系统，实现了牧场空间全覆盖信息的准确实时获取、牧场资源监测和优化配置决策，具体包括草原环境监测、草原生产监测、草原家畜监测、牧场管理监测等 4 个方面的技术集成应用。

谢尔塔拉草原环境监测软硬件集成系统针对草原网络信号弱的特点，集成直接存储器访问（direct memory access，DMA）机制的软核微硬盘技术和自组织异构分簇网络技术，突破了通信网络信号微弱地区分布式同步感知、采集处理、存储和实时传输的问题，提高了野外长期观测的数据可靠性。环境监测硬件系统由地基草原生态信息采集节点、簇头节点、网关及测控终端组成，在谢尔塔拉核心示范区共布设采集节点 48 个，覆盖了贝加尔针茅草甸草原、羊草草甸草原、放牧场和农田，采集指标包括冠层温湿度、光合有效辐射吸收系数（FPAR）及土壤温湿度等。

谢尔塔拉牧场草原生产监测基于草畜生产监测管理软件系统，结合无人机遥感和高精度遥感影像，实现了牧场尺度上的草原生产要素实时动态监测，包括植被盖度、植被长势、草地/作物生物量、土壤墒情监测等，并基于此开展谢尔塔拉牧场草地健康诊断、草畜平衡诊断和管理决策（图 10-22）。谢尔塔拉牧场 2019 年饲养奶牛 7351 头、肉羊 39 500 万只，天然打草场每年产草量 3.2 万 t，青干草缺口 1.66 万 t、高蛋白牧草缺口 0.68 万 t、青贮饲草缺口 6.46 万 t。因此，建议改良 30.9 万亩天然草原，增加优质人工草地 3.5 万亩、青贮玉米 3.1 万亩，同时提高农作物秸秆利用，以秸秆利用率20%计算，可替代牧草 1.51 万 t，减缓草场压力。

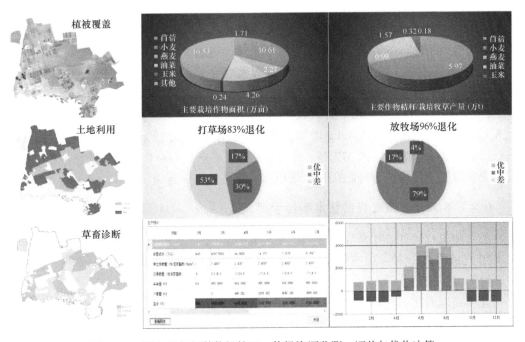

图 10-22　谢尔塔拉智慧牧场管理：牧场资源监测、评估与优化决策

五、草畜高效利用技术及经营模式

（一）营养调控及新型混料技术

由于天然草地生物量和营养成分有限，根据肉羊的营养需求，必须种植人工草地以补充饲草需求。公司牵头成立种植合作社，入社农户可以出资金或劳力。每年生产全株饲用玉米约 5000t，其中 2500t 进行全株青贮，通过切碎、装填、压实、密封等步骤进行青贮，另外 2500t 收获玉米籽粒加工成为精料中的玉米粉，粉碎的秸秆也可作为饲料保证肉羊的饲料供应。兼种小面积的高丹草、黑豆和食叶草，收获干草作为饲料补充。

公司负责集中育肥，进行统一的饲料生产和分配，设计日粮配方和制度，实现不同生育阶段的肉羊匹配不同配方的日粮，精准饲喂，达到营养和产量的最优化。日粮配方见表 10-6。

表 10-6　合作社模式的日粮制度（kg/只）

日粮	怀孕母羊/种羊	断奶后羔羊	育肥羊
干草	1.5	0.5	1
青贮饲料	2	1	2
精料	0.65	0.4	0.65
合计	4.15	1.9	3.65

注：怀孕母羊平均体重为 85kg，种羊平均体重为 100kg，断奶后羔羊平均体重为 20kg，育肥羊平均体重为 40kg

具体饲料配方：①怀孕母羊/种羊的饲料配方：一天饲喂 2 次，青贮饲料为青贮玉米，干草为打草场混合牧草或花生秧及高丹草，精料配方为 61%玉米粉+20%豆粕+15%麸皮+4%预混料（原料配比均为饲喂基础），及时添加舔砖，提供矿物质和盐，并且一周添加 1~2 次小苏打。②断奶后羔羊和育肥羊（4~8 月龄）饲料配方：一天饲喂 2 次，青贮饲料为青贮玉米，干草为打草场混合牧草或花生秧及高丹草，精料配方为 70%玉米粉+16%豆粕+10%麸皮+4%预混料（原料配比均为饲喂基础）。饲料用新型 TMR 进行混合搅拌，配置成全混合型的饲料进行饲喂。羔羊一般在 2 月龄断奶，以此日粮配方饲养至 4 月龄，平均体重从 20kg 提高至 40kg，日增重达到 330g。而育肥羊从 4 月龄集中育肥至 8 月龄出栏，平均体重从 40kg 增长到 70kg，日增重达到 250g。如果从断奶后至出栏进行计算，平均日增重达到 277.8g。公司和农户在养殖过程中肉羊产生的排泄物可以通过堆肥发酵等方式作为有机肥在天然草场和人工草地中进行施用。

（二）草畜资源高效利用技术和经营模式

公司和农户签订合作协议，成立养殖合作社，其中公司"八提供"：基础母羊和种羊（30 只母羊+1 只种羊或 50 只母羊+2 只种羊）、电子耳标、养殖技术、饲料、防疫措施、保险、贷款和上门收购。

此模式以通辽市扎鲁特旗为试验点，设计以"公司+农户"组成的合作社为基础的肉羊生态养殖模式。模式包括饲料来源、养殖繁育、加工销售三大部分，公司和农户签订合作协议，成立养殖合作社，公司负责饲料来源和加工销售部分，农户负责养殖繁育部分。具体来说，公司负责生态修复退化天然草地和种植人工草地，为养殖环节提供饲料，并且为农户提供种羊和母羊，农户负责母羊繁殖和饲养羔羊至 4 月龄、体重约 40kg 时出售给公司，公司通过优化日粮配方集中育肥到 8 月龄、约 70kg 时出栏销售。

六、生态草牧业技术集成综合效益评估

本研究针对扎鲁特旗道老杜苏木胡鲁斯台嘎查的家庭牧场中优质高效草产品生产利用技术、草畜资源高效利用技术、生态牧场废弃物资源化利用技术等不同生态草牧业技术集成配套示范，估算了整个产业链条上的综合环境影响和经济效益。

通辽传统牧户和生态草牧业技术集成应用示范户家庭牧场的生产经营的对比情况见表 10-7，两种模式牧户家庭牧场打草场面积均为 300 亩，此外生态草牧业技术集成应用示范家庭牧场还有 7.5 亩的人工草地用于种植青贮玉米。传统牧户畜群经营情况为 100 只基础母羊，4 只种羊，当年出栏羔羊 80 只。通过生态草牧业畜种改良技术和饲喂技术的应用，50 只基础母羊和 3 只种羊每年可出栏羔羊 100 只，且通过合作社统一收购，羔羊卖出价格要高于普通牧户 20%～30%，此外较小的基础畜群规模和人工草地建设也有效减轻了家庭牧场购买饲草料的经济支出压力，使得相近的牲畜出栏数下生态草牧业技术集成应用示范户的纯收入要明显高于传统养殖户，但同时人工草地种植使得家庭牧场的灌溉用水和燃料消耗有所增加。

表 10-7　通辽市传统牧户与生态草牧业技术集成应用示范户家庭牧场基本情况比较

项目		传统牧户	生态草牧业技术集成应用示范户
土地占用（hm²）	打草场	20	20
	耕地	0	0.5
牲畜数量（只）	基础母羊	100	50
	当年羔羊	80	100
	种羊	4	3
出售牲畜	出售牲畜数（只）	80	100
	出售牲畜收益（万元）	7.20	12.00
饲草料投入（t）	购买干草	20	0
	打草收获干草	15	18
	精饲料	2.4	2.1
	自种饲料青贮玉米	0	24
饲草种植灌溉需水（t）		0	250
燃料消耗	柴油（L）	330	500
	电力（度）	1000	5000
收支（万元）	毛收入	7.20	12.00
	支出	5.50	4.10
	收益	1.70	7.90

通过生态草牧业技术集成应用，家庭牧场每吨活羊出栏所占用的打草场和耕地面积分别减少了 45% 和 31%，饲草种植灌溉用水和饲料生产用水耗水量减少了 9%。在温室

气体排放方面，除了燃料燃烧所造成的排放有所提高外，各个环节温室气体总排放减少了 44%（表 10-8）。

表 10-8　通辽市家庭牧场生产 1t 活羊的综合环影响和经济效益

项目		传统牧户	生态草牧业技术集成应用示范户
土地占用（hm²）	打草场	9.03	5
	耕地	0.13	0.09
耗水量（t）	饲草种植灌溉用水	301.71	273.69
	饲料生产用水	0.90	0.63
温室气体排放（tCO$_{2eq}$）	牲畜肠道甲烷排放	23.13	11.90
	牲畜粪便甲烷排放	7.68	3.95
	农场燃料消耗	0.72	1.94
	化肥排放	0.02	0.01
	运输排放	0.03	0.02
净收益（万元）	毛收入	2.25	3
	支出	1.73	1.04
	收益	0.52	1.96

第七节　畜牧业生态产业技术效益评估

奶牛养殖业是呼伦贝尔畜牧业的基础性产业，本研究利用 LCA 方法对当地奶牛养殖过程中的环境影响进行综合评估，对于改善当地奶牛养殖产业经济效益和环境影响方面具有积极的作用。近年来，我国对奶牛养殖各个环节的环境影响进行了评估，但大多采用传统方法，大部分研究局限于解决单个问题或改进某一生产环节，对畜牧生产全生命周期总体的环境影响和资源消耗缺乏准确的认识（刘松，2017；刘艳娜等，2013；吕通，2016）。此外，在我国北方草原牧区，也很少对奶牛养殖产业在温室气体排放、环境富营养化、土地资源占用和水资源消耗等方面的综合环境影响进行全面的评估。引入 LCA 方法，可以将畜牧产品生产、消费中的各个环节结合起来，权衡不同资源环境影响类别，综合考量畜牧产品全生命周期总体环境影响和资源损益，为以上问题的解决提供了新的视角和技术途径（姜明红等，2019）。

一、评估方法

本研究利用国家重点研发计划项目"北方草甸退化草地治理技术与示范"于 2013～2018 年在呼伦贝尔草甸草原开展的奶牛规模化养殖-牲畜粪便综合处理-天然草场生态修复技术模式方面的研究成果，对谢尔塔拉牧场开展的奶牛规模化养殖、牲畜粪便处理利用和天然草场改良实验数据及当地畜牧生产经营物料投入数据相结合，对当地奶牛规模化养殖-牲畜粪便通过菌剂发酵、蚯蚓养殖和蘑菇饲养三种模式处理利用，以及天然草场修复这一过程中的环境综合效益进行评估。

本研究的全生命周期系统边界包括了从天然草场改良、奶牛养殖过程中投入的所有物料的生产运输及牲畜粪便处理利用整个过程中的资源环境成本和经济效益（图10-23），通过将以上评估结果分摊到所生产的标准乳（FCM）对牲畜粪便处理利用和天然草场改良技术模式对畜牧经营和生态环境保护综合效益开展评估。

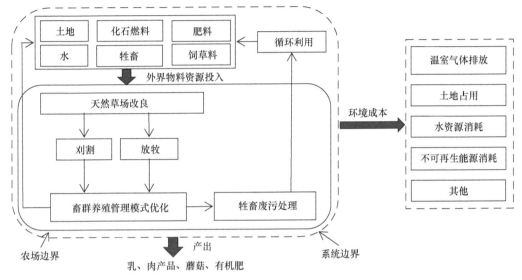

图 10-23　LCA 分析系统边界

天然草地改良数据来自内蒙古呼伦贝尔草原生态系统国家野外科学观测研究站2013~2018 年在呼伦贝尔草甸草原地区开展的天然打草场改良试验。本研究依据《2006年 IPCC 国家温室气体清单指南》中的相关建议参数，选择化肥氮输入（N_2O）直接排放系数为：0.01（kgN_2O-N/kgN），而农业机械柴油燃烧中温室气体排放因子为 EF_{CO_2}: 74 100$kgCO_2$-C/TJ、EF_{CH_4}: 4.15$kgCH_4$/TJ、EF_{N_2O}: 28.6kgN_2O/TJ（Eggleston et al.，2006）。

牲畜粪便处理投入产出数据来自中国农业科学院呼伦贝尔草原生态系统国家野外科学观测实验站 2015~2018 年联合谢尔塔拉牧场开展的菌剂发酵有机肥（FJ）、蚯蚓处理生成有机肥（QY）和牛粪种植蘑菇（MG）三种牛粪无害化处理利用实验的多年研究结果。

当地畜牧生产经营物料投入数据来自 2018 年 7 月在呼伦贝尔市谢尔塔拉牧场针对当地牧民生产经营情况的问卷调查，结合本研究所评估内容选择当地 7 户养殖奶牛的家庭牧场（SY）和一处规模化奶牛养殖场（JY），并对比其 2016 年秋季至 2017 年秋季的畜牧生产经营情况（表 10-9）。

使用以上数据，可以从畜牧生产全生命周期的角度对牲畜饲养、粪便处理利用和草场修复整个草原畜牧生产循环过程中的资源环境综合成本和总体经济效益进行定量分析。对于牲畜饲养中的温室气体排放，采用《2006 年 IPCC 国家温室气体清单指南》的方法 1 中提供的参数计算了泌乳奶牛、成年牛、牛犊和育肥牛全年饲养过程中肠道甲烷和粪便甲烷的排放情况（Eggleston et al.，2006），根据规模化养殖场和养牛家庭牧场饲养奶牛的饲喂方式及产奶量的差异选择，并且通过体重比值的 0.75 次方调整，本研究中采用的温室气体排放计算参数如表 10-10 所示。

表 10-9　规模化奶牛养殖场和家庭牧场养殖奶牛生产经营投入产出比较

经营模式	规模化养殖场	家庭牧场		
样本数量	1	7		
		均值	最大值	最小值
成年母牛（头）	880	14.00	20	8
牛犊（头）	615	10.29	16	4
育成牛（头）	360	9.83	23	2
合计（头）	1 855	32.71	56	18
干草（t）	3 247.50	30.86	50	6.25
精饲料（t）	1 675.50	8.29	21.00	3.00
苜蓿（t）	851.90	—	—	—
燕麦（t）	1 245.10	—	—	—
青贮玉米（t）	6 811.75	—	—	—
牲畜粪便排放（t）	2 523.70	40.29	69.64	16.06
牧场耗水量（t）	29 017.50	265.67	447.13	109.50
柴油消耗（L）	60 000.00	371.43	800.00	0
耗电量（kW·h）	500 000.00	2 171.43	2 800.00	1 600.00
出售牲畜（头）	535	8.57	18	4
出售牛奶（t）	4 471.25	27.94	47.02	3.20
出售牲畜收益（万元）	255.90	6.51	19.80	1.40
出售牛奶收益（万元）	1 596.88	5.95	14.00	0.43

注："—"表示无数值

表 10-10　奶牛饲养温室气体排放计算参数[kgCH₄/(头/年)]

奶牛	JY[1]	SY[2]	JY+SY
	肠道甲烷	肠道甲烷	粪便甲烷
泌乳奶牛	115.00	61.00	9.00
非泌乳奶牛	53.00	47.00	1.00
牛犊	11.70	10.40	1.00
育肥牛	40.56	36.15	1.00

1. 根据饲养方式和产奶量，采用北美洲和欧洲奶牛建议值的均值，非泌乳奶牛采用两地其他牛的均值，牛犊和育肥牛通过体重比值的 0.75 次方调整；2. 根据饲养方式和产奶量，泌乳奶牛采用亚洲奶牛建议值，非泌乳奶牛采用亚洲其他牛的均值，牛犊和育肥牛通过体重比值的 0.75 次方调整

　　除了经济效益之外，本研究主要探讨草甸草原乳牛养殖-粪污综合处理-天然草场生态修复技术模式中的温室气体排放、土地占用、耗水量和不可再生能源消耗这 4 方面的环境影响。其中对于温室气体排放，本研究基于《2006 年 IPCC 国家温室气体清单指南》中提供的牲畜饲养、粪便处理及草场改良中的方法开展温室气体排放的计算，最后将通过数据标准化将结果换算为 CO_2 当量表达（CO_{2eq}）。土地占用主要计算了乳肉牛养殖及饲料作物种植中占用的草地和耕地面积，单位为公顷（hm^2）。对于能源消耗来说，主要考察了乳肉牛养殖-粪污综合处理-天然草场生态修复过程及化肥制造过程中消耗的煤、

柴油和电力等一、二次化石能源，单位为兆焦耳（MJ）。

二、不同乳牛养殖经营模式的成本

本研究选择具有代表性的小规模家庭牧场和大规模规模化养殖场两种乳牛经营模式进行经济环境效益评估（表 10-11）。结果表明，家庭牧场在出售牲畜和牛奶方面产生的毛收益分摊在每头成年母牛上为 0.89 万元，远低于规模化养殖场每头成年母牛 2.11 万元的毛收益，但是扣除经营成本，两种乳牛饲养模式下每头成年母牛产生的净收益差别不大，分别为 0.42 万元（家庭牧场）和 0.41 万元（规模化养殖场）。

表 10-11　不同养殖模式下每头成年母牛产生的经济效益及生产 1t FCM 的环境成本

		SY			JY
		均值	最大值	最小值	
经济效益（万元）	毛收益	0.89	1.27	0.81	2.11
	总投入	0.47	0.49	0.44	1.70
	净收益	0.42	0.78	−0.34	0.41
草场占用面积（hm²）	家庭牧场打草场	0.83	2.73	0.00	0.00
	家庭牧场开垦饲料地	0.00	0.01	0.00	0.00
	买入干草所需草场	2.42	7.86	0.29	1.19
	草地占用合计	3.25	8.90	0.89	1.19
耕地占用面积（hm²）	买入本市饲草料所需耕地	0.02	0.06	0.00	0.08
	买入市外饲草料所需耕地	0.02	0.04	0.00	0.07
	耕地占用合计	0.04	0.10	0.01	0.15
用水情况（t）	买入本市饲草料灌溉水量	19.84	72.85	0.00	72.27
	买入市外饲草料灌溉水量	45.15	85.16	0.00	138.62
	家庭牧场开垦草场灌溉水量	1.31	9.20	0.00	0.00
	牧场牲畜需水量	4.40	6.28	2.10	5.58
	用水量合计	70.70	160.12	20.79	216.47
化石能源消耗（MJ）		892.80	1675.85	305.41	1944.19
温室气体排放（tCO₂eq）	牲畜肠道甲烷排放	0.45	0.62	0.20	0.52
	牲畜粪便甲烷排放	0.02	0.05	0.00	0.02
	牧场燃料消耗	0.06	0.11	0.02	0.12
	化肥排放	0.01	0.04	0.00	0.06
	饲草料运输排放	0.01	0.02	0.00	0.01
	总量	0.55	0.78	0.31	0.73

注：数据来自 2018 年呼伦贝尔市谢尔塔拉牧场牧民生产经营情况的问卷调查，按照 FAO 换算标准（陈兵和杨秀文，2012）并根据《中国奶业年鉴 2017》（中国奶业年鉴编辑委员会，2018）中数据将不同养殖模式下生产的牛奶矫正为 4% 乳脂和 3.3% 乳蛋白含量的 FCM

小规模家庭牧场和大规模规模化养殖场两种经营模式生产 1t FCM 所占用土地面积差异显著。当地小规模家庭牧场所生产的牛奶主要通过私人流动奶贩转销，其售价远低于规模化养殖场。出于降低饲养成本的考虑，家庭牧场夏季（6～9 月）主要将奶牛驱赶至当地公共放牧场采食青草，在冬季舍饲阶段，家庭牧场基本选择依靠自家打草场收获的牧草并购买干草作为奶牛的主要食物，因此家庭牧场生产 1t FCM 所需的草场面积为 3.25hm^2，高于规模化养殖场的草场占用面积（1.19hm^2）。

规模化奶牛养殖场的牛奶主要供给当地乳品企业，对牛奶质量如乳脂、乳蛋白含量等指标要求较高，此外规模化、标准化饲养模式下，需对饲料配方进行优化，提高了苜蓿、燕麦、青贮玉米、精饲料等高质量饲草料的饲喂比例。生产以上饲料需要占用耕地资源，因此规模化养殖场生产 1t FCM 占用的耕地面积（0.15hm^2）远高于家庭牧场（0.04hm^2）。

水资源消耗方面，无论是规模化养殖场还是家庭牧场，牛奶生产中耗水量最大的部分来自饲草料种植过程，分别占到总耗水量的 97.42%（规模化养殖场）和 93.78%（家庭牧场）。规模化养殖场生产 1t FCM 消耗水资源总量为 216.47t，为家庭牧场生产 1t FCM 耗水量的 3.06 倍，两者间的巨大差异主要是由种植规模化养殖场所需饲草料耗水远高于小规模家庭牧场所致。但值得注意的是，如果只考虑养殖场或家庭牧场直接消耗的水资源，规模化养殖场耗水量还要略低于家庭牧场，因此如从谢尔塔拉牧场当地水资源消耗的角度来看，两种奶牛养殖模式无明显差异。

不可再生能源消耗方面，规模化养殖场生产 1t FCM 消耗能源 1944.19MJ，相当于家庭牧场的 2.18 倍。相应的规模化养殖场能源消耗带来的温室气体排放也达到了家庭牧场的两倍左右，分别占两种养殖模式温室气体总体排放的 10.91%（家庭牧场）和 16.44%（规模化养殖场）。两种奶牛养殖模式下，牛肠道甲烷排放是主要排放源，分别达到了总体排放的 81.82%（家庭牧场）和 71.23%（规模化养殖场）。在本研究中规模化奶牛养殖场生产同样数量 FCM 的温室气体排放明显高于当地季节性放牧的奶牛养殖牧户。这与部分前人的结论一致（O'Brien et al., 2012），因为规模化养殖系统环境影响高于季节性放牧系统，这主要是由于规模化养殖系统大量使用精饲料，而精饲料的生产和作物种植需要施加大量化肥进而产生较高的温室气体排放量，而精饲料所需作物种植的过程中消耗较多的灌溉用水也会间接增加规模化养殖场生产牛奶的水资源消耗。同时，LCA 中系统边界设定、数据分配方法和数据参数来源等评估方法手段的选择也会对 LCA 的结果产生明显影响（Tichenor et al., 2017，姜明红等，2019）。本研究中关于规模化养殖与放牧系统两者间比较的结果与其他文献中不太一致，造成这一结果的原因可能是本研究对于两种牛奶生产系统的出售牲畜和生产牛奶这两种产品间环境影响数据分配的问题。出于数据来源可靠和方法可行性的考虑，本研究选择使用不同产品经济价值来分配环境影响。而在本研究实地牧户调研期间，由于奶价较低且饲草料短缺等问题，当地小规模奶牛养殖户普遍减少了精饲料投入和生产牛奶数量，且增加了出售牲畜的数量，两相比较，使得小规模奶牛养殖家庭牧场经营收入中出售牛奶所占比重较低，造成了对小规模家庭牧场牛奶生产环境影响评价结果偏低的情况。

三、不同牲畜粪便处理利用模式的环境效应

三种牲畜粪便处理利用模式的经济效益和环境影响如表 10-12 所示，对于直接菌剂发酵有机肥（FJ）、蚯蚓处理生成有机肥（QY）和牛粪种植蘑菇（MG）来说，处理 1t

干牛粪经济收益分别为 84.85 元、126.64 元和 177.87 元。耗水量分别为 0.98t（MG）、1.00 t（QY）和 1.40 t（FJ），对于化石能源消耗和相应的温室气体排放来说，QY 利用模式消耗能源（193.29MJ）和温室气体排放最高（14.88kgCO$_{2eq}$），MG 处理消耗最低（74.87MJ），同时温室气体排放也最低（5.76kgCO$_{2eq}$）。

表 10-12　处理 1t 干牛粪产生的经济效益和环境影响

模式	牛粪成分		产出有机肥			产出蘑菇（kg）	耗水情况（t）	化石能源消耗（MJ）	温室气体排放（kgCO$_{2eq}$）	净收益（元）
	全氮（%）	有机质（%）	产量（t）	全氮（%）	有机质（%）					
FJ	1.84	69.77	0.70	1.65	40.36	—	1.40	96.45	6.24	84.85
QY	1.84	69.77	0.50	0.61	43.56	—	1.00	193.29	14.88	126.64
MG	1.84	69.77	0.49	1.61	30.31	62.00	0.98	74.87	5.76	177.87

在天然草场改良方面，通过施肥的方式进行草场改良与不进行任何处理的打草场相比，在处理后 5 年内，干草产量平均提高 68.57%，每公顷打草场净收益增长 10.71%（表 10-13）。同时在环境影响方面，由于草场改良中施加化肥及使用柴油的增加，相较对照草场每公顷不可再生能源消耗增加 2.10 倍，温室气体排放增加 17.70 倍。由于改良后产草量的增加，如将环境影响分摊到产出干草上，由草场改良带来的不可再生能源消耗和温室气体排放方面的环境影响增长降低至 0.59 倍和 9.00 倍（表 10-14）。

表 10-13　天然打草场改良投入及产出数据

草场		磷酸二铵（kg/hm^2）	尿素（kg/hm^2）	农机消耗柴油（L/hm^2）	打草消耗柴油（L/hm^2）	产出干草（kg/hm^2）	净收益（元/hm^2）
天然打草场改良	第 1 年	225.00	150.00	34.65	6.60	1050.00	−720.00
	第 2 年	0	0	0	6.60	990.00	930.00
	第 3 年	0	0	0	6.60	945.00	885.00
	第 4 年	0	0	0	6.60	810.00	735.00
	第 5 年	0	0	0	6.60	615.00	525.00
	平均	45.00	30.00	6.93	6.60	882.00	471.00
对照草场 5 年平均		0	0	0	6.60	525.00	420.00

表 10-14　天然打草场改良环境影响

草场	单位	施肥排放（kgCO$_{2eq}$）	不可再生能源消耗（MJ）	温室气体排放（kgCO$_{2eq}$）
改良草场	每公顷	142.95	366.60	171.15
	每公斤收获	0.17	0.35	0.20
对照草场	每公顷	0.00	118.35	9.15
	每公斤收获	0.00	0.22	0.02

四、奶牛全产业链经济效益评价

本研究根据规模化奶牛养殖场的牲畜粪便生成量和饲草消耗情况，将奶牛规模化养殖、天然打草场改良和牲畜粪便处理利用这三个呼伦贝尔生态草牧业关键技术环节集成起来，估算了整个产业链条上的综合环境影响和经济效益（表 10-15）。从净收益来看，每生产 1t FCM，规模化养殖场净收益为 686.19 元，未改良打草场出售牧草净收益为 499.80 元，合计经济收益 1185.99 元。当规模化养殖场与打草场改良技术集成后，每生产 1t FCM 为改良打草场带来的净收益为 329.22 元，相较未改良草场净收益下降 34.13%，但改良后生产 1t FCM 所需打草场面积仅为 0.71hm^2，节约 40.34% 的草场占用面积。除草地占用外，天然打草场改良增加了能源消耗的 3.73% 和温室气体排放的 14.86%。在牲畜粪便处理利用技术应用方面，集约化养殖场生产 1t FCM 所产生的牛粪通过发酵有机肥、蚯蚓处理牛粪和蘑菇种植，分别可创造净收益 40.72 元、60.78 元和 85.36 元，相当于生产牛奶产生净收益的 5.93%、8.86% 和 12.44%。与此同时，整体来看以上三种粪便处理方式带来的环境影响相对较小，用水量分别增加了 0.31%（发酵）、0.22%（蚯蚓）和 0.22%（蘑菇），消耗不可再生能源分别增加 2.22%（发酵）、1.72%（蚯蚓）和 4.45%（蘑菇）。但同时需要说明的是，由于对于不同牲畜粪便处理方式中温室气体排放的情况并不明确，因此本研究对于牛粪发酵有机肥、蚯蚓处理和蘑菇种植过程中相应温室气体排放情况没有开展进一步评估。

表 10-15　呼伦贝尔生态草牧业技术集成生产 1t FCM 的综合环境影响和经济效益

处理		无处理对照	天然打草场改良		
			FJ	QY	MG
土地占用（hm^2）	打草场	1.19	0.71	0.71	0.71
	耕地	0.15	0.15	0.15	0.15
耗水量（t）	饲草种植灌溉用水	210.89	210.89	210.89	210.89
	牲畜饮用水	5.58	5.58	5.58	5.58
	牲畜粪便处理用水	0.00	0.67	0.48	0.47
不可再生能源消耗（MJ）	养殖场自身	1944.19	1944.19	1944.19	1944.19
	牲畜粪便处理	0.00	46.29	35.93	92.76
	打草场	140.84	218.65	218.65	218.65
温室气体排放（tCO$_{2eq}$）	牲畜肠道甲烷排放	0.52	0.52	0.52	0.52
	牲畜粪便甲烷排放	0.02	0.02	0.02	0.02
	农场燃料消耗	0.12	0.12	0.12	0.12
	化肥排放	0.06	0.06	0.06	0.06
	运输排放	0.01	0.01	0.01	0.01
	养殖场总排放	0.73	0.73	0.73	0.73
	打草场	0.01	0.12	0.12	0.12
净收益（元）	养殖场自身	686.19	686.19	686.19	686.19
	牲畜粪便处理	0.00	40.72	60.78	85.36
	打草场	499.80	329.22	329.22	329.22

总体而言，规模化养殖场在提高草原利用效率方面优势明显，同时在提升饲料能量转化效率、牛奶产量和质量方面具有很大的潜力。但是与小规模养殖户相比，从单位 FCM 产品的角度衡量规模化养殖场在温室气体排放、水资源消耗和燃料消耗方面的环境成本较大。对天然打草场进行改良可显著增加每公顷草地牧草的产出和收益，但施肥

和燃料消耗的增加会造成温室气体排放、富营养化和燃料消耗增加等环境问题。在牲畜粪便处理利用技术应用方面，规模化养殖场产生的牛粪通过发酵有机肥、蚯蚓处理牛粪和蘑菇养殖等处理利用方式，在解决牲畜饲养中粪便污染问题的同时，创造的净收益相当于生产牛奶产生净收益的 5.93%～12.44%，整体来看带来的环境影响相对较小，在呼伦贝尔当地畜牧产业中的应用潜力较大。

第八节　结　　语

1）可持续发展理念正在为我国各行业和领域所接受。加强生态系统的保护和修复，大力发展生态经济，是国民经济实现可持续发展的重要战略举措和必然选择。我国草原牧区乡村振兴发展生态经济，其依托与支撑在于生态产业的培育与发展。生态产业是按生态经济原理和经济规律，以生态学理论为指导，基于生态系统承载力，在社会生产活动中应用生态工程的方法，以实现生态产业与生态的协调发展。生态产业理论试图将产业活动与环境科学和社会科学关联起来，寻求优化整个物质循环过程的系统方法，最大限度地减少产业活动对环境的影响，实现人类社会的可持续发展。生态产业是一个复杂的系统，涉及技术、工程、管理及社会关系等诸多领域。其中，研究影响生态产业形成与发展的技术问题，寻求草原生态系统修复与生态产业技术集成及智慧牧场管理产业技术等实现途径，对草原生态产业经济发展的理论和方法具有重要的价值。

2）基于生态产业学理念，通过试验、示范和应用，优化了北方草甸和草甸草原退化修复、生态产业技术及其集成，以及生态产业的智慧管理的生态产业模式：①筛选适宜的技术并进行技术集成，在不同尺度上开展了技术转化与示范应用；②通过大型牧场废弃物资源化循环利用生态产业技术的研究，融合生态草业和生态畜牧业各项技术，对规模化牧场开展了废弃牛粪的资源化处理利用；③基于气候和土壤环境大数据的牧草区域布局，研制牧草适宜性 GIS 模型，确定不同牧草品种在研究区域的适宜性分布情况，选择典型区域，基于重要生产性能指标，筛选出适宜栽培的牧草品种；④根据不同播种量、施肥、灌溉量、种植方式的技术集成及加工研究，获取了高产牧草栽培及加工技术集成模式；⑤基于饲草高效持续利用模式、大型生态牧场经营模式及家庭生态牧场经营模式的研究，探索了生态畜牧业实现的途径；⑥基于绿色生态旅游型家庭牧场模式、家庭牧场肉羊生态养殖模式、大型牧场智慧生产草业、草畜高效利用技术及经营模式的研究，通过生态草牧业技术集成综合效益评估，探讨了生态产业富民的有效路径；⑦基于不同乳牛养殖经营模式的成本和不同牲畜粪便处理利用模式的环境效应，采用 LCA 分析系统边界等方法，评估了奶牛全产业链经济效益。

参　考　文　献

陈兵, 杨秀文. 2012. FAO2011 年中期～2012 年 4 月份全球乳制品市场分析. 中国奶牛, (9): 9-12.

陈阜. 2011. 农业生态学(第 2 版). 北京: 中国农业大学出版社.

陈效兰. 2008. 生态产业发展探析. 宏观经济管理, (6): 60.

董璇, 吕超田, 吴珊珊, 等. 2020. 浅析饲料添加剂在养殖业应用的发展现状. 安徽农学通报, 26(10):

62-64+104.

段庆伟. 2006. 家庭牧场草地模拟与生产管理决策研究. 中国农业科学院硕士学位论文.

郭力华, 杜道林, 苏杰, 等. 2000. 海南保护区的生态旅游. 海南师范学院学报(人文社会科学版), (2): 90.

韩建国. 2007. 草地学(第三版). 北京: 中国农业出版社.

韩秋实, 杨良惠. 1996. 畜牧经济根本之路: 发展生态畜牧业. 四川畜禽, (6): 8-9.

何方方. 2015. 新疆产业生态化发展水平、影响因素与提升路径分析. 新疆财经大学硕士学位论文.

何峰, 李向林, 仝宗永, 等. 2020. 基于紫花苜蓿混播草地的全草型肉羊放牧育肥模式案例研究. 草地学报, 28(1): 273-278.

胡胜国. 2010. 资源环境产权制度研究. 中国矿业, (S1): 79-83.

姜明红, 刘欣超, 唐华俊, 等. 2019. 生命周期评价在畜牧生产中的应用研究现状及展望. 中国农业科学, 52(9): 1635-1645.

姜仁良. 2017. 影响生态产业竞争力的因素有哪些. 人民论坛, (34): 88-89.

李春梅. 2014. 基于资源优化下的草原牧区家庭牧场经济效益分析. 内蒙古农业大学硕士学位论文.

李瑞峰. 2018. 我国西部地区农业经济发展与生态产业重构. 农业经济, (10): 3.

李兆林, 李正洪, 陈丽娜, 等. 2014. 奶业发达国家家庭牧场概览. 中国奶牛, (22): 43-45.

李周. 2009. 生态产业发展的理论透视与鄱阳湖生态经济区建设的基本思路. 鄱阳湖学刊, (1): 18-24.

刘海鸥, 薛达元, 石金莲. 2011. 环境与经济效益的平衡: 两个国家级自然保护区生态旅游模式对比. 环境保护, (5): 33-36.

刘焕奇, 潘庆杰, 刘占仁, 等. 1999. 生态畜牧业与畜牧业的可持续发展. 黑龙江畜牧兽医, (5): 44-45.

刘建波. 2009. 海南生态产业发展现状分析. 热带农业科学, (1): 39.

刘松. 2017. 关中地区奶牛饲料作物环境影响生命周期评价. 西北农林科技大学硕士学位论文.

刘晓辉. 2016. 现代农业产业结构与发展节粮型畜牧业. 中国畜牧业, (9): 27-29.

刘欣超, 王路路, 吴汝群, 等. 2020. 基于 LCA 的呼伦贝尔生态草牧业技术集成示范效益评估. 中国农业科学, 53(13): 2703-2714.

刘艳娜, 史莹华, 严学兵, 等. 2013. 苜蓿青干草替代部分精料对奶牛生产性能及经济效益的影响. 草业学报, 22(6): 190-197.

柳树滋. 2001. 生态省建设之生态产业发展. 海南师范学院学报(自然科学版), 14(6): 51-55.

骆世明. 1987. 农业生态学. 长沙: 湖南科技出版社.

吕通. 2016. 内蒙古牲畜养殖粪污排放特征及其产沼和减排潜力分析. 内蒙古大学硕士学位论文.

马林, 柏兆海, 王选, 等. 2018. 中国农牧系统养分管理研究的意义与重点. 中国农业科学, 51(3): 406-416.

毛德华, 郭瑞芝. 2003. 我国生态产业发展对策. 湖南师范大学自然科学学报, (3): 91.

孟蠋蕾, 朝克. 2015. 发展生态产业促进经济发展方式转变. 学术探索, (6): 40-46.

农业大词典编辑委员会. 1998. 农业大词典. 北京: 中国农业出版社.

邱玉朗, 罗斌, 于维, 等. 2013. 发酵全混合日粮对肉羊生长性能与血液生化指标的影响. 饲料研究, (12): 46-48.

任洪涛. 2014. 论我国生态产业的理论诠释与制度构建. 理论月刊, (11): 121-126.

荣小培. 2014. 河北省产业生态化水平评价与影响因素研究. 石家庄经济学院硕士学位论文.

申洪兵. 2000. 浅谈生态畜牧. 四川畜牧兽医, (S1): 146-148.

石琳. 2021. 推进生态产业化和产业生态化做好协同发展大文章. 产业创新研究, (17): 53-55.

唐淑珍, 敬红文, 吴新宏, 等. 2008. 发展生态饲料 适应时代要求. 现代畜牧兽医, (8): 15-17.

仝宗永, 何峰, 李向林. 2020. 呼伦贝尔地区枯草期肉羊育肥模式的研究. 黑龙江畜牧兽医, (14): 32-35.

仝宗永, 李喜利, 郑丽娜, 等. 2021. 通辽市扎鲁特旗生态肉羊养殖模式实施现状与效果调查分析. 中国畜牧杂志, 57(2): 238-242.

王力强. 2010. 生态畜牧业生产模式的配套技术及发展趋势. 养殖技术顾问, (5): 222.

王如松. 2001. 产业生态学和生态产业研究进展. 城市环境与城市生态, 6: 1.

王如松. 2003. 复合生态与循环经济. 北京: 气象出版社.

王如松, 杨建新. 2000. 产业生态学和生态产业转型. 世界科技研究与发展, (5): 24-32.

王瑞珍. 2017. 内蒙古草原牧区家庭牧场草畜合理配置研究. 内蒙古农业大学硕士学位论文.

王霞. 2009. 世界保护区研究初探: 从保护区有效性视角. 资源开发与市场, 25(10): 903-906.

辛鹏程, 黄建华. 2019. 发酵 TMR 技术研究进展. 中国畜禽种业, 15(2): 49.

辛学. 2011. 生态饲料的种类及使用. 中国畜牧业, (18): 71.

徐增让, 成升魁, 高利伟, 等. 2015. 藏北牧区畜粪燃烧与养分流失的生态效应研究. 资源科学, 37(1): 94-101.

颜景辰. 2007. 中国生态畜牧业发展战略研究. 华中农业大学博士学位论文.

杨帆, 徐洋, 崔勇, 等. 2017. 近 30 年中国农田耕层土壤有机质含量变化. 土壤学报, 54(5): 1047-1056.

杨亚妮, 白华英, 苏智先. 2002. 中国生态建设产业化的典范. 生态经济, (12): 16-17.

杨再, 洪子燕, 王占彬, 等. 1988. 生态畜牧业是发展畜牧经济的方向. 家畜生态学报, (1): 15-20.

于小飞. 2015. 呼伦贝尔草原草甸生态功能区生态产业体系构建研究. 林产工业, 42(9): 65-67.

郁明发. 1985. 浅议生态畜牧业. 农业环境与发展, (1): 2-5.

翟勇. 2006. 中国生态农业理论与模式研究. 西北农林科技大学博士学位论文.

张建杰, 郭彩霞, 李莲芬. 2018. 农牧交错带农牧系统氮素流动与环境效应: 以山西省为例. 中国农业科学, 51(3): 456-467.

张俊瑜, 王加启, 王晶, 等. 2010. 裹包全混合日粮瘤胃降解特性的研究. 草业科学, 27(3): 136-143.

张晓明. 2011. 奶牛养殖业对环境的污染及其控制. 中国畜牧杂志, 47(8): 38-42.

张亚娜. 2018. 我国西部地区农业经济发展与生态产业重构. 农业经济, (10): 67-69.

张英俊. 2009. 草地与牧场管理学. 北京: 中国农业大学出版社.

赵和平, 白春利. 2013. 草原经营模式的升级版: 现代家庭生态牧场. 草原与草业, 25(3): 29-31.

赵钦君, 吴甜, 刘大森. 2016. 发酵 TMR 及其在生产中的应用. 中国饲料, (14): 34-36+40.

中国奶业年鉴编辑委员会. 2018. 中国奶业年鉴 2017. 北京: 中国农业出版社.

周国兰, 季凯文, 龙强. 2016. 生态文明视域下江西生态产业建设成效与对策研究. 价格月刊, (2): 59-64.

周国文, 卢风. 2012. 重构环境哲学的契机与趋向. 江西社会科学, (8): 19.

周元军. 2005. 我国生态畜牧业的发展研究. 安徽农业科学, (4): 725-726.

周振峰, 王晶, 王加启, 等. 2010. 裹包 TMR 饲喂对泌乳中期奶牛生产性能、养分表观消化率及血液生化指标的影响. 草业学报, 19(5): 7.

朱海生, 董红敏, 左福元, 等. 2014. 覆盖及堆积高度对肉牛粪便温室气体排放的影响. 农业工程学报, 30(24): 225-231.

朱宁. 2016. 畜禽规模养殖户污染防治问题研究: 以鸡蛋为例. 北京: 中国农业出版社.

Allen M F. 2007. Mycorrhizal fungi: highways for water and nutrients in arid soils. Soil Science Society of America. Vadose Zone Journal, 6(2): 291-297.

Ayres R U, Kneese A V. 1969. Production, consumption, and externalities. The American Economic Review, 59(3): 282-297.

Braghieri A, Pacelli C, Bragaglio A, et al. 2015. The hidden costs of livestock environmental sustainability: The case of Podolian Cattle//Vastola A. The Sustainability of Agro-food and Natural Resource Systems in the Mediterranean Basin. Cham: Springer International Publishing: 47-56.

Capper J L, Cady R A, Bauman D E. 2009. The environmental impact of dairy production: 1944 compared with 2007. Journal of Animal Science, 87(6): 2160-2167.

Eggleston H S, Buendia L, Miwa K, et al. 2006. 2006 年 IPCC 国家温室气体清单指南. Hayama: IGES.

Graedel T E, Allenby B R. 2004. 产业生态学(第 2 版). 施涵译. 北京: 清华大学出版社.

Gu B, Ju X, Chang J, et al. 2015. Integrated reactive nitrogen budgets and future trends in China. Proceedings of the National Academy of Sciences, 112(28): 8792-8797.

Jones C S, Drake C W, Hruby C E, et al. 2018. Livestock manure driving stream nitrate. Ambio, 48(10): 1143-1153.

Kumar R R, Park B J, Cho J Y. 2013. Application and environmental risks of livestock manure. Journal of the Korean Society for Applied Biological Chemistry, 56(5): 497-503.

Ledgard S F, Wei S, Wang X, et al. 2019. Nitrogen and carbon footprints of dairy farm systems in China and New Zealand, as influenced by productivity, feed sources and mitigations. Agricultural Water Management, 213: 155-163.

McAuliffe G, Takahashi T, Orr R J, et al. 2018. Distributions of emissions intensity for individual beef cattle reared on pasture-based production systems. Journal of Cleaner Production, 171: 1672-1680.

Mills A, Lucas D J, Moot D J. 2014. 'MaxClover' grazing experiment: I. Annual yields, botanical composition and growth rates of six dryland pastures over nine years. Grass and Forage Science, (70): 557-570

Moot D J, Mills A, Smith M, et al. 2018. Summary of liveweight gains and rotational grazing methods used for sheep grazing alfalfa (*Medicago sativa* L.) in New Zealand. Cordoba: Second World Alfalfa Congress.

O'Brien D, Shalloo L, Patton J, et al. 2012. Evaluation of the effect of accounting method, IPCC v. LCA, on grass-based and confinement dairy systems' greenhouse gas emissions. Animal, 6(9): 1512-1527.

Roy P, Nei D, Orikasa T, et al. 2009. A review of life cycle assessment (LCA) on some food products. Journal of Food Engineering, 90(1): 1-10.

Salou T, Le Mouël C, van der Werf H M G. 2017. Environmental impacts of dairy system intensification: The functional unit matters! Journal of Cleaner Production, 140: 445-454.

Tichenor N E, Peters C J, Norris G A, et al. 2017. Life cycle environmental consequences of grass-fed and dairy beef production systems in the northeastern United States. Journal of Cleaner Production, 142: 1619-1628.

Wang J, Wang J Q, Bu D P, et al. 2010. Effect of storing total mixed rations anaerobically in bales on feed quality. Anim Feed Sci Technol, 161(3-4): 94-102.

Wang X, Kristensen T, Mogensen L, et al. 2016. Greenhouse gas emissions and land use from confinement dairy farms in the Guanzhong plain of China – using a life cycle assessment approach. Journal of Cleaner Production, 113: 577-586.

Xu P, Koloutsou-Vakakis S, Rood M J, et al. 2017. Projections of NH_3 emissions from manure generated by livestock production in China to 2030 under six mitigation scenarios. Science of The Total Environment, 607-608: 78-86.

Zhang J, Zhuang M, Shan N, et al. 2019. Substituting organic manure for compound fertilizer increases yield and decreases NH_3 and N_2O emissions in an intensive vegetable production systems. Science of The Total Environment, 670: 1184-1189.

Zhuang M H, Gongbuzeren, Li W J. 2017. Greenhouse gas emission of pastoralism is lower than combined extensive/intensive livestock husbandry: A case study on the Qinghai-Tibet Plateau of China. Journal of Cleaner Production, 147: 514-522.

第十一章　北方草甸和草甸草原生态产业发展评估及管理

北方生态草牧业可持续发展的实现,对推动北方生态系统保护和区域可持续发展具有重要作用。发展是人类社会、经济与自然系统综合调控的过程,同时可持续发展是人类唯一的选择。可持续发展要求既要满足当代人的需求,又不能对后代人的需求构成危害。它是一个密不可分的系统,既要达到经济的目的,又要保护好人类赖以生存的大气、水域、土地、森林和草原等自然资源和环境。可持续发展理论将环境问题与发展问题有机地结合起来,已经成为一个社会经济发展的全面性战略。可持续发展的重点包括加强环境污染防治、开发利用新资源和可再生资源、推进产业结构优化升级和提升经济发展质量(于瑞峰,1998)。伴随可持续发展目标的实施,全球范围内掀起的以绿色技术为核心的,以人为本、注重环保的新经济增长方式。在未来可预见的关键几年内,新技术革命和制度创新将兴起。草地生态系统作为地球自然生态系统不可或缺的重要组成部分,具有多种生态功能及显著的经济和文化价值,在涵养水源、降解污染物、保护生物多样性方面具有突出作用。但我国北方草地存在着大面积退化、草地畜牧业生产效率低、草畜供需时空失衡、生态产业体系尚未形成等诸多问题,这已成为北方草原区发展经济的障碍。北方草地传统的畜牧业亟待转型升级,以强化技术、政策和模式创新为引领,协调推进生态保护修复、区域社会经济发展和农牧民生计改善,已成为破除壁垒、协同发展的最大引擎。本研究围绕北方草甸和草甸草原生态产业发展目标,基于生态产业现状评估,结合牧户生计脆弱性、生态系统服务供需关系及管理政策的支持,就解决生态草牧业可持续发展的问题提出相关的对策建议,以期为北方草地生态保护修复及可持续发展提供有益的借鉴。

第一节　生态产业可持续发展评估

一、牧户生计脆弱性评估

Chambers 和 Conway(1992)指出,家庭层面的脆弱性评估需要明确对实现可持续生计至关重要的能力、资产和生计系统,并认为可持续生计是在可接受的脆弱性水平下,由能力和资产禀赋决定的,它们是生计系统的核心要素。Adger(2003)认为,脆弱性不仅取决于个人所依赖的资源,还取决于资源的可用性,以及个人和团体利用这些资源的权利。只有确保持续获取关键资产,家庭才能灵活应对多种压力,进而减少脆弱性(McDowell and Hess,2012)。因此,解决脆弱性与寻求改善人们生计的发展实践是相伴而行的(阎建忠等,2011;李小云等,2010)。Hahn 等(2009)借鉴可持续生计方法,在莫桑比克开发并运用了生计脆弱性指数(LVI),该指数包括气候要素和社会经济因素。

然而，该指数存在没有考虑对于农村地区，尤其是气候变化适应区域和生态保护区具有重要影响的制度和政策（Agrawal et al.，2008）、家庭生计资产的可及性（Jakobsen，2013）及先验性地认为研究人群之间存在同质性等缺点。

本研究充分考虑牧户生计所处的脆弱性环境，即牧户感知角度的气候风险和非气候风险，结合牧户的生计状况（包括生计资本和生计策略）和生计风险，构建生计脆弱性指标体系。并试图了解自然和社会经济要素如何共同作用于呼伦贝尔牧民的生计活动，分析牧户对多重风险的暴露度、敏感性和适应能力，以便识别不同旗县和不同家庭生命周期牧户的生计脆弱性，进而探索构成牧户生计脆弱性的关键因素。从而为减少脆弱性人口及构建草原生态系统中生态、生产和生计良性互动的可持续发展模式提供参考。

（一）构建牧户生计脆弱性评估指标体系

1. 调研样本数据采集

为了使样本量具有足够的代表性，借鉴目前国际上应用较广泛的方法来确定本研究的样本量，即 Yamane（1967）的方程式：

$$n=N/(1+Nd^2)$$

式中，n 为所需样本数量；N 为调查区域全部家庭数，截至 2016 年底牧业四旗户数为36 925；d 为误差，本研究取 0.05。

经计算得出，n 约为 397。据此，于 2017 年 8 月 10～17 日采用调查问卷、小型座谈会等参与式农村评估（PRA）工具，对呼伦贝尔市牧业四旗和海拉尔区的农村地区进行了为期 8 天的入户调查（预调查），共调查 68 户。PRA 工具基于从本地人到研究人员的知识共享的原则，可促进研究社区加深对周围环境变化的认识，并获得有关影响其生计的潜在风险的知识。在预调查后修改了调查问卷，以确保最终版本可以被受访者理解、可信并与其相关。同时，在呼伦贝尔市及其旗县政府部门收集了自然资源和社会经济统计资料。

最后，在 2018 年 7 月 26 日～8 月 24 日再次对该区域进行了为期 30 天的入户调查。在调查过程中，依据分层随机抽样的原则，首先抽取了 27 个苏木（镇级行政单位），随后依据每个苏木的户数随机入户访谈，每次访谈 1h 左右。最终选择了 36 个调查点，共收回有效问卷 427 份，其中陈巴尔虎旗 164 份、新巴尔虎右旗 113 份、鄂温克民族自治旗 93 份、新巴尔虎左旗 57 份。427 个受访户家庭特征见表 11-1。

表 11-1　受访户家庭特征（*N*=427）

变量		受访户
受访人性别	男性（%）	64.17
	女性（%）	35.83
受访人年龄	岁	49.53
受访者受教育水平	小学及以下（%）	34.69
	初中（%）	44.74
	高中（%）	13.64
	大专及以上（%）	6.94
家庭规模	人	3.22
家庭人均收入	元	35 095.36
拥有草地使用权（草原证）	%	42.15

问卷的内容主要包括三个方面：①牧户的基本情况，包括户主年龄、文化水平、生产方式、家庭收支等家庭社会经济状况；②牧户对包括气候与非气候等生计风险的感知（可能性感知和严重性感知）；③牧户生计资本，包括自然资本、物质资本、人力资本、社会资本、金融资本、信息资本和区位资本。

2. 生计多样化指数

根据入户调查资料发现，呼伦贝尔家庭劳动力从事的生计活动主要为畜牧、养殖、运输、经营商店、农机修理、务工、企事业单位任职等，其中畜牧、养殖属于农牧业活动，其余为非农活动。生计多样化指数，即将牧户所从事的每种生计活动赋值为 1，如某户从事畜牧、务工两种生计活动，则其多样化指数值为 2（赵雪雁，2012）。

3. 评估指标选择与计算方法

虽然脆弱性的定义和评估方法各不相同，但脆弱性通常被认为是暴露度、敏感性和适应能力的函数（IPCC，2007）。一般而言，暴露度和敏感性共同描述了风险因素可能对系统产生的潜在影响，而系统的适应能力通过调节暴露度和敏感性来影响其脆弱性（黄晓军等，2014；刘小茜等，2009）。因此，根据生计脆弱性评估研究的相关文献及与呼伦贝尔草原区牧户的结构化访谈，从牧户对气候与非气候风险的感知、牧户的生计资本和生计策略等方面设计脆弱性评估指标。在进行分析之前，使用极差标准化方法以消除不同量纲、数量级和变化幅度的数据。然后通过以下方程对每个牧户的暴露度、敏感性和适应能力进行计算：

$$E_t = \frac{\sum_{i=1}^{n} E_{ti}}{n}; \quad S_t = \frac{\sum_{i=1}^{m} S_{ti}}{m}; \quad A_t = \frac{\sum_{i=1}^{r} A_{ti}}{r}$$

式中，E_t、S_t、A_t 分别代表第 t 家庭的暴露度、敏感性、适应能力；E_{ti}、S_{ti}、A_{ti} 分别表示第 t 个家庭的第 i 个指数的暴露度、敏感性、适应能力；n、m、r 分别代表衡量以上三个组分的指标个数。E_t、S_t、A_t 的取值范围为 0 到 1。

随后使用均权法以便使每一个指标对整体指数的贡献相等（Sullivan et al.，2002）。该方法已广泛应用于脆弱性评估研究中（Hahn et al.，2009）。最后，采用 Hahn 等（2009）的脆弱性函数表达式，把脆弱性当作被评价系统/单元应对风险/压力的反应程度：

$$LVI_t = (E_t - A_t) * S_t$$

式中，LVI_t 代表第 t 个家庭的脆弱性指数，取值范围为 –1 到 1，并将其划分为 5 级，即低脆弱（$-1 \leq LVI < -0.6$）、中低脆弱（$-0.6 \leq LVI < -0.2$）、中等脆弱（$-0.2 \leq LVI < 0.2$）、中高脆弱（$0.2 \leq LVI < 0.6$）和高脆弱（$0.6 \leq LVI \leq 1$）。

脆弱性评估指标体系见表 11-2。

（二）牧户生计脆弱性分析

1. 牧户生计脆弱性总体状况

对呼伦贝尔草原区牧户生计总体的脆弱性特征进行分析，发现该区牧户生计的暴露

表 11-2　脆弱性评估指标体系

脆弱性组分	一级指标	二级指标	赋值	均值	标准差
暴露度	气候风险	气温	总分=可能性感知×严重性感知	4.936	1.778
		降水	（1）1.00=几乎没变；2.00=变化较小；3.00=变化较大 （2）1.00=没影响；2.00=影响较小；3.00=影响很大	7.752	4.222
	灾害风险	干旱	总分=可能性感知×严重性感知	7.907	1.279
		沙尘暴	（1）1.00=减少一点；2.00=几乎没变；3.00=增加一点；4.00=增加很多	3.710	4.010
		暴雪	（2）1.00=没影响；2.00=影响较小；3.00=影响很大	1.633	2.889
	生态风险	草地退化	总分=可能性感知×严重性感知 （1）0=未退化；1=轻度退化；2=中度退化；3=严重退化 （2）1.00=没影响；2.00=影响较小；3.00=影响很大	3.173	1.244
	社会经济风险	市场风险	牲畜价格：1=明显上升；2=上升一点；3=没变化；4=下降一点；5=明显下降	4.361	1.234
		金融风险	生活物价：1=明显下降；2=下降一点；3=没变化；4=上升一点；5=明显上升	4.253	1.022
	政策风险	生态保护政策	1=非常满意；2=比较满意；3=一般；4=较不满意；5=很不满意	3.581	1.481
敏感性	水安全	水资源紧缺性	1=很充足；2=较充足；3=一般；4=较紧缺；5=很紧缺	6.244	3.006
	食物安全	食物来源	1=全部购买；2=购买大部分；3=购买一半；4=购买小部分；5=自家生产	5.070	1.523
	疾病风险	疾病风险	总分=人数×疾病严重性 1=没有病人；2=有慢性病；3=有重病；4=有残疾人	4.333	2.444
	家庭负担	教育负担	1=无；2=比较小；3=一般；4=比较大；5=很大	2.431	2.100
		婚姻负担	子女婚姻：1=无；2=比较小；3=一般；4=比较大；5=很大	2.136	1.789
		养老负担	1=无；2=较轻；3=一般；4=较重；5=很重	3.375	1.664
	就业风险	户主就业稳定性	1=很稳定；2=比较稳定；3=一般；4=不太稳定；5=很不稳定	2.838	2.055
	债务风险	家庭债务	1=无；2=较少；3=一般；4=较多；5=很多	2.876	1.489
适应能力	生计策略	生计多样化水平	牧户所从事的每种生计活动赋值为 1	1.571	0.651
	自然资本	家庭草地面积	单位：亩	818.874	1915.986
	人力资本	整体劳动能力	0=非劳动力；0.5=半劳动力；1=全劳动力	2.727	1.053
		劳动力平均受教育水平	0=文盲；0.25=小学；0.5=初中；0.75=高中；1=大专及以上	0.515	0.223
		劳动力健康水平	0=非常差；0.25=比较差；0.5=一般；0.75=比较好；1=非常好	0.595	0.349
	物质资本	生产和生活资产	所拥有的固定资产项数占所列选项的比例	0.596	0.214
		牲畜数量	1.00=羊；6.00=马；5.00=牛	209.682	285.330
		房屋状况	总分=住房面积×房屋材质 （1）房屋材质：1.00=混凝土/楼房；0.75=砖瓦房；0.50=木质房；0.25=蒙古包 （2）家庭总住房面积	71.983	46.936

续表

脆弱性组分	一级指标	二级指标	赋值	均值	标准差
适应能力	金融资本	年人均收入	单位：元/人	35 176.431	36 981.712
		借贷机会	是否可以从银行借到款：1=是；0=否	0.604	0.490
	社会资本	亲友数量	在遇到困难时，能帮助您家的亲友有多少？0=1~5户；0.25=6~10户；0.5=11~15户；0.75=16~20户；1=20户以上	0.148	0.229
		与村支书的联系	1=非常少；2=比较少；3=一般；4=比较多；5=很多	2.019	1.318
		手机通信费	户主手机话费，单位：元/月	93.187	63.332
	区位资本	市场优势	总分=市场等级×距离×便利性（1）1=苏木；2=旗县；3=市区（2）1=50km以上；2=30~50km；3=15~30km；4=5~15km；5=0~5km（3）1=很不方便；2=不太方便；3=一般；4=较方便；5=很方便	24.939	12.623
		医疗优势	总分=医院等级×距离×便利性（1）1=苏木；2=旗县；3=市区（2）1=50km以上；2=30~50km；3=15~30km；4=5~15km；5=0~5km（3）1=很不方便；2=不太方便；3=一般；4=较方便；5=很方便	9.089	5.556
		教育优势	总分=教育质量×距离（1）1=非常差；2=比较差；3=一般；4=比较好；5=非常好（2）1=50km以上；2=30~50km；3=15~30km；4=5~15km；5=0~5km（3）1=很不方便；2=不太方便；3=一般；4=较方便；5=很方便	9.012	6.228
	信息资本	获取外界信息的能力	总分=关注度×信息渠道（1）0=不关注；1=偶尔关注；2=经常关注（2）1=亲邻交流；2=杂志/书籍；3=收音机/广播；4=电视；5=手机/网络	7.355	7.262

度最高，其指数平均为 0.653（标准差为 0.158），敏感性指数次之，平均为 0.501（标准差为 0.193），适应能力指数最低，平均为 0.458（标准差为 0.179），总体的脆弱性指数平均为 0.103（标准差为 0.136），呈中等脆弱状态。对全体样本的脆弱性指数分布进行分析后发现（图 11-1），0.94%的牧户样本的生计脆弱性处于中低脆弱状态，75.88%的牧户样本处于中等脆弱状态，23.18%的牧户样本处于中高脆弱状态。

总体可以看出，呼伦贝尔草原区绝大部分牧户生计脆弱性等级处于中等及以上，这源于该区牧户生计面临的外部风险较多，生计内部压力也较大，但抵御风险的能力较小，其脆弱性具有高暴露度、中敏感性和低适应能力特征。

2. 不同家庭生命周期牧户生计脆弱性

表 11-3 表明，随着家庭生命周期的更迭（从起步型到空巢型），牧户的适应能力逐渐降低、生计脆弱性逐渐增大。进一步分析发现，起步型牧户的适应能力最高

（0.554）、脆弱性最低（0.067）。而空巢型牧户的暴露度（0.614）、敏感性（0.473）和适应能力（0.281）的平均值均最低，其脆弱性的平均值最高（0.162）。赡养型牧户的暴露度最高（0.668）。

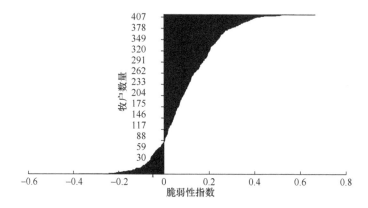

图 11-1　呼伦贝尔草原区牧户生计脆弱性指数统计分布图

表 11-3　呼伦贝尔草原区牧户生计对多重风险的暴露度、敏感性、适应能力和脆弱性

家庭生命周期	暴露度	敏感性	适应能力	脆弱性
起步型	0.657	0.505	0.554	0.067
抚养型	0.660	0.516	0.505	0.076
负担型	0.653	0.532	0.503	0.086
稳定型	0.659	0.486	0.480	0.096
赡养型	0.668	0.540	0.455	0.120
空巢型	0.614	0.473	0.281	0.162
Kruskal-Wallis 检验 P 值	0.540	0.304	0.000	0.016

　　为了识别不同家庭生命周期牧户的暴露度、敏感性、适应能力和脆弱性是否具有显著差异及其影响指标，使用非参数 Kruskal-Wallis 检验方法（其原假设是：多个独立样本来自的多个总体的分布无显著差异）。结果发现，不同家庭生命周期牧户的暴露度和敏感性并没有显著差异，这可能与呼伦贝尔草原区牧户所处的自然和社会经济背景大体是相似的有关。然而，适应能力（$P<0.001$）在不同家庭生命周期中具有显著差异。对构成牧户适应能力的指标进行分析后发现（图 11-2），起步型牧户在生产资本和信息获取能力方面显著高于其他类型牧户（P 值分别为 0.016 和 0.002），相反，空巢型牧户在这两个指标方面均显著低于其他类型牧户。在调研中发现，随着市场化和城市化进程的加快，呼伦贝尔农村中年轻的劳动力较少，相应的由 20～30 岁的年轻夫妇组成的新婚家庭（起步型家庭）在农村生活的比例更少。当前在农村生活的起步型家庭，由于在结婚时受当地传统的影响，夫妻双方均会从双方父母处获取相当部分的现金或牛羊、生产生活工具、婚房等高价值财产，这导致其人均的生产资本较丰富。同时，他们的受教育水平较高，获取外界信息的渠道多依靠手机和网络。因此，起步型牧户在以上两个指标方面较其他类型牧户均有较大优势。

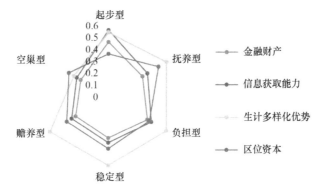

图 11-2　不同家庭生命周期牧户生计适应能力指标

相应地，对于空巢型家庭而言，在生产资本、信息获取能力和生计多样化优势等方面均低于其他类型牧户，这是由于空巢型家庭的劳动力较弱，从事畜牧业生产的能力急剧下降及再就业能力较弱，导致其人力资本和生计多样化优势较小。此外，由于家庭创收能力小及年龄较大，其生产资本储备一般也较小，加上当地的金融制度对老年家庭并不友好，空巢型家庭多依靠国家补助或子女援助来满足其基本的生活需求。

3. 不同旗县牧户生计脆弱性

为了在空间上更加直观地呈现各区域的相对脆弱性，使用调查点（嘎查或苏木）所有牧户的生计脆弱性指数的平均值代替该调查点的脆弱性，并利用反距离加权方法对呼伦贝尔草原不同区域牧户的生计脆弱性进行插值。鉴于 75.88% 的牧户样本处于中等脆弱状态，空间上的差异性较小，为此，通过显示具体的脆弱性数值来分析牧户生计空间分布特征，如图 11-3 所示，多数调查点牧户生计的平均脆弱性指数处于中等脆弱状态，陈巴尔虎旗和新巴尔虎右旗各有一个调查点的牧户生计脆弱性处于中高状态。

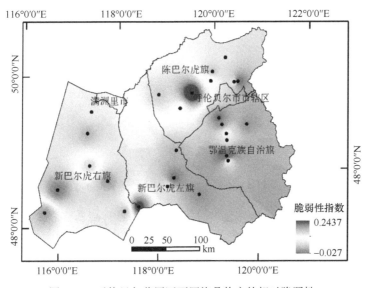

图 11-3　呼伦贝尔草原区不同旗县牧户的相对脆弱性

从各旗县牧户生计脆弱性可以看出，新巴尔虎右旗牧户生计的脆弱性平均值最高，其次是陈巴尔虎旗，新巴尔虎左旗和鄂温克族自治旗牧户生计脆弱性平均值较低。进一步分析发现（表 11-4），不同旗县牧户生计的暴露度具有显著差异（$P=0.019$）。其中，新巴尔虎右旗牧户生计暴露度最高（0.676），其次是陈巴尔虎旗（0.668）；陈巴尔虎旗牧户的生计敏感性最高（0.523）；新巴尔虎左旗牧户的适应能力最高（0.503），新巴尔虎右旗牧户的适应能力最低（0.430）。此外，通过暴露度、敏感性和适应能力与脆弱性的 Pearson 相关性检验发现，牧户生计适应能力与脆弱性的相关系数（-0.710，$P<0.01$）高于暴露度（0.599，$P<0.01$）和敏感性（0.367，$P<0.01$）与脆弱性的相关系数。

表 11-4　不同旗县牧户生计对多重风险的暴露度、敏感性、适应能力和脆弱性

行政区域	暴露度	敏感性	适应能力	脆弱性
陈巴尔虎旗	0.668	0.523	0.451	0.119
鄂温克族自治旗	0.606	0.484	0.477	0.074
新巴尔虎左旗	0.641	0.455	0.503	0.058
新巴尔虎右旗	0.676	0.505	0.430	0.124
Kruskal-Wallis 检验 P 值	0.019	0.096	0.060	0.002

类似地，使用非参数 Kruskal-Wallis 检验方法对不同旗县牧户生计的暴露度指标分析后发现，呼伦贝尔草原区不同旗县牧户生计面临的气象灾害风险（$P<0.001$）和政策生态风险（$P<0.05$）具有显著差异。如图 11-4 所示，新巴尔虎右旗牧户气象灾害风险最高，陈巴尔虎旗次之，鄂温克族自治旗最低；陈巴尔虎旗牧户的政策生态风险最高，新巴尔虎右旗最低；不同区域牧户的社会经济风险差异较小。

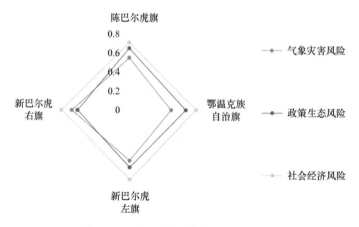

图 11-4　不同区域牧户生计暴露度指标

呼伦贝尔草原区牧户生计整体呈中等脆弱状态，具有高暴露度、中敏感性和低适应能力特征。随着家庭生命周期的更迭（从起步型到空巢型），牧户的适应能力逐渐降低、生计脆弱性逐渐增大。其中，起步型牧户的适应能力最高，脆弱性最低。而空巢型牧户的暴露度、敏感性和适应能力的平均值均最低，脆弱性的平均值最高。赡养型牧户的暴露度最高，负担型牧户的敏感性最高。

不同旗县牧户生计脆弱性均呈中等脆弱状态，具有显著差异。其中，新巴尔虎右旗牧户生计的脆弱性平均值最高，陈巴尔虎旗次之，新巴尔虎左旗和鄂温克族自治旗牧户生计脆弱性平均值较低。不同区域牧户生计暴露度具有显著差异，其中，新巴尔虎右旗的生计暴露度最高，陈巴尔虎旗次之。

二、生态系统服务评估

生态系统服务功能是指特定的区域和特定的时间内，特定的生态系统在自身生物物理属性、生态功能和社会条件作用下提供的一系列生态系统服务（Burkhard et al., 2012）。生态系统服务研究是以对生态系统服务进行定量评估为基础的，对生态系统服务的供给和需求进行识别、度量、空间化及权衡关系分析是生态系统服务研究的重要组成部分，可以辅助进行生态系统有效管理及自然资源合理配置（马琳等，2017）。以呼伦贝尔为研究对象，本研究在运用模型量化各项生态系统服务供给和需求的基础上，对 2015 年不同尺度的草地生态系统服务空间差异及多种生态系统服务权衡协同关系进行分析。

（一）供需指标的遴选及数据来源

根据联合国千年生态系统评估计划，有多于 20 种生态系统服务被列入清单，分类包括供给服务、调节服务、支持服务和文化服务（MEA，2005）。根据研究区生态系统服务现状、数据可获取性，结合研究区主要生态矛盾，对呼伦贝尔地区生态系统服务进行遴选。本研究通过文献综述与实地调研的方法选择 5 种与当地生态系统高度相关的生态系统服务，包括：供给服务中的粮食产量、肉类产量、产水量，调节服务中的选择碳固持服务，文化服务中选择景观美学服务（表 11-5）。呼伦贝尔处于半干旱地区，产水量（water yield，WY）是影响植被生长的重要因素；碳固持（carbon sequestration，CS）是减少气候变化对社会负面影响的一个重要因素；粮食产量（crop production，CP）和肉类产量（meat production，MP）是居民生活的重要物质基础；同时，呼伦贝尔作为旅游型城市，旅游业是呼伦贝尔重要的特色支柱产业之一，而景观美学（land aesthetic，LA）对于游客而言至关重要。

表 11-5　生态系统服务功能的指标选取与量化方法

生态系统服务种类	服务功能表征指标	量化方法	缩写
供给服务	粮食产量（t/hm²）	每公顷面积上粮食产量	CP
供给服务	肉类产量（t/hm²）	每公顷面积上肉类（牛羊猪）产量	MP
供给服务	产水量（t/hm²）	每公顷面积上产水的吨数	WY
调节服务	碳固持（tC/hm²）	每公顷面积净固碳量	CS
文化服务	景观美学（0~1 分数）	景观可达性	LA

研究区内部及周边气象站点相关年份的气象数据（表 11-6）可从国家气象科学数据中心（http://data.cma.cn/order/list/show_value/normal.html）获取，筛选每个气象站点明显错误及缺失的数据，采用均值替换法进行插补处理。最后利用克里金法对站点气象数据进行空间插值获取栅格气象数据值，气象数据的插值及裁剪等过程均在 ArcGIS 10.3 软

件中进行。统计数据包括粮食产量、肉类产量等，主要来自呼伦贝尔市统计年鉴和各区、旗的统计年鉴。土地利用数据可以从中国科学院资源环境科学与数据中心（http://www.resdc.cn/）获取；归一化植被指数（NDVI）数据来自 16 天合成的 MOD13Q1 数据，利用 MODIS Reprojection Tool（MRT）批处理重投影 NDVI 数据。数字海拔高程数据可以从地理空间数据云（http://www.gscloud.cn/）获取。经过投影转换、裁剪、拼接、重采样等处理，最终将所有数据统一成 250m×250m 分辨率大小。

表 11-6　气象站点的位置与海拔

台站名称	经度（°）	纬度（°）	海拔（m）	台站名称	经度（°）	纬度（°）	海拔（m）
额尔古纳市	50.25	120.18	1201.1	扎兰屯	48	122.73	1224.4
满洲里	49.57	117.43	1172.6	图里河	50.48	121.68	1214.1
海拉尔	49.22	119.75	1194.5	小二沟	49.2	123.72	1234.3
新巴尔虎右旗	48.67	116.82	1164.9	博克图	48.77	121.92	1215.5
新巴尔虎左旗	48.22	118.27	1181.6				

（二）粮食、肉类产量供需评估

1. 粮食、肉类产量供给估算方法

粮食供应是生态系统特别是农业系统的重要供给服务之一。由于作物和畜产品的产量与 NDVI 之间存在显著的线性关系（李军玲等，2012；赵文亮等，2012）。参考武文欢等（2017）的实践，使用 NDVI 对耕地的正值来对粮食作物生产统计进行空间化。基于对研究区食物供应能力的评估，粮食产量、肉类产量根据 NDVI 分配至耕地、草原。最终得到粮食、肉类产量在研究区上空间分布制图。计算公式如下：

$$G_i = \frac{NDVI_i}{NDVI_{sum}} \times G_{sum}$$

式中，G_i 代表每个栅格中的粮食和肉类供应；G_{sum} 表示研究领域的总粮食供应和肉类供应；$NDVI_i$ 表示第 i 个像元的 $NDVI$；$NDVI_{sum}$ 代表了研究领域 $NDVI$ 的总和。研究区的农田和草地被用来计算肉类供应和粮食供应。为了简化计算，使用 8 月（2000 年、2005 年、2010 年、2015 年）的 $NDVI$ 平均值代替 $NDVI_i$ 来评估 G_i。

2. 粮食、肉类需求量估算方法

（1）粮食实际需求量的计算

粮食需求量的计算是保证粮食安全相关政策、合理估算国家粮食需求的基础性指标。唐华俊和李哲敏（2012）从居民营养健康的视角出发，分析中国人均粮食需求量的组成部分，测算平衡膳食模式下的中国人均粮食需求量，对研究区肉类、粮食实际需求进行计算：

$$D_g = P_{pop} \times A_{per}; \quad A_{per} = A_r + A_s + A_i$$

式中，D_g 为粮食作物需求量（t/hm²）；P_{pop} 为当地居民人口密度（人/hm²）；A_{per} 为粮食作物人均消费量（包括人均口粮 A_r、种粮 A_s、工业粮 A_i）。根据以中国平均粮食格局为

基础的人均粮食需求量（唐华俊和李哲敏，2012），人均年粮食作物消费量为322.07kg。像元尺度上在计算口粮需求量的过程中，种粮、工业粮分别平均分配到居民用地、农业用地、工业区。

（2）粮食、肉类生产供需关系定量化

实际生态系统服务供给与人类需求之间的关系可能是负（赤字）或正（剩余）。生态供需比（ecological supply-demand ratio，ESDR）可用于反映不同地区的这一特征，具体计算公式如下。

$$ESDR = \frac{S_{actual} - D_{human}}{(S_{max} + D_{max})/2}, \begin{cases} >0, & surplus \\ =0, & balance \\ <0, & deficit \end{cases}$$

式中，S_{actual} 和 D_{human} 分别指特定生态系统服务的实际供给和需求；S_{max} 和 D_{max} 分别表示研究区域内实际生态系统服务供给和人类需求的最大值。大于0的值表示生态系统服务盈余（surplus），低于0的值表示赤字（deficit），值0表示平衡状态（balance）。

3. 粮食产量供需结果分析

粮食作物生产的空间分布在三个不同的空间尺度上基本相同。在像元尺度上，粮食产量大于 1.10t/hm² 的主要分布在研究区中部森林草原过渡区和研究区东南部的耕地区域，而在西部草原区和中部森林区的像元粮食产量的值基本在 0.02t/hm² 以下。在乡镇尺度上，粮食产量为 0.02～0.07t/hm² 的占据了较大的比例，且主要分布在研究区中部森林草原过渡区和研究区东南部的耕地区域，而在西部草原区和中部森林区粮食产量基本为 0.02t/hm² 以下。在旗（市、区）尺度上，粮食产量出现了比较大的区域差异，东南部的扎兰屯、阿荣旗、莫力达瓦达斡尔族自治区粮食产量最大，其次为陈巴尔虎旗、鄂伦春自治旗。

粮食作物需求在三个尺度上的空间分布存在一定差异。在像元尺度上，粮食作物生产的高需求分布在西部地区。在乡镇尺度上，高需求主要分布在满洲里、海拉尔和东南部。在旗（市、区）尺度上，高需求主要分布在满洲里、海拉尔、东部耕地区等。

从粮食作物的供需指数 ESDR 可以看出，在像元尺度上，研究区东南部和中部地区及中部森林草原交错区在当地尺度上处于供过于求的状态，而其余地区则处于供不应求的状态。在乡镇尺度上，东南部和中部地区处于供需平衡状态，其他地区的需求大于供给。在旗（市、区）尺度上，满洲里和海拉尔的需求大于供给，而在以下7个地区处于盈余状态：额尔古纳、扎兰屯、莫力达瓦达斡尔族自治旗、陈巴尔虎旗、新巴尔虎左旗、鄂伦春自治旗、阿荣旗。

4. 肉类产量供需结果分析

呼伦贝尔地区肉类产量供给在三个尺度上具有一定的空间相似性和差异性。在像元尺度上，当地和乡镇尺度的肉类产量大于 0.67t/hm² 的区域主要分布在呼伦湖周围的草原上，在中部森林草原交错区出现小面积的产量大于 1.42t/hm² 的高值区。在乡镇尺度上，西部高值区面积变大，肉类产量大于 1.21t/hm² 的地区分布在中部和研究区的北部地区。在旗（市、区）尺度上，肉类产量大于 1.24t/hm² 的地区主要分布在东南部和中部地区。

从肉类产量的需求来看，三个尺度上具有一定的相似性。在像元尺度上，肉类需求量大于 1.2t/hm² 的地区主要分布在森林草原交错区的北部，东部和东南部边缘区域也出现了部分高值区；在乡镇尺度上，研究区大部分区域的肉类需求量小于 0.02t/hm²，需求量大于 0.54t/hm² 的地区分布在东南部小部分区域和中北部地区，其他区域的需求分布更为均衡；在旗（市、区）尺度上，需求量大于 1.28t/hm² 的区域分布在海拉尔、满洲里及东部研究区。

从肉类产量的 ESDR 可以看出，除西部小部分区域外，像元尺度的研究区域存在供需平衡或供过于求的状态；从乡镇尺度上看，总体上呈现供过于求的态势，东南部小面积地区的面貌缺乏；在旗（市、区）尺度上，满洲里和海拉尔的需求大于供给，其余地区处于盈余状态。

（三）产水供需评估

产水量是重要的生态系统服务功能之一，对区域经济和生态系统的可持续发展至关重要（窦攀烽等，2019）。产水服务作为水文调节服务功能的表征指标，对于植物的生长具有显著影响，尤其是在干旱半干旱区域。有研究表明，呼伦贝尔草原气温升高、降水量减少、干旱频发等气候变化因素是导致呼伦贝尔草原退化面积迅速增加的主要原因（邸择雷等，2017；李云鹏等，2006）。

1. 产水供给量估算方法

参考 Tallis 等（2013）的研究，采用生态系统服务和权衡的综合评估（Integrated Valuation of Ecosystem Services and Tradeoffs，InVEST）模型中的产水量模块计算栅格数据中每个格网点的产水量服务。具体公式如下：

$$Y(x) = (1 - \frac{AET(x)}{P(x)}) \cdot P(x)$$

$$\frac{AET(x)}{P(x)} = 1 + \frac{PET(x)}{P(x)} - \left[1 + \frac{PET(x)^{\omega}}{P(x)}\right]^{1/\omega}$$

$$PET(x) = K_c(l_x) \cdot ET_0(x)$$

$$\omega(x) = Z\frac{AWC(x)}{P(x)} + 1.25$$

$$AWC(x) = Min(Soli\ Depth, Root\ Depth) \times PAWC$$

式中，$Y(x)$ 代表像元 x 中的年均产水量；$P(x)$ 为像元 x 上的年均降水量；$AET(x)$ 为像元 x 上的年实际蒸散量；PET 为潜在蒸发量；$ET_0(x)$ 表示参考作物蒸散；$K_c(l_x)$ 表示特定土地利用/覆被类型蒸腾作用的影响因子；ω 表示自然气候-土壤性质的非物理参数；$AWC(x)$ 为土壤有效含水量；Z 为经验常数，又称季节常数，能够代表区域降水分布及其他水文地质特征，Z 与每年降水发生次数相关；$PAWC$ 是植物利用水分含量。

2. 产水需求量估算方法

本研究借鉴前人研究结果，总结农业、工业、生活和生态用水量，以量化需水量，基于生态网格尺度，在需水量空间映射中，农业用水量平均分配给农业用地；工业用水量平均分配给工业用地；生活用水量平均分配给居民用地；生态用水量平均分配给草地和林地。计算公式如下：

$$D_{wp}=D_a+D_i+D_d+D_e$$

式中，D_{wp} 是需水量，在这种情况下等于耗水量，m^3；D_a、D_i、D_d 和 D_e 是农业、工业、生活和生态用水，t/hm^2。所有值都可以从以前的研究中获得（Wang and Fu，2013）。

3. 产水服务供需评估结果

对呼伦贝尔市三个不同尺度的供水、需水量和 ESDR 进行估算。在像元尺度上，产水量高于 $5000m^3/hm^2$ 的区域分布在研究区东南部，其主要土地利用类型为森林和耕地；产水量相对较高的是中部地区，最低产水量出现在西部草原，从东南部向西部供给能力逐渐变弱。在乡镇尺度上，产水量由东南向西北逐渐减小；在旗（市、区）尺度上，研究区内的产水量被分为 5 个等级，最高的为东南部的扎兰屯和阿荣旗，最低的新巴尔虎右旗西部。

随着尺度的上升，需水量的空间分布呈现出一定的规律。在像元尺度上，中部和北部的小区域内分散了当地尺度的极高需水量；随着尺度的上升，在乡镇尺度上，需水量的高值区也逐渐增大，主要集中在研究区中部和西部满洲里地区；在旗（市、区）尺度上，需水量的高值区主要分布在研究区的中部，西部和东部地区需水量较少。

综合生态系统服务供给和需求之间的插值，对研究区中三个尺度上的 ESDR 产水空间分布进行分析。在像元尺度上，需水量严重不满足产水量的地区位于研究区的西部，呼伦湖附近出现供给大于需求的现象，东南部山岭区出现了部分供给大于需求的现象；在乡镇尺度上，大部分地区的供水量都小于需求量，缺水程度由东南向西北逐渐增加，这与产水量的趋势相反；在旗（市、区）尺度上，整个研究区均呈现出对产水量的需求大于供给的情况，其中在西部的草原区 ESDR 指数呈现出的"供不应求"的状态更加明显。

（四）固碳服务评估

生态系统服务固碳是将大气中所捕获的碳固定起来，进而抵消人类向大气中排放的部分二氧化碳，从而起到调节气候的作用，是生态系统服务中调节服务的重要组成部分，也是生态系统服务研究领域最关注的问题之一（Tubiello et al.，2014）。固碳服务的供需量化与制图一直受到关注（刘海等，2018；王鹏涛等，2017），但是当前多数研究并没有将区域供需空间关系和服务输出纳入考虑范围中，导致评价结果不能辅助科学决策（李双成等，2013；Fisher et al.，2009）。

1. CASA 模型

以净初级生产力（NPP）作为指标来表征草地生态系统服务中的碳固持服务，本研究关于净初级生产力的计算过程参照前人模型，即净初级生产力可以通过计算植物吸收的光合有效辐射（APAR）和实际光能利用率（ε）两个因子（朱文泉等，2007）来确定，其估算公式如下：

$$NPP(x, t)=APAR(x, t)×ε(x, t)$$

式中，$APAR(x, t)$是指 t 月时在像元 x 上的吸收的光合有效辐射$[gC/(m^2·月)]$；$ε(x, t)$是指 t 月时在像元 x 上的实际光能利用率（gC/MJ）（潘竟虎和文岩，2015；朱文泉等，2007）。$APAR(x, t)$由太阳总辐射量和植被层对入射光合有效辐射的吸收比例计算得到，$ε(x, t)$受到温度和水分的胁迫。

2. 碳固持需求计算方法

碳排放量的估算采用胡艳麟和朱齐艳（2021）方法，参考学者此前在我国的研究（蔡慧敏，2016；朱文泉等，2007），根据研究区域的实际情况计算碳排放量。在电网尺度上，在碳固持需求空间映射中，发电量平均分配给工业用地和居民用地；工业用地产生的碳固持需求平均分配给工业用地；交通运输排放产生的碳固持需求平均分配给居民用地、土地、草地、森林、耕地。

$$D_C=C_e+C_t^{①}+C_i$$

式中，D_C 为碳排放量（tC/年）；C_e 为发电产生的碳，呼伦贝尔地区此值为 5.84tC/年（蔡慧敏，2016）；C_t 为运输产生的碳，每辆车每年消耗约 1564.9kg 汽油（李永芳，2008）；C_i 为工业产生的碳，每万元碳消费工业产值 0.54tC（谢鹏程等，2018）。

3. 碳固持供需评估结果分析

呼伦贝尔碳固持服务供给存在明显的空间分布差异。在像元尺度上，研究区固碳量大于 $66.78tC/hm^2$ 的区域主要分布在东部和南部的森林区且明显高于北部和西部草原区；在乡镇尺度上，碳固持服务供给值大于 $70tC/hm^2$ 的地区主要分布在南部，东部的供给值高于中部和西部地区，低于 $3.65tC/hm^2$ 的值基本分布在西部草原区；在旗（市、区）尺度上，生态系统固碳服务依然为东南部地区最高，北部地区较低，固碳服务供给值低于 $3.65tC/hm^2$ 的值位于西部地区。对研究区碳固持服务需求进行分析研究，像元尺度的高价值需求分布较为分散；从乡镇尺度可以看出，需求 $100tC/hm^2$ 以上的地区集中分布在研究区域边缘；在旗（市、区）尺度上，东南部、海拉尔和满洲里地区出现在高需求地区。

从 ESDR 的角度看，固碳服务供需状况在像元尺度上呈现出明显的东高西低的分布，西部草原的固碳能力严重不足，东部出现盈余。乡镇尺度上最明显的特征是供需平衡和供需矛盾的交错分布。在旗（市、区）尺度上，供给与需求在森林区和草原区之间存在着一个界限，在森林草原交错区完成了过渡，西部草原区固碳服务需求量大于供给量，出现了生态系统服务赤字。

（五）美学服务评估

呼伦贝尔因其自然景观和民俗文化的原生态性和多样性，具备旅游发展的先天条

---

① 交通碳产量 C_t（tC/年）可由汽车数量乘以汽车每年产生的碳量得到

件,加之发展旅游业的主观愿望强烈,旅游业在呼伦贝尔地区正以超常规的速度在发展,而生态旅游为其主要发展形态(尹立军,2012)。生态旅游可以保证居民在旅游发展过程中,既保护当地一些自然景观和非物质文化遗产,也使居民能够获得更高的收益。

1. 美学服务供给评估方法

自然草原风景区的审美情趣直接影响旅游业的发展,调整了视觉质量指数(visual quality index,VQI),包括 5 个参数:地形、水源、绿地、人类活动影响和景观可达性(Kang et al.,2016)。本研究使用可达性(accessibility)是由于数据可用性及景观美学在很大程度上具有旅游吸引力,并简化了用于量化视觉质量指数中 5 个参数的方法等。将 5 个参数的得分相加,得到 VQI 最终得分,它代表了一个网格单元的相对美学价值。公式如下:

$$VQI_{xt}=VQI_p+VQI_b+VQI_g+VQI_h+VQI_a$$

式中,VQI_{xt} 为栅格 x 像元的 VQI 总分(无量纲),其范围为[0,1];VQI_p 为像元 x 的地形参数;VQI_b 为像元 x 的水源参数分;VQI_g 为像元 x 的绿地参数;VQI_h 为像元 x 的人类活动影响参数;VQI_a 为像元 x 的景观可达性参数。

2. 美学服务需求估算方法

旅游业也是研究区的重要产业之一。由于不同地区的游客密度差异较大,本研究采用对数方法来表征当地的美学服务需求。计算公式如下:

$$DVQI=lg(P_{pop}/S)$$

式中,$DVQI$ 是网格 x 的总需求得分(无量纲);P_{pop} 是该区域一年内的访客数;S 是该区域的面积。访问人数可从统计年鉴中获得,并使用 ArcGIS 10.3 软件进行空间划分。

3. 美学服务供需分析

景观美学服务供需的空间分布在三个尺度上具有一定的相似性,即从西部草原到东部森林的美学服务价值从高到低分布。在像元尺度上,景观美学值大于 0.90 的地区分布在西部草原区,景观美学值小于 0.30 的地区分布在东南部山区;在乡镇尺度上,景观美学值大于 0.80 的地区分布在西部草原区,东南部存在少部分景观美学值小于 0.01 的区域;在旗(市、区)尺度上,景观美学值可以分为四大块区域,景观美学值大于 0.90 的地区分布在最西部和中部的北方地区,中部偏南地区的景观美学值为 0.6~0.7,东北部地区景观美学值为 0.3~0.6,东南部存在最小的景观美学值,为 0.01~0.3。

从需求的角度看,研究区景观美学服务的空间差异性较大。在像元尺度上和乡镇尺度上,研究区东南、西北地区对景观美学服务的需求相对较大,需求值大于 0.9 的地区分布在东南部边缘区域和西部;而在更为粗糙的旗(市、区)尺度上,需求值大于 0.85 的地区主要分布在海拉尔、满洲里和东南部扎兰屯、阿荣旗。

对美学服务的供需状态进行分析。在像元尺度上的供需状况来看,存在着东部供不应求、中西部供过于求的空间分布,且 ESDR 的最低值存在于东南部,ESDR 的最高值存在于中部山区;在乡镇尺度上,东部地区供不应求,中部供需平衡,西部地区供过于求；在旗（市、区）尺度上，满洲里和阿荣旗的供给远小于需求，而在西部的新巴尔虎右旗及中部的 4 个地区（根河、额尔古纳、牙克石、鄂温克族自治旗），ESDR 的值大于 0，美学供给能力大于需求能力。

（六）草地生态系统权衡协同关系

当前学者对于生态系统服务权衡协同的定义具有一定的差异。MEA（2005）对于生态系统服务权衡侧重于考虑权衡对供给方的影响，包括空间权衡、时间权衡、可逆性权衡、服务间权衡 4 个方面。生态系统服务权衡协同关系表现在很多方面：不同的生态系统服务功能之间，不同利益相关者之间，同种生态系统服务的供给和需求之间。因此，需要从供给和需求两个方面对草地生态系统服务权衡协同关系进行研究。

1. 旗（市、区）尺度和乡镇尺度上草地生态系统服务供需权衡协同关系

本研究利用 R 统计软件对 13 个县下的 193 个乡镇的每个草地生态系统服务进行了 Spearman 相关性分析。建立了一个渔网（250m×250m）来提取局部尺度的点值，用于分析权衡研究领域的 5 个生态系统服务（ecosystem service，ES）指标。如果相关系数为正且通过了显著性检验，则两种草地生态系统服务之间存在协同关系；如果相关系数为负且通过了显著性检验，则为权衡关系；若相关性不显著，则为没有显著关系。相关强度由 r 的绝对值来判断，根据 r 的绝对值大小可以将两个生态系统服务之间的关系分为：高度相关时相关系数 $|r| \geqslant 0.5$，中度相关时相关系数 $0.3 \leqslant |r| < 0.5$，弱相关时相关系数 $0.1 \leqslant |r| < 0.3$。

根据不同尺度的 Spearman 相关系数计算，随着尺度的变化，草地生态系统服务供需关系或协同关系表现出一定的差异性，研究区 5 种生态系统服务的供需仅与乡镇尺度显著相关。随着尺度的上升，生态系统服务供应（supply）的相关系数绝对值有增加趋势，但是不同生态系统服务之间相关显著性对数减少，随着尺度的变化权衡协同关系也发生了变化。高度相关对（$|r| \geqslant 0.5$）的数量从像元尺度的 1 个增加到乡镇尺度的 5 个，然后到旗（市、区）尺度的 6 个。此外，尽管大多数指标（如碳固持-产水量、肉类产量-景观美学）在尺度上表现出一致的关系，但其中一些仍然呈现出局部与较粗尺度的对比关系。特别是碳固持和肉类产量及产水量和肉类产量，在像元尺度上呈现出协同关系，而在乡镇尺度和旗（市、区）尺度上呈现出权衡关系。

由草地生态系统服务需求在三个尺度上的相关性分析结果可知，需求强相关（$|r| \geqslant 0.5$）的数量在像元尺度-乡镇尺度-旗（市、区）尺度上分别为 3 个、3 个和 6 个。同时，三个尺度的无关对的数量呈先减少后增加的趋势，分别为 3 个、0 个和 4 个。同时权衡协同关系在像元与较粗糙的尺度上呈现出的关系具有差异性。例如，碳固持和产水量需求在当地尺度上呈显著负相关，但在乡镇尺度上呈显著正相关，但是当尺度上升到旗（市、区）尺度上时，碳固持和产水量之间不具有显著相关关系。

2. 不同尺度草地生态服务供需比值比较

本研究中 5 种草地生态系统服务供需在三个尺度上具有不同的 ESDR 表现，ESDR 平均值大于 0，即供大于求的有：像元尺度上的碳固持服务，像元尺度上的肉类产量，旗（市、区）尺度上的景观美学，像元尺度上的景观美学，旗（市、区）尺度上的碳固持服务（ESDR 达到最大值，为 1.5）。ESDR 值低于 0，即生态系统服务供给小于需求的有：乡镇尺度上的碳固持服务，旗（市、区）尺度上的产水量（达到最小值–0.8）。其余的 ESDR 分布在零线附近，供需平衡状态。

第二节　生态系统服务供需对土地利用变化的响应及分区管理

一、土地利用变化对草地生态系统服务供需的影响

本研究在乡镇尺度上，基于 SPSS 25.0 软件采用多元线性回归的方法，探讨不同土地覆盖类型对 5 种生态系统服务供需的相对影响。在回归分析中，使用逐步回归的方法来选择最适合确定土地利用类型对 ES 供需影响的模型。从表 11-7 可以看出，5 个模型的调整 R^2 分别为 0.026、0.132、0.417、0.033、0.211，所有 P 值均小于 0.05。Durbin-Watson 检验值分别为 1.67、1.854、1.625、1.787 和 1.719。因此，可以证明该模型是显著可识别的。此外，每个变量的方差扩大因子（variance inflation factor，VIF）的共线性诊断表明，模型中的所有 VIF 值都在 1 和 2 之间，表明模型中的变量之间没有多重共线性（表11-7）。

表 11-7　乡镇尺度上生态系统服务供需之间的关系

生态系统服务类型		非标准化系数		VIF	模型汇总			Durbin-Watson检验值
		B	SE		调整 R^2	F	P	
CP	常数	0.151	0.015		0.026	6.126	0.014	1.67
	建设用地	−0.156*	0.063	1.000				
MP	常数	0.083	0.004		0.132	15.646	0.000	1.854
	建设用地	−0.083**	0.017	1.001				
	草地	0.013*	0	1.001				
CS	常数	52.126	0.711		0.417	69.757	0	1.625
	建设用地	−30.941**	2.837	1.002				
	水体	−95.631**	19.235	1.002				
WY	常数	224.371	8.981		0.033	7.626	0.006	1.787
	水体	−725.038**	262.558	1.000				
LA	常数	0.611	0.016		0.211	18.101	0.000	1.719
	建设用地	−0.299**	0.055	1.002				
	未利用地	−0.725**	0.176	1.001				
	水体	1.011**	0.37	1.002				

注：①**表示 P<0.01；*表示 P<0.05。②在多元线性回归分析中，如果 Durbin-Watson 检验值=2，表明残差基本无自相关，此值越接近 0，正向的自相关性越强，越接近于 4，负相关性越强。③VIF 的最大值接近或超过 10 时，说明自变量与方程中其他自变量之间有严重的多重共线性，多元线性回归模型假设检验的结果不显著，应重建方程。下同

模型的结果表明，所有非标准化系数都很显著：①建设用地与 CP 呈负相关，非标准化系数为–0.156。②建设用地与 MP 呈负相关，非标准化系数为–0.083；草地与 MP

呈正相关，非标准化系数为 0.013。③水体与 CS 呈负相关，非标准化系数分别为-95.631。④水体与 WY 呈显著负相关，非标准化系数为-725.038。⑤建设用地对 LA 有负向影响，非标准化系数为-0.299，未利用地对其产生负向影响，非标准化系数为-0.725，水体对 LA 有积极影响，非标准化系数为 1.011。

二、旗（市、区）尺度上土地利用变化对草地生态系统服务供需的影响

从表 11-8 可以看出，5 个模型的调整后的 R^2 为 0.868、0.753、0.78、0.794、0.96，所有 P 值均小于 0.05。Durbin-Watson 检验值分别为 1.279、2.108、1.342、2.573 和 1.88，表明旗（市、区）尺度上土地利用变化对生态系统服务供需的影响可以用这些模型进行解释。根据每个变量的方差扩大因子的共线性诊断表明，模型中的所有 VIF 值都在 1 和 3.5 之间，表明模型中的变量之间没有多重共线性。模型的结果表明，所有非标准化系数都显著：① 耕地与 CP 呈正相关，非标准化系数为 2.119。②耕地与 MP 呈正相关，非标准化系数为 0.037；未利用地与 MP 呈正关，非标准化系数为 0.146；建设用地与 MP 呈正关，非标准化系数为 0.221。③CS 与草地和水体呈显著负相关，非标准化系数分别为-23.667、-120.862。④草地与 WY 呈显著负相关，非标准化系数为-1680.276。⑤草地对 LA 为正向影响且非标准化系数为 1.261，森林对 LA 有正向影响，非标准化系数为 0.327，但未利用地对 LA 有负向作用，非标准化系数为-1.43。

表 11-8 旗（市、区）尺度上生态系统服务供需之间的关系

生态系统服务类型		非标准化系数		VIF	模型汇总			Durbin-Watson 检验值
		B	SE		调整 R^2	F	P	
CP	常数	−0.014	0.048		0.868	79.964	0.000	1.279
	耕地	2.119**	0.237	1				
MP	常数	0	0.003		0.753	13.226	0.001	2.108
	耕地	0.037**	0.01	1.023				
	未利用地	0.146*	0.047	1.014				
	建设用地	0.221*	0.071	1.036				
CS	常数	62.99	2.731		0.78	22.328	0.000	1.342
	草地	−23.667*	6.688	1.629				
	水体	−120.862*	53.917	1.629				
WY	常数	1778.21	126.51		0.794	79.964	0.000	2.573
	草地	−1680.276**	244.648	1.00				
LA	常数	−0.024	0.088		0.96	97.915	0.000	1.88
	草地	1.261**	0.103	3.092				
	森林	0.327*	0.103	3.277				
	未利用地	−1.43*	0.505	1.108				

三、乡镇尺度上土地利用变化对草地生态系统服务供需的影响

土地利用与土地覆盖变化（LUCC）已被认为是生态系统服务变化的关键人为驱动力，在区域和全球范围内改变生态系统服务（Fu et al., 2015；Metzger et al., 2006）。土地利用变化通过改变生态系统提供产品和服务的能力对生态系统服务产生影响（Fu and Zhang, 2014）。本研究发现在乡镇尺度上建设用地对 5 种草地生态系统服务的 ESDR 均有显著的负面影响。在旗（市、区）尺度和乡镇尺度上，森林覆盖率对产水量的 ESDR 均有负面影响。

四、草地生态系统服务区划管理策略

绘制供需关系图对草地生态系统服务治理至关重要，它可以通过确定保护优先区域或确定管理这些服务的机构尺度来指示管理干预的重点。本研究根据研究区的划分和土地利用变化对草地生态系统服务的影响，提出了改善研究区生态环境、平衡乡镇尺度供需关系和旗（市、区）尺度供需关系的管理措施。

多尺度分析是一种将细尺度和粗尺度的优势结合起来而不丢失细节的工具。为了更好地服务于决策，本研究评估不同尺度上生态系统服务供需，结合粗[旗（市、区）]尺度和细（乡镇）尺度数据的优势，可以找到某个区域需要改善的一种或多种生态系统服务，进而采取对应的措施。精细的尺度对于显示小区域生态系统服务的不匹配性非常重要，可以为明智的规划决策提供清晰的画面。而粗尺度分析在加入社会经济数据方面具有优势，很多统计数据仅能在特定的较大行政范围上获得，或者仅能在政治决策的尺度上获得。高需求价值区在旗（市、区）尺度上与高价值区高度一致，不同于旗（市、区）尺度，但集中在较小的区域。这可能是因为呼伦贝尔的人口和整个呼伦贝尔地区的建设用地集中在较小的地区。随着统计尺度的增大，整个地区呈现出相同的分布特征，在旗（市、区）尺度上可以体现，在乡镇尺度上的分布消失。

第三节　生态草牧业可持续发展的政策建议

一、协调草原生态保护政策与草原承包经营制度

积极推进牧区土地"三权分置"（草原所有权、承包权、经营权分置）改革。这可有效化解草原"两权分离"制度下草原承包经营权的生态、经济、政治和社会功能间的矛盾，有利于优化草原资源配置，培育新型经营主体，促进适度规模经营，实现轻度轮牧和小范围游牧。同时，对完善草原所有制度和使用制度、缓解牧民过度依赖草原及建设草原生态保护制度具有基础作用。

实行草畜平衡弹性精准管理。"过牧"被普遍认为是我国北方草场退化的主要原因。因此，需要建立多个利益相关主体共同参与制定草原放牧技术方案的制度，考虑不同类型草原的实际情况和草原的时空异质性，促使放牧技术科学、合理、可行（李艳波和李

文军，2012）。草畜平衡弹性精准管理是在一定时空范围内，草原管理者在充分了解草原生态状况、草原使用者需求和市场动态的情况下制定的保护与利用措施，最终使草原区的生产与流入的物质量（牲畜和饲草料）与该区消耗的物质量保持动态平衡，进而达到草原生态系统良性循环和可持续性利用（侯向阳等，2019）。

多元化生态补偿方式。生态补偿强调以激励换取生态环境保护这一核心内涵（袁伟彦和周小柯，2014）。呼伦贝尔草原过去的生态补偿政策对牧户保护草地资源的作用极其有限，因为生态补偿与其付出的发展机会成本、作出的生态保护贡献不对等，直接的货币、物质等经济激励对牧户的生计转型的作用极其有限（张军以等，2018）。为此，政府应探索建立市场化多元化生态补偿长效机制。首先，依据不同群体牧户的需求，采取资金、实物、人力和技术等的多元化补偿方式。其次，拓展生态补偿资金来源，提高补偿标准。构建以国家和省级财政统筹为主、市场化参与为补充的多层次、多渠道生态补偿机制，包括向社会发行绿色债券、绿色信贷、环保彩票、发展生态公私合作（public private partnership，PPP）项目及争取国际援助等多种途径筹集资金。最后，将生态保护绩效与生态补偿标准动态挂钩。将生态补偿资金与生态环境质量控制指标联系，同时实行国家转移支付资金与补偿地区生态环境保护绩效挂钩的考核评估制度，确保生态补偿取得实效。

二、建立气象灾害风险管理制度

建立草原区气象灾害风险管理机构。气象灾害风险管理机构的建立，可以进一步向牧户社区推广有关气候变化的教育和防灾减灾的知识。同时，建立综合的防灾减灾信息系统，并将牧户信息纳入其中，及时有效地推送气象灾害信息。例如，目前虽然没有通用的干旱监测指数，但在某些地区有应用效果比较好的干旱监测指数（张强等，2014）。对于呼伦贝尔草原而言，可依托现有的草原监测站和气象站，开发科学有效的针对呼伦贝尔草原的综合气象风险指数，包括生物物理要素等自然环境指标、牧民风险感知指标及社会经济指标，进而利用该指数定量监测气象灾害的范围和影响程度。同时借助综合的防灾减灾信息系统，将相关信息与行动方案及时准确地传达至各利益相关群体，以便科学高效地统筹和协调"上下"行动。

建立气象灾害风险共担和转移制度。鉴于牧草资源分布的高度时空异质性，移动性和互惠是过去维持人、草、畜系统稳定的重要策略（赖玉珮和李文军，2012；王晓毅，2016）。然而，草场承包到户后牲畜移动性下降，这使草场的时空异质性供应与牲畜的持续需求产生了矛盾，加剧了牧户对单一草场的利用强度，使草场的压力变大；同时，牲畜在固定草场上来回践踏和采食也阻碍了不同类型草场间草种的传播，植被多样性降低，草场生产力下降。牧户间互惠性也受到抑制，他们不得不通过市场进行草料购买，大大增加了牧户的生产成本。因此，一方面需要建立（不同层级的）区域性牧草储备站，以便能达到"灾害季节预防，非灾害季节增加效益"的效果。同时，建立区域间（牧户、嘎查、苏木和旗县）多层次协作网络，发挥家庭、社区的互助功能和文化道德作用，鼓励社区之间的集体行动和自我管理，以便形成气象风险管理共同体。另一方面应鼓励牧民购买市场上多元化的牧业灾害保险。本研究发现，虽然政府对牧业保险有相关的财政补贴，但呼伦贝尔草原区牧户购买保险的比例很低（仅有 2%的受访户购买了牧业保险），这源于对保险的认识不足以及可选择保险的范围有限，加上理赔手续"烦琐"。因此，政府不仅需要加大对牧业保险的投入，还应将多元化市场的牧业保险引入社区（嘎查或苏木），通过嘎查长或苏木长等相关人员集中负责保险的宣传、购买和理赔等工作，这将进一步缓解灾后政府的财政负担和牧民的牧业损失。

三、提高牧户生计资本与改善牧户生计策略

作为可持续生计的核心，生计资本不仅是牧户拥有的选择机会、采用的生计策略和抵御生计风险的基础，也是提高人们生计恢复力、减少生计脆弱性和获得积极生计成果的必要条件及实施扶贫工作的切入点（陈佳等，2016；赵雪雁，2011；Scoones，1998）。缺乏生计资本则会影响家庭对风险的感知能力及采取行动的能力（雒丽等，2017；Grothmann and Patt，2005）。

自然资本。自然资本被认为是呼伦贝尔草原区牧户最重要的生产资本，与牧户当前的生计策略密切相关，同时对牧户生计脆弱性的减缓也具有显著作用。然而，受气候变化、人类活动、制度变迁和国家生态保护政策的影响，牧户可利用的草地资源更加有限，对牧草资源的需求也较高，自然资本较其他生计资本显得尤为稀缺。因此，政府首先需根据呼伦贝尔草原不同区域的生态状况与该区牧户生计状况相结合，制定因地制宜的草地资源利用与保护政策。同时，在区域内促进草地流转和牧民间联合放牧，减少对单一草场的利用强度，共享草场资源。其次加强在立地条件优越的地方建立人工草场，提高当地草料生产和加工能力。另外，加快形成跨区域草料和牲畜运输调配机制，进而保障当地牧草供给的多元性和缓解当地草场的放牧压力。

金融资本。金融资本的流动性较强，在生计资本间的转换过程中起着"桥梁"作用，可以促进其他生计资本的开发和积累，同时也是衡量积极生计成果中的重要指标。然而，由于牧业生产成本上升，加上牧户可流动的金融资本储备不足，缺乏金融资本已成为呼伦贝尔草原区牧户适应风险的限制因素。例如，在调查过程中发现，牧户对低息贷款的需求较强，而牧户能否及时获得信贷对牧户生产投资和风险应对具有重要作用。虽然"牧区贷款项目"目前在呼伦贝尔草原区已经实施，但当前呼伦贝尔牧民信贷能力不足，可获得信贷资源仍然非常有限。因此，政府首先应积极建立牧民电子信用信息，构建多样性的牧户信用等级评价体系，而不仅仅是参考牧民当前经济收入和固定资产。其次鼓励正规金融机构和信贷公司，向牧民提供多元化、定制化的信贷服务，尤其在农牧业生产和经营方面，可通过减免、补贴或分期付款等形式进行资金帮助，同时根据牧民家庭收入情况进行弹性制还贷。另外，延长畜牧产品加工链，提高产品附加值，以便创造更多的本地就业机会，拓展牧民收入来源。最后，建立牧户互助和风险应对储备资金，加强牧户集体风险应对的能力。

社会资本。社会资本可以促进社区之间的创新和技术的相互转移及外部组织在知识和资金方面的支持（Pelling and High，2005）。农牧户对风险的适应决策通常基于人与集

体活动之间的相互作用，这些相互作用通过亲属关系、友谊和非正式制度及正式的政府机构来调节（Adger，2003）。因此，提高牧户的社会资本，发挥社会资本在风险分担、转移和应对方面的重要作用，进而增强牧户生计可持续发展的能力对于呼伦贝尔牧户而言很有必要。

人力资本。人力资本与成功实施不同生计策略所必需的技能、知识、劳动能力和身体健康状况有关。第一，应加强对牧民的技能培训和职业教育，培育职业牧民，包括农牧业技术、草场的管理与保护、灾害风险管理及畜牧产品市场营销等知识。第二，重视牧民的传统知识和文化。相当多牧民均是多代人从事放牧活动的家庭，他们拥有广泛的传统或当地生态知识。即使没有受过正规教育和接受过任何培训的牧民因从小就开始放牧，对牧业生产的细节也会了如指掌。同时，畜牧文化构成了人们感知、理解和应对环境变化的方式（Roncoli et al.，2009）。因此，在培训方案中应考虑到传统知识和传统文化，从而得到牧民社区的积极响应。第三，重点加强基础教育投资，解决过去几年撤点并校过程中牧区儿童上学不便的问题，以减少牧户教育费用和人力支出。第四，应加大对农村医疗卫生和社会保障的公共投入，解决当前嘎查和苏木一级医疗卫生基础设施较差，尤其年龄较大牧户看病远、看病难、看病贵等问题，同时建立针对重症和特殊病症牧户的再补偿机制。

信息资本。一方面，政府应加强信息和通信网络的基础设施建设，进而在多种渠道（电视、广播、互联网、手机短信、微信公众号）及时精准地发布和推送有关气象灾害、农牧业技术、非牧就业和农牧业市场信息；另一方面，由各牧民组成的"牧户小组""互惠社区""支持集团"之间应积极创建各职能内部交流平台（如 QQ 群或微信群），以便就相关信息进行交流、分享及为社区的建设与管理提供服务。

区位资本。呼伦贝尔草原区地广人稀，平均 9.7 人/km²。而良好的基础设施（包括医疗、教育和交易市场）多集中在旗县驻地，牧户对此类基础设施的可及性因交通距离远、交通工具不便而利用能力低。因此，政府一方面需要根据不同区域畜牧业发展优势和发展需求的优先序，将不同的基础设施（包括医疗、教育和交易市场）与周边人群和产业发展相结合，提高资源的利用效率和质量，进而加强牧户的区位资本；另一方面需要在空间上进一步优化交通线路，使各基础设施/服务在区域内形成联动互补，打通牧户应对风险和能力建设的通道。

改善脆弱牧户的生计策略。在呼伦贝尔草原区，由于牧户生计资本存量较少，生计策略转型和多样化的能力有限，加上当地就业岗位/机会少，牧户的生计多样化不仅程度低，而且兼业化的收益小。他们当前生计的多样化仅仅是作为风险规避的一种工具而非提高人类福祉的手段。因此，一方面向拥有较多生产资本（自然资本、物质资本和金融资本）的牧户提供发展牧业多样化的资金、服务和新型牧业技术，在生态保护政策背景下，围绕草畜业开发多种面向市场的绿色畜牧产品，在草畜业内部创造新型就业岗位，包括从畜牧业技术服务培训、疾病防疫、机械维修、牲畜育肥、毛皮和肉产品加工到市场/品牌推广、网络销售及运输物流等。这不仅可以有效利用牧区的草地资源优势，而且可以有效利用当地牧户的人力和文化优势，进而提升牧户进入收入多样且收益较高的行业。另一方面由于牧户的生计策略是动态的，需要考虑不同群体牧户面临风险的异质性及牧户的资源禀赋和追求的生计目标，进而实施不同的生计方案。例如，向有意愿、有条件的中青年牧户或劳动力较充足的牧户提供非牧就业或创业培训与资助。

四、构建基于社区的草原管理和市场经营制度

基于社区的草原管理。第一，以现存的合作家庭或合作社为基础，构建小尺度的牧户小组，该小组主要产生于嘎查内部，其内部成员以地缘/亲缘/友缘为基础的紧密社会关系为主要特征。牧户间分工协作，共同利用草场，以便消除分布型过牧和实现低成本放牧。第二，在牧户小组的基础上，建立中尺度的互惠型社区，该社区主要依托距离相近、规模相似的几个嘎查或苏木为单位，其内部成员具有紧密的畜牧业生产关系。这些互惠型社区具有在市场合作、信息分享、技术交流和灾害分担等方面的功能。第三，在互惠型社区的基础上，建立苏木或旗县间大尺度的支持型集团，该集团主要依托政府的相关职能部门，他们主要向各社区提供政策、资金、技术等方面的帮助及在法理上的监管。这些支持型集团对于实现可持续的草原管理、畜牧业发展和牧民生计改善具有至关重要的作用。

发展草原现代生态畜牧业，推动传统畜牧业市场化升级。首先，优化畜群结构，加强畜禽良种培育。优良品种是畜牧业实现生态化、产业化、现代化的重要基础，直接影响畜牧业产业效益的高低。为了适应日益增长的市场需求，过去牧民饲养的马、牛、羊（山羊、绵羊）、驼"五畜"综合经营已转变为以小畜为主的专业化经营，造成呼伦贝尔本土的优良种畜发展受阻。例如，呼伦贝尔本土种羊数量有限，多年来未解决羊败血症问题，导致传统优良蒙古羊的生产性能逐年降低（乌达巴拉等，2017）。因此，应充分利用好地区特色的优质畜种资源，积极引进优质良种，进行提纯复壮、选育提高和杂交改良，优化畜群结构，逐渐构建与之配套的繁育和推广体系，以便发挥出良种带来的市场优势和经济收益。其次，加强苏木、旗县一级的电子商务工程的建设。借助互联网工具来提升畜牧业生产、经营、管理和服务水平，推进现有的畜牧业向规模化、标准化、生态化、网络化和智能化的现代绿色畜牧业新模式方向发展。此外，打造具有区域特色的生态畜牧业。呼伦贝尔草原区有着丰富的草地资源，未来需整合本地资源，走规模化和集体化道路，培育和发展具有区域特色的纯天然牛羊肉生产经营主体，积极打造具有"呼伦贝尔"特色的品牌。

加强社会学习和网络协作，提升牧区对风险社会的弹性。社会学习是涉及任何社会网络中的行动单元之间的一系列社交互动的过程，人们从面对变化的被动受害者转变为能够获取反思性决策和适应所需知识的主动者（Tschakert and Dietrich，2010）。此外，要提高解决复杂的社会生态系统中脆弱性问题的能力，就需要建立组织、团体和个人之间新的联系（Ziervogel and Drimie，2008）。例如，在气候变化适应、信息资源获取、市场参与及地方环境治理和政府决策等方面，需要建立旨在提升人类福祉的有关人员（如医生、教师、社会工作者和减贫研究人员）与从事生态系统健康和管理领域的人员（如气候变化和草原生态系统方面的研究人员、牧业管理人员）之间的合作。此外，从国家到地方，不同尺度的干预和反应之间也需要相

互协调。Agrawal（2009）认为，地方层面上在资源和决策支持下，采取基于社区的行动，其中地方政府是关键机构，是作为自下而上与自上而下过程之间联系的促进者。总之，对于牧户面临的气候与非气候等多维风险和压力源的环境，没有简单的"快速解决方案"。因此，在相互学习的环境中，需要长期的共同努力，将多个利益相关者联系起来，从个体实践者、社区成员到研究人员、地方政府官员和社会人士，增强应对未来复杂世界和不确定性风险的适应能力。

第四节　结　　语

1）草地生态产业可持续发展评估方面，牧户生计脆弱性评估基于呼伦贝尔市重点苏木牧户家庭不同方式的调研，分析牧户生计所处水平和对关键风险的敏感性。分析结果为：研究区绝大部分牧户生计脆弱性等级处于中等及以上，随着家庭生命周期的更迭，牧户的适应能力逐渐降低、生计脆弱性逐渐增大。基于各指标估算和生产供需关系定量化分析，得出粮食作物需求在三个尺度上的空间分布存在一定差异。肉类产量供给在三个尺度具有一定的空间相似性和差异性。

供水、需水量和 ESDR 估算，产水量高于 $5000m^3/hm^2$ 的区域分布在东南部；产水量相对较高的是中部地区，最低产水量出现在西部草原。需水量严重不满足产水量的地区位于西部，呼伦湖附近出现供给大于需求的现象，东南部山岭区出现了部分供给大于需求的现象。碳固持服务供给存在明显的空间分布差异，固碳量大于 $66.78tC/hm^2$ 的区域主要分布在东部和南部的森林区且明显高于北部和西部草原区。碳固持服务供需呈现出明显的东高西低的分布，西部草原的固碳能力严重不足，东部出现盈余。

景观美学服务供给的空间分布在三个尺度上具有一定的相似性，即从西部草原到东部森林的美学服务价值从高到低分布。景观美学值大于 0.90 的值分布在西部草原区，景观美学值小于 0.30 的值分布在东南部山区；从需求的角度看，景观美学服务的空间差异性较大。东南、西北地区对景观美学服务的需求相对较大；存在着东部供不应求、中西部供过于求的空间分布。

2）生态系统服务供需关系及分区管理策略：基于乡镇尺度上，土地利用变化对生态系统服务供需状况的影响。旗（市、区）尺度上，土地利用变化对生态系统服务供给的影响。土地利用变化对生态系统服务供需关系的影响方面，在乡镇尺度上建设用地对 5 种生态系统服务的 ESDR 均有显著的负面影响。研究证明在旗（市、区）尺度和乡镇尺度上，森林覆盖率对产水量的 ESDR 均有负面影响。生态系统服务区划管理策略方面，根据研究区的划分和土地利用变化对生态系统服务的影响，提出了改善研究区生态环境、平衡乡镇尺度供需关系和旗（市、区）尺度供需关系的管理措施。研究评估不同尺度上生态系统服务供需，精细的尺度可以为明智的规划决策提供清晰的画面。而粗尺度分析在加入社会经济数据方面具有优势。

3）生态草牧业可持续发展的政策建议：①以协调草原生态保护政策与草原承包经营制度为基础，实行草畜平衡弹性精准管理，建立多个利益相关主体共同参与制定草原放牧技术方案的制度，采用多元化生态补偿方式，构建以国家和省级财政统筹为主、市场化参与为补充的多层次、多渠道生态补偿机制。②建立气象灾害风险管理制度：建立草原区气象灾害风险管理机构，综合的防灾减灾信息系统，将相关信息与行动方案及时准确地传达至各利益相关群体。同时，建立气象灾害风险共担和转移制度：一方面需要建立（不同层级的）区域性牧草储备站，并建立区域间（牧户、嘎查、苏木和旗县）多层次协作网络，以便形成气象风险管理共同体。另一方面鼓励牧民购买牧业灾害保险，政府需要加大对牧业保险投入，缓解灾后政府的财政负担和牧民的牧业损失。③提高牧户生计资本，改善牧户生计策略：融合自然资本、金融资本、社会资本等各类资本力量，制定草地资源利用与保护政策，鼓励正规金融机构和信贷公司向牧民提供信贷服务。加强对牧民的技能培训和职业教育，培育职业牧民，重视牧民的传统知识和文化。重点加强基础教育投资，加大对农村医疗卫生和社会保障的公共投入，加强信息和通信网络的基础设施建设。改善脆弱牧户的生计策略，主要向拥有较多生产资本（自然资本、物质资本和金融资本）的牧户提供发展牧业多样化的资金、服务和新型牧业技术，开发草、畜绿色产品，创造就业岗位。④构建基于社区的草原管理和市场经营制度，以现存的合作家庭或合作社为基础，构建牧户小组、互惠型社区、支持型集团的不同尺度社区，进行联动管理，发展草原现代生态畜牧业，打造具有区域特色的生态畜牧业和具有"呼伦贝尔"特色的品牌。

参 考 文 献

蔡慧敏. 2016. 中国南北地区居民生活人均二氧化碳排放影响因素分析. 暨南大学硕士学位论文.

陈佳, 杨新军, 尹莎. 2016. 农户贫困恢复力测度、影响效应及对策研究: 基于农户家庭结构的视角. 中国人口资源与环境, 26(1): 150-157.

陈敏鹏, 林而达. 2010. 代表性浓度路径下的全球温室气体减排和对中国的挑战. 气候变化研究进展, 6(6): 436-442.

邸择雷, 乌云娜, 宋彦涛, 等. 2017. 1958-2016 年呼伦贝尔草原新巴尔虎右旗气温和降水变化特征. 中国沙漠, 37(5): 1006-1015.

窦攀烽, 左舒翟, 任引, 等. 2019. 气候和土地利用/覆被变化对宁波地区生态系统产水服务的影响. 环境科学学报, 39(7): 12.

侯向阳, 李西良, 高新磊. 2019. 中国草原管理的发展过程与趋势. 中国农业资源与区划, 40(7): 1-10.

胡艳麟, 朱齐艳. 2021. 《IPCC 2006 年国家温室气体清单指南》(2019 年修订版)废弃物卷修订浅析. 低碳世界, 11(9): 49-50.

黄晓军, 黄馨, 崔彩兰, 等. 20114. 社会脆弱性概念、分析框架与评价方法. 地理科学进展, 33(11): 1512-1525.

赖玉珮, 李文军. 2012. 草场流转对干旱半干旱地区草原生态和牧民生计影响研究: 以呼伦贝尔市新巴尔虎右旗 M 嘎查为例. 资源科学, 34(6): 1039-1048.

李军玲, 郭其乐, 彭记永. 2012. 基于 MODIS 数据的河南省冬小麦产量遥感估算模型. 生态环境学报, 21(10): 1665-1669.

李双成, 张才玉, 刘金龙, 等. 2013. 生态系统服务权衡与协同研究进展及地理学研究议题. 地理研究, 32(8): 1379-1390.

李小云, 齐顾波, 徐秀丽. 2010. 气候变化的社会政治影响: 脆弱性、适应性和治理——国际发展研究视角的文献综述. 林业经济, (7): 121-128.

李艳波, 李文军. 2012. 草畜平衡制度为何难以实现"草畜平衡". 中国农业大学学报(社会科学版), 29(1): 124-131.

李永芳, 钱永彬. 2018. 我国家用轿车运行成本分析汽车与配件. 汽车与配件, 1(2): 52-54.

李云鹏, 娜日苏, 刘朋涛, 等. 2006. 呼伦贝尔草原退化遥感监测与气候成因. 华北农学报, (增刊 1): 56-61.

刘海, 武靖, 陈晓玲. 2018. 丹江口水源区生态系统服务时空变化及权衡协同关系研究. 生态学报, 38(13): 1-16.

刘小茜, 王仰麟, 彭建. 2009. 人地耦合系统脆弱性研究进展. 地球科学进展, 24(8): 917-927.

雒丽, 赵雪雁, 王亚茹, 等. 2017. 高寒生态脆弱区农户对气候变化的感知: 以甘南高原为例. 生态学报, 37(2): 593-605.

马琳, 刘浩, 彭建, 等. 2017. 生态系统服务供给和需求研究进展. 地理学报, 72(7): 1277-1289.

马志广, 陈敏. 1994. 草地改良理论、方法与趋势. 中国草地学报, (4): 63-66.

潘竟虎, 文岩. 2015. 中国西北干旱区植被碳汇估算及其时空格局. 生态学学报, 35(23): 7718-7728.

任继周, 常生华. 2009. 以草地农业系统确保粮食安全. 中国草地学报, 31(5): 3-6.

任景全, 郭春明, 刘玉汐, 等. 2017. 1961-2015 年吉林省极端气温指数时空变化特征. 生态学杂志, 36(11): 3224-3234.

唐华俊, 李哲敏. 2012. 基于中国居民平衡膳食模式的人均粮食需求量研究. 中国农业科学, 45(11): 2315-2327.

王多伽, 高阳, 徐安凯, 等. 2015. 不同改良措施对退化羊草草地的影响. 草业与畜牧, 6: 22-24.

王鹏涛, 张立伟, 李英杰, 等. 2017. 汉江上游生态系统服务权衡与协同关系时空特征. 地理学报, 72(11): 2064-2078.

王晓毅. 2016. 市场化、干旱与草原保护政策对牧民生计的影响: 2000-2010 年内蒙古牧区的经验分析. 中国农村观察, (1): 86-93.

乌达巴拉, 石泉, 达来, 等. 2017. 内蒙古草原畜牧业发展形势分析及对策. 畜牧与饲料科学, 38(11): 92-94.

武文欢, 彭建, 刘焱序, 等. 2017. 鄂尔多斯市生态系统服务权衡与协同分析. 地理科学进展, 36(12): 1571-1581.

谢鹏程, 王文军, 廖翠萍, 等. 2018. 基于能源活动的广州市二氧化碳排放清单研究. 生态经济, 34(3): 18-22.

阎建忠, 喻鸥, 吴莹莹, 等. 2011. 青藏高原东部样带农牧民生计脆弱性评估. 地理科学, 31(7): 858-867.

杨波, 宝音陶格涛. 2014. 退化羊草草原轻耙处理后 30 年植物群落恢复演替规律研究. 中国草地学报, 36(2): 36-42.

尹立军. 2012. 呼伦贝尔生态旅游发展之困境分析. 生态经济, (11): 98-124.

于瑞峰, 齐二石, 毕星. 1998. 区域可持续发展状况的评估方法研究及应用. 系统工程理论与实践, 18(5): 2-6.

袁伟彦, 周小柯. 2014. 生态补偿问题国外研究进展综述. 中国人口·资源与环境, 24(11): 76-82.

张军以, 苏维词, 王腊春. 2018. 中国生态修复建设对农户生计影响研究综述. 生态经济, 34(1): 180-185.

张强, 韩兰英, 张立阳, 等. 2014. 论气候变暖背景下干旱和干旱灾害风险特征与管理策略. 地球科学进展, 29(1): 80-91.

张新时, 唐海萍, 董孝斌, 等. 2016. 中国草原的困境及其转型. 科学通报, 61(2): 165-177.

张宇博, 杨海军, 王德利, 等. 2008. 受损河岸生态修复工程的土壤生物学评价. 应用生态学报, 19(6): 1374-1380.

赵思健. 2012. 自然灾害风险分析的时空尺度初探. 灾害学, 27(2): 16-18.

赵文亮, 贺振, 贺俊平, 等. 2012. 基于 MODIS-NDVI 的河南省冬小麦产量遥感估测. 地理研究, 31(12): 2310-2320.

赵雪雁. 2011. 生计资本对农牧民生活满意度的影响: 以甘南高原为例. 地理研究, 30(4): 687-698.

赵雪雁. 2012. 不同生计方式农户的环境感知: 以甘南高原为例. 生态学报, 32(21): 6776-6787.

周青平, 陈仕勇, 郭正刚. 2016. 标准化牧场建设的原理与实践. 科学通报, 61(2): 231-238.

朱文泉, 潘耀忠, 张锦水. 2007. 中国陆地植被净初级生产力遥感估算. 植物生态学报, 31(3): 413-424.

Adger W N. 2003. Social aspects of adaptive capacity//Smith J B, Klein R J T, Huq S. Climate Change, Adaptive Capacity and Development. London: Imperial College Press: 29-49.

Agrawal A. 2009. Local institutions and adaptation to climate change//Mearns R, Norton A. Social Dimensions of Climate Change: Equity and Vulnerability in a Warming World. Washington DC: The World Bank.

Agrawal A, Mcaweeney C, Perrin N. 2008. Local Institutions and Climate Change Adaptation. Washington DC: World Bank.

Bestelmeyer B T. 2006. Threshold concepts and their use in rangeland management and restoration: The good, the bad, and the insidious. Restoration Ecology, 14(3): 325-329.

Bradshaw A D. 1983. The reconstruction of ecosystems. Presidential address to the British Ecological Society, December 1982. Journal of Applied Ecology, 20(1): 1-17.

Burkhard B, Kroll F, Nedkov S, et al. 2012. Mapping ecosystem service supply, demand and budgets. Ecological Indicators, 21: 17-29.

Chambers R, Conway G. 1992. Sustainable Rural livelihoods: Practical Concepts for the 21st Century, IDS Discussion Paper 296. Brighton: IDS.

Dijk J V, Stroetenga M, Bodegom P V, et al. 2007. The contribution of rewetting to vegetation restoration of degraded peat meadows. Applied Vegetation Science, 10(3): 315-324.

Eisler M C, Lee M R, Tarlton J F, et al. 2014. Agriculture: Steps to sustainable livestock. Nature, 507(7490): 32.

Fisher B, Turner R K, Morling P. 2009. Defining and classifying ecosystem services for decision making. Ecological Economics, 68(3): 643-653.

Fu B J, Zhang L W. 2014. Land-use change and ecosystem services: Concepts, methods and progress. Prog Geogr, 33(4): 441-446.

Fu B, Zhang L, Xu Z, et al. 2015. Ecosystem services in changing land use. J Soil Sediment, 15: 833-843.

Fu Q, Li B, Hou Y, et al. 2017. Effects of land use and climate change on ecosystem services in central Asia's arid regions: A case study in Altay Prefecture, China. Science of the Total Environment, 607-608: 633-646.

Grothmann T, Patt A. 2005. Adaptive capacity and human cognition: The process of individual adaptation to climate change. Global Environmental Change, 15: 199-213.

Hahn M B, Riederer A M, Foster S O. 2009. The Livelihood Vulnerability Index: A pragmatic approach to assessing risks from climate variability and change—A case study in Mozambique. Global Environmental Change, 19(1): 74-88.

Hess Jr K, Holechek J L. 1995. Policy roots of land degradation in the arid region of the United States: An overview. Environmental Monitoring and Assessment, 37(1-3): 123-141.

Hobbs R J, Norton D A. 1996. Towards a conceptual framework for restoration ecology. Restoration Ecology, 4(2): 93-110.

Iannone B V, Galatowitsch S M. 2008. Altering light and soil N to limit *Phalaris arundinacea* reinvasion in sedge restorations. Restoration Ecology, 16(4): 689-701.

Isaac M E, Matous P. 2017. Social network ties predict land use diversity and land use change: A case study in Ghana. Regional Environmental Change, 17(6): 1823-1833.

Jakobsen K. 2013. Livelihood asset maps: A multidimensional approach to measuring risk-management capacity and adaptation policy targeting—A case study in Bhutan. Regional Environmental Change, 13:

219-233.

Jones M. 1937. The improvement of grassland by its proper management//White R O. Aberystwyth: Report of the IV International Grassland Congress: 470-473.

Kang H, Seely B, Wang G, et al. 2016. Evaluating management tradeoffs between economic fiber production and other ecosystem services in a Chinese-fir dominated forest plantation in Fujian Province. Sci Total Environ, 557-558: 80-90.

Kemmers R H, Bloem J, Faber J H. 2013. Nitrogen retention by soil biota：a key role in the rehabilitation of natural grasslands? Restoration Ecology, 21(4): 431-438.

Klimkowska A, Van Diggelen R, Bakker J P, et al. 2007. Wet meadow restoration in Western Europe: A quantitative assessment of the effectiveness of several techniques. Biological Conservation, 140(3): 318-328.

Martin D, Chambers J. 2002. Restoration of riparian meadows degraded by livestock grazing: Above-and belowground responses. Plant Ecology, 163(1): 77-91.

McDowell J Z, Hess J J. 2012. Accessing adaptation: Multiple stressors on livelihoods in the bolivian highlands under a changing climate. Global Environmental Change, 22(2): 342-352.

MEA (Millennium Ecosystem Assessment). 2005. Ecosystem and Human Well-Being. Washington DC: Island Press.

Metsoja J A, Neuenkamp L, Zobel M. 2014. Seed bank and its restoration potential in Estonian flooded meadows. Applied Vegetation Science, 17(2): 262-273.

Metzger M J, Rounsevell M D A, Acostamichlik L, et al. 2006. The vulnerability of ecosystem services to land use change. Agriculture Ecosystems Environment, 114: 69-85.

Norman H C, Ewing M A, Loi A, et al. 2000. The pasture and forage industry in the Mediterranean bioclimates of Australia. Options Méditerranéennes, 45: 469.

Pelling M, High C. 2005. Understanding adaptation: What can social capital offer assessments of adaptive capacity? Global Environmental Change, 15(4): 308-319.

Rolando J L, Turin C, Ramírez D A, et al. 2017. Key ecosystem services and ecological intensification of agriculture in the tropical high-Andean Puna as affected by land-use and climate changes. Agriculture, Ecosystems & Environment, 236: 221-233.

Roncoli C, Crane T, Orlove B. 2009. Fielding climate change in cultural anthropology//Crate S A, Nuttall M. Anthropology and Climate Change: From Encounters to Actions. New York: Routledge: 87-115.

Schirpke U, Candiago S, Vigl L E, et al. 2019. Integrating supply, flow and demand to enhance the understanding of interactions among multiple ecosystem services. Science of the Total Environment, 651: 928-941.

Scoones I. 1998. Sustainable rural livelihoods: A framework for analysis, IDS Working Paper 72. Brighton: IDS.

Scoones I. 2009. Livelihoods perspectives and rural development. Journal of Peasant Study, 36(1): 171-196.

Seahra S E, Yurkonis K A, Newman J A. 2015. Species patch size at seeding affects diversity and productivity responses in establishing grasslands. Journal of Ecology, 104(2): 1365-2745.

Sullivan C, Meigh J R, Fediw T S. 2002. Derivation and testing of the water poverty index phase 1. Final Report. Wallingford: Centre for Ecology and Hydrology.

Tallis H T, Ricketts T, Guerry A D, et al. 2013. InVEST 2.6.0 User's Guide. Stanford: The Natural Capital Project.

Tilman D, Cassman K G, Matson P A, et al. 2002. Agricultural sustainability and intensive production practices. Nature, 418(6898): 671-677.

Tschakert P, Dietrich K A. 2010. Anticipatory learning for climate change adaptation and resilience. Ecology & Society, 15(2): 1-18.

Tubiello F N, Salvatore M, Golec R D C, et al. 2014. Agriculture, forestry and other land use emissions by sources and removals by sinks: 1990-2011 analysis. Acta Oto-Laryngologica, 4(7): 375-376.

Valle M, Garmendia J M, Chust G, et al. 2015. Increasing the chance of a successful restoration of *Zostera noltii* meadows. Aquatic Botany, 127: 12-19.

Wang S, Fu B J. 2013. Trade-offs between forest ecosystem services. Forest Policy and Economics, 26: 145-146.

Yamane T. 1967. Statistics；An Introductory Analysis, 2nd ed. New York: Harper and Row.

Ziervogel G, Drimie S. 2008. The integration of support for hiv and aids and livelihood security: District level institutional analysis in southern africa. Population & Environment, 29(3-5): 204-218.

Zonn I S. 1995. Desertification in Russia: Problems and solutions (an example in the Republic of Kalmykia-Khalmg Tangch). Desertification in Developed Countries, 37: 347-363.

第十二章　草地生态修复与草牧业可持续发展策略

草原具有防风固沙、涵养水源、保持水土、固碳释氧、调节气候、养分固持、维护生物多样性等重要生态功能。然而在我国生态空间中草原是受人为干扰最大、破坏最为严重的生态系统之一。草原生态状况的好坏，直接关系到国家的整体生态安全。草地生态修复与草牧业可持续发展是我国可持续发展战略的重要组成部分，也是"山水林田湖草"生命共同体的重要组成部分。草地生态修复与草牧业可持续发展是实施乡村振兴战略的重要需求，事关我国草原牧区的发展与未来，是解决草原牧区草地生态功能与生产功能的矛盾、传统利用模式与现代畜牧业发展的矛盾、牧民增收与生产力低下的矛盾（方精云等，2016）的根本。坚持"绿水青山就是金山银山"发展理念，统筹山水林田湖草系统治理，积极发展生态环保、可持续的产业，保护好宝贵的草场资源，推进落实产业兴旺、生态宜居、乡风文明、治理有效、生活富裕的总要求，统领我国生态修复与草牧业可持续发展的战略。生态修复与草牧业发展涉及自然、人文、社会、管理、政策等方面，包括草地、水文、人文等资源的调查规划、草地生产、草地保护、土地政策与管理体制、人才、产品与销售、研发等，每个环节都存在相应的技术和政策瓶颈，如观念、国家政策、技术单一薄弱、水热资源限制、土地经营分散问题等（方精云等，2016）。因此，本研究基于"北方草甸退化草地治理技术与示范"项目，聚集草原生态保护建设、天然打草场修复和生产力提升、重点牧区草地保护建设与产业结构调查、现代草食畜牧业发展，提出调整"围栏禁牧"实施办法、天然打草场培育、草原区农牧业结构调整和东北绿色高产优质饲草基地方面的对策建议，走人与生态系统的共生、共荣和持续发展的道路，为实现草原牧区可持续发展提供新思路。

第一节　背　　　景

天然草原是我国面积最大的陆地生态系统之一，也是重要的陆地碳库和水库，我国草原碳储量占陆地生态系统碳库的30%；号称"亚洲水塔"的青藏高原孕育了长江、黄河等众多大江大河，东北地区河流的50%也直接来源于草原地区。现阶段及未来，草原都将是我国生态文明建设和陆地生态系统功能提升的主体。同时，天然草原牧区也是我国重要的畜产品基地和乡村振兴的重点区域，2020年我国牧区、半牧区牛出栏量占全国牛出栏量的26.4%，羊出栏量占全国羊出栏量的30.4%，提供奶产品产量占全国的20%左右。草牧业高质量发展是牧民赖以生存和可持续发展的主要基础，关系到少数民族经济的兴衰和边疆的长治久安。

我国天然草原分布广、面积大、生态脆弱，随着日益增长的物质需求，人地矛盾几乎无处不在。20世纪80年代以来，过度利用和气候变化导致草原生产力和承载力下降、生物多样性丧失，这制约了草原生态系统功能的正常发挥，影响了草牧业发展和牧民生活。近年来，在退牧还草和草原生态保护补助奖励等国家重大工程和政策推动下，天然草原生态环境有所改善、草牧业生产水平不断提高，但是草原生产和生态之间的协调发展，仍然是我国牧区生态文明建设和乡村振兴的重大挑战。

我国从"十五"至"十一五"期间就开始关注脆弱生态系统的修复治理，其中包括草原生态系统退化和综合治理，但着眼点主要是干旱半干旱区的风蚀沙化草地治理。"十三五"期间国家重点研发计划"典型脆弱生态修复与保护研究"重点专项开始从陆地生态系统整体性视角出发，构建国家生态安全保障技术支撑体系，围绕"两屏三带"等国家关键生态屏障区，重点支持生态监测预警、荒漠化防治、水土流失治理、石漠化治理、退化草地修复、生物多样性保护等技术模式研发与典型示范，发展典型退化生态区域生态治理、生态产业、生态富民相结合的系统性技术方案，服务国家生态文明建设和高质量发展。"十三五"期间国家重点研发计划"北方草甸退化草地治理技术与示范"项目首次将着眼点放在位于半干旱半湿润地区的北方草甸和草甸草原。

北方草甸和草甸草原主要包括温性草甸草原、低地草甸和山地草甸，其中山地草甸主要分布在新疆和青藏高原，温性草甸草原和低地草甸占整个北方温带草地面积的25%，集中分布在内蒙古东部、东北平原等半干旱地区，在干旱区低洼地形处有隐域性分布。北方草甸和草甸草原集中分布区水分条件较好，具有从中生到旱生的过渡特征，这决定了草甸和草甸草原具有很大的生物量和复杂的物质能量循环过程，如具有相对稳定的植被生产力和多样性特征、较高的碳密度和碳贮量。北方草甸和草甸草原生物多样性丰富，每平方米物种数最高可达 70 种，在东北及蒙古高原草甸草地总物种数占草原的70%～80%，草地生产力高达 1500～1800kg/hm^2，是典型草原的 2 倍、荒漠草原的 4～6 倍。家畜承载力约为 6000 万羊单位，占整个北方温带草原的 58%。土壤以暗栗钙土、黑钙土、草甸土、黑土为主，土层深厚，土壤成土最典型特征是草甸化过程，土壤腐殖质远高于其他草地，碳库总量约为荒漠草原的 10 倍以上，是典型草原的 1 倍左右。

北方草甸和草甸草原自然条件好，又因地域上接近俄罗斯，受到其生产方式的影响，草地利用既有放牧、打草，又有开垦，相对于干旱区草地，草甸和草甸草原的利用方式更加多元，利用强度大，退化过程和机制也更加复杂。另外，由于北方草甸和草甸草原具备先天高生产力、高多样性的表观特征，其实际退化程度往往与人们的认识存在偏差，现有对北方草甸和草甸草原退化标准的认识不明确，尚未建立针对性的退化评估标准体系，实际退化阈值往往被高估，相应地北方草甸和草甸草原的生态退化程度被大大低估。

由于对北方草甸和草甸草原退化严重程度认识不足，早期的国家重大生态工程和重大科学计划没有把这个区域包括进来，相对于干旱和半干旱区典型草原和荒漠草原类型，对北方草甸和草甸草原生态恢复方面的投入和关注较少，迄今草甸草原恢复治理研究比较薄弱，在理论上缺乏专门的退化标准和恢复理论，应用上没有形成完整的生态治理和持续利用技术体系，制约了北方草甸高生产力优势的发挥和区域草牧业发展。另外，因为草甸草原具有先天自然气候资源的优势及较强的恢复力，在合理科学的恢复治理途径下，具有很大的恢复潜力和利用空间。草甸与草甸草原的面积不大，但是其生产力和产草量是典型草原和荒漠草原的数倍，在我国草牧业中具有举足轻重的地位，因此其恢复利用具有很大的生产力空间，从生产和生态意义上都能达到事半功倍的效果。

"北方草甸退化草地治理技术与示范"项目研究了多元利用途径和全球变化协同作用下的北方草甸和草甸草原退化机理和恢复机制，包括水分过程、碳氮循环、生产力及生物多样性的改变；综合草地生态健康和生产供给能力，制定了北方草甸和草甸草原退化和恢复的评估标准，探索关键生态恢复技术对草原植被、土壤和水分的影响，并评估其生产效果、生态效应和经济效益，奠定生态恢复治理的理论基础体系，并在呼伦贝尔、锡林郭勒、科尔沁、松嫩平原和寒地黑土区等典型地区，深入研究了各个区域的草地退化原因、特征及特异性恢复治理技术，在集成总结各研究区域的有效恢复技术途径的基础上进行了技术创新，总结和提炼了各区域生态恢复治理模式，提出了生态良好、经济可行、综合治理的草原利用途径。

草原生态系统面临的问题，不但有生态修复和退化治理的问题，也有如何综合利用、优化管理的问题。习近平总书记提出了"山水林田湖草是一个生命共同体""绿水青山就是金山银山"的理念。那么，什么是"生命共同体"？生态文明有一个很重要的理念是人与自然的和谐，"生命共同体"就是人与自然和谐共生、协同发展。所以，退化生态系统治理不仅是对生态系统进行保护，更是主动去修复、去管理，把修复治理和合理利用有机结合起来，实现人与生态系统的共生、共荣和持续发展。

我国草地生态、牧业生产及牧民生活之间是相互制约、相辅相成的三个方面，牧民生活致富需求促发了过度牧业生产，造成了草原生态退化；反过来，草原生态退化又限制了牧业生产、制约了牧民致富资源。归根结底，缓解草地生态问题，首先要解决牧民生活和致富问题，否则无论多么巨大的生态治理投入都不能持久。因此，"北方草甸退化草地治理技术与示范"项目在草原生态修复的前提下，结合畜牧业发展态势和政策，研究了从乡、县和区域畜牧业发展的可持续管理技术和理论，结合大型草地畜牧业企业，通过产-学-研结合模式，边研究、边聚焦、边产出、边转化，基于不同区域草地恢复治理技术集成和示范，进一步提出整个北方草甸和草甸草原生态治理空间配置及新型产业带培育和建设的政策建议，服务于怎么保持和维护草原的"绿水青山"，服务于把"绿水青山"变成"金山银山"。

我国草原的放牧利用已有 3000 年以上的历史，草原农垦历史逾千年，比世界上其他几个草地大国早得多，可是在草地利用与管理投入方面却远较其他国家落后，草牧业管理粗放，草原退化严重且对其认识不足，草原改良建设方面的投入不足，仍然是目前草原牧区的核心问题。当前，我国经济发展进入新常态，正从高速增长转向中高速增长，如何在经济增速放缓背景下强化草原生态文明建设并促进牧民持续增收，是必须破解的一个重大课题。本研究针对北方草甸和草甸草原在放牧、打草、开垦等不同利用方式下的有效修复，以及修复后的产业替代和持续发展问题提出了建议。

第二节 "围栏禁牧"实施管理对策

草原是传统的畜牧业生产基地、不可替代的生态屏障，也是民族文化的发祥地。长期的家畜过度放牧、不断加剧的气候变化，以及较低的财政投入，导致约90%的草地处于退化状态。针对制约牧区生产、生态及社会发展的这一重大问题，我国在 2003 年开始实施退牧还草工程，2011 年又完善了退牧还草政策，强化草原围栏、禁牧封育。"围栏禁牧"是草原生态建设的关键举措，其目的是遏制草原退化，改善生态环境，实现草牧业的可持续生产。在以进一步推进生态文明建设战略、构建山水林田湖草生命共同体、发展草牧业的新时代，这一举措仍具有重要意义。迄今"围栏禁牧"已获得基本成效，但退化草原恢复的速度与范围，尤其是草原功能的改善程度仍不容乐观。为此，中国农业科学院、中国科学院及一些大学的有关专家，基于承担的各类国家重点项目，凝练科学研究成果，对"围栏禁牧"实施 16 年后的成效与问题开展了深刻分析与科学评价，为加快退化草原的全面恢复，实现牧区生产生态双赢，打造"亮丽边疆"提出相关的政策或管理建议。

一、"围栏禁牧"实施的成效分析

"退牧还草"工程是草原生态建设的主体工程，从 2003 年开始实施，到 2018 年中央财政已累计投入资金 295.7 亿元。2011 年至 2013 年，中央财政累积投入 445.75 亿元，全面实施草原生态保护补助奖励机制。并加大对草原转变畜牧业发展方式的支持力度。据统计，政策涉及草原面积 48 亿亩，占全国草原面积的 80%以上，包括禁牧草原面积 12.3 亿亩，草畜平衡面积 26 亿亩。目前已建设草原围栏、落实禁牧休牧 1.59 亿 hm^2，占草原总面积的 40.7%。在天然草原分布的西藏、内蒙古、新疆、青海、四川、甘肃等主要牧区都实施了"围栏禁牧"，其中一些省区还实行全域禁牧。"围栏禁牧"期限已经超过 16 年，接近草原围栏封育的长期年限（5 年、10 年、20 年分别为短期、中期、长期）。因此，有必要对"围栏禁牧"进行全面、系统地科学评估，为深化这一举措提出有益的建议。

截至 20 世纪末，我国北方草原 90%以上处于退化状态（重度退化占 41.4%）。21 世纪伊始在全国牧区实施的"围栏禁牧"已经初见成效：草原总体退化态势（退化面积与程度）得到基本遏制，局部退化草原得到明显改善。遥感与实地监测的综合分析表明，在主要牧区中大部分退化草原处于稳定状态，小部分退化草原恢复效果显著，草原植被盖度扩大、草群高度与密度提升。2012 年北方草原处于稳定与改善的比例分别为 68.4%与 11.7%；2017 年在西藏那曲有 67.3%的草场归一化植被指数（NDVI）得到扩大。在全国范围内退化草原恢复的直观效果与实际数据都得到充分体现。

几乎所有"围栏禁牧"恢复的草原，其植被生物量都有增加，牧草产量逐步恢复，这种恢复在围封中期（8～10 年）趋于停滞；随围封年限延长，植被生产力趋于稳定；对于轻度、中度退化的草原，其生产力在围封中期基本恢复。围封后，退化草原的生态功能变化复杂而缓慢。生态功能恢复的效果受所处的气候与土壤等环境条件的影响。"围栏禁牧"后，主要牧区的围栏禁牧草原与放牧草原对比，尽管随围栏年限延长土壤的固碳增加率越来越弱（19～21 年降到最低），但土壤可利用氮、磷及微生物生物量碳分别增加 21.7%、22.8%与 26.3%（2014 年）。此外，在青藏高原草原，围封使草群增高变密，从而降低了鼠兔种群，减少了鼠害。对于自然条件较好的区域，围封草原生态功能的提升幅度相对较大。

二、"围栏禁牧"实施的相关问题

在实施"围栏禁牧"政策及相关的退化草原恢复工程措施后，大部分牧区的退化草原得到了不同程度的"休养生息"。从总体上看，这一政策产生了积极效果，但还存在一些不可忽略的显性与隐性问题。退化草原的全面恢复是我国牧区的一项长期而艰巨的任务。"围栏禁牧"实施已接近 20 年，北方草原约 70%处于基本没有变化的状态，仅有不到 15%的退化草原处于较快恢复的过程。以此恢复速度，期望我国退化草原得到全面恢复，可能需要半个世纪之久。草原恢复缓慢的原因是：①草原中有 41.4%处于重度退化，草原恢复的难度高；②一些地区的"围栏禁牧"效率不高，存在"偷牧"现象；③大部分"围栏禁牧"地区只是单一围栏，没有其他措施辅助，尤其是对于重度退化草原，仅靠围封的自然恢复极其漫长，甚至不能恢复；④"边围封、边割草"基本上抵消或降低了禁牧的效果。

大尺度、长期的草原监测研究显示，退化草原的恢复效果依赖于环境，特别是区域气候条件，表现出空间异质性。降水是草原的首要限制因子，在干旱地区的荒漠草原，围封基本上没有效果。例如，在新疆的平原荒漠、内蒙古的荒漠草原，一些地段仍在继续退化；在西藏那曲草原有 22.5%草场植被盖度出现降低趋势。此外，在一些牧区，禁牧户或禁牧区的草原恢复得较好，而非禁牧户或非禁牧区的草原恢复得较慢，这主要是放牧家畜数量转移的结果。可见，在全国牧区采用同样的围禁方式并不科学，也需要强调草原生态建设的资金使用效率。

"围栏禁牧"的目标是实现草原的生态环境良好与草牧业生产可持续，其关键是退化草原结构的恢复，直至到达草原具有多功能性。在一些接近恢复的草原地区，必须考虑草原的多功能性，即实现生产、生态功能之间的协同与稳定。不能仅注重植被盖度、牧草产量的变化，而轻视生物多样性、碳储量、水土保持、鼠虫害抗性等生态功能的恢复。实际上这两个方面并非对立矛盾，生态功能的恢复与维持才是形成稳定生产功能的前提。值得注意的是，围封草原只考虑了家畜、植被这些生态系统组分，而忽略包括有蹄类、啮齿类、昆虫等野生动物的存在与作用。在非洲草原、北美草原及我国青藏高原草原与东北草原的研究都揭示，家畜与野生动物的互惠共存有益于生态系统的稳定。

在许多牧区，由于限制家畜放牧，取而代之的是围栏割草，即采用"舍饲+割草"的饲养模式。在围栏中进行割草，虽减少了家畜践踏与采食作用，但割草导致没有生态积累，使围栏的草原继续退化。对内蒙古与东北草原的研究表明，长期连续割草对草地生态功能的负向作用更大：其一是割草减少了凋落物（养分）返还，放牧高于割草 1 倍；其二是直接降低了生物多样性，相对于放牧，割草降低 20%～30%。围禁的目的是使草原植被恢复与家畜数量控制，而实际上是"禁牧没禁养"。由于没有控制家畜数量（内蒙古与新疆的牛羊数量分别为 4860 万～6768 万头、4557 万～4751 万头，2003～2017年），众多的家畜数量仍会对草原恢复造成直接或间接的压力，使"围栏禁牧"的总目标难以全面达成。

我国大部分草原牧民还处于较低收入水平，特别是在实施的围禁后，一些牧区的家畜数量出现不同程度的减少（西藏、青海牧区的牛羊数量分别减少了 38.4%与 10.8%，

2003～2017 年）。牧民虽然获得了相应的草原补奖，但也增加了舍饲等其他投入；加之，减少家畜使直接收入减少，结果影响了牧民收入。在内蒙古与山西草原的调查数据表明：①禁牧在一定程度上降低了牧户的生计资本总指数（锡林郭勒，从 0.356→0.341，2011～2014 年）；②禁牧户的净收入显著下降，禁牧后绵羊饲养成本利润率降低（38.5%→19.7%，2011～2014 年），平均每只出栏畜净利润不足百元。

三、调整"围栏禁牧"政策及管理

第一，加强有关"围栏禁牧"的草原政策法规及技术管理。"围栏禁牧"这一政策实施了接近 20 年，但仍难从根本上解决我国牧区的草原退化问题。这是在全国草原牧区实施的一项长期政策，可能需要跨越几十年。因此，应该将对这一政策的认识与执行提升到我国的草原法律法规层面。首先是完善相关的草原保护法律法规，其次是加大"围栏禁牧"的草原执法与资金投入，最后是创新草原执法形式。建议在《中华人民共和国草原法》的原则指导下，因地制宜制定和完善地方性"围栏禁牧"法规，加大草原违法处罚力度，增加草原法规违规成本；加大"围栏禁牧"专项资金投入（用于增加草原监理执法工作的人员和资金投入，建立健全草原执法队伍，升级草原监理执法设备设施）；同时，加大草原保护意识和草原法律法规宣传力度，增强地方领导干部和农牧民保护草原的自觉性和法律意识；不定期开展地市间异地换位草原监理执法，切实维护草原法律法规的权威。

第二，开展差异化"围栏禁牧"，避免全域禁牧。在一个较大的草原牧区或者区域（全自治区、全省范围）不能够获得全面的正向效果，因此，需要在各个草原牧区考虑实施差异化"围栏禁牧"，不宜"一刀切"式执行这一政策。首先，在考虑草原的区域或空间气候、土壤等条件的基础上来确定"围栏禁牧"的范围。其次，在气候与土壤条件极差地区，由于降水是决定草原功能恢复的关键原因，可以停止实施这一措施；对于经过科学评估，围禁实施后有正向效果的退化草原，特别是中度、重度退化草原应该维持这一措施。但是，需要区分草原中度与重度退化情况而设置禁牧的范围与时间。最后，应该避免在全域尺度上进行"围栏禁牧"。全域实施这一政策，一方面使原有大规模的家畜饲草需求转移到森林、湿地、荒漠等其他生态系统，对这些系统的生态服务造成更大压力；另一方面也直接降低了牧民的经济收入（即便是获得了政府相应的生态补偿，也不能达到原有水平），影响牧区的社会发展及稳定。

第三，依据科学评估，确定合理的"围栏禁牧"年限。大量的科学研究显示，"围栏禁牧"年限对于退化草原的植被盖度与生产力、生物多样性、土壤肥力及固碳潜力、土壤微生物群落等有差异化的作用效果。围栏 3～5 年植被恢复有明显效果，超过 20 年生物多样性显著降低；而土壤改变缓慢，至围栏中期才会出现较大改善。在围栏接近 20 年时，其总体效果基本稳定。建议"围栏禁牧"应采取中期围栏与长期围栏相结合的方式。一般以中期为基本年限，最长围栏不宜超过 20 年。此外，需要依据退化程度设定禁牧期限，对于重度退化草原的围栏年限要长于中度退化草原。迄今我国尚未建立退化草原恢复的技术评价标准体系，这为确定合理的"围栏禁牧"年限带来了技术管理限制。

国家有关管理部门应该尽快征集、研究、制定"退化草原恢复的定量评价技术规程"。何时、何地、如何围禁，都需通过科学、准确地评估，依据行业或地方技术标准而确定。

第四，建议将"围栏禁牧"与"围栏放牧"相结合。在北美洲、澳大利亚等一些草原面积非常大的地区，"围栏"是草原保护与利用的基本方式，即对退化严重的草原直接围封禁牧，而对正常草原进行围栏放牧（划区轮牧）。科学研究与事实揭示，家畜放牧对维持植被生长、土壤改善及草地多功能性都具有积极作用：适度放牧能够促进植被生长；放牧比割草有利于草原养分返还，提高生物多样性；即便在轻度退化的草原，适度的多畜种放牧也能提升草原的多功能性。建议在"围栏禁牧"的退化草原限制割草利用，特别是重度退化的草原必须禁止割草；在围栏封育的草原恢复后，可以适度多样化家畜"围栏放牧"。同时，开展前瞻性的围栏放牧新技术研究。若没有一系列相关草原恢复、放牧与割草利用的新技术储备，必将会重蹈草原退化的覆辙。建立新形势下的草牧业，草原管理必将走向"精准化管理"，最终实现生产生态双赢的发展目标。

第五，加强生物多样性保护，实施精细化"围栏禁牧"。"围栏禁牧"应该与草原生物多样性保护进行有效衔接。恢复退化草原既为保证草原家畜的放牧或割草利用，也期望达到草原"生态产品"的有效供给。草原生态服务的一个重要方面是生物多样性保护与维持。放牧家畜与野生动物的共同存在也是"草原生态系统健康"的标志之一。在围禁过程中需要考虑包括野生动物在内的生物多样性，包括给野生动物一定的生存空间。大型野生动物（黄羊、羚羊、野马、野骆驼等）的采食行为、迁徙活动等容易受到大面积围栏的限制。因此，建议实施"灵活围栏"方式，在野生动物繁殖与活动的区域，改变围栏面积，即"小围栏+活动式"，或建立围栏区域中的生物廊道，由此降低围禁对生物多样性的影响。

第三节　天然打草场培育修复对策

据不完全统计，我国有天然打草场 2.5 亿~3 亿亩，主要分布在内蒙古、辽宁、吉林、黑龙江、新疆山地及青藏高原的东南缘和农牧交错区。天然打草场尽管面积占比不大，却是草原牧区的战略性资源，可谓"秤砣虽小压千斤"，对于保障牧区畜牧业水平、牧民生活和社会稳定具有不可替代的地位。自 20 世纪 80 年代实施"牧民定居"以来，草牧业由四季放牧向夏季放牧、冬季舍饲转变，打草场收获的干草成为家畜冬春季最主要的饲草来源，承担着将近半年的饲草供给。同时，由于牧区雪旱灾侵袭频繁，打草场是牧区灾后应急救援、保障区域性饲草供给的战略资源，对牧区畜牧业的稳定发展具有决定性作用。以往草地生态保护和建设工程对天然打草场关注不足，长期以来一直没有人工投入，导致天然打草场普遍退化，牧草的产量和质量逐年下降，制约了其冬春饲草储备和救灾应急功能的发挥。基于项目研究，提出实施天然打草场改良建设工程的建议，以天然打草场植被恢复和草地生产力提高为核心集中投入建设，促进牧区草地畜牧业生产，改善草原生态环境，是草原生态保护补助奖励政策和退牧还草项目的有益补充，也是牧区草牧业发展的物质保障。

一、天然打草场重要的战略地位

天然打草场主要分布在内蒙古东部、农牧交错区、松嫩平原、新疆北部等水热条件较好的地段，是北方牧区生产力最高的草原，是保障半干旱牧区畜牧业规模和水平的战略资源，具有不可替代的地位。

首先，天然打草场收获的干草是牧区家畜冬春季主要饲草来源。草原牧区冷季时间长，冬春草料不足是牧区畜牧业最薄弱的环节。通过天然草地打草进行饲草季节调配，可以有效地保障家畜越冬干草的数量和质量，对解决草畜季节不平衡、确保家畜安全过冬起着关键作用。

其次，由于牧区受水分条件限制，难以大规模发展人工饲草地。随着草原生态保护补助奖励政策的实施，大面积禁牧和草畜平衡增加了对圈养草料的用量需求，天然打草场提质增效对于落实草原生态补奖政策、促进牧区畜牧业生产方式转变发挥着重要作用。

最后，半干旱牧区气候条件多变，是雪旱灾侵袭最频繁的区域。天然打草场是就近建立区域性应急饲草储备最直接、成本最低的途径，是牧区灾后应急救援、保障区域性饲草供给的战略资源，对牧区畜牧业的稳定发展具有决定性的作用。

草原生态保护补助奖励政策实施以来，天然打草场面积扩大，成为牧区草牧业发展和生态保护的关键环节，急需明确天然打草场的时空分布状况，厘清半干旱草原牧区越冬饲草安全供给能力，挖掘天然打草场资源的生产潜力，平衡牧区草畜供求关系，促进牧区草牧业良性发展，为增加牧民收入提供技术支撑。

二、天然打草场退化状况不容忽视

天然打草场原本是生产力最高的草场，但据项目调查，内蒙古东部及黑龙江、吉林、河北的天然打草场产草量分别为 125kg/亩、140kg/亩、120kg/亩、118kg/亩，均低于本区域草原平均产草量（分别为 140kg/亩、162kg/亩、146kg/亩、151kg/亩），说明这些区域天然打草场发生了比较普遍的严重退化。不同区域天然打草场的生产性能比较发现，内蒙古呼伦贝尔、黑龙江长期固定打草场的产草量较低，分别为 112kg/亩和 97kg/亩，低于内蒙古中部、吉林、河北天然打草场产草量（分别为 124kg/亩、165kg/亩、128kg/亩）。呼伦贝尔草原在历史上以水草丰美著称，黑龙江也是温性草甸草原的主要分布区，本应是产草量最高的天然草原。由于与俄罗斯毗邻，内蒙古呼伦贝尔和黑龙江自 20 世纪初期在俄罗斯的影响下开始打草，打草历史将近百年。内蒙古中部、吉林、河北大部分天然打草场是 20 世纪 80 年代定居工程以后才开始打草利用的。可以推断，长期打草历史是呼伦贝尔、黑龙江天然打草场产草量下降的主要原因。

不同退化程度天然打草场的土壤分析显示，土壤有机碳和养分随着退化程度的增加而降低。轻度、中度、重度退化的打草场表层土壤有机碳分别为 23.20g/kg、20.11g/kg和 12.56g/kg，土壤全氮为 1.91g/kg、1.64g/kg 和 1.04g/kg，土壤全磷为 0.38g/kg、0.35g/kg和 0.25g/kg。据研究，羊草草原每年吸收的营养元素总量为 2.7kg/亩，以枯落物和留茬形式残留的营养元素量为 0.7kg/亩，但要经过微生物分解归还给草地的量只有 0.3kg/亩。年复一年的刈割会带走土壤中的大量营养成分，使割草地营养元素日益贫乏，最终影响天然打草场的生产能力。

天然打草场退化机理与放牧退化不同，多呈现隐性退化，即生长季节天然打草场的草地从群落高度、盖度、产草量到物种表观上都优于放牧场，天然打草场退化不像放牧退化那么容易被观察到，短期甚至十几年连续打草都不会表现出明显变化，以至于天然打草场的退化状况被严重低估。随着长期打草，养分逐年从生态系统中被带走，土壤种子库减少、土壤养分贫瘠、土壤物理结构改变、群落物种多样性降低，这些变化都很难用肉眼观察到，导致以往对打草场退化没有充分的估计。更严峻的是，土壤种子库、土壤养分、土壤物理结构、物种多样性的这些变化都不可能靠自然恢复得到缓解，而必须通过人工干预的方式促进恢复。

三、天然打草场的生产潜力和修复空间巨大

天然打草场是牧区冬春季饲草的主要来源。据调查，2013～2017 年，北方半干旱牧区的 1.5 亿亩天然打草场每年能够提供 1691 万 t 干草，以打草场平均利用率 80% 计，能支持调查区域 1.3 亿头（只）家畜约 3 个月的饲料草需求，仅占整个冬春季饲草需求的 42%。巨大的饲草需求缺口导致家畜冬瘦春死，严重限制了牧区畜牧业的稳定发展。

如何满足牧区的冬季饲草需求、保持草原健康持续发展，长期以来一直是草地畜牧业发展的关键。从 20 世纪 80 年代开始提倡建立草库伦（天然打草场）到家庭牧场模式下的饲草基地建设，以各种途径增加牧区冬储饲草的数量、质量。但是，多年的经验说明，纯牧区不适合通过开垦草原建立小规模饲草基地，因为开垦草原造成的沙化造成牧区生态生产两伤，得不偿失。纯牧区冬季饲草保障最终还是要依靠天然打草场。那么，天然打草场严重退化的前提下，还有多少生产潜力可以挖掘。

天然打草场是半干旱牧区水分条件相对优越、生产力最高的草原，也是最有增产潜力的区域，项目研究发现，通过切根、打孔、施肥和添加微生物等措施改良土壤物理结构、增加土壤养分，当年能使草地生物量提高 0.5～3 倍；通过切根和补播改变群落结构对打草场产量也有非常显著的影响，但是显效晚一些。基于实验数据的模型对比分析发现，尽管不同区域水热配合会影响天然打草场土壤改良效果，但大部分区域可以通过轻量施肥大幅度提高草地生产力，在适宜的改良措施下，半干旱牧区天然打草场有很大的增产潜力，产草量增加 1 倍是可能的。据保守估算，全国 2.5 亿亩天然打草场一次改良，可连续增产 3～5 年，每年平均提高产量 1 倍。因此，通过改良建设，完全可以满足牧区冬春季饲草需求、保障畜牧业可持续发展。

目前实施的草原生态保护补助奖励政策和退牧还草工程在一定程度上缓解了草原生态压力。但是，上述政策主要是对牧民禁牧休牧进行补贴，受益的主要是原来用于放牧的草地。同时，由于天然打草场的土壤营养和种子库都极度匮乏，禁牧休牧等被动恢复措施效果不佳，急需辅助人工措施，才能在短期内恢复生产力、提高牧草品质。

四、天然打草场培育及生产力的提升

天然打草场的退化不是一个孤立的问题，而是与草原-家畜系统的整体变化紧密联系的，不能孤立地看待和解决，应该结合牧区土地使用制度、畜牧业经营模式、草地生态功能维护，进行系统建设和集中投入。在投入建设方式方面，对于兼顾生态和生产功能的草牧业而言，生态工程建设和财政政策项目应该合二为一，并具备如下特点：一是较少的资金即可启动；二是具有完善的技术配套方案；三是能够充分发挥牧民自行改善草原的积极性，实现从被动到主动的根本转变，从输血到造血过程的根本转变。

本书提出以下几点思考和建议。

第一，尽快实施天然打草场改良提质工程。建议以天然打草场为核心实施草原增产改良提质建设工程，结合草原生态保护补助奖励政策和退牧还草工程进行集中投入，视天然打草场植被与土壤的退化程度，由国家财政提供补贴，每亩草地一次性投入 100～200 元，进行天然打草场土壤疏松、养分提升、结构改善，恢复天然打草场草地生产力、优化牧草品质，保障冷季越冬饲草来源，为促进牧区畜牧业现代化、增加牧民收入和改善草原生态环境奠定物质基础。一期工程可暂定为 3～5 年，结束后组织评估，并视具体评估情况进行适当调整、确定后续工程开展。

第二，制定工程区划，加强顶层设计。天然打草场主要分布在降水较为优越的半干旱与半湿润区，天然打草场增产改良提质工程不能一哄而上，而要因地制宜，做好顶层设计。可以考虑根据整个牧区和半牧区自然条件及草牧业现状，将其划分为禁止开发区、限制利用区、优先发展区等三类功能区。其中降水大于 300mm、产草量大于 1000kg/hm^2 的草原牧区及半牧区属于优先发展区，是启动实施天然打草场提质改良建设工程的重点区域。

第三，建立适度经营规模，提高草原自我调节能力。20 世纪 80 年代牧民定居工程实施以来，草原确权制度对提振牧民生产积极性发挥了积极作用，对草原可持续发展产生了重大的影响。但随着时间推移、牧民家庭子女分化，家庭牧场规模越来越趋于小型化，失去了草原-家畜生态系统自我调整的天然条件。因此建议重新探讨牧区的草地使用制度，利用市场机制强化草原土地流转，鼓励牧民采取转让、转租、承包、互换、入股等多种形式进行草原合理流转，加速草场向专业大户、农民合作社集中，发展适度规模经营，有利于对草原利用进行合理规划。与天然打草场增产改良提质工程的相结合，可更好地促进现代草牧业和生态文明同步发展。

第四，调整草地利用模式，完善牧区现代畜牧业物质基础。现代畜牧业主要有三个条件：资源节约、高效生产、持续发展。资源节约就是要尊重草地生态系统的自然规律，灵活地使用草原生产资料，该放牧则放牧，该打草则打草；高效生产需要建立基于草地-家畜关系的现代畜牧业管理体系，在系统论和草畜系统界面理论的基础上，创新牧区现代畜牧业模式；持续发展则强调用养结合，通过必要的人工投入加强建设，对草原进行改良、培育，提高草场质量和生产能力，保持生态系统健康和永续利用。我国牧区传统放牧畜牧业与发达国家的差距，一在草地放牧系统管理技术，二在草地生态系统建设资金投入。实现牧区草牧业现代化，需要从管理技术升级、建设资金投入等方面入手，完善牧区现代畜牧业物质基础。

第四节　重点草原区农牧业结构调整对策

在北方草甸和草甸草原区，草原开垦是主要的土地开发利用活动之一，但是由于草原区气候干旱、多风，草原开垦后往往出现土壤沙化和盐碱化，从而撂荒导致农牧两伤。尤其是牧区宜垦草原大多已经开垦利用，目前新垦草原多位于干旱少雨等条件恶劣的地区，开垦后极易侵蚀沙化，并且丧失 50%以上的土壤碳。本研究以草甸草原集中分布的呼伦贝尔为例，针对开垦草原退耕及撂荒地恢复，提出草原生态保护建设及农牧业结构调整的建议。

一、呼伦贝尔草原保护建设概况

呼伦贝尔市草原保护建设工作扎实，但由于观念、历史、管理等多方面原因，要进一步提升发展质量和水平，但调研发现，还需要正视并解决三方面问题。

一是已经恢复的草原生态系统仍然脆弱。长期以来，呼伦贝尔地区作为全国草原资源最丰富的地区之一，当地在草原资源的利用上，观念始终停留在"草原资源禀赋好、承载能力强、可开发空间大"上，形成了粗放使用的思维惯性，天然草原生态与全国及全区总体向好的趋势相反，退化明显。随着当地工业化、城镇化的推进，最大限度地开发利用草原资源发展一二产业成为趋势。多年来，当地非法开垦草原、非法征占用草原采矿、修建旅游接待点等基础设施、随意驾车碾压草原等行为频发，越来越成为严重破坏草原生态系统稳定性的元凶。加之，近年来全市遭遇连续干旱，草原资源修复能力下降，环境承载压力进一步加大，已经恢复的草原生态系统脆弱，统筹协调好草原保护与经济发展的关系迫在眉睫。

二是"黑地"退耕还草难度大。"黑地"是指历史上非法开垦草原而目前在耕种的土地，在当地分布广泛且地类属性复杂，耕地、草原、林地等均有存在，是当前草原生态环境治理恢复的"硬骨头"。据了解，大范围开垦草原主要集中在 20 世纪 80 年代至 2000 年以前，这一时期所减少的草原面积占总减少面积的 90%以上，开垦地点主要集中在土壤肥沃、水资源较好林间草场、林缘草甸的农林、农草交错带。统计显示，目前呼伦贝尔市"黑地"面积达 914 万亩，其中在林业施业区的草原上开垦的面积 394 万亩，2000 年以前开垦的草原并已划入基本农田的约有 480 万亩，表现在农村地带"拱地头、扩地边"，在林草结合带毁林毁草开垦等频发。究其原因，既有历史上的"大垦荒"、国营农场扩建、开发"宜农荒地"等，也有近年来受经济利益驱动变相开垦和违法开垦的情况，更有传统发展理念中"拼资源、重规模、轻养护"的思维惯性。

三是草原监管力度亟待加强。呼伦贝尔草原面积大、野外工作战线长，监管难度大。据了解，每名草原监督管理人员平均承担的监管任务是 90 万亩，工作上很难做到精细化。同时，与森林公安等相比，草原执法力度薄弱，执法人员无强制手段，执法效力亟待提高。草原征占用管理工作与国土等部门衔接不畅，造成受理的草原征占用申请在项目批准立项之后，给有效保护草原带来困难。

二、呼伦贝尔草原保护建设及农牧业结构调整

呼伦贝尔市既是筑牢我国北方生态安全屏障的关键一环，也是推进农业供给侧结构性改革、大力发展草牧业的重点区域。遵循"创新、协调、绿色、开放、共享"的发展理念，坚持"生产生态有机结合、生态优先"的基本方针，牢固树立保护为先、预防为主、制度管控和底线思维，巩固草原在生命共同体中的基础性地位，促进草原"休养生息"、实现农牧业合理发展。因此，提出如下建议。

第一，抓好顶层设计，进行合理空间规划。根据草地资源、水土资源条件，结合当地退耕需要，研究制定退耕还草规划。呼伦贝尔市辖区可以划分为呼伦贝尔草原区、嫩江平原农牧区、大兴安岭地区，自然、经济、区位的差异很大，唯有给予充分尊重，实现差异化保护和利用策略，才能收到事半功倍的效果。呼伦贝尔草原区在历史上是传统的草原牧区，草原栗钙土类是不宜大面积开垦的天然放牧场和割草场，只可利用有灌溉水源的地段分散建立小型的人工饲料地。嫩江平原农牧区是在东北农牧交错区中以农田耕种为主的区域，可以利用"退耕还草"的黑土、黑钙土坡地，改建成人工多年生草地和饲料地，并充分依靠种植业的良好基础，发展牛羊猪禽的集约化育肥饲养。大兴安岭地区土地肥力衰退的耕地和陡坡耕地通过退耕还草还林，逐步改建旱作或补灌的多年生人工草地，走向农畜并重、种养结合的道路。

第二，加强种养结合，稳步推进"黑地"退耕还草。"黑地"问题涉及历史遗留问题，也涉及发展观念转变。建议充分立足当地资源禀赋和立地条件，立足当前、着眼长远、分类施策、统筹考虑。一方面摸清"黑地"的地类属性及详细分布，为下一步争取政策夯实基础；另一方面积极调整种养结构，摒弃种草占用粮田的传统观念。草牧业作为天然牧区牧民的生存之本，在深入推进农业结构调整中起到了重要作用，是实现畜牧业"保供给、保安全、保生态"目标的重要支撑，在一定范围内种植苜蓿可替代饲料粮的种植，实行草田轮作制，切实推广实施"粮+经+饲+草"四元结构种植模式，充分利用多年生牧草对中低产田的改造作用和对土壤的改良作用；调整畜牧业生产布局，结合特色草、畜，良种推广，加快良种繁育基地、种畜场建设，加强科技投入、技术指导和相关公共服务，发挥好规模化经营主体的示范带动作用。

第三，加强草原法治建设，确保草原基本生态功能。呼伦贝尔草原大部分位于国家主体功能区划的限制开发区，党中央、国务院高度重视草原生态保护建设和草业发展，农业农村部提出了经济、社会、生态效益并重，生态优先的草原发展方针。自《中华人民共和国草原法》颁布、修订和实施后，国务院印发了《关于加强草原保护与建设的若干意见》，明确提出禁止草原开垦、保护草原植被。因此，建议调整家庭牧场现有政策和发展模式，每家一片放牧场、一片打草场、一小片青贮饲料地的做法并不合适。每一片开垦的草地都会成为一个风蚀破口和沙化源头，而小范围内固定放牧/打草则加速了草地退化进程。另外，在现有基础上，进一步建立基本草原保护制度（草原红线），通过制度约束破坏基本草场的行为，杜绝开垦草原行为的出现；落实强制性措施如草原监察制度，改善草原保护、建设、维护和管理的基础条件和能力。

第五节　东北高产优质饲草基地建设对策

20世纪以来，我国陆续启动实施一系列草原生态工程和政策，覆盖整个天然草原区和农牧交错区，取得一系列显著的成果，全国草业扶持政策体系框架已经初步形成，为草业可持续发展创造更加宽松的政策环境。然而，现有生态工程与政策项目以事后补救为主，没有主动应对；没能将资金和技术有效结合，造成生态工程项目不能"自理"，资金扶持结束即意味着工程结束，同时也造成坐享其成的"懒汉"思维。上述种种造成草原生态修复陷入"退化-治理-再退化"的"死循环"。因此，草原生态修复是一个系统工程，生态修复和产业发展是一对矛盾统一体，修复后的替代产业建立是草原修复效果和草原牧区可持续发展的重要保障。尤其是在较为湿润的东北草原区，生态产业化和产业生态化不但必要，而且大有可为。

一、东北湿润草地是我国重要的生态资产

大兴安岭两麓及其以东地区是我国北方草甸和草甸草原的集中分布区，是我国北方草地生产力最高、生物多样性最丰富、生态承载力最大的草场，其生态和生产功能都具有举足轻重的地位。从生态地理格局看，东北湿润草地与大兴安岭森林相匹配，构成了我国东部一道强大的生态防护带，大大减缓了西北寒流与严酷气候的侵袭；同时也是黑龙江流域的主要水源涵养区，维护着整个东北水文循环系统的安全，草地生态服务功能的发挥关系着东北地区的整体生态安全，具有不可取代的生态功能。

东北湿润草地也是一个重要的农业资源，由于突出的水土资源优势，东北草地气候生产力高、开发潜力大，草地家畜承载能力占北方温带草地的58%，在我国草地畜牧业中具有举足轻重的地位，其家畜品种和乳、肉、皮、毛等产品在国内外市场都占有重要地位。

东北湿润草地的利用历史久、开发强度大、利用方式多、退化程度严重。据研究，自20世纪80年代至21世纪初，东北及内蒙古东部地区草原面积减少27.8%，其中绝大部分被开垦为农田；同时，草地土壤碳密度由8.92gC/m^{2}降低到7.59gC/m^2，实际生产力降低20%～30%，生态资产缩水近1/3。另外，由于水土资源优越，东北湿润草地生态恢复力强，在合理的恢复治理模式下具有很大的恢复潜力和利用空间，无论在生产和生态意义上都能达到事半功倍的效果。东北湿润草地的生态保育与恢复重建，对于农业资源优化配置、饲草料生产体系和肉奶基地建设、农村环境整治都具有战略意义。

二、现代草食畜牧业是东北农业结构调整的必然选择

东北平原也是我国的大粮仓，贡献了全国玉米产量的35%、稻谷产量的15%。随着我国粮食总产量稳步提升至6亿t以上、稻谷和小麦产量稳定在3.3亿t以上，东北粮仓作为口粮基地的作用相对下降。近5年，我国每年有近1亿t稻米和小麦、超过2亿t玉米用于饲料粮和工业粮，黑龙江、吉林、内蒙古三省（自治区）成为我国

最重要的饲料粮供应区域。

东北地区既有充足的饲料粮和农副产品提供精饲料，又有大面积的草地作为粗饲料来源，发展草食畜牧业具有先天优势。特别是东北气候凉爽、动物疫病较少，适合较为耐寒的反刍动物尤其是肉牛、奶牛养殖。1980 年至 21 世纪初，东北地区猪肉生产全国占比在 6%～9%范围内波动，牛、羊肉产量全国占比由 1980 年的 10.4%、2.5%稳步增长至 2015 年 18.8%、5.9%，牛奶产量占到全国产量的 1/3。农业部 2017 年发布的《农业部关于加快东北粮食主产区现代畜牧业发展的指导意见》就提出，到 2020 年东北现代畜牧业建设取得明显进展，肉类和奶类产量占全国总产量的比重分别达到 15%和 40%以上。

我国现有耗粮型畜牧业对粮食安全形成持久压力，也限制了肉食供给能力。我国生猪、禽类、牛羊的饲料粮消耗量占比分别为 44.4%、28.5%、18.3%，2017 年饲料粮缺口4000 余万吨。同时，我国肉类和奶制品消费需求增长旺盛，特别是牛羊肉仅占肉食总消费的 13%，与美国和欧盟相比还有很大提升空间。发展现代草食畜牧业是从系统视角保护粮食安全，在当前猪肉短缺的形势下对保障全国的肉类供应也具有重要意义。

现代草食畜牧业发展离不开充足的饲草料资源。美国草食畜牧业资源除了近 2.4 亿 hm^2 的天然草地，还有 2400 万 hm^2 人工草地、300 万 hm^2 青贮玉米，饲草对美国肉牛业、奶业生产的贡献率都超过 80%。东北地区是我国最有条件发展高产优质饲草料的基地，也最适合发展大型反刍动物的区域。在当前绿色发展和供给侧改革的大背景下，因势利导，投资建设东北绿色高产饲草饲料基地，集中做大做强东北地区现代草食畜牧业，打造以优质奶制品和高品质牛羊肉为主的混合农业带，不但能够优化我国畜牧业结构、缓解粮食安全的长远危机，也有助于提升我国肉乳产品全球竞争力，推动我国草业现代化。

三、东北绿色高产饲草基地推动现代草食畜牧业发展

我国人均水土资源占有量紧张，农业生产如何扬长避短、优化资源配置，是提高农业生产力的关键。东北地区气候冷凉、光热资源受限，以籽实生产为目的的粮食作物只能单季种植，但土壤肥沃、水分条件优越，以收获干物质为目的的饲草料生产具有突出优势。东北三省具有较好的饲草作物栽培基础，2017 年苜蓿保留面积约 13.3 万 hm^2、青饲玉米播种面积 30.8 万 hm^2，可以进一步调整种植结构，建立高产饲草作物带，并逐步发展成为我国奶牛/肉牛主产区。

首先，挖掘利用草地资源。东北地区 4000 万 hm^2 湿润草地存在不同程度的退化，但由于优越的水土资源，具有很大的恢复潜力，投入改良建设可以大幅度提高草原生产力，补充草食畜牧业所必需的粗饲料。如能修复 40%退化草地，以草地产量提高 50%计，可多提供干草 1200 万 t、满足 1500 余万羊单位家畜的干物质需求，同时为提高动物福利、生产绿色有机畜产品创造条件。

其次，合理利用退耕地。东北地区退耕地原为优质草地，适宜苜蓿、羊草等多年生牧草生长，重建为多年生人工草地，可以为奶牛提供蛋白质饲料，同时能够培肥地力、

优化土壤条件。如能调整 5%的耕地用于优质干草生产，人工草地面积达到 100 万 hm²，按照平均干草产量 10t/hm² 计算，可以提供蛋白质饲料 800 万 t，满足 800 万头高产奶牛的蛋白质饲料需求。

再次，优化利用耕地资源。以"粮改饲"为抓手，推进高产人工饲草料基地建设，为发展现代草食畜牧业奠定最关键的基础。东北平原玉米播种面积约 1300 万 hm²，如能转化 7.5%籽实玉米为青贮玉米，青贮玉米面积达到 100 万 hm²，按照平均亩产青鲜饲料 6t 计，可以提供青粗饲料 0.9 亿 t，满足 1500 万头高产肉/奶牛的粗饲料需求。

最后，用于粮食和经济作物的 2000 万 hm² 耕地，能够提供农作物秸秆与农副产品约 0.5 亿 t（按亩产秸秆 280kg，秸秆利用率 60%），相当于 500 万 hm² 人工草地的干物质，能够满足 2000 万头牛的干物质需求。

通过上述途径，集中优势力量打造东北绿色高产饲料基地，把东北粮仓升级为我国绿色优质饲草料生产带；通过政策引导、资金引导，进一步拓展深化东北地区牛羊肉和牛奶生产优势，建立基于混合农业系统的现代草食畜牧业体系，将东北地区牛羊肉、牛奶生产全国占比稳定在 20%、40%；吸收和带动社会资本，发展标准化的饲草料生产、家畜养殖、肉乳产品加工和深加工产业链，打造高标准、高质量、高效益的现代草食畜牧业。基于混合农业系统的现代草食畜牧业体系建设，对于改善我国畜牧业消费结构、推动我国畜牧业现代化、保障我国粮食安全具有重要意义。

第六节 结 语

草原生产和生态之间的协调发展仍然是我国牧区生态文明建设和乡村振兴的重大挑战。草甸草原具有先天自然气候资源的优势，其恢复利用具有很大的生产力空间，无论从生产和生态意义上都能达到事半功倍的效果。基于不同区域草地恢复治理技术集成和示范，针对北方草甸和草甸草原在放牧、打草、开垦等不同利用方式下的有效修复，以及修复后的产业替代和持续发展问题，提出四方面建议。

1) 在几乎所有"围栏禁牧"恢复的草原，植被生物量增加，牧草产量逐步恢复，这种恢复在围封中期（8～10 年）趋于停滞。针对"围栏禁牧"实施存在的问题，调整"围栏禁牧"政策或管理的建议：①加强有关"围栏禁牧"的草原政策法规及技术管理；②开展差异化"围栏禁牧"，避免全域禁牧；③依据科学评估，确定合理的"围栏禁牧"年限；④建议将"围栏禁牧"与"围栏放牧"相结合；⑤加强生物多样性保护，实施精细化"围栏禁牧"。"围栏禁牧"应该与草原生物多样性保护进行有效衔接。恢复退化草原既为保证草原家畜的放牧或割草利用，也期望达到草原"生态产品"的有效供给。建议实施"灵活围栏"方式，在野生动物繁殖与活动的区域，改变围栏面积，即"小围栏+活动式"，或建立围栏区域中的生物廊道，由此降低围禁对生物多样性的影响。

2) 打草场收获的干草成为家畜冬春季最主要的饲草来源，承担着将近半年的饲草供给。天然打草场退化不像放牧退化那么容易观察到，以至于天然打草场的退化状况被严重低估。更严峻的是土壤种子库、土壤养分、土壤物理结构、物种多样性，这些变化都不可能靠自然恢复得到缓解。天然打草场培育及生产力提升应该结合牧区土地使用制度、畜牧业经营模式、草地生态功能维护，进行系统建设和集中投入。在投入建设方式方面，对于兼顾生态和生产功能的草牧业而言，生态工程建设和财政政策项目应该合二为一，并具备如下特点：①较少的资金即可启动；②具有完善的技术配套方案；③能够充分发挥牧民自行改善草原的积极性，实现从被动到主动的根本转变，从输血到造血过程的根本转变。几点思考和建议有：①尽快实施天然打草场改良提质工程；②制定工程区划，加强顶层设计；③建立适度经营规模，提高草原自我调节能力；④调整草地利用模式，完善牧区现代畜牧业物质基础。实现牧区草牧业现代化，需要从管理技术升级、建设资金投入等方面入手，完善牧区现代畜牧业物质基础。

3）在北方草甸和草甸草原区，草原开垦是主要的土地利用活动之一，但是由于草原区气候干旱、多风，草原开垦后往往出现土壤沙化和盐碱化，从而撂荒导致农牧两伤。目前新垦草原多位于干旱少雨等条件恶劣的地区，开垦后极易侵蚀沙化，并且丧失50%以上的土壤碳。以呼伦贝尔为例，针对开垦草原退耕及撂荒地恢复，提出草原生态保护建设及农牧业结构调整的建议。关注的问题：一是已经恢复的草原生态系统仍然脆弱，统筹协调好草原保护与经济发展的关系迫在眉睫；二是"黑地"退耕还草难度大；三是草原监管力度亟待加强。推进农业供给侧结构性改革方面的建议：①抓好顶层设计，进行合理空间规划；②加强种养结合，稳步推进"黑地"退耕还草；③加强草原法治建设，确保草原基本生态功能。

4）在较为湿润的东北草原区，生态产业化和产业生态化不但必要，而且大有可为。东北湿润草地的利用历史久、开发强度大、利用方式多、退化程度严重。由于水土资源优越，东北湿润草地生态恢复力强，在合理的恢复治理模式下具有很大的恢复潜力和利用空间。东北地区既有充足的饲料粮和农副产品提供精饲料，又有大面积的草地作为粗饲料来源，发展草食畜牧业具有先天优势，适合较为耐寒的反刍动物尤其是肉牛、奶牛养殖。我国现有耗粮型畜牧业对粮食安全形成持久压力，也限制了肉食供给能力。发展现代草食畜牧业是从系统视角保护粮食安全，在当前猪肉短缺的形势下对保障全国的肉类供应也具有重要意义。东北地区是我国最有条件发展高产优质饲草料的基地，也最适合发展大型反刍动物的区域，应因势利导，投资建设东北绿色高产饲草饲料基地，把东北粮仓升级为我国绿色优质饲草料生产带，推动现代草食畜牧业发展，这对保障我国粮食安全具有重要意义。

参 考 文 献

方精云, 白永飞, 李凌浩, 等. 2016. 我国草原牧区可持续发展的科学基础与实践. 科学通报, (2): 10.